国家出版基金项目
NATIONAL PUBLICATION FOUNDATION

"十四五"时期
国家重点出版物出版专项规划项目

航 天 先 进 技 术
研究与应用系列

王子才　总主编

航天器电源拓扑与控制方法

Topologies and Control Methods of Spacecraft Power Supply

张东来　朱洪雨　付　明 等 著

哈爾濱工業大學出版社
HITP　HARBIN INSTITUTE OF TECHNOLOGY PRESS

内 容 简 介

本书主要内容包括航天器电源控制器(PCU)功率变换单元的拓扑架构、控制方式、遥测遥控单元设计等。为实现更高功率等级、更宽电压/电流包络的功率变换单元,本书内容还涉及了功率拓扑的串并联组合技术,探讨了电源系统稳定性分析方法,建立了地面自动评测系统。同时从外部空间环境对航天器影响的规律分析入手,以期提高 PCU 鲁棒性,给出了空间环境影响分析及整星电源设计优化方法的研究成果。书中部分彩图以二维码的形式随文排,如有需要可扫码阅读。

本书可供科研和研发部门电子技术人员及相关科技人员参考,也可作为高等学校相关专业的教学参考书。

图书在版编目(CIP)数据

航天器电源拓扑与控制方法/张东来等著. —哈尔滨:哈尔滨工业大学出版社,2024.9
(航天先进技术研究与应用系列)
ISBN 978 - 7 - 5767 - 1195 - 0

Ⅰ.①航…　Ⅱ.①张…　Ⅲ.①航天器－飞行控制－研究　Ⅳ.①V448.2

中国国家版本馆 CIP 数据核字(2024)第 029850 号

航天器电源拓扑与控制方法
HANGTIANQI DIANYUAN TUOPU YU KONGZHI FANGFA

策划编辑　王桂芝　张　荣
责任编辑　庞亭亭　宋晓翠　佟　馨
出版发行　哈尔滨工业大学出版社
社　　址　哈尔滨市南岗区复华四道街 10 号　邮编 150006
传　　真　0451－86414749
网　　址　http://hitpress.hit.edu.cn
印　　刷　哈尔滨博奇印刷有限公司
开　　本　720 mm×1 000 mm　1/16　印张 34　字数 705 千字
版　　次　2024 年 9 月第 1 版　2024 年 9 月第 1 次印刷
书　　号　ISBN 978 - 7 - 5767 - 1195 - 0
定　　价　168.00 元

(如因印装质量问题影响阅读,我社负责调换)

前　言

　　电源控制器(PCU)是航天器核心部件,具有在轨不可维修或维修成本高昂的特征,是决定航天器承载能力及寿命的核心因素之一。PCU 负责对蓄电池、太阳能电池与负载需求的功率进行匹配和管理,其功率水平决定航天器承载能力,其输出是航天器供电的枢纽,被称为卫星的"心脏"。

　　2006 年,由中国东方红卫星股份有限公司牵头,同深圳航天科技创新研究院和哈尔滨工业大学(深圳)合作开展了原总装预研课题"XXXX 数字 DC/DC 电源模块"的研究,成功研制了宇航级数字 DC/DC 控制芯片和厚膜工艺的电源模块,最终成功搭载实践 5A 号卫星,并完成了在轨验证。

　　2007 年,在中国空间技术研究院总体部相关课题的支持下,我们逐步了解了 PCU空间应用的约束条件和需求。

　　2009 年以来,针对我国通信、导航卫星快速发展对高压大功率 PCU 的迫切需求,中国空间技术研究院自筹经费,同深圳航天科技创新研究院共同组织规划,由深圳市航天新源科技有限公司具体实施,并与山东航天电子技术研究所、哈尔滨工业大学(深圳)等单位的产、学、研、用深度合作,完成了从基础研究、技术攻关、研制鉴定到推广应用全链条的自主创新,突破了高压大功率 PCU 关键核心技术,率先研制成功 100 V/9～12 kW功率等级的 PCU,实现了自主可控;进而针对东方红五号超大功率卫星跨代平台对更高功率 PCU 的需求,开展了新一代 PCU 的研制,并于 2019 年首发,成功在轨应用。期间得到了北斗三号重大工程、863 计划、国防技术基础研究(JCKY2017603C017、JSZL2015603B004、JCKY2016203B053)、国家自然科学基金(52277174、51777041、51247009)、深圳市科技计划项目(JSGG20190823152215116)等相关项目的支持。截至目前,该成果已成功在轨应用于国家重大工程北斗三号、东方红五号卫星平台"实践二十号"、某系列卫星移动通信系统等 70 余颗卫星,部分成果还成功应用于空间站核心舱、探月三期重大工程、国家电网柔性直流高压取能电源等领域。

本书是多位航天领域专家与博士研究生、硕士研究生、博士后协同攻关科研成果和实践的总结,旨在为本科、研究生教学提供一些素材,为同行提供一些参考。

本书由张东来教授主持撰写,具体分工如下:第 1、2 章由朱洪雨研究员、张晓峰研究员和刘青副研究员共同撰写;第 3 章由谷雨副教授、刘贺讲师、付明副研究员、胡杰高级工程师和鲍志云副教授共同撰写;第 4 章由曲璐讲师和段金沛博士生共同撰写;第 5 章由王超研究员和贾毅婷副研究员共同撰写;第 6 章由李安寿副研究员、孙放工程师和孟彦辰博士生共同撰写;第 7 章由李安寿副研究员、柳新军研究员、杨炀高级工程师、孟彦辰博士生和朱雪丽博士生共同撰写。全书由张东来教授统稿。

本书的出版离不开中国空间技术研究院、深圳航天科技创新研究院、深圳市航天新源科技有限公司、山东航天电子技术研究所及哈尔滨工业大学(深圳)等单位的支持,在此一并表示感谢。

限于作者学识有限,书中难免存在疏漏及不足,敬请广大读者批评指正。

作 者

2024 年 5 月

目 录

第 1 章

概　述

本章概要阐述航天器电源系统的构成及发展方向，并针对卫星电源系统的系统架构进行重点阐述，主要包括顺序开关分流调节器（sequential switching shunt regulator，S3R）架构、串联顺序开关分流调节器（sequential switching shunt series regulator，S4R）架构、新一代（next generation，NG）架构、Diversion 架构，以及集成一体化架构。最后对本书内容安排进行介绍。

航天器系统包括电源、推进、载荷等分系统。电源系统是航天器重要的分系统之一,用来产生、贮存和分配电能,负责在全寿命周期的各个飞行阶段为用电载荷提供电源,其能量来源于太阳能电池、化学电源或核能等。航天器上所有重要的功能和部件,如生命保障、推进、导航、姿轨控、热控、测控通信和科学探测设备等,都需要有持续可靠的电能供给才能正常工作。电源控制器(power conditioning unit,PCU)负责电源系统的功率管理和匹配,是航天器供电的唯一来源,PCU决定航天器的寿命和承载能力,被称为卫星的"心脏"。航天器电源系统的质量占比约为20%～30%,减少电源在轨故障,提高其可靠性和效率,提升其能量和功率密度,一直是国内外航天机构追求的目标。

　　卫星正朝两个方向发展:一是以通信、导航、遥感为代表的6 kW以上的大功率卫星,二是小卫星星座。以通信卫星为例,每升级一代,需要提升3 kW的功率水平。在国际大卫星功率等级为12 kW时,我国通信卫星直接跨代研制20 kW以上的超大卫星平台。航天器电源的母线电压一般分为100 V、42 V、28 V等,因任务和功率不同,母线电压有所区别。通常,母线电压为100 V、功率等级大于6 kW的PCU被称为高压大功率PCU。

　　在空间环境约束下,高压大功率PCU研发面临小型轻量化、高动态、高稳定性等技术挑战,相比快速发展的工业级器件,因考虑到辐照、单粒子等空间环境适应性,宇航级功率器件品类少、质量和体积大、功率处理能力受限,影响小型轻量化、动态和稳定性;大功率太阳能电池阵列(solar array,SA)寄生电容影响动态性能,功率密度、动态、稳态特性三者之间又相互影响、相互制约,要同时实现技术挑战很大。为保证带载能力,欧洲航天局(european space agency,ESA)电源标准(ECSS－E－ST－20C)给出了输出阻抗的约束标准,即电源设计之初就根据输出功率等级给出了母线电压和输出阻抗的频率特性要求,这同常规的工业电源设计有所不同。

　　长寿命高可靠航天器中,一般采用成熟的太阳能电池阵列－蓄电池组电源系统。该系统一般包含发电装置、电能储存装置、PCU等,其中发电装置采用硅、三结砷化镓等材料的太阳能电池阵列,电能储存装置采用锂离子、镍氢或铬镍等材料的蓄电池。PCU可按母线电压调节方式或PCU对太阳能电池阵列的能量传输形式来分类。

　　按照母线电压调节方式来分类,太阳能电池阵列－蓄电池组电源系统的拓扑结构分为3种:不调节母线方式,主要应用在早期国内航天器和目前一些微小卫星上;半调节母线方式,即阴影区母线电压不调节,光照区采用太阳能电池阵列分流技术,保持母线稳定;全调节母线方式,即无论在光照区还是阴影区,母线电压通过内部控制始终维持稳定,且随着负载功率波动母线电压恒定。全调节母线可为负载提供高品质电能,同时自身可实现高度模块化,并易于功率扩展。

　　按照PCU对太阳能电池阵列的能量传输形式来分类,太阳能电池阵列－蓄电池组电源系统又可分为直接能量转换(direct energy transfer,DET)模式和峰值功率跟踪(peak power tracker,PPT) 模式。PPT 模式可有效发挥出太阳能电池阵列寿命初期的最大输出功率,有利于优化太阳能电池板配置,减少整个航天器体积和质量,其应用场合主要是任务周期短(小于 5 年)且初期功率需求较大、寿命长、光照和温度等条件变化剧烈的航天器,更适合低轨道卫星电源应用或深空探测等一些特殊场合的应用。目前国内外中、大型航天器绝大多数采用 DET 的全调节母线方式,主要包括 S3R架构、S4R 架构、NG 架构、Diversion 架构,以及集成一体化架构。

1.1　S3R 架构

　　S3R 架构是在1977年的ESA空间电源会议上,由 O'Sullivan 和 Weinberg 共同提出的,随后 ESA 的同步地球轨道通信卫星电源系统,一般都采用此类调节技术,该项技术直到今天一直在国内外航天器中广泛使用,TAS - B 公司的 SB3000(第一代)、SB4000(第二代) 和 NG(第三代) 产品均采用此架构。S3R 架构全调节母线电源系统如图 1.1 所示,其中 S3R、电池充电调节器(BCR) 及电池放电调节器(BDR) 统一受主误差放大器(MEA) 控制,构成电压控制环路。S3R 功率调节技术主要是通过使 MEA分别工作在 3 个线性区间(即 3 个域)内实现的,这 3 个线性区间为:分流调节工作区、充电调节工作区及放电调节工作区。该控制方法可以使太阳能电池阵列 — 蓄电池组电源系统在日照区直接给卫星供电,而不需要经过 BDR。为了时刻保证各模块的高效运行,PCU 中分流采取滞环控制方法,而电池充放电电路采取脉冲宽度调制(PWM) 的方式。S3R 架构在刚提出时主要用于低轨道、小功率的场合,但目前已扩展到中、大功率的应用。

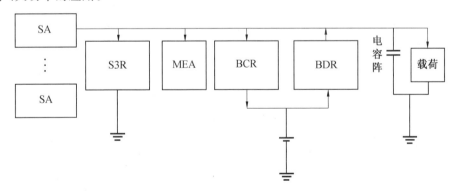

图 1.1　S3R 架构全调节母线电源系统

　　S3R 架构的主要特点是:

　　(1) 实现了全调节母线控制,可将一次电源母线稳定在要求的设计值上,具有非常优异的动态负载响应能力,母线滤波器小,热耗低。

（2）完全实现真正意义上的模块化设计,既可按功率要求通过模块组合适应新的任务要求,又具有设计简单、容易形成批量生产的优点。

（3）在任何工作状态下,只有一个模块处于开关状态。

（4）采用多级冗余设计,可避免单点失效。

1.2　S4R 架构

20 世纪 90 年代中期,为高效利用太阳能,满足大功率负载的需要,ESA 提出了 S4R 电源控制系统架构,S4R 架构全调节母线电源系统如图 1.2 所示,图中 BEA 表示电池误差放大器,TMTC 表示遥测遥控。S4R 拓扑很巧妙地解决了 BCR 单元的设计,相比于 S3R 的主要改进是用一个串联的能量控制单元充当 BCR,它取替 S3R 中的分流单元,减少了电感的使用,同时省去了 BCR 对母线电压的保护单元,提高了功率密度和效率,同时也提高了太阳能电池阵列的使用效率,进而减小了对热控的需求。有序开关的设计提高了系统的可靠性和冗余度,避免了因某个单元不工作而给整机系统带来的不利影响。但该拓扑的缺点是充电时,太阳能电池阵列的输出电压被钳位于蓄电池电压,输出能力受到限制,无法以最大功率输出;另外,其充电电流不连续,对蓄电池寿命不利。

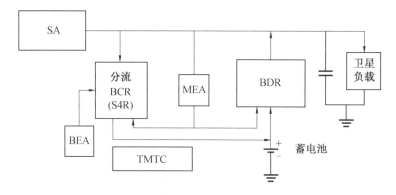

图 1.2　S4R 架构全调节母线电源系统

为使 S4R 电源控制器获得更高的效率,达到更高的利用率,S4R 系统采用如下工作方式:当 S4R 电源控制器开始工作时,将从第 1 个太阳能电池阵列获取能量提供给负载,当负载电流变大,开始依次从第 2 个、第 3 个太阳能电池阵列获取能量提供给负载。同时,调节器从最后一个太阳能电池阵列获取能量给蓄电池充电,如需更大的充电电流对蓄电池充电,将依次从倒数第 2 个、倒数第 3 个太阳能电池阵列获取能量给蓄电池充电。S4R 工作在两种不同的工作模式:轻负载模式与重负载模式。轻负载模式发生在负载功率较小的情况下,在分出几个独立的模块给负载供电的同时也可分出独立的模块给蓄电池充电,任何一个模块都不会工作在既提供负载电流又提供供电电流的状态。从动态的角度看,因为各模块使用各自的太阳能电池分阵,所以各模块是相互独立工作的。重负载情况下,没有任何一个模块工作在全分流状态,此时 S4R 电路会自动调节供电和充电的分配,优先满足供电。所有模块中只有一个工作在既供电分流,又充电的状态,其余模块或工作在全供电状态,或工作在全充电状态。

1.3　NG 架构及 Diversion 架构

目前,全调节母线电源控制器呈现两种发展趋势:一种是由 S3R 架构衍生而来的 NG 架构,另一种是由 S4R 架构衍生而来的 Diversion 架构。

TAS－B公司正在开展NG架构类型PCU产品研制,所谓新一代架构航天器电源控制器(PCU－NG)实际上属于S3R架构的改进型。NG架构电源控制器结构示意图如图 1.3 所示,其基本思路是采用单一模块蓄电池充放电调节器(battery charge and discharge regulator,BCDR)实现电池的充电及放电调节,用充放电一体的BCDR取代了 BCR 和 BDR,结构进一步简化,控制方法为三域控制或两域控制,体积和质量减小,效率进一步提高,PCU 整体的体积和质量实现大幅降低。

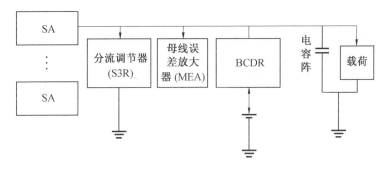

图 1.3　NG 架构电源控制器结构示意图

Astrium 公司则在 Alphabus 卫星平台采用了一种 Diversion 架构的 PCU,基于 Diversion 架构的电源系统如图1.4所示。该架构实际上是S4R架构的一种改进形式,利用 BDR 调节剩余电流间接调节充电电流,实现了充电电流连续调节,但仍存在太阳能电池阵列利用率不高的缺点,这是由于电池直接连接至充电阵,充电阵的电压被钳位在电池电压,此时充电阵无法以最大功率进行输出。

如上所述,TAS－B公司与Astrium公司均是通过优化设计BCR及BDR模块提高PCU整机的功率密度,两种架构相比较,NG架构更易于实现模块化设计,太阳能电池阵列利用率更高,控制方式简单,可靠性高。

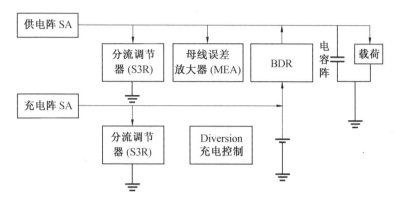

图 1.4   基于 Diversion 架构的电源系统

1.4   一体化拓扑架构

许多情况下,空间电源系统需抽象为受控于功率变换控制策略、能量管理和调度策略的多输入、多输出并可实现功率双向流动的功率变换装置,而多端口或三端口功率变换拓扑是实现该需求的一体化集成方案。三端口功率变换器具有多输入、多输出的单级功率处理能力,可提高功率变换器的可靠性、功率密度及转换效率,同时避免了从太阳能电池到母线的直接能量传输,这使得最大功率点跟踪(maximum power point tracking,MPPT)控制得以实现。以三端口变换器为核心的一体化架构电源系统如图 1.5 所示。另外,太阳能电池寄生电容将等效为变换器的输入滤波电容,因此较大的寄生电容不会对电源控制器造成负面影响。

将传统 S3R 架构中的分流调节器(SR)模块、电池充电调节器模块与电池放电调节器模块放在一个多端口功率拓扑中,实现一体化架构的电源控制器,是目前美国航天局与欧洲航天局对电源控制器研究的重点。与传统应用较多的 S3R 架构相比,三端口拓扑结构将太阳能电池阵列、蓄电池与负载连接到同一拓扑结构中,可大大减小电源控制器的体积和质量,实现功率密度的提升。

三端口拓扑结构分为隔离型和非隔离型两类。

隔离型拓扑结构存在如下缺点或问题:

(1)仅适用于初始功率源工作电压低以及储能端口电压几乎等于输入电压(或为输入电压的一半)的场合。

(2)电池工作在所有不同的运行模式下,缩短了电池的使用寿命。

(3)部分隔离拓扑均为负载端口与其他端口隔离的形式,不利于整星隔离处理。

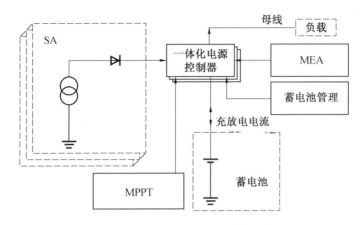

图 1.5　以三端口变换器为核心的一体化架构电源系统

非隔离型拓扑结构存在如下缺点或问题：

（1）所使用功率半导体器件较多，电源系统可靠度相对较低。

（2）太阳能电池到负载属于二级功率变换，效率偏低。

（3）端口电流工作在电流断续模式（DCM），不利于整机功率扩展，同时增加了滤波器质量和体积。

1.5　本书结构

　　航天器电源系统主要为航天器平台和载荷提供稳定可靠的高品质电能，是航天器的核心部件，直接影响甚至决定着航天器在轨的可靠性和安全性，其发展水平对提高航天器整体性能、降低发射成本有重要影响。随着航天器功能、性能和可靠性等多方面要求的提高，航天器电源技术及产品的重要性越来越突出，航天器一次电源系统逐渐向大功率、模块化、智能化、可拓展、轻质高效、可并网的方向发展，促使航天器总体供配电系统逐步从集中式供电向分布式模块化供电、智能配电管理、故障诊断与故障隔离、各电源模块之间局域并网等方向发展，因此多国均开始以系统的集成化、电源的模块化、供配电架构的分布化为主要方向和目标，按照单元化、组合化和可拓展的思路，研究和设计新一代的航天器电源系统，以实现集成度高、可靠性高、功能丰富的新一代综合电源装备，有效缩减电源设备的体积和数量，优化系统配置，提高当前和下一代航天器系统整体的可靠性、可拓展性和可维护性。

　　本书内容涉及卫星电源控制器（PCU）系统级技术、拓扑架构、控制方法、遥测遥控、空间环境影响分析及整星设计优化等方面，具体结构为：概述（第 1 章）航天器一次电源控制关键技术（第 2 章）、新体制航天器一次电源功率拓扑及控制方式（第 3 章）、分布式航天器电源的串并联组合技术（第 4 章）、PCU 遥测遥控单元设计（第 5 章）、电源系统稳定性分析和地面评测系统(第6章)、空间环境影响分析及整星设计优化(第7章)。本书主要针对高压大功率PCU关键技术,重点阐述共性技术的研究成果,未一一给出各单机的详细技术指标。关于PCU的技术指标与具体任务可参考各章末所列参考文献。

本章参考文献

[1] 李国欣. 航天器电源系统技术概论(上)[M]. 北京:中国宇航出版社,2008.

[2] 陈琦,刘治钢,张晓峰,等. 航天器电源技术[M]. 北京:北京理工大学出版社,2018.

[3] O'SULLIVAN D. Satellite power system topologies [J]. ESA Journal,1989,13(2):77-88.

[4] 马世俊. 卫星电源技术[M]. 北京:中国宇航出版社,2001.

[5] MUKIND R P. Spacecraft power systems [M]. New York:CRC Press,2005.

[6] 姜东升,程丽丽. 空间航天器电源技术现状及未来发展趋势[J]. 电源技术,2020,44(5):785-790.

[7] DEHBONEI H,LEE S R,KO S H. Direct energy transfer for high efficiency photovoltaic energy systems part II:experimental evaluations [J]. IEEE Transaction on Aerospace and Electronic Systems,2009,45(1):46-57.

[8] 徐福祥. 卫星工程概论[M]. 2版. 北京:中国宇航出版社,2004.

[9] O'SULLIVAN D,WEINBERG S H. The sequential switching shunt regulator S3R[J]. ESA Spacecraft Power Conditioning,1977,1:123-131.

[10] GARRIGOS A,CARRASCO J A,BLANES J M,et al. Modeling the sequential switching shunt series regulator [J]. IEEE Power Electronics Letters,2005,3(1):7-13.

[11] GARRIGOS A,CARRASCO J A,RUBIATO J,et al. System model of the sequential switching shunt series regulator for spacecraft regulated high power busses[C]. Power Electronics Specialists Conference. Aachen,Germany. IEEE,2004:2645-2650.

[12] GARRIGOS A,RUBIATO J,CARRASCO J A,et al. Control loop design of the Sequential Switching Shunt Series Regulator[C]. IEEE Mediterranean Electrotechnical Conference. Benalmadena,Spain. IEEE,2006:1194-1197.

[13] CAPEL A,PEROL P. Comparative performance evaluation between the S4R and the S3R regulated bus topologies [C]. IEEE 32nd Annual Power

Electronics Specialists Conference. Vancouver, BC, Canada. IEEE, 2001: 1963-1969.

[14] 雷卫军,李言俊. S4R 功率调节技术在航天器上的仿真研究与实现[J]. 宇航学报,2008,29(3):977-982.

[15] DENZINGER W,DIETRICH W. Generic 100V high-power bus conditioning [C]. European Space Power Conference. Stresa, Italy. NASA/ADS, 2005: 12-22.

[16] AL-ATRASH H,PEPPER M,BATARSEH I. A zero-voltage switching three-port isolated full-bridge converter [C]. Telecommunications Energy Conference. Providence,RI,USA. IEEE,2006:1-8.

[17] LI W,XIAO J,ZHAO Y,et al. PWM plus phase angle shift (PPAS) control scheme for combined multiport DC/DC converters[J]. IEEE Transaction on Power Electronics,2012,27(3):1479-1489.

[18] WU H F,CHEN R R,ZHANG J J,et al. A family of three-port half-bridge converters for a stand-alone renewable power system[J]. IEEE Transaction on Power Electronics,2011,26(9):2697-2706.

[19] WU H F,SUN K,CHEN R R,et al. Full-bridge three-port converters with wide input voltage range for renewable power systems[J]. IEEE Transaction on Power Electronics,2012,27(9):3965-3974.

[20] KWASINSKI A. Identification of feasible topologies for multiple-input DC - DC converters[J]. IEEE Transaction on Power Electronics,2009,24(3): 856-861.

[21] LI Y,RUAN X,YANG D,et al. Synthesis of multiple-input DC/DC converters [J]. IEEE Transaction on Power Electronics,2010,25(9):2372-2385.

[22] LIU Y C,CHEN Y M. A systematic approach to synthesizing multi-input DC - DC converters[J]. IEEE Transaction on Power Electronics,2009,24(1): 116-127.

[23] ONWUCHEKWA C N,KWASINSKI A. A modified-time-sharing switching technique for multiple-input DC - DC converters[J]. IEEE Transaction on Power Electronics,2012,27(11):4492-4502.

[24] NEJABATKHAH F, DANYALI S, HOSSEINI S H,et al. Modeling and control of a new three-input DC - DC boost converter for hybrid PV/FC/battery power system[J]. IEEE Transaction on Power Electronics,2012,27 (5):2309-2324.

[25] WU H F,SUN K,DING S,et al. Topology derivation of nonisolated three-port

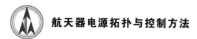

DC – DC converters from DIC and DOC[J]. IEEE Transaction on Power Electronics,2013,28(7):3297-3307.

[26] MOURRA O,FERNANDEZ A,TONICELLO F,et al. Multiple port DC DC converter for spacecraft Power Conditioning Unit [C]. Applied Power Electronics Conference and Exposition (APEC). Orlando,FL,USA. IEEE, 2012:1278-1285.

第 2 章

航天器一次电源控制关键技术

本章对航天器一次电源控制关键技术展开研究。首先,研究太阳能电池阵列寄生电容对电源控制器造成的影响及抑制补偿策略;其次,研究电源系统空间能量压缩原理,构建基于三端口功率拓扑一体化航天器电源系统和控制方法;最后,针对未来航天器多载荷特性,研究多模式混合储能电源系统架构和多源兼容柔性可扩展电源系统架构及其实现方法。

PCU 须对太阳能电池、蓄电池及输出母线进行分布、分时、精细、不间断、高动态、高品质功率调节。由于此前缺乏对 PCU 系统架构演化规律的认知,一直沿用国外 S3R、S4R、Diversion 等系统架构,这成为自主研发的瓶颈。PCU 是卫星平台最大的电子单机,热耗集中且需从底面散热,功率提升导致散热面积增加,影响整星构型,压缩载荷空间,从而影响卫星承载能力,所以 PCU 小型轻量化是高性能卫星平台的首要需求。"硅进铜退"是电力电子实现高功率密度的技术方向和趋势,但因空间环境特殊性,国内外空间应用宇航级高压大功率半导体功率器件的开关速度较低、功率处理能力有限,无法通过提高开关频率实现减重。此外,国内外电力电子学界或工业界尚无适合空间应用的三端口电路拓扑结构,亟须自主创新,对此本书提出了分时复用一体化 PCU 系统架构,实现了小型轻量化。长期供电安全要求 PCU 全寿命具备 60° 以上相位裕度(国际宇航界共同遵循的标准)。由于电推进、脉冲型微波通信等大功率载荷瞬态特性,PCU 须具备低输出阻抗供电能力。大功率扩展,帆板面积增加,太阳能电池阵列寄生电容近似指数增长,使供电严重滞后,输出阻抗增加,动态性能下降,进而导致卫星供电品质严重下降,可诱发过 / 欠压保护、通信中断、电推力不稳,甚至熄火。此外,PCU 须在跨域、异常章动、整星自旋等极端工况下保持不间断高品质供电。在整星层面功率大幅扩展的条件下,由于缺乏对太阳能电池阵列大寄生电容对 PCU 功率调节及控制影响规律的深入认知,因此缺乏兼顾高稳定性和低输出阻抗的控制手段。本章将针对以上技术瓶颈问题进行探讨研究。

2.1　可消除太阳能电池阵列寄生电容影响的 S3R 控制器

太阳能电池及其结构占整个航天器电源系统质量的 30% 以上,因此要实现较高的电源系统功率密度,需要使用高效率的太阳能电池阵列。在过去,硅太阳能电池材料得到广泛应用,但它的发电效率较低,更高效率并具有抗辐照性能的三结或多结砷化镓太阳能电池在航天领域中得到了广泛的应用,使用高效率的三结砷化镓太阳能电池可大大减少电源系统的质量和体积。

然而,相比于传统硅材料制作的太阳能电池,三结砷化镓的输出寄生电容相对较大。太阳能电池可看作一个具有寄生电容的电流源。由于引入了比硅材料寄生电容大 5 倍的三结砷化镓材料电池,这个输出寄生电容参数将会造成更大的分流电流尖峰,这会使得 S3R 分流器的设计变得更加困难。当 S3R 的开关频率相对较高时,这种情况会更加恶劣。同时更高的电流瞬间变化率会让整个电源系统的电磁兼容性(electromagnetic compatibility,EMC)变差。另外,寄生电容所造成的母线供电迟缓也会增大母线控制的响应延时。当进行负载切换时,功率母线就只能依赖于母线电容,直到太阳能电池阵列的输出电压被钳位在母线电压。因此,母线的稳态响应和动态响应随着太阳能电池阵列寄生电容的增加将大大恶化。

本节分析太阳能电池阵列寄生电容对 S3R 控制器产生的影响,包括寄生电容对母线纹波、双段区间、相位裕度和输出阻抗的影响及抑制补偿策略等,同时对 S3R 分流器因寄生电容而导致的关断延时给出其相应的数学模型。最后给出能够消除太阳能电池阵列寄生电容影响的 S3R 控制器,这是一种在保证低开关损耗、高功率密度、分流器供电延时短的同时,结合了有源和无源限流的分流调节器,称为有源无源分流器(passive and active shunt regulator,PASR),并在控制环路中加入非线性比例微分(proportional differentiation,PD) 控制,进一步减少开关延时的影响,提升 S3R 的稳定裕度、输出阻抗及动态响应。

2.1.1　寄生电容带来的负面影响及抑制补偿策略

寄生电容对 S3R 的影响可归纳为以下几点:

(1)需要使用限流单元来防止分流开关导通时刻寄生电容放电所产生的电流尖峰。S3R 的开关损耗与寄生电容大小及开关频率成正比,开关损耗的增大将为 S3R 热控系统的设计造成很大困难。

(2)会增加关断延时时间(S3R 向母线输出电流响应延时),使输出母线的直流特性变差(输出电压纹波增大)。

(3)当负载电流接近于太阳能电池阵列单阵电流的整数倍时,关断延时时间的增加将导致双阵同时供电。这会引起邻近分流器的开关频率升高,母线电压纹波增大,以及双阵同时开关工作的负载范围变宽。

(4)关断延时时间的增加会使 S3R 母线电压闭环控制的稳定裕度降低。

(5)关断延时时间的增加会导致更大的母线输出阻抗。一般来说,可以通过增大母线电容来减小阻抗,但这会增加整个电源系统的质量和体积。

1. 寄生电容瞬间放电分析及限制方法

太阳能电池阵列的寄生电容,特别是三结砷化镓的寄生电容,在分流金属－氧化物－半导体场效应晶体管(MOSFET)导通时会产生很大的电流尖峰,成为 S3R 设计必须考虑的问题。如图 2.1 所示,在分流器中没有应用电流限制技术(假设 R_{dump} 为 0,L_H 阻尼作用较小)。当 M_1 导通时,寄生电容 C_{SA} 相当于对地短路,通过导线电感放电。若导线电感值 L_H 较低,放电产生的电流尖峰将会损坏 M_1。当分流开关频率相对较高时这种情况更容易发生,并且在导线电感和 M_1 中产生的电流快速变化也将恶化电源的 EMC 特性。

SA 的电容和导线电感会产生耦合振荡,根据 LC 谐振原理,保证临界阻尼的阻抗值为

$$R_{dump} \geqslant 2\sqrt{\frac{L_H}{C_{SA}}} \tag{2.1}$$

实际应用中,电感的标准值为 $1 \sim 10\ \mu H$,电容的标准值则在 $1.5\ \mu F$ 左右,所以临

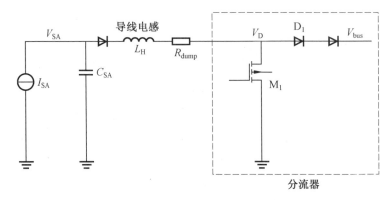

图 2.1　无电流尖峰限制的分流器

界阻抗的数量级为 $1 \sim 10\ \Omega$,这与对 SA 导线低传导损耗的要求存在矛盾。

如图 2.2 所示,电流尖峰限制的方法之一是有源电流限制,原理是使 M₁ 工作在可变电阻区产生瞬间的阻尼电阻来降低电流尖峰,相应阻尼电阻功率损耗也将大大降低。该有源电流限制由 M₁ 的最大限流驱动(I_{MAX} control driver) 完成,最大限流驱动通过采样电阻检测 M₁ 上的电流,并控制 M₁ 的门源驱动电压使开关工作在线性区以达到电流限制在预定值以下的目的。在有源电流限制法中,M₁ 导通时刻的电流尖峰被限制在最大允许值以下,这个最大允许值由最大限流驱动确定。此方法的主要缺点是 MOSFET 的导通时间被大大延长,开关损耗也将随之提高。

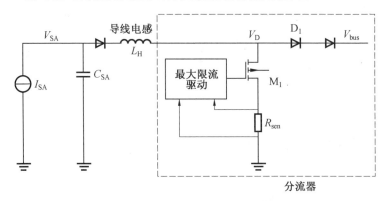

图 2.2　有源电流限制法的分流器

图 2.3 所示为母线调节模式下 M₁ 开关波形,描述了未考虑导线电感的情况下 S3R 调节的过程。M₁ 的导通损耗由 C_{SA} 对 M₁ 的放电能量决定,再乘最大开关频率,即导通损耗可通过如下简化公式估算:

$$E_{\text{turn\_on}} = \frac{C_{\text{SA}} V_{\text{bus}}^2}{2} \frac{I_{\text{MAX}}}{I_{\text{MAX}} - I_{\text{SA}}} \tag{2.2}$$

式中　　I_{MAX}——限制的电流最大值;

I_{SA}—— 单阵电流;

V_{bus}—— 母线电压。

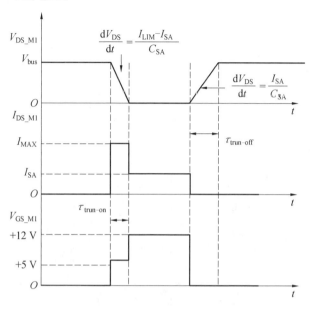

图 2.3　母线调节模式下 M_1 开关波形

因此,M_1 开关的总损耗可结合其开通阻抗 R_{DSON} 计算得出,即

$$E_{total} = E_{turn\_on} f_{SRmax} + \frac{I_{SA}^2 R_{DSON}}{2} \tag{2.3}$$

S3R 的开关频率为

$$f_{SRmax} = \frac{I_{SA}}{4 \Delta U C_{bus}} \tag{2.4}$$

式中　ΔU—— 母线电压纹波;

C_{bus}—— 母线电容。

由此可知,当使用单阵电流较大的三结砷化镓太阳能电池阵列且母线电压很高时,开关 M_1 的功率损耗将会更大,这将使得电源系统的热控单元设计变得更困难,同时对 S3R 的可靠性和 EMC 产生不利影响。

还有一种电流尖峰限制法为无源电流限制法,无源电流限制法的分流器如图 2.4 所示。输入串联电感起到了限制 M_1 电流尖峰的作用。这个方法的优点是,当 M_1 导通时,L_1 和导线电感与 C_{SA} 发生谐振限制电流尖峰,这样可以避免 M_1 工作在线性区,根据式(2.3),开关损耗也将大大降低。

然而 L_1 的存在会带来其他缺点。一方面,如果要限制电流在给定值以下,需要电感 L_1 足够大,电感 L_1 的增大将会增大 S3R 的质量和体积;另一方面,L_1 的增大也会使关断延时时间变得更长,导致母线的交流特性(输出阻抗和环路特性)进一步恶化。

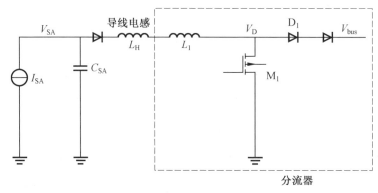

图 2.4 无源电流限制法的分流器

综上所述,在 S3R 设计中必须考虑开通瞬间限流设计,然而无论选择有源还是无源方法,均会对系统造成不同方面的负面影响,且无法折中设计。

2. 寄生电容所带来的延时环节对母线特性影响分析

寄生电容会造成 S3R 功率开关管的关断延时,同时导线电感也会对关断延时有一定影响,包括控制信号反应时间在内的总关断延时时间为

$$\tau_{\mathrm{OFF}} = \tau_{\mathrm{e}} + \frac{C_{\mathrm{SA}} V_{\mathrm{bus}}}{I_{\mathrm{SA}}} + 2\sqrt{L_{\mathrm{H}} C_{\mathrm{SA}}} \tag{2.5}$$

式中　τ_{e}——控制电路的电信号延时。

母线电压纹波的额外增加部分由关断延时和太阳能电池阵列的最大功率点(MPP)电流决定,即

$$\Delta V_{\mathrm{bus}} = \frac{V_{\mathrm{hyst}}}{KA} + \frac{I_{\mathrm{SA}} \tau_{\mathrm{OFF}}}{C_{\mathrm{bus}}} \tag{2.6}$$

式中　V_{hyst}——滞环电压。

此外,当负载电流为太阳能电池阵列单阵供电电流整数倍时,相邻两路分流调节器会同时开关调节母线电压,双阵同时开关的负载域与延时时间的关系如图 2.5 所示。与正常的单路调节模式相比,双路或多路调节的主要缺点是具有更高的开关频率(功率损耗会增加)、更大的母线纹波及更差的 EMC 特性。

S3R 属于 bang－bang 控制的非线性系统,首先对其进行线性拟合,S3R 功率等级模式及其线性拟合如图 2.6 所示。线性化后 S3R 的跨导控制模型为

$$G_{\mathrm{S3R}} = \frac{n I_{\mathrm{SA}}}{V_{\mathrm{MEAmax}} - V_{\mathrm{MEAmin}}} \tag{2.7}$$

带有时间延时(关断延时)的 S3R 等效线性传递函数框图如图 2.7 所示。

在考虑延时的情况下,系统闭环增益为

$$T_{\mathrm{BUS\_delay}}(s) = K\left(\frac{R_2}{R_1} + \frac{1}{C_1 \cdot S \cdot R_1} + 1\right) \frac{\tau_{\mathrm{OFF}}^2 s^2 - 6\tau_{\mathrm{OFF}} s + 12}{\tau_{\mathrm{OFF}}^2 s^2 + 6\tau_{\mathrm{OFF}} s + 12} G_{\mathrm{S3R}} \frac{R_{\mathrm{L}}}{1 + R_{\mathrm{L}} C_{\mathrm{bus}} s}$$

$$\tag{2.8}$$

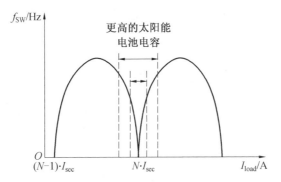

图 2.5　双阵同时开关的负载域与延时时间的关系

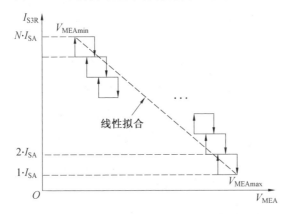

图 2.6　S3R 功率等级模式及其线性拟合

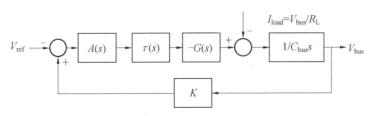

图 2.7　带有时间延时(关断延时)的 S3R 等效线性传递函数框图

根据经典控制理论,纯延时环节引入的额外极点会造成整个控制系统的稳定裕度下降和输出阻抗增加。

3. MEA 非线性 PD 控制对延时环节的补偿作用

延时时间在频域中会导致稳定裕度的降低和输出阻抗的增大,同时在时域中会导致母线动态响应的进一步恶化。因此为了减小关断延时的负面影响,在此增加非线性的 PD 环节对其进行补偿。为了保证负载为静态时 MEA 的比例积分(proportional integral,PI)线性控制功能,使用两个二极管反并联构成门槛电压,MEA 的基本功能如图 2.8 所示。只要没有达到二极管的正向导通电压,MEA 信号就工作在 PI 控制状态。对微分控制器起作用的门槛电压可以通过改变微分控制器的增益来进行调节。这种调节方式的优点是增加微分控制器可以提高 MEA 在较大动态负载时刻的反应速度,同时保证在稳态负载条件下的 PI 控制不受影响。

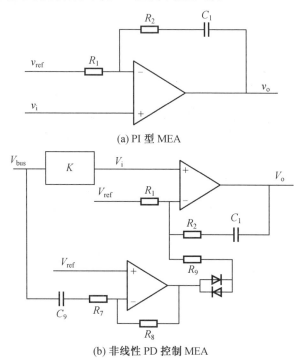

(a) PI 型 MEA

(b) 非线性 PD 控制 MEA

图 2.8　MEA 的基本功能

补偿后的 S3R 输出母线电压等效控制框图如图 2.9 所示。图 2.10 所示为 MEA 信号 Bode 图。可以看出,在穿越频率附近,非线性 PD 控制部分可提供额外零点,对纯延时环节产生的极点进行补偿。

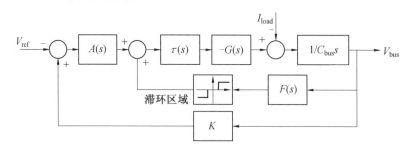

图 2.9　等效后的 S3R 输出母线电压等效控制框图(非线性 PD 控制)

为了简化计算,在计算带有非线性 PD 控制的 S3R 开环传递函数时没有考虑门槛

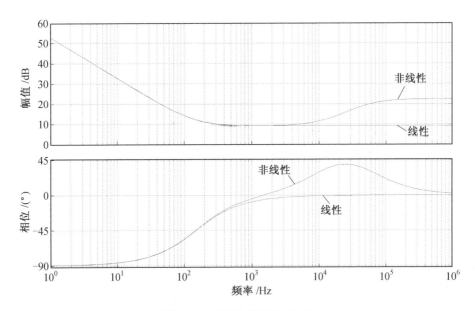

图 2.10　MEA 信号 Bode 图

电压。非线性补偿后的传递函数为

$$T_{\text{BUS\_Non}}(s) = \left[\left(\frac{R_2}{R_1} + \frac{1}{C_1 R_1 s} + 1\right) K \Delta V_{\text{bus}} + \frac{R_8 C_9}{R_9 C_1 + R_9 C_1 R_7 C_9 s}(R_2 C_1 s + 1) \Delta V_{\text{bus}}\right] \times$$

$$\frac{\tau_{\text{OFF}}^2 s^2 - 6\tau_{\text{OFF}} s + 12}{\tau_{\text{OFF}}^2 s^2 + 6\tau_{\text{OFF}} s + 12} \times G_{\text{S3R}} \times \frac{R_L}{1 + R_L C_{\text{bus}} s} \qquad (2.9)$$

2.1.2　有源和无源分流调节器

为了满足在大寄生电容、高单阵电流和高电压下的运用,分流调节器拓扑必须综合功率损耗、质量、关断延时和最大电流限制等多方面因素考虑找到折中解决方法。本节给出一种同时具备有源和无源电流限制的 SR,如图 2.11 所示。最大电流限制由无源器件 L_1 和限流驱动同时作用,因为 L_1 被放在分流开关的支路上,所以关断延时时间减小,D_2 放在这里的作用是在关断后立即为 L_1 续流,实现对母线的快速电流供应,进一步减小关断延时。

为简化分析,对此拓扑进行以下假设:SA 等效为理想电流源;不考虑有源电流限流的影响;功率器件和导线是理想的。图 2.12 给出了 PASR 不同阶段关键波形,图 2.13 给出了一个开关周期期间不同工作阶段下的电流流向。

阶段 Ⅰ $[t_1, t_2]$:M_1 导通,二极管 D_1、D_3 导通,D_2 关断,电流路径如图 2.13(a) 所示。L_H 两边电压不变,流过电流保持为 $I_{\text{SA}}(I_{\text{LH}} = I_{\text{SA}})$。$L_1$ 两端电压为 V_{bus},流过 $L_1(M_1)$ 的电流线性升高,流过 D_1 的电流线性降低,直到 I_{D1} 降为 0,实现了 M_1 的零电流导通,降低开关损耗。

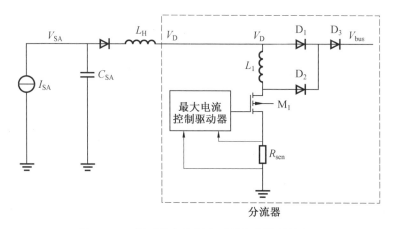

图 2.11　同时带有有源和无源电流限制的 SR

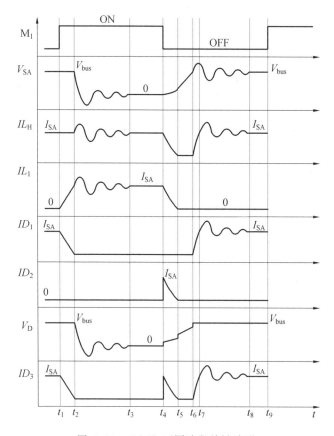

图 2.12　PASR 不同阶段关键波形

阶段 Ⅱ $[t_2, t_3]$：M_1 导通，二极管 $D_1 \sim D_3$ 均关断。电流路径如图 2.13(b) 所示。L_1 电流增加到与 L_H 电流相等，二者等同为一个电感，与 C_{SA} 发生谐振。V_{SA} 的最小

值为

$$V_{\text{SA\_min}} = -I_{\text{SA}} \sqrt{\frac{L_1 + L_\text{H}}{C_\text{SA}}} \qquad (2.10)$$

阶段 Ⅲ $[t_3, t_4]$：M_1 导通，二极管 $D_1 \sim D_3$ 均关断，电流路径如图 2.13(b) 所示。谐振阻尼作用之后，进入稳态。

阶段 Ⅳ $[t_4, t_5]$：M_1 关断，二极管 D_2、D_3 导通，D_1 关断，电流路径如图 2.13(c) 所示。L_1 和 L_H 电流等于 $V_{\text{bus}} - V_{\text{SA}}$，$L_\text{H}$ 和 L_1 电流通过 D_2 和 D_3 向母线续流并近似线性降低为 0。C_SA 充电，V_{SA} 电压升高。整个过程可视为，L_H 和 L_1 中能量流向 V_{bus} 并对 C_SA 充电，使关断延时时间缩短。该阶段内有

$$\begin{cases} C_\text{SA} \dfrac{\mathrm{d}V_{\text{SA}}(t)}{\mathrm{d}t} + i_\text{L}(t) = I_\text{SA} \\[2mm] -(L_1 + L_\text{H}) \dfrac{\mathrm{d}i_\text{L}(t)}{\mathrm{d}t} + V_{\text{SA}}(t) = V_{\text{bus}} \end{cases} \qquad (2.11)$$

$$\begin{cases} V_{\text{SA}}(t) = V_{\text{bus}} - V_{\text{bus}} \cos\left[\sqrt{\dfrac{1}{C_\text{SA}(L_1 + L_\text{H})}} t\right] \\[4mm] i_\text{L}(t) = I_\text{SA} - V_{\text{bus}} \sqrt{\dfrac{C_\text{SA}}{L_1 + L_\text{H}}} \cos\left[\sqrt{\dfrac{1}{C_\text{SA}(L_1 + L_\text{H})}} t\right] \end{cases} \qquad (2.12)$$

$$t_5 - t_4 = \sqrt{C_\text{SA}(L_1 + L_\text{H})} \times \arcsin\left[\frac{I_\text{SA}}{V_{\text{bus}}} \sqrt{\frac{L_1 + L_\text{H}}{C_\text{SA}}}\right] \qquad (2.13)$$

$$V_{\text{SA}}(t_5) = V_{\text{bus}} - \sqrt{V_{\text{bus}}^2 - \frac{I_\text{SA}^2(L_1 + L_\text{H})}{C_\text{SA}}} \qquad (2.14)$$

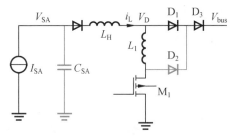

(a) 阶段 Ⅰ

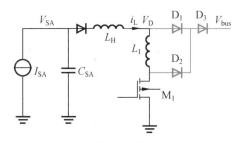

(b) 阶段 Ⅱ和阶段 Ⅲ

图 2.13　一个开关周期期间不同工作阶段下的电流流向

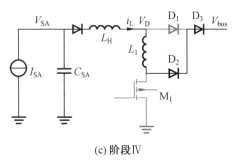

(c) 阶段Ⅳ

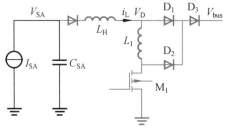

(d) 阶段Ⅴ

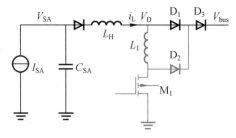

(e) 阶段Ⅵ、阶段Ⅶ和阶段Ⅷ

续图 2.13

阶段 Ⅴ [t_5, t_6]：M_1 关断，二极管 D_1 ～ D_3 均关断，电流路径如图 2.13(d) 所示。L_H 和 L_1 电流降为 0 后，I_{SA} 直接对 C_{SA} 进行充电，C_{SA} 电压线性上升至 V_{bus}。不考虑阶段 Ⅳ 中 C_{SA} 电压上升，本阶段时长为

$$t_6 - t_5 \approx \frac{C_{SA}[V_{bus} - V_{SA}(t_5)]}{I_{SA}} \tag{2.15}$$

阶段 Ⅵ [t_6, t_7]：M_1 关断，二极管 D_1、D_3 导通，D_2 关断，电流路径如图 2.13(e) 所示。C_{SA} 电压达到 V_{bus} 后，L_H 电流开始上升到 I_{SA}。不考虑内部阻尼作用，根据 LC 振荡可得本阶段时长为

$$t_7 - t_6 = \frac{\pi}{2}\sqrt{L_H C_{SA}} \tag{2.16}$$

阶段 Ⅶ [t_7, t_8]：M_1 关断，二极管 D_1、D_3 导通，D_2 关断，电流路径如图 2.13(e) 所

示。C_{SA} 与 L_H 发生谐振，V_{SA} 最大值可表示为

$$V_{SA\_max} = V_{bus} + I_{SA}\sqrt{\frac{L_1 + L_H}{C_{SA}}} \tag{2.17}$$

阶段 Ⅷ $[t_8, t_9]$：M_1 关断，二极管 D_1、D_3 导通，D_2 关断，电流路径如图 2.13(e) 所示。谐振阻尼作用后，进入稳态。C_{SA} 电压恒定，$M_1(L_H, L_1)$ 支路电流恒定。

寄生电容和导线电感谐振的情况下，从上述分析可计算出总的关断延时时间为

$$\tau_{OFF\_reson} = \tau_e + \frac{t_5 - t_4}{2} + \frac{C_{SA}V_{bus} - V_{SA}(t_5)}{I_{SA}} + \frac{\pi}{2}\sqrt{L_H C_{SA}} \tag{2.18}$$

式中　τ_e——控制电路的电信号延时。

在实际应用中，输入电流源由太阳能电池阵列或者模拟器来替代理想的电流源。内部集成旁路二极管钳住了 SA 的反向电压，使得谐振很快完成并消失。另外，由于输入电压域的 $I-V$ 曲线中 I_{SA} 不能连续保持在最大功率附近的电流值，因此 V_{SA_MAX} 也不可能一直维持。这也是谐振很难在实际电路中被观测到的原因。在不考虑谐振的前提下，全部的关断延时可表示为

$$\tau_{OFF} = \tau_e + \frac{t_5 - t_4}{2} + \frac{C_{SA}V_{bus} - V_{SA}(t_5)}{I_{SA}} \tag{2.19}$$

当开关打开时，限流驱动会提供一个阻尼电阻来限制通过 M_1 的最大电流到预定值。储存在寄生电容中的能量很少一部分被 M_1 所吸收，而剩余部分则储存在 L_H 和 L_1 中，当母线需要电流时快速放电流向母线。

通过上面的分析，PASR 拓扑中的限流电感可以比无源电流限制方法小，并且 MOSFET 的功率损耗会比有源电流限制方法小，同样至关重要的一点是关断延时可被减少到最小的程度。因此在 PASR 中，质量、功率损耗及关断延时均得到折中和良好改善。

2.2　太阳能电池阵列端隔离一体化航天器电源系统

航天器中独立光伏－蓄电池电源系统通常需要管理由多个电源提供的能量（如太阳能电池阵列和蓄电池），并以适当的形式提供连续功率给负载。这通常需要 3 个不同的 DC/DC 变换器来完成该功率变换，分别为太阳能变换器（solar power converter，SPC）、电池充电变换器（battery charge converter，BCC）和电池放电变换器（battery discharge converter，BDC），传统的太阳能电池阵列 － 蓄电池组电源系统架构如图 2.14 所示。但这些复杂的装置使得系统体积大、费用高，最重要的是，经过多级功率转换，系统整体效率较低。为了降低发射成本，提高电源系统的功率密度，一体化电源系统的概念被提出，而一体化的核心则是三端口 DC/DC 变换器（three ports DC/DC converters,TPC)。

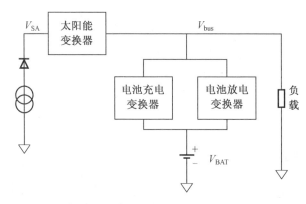

图 2.14　传统的太阳能电池阵列－蓄电池组电源系统架构

　　用于太阳能电池阵列－蓄电池组电源系统的三端口变换器如图 2.15 所示,一个集成的三端口变换器能够代替图 2.14 中 3 个独立的变换器,在保持传统多级变换器功能的同时,功率密度和转换效率都能极大提高。三端口变换器的拓扑分为:非隔离、部分隔离(两个功率端口共用一个地,并与剩下的端口隔离)和全隔离。非隔离三端口变换器通常源于 Buck、Boost、Buck－Boost 等结构的变换器,设计紧凑且高效(非隔离三端口变换器将在 2.3 节展开论述)。然而,许多应用场合都需要隔离,因而在一些场合里面非隔离拓扑并不能满足要求。在全隔离拓扑中,三端口之间能量转换是在每个端口采用一个三绕组隔离变压器与桥式拓扑连接,但是这常常要用到 6 个或者更多功率开关和器件,因为端口之间不能共用相同的功率开关,因此变换器费用、体积和质量增加。事实上,只有在太阳能电池阵列和负载这两个端口之间需要隔离以保证高安全性。因此在部分隔离拓扑中可通过拓扑合并来共用一些器件,兼顾功率密度和安全性。

　　本节给出一种以太阳能电池阵列端隔离 TPC 为核心的高集成度解决方案,能连接隔离的太阳能电池阵列端、非隔离电池端口和负载端口。该方案从架构方面实现对整个航天器电源系统的能量空间压缩(功率密度提升)。TPC 在拓扑及控制上都具备较多特点:所有主二极管和 MOSFET 均能实现零电流开关(ZCS),从而大大提高效率;利用半桥变压器的第四绕组形成的磁开关使太阳能电池阵列的输入电流保持连续状态;基于负载端口的 Boost 电路建立的能量平衡,可同时实现电池充电控制、母线电压控制及 MPPT 控制,并可以实现基于单模块及多模块整机功率扩展的控制,从而使得基于 TPC 的电源系统能自动在跨导模式和 MPPT 模式之间自由切换。

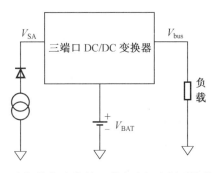

图 2.15　用于太阳能电池阵列－蓄电池组电源系统的三端口变换器

2.2.1　太阳能电池阵列端隔离 TPC 拓扑的衍生过程及工作原理

1. TPC 拓扑的衍生过程

用于光伏－蓄电池电源系统的三端口变换器有 3 条功率流向路径：① 当输入太阳能功率大于负载需求时，剩余的能量给电池充电；② 当输入能量不能满足负载需求时，太阳能和电池同时给负载供电；③ 当太阳能电池阵列没有能量时，电池单独给负载供电。TPC 来自于半桥拓扑，如图 2.16(a) 所示。TPC 拓扑的衍生过程总结如下：

步骤 1：将副边负责整流的变压器绕组分开接到蓄电池端口，当变压器原边电压为负时，原边能量流向蓄电池。由此，实现了功率转换的两端口输出，如图 2.16(b) 所示，同时增加 C_4 来组成谐振电路实现功率半导体器件 ZCS，从而去掉输出滤波电感 L_{bus}。

步骤 2：当太阳能电池阵列能量不能满足负载需求时，蓄电池到负载之间的功率流向是必要的。这里，增加了一个带有输出滤波电容的 Boost 拓扑，该拓扑中的 Boost 变换器可以共用输出滤波电容 C_{bus}。由此，实现了双向输入功率转换，如图 2.16(c) 所

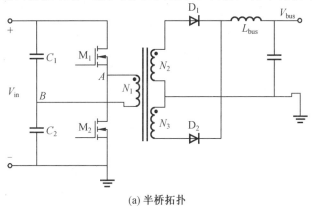

(a) 半桥拓扑

图 2.16　TPC 拓扑的衍生过程

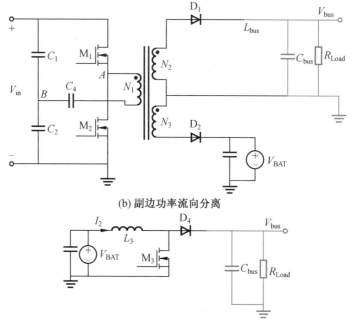

(b) 副边功率流向分离

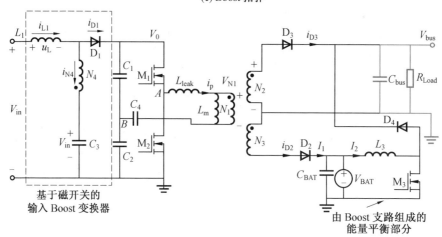

(c) Boost 拓扑

(d) 隔离式 TPC 拓扑

续图 2.16

示。另外,通过控制输出 Boost 的输入电流能实现蓄电池充电管理,所以本拓扑中的 Boost 变换器起能量平衡的作用。

步骤 3:如图 2.16(d) 所示,由 L_1、N_4、C_3 和 D_1 组成的网络实现了输入电流连续和泵升输入电压。N_4 与 N_1 的比值决定了电流纹波和 Boost 电路的升压比。该半桥变换器里面的变压器磁芯利用率高,因而可以获得更高的效率。

2. TPC 拓扑的工作原理

根据太阳能电池阵列发电功率和负载需求的情况，TPC 拓扑有 3 种不同的工作状态：① 单输入双输出（SIDO）状态，$I_1 > I_2$，太阳能电池阵列的能量可满足负载需求并给蓄电池充电；② 双输入单输出（DISO）状态，$I_1 < I_2$，因为太阳能电池阵列的能量不能满足负载需求，所以蓄电池通过 Boost 变换器放电，和太阳能电池阵列一起给负载供电；③ 单输入单输出（SISO）状态，$I_1 = 0$，由于太阳能电池阵列没有能量，因此蓄电池单独给负载供电。在提出的变换器中，SIDO 和 DISO 状态的主要差异是 Boost 输入电流的值不同，所以这两个状态的工作原理几乎是相同的。详细的工作原理阐述如下：

V_{in}、V_{BAT} 和 V_{bus} 分别表示太阳能电池阵列端口的电压、蓄电池端口电压和负载端口电压；L_1 表示 Boost 变换器的电感；C_{BAT} 和 C_{bus} 表示并联在相应端口的滤波电容；$M_1 \sim M_3$ 的占空比分别用 $d_1 \sim d_3$ 表示，d_1 和 d_2 相同且互补，d_3 的前沿与 d_2 同步但其值与 d_2 不同。为了更好地阐述和分析电路原理，做如下假设：所有开关均为理想的；电容 C_{BAT} 和 C_{bus} 足够大以便因转换而引起的电压纹波可以忽略，并且这些电压看作恒压源；电容 C_3 上的电压等于输入电压。

TPC 拓扑在一个开关周期内的运行状态可以分为 6 个单独的阶段，不同运行阶段下的等效电路如图 2.17 所示，TPC 拓扑在一个开关周期内的主要波形如图 2.18 所示。

阶段 $[t_0, t_1]$：在 t_0 点，M_1 导通，电流流通路径如图 2.17(a) 所示。变压器 N_1 的原边和电容 C_4（半桥的中点）上为正电压，变压器漏感 L_{leak} 开始与 C_4 发生谐振。励磁电感电压 V_{Lm} 被母线电压的比例钳位，能量从电容 C_1 传递给输出负载，同时从太阳能电池阵列端输入并传输到变压器绕组 N_4。因此，有能量从太阳能电池阵列端直接转换到负载，提高了转换效率。同时，二极管 D_3 和开关 M_1 零电流导通，太阳能电池阵列端的输入电感 L_1 的电流线性增加。相关的关系式为

$$
\begin{cases}
\dfrac{\mathrm{d}i_{Lm}}{\mathrm{d}t} = \dfrac{(N_1/N_2)V_{bus}}{L_m} \\[2mm]
L_{leak}\dfrac{\mathrm{d}i_p}{\mathrm{d}t} + \dfrac{N_1}{N_2} \cdot V_{bus} + V_{C4} = \dfrac{1}{2}V_o \\[2mm]
i_p = C_4 \dfrac{\mathrm{d}V_{C4}}{\mathrm{d}t} \\[2mm]
N_1(i_p - i_{Lm}) = N_2 i_{D3} + N_4 i_{N4} \\[2mm]
\dfrac{\mathrm{d}i_{L1}}{\mathrm{d}t} = \dfrac{(N_1/N_2)V_{bus}}{L_1} \\[2mm]
i_{N4} = i_{L1}
\end{cases}
\tag{2.20}
$$

式中　　L_m 和 i_{Lm}——励磁电感和该电感上流过的电流；

　　　　i_p——初级绕组上的电流；

　　　　N_1、N_2、N_4——变压器上的绕组匝数；

V_{C4}——电容 C_4 的电压；

V_{bus}——母线电压；

L_{leak}——变压器漏电感；

V_o——半桥中间线电压；

i_{N4}——流过第四绕组的电流；

i_{D3}——流过母线端二极管的电流。

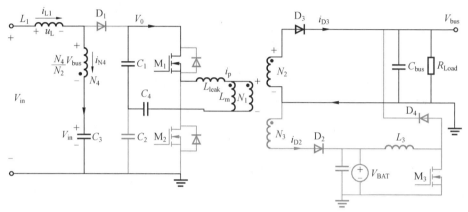

(a) 阶段 $[t_0, t_1]$

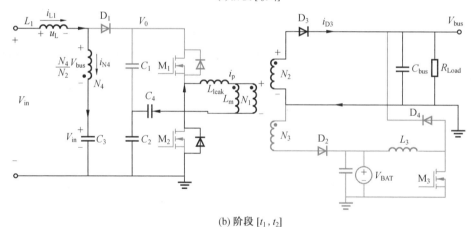

(b) 阶段 $[t_1, t_2]$

图 2.17　TPC 拓扑在一个开关周期内不同运行阶段下的等效电路

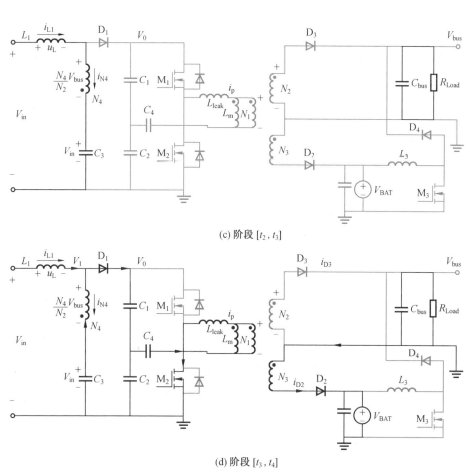

(c) 阶段 $[t_2, t_3]$

(d) 阶段 $[t_3, t_4]$

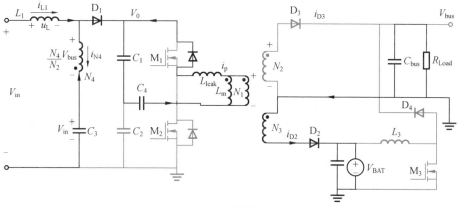

(e) 阶段 $[t_4, t_5]$

续图 2.17

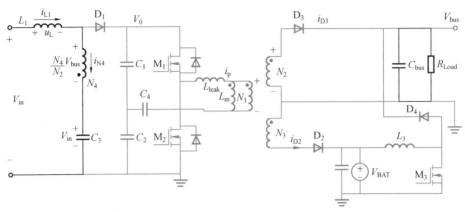

(f)阶段$[t_5,t_6]$

续图 2.17

在 $t=t_1$ 时,开关 M_1 关断,该阶段结束。

阶段 $[t_1,t_2]$:在 t_1 点,M_1 关断,电流流通路径如图 2.17(b) 所示。初始电流(即初级绕组上的电流)i_p 通过 M_2 中的反并联二极管续流,半桥中间线电压为负。L_{leak} 继续与 C_4 发生谐振,但是 L_{leak} 上加的是负电压,因此流过 L_{leak} 的电流减小,励磁电感电压 V_{Lm} 仍被母线电压比例钳位,能量从电容 C_1 传递给输出负载,同时从太阳能电池阵列端输入并传输到变压器绕组 N_4,太阳能电池阵列端输入电感 L_1 上的电流继续增大。谐振支路的关系式为

$$L_{leak}\frac{di_p}{dt}+\frac{N_1}{N_2}V_{bus}+V_{C4}=-\frac{1}{2}V_o \tag{2.21}$$

其他关系式与阶段 $[t_0,t_1]$ 相同。

阶段 $[t_2,t_3]$:在 t_2 点,电流续流完毕,D_3 零电流关断,输出电容向 C_{bus} 负载放电。在实际电路中,漏电感将通过 MOSFET 与输出电容产生谐振,为了简化分析,不考虑该谐振。电流流通路径如图 2.17(c) 所示,当开关 M_2 在 $t=t_3$ 导通时,本阶段结束。

阶段 $[t_3,t_4]$:在 t_3 点,M_2 导通,电流流通路径如图 2.17(d) 所示。半桥中点上的电压仍为负,变压器漏电感 L_{leak} 开始与 C_4 谐振,励磁电感电压 V_{Lm} 被电池电压比例钳位,能量从电容 C_1 传递给蓄电池,并从太阳能电池阵列端输入传输到变压器绕组 N_4。同时储存在 L_1 和 C_3 里面的能量传递给电容 C_1 和 C_2。因此,有能量从输入直接转换到电池,提高了转换效率。同时,M_2、D_1 和 D_2 零电流开通,光伏端输入电感 L_1 的电流线性减小,输出电容 C_{bus} 给负载充电。相关关系式为

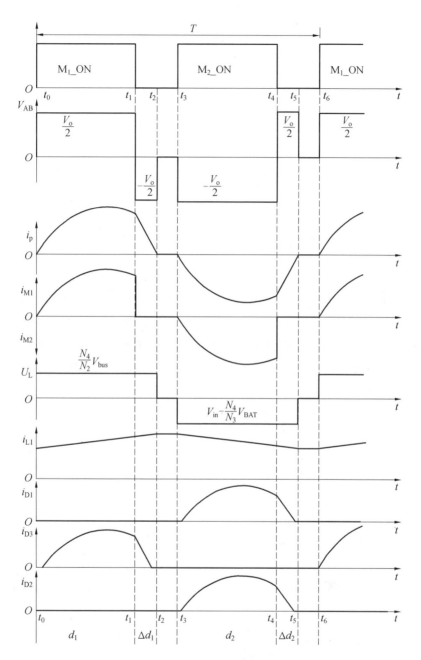

图 2.18　TPC 拓扑在一个开关周期内的主要波形

$$
\begin{cases}
\dfrac{\mathrm{d}i_{Lm}}{\mathrm{d}t} = \dfrac{(N_1/N_3)\,V_{BAT}}{L_m} \\[2mm]
L_{leak}\dfrac{\mathrm{d}i_p}{\mathrm{d}t} + \dfrac{N_1}{N_3}V_{BAT} + V_{C4} = -\dfrac{1}{2}V_o \\[2mm]
i_p = C_4\dfrac{\mathrm{d}V_{C4}}{\mathrm{d}t} \\[2mm]
N_1(i_p - i_{Lm}) = N_3 i_{D3} + N_4 i_{N4} \\[2mm]
\dfrac{\mathrm{d}i_{L1}}{\mathrm{d}t} = \dfrac{V_{in} - V_o}{L_1} \\[2mm]
i_{D1} = i_{N4} + i_{L1}
\end{cases}
\tag{2.22}
$$

式中　　i_{D1} 和 i_{D2}——Boost 输入二极管的电流和电池端输出二极管的电流;

　　　　V_{BAT}——蓄电池电压。

当开关 M_2 在 $t = t_4$ 关断时,本阶段结束。

阶段 $[t_4, t_5]$:在 t_4 点,M_2 关断,电流流通路径如图 2.17(e) 所示。初始电流 i_p 通过 M_1 中的反并联二极管续流,此时半桥中间线电压变为正,变压器漏感 L_{leak} 继续与 C_4 谐振,加在 L_{leak} 上的正电压使流过 L_{leak} 上的电流减小。励磁电感电压 V_{Lm} 被电池电压比例钳位,电池和半桥上的电容被充电,输入太阳能电池阵列的能量流向电池、C_1 和 C_2。光伏端输入电感 L_1 上的电流线性减小,输出电容 C_{bus} 给负载充电。半桥中间线电压反向,如下式所示:

$$
L_{leak}\frac{\mathrm{d}i_p}{\mathrm{d}t} + \frac{N_1}{N_2}V_{bus} + V_{C4} = \frac{1}{2}V_o
\tag{2.23}
$$

其他关系式与阶段 $[t_3, t_4]$ 相同。

阶段 $[t_5, t_6]$:在 t_5 点,电流续流完毕,D_1 和 D_2 零电流关断,输出电容向 C_{bus} 负载放电。电流流通路径如图 2.17(f) 所示,当开关 M_1 在 $t = t_6$ 导通时,本阶段结束。

3. TPC 拓扑参数设计原则

TPC 拓扑中关键参数包括谐振电容、变压器及输入电感等,这些关键参数的设计需要满足一定的设计原则。

C_4 和 L_{leak} 谐振的频率由下式决定:

$$
f_r = \frac{1}{2\pi\sqrt{L_{leak}C_4}}
\tag{2.24}
$$

式中　　f_r——能选择在开关频率附近的谐振频率。

因为电容 C_1 和 C_2 容值较大,V_o 由下式给出:

$$
V_o = V_{in} + (N_4/N_3)V_{BAT}
\tag{2.25}
$$

谐振电容必须能够控制直流偏差电压来保证变压器励磁电感的伏秒平衡,如下式所示:

$$V_{\text{C4\_DC}} = \frac{N_1}{2N_2} V_{\text{bus}} - \frac{N_1}{2N_3} V_{\text{BAT}} \tag{2.26}$$

式中　$V_{\text{C4\_DC}}$——C_4 的直流偏差电压。

负载端口的母线电压为

$$V_{\text{bus}} = V_{\text{o}}(d_1 + \Delta d_1) \frac{N_2}{N_1} \tag{2.27}$$

L_{m} 或 L_1 上的伏秒平衡关系为

$$V_{\text{BAT}} = \frac{N_3 V_{\text{bus}}(d_1 + \Delta d_1)}{N_2(d_2 + \Delta d_2)} \tag{2.28}$$

式中　d_1——M_1 的导通时间；

　　　d_2——M_2 的导通时间；

　　　Δd_1——M_1 上的并联二极管的导通时间；

　　　Δd_2——M_2 上的并联二极管的导通时间。

由式(2.20)～(2.24)，Δd_1 和 Δd_2 表示如下：

$$\begin{cases} \Delta d_1 = \dfrac{2L_{\text{leak}}}{V_{\text{o}}}(2 V_{\text{o}} + V_{\text{C4\_DC}}) \sqrt{\dfrac{C_4}{L_{\text{leak}}}} \sin 2\pi f_r d_1 \\[3mm] \Delta d_2 = \dfrac{2L_{\text{leak}}}{V_{\text{o}}}(2 V_{\text{o}} - V_{\text{C4\_DC}}) \sqrt{\dfrac{C_4}{L_{\text{leak}}}} \sin 2\pi f_r d_2 \end{cases} \tag{2.29}$$

变压器的设计需要满足在预期的占空比范围内电压变化的规律，变压器匝比由占空比的变化范围所决定。

输入电感 L_1 由输入电流纹波（纹波应当比输入平均电流小）的大小决定，因此输入电感的值要满足

$$L_1 \geqslant (d_1 + \Delta d_1) \frac{V_{\text{o}} - V_{\text{in}}}{T I_{\text{IN\_AVG}}} \tag{2.30}$$

式中　$I_{\text{IN\_AVG}}$——变换器平均输入电流；

　　　T——PWM 开关周期。

2.2.2　基于 TPC 的一体化电源系统控制方法

变换器的负载端口（主母线电压）必须稳压调节并保证时刻满足负载功率需求，同时太阳能电池阵列端口必须能实现最大功率跟踪（MPPT）以保证重载时太阳能电池阵列的最大功率输出，而蓄电池端口电流则必须被控制以实现蓄电池充放电管理。对以上控制中所需的能量流动路径而言，两个控制自由度是必需的。一个自由度调节负载端口电压或者使太阳能电池阵列工作在 MPPT 模式，另一个自由度控制输出电流来调节充放电电流，实现蓄电池充放电管理或者调节负载端口母线电压。第一个自由度是占空比 d_1, d_2 和 d_1 相同，同时有 180° 相移；另一个自由度是占空比 d_3，用于控制 Boost 的输入电流，通过控制 Boost 阶段的输入电流实现蓄电池充电管理，所以

Boost 变换器在本拓扑中起到能量平衡的作用。

图 2.19 给出了多个 TPC 模块并联的系统结构和控制方法，V_{saw1} 和 V_{saw2} 是用来调制的三角载波，V_{saw1} 一直大于 V_{saw2} 的尖峰电压，V_{C1} 和 V_{C3} 是由 PI 反馈控制器给出的控制电压。三个控制环如下：输入电压环、母线电流环和电池电流环。V_{SA_Ref} 是 MPPT 的输出，V_{SA} 是太阳能电池阵列的电压，MEA_Out 是主误差放大器的输出，I_{bus} 是 TPC 负载端口的输出电流，I_{BAT} 是电池充放电电流。

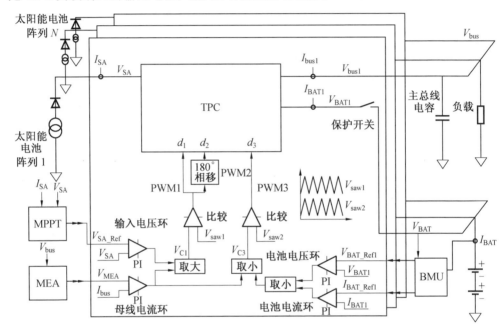

图 2.19　多个 TPC 模块并联的系统结构和控制方法

在运行输入电压环过程中，TPC 控制模式以及 $I-V$、$P-V$ 曲线如图 2.20 所示，图中 IVR 为输入电压调节器，一旦光伏电压比 V_{MPP} 低，TPC 将进入控制饱和状态，进而输入电压环将接管控制 d_1 和 d_2 来实现 MPPT 功能。在母线和蓄电池端口则分别采用电流环闭环控制，因此多个 TPC 模块可以直接进行并联用于增大系统功率或增加系统冗余度。这种并联方式可以保证多个模块之间实现自动均流。

电池管理单元(BMU)由电池管理算法(采用现场可编程逻辑门阵列(FPGA))实现，BMU 测量电池电压、电流、温度，I_{BAT_Ref1} 和 V_{BAT_Ref1} 为 BMU 模块的输出，所以 BMU 的作用是蓄电池恒压和恒流充电管理。对于用于太阳能电池阵列最大功率点追踪的 MPPT 模块，则需要测量太阳能电池阵列输出电压和电流，并输出准确的最大功率点控制值(输入电压环的基准)。

对于母线调节(由 MEA 模块实现)，母线电压通过电阻分压器来测量并与参考电压相比较，MEA 控制模块框图如图 2.21 所示。MEA 的输出控制着 TPC 的母线输出电流,母线电流通过输出滤波电容形成主功率母线并为负载提供功率。

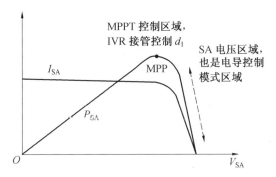

图 2.20　TPC 控制模式以及 $I-V$、$P-V$ 曲线

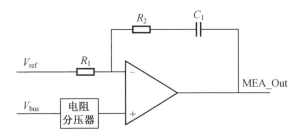

图 2.21　MEA 控制模块框图

　　TPC 主母线控制可理想化为线性跨导控制,系统等效线性模块框图如图 2.22 所示。图中,K 表示母线电压电阻分压器的传递函数,$A(s)$ 为 MEA 传递函数,$G(s)$ 是 MEA 电压在带宽为 20 kHz(开关频率的 1/5)下对母线电流的控制跨导,C_{bus} 为母线电容。MEA 的传递函数为

$$A(s) = \frac{R_2}{R_1} + \frac{1}{C_1 R_1 s} + 1 \tag{2.31}$$

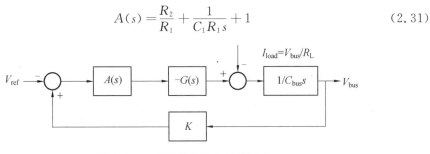

图 2.22　系统等效线性模块框图

　　母线电压调节控制区域分布如图 2.23 所示,对于不同的 MEA 输出电压值,TPC 被控制在不同模式下工作。通过适当分布控制区域,能实现几种模式下的自动切换。

　　当太阳能电池阵列产生的功率或者负载需求不同时,在 TPC 电源系统中存在 3 种运行模式。

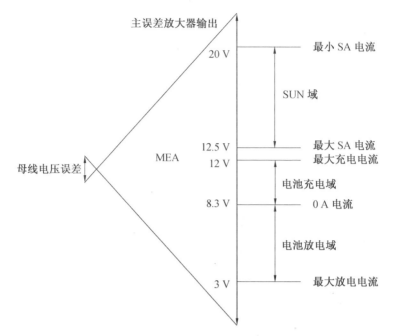

图 2.23　母线电压调节控制区域分布

模式 1(卫星光照区域(SUN 域),跨导控制模式):太阳能电池阵列产生的功率用于满足负载的同时给电池充电,电池可以根据 BMU 的设定充电,如下式所示:

$$P_{MP} \geqslant I_{BAT\_Ref} V_{BAT} + P_{load} \tag{2.32}$$

式中　P_{MP}——太阳能电池阵列的最大功率;

　　　I_{BAT_Ref}——电池充电电流设定值,该值由母线电压基准(BVR)和其本身比较产生;

　　　P_{load}——负载功率;

　　　V_{BAT}——电池电压。

此时,MEA 落在 SUN 域内(图 2.23),太阳能电池阵列工作在最大功率点的右侧。变换器表现为一个和 MEA 电压值线性对应的恒流源。当负载或电池充电需要更多能量时,可通过太阳能电池阵列工作点向最大功率点移动来获得。太阳能电池阵列的实际输出功率 P_{PV} 满足

$$P_{PV} = I_{BAT\_CMD} V_{BAT} + P_{load} \tag{2.33}$$

在此模式,母线电流环输出工作在较大值进而"赢得"竞争逻辑,能够接管 d_1 和 d_2 来调节母线输出电流,因此根据跨导控制原理母线电压可被控并调节。电池通过电池电流环恒流充电或者通过电池电压环恒压充电。输入电压控制环在此模式下不工作,功率流向如图 2.24(a)所示。

模式 2(电池充电域,MPPT 控制模式):在满足负载供电的同时,太阳能电池阵列

产生的功率将不能使电池按照 BMU 设定的充电电流充电,如下式所示:

$$P_{load} \leqslant P_{MP} \leqslant I_{BAT\_Ref} V_{BAT} + P_{load} \tag{2.34}$$

此时,MEA 工作在电池充电域,通过调节电池的充电电流实现母线电压稳定调节。太阳能电池阵列将工作在最大功率点。充电电流将满足

$$P_{MP} = I_{CHARGE} V_{BAT} + P_{load} \tag{2.35}$$

式中　I_{CHARGE}——电池的充电电流。

在此模式,输入电压环工作在较大值进而"赢得"竞争逻辑,以便能够接管 d_1 和 d_2 来实现 MPPT 功能。为保证 MPPT,输入电压环需要保证几千赫兹的带宽,因为一般 MPPT 要求跟踪频率大于几百赫兹。

母线电压不再通过 d_1 和 d_2 调节,而是由 d_3 进行 Boost 输出电流调节,从而控制母线电压。功率流向如图 2.24(a)所示。

模式 3(电池放电域,MPPT 控制模式):太阳能电池阵列功率不能满足负载需求,此时太阳能电池阵列和电池同时为负载供电,如下式所示:

$$\begin{cases} P_{MP} \leqslant I_{BAT\_Ref} V_{BAT} + P_{load} \\ P_{MP} \leqslant P_{load} \end{cases} \tag{2.36}$$

此时,MEA 工作在电池放电域,通过调节电池的放电电流来稳定母线电压。由于采用了双向电流采样,控制策略和模式 2 一致。电池放电电流满足

$$P_{MP} + I_{DISCHARGE} V_{BAT} = P_{load} \tag{2.37}$$

式中　$I_{DISCHARGE}$——电池放电电流。

该模式下,通过调整放电电流来稳定母线,控制方法基本上与模式 2 相同,两者的差距仅仅是 Boost 电流值不同,3 个端口之间的功率关系为式(2.37),功率流向如图 2.24(b)所示。当太阳能电池阵列没有输出时,只有 Boost 变换器工作来满足母线功率需求,这是一种特殊情况,功率流向如图 2.24(c)所示。

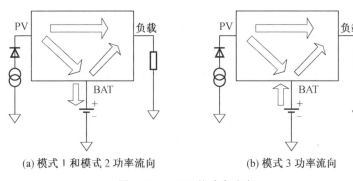

(a)模式 1 和模式 2 功率流向　　　　　　(b)模式 3 功率流向

图 2.24　TPC 的功率流向

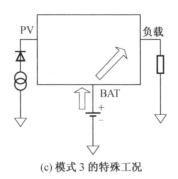

(c) 模式 3 的特殊工况

续图 2.24

根据上述分析,当前太阳能电池阵列发电、负载需求和电池管理充电需求的功率状态将会决定 TPC 工作在不同的工作模式。通过适当划分 MEA 域,实现不同工作模式的自动切换,保证母线电压的直流和交流特性。

2.3 非隔离高功率密度航天器电源系统

延续传统 PCU 中功率变换不隔离的特点,并进一步提高电源系统的功率密度,仍然采用 2.2 节所述的一体化三端口变换器,这是一种应用于电源系统核心的高功率密度非隔离三端口 DC/DC 变换器,该拓扑被命名为升压和双向 — 降压变换器(boost bidirectional — buck converter,B3C)。该拓扑具有较少的功率器件,因此有助于功率密度的提升和效率的提高。基于 B3C 采用三域控制策略,可实现光伏 — 电池直流功率系统中能量在太阳能电池阵列端、电池端和负载端 3 个端口之间自由流动控制。由于太阳能电池阵列端或电池端到负载端的能量流动采用单级功率变换,因此也具有较高的效率。各端口的电流均是连续的,因此可提升整机的 EMC 特性并降低端口滤波器的体积和质量。

2.3.1 B3C 拓扑的衍生过程及工作原理分析

除了直接能量传递功率系统,由 MPPT 算法控制的 PWM 开关型 DC/DC 变换器也已经应用于太阳能板 — 电池电源系统中实现最大功率的获取。非隔离 B3C 三端口变换器相对于太阳能电池阵列端隔离的 TPC 拓扑功率密度更高、器件数量更少,并具有更高的效率,且由于其非隔离,端口工作电压范围较宽。

1. B3C 拓扑的衍生过程

B3C 拓扑的衍生过程分为以下 3 个步骤。

步骤 1:集成 S3R 架构中 BCR 和 BDR,集成 S3R 充放电单元的基础架构如图 2.25

所示,包括一个太阳能电池阵列功率变换器和一个用来给电池充放电的双向 DC/DC变换器。图 2.26 所示拓扑采用两电感 Boost 拓扑实现太阳能光伏(PV)端到母线端功率调节,两电感双向 Buck 拓扑实现给电池充放电。两电感 Boost 和两电感双向 Buck拓扑结构的输入、输出电流连续,通过设计合适的无源元件可以获得较好的动态性能(无右半平面零点)。

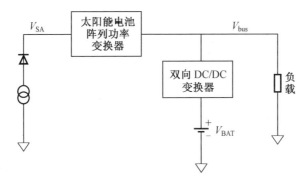

图 2.25　集成 S3R 充放电单元的基础架构

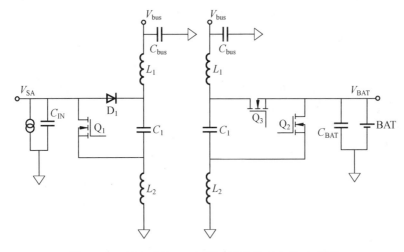

图 2.26　两电感 Boost 拓扑和两电感双向 Buck 拓扑

步骤 2:由图 2.26 可见,电路共用电感 L_1、L_2,储能电容 C_1 和 C_{bus}。

步骤 3:在步骤 2 的基础上,增加电感 L_3 实现三个电感的伏秒平衡,如图 2.27 所示。和传统的母线电压调节结构相比,共用大功率电感电容器件和保护电路等可以大大提升整机功率密度。

V_{SA}、V_{BAT} 和 V_{bus} 分别为 PV 端口、电池端口和负载端口的电压,L_1、L_2 和 L_3 为直流电感,C_{IN}、C_{BAT} 和 C_{bus} 为对应端口的滤波电容,$d_1 \sim d_3$ 代表 $Q_1 \sim Q_3$ 的占空比,其中 d_2 和 d_3 互补。

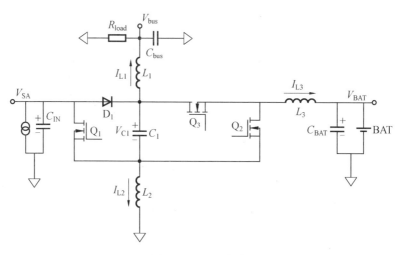

图 2.27　B3C 拓扑

最终,通过共用功率器件使 B3C 具有较高的功率密度,利用能量从 PV、电池或负载的单级功率变换获得较高的效率,利用双电感 Boost 拓扑可以获得较好的动态响应,通过控制电池和负载端口实现模块化和功率拓展。另外,为确保系统安全性,电池电压应低于母线电压。

2. B3C 拓扑的工作原理

根据 PV 供电和负载对功率的需求关系,B3C 工作在不同能量流动模式下。B3C 拓扑电路的工作原理分析基于以下假设:

(1) 所有的开关均是理想的。

(2)C_1、C_{IN}、C_{BAT} 和 C_{bus} 足够大,输出电压纹波可被忽略,从而可认为是恒压源。

基于以上假设,变换器工作状态在一个开关周期内分为 4 个阶段,变换器分析初始时刻为 t_0,变换器在一个开关周期内的关键波形如图 2.28 所示,变换器在不同工作阶段的等效电路如图 2.29 所示,图中显示了双输入双输出模式下的电流方向。

阶段 I $[t_0,t_1]$:在 t_0 时刻,Q_1 和 Q_3 打开,电流路径如图 2.29(a) 所示,L_1、L_2 和 L_3 的电流线性增加。电感电流变换关系为

$$\begin{cases} \dfrac{\mathrm{d}i_{L1}}{\mathrm{d}t} = \dfrac{V_{SA}}{L_1} \\[2mm] \dfrac{\mathrm{d}i_{L2}}{\mathrm{d}t} = \dfrac{V_{SA}}{L_2} \\[2mm] \dfrac{\mathrm{d}i_{L3}}{\mathrm{d}t} = \dfrac{V_{SA} + V_{bus} - V_{BAT}}{L_3} \end{cases} \tag{2.38}$$

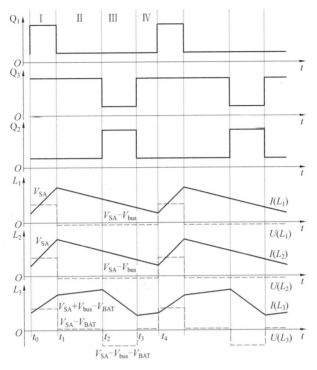

图 2.28   变换器在一个开关周期内的关键波形

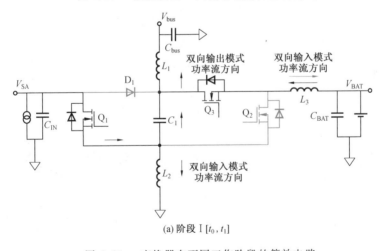

(a) 阶段 I $[t_0, t_1]$

图 2.29   变换器在不同工作阶段的等效电路

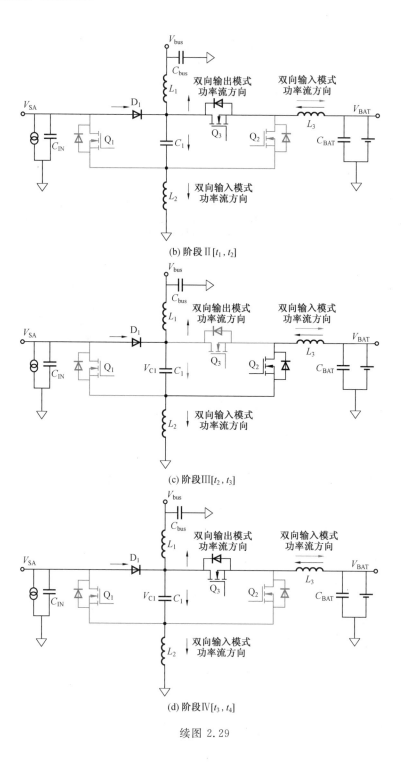

(b) 阶段 II $[t_1, t_2]$

(c) 阶段 III $[t_2, t_3]$

(d) 阶段 IV $[t_3, t_4]$

续图 2.29

阶段 Ⅱ $[t_1,t_2]$：在 t_1 时刻，Q_1 关断，电流路径如图 2.29(b) 所示，L_1、L_2 的电流线性减少，L_3 的电流以不同斜率线性增加。电感电流变换关系为

$$\begin{cases} \dfrac{di_{L1}}{dt} = \dfrac{V_{SA} - V_{bus}}{L_1} \\[2mm] \dfrac{di_{L2}}{dt} = \dfrac{V_{SA} - V_{bus}}{L_2} \\[2mm] \dfrac{di_{L3}}{dt} = \dfrac{V_{SA} - V_{BAT}}{L_3} \end{cases} \tag{2.39}$$

阶段 Ⅲ $[t_2,t_3]$：在 t_2 时刻，Q_3 关断，电流路径如图 2.29(c) 所示，L_1、L_2 的电流继续线性减少，L_3 的电流下降。电感电流变换关系为

$$\frac{di_{L3}}{dt} = \frac{V_{SA} - V_{bus} - V_{BAT}}{L_3} \tag{2.40}$$

阶段 Ⅳ $[t_3,t_4]$：在 t_3 时刻，Q_3 打开，电流路径如图 2.29(d) 所示，L_1、L_2 的电流继续线性减少，L_3 的电流开始线性增加。电感电流变换关系为

$$\begin{cases} \dfrac{di_{L1}}{dt} = \dfrac{V_{SA} - V_{bus}}{L_1} \\[2mm] \dfrac{di_{L2}}{dt} = \dfrac{V_{SA} - V_{bus}}{L_2} \\[2mm] \dfrac{di_{L3}}{dt} = \dfrac{V_{SA} - V_{BAT}}{L_3} \end{cases} \tag{2.41}$$

3. B3C 拓扑的参数设计原则

(1) 三端口的直流电压。

假设变换器工作在稳定、电流连续的无损耗理想状态，电感 L_1（或 L_2）和 L_3 的伏秒平衡关系式表示为

$$\begin{cases} V_{SA}d_1 + (V_{SA} - V_{bus})(1 - d_1) = 0 \\ (V_{SA} + V_{bus} - V_{BAT})d_1 + (V_{SA} - V_{BAT})(d_3 - d_1) + \\ \quad (V_{SA} - V_{bus} - V_{BAT})(1 - d_3) = 0 \end{cases} \tag{2.42}$$

因此三端口的直流电压增益为

$$\begin{cases} V_{bus} = V_{SA}/(1 - d_1) \\ V_{BAT} = V_{bus}d_3 \\ d_3 = 1 - d_2 \end{cases} \tag{2.43}$$

根据式(2.43)，负载端口电流 I_{L1} 和 PV 电压 V_{SA} 可以由 d_1 控制，d_3 和 d_2 控制电池的充放电电流。

(2) 电容和电感的直流电压。

电感的平均电压和电容平均电流假设为 0，电容和电感的电压与电流关系为

$$\begin{cases} V_{C1} = V_{C_{bus}} = V_{bus} \\ I_{L1} = \dfrac{V_{SA}}{R_{load}(1-d_1)} = \dfrac{V_{bus}}{R_{load}} \\ I_{IN} = \dfrac{d_1^2(1-d_1)V_{bus}}{R_{load}} + \dfrac{d_2}{1-d_1}I_{L3} \\ V_{C_{IN}} = V_{SA} = (1-d_1)V_{bus} \\ I_{L2} = \dfrac{d_1^2(1-d_1)V_{bus} - V_{bus}}{R_{load}} + \dfrac{d_1+d_2-1}{1-d_1}I_{L3} \end{cases} \tag{2.44}$$

根据式(2.44)中的电流值选择合适的电感铜线规格,根据 DC 电压值选择合适的电容耐压规格。

(3)电容电感的交流电压。

在一个开关周期 T 内,电感和电容的峰峰值可以通过伏秒平衡和安秒平衡关系式(2.38)~(2.41)得到,再由式(2.38)~(2.44)可推得

$$\begin{cases} \Delta i_{L1} = \dfrac{Td_1 V_{SA}}{L_1} = \dfrac{Td_1(1-d_1)V_{bus}}{L_1} \\ \Delta i_{L2} = \dfrac{Td_1 V_{SA}}{L_2} = \dfrac{Td_1(1-d_1)V_{bus}}{L_2} \\ \Delta i_{L3} = \dfrac{Td_2 V_{SA}(d_2-d_1-1)}{L_3(1-d_1)} \\ \Delta v_{C1} = \dfrac{Td_1 I_{IN}}{C_1} = \dfrac{Td_1}{C_1}\left[\dfrac{d_1^2(1-d_1)V_{bus}}{R_{load}} + \dfrac{d_2}{1-d_1}I_{L3}\right] \\ \Delta v_{C_{bus}} = \dfrac{\Delta i_{L1}T}{8C_{bus}} = \dfrac{T^2 d_1(1-d_1)V_{bus}}{8C_{bus}L_1} \\ \Delta v_{IN} = \dfrac{T}{8C_{bus}}(\Delta i_{L1} + \Delta i_{L2} + \Delta i_{L3}) \end{cases} \tag{2.45}$$

式中　　Δi_{L1}、Δi_{L2}、Δi_{L3}——电感 L_1、L_2、L_3 电流的交流量;

　　　　Δv_{C1}、$\Delta v_{C_{bus}}$、Δv_{IN}——电容 C_1、C_{bus}、C_{IN} 电压的交流量。

通过式(2.45)可以根据纹波电流规格选择电感值,根据电压纹波规格选择电压值。

(4)电流连续模式下的端口电流。

L_1、L_2 和 L_3 的值可以按照下式选取使得电感电流连续:

$$\begin{cases} (\Delta i_{L1} + \Delta i_{L2} + \Delta i_{L3})/2 \leqslant I_{IN} \\ \Delta i_{L1}/2 \leqslant I_{L1} \\ \Delta i_{L3}/2 \leqslant I_{L3} \end{cases} \tag{2.46}$$

将式(2.46)代入式(2.45)可得

$$\begin{cases} L_1 = L_2 \geqslant R_{\text{load}} T d_1 (1-d_1)/2 \\ L_3 \geqslant \dfrac{T d_2 V_{\text{SA}} (d_2 - d_1 - 1) L_1 L_2}{2 I_{\text{IN}} (1-d_1) L_1 L_2 - T d_1 V_{\text{bus}} (1-d_1)^2 (L_1 + L_2)} \end{cases} \tag{2.47}$$

（5）功率器件电压电流应力分析。

电流电压应力分析可为功率半导体器件选型提供理论依据。假设端口电压和电容 C_1 的电压是不变的,根据图 2.28,D_1、$Q_1 \sim Q_3$ 的电应力如下式所示:

$$\begin{cases} V_{\text{S\_D1}} = V_{\text{S\_Q1}} = V_{\text{bus}} \\ I_{\text{S\_D1}} = I_{\text{S\_Q1}} = I_{\text{IN}} + (\Delta i_{\text{L1}} + \Delta i_{\text{L2}} + \Delta i_{\text{L3}})/2 \\ V_{\text{S\_Q2}} = V_{\text{S\_Q3}} = V_{\text{bus}} \\ I_{\text{S\_Q2}} = I_{\text{S\_Q3}} = I_{\text{L3}} + \Delta i_{\text{L3}}/2 \end{cases} \tag{2.48}$$

式中　　$V_{\text{S\_D1}}$、$V_{\text{S\_Q1}}$、$V_{\text{S\_Q2}}$ 和 $V_{\text{S\_Q3}}$——D_1、Q_1、Q_2 和 Q_3 的电压应力;

　　　　$I_{\text{S\_D1}}$、$I_{\text{S\_Q1}}$、$I_{\text{S\_Q2}}$ 和 $I_{\text{S\_Q3}}$——D_1、Q_1、Q_2 和 Q_3 的电流应力。

因此,根据可接受的电压电流范围选择功率器件,同时也能得到:所有功率器件的电流电压应力和双电感 Buck(Boost)相同。

2.3.2　基于 B3C 的一体化电源系统控制方法

基于 B3C 的一体化电源系统控制完成如下任务:首先,负载端口(母线电压)需要快速调节以尽可能地满足负载需求;其次,当重载时,PV 端口为了能够输出最大功率就必须引入 MPPT 控制;最后,变换器需要通过调节电池端口的充放电电流实现对电池的充放电管理。完成这些任务需要两类自由变量:一类自由变量控制负载电流,来调节负载端口的输出电压或者控制 SA 电压使 PV 工作在 MPPT 模式下;另一类自由变量通过控制 L_3 的电流来对电池进行充放电,进而实现在光照区进行电池管理,在阴影区调节负载端口电压。控制策略和 PWM 调制方法如图 2.30 所示,第一类自由变量 d_1(PWM_Q_1)负责控制负载端口电流或 PV 电压,第二类自由变量 d_2(PWM_Q_2)和 d_3(PWM_Q_3)负责控制 L_3 的双向电流。

对于母线电压的调节(由输出电压环(OVR)模块实现),母线电压值通过电阻分压获得后将其与一个参考电压(通常由高性能稳压管形成,其电压值为一个常数)进行比较。电压差经过 OVR 比例积分增益的放大,产生控制电压 MEA。根据图2.31 中 MEA 值对应域的划分,MEA 值越小,意味着在 SUN 域流过 L_1 的电流值越大,在电池充电域充电电流值越小,在电池放电域放电电流越大,反之亦然。三域控制的变换器表现为 MEA 电压控制的电流源,所以母线电压可得到调节,同时根据每个端口的功率状态自动切换到不同模式。3 个域的不同工作模式详细分析如下:

模式 1(SUN 域,跨导控制模式):太阳能产生的功率满足负载的同时给电池充电,电池可以根据 BMU 的设定充电,有

$$P_{\text{MP}} \geqslant I_{\text{BAT\_CMD}} V_{\text{BAT}} + P_{\text{load}} \tag{2.49}$$

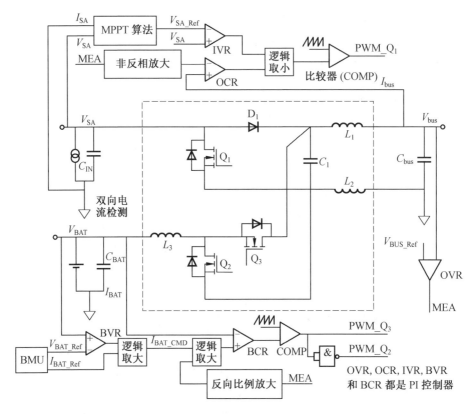

图 2.30   控制策略和 PWM 调制方法

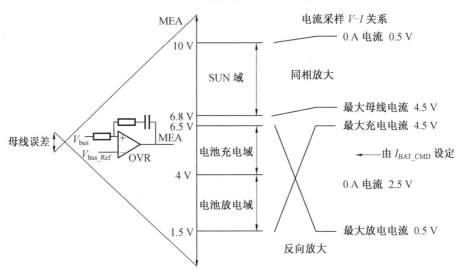

图 2.31   MEA 值对应域的划分

式中　　P_{MP} ——PV 的最大功率；

　　　　I_{BAT_CMD}——电池充电电流设定值,该值由 BVR 和 I_{BAT_CMD} 比较产生；

　　　　P_{load} ——负载功率；

　　　　V_{BAT} ——电池电压。

此时,MEA 落在 SUN 域内,如图 2.31 所示,PV 工作在最大功率点的右侧,如图 2.32 所示。变换器表现为一个和 MEA 电压值线性对应的恒流源。当负载或电池充电需要更多能量时,可以通过太阳能电池阵列工作点向最大功率点移动来获得。太阳能电池阵列的输出功率 P_{PV} 满足

$$P_{PV} = I_{BAT\_CMD} V_{BAT} + P_{load} \tag{2.50}$$

式中　　P_{PV}——PV 的实际输出功率。

在这一模式下,输出电流调节器(OCR)的输出将会和输入电压调节器(IVR)的输出进行比较,两者相比较小的值会获得 d_1 的控制权,以实现母线输出电流的调节(在此 IVR 高饱和,将不会被选中),所以母线电压的调节将会由作为外环的 OVR 和作为内环的 OCR 完成。同时,I_{BAT_CMD} 在与经过非反相放大的 MEA 值的竞争中"胜出",这时电池将会以 BCR 的参考值恒流充电,或者在 BVR 作为外环、BCR 作为内环的双闭环控制模式下进行恒压充电。

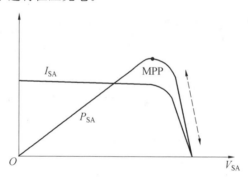

图 2.32　变换器控制模式及 $I-V$、$P-V$ 曲线

模式 2(电池充电域,MPPT 控制模式)：在满足负载供电的同时,太阳能电池阵列产生的功率将不能使电池按照 BMU 设定的充电电流充电,即

$$P_{load} \leqslant P_{MP} \leqslant I_{BAT\_CMD} V_{BAT} + P_{load} \tag{2.51}$$

此时,MEA 工作在电池充电域,通过调节电池的充电电流实现负载电压的调节,PV 工作在最大功率点,充电电流满足

$$P_{MP} = I_{CHARGE} V_{BAT} + P_{load} \tag{2.52}$$

式中　　I_{CHARGE}——电池充电电流。

在这种模式下,为了实现 MPPT,IVR 将会输出较小值以竞争得到 d_1 的控制权。同时,MEA 经过反向放大的值将会输出较大值以获得 d_3 和 d_2 的控制权,进而通过

OVR 外环和 BCR 内环实现母线调节。

模式 3(电池放电域,MPPT 控制模式):该模式下太阳能电池阵列输出功率不能满足负载需求,此时 PV 和电池同时为负载供电,如下式所示:

$$\begin{cases} P_{\mathrm{MP}} \leqslant I_{\mathrm{BAT\_CMD}} V_{\mathrm{BAT}} + P_{\mathrm{load}} \\ P_{\mathrm{MP}} \leqslant P_{\mathrm{load}} \end{cases} \tag{2.53}$$

此时,MEA 工作在电池放电域(图 2.31),通过调节电池的放电电流来调节负载电压。由于采用了双向电流采样,因此控制策略和模式 2 一致。电池放电电流满足

$$P_{\mathrm{MP}} + I_{\mathrm{DISCHARGE}} V_{\mathrm{BAT}} = P_{\mathrm{load}} \tag{2.54}$$

式中 $I_{\mathrm{DISCHARGE}}$——电池放电电流。

模式 3 的控制逻辑与模式 2 相同。

根据上述分析,当前的太阳能功率、负载功率和电池管理需求的功率状态将会决定不同的工作模式。通过适当划分 MEA 域,可实现不同工作模式的自由切换,保证母线的直流和交流特性。

由于在母线和电池侧采用了电流环,因此功率模块可以串联使用,实现了冗余设计,能够增大功率和自动均流。

2.4 多模式混合储能型双母线脉冲电源系统

航天器的负载特性呈现多样化的趋势。以空间侦察监测预警和空间安全为代表的新一代航天装备,如高时间与空间分辨率合成孔径雷达(SAR)卫星、长寿命电推进平台、多载荷综合化卫星等,其有效载荷负载工作模式为脉冲方式,瞬时功率可达数十千瓦,同步轨道 SAR 卫星瞬时功率甚至可达数百千瓦,会出现高频大电流脉冲、短时大电流脉冲、大感性负载等负载特性。相对于平台几千瓦甚至几百瓦的常值负载,负载动态变化范围高达其几十倍甚至上百倍。同时脉冲负载重复频率可达几千赫兹。大功率高频脉冲负载不仅对直流输入端及直流母线产生冲击影响、严重缩短供电系统的寿命,同时电源系统将产生极大的电流干扰和电磁干扰,降低电源系统的稳定性并且恶化整体电磁环境,甚至导致电源系统无法正常工作。在多样化载荷中,SAR 载荷的特性最具代表意义。并且随着 SAR 观测精度的提高和轨道的提升,加之宇航应用要求的长寿命、高可靠,以及极高的功率密度,电源变换器的设计难度大大增加。

2.4.1 双母线电源系统架构

典型的 SAR 卫星的电源系统架构是双母线架构,双母线架构电源系统如图 2.33 所示。输出含两条母线:一条母线为载荷母线,采取 S3R 的拓扑结构实现,由电池误差放大器(BEA)对 S3R 管理;另一条母线为卫星平台母线,采取隔离变换拓扑结构实

现,由主误差放大器(MEA)管理,可有效解决多个 BDR 模块的并联均流问题。控制策略为:当太阳能电池阵列的输出功率无法满足平台母线功率需求时,能量由太阳能电池阵列及蓄电池提供,向平台母线提供功率;当太阳能电池阵列的输出功率大于平台母线所需时,载荷母线电压由 BEA 控制分流调节器(S3R)来调节,将多余的能量向蓄电池充电,当蓄电池组电压达到设定值后,BEA 控制 S3R 对太阳能电池阵列进行分流,确保蓄电池组的电压维持在设定值。S3R 分流调节技术如 2.1 节所述,这里不再赘述,本节着重介绍适用于该母线架构的隔离型放电调节器及 SAR 负载电源。

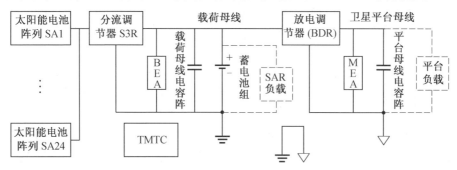

图 2.33　双母线架构电源系统

2.4.2　隔离型放电调节 BDR 拓扑

在复杂的空间环境中,飞行器电源的运行条件极其恶劣,为了能在恶劣的太空环境中顺利、正常、稳定地工作,对电源本身提出了非常高的要求,其抗干扰性要求非常高。电路干扰既来源于电源系统和飞行器其他功能模块,也来源于空间电子辐射,要实现各个电源模块之间相互不影响,就需要对电路的输入与输出进行电气隔离。因此在空间电源中,多采用隔离型的功率拓扑,以实现工作模块与母线电压的电气隔离。隔离型 DC/DC 模块与非隔离型 DC/DC 模块相比,其中增加了交流环节,而在交流环节中可以采用相对较高的工作频率。

隔离型 DC/DC 结构示意图如图 2.34 所示,隔离型 DC/DC 结构与非隔离型 DC/DC 结构在功率变换思路上有所不同,其采用 DC/AC/DC 的架构。

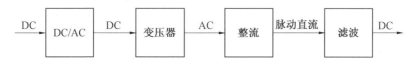

图 2.34　隔离型 DC/DC 结构示意图

较常用的隔离型拓扑主要有全桥电路、半桥电路、反激电路、正激电路、推挽电路等拓扑,隔离型拓扑又可分为单端隔离型拓扑和双端隔离型拓扑,正激电路和反激电路属于单端隔离型拓扑,推挽电路、半桥电路和全桥电路属于双端隔离型拓扑,表 2.1

对各种隔离型拓扑进行了比较。

表 2.1　各种隔离型拓扑的比较

拓扑类型	优点	缺点	应用场合
正激电路	相对简单,成本低,可靠性高,驱动电路为单管驱动	需要磁复位电路,功率等级低	小功率场合,一般为几十瓦到几百瓦
反激电路	相比正激电路,输出滤波电路无电感,结构简单	变压器单向励磁,且需存储能量,故所能处理功率相对较小	小功率场合,几十瓦到几百瓦
推挽电路	变压器双向励磁,磁芯利用率较单端电路高	电路存在偏磁,功率大,长时间工作会引起变压器饱和	中小功率场合,几百瓦
半桥电路	相比全桥电路节省 2 个开关管	变压器的体积大,变换效率降低	大功率工业电源,功率为几百瓦到几十千瓦
全桥电路	变压器双向励磁,磁芯利用率高,功率管电压电流应力小	结构较为复杂,成本较高,驱动电路设计复杂	焊接电源等大功率电源,一般为几百瓦到几千瓦

　　从功率等级上来讲,兼容半桥和全桥拓扑都可用于功率扩容,从几百瓦到几千瓦,而全桥电路(尤其是移相全桥电路)因其控制上更加多变、灵活,并且可以实现软开关等,更受人关注。传统电压型移相全桥变换器利用主功率变压器漏感及开关管漏极和源极间的寄生电容实现软开关,其拓扑结构图如图 2.35 所示。由于输出滤波电感参与了超前桥臂开关管的软开关过程,而输出滤波电感相对较大,因此超前桥臂开关管较易实现零电压开通(ZVS);在滞后桥臂开关管软开关过程中,只有变压器漏感起了作用,而变压器漏感一般较小,因此传统电压型移相全桥变换器滞后桥臂开关管软开关范围较小,特别当负载较轻或输入电压较大时,滞后桥臂开关管甚至无法实现ZVS。一般可在主功率变压器原边串联一个额外电感来扩大滞后桥臂开关管的软开关范围,然而过大的原边串联电感将导致占空比丢失问题更为严重,同时将增大原边续流导通损耗及副边整流二极管电压尖峰,严重影响变换器的性能。为减小副边整流二极管上的电压尖峰,可在变压器原边引入两个钳位二极管,构成全新的移相全桥变换器,如图 2.36 所示。该变换器在变压器原边串联了一个额外电感来提高软开关范围,而在开关管换流过程中,该电感通过钳位二极管续流从而不与副边二极管寄生电容谐振,因此有效地减小了变换器副边整流管上电压尖峰及电压振荡。同时,可通过交换串联电感及变压器的位置来优化钳位二极管的工作情况。

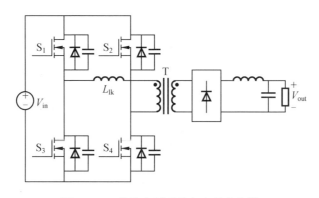

图 2.35　　传统电压型移相全桥变换器

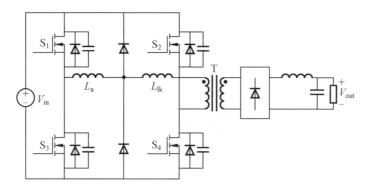

图 2.36　　变压器原边引入两个钳位二极管的移相全桥变换器

近年来,零电压零电流开关(ZVZCS)移相全桥变换器备受关注,该类变换器的主要特点是可通过各种不同的方式复位原边续流电流,从而使滞后桥臂开关管工作于零电流关断状态,同时还能大大减小变换器原边续流导通损耗。图 2.37 所示为带饱和电感及隔直电容的 ZVZCS 移相全桥变换器,该变换器在功率变压器原边串联了一个饱和电感及一个电容值较小的隔直电容,当变换器处于续流导通状态时,隔直电容上的电压促使漏感上的电流迅速减小至零,而饱和电感退出饱和后又起到了阻断电路的作用,从而使滞后桥臂开关管能够实现零电流关断。然而,由于饱和电感的引入,变换器的占空比丢失问题更为严重。另外,饱和电感的铁损较大,对变换器的整体效率也有一定影响。图 2.38 所示为滞后桥臂串联二极管的 ZVZCS 移相全桥变换器,该拓扑同样利用隔直电容来复位变压器原边续流电流。与图 2.37 所示变换器不同的是,该拓扑利用串联于滞后桥臂上的二极管防止原边电流反向,确保滞后桥臂开关管能够零电流关断,然而二极管的引入加大了导通损耗,不利于变换器整体效率的提高。后续又利用耦合电感滤波器减小续流电流,带耦合电感滤波器的 ZVZCS 移相全桥变换器如图 2.39 所示,然而该方式将增大输出滤波电感电流纹波。同时,耦合电感漏感的存在使副边二极管上的电压振荡更为剧烈。

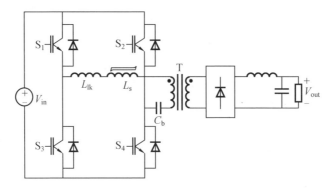

图 2.37　带饱和电感及隔直电容的 ZVZCS 移相全桥变换器

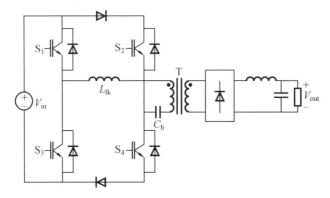

图 2.38　滞后桥臂串联二极管的 ZVZCS 移相全桥变换器

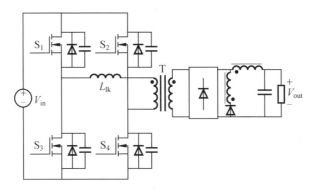

图 2.39　带耦合电感滤波器的 ZVZCS 移相全桥变换器

　　为同时达到复位原边续流电流及抑制副边整流二极管电压尖峰的目的,可采用副边钳位电路的 ZVZCS 移相全桥变换器,其电路原理如图 2.40 所示。该类变换器所采用的副边钳位电路大致可分为两种:有源钳位电路和无源钳位电路。有源钳位电路一般只需一个开关管及一个钳位电容,电路结构较为简单,但由于需根据时序控制开关管的通断,因此控制驱动电路稍显复杂;无源钳位电路不需要有源器件,可靠性相对更高,但其所钳位的副边整流桥电压一般与变换器输入电压及占空比有关,电压钳位及抑制环流效果稍显不足。

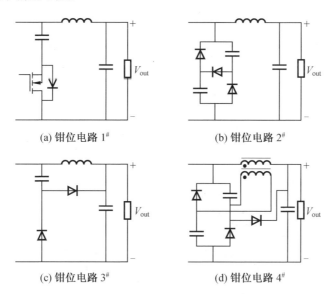

(a) 钳位电路 1#　　　　　　　　　　　(b) 钳位电路 2#

(c) 钳位电路 3#　　　　　　　　　　　(d) 钳位电路 4#

图 2.40　ZVZCS 移相全桥变换器中的副边钳位电路

由于 ZVZCS 移相全桥变换器滞后桥臂开关管采用的零电流关断软开关策略能够有效解决绝缘栅双极型晶体管(IGBT)的"电流拖尾"问题,因此 ZVZCS 移相全桥变换器滞后桥臂一般采用 IGBT 作为主功率开关管。然而 IGBT 的最高开关频率目前只能达到几十 kHz,变换器需采用 MOSFET 来提高开关频率。对 MOSFET 而言,ZVS 一般为其较优的软开关策略,通过引入辅助软开关电路来扩大变换器的 ZVS 范围,这类辅助软开关电路同样可分为两种:有源辅助软开关电路和无源辅助软开关电路。典型的带有源辅助软开关电路的移相全桥变换器如图 2.41 所示,此类辅助软开关电路能够使主功率开关管在全负载范围内实现 ZVS,然而有源功率器件的引入使变换器电路结构变得更为复杂,可靠性下降,从而限制了有源辅助软开关电路在实际工程中的应用。图 2.42 所示为带无源辅助软开关电路的移相全桥变换器。由于无须采用有源功率器件,该类辅助软开关电路较为简单,可靠性更高,所带来的问题是辅助电路上电流峰值及有效值相对较大,导通损耗较大,将使变换器整体效率受到一定影响。

由于在不同负载条件下,移相全桥变换器主功率开关管实现 ZVS 所需的辅助电路电流不同,因此可根据负载电流的大小调整无源辅助软开关电路上电流的大小,从而达到减小辅助电路导通损耗的目的。还可以通过检测主功率变压器原边电流来调整变换器开关频率的大小,从而达到调整无源辅助软开关电路电流的目的。由于需添加额外的检测及控制电路来根据负载电流的大小调整开关频率,该类带调制控制策略

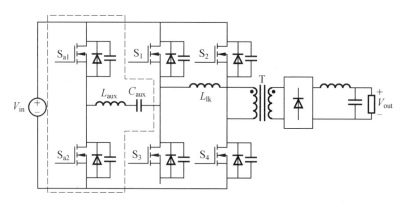

图 2.41　带有源辅助软开关电路的移相全桥变换器

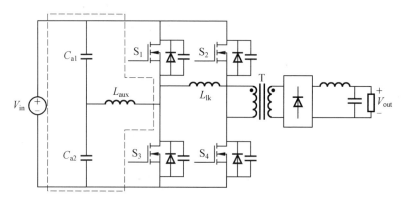

图 2.42　带无源辅助软开关电路的移相全桥变换器

的无源辅助软开关电路的控制策略及电路结构稍显复杂,可靠性稍低。采用耦合电感来构成无源辅助软开关电路也是一种解决思路,其典型电路原理如图 2.43 所示。该类无源辅助软开关电路利用移相全桥变换器移相位随负载大小变化而变化的原理,不需要额外的调制控制策略就能自然根据负载电流大小调整辅助电路电流。也有研究人员提出谐振辅助软开关电路,其典型电路原理如图 2.44 所示。该谐振辅助软开关电路能够在死区时间内提供相同峰值电流并有效减小辅助电路上的电流有效值,因此变换器的导通损耗相对较小,其主要缺点为需要较多的无源器件,且设计步骤较为复杂。

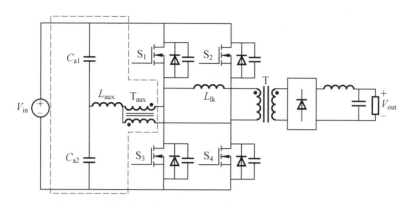

图 2.43　带耦合电感无源辅助软开关电路的移相全桥变换器

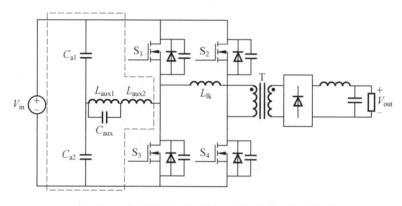

图 2.44　带谐振辅助软开关电路的移相全桥变换器

2.4.3　SAR载荷分布式供电变换拓扑及控制策略

　　SAR 载荷天线的供电单元为分布式架构,其供电质量直接关系到 SAR 天线组件的性能,其卫星电源系统架构图如图 2.45 所示。 以"地中海盆地观测小卫星星座"(COSMO—SkyMed) 为例,其天线供电单元的电路拓扑图如图 2.46(a)所示。 其中发射器和接收器的供电支路功率较大,因此变换器拓扑选用了 Buck 电路,Buck 变换器控制框图如图 2.46(b)所示,其中 V_i 为输入电压,L 为滤波电感,R_s 为滤波电感的等效串联电阻,C_{bus} 为输出电容,R_C 为输出电容等效串联电阻,I。为负载电流。 变换器控制策略采用了传统的 PI 控制,图 2.46(b)中 I_L 为电感电流值,V。为输出电压值,k_v 为输出电压传感增益,k_i 为电流传感器增益,I_s 为电感电流采样值,V_s 为输出电压采样值,PWM 为脉宽调节模块。 由于采用了传统 PI 控制策略,当负载变化的频率超过截止频率时,只能通过增加电容的大小来保证输出电压变化的要求,给系统设计造成了较大的困难。

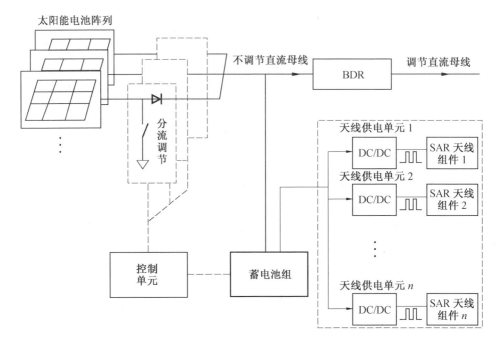

图 2.45　SAR 卫星电源系统架构图

　　为了在尽量减小母线电容大小的前提下提升电源的动态性能,可采用两域控制高动态响应控制策略。该控制策略包括线性控制单元和滞环控制单元,对输出电压检测和与预先设定的阈值进行比较,在负载切换过程中,如果输出电压超过阈值,则滞环控制接管直流母线电压控制,并强制输出最大或最小电流。一旦母线电压恢复到设定范围之内,线性的 PI 控制器重新接管母线电压控制。该控制策略能在不增加输出电容的情况下,实现动态性能的优化。变换器在稳态运行时工作频率固定,具有良好的EMC 性能。在负载阶跃的情况下,变换器工作在非线性变频状态,减小输出电压变化范围。

　　该控制策略之所以是一种双域的控制方案,其关键在于:在负载突变时,滞环控制起主要作用,而在稳态时通过 PI 控制提高稳态精度,减小电压和电流纹波。该控制策略既能保持很高的稳态精度,又具有良好的动态特性。将两种控制方法耦合有两种实现方案,两种方案的耦合位置不同。方案一的耦合位置在电流环的参考值处,如图 2.47 所示,图中,M 为选择单元,I_h 为高电流参考值,I_l 为低电流参考值,V_{up} 为电压上限值,V_{down} 为电压下限值,S_H、S_L 分别为两个滞环比较器的输出值,S_o 为选择信号。方案二的耦合位置在功率器件的驱动位置,如图 2.48 所示,图中参数定义与方案一相同。方案一耦合方式中,滞环单元通过检测输出电压是否高于(或较低)预先确定的阈值,将电流环的参考值强制设置为最小(或最大)。方案二耦合方式中,滞环单元基于母线电压检测,将功率器件的驱动置为低(或高)。当母线电压恢复到正常范围之内

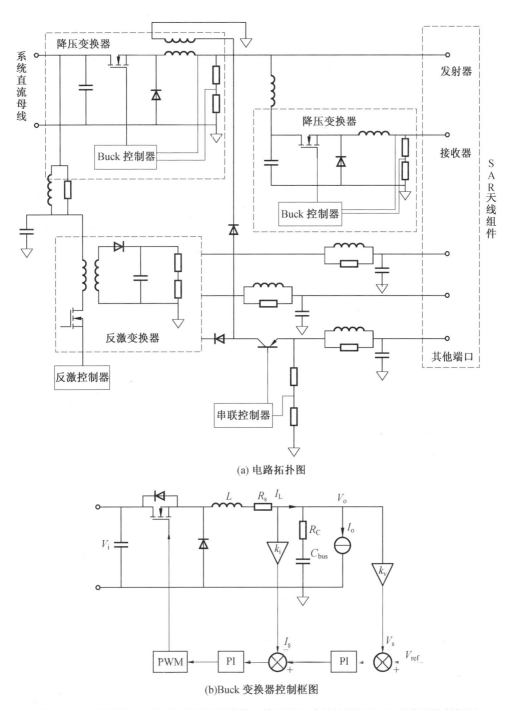

(a) 电路拓扑图

(b)Buck 变换器控制框图

图 2.46　COSMO—SkyMed 卫星天线供电单元的电路拓扑图及 Buck 变换器控制框图

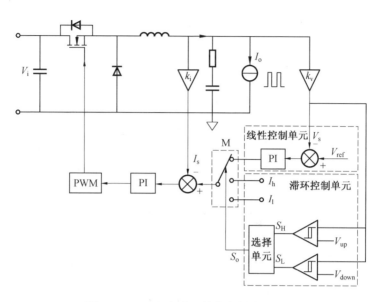

图 2.47　Buck 电路双域控制耦合方案一

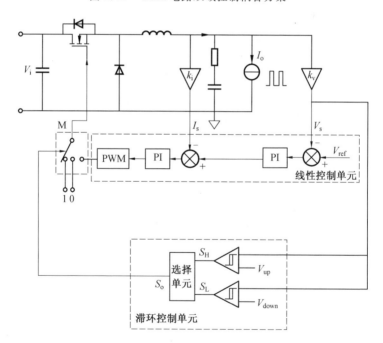

图 2.48　Buck 电路双域控制耦合方案二

时,重新采用线性 PI 控制调节母线电压。采用方案一耦合方式改变电感电流的参考值,切换过程相对平滑,但是响应速度较慢;采用方案二耦合方式响应速度快,但是切换过程冲击很大。

饱和域是滞环控制,由两个滞环比较器和一个选择单元构成。输出电压与电压阈值 V_{up}、V_{down} 比较得到滞环比较器的输出。滞环比较器输出示意图如图 2.49 所示,滞环比较器的输出 S_H 正常状态下为 1,当输出电压高于电压阈值时,滞环比较器的输出为 0;滞环比较器的输出 S_L 正常状态下为 0,当输出电压低于电压阈值时,滞环比较器的输出为 1。

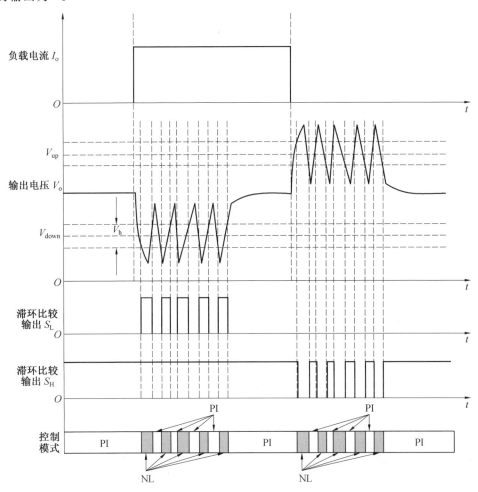

图 2.49　　滞环比较器输出示意图
NL—滞环控制;PI—PI 控制

　　对于耦合方案　,当 S_H 为 0 时,电感电流环的参考值设为电流参考值上限 I_h;当 S_L 为 1 时,电感电流环的参考值设为电流参考值下限 I_l。滞环比较器的输出 S_H 正常状态下为 1,当输出电压高于电压阈值时,滞环比较器输出为 0;相反地,滞环比较器的输出 S_L 正常状态为 0,当输出电压低于电压阈值时,滞环比较器的输出为 1。对于耦合方案二,当 S_H 为 0 时,功率器件金属－氧化物－半导体(MOS)管的驱动置为 1;当 S_L 为 1 时,功率器件 MOS 管的驱动置为 0。根据输出电压变化对电流参考值或者 MOS 管的驱动进行调整,提高变换器的动态响应。

2.5　柔性可扩展电源系统架构

柔性可扩展电源系统架构是一种可兼容太阳能电池阵列、锂电池组、燃料电池、飞轮储能等多种发电单元,并通过可软件定义的数字控制智能功率单元实现通信、功率传输,以及系统组态配置和组合的电源系统架构。

2.5.1　多源兼容单母线功率可扩展电源系统架构

1. 架构组成及特点

航天器柔性可扩展电源系统架构是典型的多源兼容单母线功率可扩展电源系统架构,如图 2.50 所示,该系统架构的主要特点有:

(1)该系统架构中采用了可软件定义的数字控制智能功率单元,整个系统仅需一种标准的智能双向功率变换单元。通过软件定义兼容传统的太阳能电池阵列功率调节器和蓄电池充放电调节器,可实现太阳能电池阵列 MPPT 控制、蓄电池本地化充电控制与放电控制。

(2)太阳能电池阵列、锂电池组、燃料电池、飞轮储能等多种发电、储能单元通过标准智能功率单元连接到公共的直流母线,由标准功率单元根据本地母线情况负责发电设备和储能设备的能量管理。

(3)智能功率单元的控制单元通过控制总线与星载计算机通信。控制单元接收计算机的软件定义指令和控制指令,并发送智能功率单元的自身状态,在星载计算机通信失效的情况下,智能功率单元可通过自身算法参与系统能量管理以保证母线正常。

(4)系统通过组态配置和组合就可以适应不同任务及复杂应用场合,提升电源系统的适应性。另外,智能功率单元也可被定义为载荷的供电单元或者系统与外部系统的接口单元。为了实现故障单元的快速隔离,智能功率单元输出侧安装了断路开关,可通过方向性电流保护实现系统的快速故障清除以及故障后系统重构。

2. 标准智能功率单元

标准智能功率单元的结构如图 2.51 所示,包括标准功率变换电路、采样单元、驱动单元和智能控制单元。

由于需要兼容的能源种类多,智能功率单元的功率变换电路需要有宽的输入范

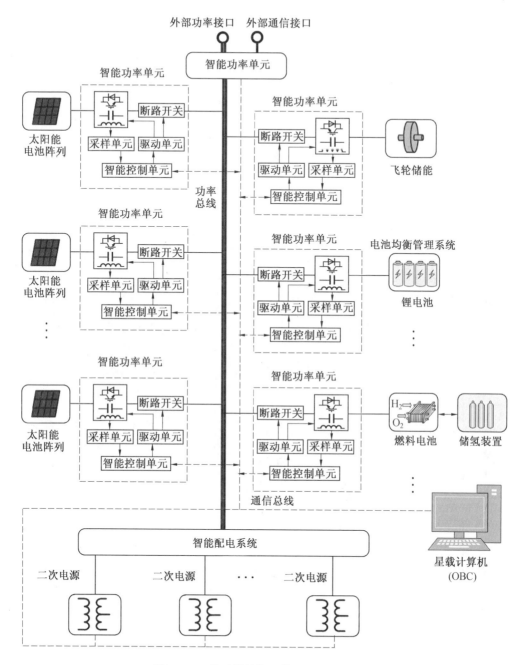

图 2.50　航天器柔性可扩展电源系统架构

围,具有升降压功能。因此,智能功率单元的拓扑选择四开关 Buck－Boost 结构,其电路如图 2.52 所示。智能功率单元具有多种模式,包括母线电压模式、充电模式、放电

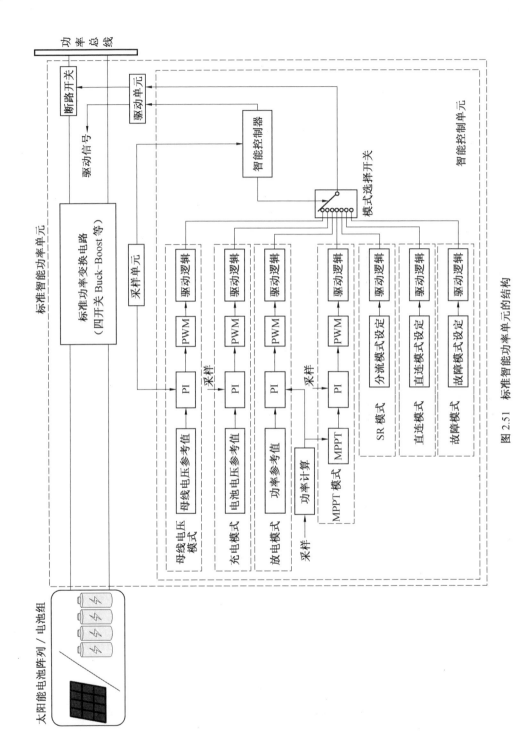

图 2.51　标准智能功率单元的结构

模式、MPPT 模式、分流模式(SR 模式)、直连模式及故障模式,满足太阳能电池、电池组、燃料电池等多种工作状态的需求。

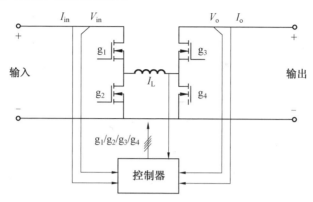

图 2.52　四开关 Buck－Boost 电路

母线电压模式用于控制直流母线电压,保障母线电压稳定性;充电模式和放电模式用于控制电池组的充放电,针对不同电池组的充电模式可软件定义,且充放电控制参数可以在线调整;MPPT 模式、SR 模式用于控制光伏电池板输出的功率。当功率变换电路部分器件故障时,智能功率单元可以工作在直连模式,使太阳能电池阵列直接与母线相连,固定太阳能电池阵列工作点,仍然可以向母线输出功率;单元发生故障时,智能功率单元可工作于故障模式,及时隔离故障模块,防止故障向系统扩散。智能功率单元不同模式对应电路的工作状态如图 2.53 所示。所有智能功率单元的工作模式均可以通过软件定义,无须对硬件进行改动,大大提高了系统配置的灵活性。

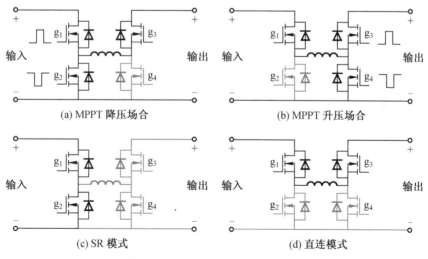

图 2.53　智能功率单元不同模式对应电路的工作状态

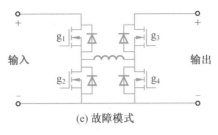

(e) 故障模式

续图 2.53

基于软件定义的柔性可扩展航天器电源系统在系统架构、模块化接入、智能管理等方面具有突出优势,具体可归纳为以下 4 个方面。

(1) 灵活、可重构的积木式系统架构。

积木式分布架构采用多个标准的 DC/DC 智能功率单元组网来取代传统的电源控制器,通过多个 DC/DC 功率单元分散放置,降低了热处理难度。同时,采用柔性可扩展架构后,太阳能电池阵列不再要求统一的分阵设计,布片自由度大幅增加,不仅能够有效提高布片率和布片灵活性,还能够支持储能设备升级为电源包,提高能源利用率和系统功率密度。另外,采用柔性可扩展架构集成多种发电单元、储能单元,构建多源融合的系统架构,能有效提升系统的健壮性与可靠性。

柔性可扩展架构基于软件定义的数字控制技术,针对不同航天器任务,在硬件不变的条件下,通过配置软件即可实现不同功能,可复用程度高,大幅提高产品化程度,实现货架式采购,可有效提升产品质量、降低研制成本、缩短研制周期。

(2) 可柔性设计和软件定义的智能功率单元。

柔性可扩展系统采用可软件定义的多模式智能功率单元,整个系统仅具有一种标准的功率变换器,可以兼容传统的太阳能电池阵列功率调节器(APR)模块和 BCDR 模块,实现所有能源单元的接入。通过组态配置和组合适应不同任务以及复杂应用场合,极大提升空间电源系统的设计效率。数字智能化使得柔性可扩展电源控制器具备"弹性"空间,为用户提供了系统升级、重组、拓展的能力。用户可根据任务所需的不同功能和性能,实现功能的升级和重组,通过软件定义实现功率单元工作模式的设定以及控制器参数(如比例积分微分(PID)控制器中的比例、积分、微分参数)的修改,使电源控制器的性能达到最佳。用户还可根据不同任务的电性能要求,设置电源控制器的电源安全管理特性,包括输入、输出过流过压保护值,软启动时间等参数,提升系统的健壮性。

(3) 智能化的多能源协同控制与能量管理。

为了提升系统的可靠性及灵活性,应用于大型复杂航天器时,可引入多种发电单元和储能单元。多能源的加入使得系统潮流分布更加复杂,基于不同类型元件特性的相关性分析,制定系统的多能源协同方案,利用多能源性能互补实现性能的优化。功率调节模块和电池充放电模块各自具备智能管理能力,能够根据系统状态自主完成工作模式转换,实现能量的智能管理,且发生故障时,能够进行自我故障诊断,从系统中自主隔离出来。需要注意的是,由于系统中发电单元和储能单元种类多、数量多,控制系统设计复杂,系统稳定性差,传统的稳定性设计方法已经不能满足复杂系统的要求。需要基于智能功率单元具有多种工作模式的特点,建立新的稳定性分析工具并进行稳定性设计,实现系统的可靠、稳定运行。

(4)标准化的航天器柔性可扩展式电源架构运行规范体系。

虽然地面的柔性可扩展电源系统已经制定了一些标准,如微电网、智能电网等相关标准,但是航天器柔性可扩展电源系统的标准目前仍然缺失。基于航天器电源系统架构以及可软件定义的智能功率单元,可以为柔性可扩展空间电源系统接入规范体系的建立提供参考,为柔性可扩展空间电源系统的行业标准提供建议。

在确定了柔性可扩展航天器电源的基本结构后,在其控制策略和保护方法上也需要进行针对性的设计。对于柔性可扩展电源系统,多模块并联供电时,若 PV 阵列提供的总功率不能满足负载和电池最大充电所需功率,此时所有 APR 必然都工作在MPPT 模式,不存在均流问题。若 PV 阵列提供的总功率大于负载和电池最大充电所需功率,此时需要对 APR 进行均流控制,平衡各个 APR 输出功率。均流控制的结果是,各个 APR 的输出电流和功率趋于相同,所有 APR 均工作在稳压模式下,有利于提高系统整体寿命。

在航天器电源系统控制策略中,下垂控制是一种常用的方法。下垂控制是根据设定的下垂曲线进行调节,下垂控制中的母线电压参考值不再是固定值,而是随输出功率的变化而变化。下垂控制可以完全不依赖于通信线实现功率平衡,其缺点是母线电压变化范围较大,会对电能质量造成影响。而航天器的载荷对供电质量要求很高,需要对下垂控制进行优化。可重构的分层控制策略即为一种局部优化策略,顶层负责能量管理优化;第二层负责补偿下垂控制造成的电压偏移及模式选择;底层下垂控制负责电压和功率的调节。其中顶层和第二层位于星载计算机(OBC),底层位于功率单元的智能控制单元。航天器柔性可扩展电源控制系统如图 2.54 所示。

星载计算机正常时,3 层同时工作实现最优的控制目标,此时系统调节的分层响应曲线如图 2.55(a)所示,底层基于下垂曲线智能功率单元的输出电压参考值,第二层基于母线电压的偏移,向上或者向下平移下垂曲线。多模块配合策略如图 2.55(b)所示,星载计算机故障时,各功率单元中的底层控制不依赖通信,以下垂方式独立运行。柔性可扩展系统中的模块仅基于本地的公共直流母线电压采样,无须依靠通信,根据预先设定的运行区域规则工作在相应的模式,如图 2.55(b)所示。例如,当母线电压在 $101.7 \sim 103$ V 时,APR 控制直流母线电压;当母线电压在 $100.9 \sim 101.4$ V 时,BCDR 控制直流母线电压,工作于充电模式。

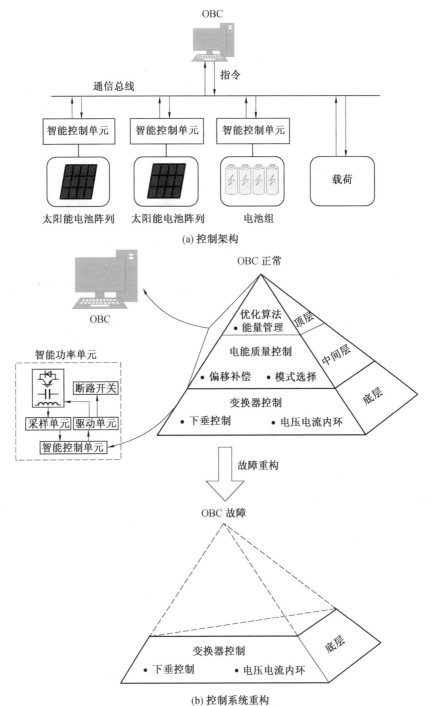

(a) 控制架构

(b) 控制系统重构

图 2.54 航天器柔性可扩展电源控制系统

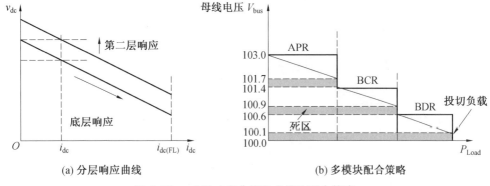

（a）分层响应曲线　　　　　　　　　　　（b）多模块配合策略

图 2.55　分层响应曲线和多模块配合策略

2.5.2　多源兼容多母线柔性可扩展电源系统架构

多源兼容单母线柔性可扩展电源系统架构仍然无法避免卫星母线单点失效的问题，而适用于未来多功能卫星（兼容单一卫星和星座卫星）的新体制卫星电源系统必须建立一套多载荷区域智能供配电系统，同时以信息互联和智能管理为手段将离散的能源变为统一连续的能源，提高能源系统的综合利用效率，以高可靠性、高效率及高稳定性地支撑在轨飞行器的运行，通过模块积木式搭建和软件定义，可支持多种任务需求及卫星平台，这种电源系统架构被称为多源兼容多母线柔性可扩展电源系统架构。

1. 架构组成及特点

多源兼容多母线柔性可扩展电源系统架构如图 2.56 所示，电源系统架构一共分为 5 个部分，分别是功率源和储能设备输入、智能固态开关、多载荷子系统、多载荷区域间智能功率路由和智能管理单元。功率源输入端为太阳能电池、热光电式同位素源等，将功率源输入通过智能固态开关—多载荷子系统实时可重构地向储能设备充电和放电，并自动识别负载，根据需求输出额定功率及额定电压给载荷供电，各多载荷子系统之间的能量可以通过多载荷区域间功率智能路由调度，各个子系统均受智能管理单元监测和控制。其中，关键电源控制器组成如下：

（1）多载荷子系统。

① 由高效率高可靠单体电源或高效率高可靠可重构电源通过积木式组合实现功率源和储能设备输入的功率调节，其中高效率高可靠单体电源由多端口单体电源构成，核心为多端口变换器，高效率高可靠可重构电源由可自修复和可重构的两端口变换器构成。

② 高效率柔性晶片式宇航电源以高效正弦固态变压器拓扑实现高效的隔离变换器为核心，具备可重构自修复电源功能，且可通过数字控制技术实现软定义柔性可重构，即所接入的输入、输出设备的电压、功率需求和供给能力可直接软件识别，且可自由接入。输出（电压等级、保护点）可按软件定义的需求供给。

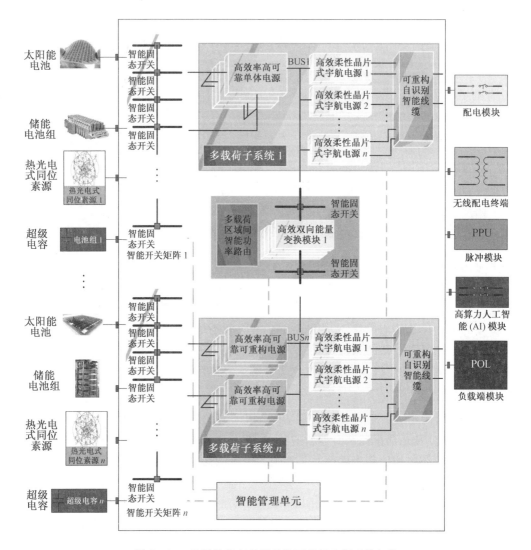

图 2.56　多源兼容多母线柔性可扩展电源系统架构

③ 可重构自识别智能线缆。该智能线缆具有可重构结构,将高效率柔性晶片式宇航电源输出根据负载需求进行多模块串并联组合,可支持高压小电流和低压大电流输出,同时包含智能固态开关,具备故障隔离功能。

(2) 多载荷区域间智能功率路由。

① 智能固态开关可实现故障隔离,避免故障蔓延。

② 高效双向能量变换模块以高效升降压双向变换器为核心,实现多个载荷区域子系统之间的能量交互,提高整个系统的可靠性。

（3）智能管理单元。

主控制核心平台根据数字电源变换模块采集到的输入、输出状态及储能设备的状态，通过低电压差分信号（LVDS）传输信息给主控制核心平台，它通过对输入状态和输出需求的解析计算下发控制指令给个模块，通过智能固态开关完成整个系统的最优化模块重构。

在电源系统架构中，多载荷区域间智能功率路由、智能管理单元与 2.5.1 节中所讲述的标准智能功率单元具备同样的功能，负责在不同的母线之间进行能量传输，这里不再赘述。

2. 高效高可靠可重构电源

图 2.57 所示为一个基础的可串并联重构的隔离变换器拓扑单元。U_1 与 U_2 是隔离电源，二者可控制输出相同的电压或者相同的电流。功率开关 S_1 与功率二极管 D_1、D_2 构成串并联开关电路，通过 S_1 的开通和关断控制该单元的输出电压和电流。当 S_1 开通时，隔离电源 U_1 和 U_2 串联，输出电压为 $U_1 + U_2 = 2U$，两个电源自动均流；当 S_1 关断时，隔离电源 U_1 和 U_2 并联，输出电压为 $U_1 = U_2 = U$，二者电压相同，自动均压。这种自动均压和自动均流在 U_1 和 U_2 是两种完全相同的输出电压，相同输出电流的情况下可实现。

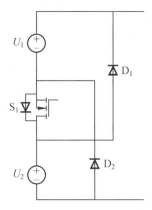

图 2.57　可串并联重构的隔离变换器拓扑单元

然而，该结构并不局限 U_1 和 U_2 的电路结构是否相同，也不局限单体输出功率是否完全一致。还可通过加入控制单元的重构来获取更加灵活的电路形式。在该种电路形式下，只要 U_1 和 U_2 在功率和电压范围近似即可。当 S_1 开通时，控制二者为电压输出模式，电流自动均流；而当 S_1 关断时，控制二者为电流输出模式，电流直接并联，电压取决于负载输出。

该结构可进行故障冗余设计，当 S_1 发生短路故障时，U_1 与 U_2 始终串联输出；而当 S_1 出现断路故障时，U_1 和 U_2 始终并联输出。以图 2.57 所示的可重构单元作为基本电源单元,构成如图 2.58 所示的嵌套式可重构单元。

在嵌套式可重构结构下,每个基本单元的电压和功率等级可以做得更小,且变换形式多样,在控制重构和拓扑重构双重结合下,实现状态切换控制,针对大功率应用需求场合,无须做定制式设计,仅需对控制模态和串并联开关进行合理设计即可。

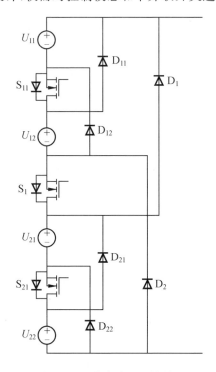

图 2.58   嵌套式可重构单元

宇航电源控制器往往由多个模块并联扩展得到,输入、输出的电压可变范围有限;并联模块往往通过热备份方式进行冗余设计。但对于越来越复杂的卫星应用,不同的轨道条件和负载需求导致电源控制大多需要定制化。而随着载荷不断发展、应用场景变化、二次电源种类增多,二次电源不得不定制,从而导致成本高,难以商业化。

3. 高效柔性晶片式宇航电源

柔性可扩展电源系统具有组网能力,支持多个系统级联完成组网,实现功率的扩展和端口数量的扩展,从而有效地降低后续投入成本,通过连接多个分布式的太阳能帆板或储能装置来满足负载功率需求。

载荷设备在快速更新换代,其需求的载荷电源正朝着低压大电流的方向发展,如通信类的收发组件(TR 组件)电源及其他天线电源。这类电源输出电压低、输出电流大,在整星的功耗占比很大,如果电源模块的转换效率低,那无论对整星的供配电设计而言还是对热设计而言,都会带来很大挑战。高功率密度和高转换效率也可在半桥、全桥的 ZVS PWM 控制拓扑结构中实现,但是 PWM 变换器的等效电路包括插入到输入源和负载之间的全部等效串联阻抗和漏感阻抗,这个阻抗会削弱变换器电压的开环调整能力,导致在负载增加时,输出电压下降。正弦固态变压器拓扑结构可以很好地解决变换器的开关电压调整能力,如图 2.59 所示,该拓扑工作存在谐振频率,谐振腔元器件的有感阻抗可相互抵消,谐振电路的阻抗呈现阻性,既减小了变换器的输出阻抗和开环电阻,又减小了开环电压随负载变化的下降。由于消除了有感阻抗的相依性,因此高效正弦固态变压器拓扑具有并联 DC 输出阻抗一致、容错功率均分的特性。

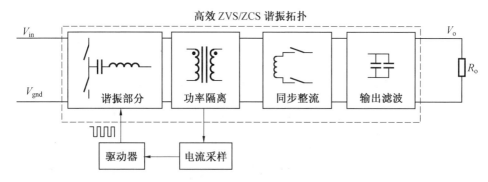

图 2.59　正弦固态变压器拓扑

传统的单级拓扑方案如图 2.60 所示,这种拓扑的缺点如下:

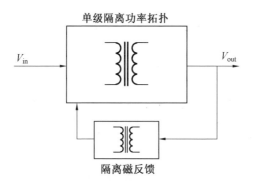

图 2.60　传统的单级拓扑方案

（1）通常采用反激或正激拓扑,由于变压器去磁的需求,这类拓扑的占空比不能超过 50%,磁芯利用率低。

（2）对于输入电压和输出电压均有较大变化范围的场合,这种单级拓扑的占空比变换范围也非常大。

（3）在器件选型及效率方面很难做到全范围优化,因此这种传统拓扑的转换效率只能在 60% ～ 80% 之间。

针对这种需求,也可采用两级拓扑的转换方案,如图 2.61 所示。此方案具体为:

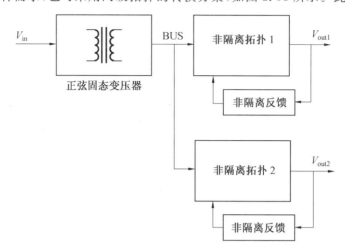

图 2.61　两级拓扑架构

(1)前级采用高效正弦固态变压器拓扑,将高压母线电压(如 28 ～ 37 V)按照某一固定变比(如 4 : 1),等比降压转换一个中间母线电压(约 7 ～ 9.25 V)。

(2)前级为开环控制,并且拓扑可实现零电压和零电流开关,转换效率高,动态响应速度快。

(3)后级采用高效的同步降压拓扑,将中间母线电压转换为所需要的输出电压。由于同步降压拓扑的占空比几乎可以从 0 一直到 100%,因此磁芯利用率高,转换效率高。

(4)后级拓扑采用非隔离反馈,避免了采用光耦或变压器进行隔离反馈,反馈电路更加简单可靠。

正弦固态变压器的变比可调,并具备串并联能力,为供电的可重构提供了可能,同时还可以做成任意电压和功率需求的柔性可定义电源。

2.6　本章小结

本章论述了可消除太阳能电池阵列寄生电容影响的 S3R 控制器、太阳能电池阵列端隔离一体化航天器电源系统、非隔离高功率密度航天器电源系统、多模式混合储能型双母线脉冲电源系统,以及柔性可扩展的电源系统架构。在电源系统的空间能量压缩方面:通过研究基于三端口功率拓扑的一体化架构的电源控制器,将传统用于太阳能电池阵列功率调节、电池充电和放电等的三类功率单元高度集成为一个功率单元,大大降低了 PCU 自身质量。同时研究了高度适应太阳能电池阵列寄生电容的分流器 PASR 和 MPPT 技术，进一步提升 PV 发电功率并降低太阳能电池阵列配置数量。内环电流控制保证了所有三端口变换器可以直接通过并联进行功率拓展。在电源系统的时间压缩方面：针对重复脉冲负载，在低功率需求时刻将能量通过磁元件进行压缩，脉冲功率临时通过磁元件瞬间放电，太阳能电池阵列和蓄电池只需要按照平均功率配置。此外，柔性可扩展电源系统架构可兼容太阳能电池阵列、锂电池组、燃料电池、飞轮储能等多种发电单元，并通过可软件定义的数字控制智能功率单元实现通信、功率传输，以及系统组态配置和组合的电源系统架构。

本章参考文献

[1] FATEMI N S,POLLARD H E,HOU H Q,et al. Solar array trades between very high-efficiency multi-junction and Si space solar cells[C]. Photovoltaic Specialists Conference. Anchorage,AK,USA. IEEE,2000:1083-1086.

[2] BLOK R,BERG E V D,SLOOTWEG D. Solar cell capacitance measurement [J]. ESA SP,2002,502:597.

[3] GRANATA J E,ERMER J H,HEBERT P,et al. Triple-junction GaInP/GaAs/ Ge solar cells-production status,qualification results and operational benefits [C]. Photovoltaic Specialists Conference. Anchorage,AK,USA. IEEE,2000: 1181-1184.

[4] GARRIGOS A,BLANES J M,CARRASCO J A,et al. Influence of the parasitic solar array capacitance in the sequential switching shunt series regulator[C]. IEEE Mediterranean Electro technical Conference. Malaga,Spain. IEEE,2006: 1198-1201.

[5] KUMAR R A,SURESH M S,NAGARAJU J. Effect of solar array capacitance on the performance of switching shunt voltage regulator[J]. IEEE Transaction on Power Electronics,2006,21(2):543-548.

[6] PICART G,MICHOUD V. Behavioural modelling of the spacebus 3000 power conditioning unit[C]. European Space Power Conferences. Poitiers,France. NASA/ADS,1995:89.

[7] FORTMANN T E,HITZ K L. An introduction to linear control systems[M]. New York:Crc Press,1977.

[8] PATIL A R,CHO S H,LEE F C. Design considerations for a solar array switching unit[C]. Proceedings of the 25th Intersociety Energy Conversion Engineering Conference. Reno,NV,USA. IEEE,1990:373-379.

[9] GARRIGOS A, CARRASCO J A, BLANES J M, et al. A new sequential switching shunt regulator digital shunt regulator (S3R-DSR) for solar array regulators [C]. IEEE International Symposium on Industrial Electronics. Montreal, QC, Canada. IEEE, 2006:1064-1069.

[10] MARROQUI D, BORRELL J, GUTIERREZ R, et al. Comparative study of SiC transistors for active current limitation in S3R[J]. EIAEE, 2017, 23(5):54-60.

[11] CASANUEVA R, AZCONDO F J, BRANAS C, et al. Analysis, design and experimental results of a high-frequency power supply for spark erosion[J]. IEEE Transaction on Power Electronics, 2005, 20(2):361-369.

[12] YORK B, YU W, LAI J S. An integrated boost resonant converter for photovoltaic applications[J]. IEEE Transaction on Power Electronics, 2013, 28 (3):1199-1207.

[13] CHOI W Y. High-efficiency DC – DC converter with fast dynamic response for low-voltage photovoltaic sources [J]. IEEE Transaction on Power Electronics, 2013, 28(2):706-716.

[14] ADIB E, FARZANEHFARD H. Analysis and design of a zero-current switching forward converter with simple auxiliary circuit[J]. IEEE Transaction on Power Electronics, 2012, 27(1):144-150.

[15] BLANES J M, GARRIGOS A, CARRASCO J A, et al. High-efficiency regulation method for a zero-current and zero-voltage current-fed push – pull converter[J]. IEEE Transaction on Power Electronics, 2011, 26(2):444-452.

[16] CHEN Y T, SHIU S M, LIANG R H. Analysis and design of a zero-voltage-switching and zero-current-switching interleaved boost converter [J]. IEEE Transaction on Power Electronics, 2012, 27(1):161-173.

[17] DELEPAUT C. S3R stability margins and design guidelines[C]. Proceeding of Eighth European Space Power Conference. Constance, Germany. NASA/ADS, 2008:14-19.

[18] SU G J, PENG F Z. A low cost, triple-voltage bus DC-DC converter for automotive applications [C]. Applied Power Electronics Conference and Exposition. Austin, TX, USA. IEEE, 2005:1015-1021.

[19] PENG F Z, LI H, SU G J, et al. A new ZVS bidirectional DC-DC converter for fuel cell and battery application[J]. IEEE Transaction on Power Electronics, 2004, 19(1):54-65.

[20] TAO H M, DUARTE J L, HENDRIX M A M. Novel zero-voltage switching control methods for a multiple-input converter interfacing a fuel cell and super-

capacitor［C］. IECON 2006-32nd Annual Conference on IEEE Industrial Electronics. Paris,France. IEEE,2006:2341-2346.

[21] SU G J,CUNNINGHAM J P,TANG L X. A reduced-part,triple-voltage DC-DC converter for electric vehicle power management［C］. Power Electronics Specialists Conference. Orlando,FL,USA. IEEE,2007:1989-1994.

[22] DI NAPOLI A,CRESCIMBINI F,SOLERO L,et al. Multiple-input DC-DC power converter for power-flow management in hybrid vehicles［C］. Industry Applications Conference. Pittsburgh,PA,USA. IEEE,2002:1578-1585.

[23] DI NAPOLI A,CRESCIMBINI F,RODO S,et al. Multiple input DC-DC power converter for fuel-cell powered hybrid vehicles［C］. Power Electronics Specialists Conference. Cairns,QLD,Australia. IEEE,2002:1685-1690.

[24] MARCHESONI M,VACCA C. New DC－DC converter for energy storage system interfacing in fuel cell hybrid electric vehicles［J］. IEEE Transaction on Power Electronics,2007,22(1):301-308.

[25] KWASINSKI A. Identification of feasible topologies for multiple-input DC－DC converters［J］. IEEE Transaction on Power Electronics,2009,24(3):856-861.

[26] LI Y,RUAN X,YANG D,et al. Synthesis of multiple-input DC/DC converters［J］. IEEE Transaction on Power Electronics,2010,25(9):2372-2385.

[27] LIU Y C,CHEN Y M. A systematic approach to synthesizing multi-input DC－DC converters［J］. IEEE Transaction on Power Electronics,2009,24(1):116-127.

[28] RODRIGUEZ F D,IMES W G. Analysis and modeling of a two-input DC/DC converter with two controlled variables and four switched networks［C］. Energy Conversion Engineering Conference. Washington,DC,USA. IEEE,1996:322-327.

[29] DOBBS B G,CHAPMAN P L. A multiple-input DC-DC converter topology［J］. IEEE Power Electronics Letters,2003,1(1):6-9.

[30] ONWUCHEKWA C N,KWASINSKI A. A modified-time-sharing switching technique for multiple-input DC－DC converters［J］. IEEE Transaction on Power Electronics,2012,27(11):4492-4502.

[31] NEJABATKHAH F, DANYALI S, HOSSEINI S II,et al. Modeling and control of a new three-input DC－DC boost converter for hybrid PV/FC/battery power system［J］. IEEE Transaction on Power Electronics,2012,27(5):2309-2324.

[32] WU H F,SUN K,DING S,et al. Topology derivation of nonisolated three-port DC – DC converters from DIC and DOC[J]. IEEE Transaction on Power Electronics,2013,28(7):3297-3307.

[33] MOURRA O,FERNANDEZ A,TONICELLO F,et al. Multiple port DC DC converter for spacecraft Power Conditioning Unit [C]. Applied Power Electronics Conference and Exposition (APEC). Orlando,FL,USA. IEEE, 2012:1278-1285.

[34] CHIEN L J,CHEN C C,CHEN J F,et al. Novel three-port converter with high-voltage gain[J]. IEEE Transaction on Power Electronics,2014,29(9): 4693-4703.

[35] WU H F,SUN K,CHEN R R,et al. Full-bridge three-port converters with wide input voltage range for renewable power systems[J]. IEEE Transaction on Power Electronics,2012,27(9):3965-3974.

[36] ATHAB H S,LU D D C,RAMAR K. A single-switch AC/DC flyback converter using a CCM/DCM quasi-active power factor correction front-end[J]. IEEE Transaction on Industrial Electronics,2012,59(3):1517-1526.

[37] CHEN W,RUAN X,YAN H,et al. DC/DC conversion systems consisting of multiple converter modules:stability,control,and experimental verifications [J]. IEEE Transaction on Power Electronics,2009,24(6):1463-1474.

[38] WEAVER W W,KREIN P T. Analysis and applications of a current-sourced buck converter[C]. Applied Power Electronics Conference. Anaheim,CA, USA. IEEE,2007:1664-1670.

[39] MOURRA O,FERNANDEZ A,TONICELLO F. Buck Boost Regulator (B²R) for spacecraft Solar Array Power conversion[C]. Applied Power Electronics Conference and Exposition (APEC). Palm Springs,CA,USA. IEEE,2010: 1313-1319.

[40] KARPPANEN M,ARMINEN J,SUNTIO T,et al. Dynamical modeling and characterization of peak-current-controlled superbuck converter [J]. IEEE Transaction on Power Electronics,2008,23(3):1370-1380.

[41] 张晓峰,李海津,藏洁,等. 国外 SAR 卫星 T/R 模块电源单元设计分析与启示 [J]. 航天器工程,2019,28(5):130-140.

[42] GU Y,ZHANG D L,FANG M Z,et al. Research on low input current ripple two-stage converter for low frequency pulsed-power applications [J]. IET Power Electronics,2019,13(2):340-345.

[43] GU Y,ZHANG D L,ZHANG X F. Study on high robustness and fast dynamic

response synchronous rectifier buck converter[J]. IET Power Electronics, 2018,11(8):1365-1372.

[44] 杨双景,赵长江. 一种大功率 SAR 卫星电源系统设计[J]. 航天器工程,2017,26 (3):57-63.

[45] 乔明,朱立颖,李小飞,等. SAR 卫星电源系统设计与仿真研究[J]. 航天器工程,2015,24(2):45-50.

[46] 陈善华. 无人机合成孔径雷达接收机开关电源研制[J]. 现代雷达,2005,27(9):78-80.

[47] 李海津,张晓峰,李佳宁,等. 一种 SAR 卫星电源变换器快速响应控制策略[J]. 航天器工程,2019,28(6):37-45.

[48] MWEENE L H,WRIGHT C A,SCHLECHT M F. A 1 kW 500 kHz front-end converter for a distributed power supply system[J]. IEEE Transaction on Power Electronics,1991,6(3):398-407.

[49] SABATE J A,VLATKOVIC V,LEE F C,et al. Design considerations for high-voltage high power full-bridge zero-voltage-switched PWM converter[C]. Proceedings of Appied Power Electronics Conference and Exposition. Los Angeles,CA,USA. IEEE,1990:275-284.

[50] YADAV G N B,NARASAMMA N L. An active soft switched phase-shifted full-bridge DC-DC converter:analysis, modeling, design, and implementation [J]. IEEE Transaction on Power Electronics,2014,29(9):4538-4550.

[51] MOSCHOPOULOS G,JAIN P. ZVS PWM full-bridge converters with dual auxiliary circuits [C]. Proceedings of 22nd International Telecommunications Energy Conference. Phoenix,AZ,USA. IEEE,2000:574-581.

[52] YE Z. Dual half-bridge DC – DC converter with wide-range ZVS and zero circulating current[J]. IEEE Transaction on Power Electronics, 2013, 28(7): 3276-3286.

[53] YOON H K,HAN S K,CHOI E S,et al. Zero-voltage switching and soft-commutating two-transformer full-bridge PWM converter using the voltage-ripple [J]. IEEE Transaction on Industrial Electronics,2008,55(3):1478-1488.

[54] 陈乾宏,殷兰兰,王健,等. 二极管加电流互感器箝位的移相全桥 DC/DC 变换器 [J]. 中国电机工程学报,2008,28(15):23-31.

[55] AYYANAR R,MOHAN N. A novel full-bridge DC-DC converter for battery charging using secondary-side control combines soft switching over the full load range and low magnetics requirement[J]. IEEE Transaction on Industrial Electronics,2001,37(2):559-565.

[56] 张强,林维明,徐玉珍. 一种用耦合电感实现零电压零电流开关的移相全桥变换器[J]. 电工技术学报,2016,31(21):142-149.

[57] JANG Y,JOVANOVIC M M. A new family of full-bridge ZVS converters[J]. IEEE Transaction on Power Electronics,2004,19(3):701-708.

[58] BORAGE M,TIWARI S,BHARDWAJ S,et al. A full-bridge DC-DC converter with zero-voltage-switching overthe entire conversion range［J］. IEEE Transaction on Power Electronics,2008,23(4):1743-1750.

[59] WIJERATNE D S,MOSCHOPOULOS G. A ZVS-PWM full-bridge converter with reduced conduction losses[J]. IEEE Transaction on Power Electronics, 2014,29(7):3501-3513.

[60] RUAN X B,LIU F X. An improved ZVS PWM full-bridge converter with clamping diodes［C］. Proceedings of 35th Annual Power Electronics Specialits Conference. Aachen,Germany. IEEE,2004:1476-1481.

[61] CHO J G,SABATE J A,HUA G C,et al. Zero-voltage and zero-current-switching full bridge PWM converter for high-power applications[J]. IEEE Transaction on Power Electronics,1996,11(4):622-628.

[62] RUAN X B,YAN Y G. A novel zero-voltage and zero-current-switching PWM full-bridge converter using two diodes in series with the lagging leg[J]. IEEE Transaction on Industrial Electronics,2001,48(4):777-785.

[63] MOISSEEV S,SOSHIN K,NAKAOKA M. Tapped-inductor filter assisted soft-switching PWM DC-DC power converter［J］. IEEE Transaction on Aerospace and Electronic System,2005,41(1):174-180.

[64] CHU E H,HOU X T,ZHANG H G,et al. Novel zero-voltage and zero-current switching (ZVZCS) PWM three-level DC/DC converter using output coupled inductor[J]. IEEE Transaction on Power Electronics,2014,29(3):1082-1093.

[65] CHO J G,JEONG C Y,LEE F C Y. Zero-voltage and zero-current-switching full-bridge PWM converter using secondary active clamp[J]. IEEE Transaction on Power Electronics,1998,13(4):601-607.

[66] 陈仲,汪洋,李梦南. 一种低环流损耗的宽范围 ZVS 移相全桥变换器[J]. 电工技术学报,2015,30(22):71-79.

[67] DUONG T D,NAM V H,SUNHO Y,et al. A novel soft-switching full-bridge converter with a combination of a secondary switch and a nondissipative snubber[J]. IEEE Transaction on Power Electronics,2018,33(2):1440-1452.

[68] KIM E S,JOE K Y,KYE M H,et al. An improved soft switching PWM FB DC-DC converter for reducing conduction loss[J]. IEEE Transaction on Power

Electronics,1999,14(2):258-264.

[69] CHO J G,BAEK J W,JEONG C Y,et al. Novel zero-voltage and zero-current-switching full-bridge PWM converter using a simple auxiliary circuit[J]. IEEE Transaction on Power Electronics,1999,35(1):15-20.

[70] ZHAO L, LI H Y, WU X, et al. An improved phase-shifted full-bridge converter with wide-range ZVS and reduced filter requirement[J]. IEEE Transaction on Industrial Electronics,2018,65(3):2167-2176.

[71] SONG T,HUANG N. A novel zero-voltage and zero-current-switching full-bridge PWM converter[J]. IEEE Transaction on Power Electronics,2005,20(2):286-291.

[72] WANG H Y, SHANG M, KHALIGH A. A PSFB-based integrated PEV onboard charger with extended ZVS range and zero duty cycle loss [J]. IEEE Transaction on Industrial Applications,2017,53(1):585-595.

[73] ILIC M,MAKSIMOVIC D. Phase-shifted full bridge DC-DC converter with energy recovery clamp and reduced circulating current [C]. Proceedings of Appied Power Electronics Conference and Exposition. Anaheim,CA,USA. IEEE,2007:969-975.

[74] WU X K,XIE X G,ZHANG J M,et al. Soft switched full bridge DC – DC converter with reduced circulating loss and filter requirement[J]. IEEE Transaction on Power Electronics,2007,22(5):1949-1955.

[75] STEIN C M,GRUNDLING H A,PINHEIRO H,et al. Zero-current and zero-voltage soft-transition commutation cell for PWM inverters [J]. IEEE Transaction on Power Electronics,2004,19(2):396-403.

[76] PAHLEVANI M,PAN S,JAIN P. A hybrid phase-shift modulation technique for DC/DC converters with a wide range of operating conditions [J]. IEEE Transaction on Industrial Electronics,2016,63(12):7498-7510.

[77] GUO Z Q,SHA D S,LIAO X Z,et al. Input-series-output-parallel phase-shift full-bridge derived DC – DC converters with auxiliary LC networks to achieve wide zero-voltage switching range[J]. IEEE Transaction on Power Electronics,2014,29(10):5081-5086.

[78] CHEN Z,LIU S,SHI L,et al. Improved zero-voltage-switching pulse width modulation full bridge converter with self-regulating auxiliary current[J]. IET Power Electronics,2013,6(2):287-296.

[79] PAHLEVANINEZHAD M,DROBNIK J,JAIN P K,et al. A load adaptive control approach for a zero-voltage-switching DC/DC converter used for electric

vehicles [J]. IEEE Transaction on Industrial Electronics,2012,59(2):920-933.

[80] BORAGE M,TIWARI S,KOTAIAH S. A passive auxiliary circuit achieves zero-voltage-switching in full-bridge converter over entire conversion range [J]. IEEE Transaction on Power Electronics,2005,3(4):141-143.

[81] KANAMARLAPUDI V R K,WANG B F,SO P L,et al. Analysis,design,and implementation of an APWM ZVZCS full-bridge DC – DC converter for battery charging in electric vehicles [J]. IEEE Transaction on Power Electronics,2017,32(8):6145-6160.

[82] SAFAEE A,JAIN P K,BAKHSHAI A. An adaptive ZVS full-bridge DC – DC converter with reduced conduction losses and frequency variation range[J]. IEEE Transaction on Power Electronics,2015,30(8):4107-4118.

[83] SAFAEE A,JAIN P K,BAKHSHAI A. A ZVS pulsewidth modulation full-bridge converter with a low-RMS-current resonant auxiliary circuit[J]. IEEE Transaction on Power Electronics,2016,31(6):4031-4047.

[84] SCORZAFAVA E,GIANNINOTO G,CANTAMESSA M,et al. The cosmo-skymed second generation SAR antenna electrical power chain and platform power distribution[J]. E3S Web of Conferences,2017,16:13006.

[85] MANFREDA M,COSTANTINI S,CROCI L,et al. COSMO-SkyMed electrical power system in flight performances [C]. 8th European Space Power Conference. Constance,Germany. NASA/ADS,2008:661-666.

[86] 张晓峰,李海津. 基于软件定义的航天器分布式电源系统设计[J]. 航天器工程, 2020,29(2):51-58.

[87] 王盼宝,王卫,孟尼娜,等. 直流微电网离网与并网运行统一控制策略[J]. 中国电机工程学报,2015,35(17):4388-4396.

[88] 张明,刘奕宏,李海津,等. 航天器百千瓦级分布式可重构电源系统设计[J]. 航天器工程,2021,30(1):86-94.

[89] 朱洪雨. 航天器电源系统能量压缩及功率拓展方法研究[D]. 哈尔滨:哈尔滨工业大学,2015.

[90] ZHU H Y,ZHANG D L,ZHOU Y L,et al. Integrated magnetic buck-boost converter with "zero" output current ripple [J]. IEEE Transactions on Industrial Electronics,2021,68(7):5821-5832.

[91] ZHU H Y,ZHANG D L. Design considerations of sequential switching shunt regulator for high-power applications [J]. IEEE Transactions on Industrial Electronics,2020,67(11):9358-9369.

[92] ZHU H Y,ZHANG D L,LIU Q,et al. Three-port DC/DC converter with all

ports current ripple cancellation using integrated magnetic technique[J]. IEEE Transactions on Power Electronics,2016,31(3):2174-2186.

[93] ZHU H Y,ZHANG D L,ZHANG B W,et al. A non-isolated three-port DC-DC converter and three domain control method for PV-battery power systems[J]. IEEE Transactions on Industrial Electronics,2015,62(8):1.

[94] ZIIU H Y,ZHANG D L. Influence of multijunction Ga/As solar array parasitic capacitance in S3R and solving methods for high-power applications[J]. IEEE Transactions on Power Electronics,2014,29(1):179-190.

第3章

新体制航天器一次电源功率拓扑及控制方式

本章对 BCR 和 BDR 的功率拓扑展开研究,分别提出低输入电流纹波 Superbuck 变换器、无右半平面零点两相交错反向耦合电感 Boost 变换器,以及高频充放电切换 Weinberg — Buck 双向充放电变换器,以满足航天器电源系统高动态响应、高功率密度的需求。与此同时,在功率拓扑的控制方式方面,分别提出恒定带宽和输出阻抗的跨导补偿器、模型参考平均电流型控制和 $1/\sqrt[3]{s}$ 型补偿器,以确保电源系统的相位裕度、增益裕度、模值裕度和时延裕度等性能指标满足要求。

BCR 和 BDR 是 PCU 重要的组成部分,根据不同轨道和任务的需求,BCR 和 BDR 既可设计成各自独立的拓扑,也可设计成融合二者功能的双向拓扑。对于 BCR 模块而言,在 S3R 架构下实现三域控制时,它的输入侧为功率母线,输出侧为蓄电池,此时它作为母线的负载,若输入电流阶跃或不连续,母线将会受到较大影响;若输出电流不连续,不能按照预期方式充电,则会影响电池寿命,因此通常要求 BCR 模块的输入侧与输出侧电流均连续。对于 BDR 模块而言,其作为母线与蓄电池之间的充电通路,在航天器位于阴影区时向有效载荷提供功率,当前通信卫星及合成孔径雷达等卫星的供电电源功率等级越来越高,且载荷呈低频脉冲的发展趋势,因此通常要求 BDR 模块具备较高的动态响应速度。基于上述原因,本章研究高动态响应低输入电流纹波 Superbuck 变换器,以满足电源系统对 BCR 模块的性能要求;提出无右半平面零点两相交错反向耦合电感 Boost 变换器,以满足电源系统对 BDR 模块的性能要求;进而提出高频充放电切换 Weinberg—Buck 双向充放电变换器,以适应高功率密度电源系统对双向 BCDR 模块的需求。

在 BCR、BDR 功率拓扑确定后,电源系统的稳定裕度及动态特性同样对航天器性能至关重要。衡量稳定裕度的指标包括相位裕度、增益裕度、模值裕度和时延裕度,而 PCU 各功率模块则需确保寿命末期最坏情况下的相位裕度不小于 $60°$,增益裕度不小于 10 dB。为满足上述稳定裕度要求,本章提出一种恒定带宽和输出阻抗的跨导补偿器,以确保平均电流模式控制下的 PCU 各功率模块环路特性和输出阻抗不随并联工作子模块数量的改变而变化;还提出一种高稳定裕度、高动态响应的模型参考平均电流型控制,以减小 PCU 各功率模块闭环输出阻抗与闭环音频易感性,改善系统的抗扰性;最后,提出 $1/\sqrt[3]{s}$ 型补偿器,该补偿器可在较宽的频域范围内持续提供 $60°$ 的相位补偿,从而解决传统 Ⅱ 型补偿器的相位补偿能力有限,在大功率扩展并联模块数量增加的情况下,裕度补偿不足等问题。

3.1　高动态响应低输入电流纹波 Superbuck 研究

BCR 的输入为母线,输出为接入电池的电流,其作为母线负载,若输入电流阶跃或不连续,则会对整个 PCU 母线造成较大影响;若输出电流不连续,则会影响电池寿命,因此需要 BCR 的输入电流和输出电流均连续。母线和电池电压的关系决定了 BCR 是非隔离降压型拓扑,从可靠性和稳定性考虑,Superbuck 拓扑为 BCR 的首选功率拓扑结构。除超大功率宇航平台(> 20 kW)外,一般 BCR 个数较少,在 BCR 域起到稳定母线的作用,应与多个 BDR 模块并联的带宽相当,因而高带宽是其必须具有的属性,同时要保证满足增益裕度和相位裕度等 ESA 电源标准。因为 BCR 域一般出现在太阳能电池阵列寿命末期、陨石或太空垃圾损伤太阳能电池阵列,或者太阳能电池阵列故障等条件下,所以它的性能对整星寿命亦有较大影响。为此,本章以实现高动态响应和低输入电流纹波为目标,对 BCR 进行研究。

3.1.1 分立电感 Superbuck 工作原理分析与小信号建模

1. 工作原理分析

图 3.1 所示为 Superbuck 工作过程示意图,开关管 Q 导通时,直流母线通过开关管 Q 给电感 L_1 储能,并供给负载,电容 C_1 放电,通过 Q 给电感 L_2 储能;Q 关断时,直流母线和电感 L_1 通过二极管 D 给电容 C_1 充电,电感 L_2 通过二极管 D 续流。若 C_1 足够大,则 C_1 两端的电压不变,等于 V_{in},开关管 Q 导通时,电感 L_1 和 L_2 两端的电压均为 $V_{in} - V_o$,方向如图 3.1(a) 所示;开关管 Q 关断时,电感 L_1 和 L_2 两端的电压均为输出电压 V_o,方向如图 3.1(b) 所示,由此可得到电感电流波形如图 3.2 所示。输出电流 i_o 为电感 L_1 和 L_2 的电流之和,当占空比较小时,L_1 和 L_2 可取同值,以简化设计、减小成本。

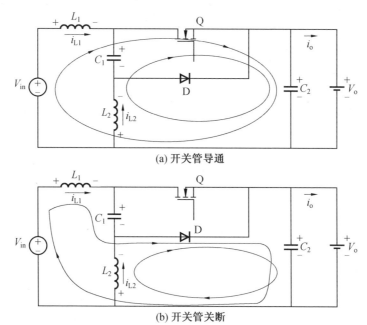

(a) 开关管导通

(b) 开关管关断

图 3.1 Superbuck 工作过程示意图

2. 分立电感 Superbuck 小信号建模

开关管 Q 导通时,有

$$\frac{\mathrm{d}v_{C1}}{\mathrm{d}t} = -\frac{i_{L2}}{C_1} \tag{3.1}$$

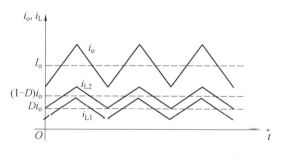

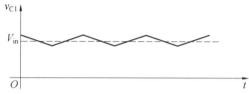

图 3.2　Super buck 典型波形图

$$R\left(i_{L1} + i_{L2} - C_2 \frac{dv_{C2}}{dt}\right) = v_{C2} \tag{3.2}$$

$$V_{in} - v_{C2} = L_1 \frac{di_{L1}}{dt} \tag{3.3}$$

$$v_{C1} - v_{C2} = L_2 \frac{di_{L2}}{dt} \tag{3.4}$$

由式(3.1)～(3.4)可得状态方程形式,两边乘 d 得

$$d\begin{bmatrix} \dfrac{dv_{C1}}{dt} \\[2mm] \dfrac{dv_{C2}}{dt} \\[2mm] \dfrac{di_{L1}}{dt} \\[2mm] \dfrac{di_{L2}}{dt} \end{bmatrix} = \begin{bmatrix} 0 & 0 & 0 & -\dfrac{d}{C_1} \\[2mm] 0 & -\dfrac{d}{RC_2} & \dfrac{d}{C_2} & \dfrac{d}{C_2} \\[2mm] 0 & -\dfrac{d}{L_1} & 0 & 0 \\[2mm] \dfrac{d}{L_2} & -\dfrac{d}{L_2} & 0 & 0 \end{bmatrix} \begin{bmatrix} v_{C1} \\[2mm] v_{C2} \\[2mm] i_{L1} \\[2mm] i_{L2} \end{bmatrix} + \begin{bmatrix} 0 \\[2mm] 0 \\[2mm] \dfrac{d}{L_1} \\[2mm] 0 \end{bmatrix} V_{in} \tag{3.5}$$

开关管 Q 关断时,有

$$i_{L1} = C_1 \frac{dv_{C1}}{dt} \tag{3.6}$$

$$R\left(i_{L1} + i_{L2} - C_2 \frac{dv_{C2}}{dt}\right) = v_{C2} \tag{3.7}$$

$$V_{in} - v_{C1} - v_{C2} = L_1 \frac{di_{L1}}{dt} \tag{3.8}$$

$$v_{C2} = -L_2 \frac{di_{L2}}{dt} \tag{3.9}$$

由式(3.6)～(3.9)可得状态方程,两边乘 $1-d$ 得

$$(1-d)\begin{bmatrix}\dfrac{\mathrm{d}v_{C1}}{\mathrm{d}t}\\[2mm]\dfrac{\mathrm{d}v_{C2}}{\mathrm{d}t}\\[2mm]\dfrac{\mathrm{d}i_{L1}}{\mathrm{d}t}\\[2mm]\dfrac{\mathrm{d}i_{L2}}{\mathrm{d}t}\end{bmatrix}=\begin{bmatrix}0 & 0 & \dfrac{1-d}{C_1} & 0\\[2mm]0 & -\dfrac{1-d}{RC_2} & \dfrac{1-d}{C_2} & \dfrac{1-d}{C_2}\\[2mm]-\dfrac{1-d}{L_1} & -\dfrac{1-d}{L_1} & 0 & 0\\[2mm]0 & -\dfrac{1-d}{L_2} & 0 & 0\end{bmatrix}\begin{bmatrix}v_{C1}\\[2mm]v_{C2}\\[2mm]i_{L1}\\[2mm]i_{L2}\end{bmatrix}+\begin{bmatrix}0\\[2mm]0\\[2mm]\dfrac{1-d}{L_1}\\[2mm]0\end{bmatrix}V_{\mathrm{in}}$$

$$(3.10)$$

式(3.5)与式(3.10)相加得

$$\begin{bmatrix}\dfrac{\mathrm{d}v_{C1}}{\mathrm{d}t}\\[2mm]\dfrac{\mathrm{d}v_{C2}}{\mathrm{d}t}\\[2mm]\dfrac{\mathrm{d}i_{L1}}{\mathrm{d}t}\\[2mm]\dfrac{\mathrm{d}i_{L2}}{\mathrm{d}t}\end{bmatrix}=\begin{bmatrix}0 & 0 & \dfrac{1-d}{C_1} & -\dfrac{d}{C_1}\\[2mm]0 & -\dfrac{1}{RC_2} & \dfrac{1}{C_2} & \dfrac{1}{C_2}\\[2mm]-\dfrac{1-d}{L_1} & -\dfrac{1}{L_1} & 0 & 0\\[2mm]\dfrac{d}{L_2} & -\dfrac{1}{L_2} & 0 & 0\end{bmatrix}\begin{bmatrix}v_{C1}\\[2mm]v_{C2}\\[2mm]i_{L1}\\[2mm]i_{L2}\end{bmatrix}+\begin{bmatrix}0\\[2mm]0\\[2mm]\dfrac{1}{L_1}\\[2mm]0\end{bmatrix}V_{\mathrm{in}} \qquad (3.11)$$

令

$$v_{C1}=V_{C1}+\hat{v}_{C1}$$
$$v_{C2}=V_{C2}+\hat{v}_{C2}$$
$$v_{L1}=V_{L1}+\hat{v}_{L1}$$
$$v_{L2}=V_{L2}+\hat{v}_{L2}$$
$$d=D+\hat{d} \qquad (3.12)$$

代入式(3.11)并化简(忽略直流项与二阶项)得

$$\frac{\mathrm{d}\hat{v}_{C1}}{\mathrm{d}t}=-\frac{\hat{d}I_{L1}}{C_1}+\frac{\hat{i}_{L1}}{C_1}-\frac{D\hat{i}_{L1}}{C_1}-\frac{D\hat{i}_{L2}}{C_1}-\frac{\hat{d}I_{L2}}{C_1} \qquad (3.13)$$

$$\frac{\mathrm{d}\hat{v}_{C2}}{\mathrm{d}t}=-\frac{\hat{v}_{C2}}{RC_2}+\frac{\hat{i}_{L1}}{C_2}+\frac{\hat{i}_{L2}}{C_2} \qquad (3.14)$$

$$\frac{\mathrm{d}\hat{i}_{L1}}{\mathrm{d}t}=-\frac{\hat{v}_{C1}}{L_1}+\frac{D\hat{v}_{C1}}{L_1}-\frac{V_{C1}\hat{d}}{L_1}-\frac{\hat{v}_{C2}}{L_1}-\frac{\hat{V}_{\mathrm{in}}}{L_1} \qquad (3.15)$$

$$\frac{\mathrm{d}\hat{i}_{L2}}{\mathrm{d}t}=-\frac{V_{C1}\hat{d}}{L_2}+\frac{D\hat{v}_{C1}}{L_2}-\frac{\hat{v}_{C2}}{L_2} \qquad (3.16)$$

对式(3.13)～(3.16)进行拉普拉斯变换得

$$\begin{cases} sV_{C1}(s) = -\dfrac{I_{L1}}{C_1}D(s) + \dfrac{1}{C_1}I_{L1}(s) - \dfrac{D}{C_1}I_{L1}(s) - \dfrac{D}{C_1}I_{L2}(s) - \dfrac{I_{L2}}{C_1}D(s) \\[2mm] sV_{C2}(s) = -\dfrac{1}{RC_2}V_{C2}(s) + \dfrac{1}{C_2}I_{L1}(s) + \dfrac{1}{C_2}I_{L2}(s) \\[2mm] sI_{L1}(s) = -\dfrac{1}{L_1}V_{C1}(s) + \dfrac{D}{L_1}V_{C1}(s) + \dfrac{V_{C1}}{L_1}D(s) - \dfrac{1}{L_1}V_{C2}(s) + \dfrac{1}{L_1}V_{in}(s) \\[2mm] sI_{L2}(s) = \dfrac{V_{C1}}{L_2}D(s) + \dfrac{D}{L_2}V_{C1}(s) - \dfrac{1}{L_2}V_{C2}(s) \end{cases} \tag{3.17}$$

解方程组(3.17)得

$$G(s) = \frac{V_o(s)}{D(s)} \tag{3.18}$$

式中

$$\begin{aligned} V_o(s) = &[(V_{C1}C_1C_2L_1^2L_2 + V_{C1}C_1C_2L_1L_2^2)s^2 + \\ & (-C_2DL_1^2L_2I_{L1} + C_2L_2^2DL_1I_{L2} - C_2L_2^2DL_1I_{L1} + \\ & C_2L_1L_2^2I_{L1} - C_2L_1L_2^2I_{L2} + C_2DL_1^2L_2I_{L2})s + \\ & V_{C1}D^2C_1L_1^2 + C_2D^2L_1^2V_{C1} - 2C_2L_2^2V_{C1} + 2C_2L_2^2DV_{C1} + \\ & V_{C1}L_1C_2L_2D^2 - V_{C1}L_1C_2L_2 + V_{C1}L_1C_1L_2D^2]R \\[2mm] D(s) = &RC_2^2L_1^2L_2^2C_1s^4 + L_1^2L_2^2C_1C_2s^3 + \\ & (RL_1^2C_1C_2L_2 + RL_2^2C_1C_2L_1 + RC_2^2L_1L_2^2D^2 - \\ & RC_2^2L_1L_2^2 + RC_1C_2L_1^2L_2D)s^2 + \\ & (L_1L_2^2C_2D^2 - L_1L_2^2C_2 + L_1^2L_2C_1D^2)s + \\ & 2RL_2^2C_2 + RL_1L_2C_1D^2 - RC_2L_1^2D^2 + 2RL_1L_2C_2D + \\ & 2RC_2L_2^2D - RL_1L_2C_2D^2 - RL_1L_2C_2 + RL_1^2C_1D^2 \end{aligned}$$

代入如下实际参数:

$$V_{C1} = 100 \text{ V}, \quad V_{C2} = 55 \text{ V}$$
$$I_{L1} = 6.5 \text{ A}, \quad I_{L2} = 6.5 \text{ A}$$
$$C_1 = 20 \text{ } \mu\text{F}, \quad C_2 = 100 \text{ } \mu\text{F}$$
$$L_1 = 310 \text{ } \mu\text{H}, \quad L_2 = 310 \text{ } \mu\text{H}$$
$$D = 0.55$$

得到

$$G(s) = \frac{V_o(s)}{D(s)} = \frac{0.64 \times 10^{10}s^2 - 0.61 \times 10^{18}}{s^4 + 0.24 \times 10^4 s^3 - 0.38 \times 10^8 s^2 - 0.24 \times 10^{12}s - 0.66 \times 10^{16}}$$

$$G_1(s) = \frac{I_o(s)}{D(s)} = \frac{0.15 \times 10^{10}s^2 - 0.144 \times 10^{18}}{s^4 + 0.24 \times 10^4 s^3 - 0.38 \times 10^8 s^2 - 0.24 \times 10^{12}s - 0.66 \times 10^{16}}$$

占空比到输出的传递函数 Bode 图如图 3.3 所示。

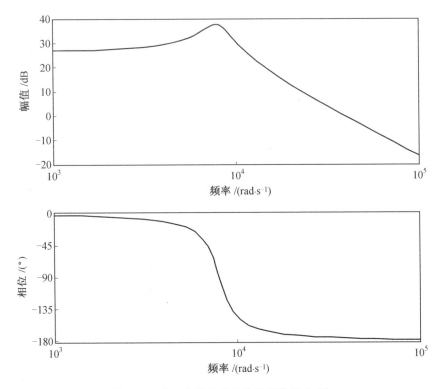

图 3.3　占空比到输出的传递函数 Bode 图

3.1.2　耦合电感 Superbuck 工作原理分析与小信号建模

1. 耦合电感 Superbuck 工作原理与零纹波分析

将传统 Superbuck 电路中的两个分立电感用一个耦合电感代替,即构成了耦合电感 Superbuck,它不但减少了器件数量,降低了模块的质量,而且有利于抑制输入和输出电流纹波,图 3.4 即为耦合电感 Superbuck 原理图,耦合电感模型为

$$v_{L1} = L_1 \frac{\mathrm{d}i_{L1}}{\mathrm{d}t} + M \frac{\mathrm{d}i_{L2}}{\mathrm{d}t}$$
$$v_{L2} = M \frac{\mathrm{d}i_{L1}}{\mathrm{d}t} + L_2 \frac{\mathrm{d}i_{L2}}{\mathrm{d}t}$$

(3.19)

式中　　L_1、L_2——线圈 1 和线圈 2 的自感;

M——两个线圈之间的互感。

由耦合电感的基本方程式,代入到分立电感的 Superbuck 输入、输出电流表达式,有

$$\Delta i_{L1-PP} = \left\{ \frac{(L_2 - M)[V_{in} - V_o - (Dr_{L1} + r_{ds})I_o]}{L_1 L_2 - M^2} + \frac{MD'(r_{C1} I_o + V_D)}{L_1 L_2 - M^2} \right\} DT_s$$

$$\Delta i_{\text{L2-PP}} = \left\{ \frac{(L_1 - M)\left[V_{\text{in}} - V_\text{o} - (Dr_{L1} + r_{\text{ds}})I_\text{o}\right]}{L_1 L_2 - M^2} - \frac{L_1 D'(r_{C1} I_\text{o} + V_\text{D})}{L_1 L_2 - M^2} \right\} DT_\text{s}$$

(3.20)

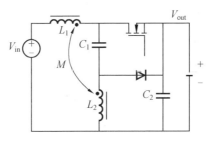

图 3.4　耦合电感 Superbuck 原理图

为了达到零输入电流纹波,即 $\Delta i_{\text{L1-PP}} \approx 0$,则有

$$M = L_2 \quad 或 \quad k = \sqrt{L_2/L_1}$$

(3.21)

在零输入电流纹波条件下有

$$\Delta i_{\text{L1-PP}} = \frac{r_{C1} I_\text{o} + V_\text{D}}{L_1 - L_2} DD'T_\text{s}$$

(3.22)

$$\Delta i_{\text{L2-PP}} = \frac{V_{\text{in}} - V_\text{o} - (Dr_{L1} + r_{\text{ds}})I_\text{o}}{L_2} DT_\text{s} - \frac{r_{C1} I_\text{o} + V_\text{D}}{L_1 - L_2} \frac{DD'T_\text{s}L_1}{L_2}$$

(3.23)

由于电容内阻 r_{C1} 和二极管压降 V_D 较小,故能得到低输入电流纹波的特性。由 3.1.2 节可知,当电感耦合系数满足式(3.21)时方可实现低输入电流纹波,由于耦合系数一般小于 1 并且接近 1,故电感 L_1 和 L_2 取值不能相差过大。由 Superbuck 电路工作原理分析可知,在输入电流纹波一定的条件下,输出电流纹波的大小主要由电感 L_2 决定。为了得到较好的充电性能,同时不影响调节器动态响应的提高,本书设计的电池充电调节器输入电压为 100 V,电池电压为 $55 \sim 95$ V,充电电流为 $0 \sim 20$ A,这里取电感 L_2 的电流纹波为 4 A,则可计算出耦合电感量。工程实际上制造耦合电感时,耦合系数比较难控制,难以精确满足式(3.21),只能通过改变绕组绕法适当地调整耦合系数,故采用耦合电感可有效抑制输入电流纹波,但难以实现真正的零输入电流纹波。

2. 耦合电感 Superbuck 小信号分析

以分立电感 Superbuck 模型为基础推导耦合电感 Superbuck 的传递函数,耦合电感的基本等效模型可描述如下:

$$v_{\text{L1}} = L_1 \frac{di_{\text{L1}}}{dt} + M \frac{di_{\text{L2}}}{dt}$$

$$v_{\text{L2}} = M \frac{di_{\text{L1}}}{dt} + L_2 \frac{di_{\text{L2}}}{dt}$$

(3.24)

式中

$$L_1 = L_{l1} + L_M, \quad L_2 = L_{l2} + \left(\frac{n_2}{n_1}\right)^2 L_M, \quad M = \left(\frac{n_2}{n_1}\right) L_M$$

利用基本等效模型对电感电流进行微分,有

$$\frac{d\hat{i}_{L1}}{dt} = \frac{\hat{D}_{L1} - \frac{M}{L_1}\hat{D}_{L2}}{1 - \frac{M^2}{L_1 L_2}}, \quad \frac{d\hat{i}_{L2}}{dt} = \frac{\hat{D}_{L2} - \frac{M}{L_2}\hat{D}_{L1}}{1 - \frac{M^2}{L_1 L_2}} \tag{3.25}$$

将式(3.25)代入分立电感 Superbuck 传递函数即可得耦合电感 Superbuck 控制到输入的传递函数,如下式所示:

$$\Delta G_{ci} = \frac{1}{L_1 - L_2}\left\{ s^3(V_1 - V_2) + s^2 \frac{(R_3 V_1 - R_2 V_2)C_1 + L_2 I_o}{L_2 C_1} + \right.$$
$$\left. s \frac{(V_1 - V_2)C_1 + [D^2 V_1 + DD'V_2 + (DR_2 + D'R_3)I_o]C_2}{L_2 C_1 C_2} + \frac{I_o}{L_2 C_1 C_2} \right\} \tag{3.26}$$

式中

$$\Delta = s^4 + s^3 \frac{R_3 L_1 + (R_1 - 2R_2)L_2}{(L_1 - L_2)L_2} + s^2 a_2 + s a_1 + \frac{1}{(L_1 - L_2)L_2 C_1 C_2}$$

其中

$$a_1 = \frac{(R_1 - 2R_2 + R_3)C_1 + (D^2 R_1 + 2DD'R_2 + D'^2 R_3)C_2}{(L_1 - L_2)L_2 C_1 C_2}$$

$$a_2 = \frac{(R_1 R_3 - R_2^2)C_1 C_2 + (L_1 - L_2)C_1 + [D^2 L_1 + D'(1+D)L_2]C_2}{(L_1 - L_2)L_2 C_1 C_2}$$

忽略寄生参数的影响,同时令 $M = L_2$,满足输入电流零纹波的条件。

建模过程中可得到分立电感 Superbuck 和耦合电感 Superbuck 输入到输出的传递函数分别如下:

$$\Delta G_{io-o\text{分立}} = \frac{1}{L_1 C_2}\left(s^2 + s \frac{R_3 - R_2}{L_2} + \frac{D}{L_2 C_1}\right)(1 + s r_{C2} C_2) \tag{3.27}$$

式中

$$\Delta = s^4 + s^3 \frac{R_3 L_1 + R_1 L_2}{L_1 L_2} +$$
$$s^2 \frac{(L_1 + L_2)C_1 + (D^2 L_1 + D'^2 L_2)C_2 + (R_1 R_3 - R_2^2)C_1 C_2}{L_1 L_2 C_1 C_2} +$$
$$s \frac{(R_1 - 2R_2 + R_3)C_1 + (D^2 R_1 + 2DD'R_2 + D'^2 R_3)C_2}{L_1 L_2 C_1 C_2} + \frac{1}{L_1 L_2 C_1 C_2}$$

$$\Delta G_{io-o\text{耦合}} = \frac{1}{(L_1 - L_2)C_2}\left(s \frac{R_3 - R_2}{L_2} + \frac{D}{L_2 C_1}\right)(1 + s r_{C2} C_2) \tag{3.28}$$

式中

$$\Delta = s^4 + s^3 \frac{R_3 L_1 + (R_1 - 2R_2)L_2}{(L_1 - L_2)L_2} + s^2 a_2 + s a_1 + \frac{1}{(L_1 - L_2)L_2 C_1 C_2}$$

$$a_1 = \frac{(R_1 - 2R_2 + R_3)C_1 + (D^2 R_1 + 2DD'R_2 + D'^2 R_3)C_2}{(L_1 - L_2)L_2 C_1 C_2}$$

$$a_2 = \frac{(R_1 R_3 - R_2^2)C_1 C_2 + (L_1 - L_2)C_1 + [D^2 L_1 + D'(1 + D)L_2]C_2}{(L_1 - L_2)L_2 C_1 C_2}$$

由上述可知采用耦合电感，输入到输出的传递函数为二阶响应，相比分立电感能抑制输入到输出的谐振，这也是耦合电感 Superbuck 在稳定性上的一个优点。

3. 峰值电流控制器设计

峰值电流模式（PCM）控制通过对电感电流闭环，能抑制输出电流的谐振，提高稳定性，同时动态响应快。PCM 控制的耦合电感 Superbuck 会出现右半平面的零点和极点，但若斜率补偿设计合适，零点和极点通常位于同一频率点，可相互抵消。"零输入电流纹波"条件下，不考虑寄生参数，PCM 控制的传递函数为

$$\Delta G_{co} = \frac{F_m V_{in}}{L_2 C_2}\left[s^2 - s\frac{DI_o}{V_{in}C_1} + \frac{1}{(L_1 - L_2)C_1}\right] \tag{3.29}$$

式中

$$\Delta = s^4 + s^3 \frac{F_m(V_{in}C_1 - q_{C1}I_o L_2)}{L_2 C_1} +$$

$$s^2 \frac{\{C_1 + [D^2 - DF_m(q_{C1}V_{in} + I_o)]C_2\}(L_1 - L_2) + L_2 C_2}{(L_1 - L_2)L_2 C_1 C_2} + \tag{3.30}$$

$$s\frac{F_m[V_{in}C_2 - q_{C1}I_o(L_1 - L_2)]}{(L_1 - L_2)L_2 C_1 C_2} + \frac{1}{(L_1 - L_2)L_2 C_1 C_2}$$

$$F_m = \frac{1}{T_s\left\{M_c + \dfrac{D' - D}{2L_2}[V_{in} + DV_D + (r_d - r_{ds} - Dr_{L1} + 2D'r_{L2})I_o]\right\}} \tag{3.31}$$

其中

$$q_{C1} = \frac{DD'T_s(L_1 + L_2)}{2L_1 L_2}$$

$$D' = 1 - D$$

当斜率补偿为 $M_c \approx V_o/2L_2$ 时，控制到输出的传递函数为

$$\Delta G_{co} = \frac{2}{T_s D'C_2}\left[s^2 - s\frac{DI_o}{V_{in}C_1} + \frac{1}{(L_1 - L_2)C_1}\right] \tag{3.32}$$

式中

$$\Delta = \left(s^2 + s\frac{2}{D'T_s} + \frac{1}{L_2 C_2}\right)\left[s^2 - s\frac{DI_o}{V_{in}C_1} + \frac{1}{(L_1 - L_2)C_1}\right]$$

从式（3.32）可看到右半平面的零点和极点互相抵消，通过带有寄生参数的表达式形式来证明这一点相当复杂，但在电路条件、参数已定时，可比较直观看出这一

现象。

为达到最优的开环特性,令斜率补偿 $M_c \approx V_o/2L_2$,采用 UC1823A 作为电池充电模块的环路控制器,利用 UC1823A 内部的振荡器,即 CT 端便可产生需要补偿的斜率,PCM 控制器原理图如图 3.5 所示。

计时电容 $C_{18} = 820$ pF,电阻 $R_{14} = 20$ kΩ,开关频率为 100 kHz。主拓扑图 3.4 中,电容 C_1 取 33 μF,C_2 取 100 μF,在输出电压为 70 V、输出电流为 13 A 时,从控制量到输出电流的传递函数为

$$G_{ci}(s) = \frac{1.238 \times 10^9}{s^2 + 6.667 \times 10^5 s + 10^7} \tag{3.33}$$

同样采用具有 PI 调节的误差放大器,即能满足补偿要求,对应图 3.5,图中 V_{FB} 为反馈信号,EAOUT 为误差放大器输出,由 V_{FB} 到 EAOUT 的传递函数为

$$G_{cc} = \frac{1}{R_7 C_{16}} \frac{s + \dfrac{1}{R_{12}C_{17}}}{s\left(s + \dfrac{C_{16}+C_{17}}{R_{12}C_{16}C_{17}}\right)} \tag{3.34}$$

PCM 控制耦合电感 Superbuck 的控制结构图如图 3.6 所示,其中 R_{s2} 为输出电流采样的放大倍数,R_{s1} 为电感电流采样的放大倍数,则系统的闭环增益为

$$L_{close} = \frac{R_{s2}}{R_{s1}} G_{cc} G_{ci} \tag{3.35}$$

根据控制器 UC1823A 的电感电流反馈端限值,R_{s1} 为 0.037;根据 BCR 压控电流源的特性,与分立电感一样,反馈系数 R_{s2} 为 0.222。

利用 Matlab 的 SISO 工具箱进行补偿设计,得出如下所示补偿网络:

$$G_{cc} = 1.75 \times 10^6 \times \frac{s + 3 \times 10^3}{s(s + 3 \times 10^5)} \tag{3.36}$$

闭环系统环路增益的 Bode 图如图 3.7 所示,增益裕度 GM 为 23.3 dB,相位裕度 PM 为 69.9°,剪切频率 $f_{cross} = 6.34 \times 10^4 / 2\pi$ Hz ≈ 10.1 kHz,既满足电源控制系统要求又具有较好的动态性能。由误差放大器传递函数可得 $R_7 = 17.3$ kΩ,$R_{12} = 100$ kΩ,$C_{16} = 33$ pF,$C_{17} = 3.3$ nF。

4. 阻尼滤波器设计

Superbuck 工作过程中,输入电容 C_1 起储存和传输能量的作用,当 C_1 足够大时,C_1 两端的电压波动小,有利于输入输出电流的平滑。V_{C1} 的稳态值为输入电压 100.3 V,电容两端电压波动为

$$\Delta V_{C1} = \frac{I\Delta T}{C_1} = \frac{DI_o D' T_s}{C_1} \tag{3.37}$$

占空比为 55% 时,电压波动最大,一般工程经验取电压纹波小于 1%,有利于模块稳定,当输入电容取 45 μF 时,$\Delta V_{C1} \approx 1.1$ V,电压波动近似为 1%。

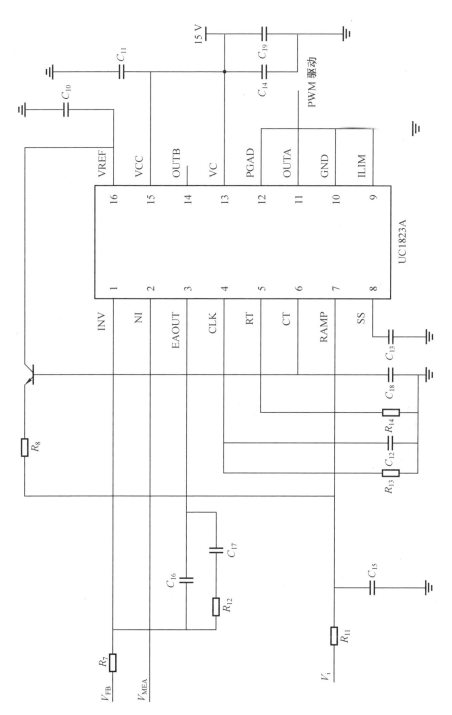

图 3.5　PCM 控制器原理图

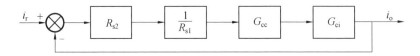

图 3.6　PCM 控制耦合电感 Superbuck 的控制结构图

　　输出电容主要起能量缓冲作用,用来减小输出电流纹波,经实验研究,输出电容大于 $30\ \mu F$ 时,能有效降低输出电流纹波。这里的输入电容和输出电容将作为阻尼滤波器设计的输入条件。

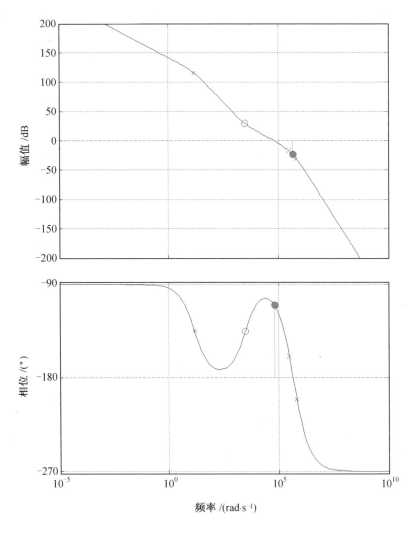

图 3.7　闭环系统环路增益的 Bode 图

5. 阻尼滤波器原理

传统的无阻尼 LC 滤波网络增益在谐振频率 f_0 处会陡然增大,其频率特性如图 3.8 所示,有

$$f_0 = \frac{1}{2\pi\sqrt{LC}} \tag{3.38}$$

图 3.8 中 ζ 为阻尼比,其描述了 LC 滤波网络在谐振频率处的增益,ζ 越小,增益越大。增益最大之处也对应着滤波网络的最大输出阻抗,LC 滤波网络的传递函数可表示为

$$F_{\text{filter}}(s) = \frac{V_{\text{outfilter}}(s)}{V_{\text{infilter}}(s)} = \frac{1}{1 + \dfrac{L}{R_{\text{load}}}s + LCs^2} \tag{3.39}$$

阻尼比可表示为

$$\zeta = \frac{L}{2R\sqrt{LC}} \tag{3.40}$$

由于 LC 滤波网络在谐振频率处增益陡增的特性,放大了此频率的噪声,有时不满足对输入噪声的抑制作用,故常采用阻尼滤波网络,常见的为并联阻尼滤波网络,阻尼滤波网络电路图如图 3.9 所示。

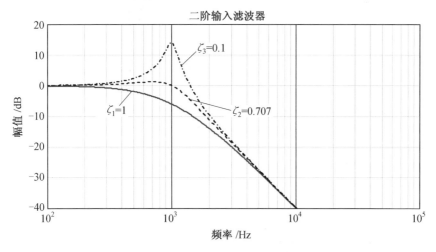

图 3.8　无阻尼 LC 滤波器的频率特性

R_{d} 的作用即为降低滤波器的输出阻抗,电容 C_{d} 起储能和隔直作用,避免在 R_{d} 上的功率损耗。并联阻尼滤波器的输出阻抗和传递函数为

$$Z_{\text{filter2}}(s) = \frac{1}{\dfrac{1}{Z_1(s)} + \dfrac{1}{Z_2(s)} + \dfrac{1}{Z_3(s)}} = \frac{L(1 + R_{\text{d}}C_{\text{d}}s)s}{LCC_{\text{d}}R_{\text{d}}s^3 + L(C + C_{\text{d}})s^2 + R_{\text{d}}C_{\text{d}}s + 1}$$

$$\tag{3.41}$$

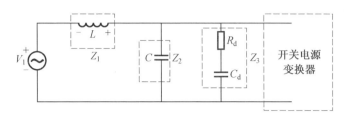

图 3.9　阻尼滤波网络电路图

$$F_{\text{filter2}}(s) = \frac{1 + R_d C_d s}{LCC_d R_d s^3 + L(C + C_d)s^2 + R_d C_d s + 1} \tag{3.42}$$

传递函数有 1 个零点和 3 个极点,其中 1 个极点靠近零点,频率近似为 $\omega \approx 1/R_d C_d$,可互相抵消。令 $C_d = nC$,则传递函数近似为

$$F_{\text{filter2}}(s) = \frac{1}{1 + \dfrac{L}{R_d}\dfrac{n+1}{n}s + LCs^2} \tag{3.43}$$

此时阻尼比为 $\zeta = \dfrac{n+1}{n}\dfrac{L}{2R_d\sqrt{LC}}$。当阻尼比为 $\zeta = \sqrt{\dfrac{(2+n)(4+3n)}{2n^2(4+n)}}$ 时,滤波器在谐振频率处的增益峰值最小,也即输出阻抗的峰值最小。则最优的阻尼电阻 R_d 为

$$R_d = \sqrt{\frac{L}{C}}\frac{n+1}{2n}\sqrt{\frac{2n^2(n+4)}{(n+2)(3n+4)}} \tag{3.44}$$

6.输出阻尼滤波器的设计

带阻尼滤波器的 Superbuck 拓扑如图 3.10 所示,为提高其对输入噪声的抑制能力,阻尼 RC 振荡,提高模块的稳定性,在 BCR 模块的输入端和输出端均设置阻尼滤波器网络。

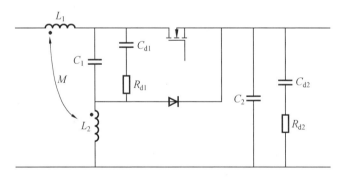

图 3.10　带阻尼滤波器的 Superbuck 拓扑

由 Superbuck 的工作原理,输入电感 L_1 和对地电感 L_2 并联(这里 $L_1 = L_2 = 66\ \mu\text{H}$),与输出电容 C_2 一起作为输出主滤波器。当 $n = 1$ 时,最优阻尼比 ζ 为 1.45,此时滤波器的增益不会出现明显变大的现象,则 $C_{d2} = C_2$。为了得到较好的输出电流滤

波能力,由工程经验可知,输出电容的最优值一般需大于30 μF,即 C_{d2} 和 C_2 之和大于 30 μF,参考自愈电容 PM90 的型号,C_{d2} 取 15 μF,C_2 取 15 μF,由式 (3.44) 有 $R_{d2}=1.1$ Ω。

7. 输入阻尼滤波器的设计

由于输入阻尼滤波器是 Superbuck 拓扑的一个组成部分,故不能按照传统的方法将滤波器和拓扑分开来分析,这里基于开关电源的零动态分析 Superbuck 拓扑,使 Superbuck 拓扑的零动态方程在指标要求的范围内是稳定的。

零动态分析基于由一系列非线性微分方程组成的零动态方程,为了简化系统,假设系统工作在电流连续模式(CCM)状态下(实际 BCR 也工作在 CCM 状态),器件无寄生参数,而且开关频率远大于输入滤波器的自然截止频率。为分析方便,假设变换器两端为两个恒压源,并且将电路中的开关器件等效为受控电源,Superbuck 电路的等效模型如图 3.11 所示。

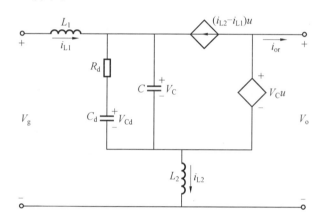

图 3.11　Superbuck 电路的等效模型

Superbuck 在 CCM 状态下工作的状态方程为

$$
\begin{cases}
L_1 \dfrac{\mathrm{d}i_{L1}}{\mathrm{d}t} = V_g - V_C + V_C u - V_o \\[2mm]
L_2 \dfrac{\mathrm{d}i_{L2}}{\mathrm{d}t} = -V_C u + V_o \\[2mm]
C \dfrac{\mathrm{d}V_C}{\mathrm{d}t} = i_{L1} + (i_{L2} - i_{L1})u - \dfrac{V_C - V_{Cd}}{R_d} \\[2mm]
C_d \dfrac{\mathrm{d}V_{Cd}}{\mathrm{d}t} = \dfrac{V_C - V_{Cd}}{R_d} \\[2mm]
y = i_{L1} - i_{L2} - i_{or}
\end{cases}
\tag{3.45}
$$

式中　i_{or}——给定参考电流;

　　　y——相对于给定参考电流的输出电流误差;

u—— 占空比。

零动态条件为

$$y = 0 \Rightarrow i_{L1} = i_{L2} + i_{or}$$

$$\frac{dy}{dt} = 0 \Rightarrow u = \frac{(L_1 + L_2)V_o - L_2 V_g + L_2 V_C}{(L_1 + L_2)V_C} \tag{3.46}$$

将式(3.46)代入式(3.45)，有

$$\begin{cases} (L_1 + L_2)\dfrac{di_{L2}}{dt} = V_g - V_C \\[2mm] C\dfrac{dV_C}{dt} = i_{L2} + i_{or} - \dfrac{i_{or}\left[(L_1 + L_2)V_o - L_2 V_g + L_2 V_C\right]}{(L_1 + L_2)V_C} - \dfrac{V_C - V_{Cd}}{R_d} \\[3mm] C_d \dfrac{dV_{Cd}}{dt} = \dfrac{V_C - V_{Cd}}{R_d} \end{cases} \tag{3.47}$$

式(3.47)的平衡点为

$$\begin{cases} V_C^* = V_g \\[2mm] V_{Cd}^* = V_g \\[2mm] i_{L2}^* = -\dfrac{(V_g - V_o)i_{or}}{V_g} \end{cases}$$

为了研究渐进稳定性质，将式(3.47)在平衡点附近线性化，得到以下方程：

$$\begin{cases} (L_1 + L_2)\dfrac{d\hat{i}_{L2}}{dt} = -\hat{V}_C \\[2mm] C\dfrac{d\hat{V}_C}{dt} = \hat{i}_{L2} + i_{or}\dfrac{(L_1 + L_2)V_o - L_2 V_g}{V_g^2(L_1 + L_2)}\hat{V}_C - \dfrac{\hat{V}_C - \hat{V}_{Cd}}{R_d} \\[3mm] C_d \dfrac{d\hat{V}_{Cd}}{dt} = \dfrac{\hat{V}_C - \hat{V}_{Cd}}{R_d} \end{cases} \tag{3.48}$$

将式(3.48)改写成矩阵形式为

$$\begin{bmatrix} \dfrac{d\hat{i}_{L2}}{dt} \\[3mm] \dfrac{d\hat{V}_{Cd}}{dt} \\[3mm] \dfrac{d\hat{V}_C}{dt} \end{bmatrix} = \begin{bmatrix} 0 & 0 & -\dfrac{1}{L_1 + L_2} \\[3mm] 0 & -\dfrac{1}{R_d C_d} & \dfrac{1}{R_d C_d} \\[3mm] \dfrac{1}{C} & \dfrac{1}{R_d C} & i_{or}\dfrac{(L_1 + L_2)V_o - L_2 V_g}{C V_g^2(L_1 + L_2)} - \dfrac{1}{R_d C} \end{bmatrix} \begin{bmatrix} \hat{i}_{L2} \\[3mm] \hat{V}_{Cd} \\[3mm] \hat{V}_C \end{bmatrix} \tag{3.49}$$

其特征多项式为

$$P(s) = |s\boldsymbol{I} - \boldsymbol{A}| = s^3 + a_2 s^2 + a_1 s + a_0$$

式中　　$\boldsymbol{A}$—— 系数矩阵，其值为

$$A = \begin{bmatrix} 0 & 0 & -\dfrac{1}{L_1 + L_2} \\[2.5ex] 0 & -\dfrac{1}{R_\mathrm{d} C_\mathrm{d}} & \dfrac{1}{R_\mathrm{d} C_\mathrm{d}} \\[2.5ex] \dfrac{1}{C} & \dfrac{1}{R_\mathrm{d} C} & i_\mathrm{or}\dfrac{(L_1 + L_2)V_\mathrm{o} - L_2 V_\mathrm{g}}{C V_\mathrm{g}^2 (L_1 + L_2)} - \dfrac{1}{R_\mathrm{d} C} \end{bmatrix}$$

$$\begin{cases} a_0 = \dfrac{1}{R_\mathrm{d} C_\mathrm{d} C(L_1 + L_2)} \\[2.5ex] a_1 = \dfrac{1}{(L_1 + L_2)C} - i_\mathrm{or}\dfrac{(L_1 + L_2)V_\mathrm{o} - L_2 V_\mathrm{g}}{R_\mathrm{d} C_\mathrm{d} C V_\mathrm{g}^2 (L_1 + L_2)} \\[2.5ex] a_2 = \dfrac{C + C_\mathrm{d}}{R_\mathrm{d} C_\mathrm{d} C} - i_\mathrm{or}\dfrac{(L_1 + L_2)V_\mathrm{o} - L_2 V_\mathrm{g}}{C V_\mathrm{g}^2 (L_1 + L_2)} \end{cases} \tag{3.50}$$

下面基于 a_2 的斜率分两种情况讨论：

（1）$(L_1 + L_2)V_\mathrm{o} - L_2 V_\mathrm{g} > 0$。

根据劳斯－赫尔维茨（Routh－Hurwitz）判据可知渐进稳定的条件为

$$\begin{cases} a_0 > 0 \\ a_1 > 0 \\ a_2 > 0 \\ a_1 a_2 - a_0 > 0 \end{cases} \tag{3.51}$$

式（3.51）中第 1 个不等式总是成立，其他 3 个成立与否与 i_or 大小有关。

由于

$$a_1 \Big|_{i_\mathrm{or}=0} = \dfrac{1}{C(L_1 + L_2)} > 0$$

$$a_2 \Big|_{i_\mathrm{or}=0} = \dfrac{C + C_\mathrm{d}}{R_\mathrm{d} C C_\mathrm{d}} > 0$$

$$(a_1 a_2 - a_0) \Big|_{i_\mathrm{or}=0} = \dfrac{1}{R_\mathrm{d} C^2 (L_1 + L_2)} > 0$$

因此多项式 a_0、a_1、a_2 是 i_or 取零附近的赫尔维茨多项式，系数 a_1、a_2 是斜率为负的直线，$a_1 a_2 - a_0$ 为一抛物线，如图 3.12 所示。图中

$$i_\mathrm{or1} = \dfrac{V_\mathrm{g}^2 R_\mathrm{d} C_\mathrm{d}}{(L_1 + L_2)V_\mathrm{o} - L_2 V_\mathrm{g}}$$

$$i_\mathrm{or2} = \dfrac{(C + C_\mathrm{d})V_\mathrm{g}^2 (L_1 + L_2)}{R_\mathrm{d} C_\mathrm{d}\big[(L_1 + L_2)V_\mathrm{o} - L_2 V_\mathrm{g}\big]}$$

$$i_\mathrm{or3} = \dfrac{i_\mathrm{or1} + i_\mathrm{or2}}{2} - \sqrt{(i_\mathrm{or1} - i_\mathrm{or2})^2 + \dfrac{4 V_\mathrm{g}^4 C}{L_1 V_\mathrm{o}^2}}$$

R_d 和 C_d 的设计原则是将 i_or3 的值最大化，因此对应的 i_or 值范围将最大，i_or1 与 R_d 成正比，i_or2 与 R_d 成反比，如图 3.13 所示，当 $R_\mathrm{d} = R_\mathrm{dopt}$ 时，i_or3 有最大值。

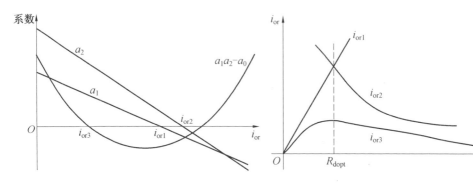

图 3.12　系数 a_1、a_2、$a_1a_2-a_0$ 与 i_{or} 的关系曲线　　图 3.13　i_{or1}、i_{or2}、i_{or3} 与 R_d 的关系曲线

由 $i_{or1}=i_{or2}$，则

$$R_d=R_{dopt}=\frac{\sqrt{(C+C_d)(L_1+L_2)}}{C_d} \tag{3.52}$$

渐进稳定的条件是 $i_{or}<i_{or3}$，将 R_d 代入，可得

$$i_{or}[(L_1+L_2)V_o-L_2V_g]<[\sqrt{(C+C_d)(L_1+L_2)}-\sqrt{C(L_1+L_2)}]V_g^2 \tag{3.53}$$

(2) $(L_1+L_2)V_o-L_2V_g<0$。

按照(1)中的方法可得到同样的结果。

取 $n=2$，最优阻尼比 ζ 为 0.91，此时滤波器的增益不会出现明显变大的现象，则 $C_{d1}=2C_1$。为了满足输入电容纹波小于 1% 的要求，输入电容值至少需大于 45 μF，即 C_{d1} 和 C_1 之和大于 45 μF，参考自愈电容 PM90 的型号，C_{d1} 取 30 μF，C_1 取 15 μF，L_1 和 L_2 同样取 66 μH，由式(3.52)则有 $R_{d1}=2.6\ \Omega$。

采用耦合电感拓扑减小了输入端的电流纹波，改变了输入端的阻抗特性，相比于分立电感拓扑，其对输入端噪声的敏感性降低，故可减小阻尼电阻值以提高效率，经实验阻尼电阻 R_{d1} 取 0.2 Ω 左右时，电路效果较好。输出功率最大(输出电流为 20 A，电池电压为 95 V) 时，代入式(3.53)，满足条件，故此阻尼滤波器设计保证电源是稳定的。

3.1.3　Superbuck 拓扑实验结果

电池充电模块原理性验证照片如图 3.14 所示，经实验该拓扑在输出电压 55 ~ 95 V、输出电流 0 ~ 20 A 时，均能稳定工作，性能良好。用 Tektronix 3034 示波器测量，输入电压为 100 V、输出电压为 70 V、输出电流为 13 A 时的输入电流波形如图 3.15(a) 和图 3.16(a) 所示，带阻尼滤波器的耦合电感 Superbuck 拓扑输入电流纹波约 1.9 A，比分立电感 Superbuck 的输入电流纹波小约 50%。耦合电感和分立电感 Superbuck 的输出电流波形如图 3.15(b) 和图 3.16(b) 所示，纹波基本一样，约

1.2 A。从上面的实验现象可看出,耦合电感 Superbuck 相对分立电感 Superbuck,在保持输出电流特性的基础上,能有效地抑制输入电流纹波。

(a) BCR 调试样机

(b) BCR 原理样机

图 3.14　　电池充电模块原理性验证照片

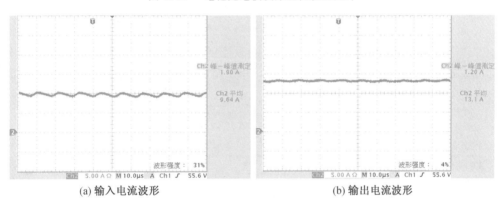

(a) 输入电流波形　　　　　　　　　　　　(b) 输出电流波形

图 3.15　　耦合电感 Superbuck 电流波形

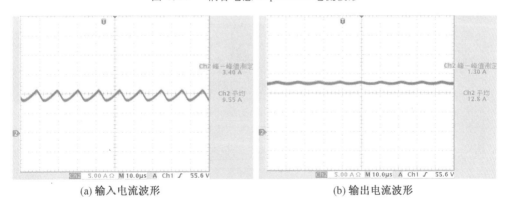

(a) 输入电流波形　　　　　　　　　　　　(b) 输出电流波形

图 3.16　　分立电感 Superbuck 电流波形

　　耦合电感 Superbuck 的效率测试数据见表3.1,控制和驱动部分的功耗为1.8 W,表3.1 中的效率计算已考虑了此功耗,耦合电感 Superbuck 额定输出时效率在 95%

以上。

表 3.1　Superbuck 效率测试数据

输入功率 /W	输入电压 /V	输入电流 /A	输出功率 /W	输出电压 /V	输出电流 /A	效率 /%
781.9	99	7.88	744.9	57.3	13	95.3
857.2	99	8.64	825.5	63.5	13	96.3
994.8	98.9	10.04	967.2	74.4	13	97.2
1 049.1	98.8	10.6	1 014	78	13	96.7
1 120.2	98.8	11.32	1 088.1	83.7	13	97.1

　　PCU 中增益 A 和跨导 G 越大，系统带宽越高，但 BCR 和 BDR 作为稳定母线电压的执行器，若带宽不够，不能等效为理想的压控电流源，跨导 G 便不能等效为常数，而会产生相位滞后，频率越高，相位滞后越大，G 值衰减越大，导致电源系统不稳定，即 BCR 和 BDR 的动态特性决定了整个电源控制器的带宽和相位裕度。

　　基于本书所设计的电池充电调节器，电源控制器在 BCR 域的环路特性曲线和阻抗特性曲线测试如图 3.17 和图 3.18 所示，相位裕度大于 $60°$，增益裕度大于 10 dB，最大输出阻抗（10 kHz 以下）小于 50 mΩ。

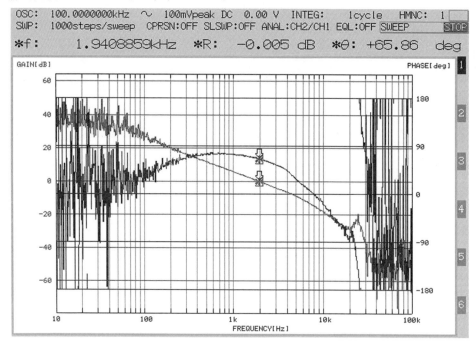

图 3.17　BCR 域 PCU 环路特性曲线

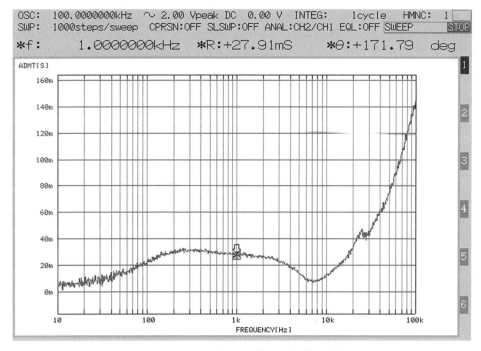

图 3.18　BCR 域 PCU 输出阻抗特性曲线

3.2　无右半平面零点两相交错反向耦合电感升压放电变换器

PCU 中的 BDR 模块作为母线与蓄电池之间的充电通路,在航天器位于阴影区时向有效载荷提供功率。为保证供电质量,ESA 电源标准对 BDR 模块的稳态与动态特性均有明确要求。与此同时,通信卫星及合成孔径雷达卫星的供电电源功率等级越来越高,载荷呈低频脉冲的发展趋势,也对 BDR 模块的输出特性提出了更高要求。

BDR 模块常用非隔离型升压拓扑,选用耦合 Boost 变换器(CBC)时,常将环路带宽限制在变换器控制到输出电压的传递函数中右半平面零点(RHPZ)的 1/3 频率范围内,以便电源系统具备充足的稳定裕度,但这将影响 BDR 模块的动态响应速度。耦合电感 Boost 变换器(coupled inductor boost converter,CIBC)利用耦合电感打破了 CBC 输入端与输出端之间的能量传递方式,其传递函数中零点的位置取决于拓扑中的耦合电感、耦合系数及占空比的大小,当耦合系数接近 1 时,可使零点暂时位于左半平面(LHP)。但因 BDR 模块的输入电压来源于蓄电池,电池放电或突发故障将使实际占空比在较宽范围内变化,CIBC 中的零点将由 LHP 重新进入右半平面(RHP)。与此同时,高耦合系数往往意味着变换器中实际参与滤波的电感量较低,这将增大输入、输出端的电流纹波。

本章首先对两相交错耦合电感 Boost 变换器(interleaved coupled inductor boost converter,ICIBC)进行了详细分析与小信号建模,并在此基础上针对 BDR 模块的应用背景提出两相交错反向耦合电感 Boost 变换器(interleaved inverse coupled inductor boost converter,IICIBC)。该拓扑特点如下:相比于 ICIBC,新变换器具备更宽的无 RHPZ 工作区间;新变换器两相滤波电感全部集成在一副磁路中,磁芯利用率与功率密度更高。

3.2.1 两相交错反向耦合电感 Boost 变换器

1. 工作模式

在两相 ICIBC 的基础上,为进一步消除 RHPZ 的影响,提高变换器的功率密度,本节提出全新的两相 IICIBC,其原理拓扑如图 3.19 所示。图中,开关管 S_1 与 S_2 的驱动信号角度互错 $180°$,两相的输入滤波电感 L_a、L_b,以及输出滤波电感 L_c、L_d 共用同一磁芯。当变换器正常工作时,L_a、L_c 将均分输入电流直流分量,因两电感之间的反相耦合关系,两电感的磁通量直流分量 Φ_{dc_La}、Φ_{dc_Lc} 大小相等且方向相反,可以相互抵消;输出滤波电感的磁通量直流分量 Φ_{dc_Lb} 和 Φ_{dc_Ld} 同理。因电感的磁材选择取决于磁通量的大小,两相 IICIBC 的磁材将小于两相 ICIBC 中使用两个磁芯的方案。

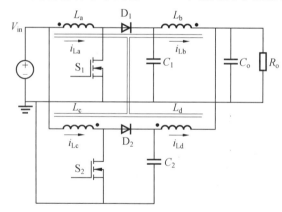

图 3.19　两相 IICIBC 原理拓扑

图 3.20 所示为在一个开关周期内两相 IICIBC 工作状态示意图。

(1)工作模式 Ⅰ(S_1 导通,S_2 关断)。在这个工作区间内,开关管 S_1 导通,二极管 D_1 截止,输入电压 V_{in} 将通过 S_1 对电感 L_a 充电,电感电流 i_{La} 线性增大。同时,电容 C_1 中储存的能量通过电感 L_b 供给负载,电感电流 i_{Lb} 因各电感间的耦合关系由线性减小转为线性增大。在另一相中,功率直接由输入端经由开关管 D_2 供至负载侧,并对电容 C_2 充电,电感电流 i_{Lc} 与 i_{Ld} 线性减小。

(2)工作模式 Ⅱ(S_1 关断,S_2 导通)。此工作模式与 Ⅰ 相仿,两个开关管的通断状态互换。

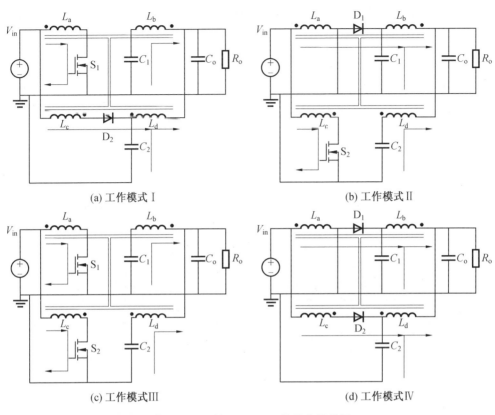

(a) 工作模式 I　　　　　　　　　　　　　　　　(b) 工作模式 II

(c) 工作模式 III　　　　　　　　　　　　　　　(d) 工作模式 IV

图 3.20　两相 IICIBC 工作状态示意图

（3）工作模式 III（S_1 导通，S_2 导通）。开关管 S_1 与 S_2 均处于导通状态，输入电压 V_{in} 为两输入电感 L_a、L_c 充电，电感电流 i_{La}、i_{Lc} 均线性增加。与此同时，二极管 D_1、D_2 均处于截止状态，电容 C_1、C_2 经 L_b、L_d 向输出端放电。

（4）工作模式 IV（S_1 关断，S_2 关断）。当两支路的开关管均关断时，功率直接由输入端经二极管 D_1、D_2 供向输出端，此时电感电流 i_{La}、i_{Lb}、i_{Lc} 及 i_{Ld} 均线性减小。

在上述四种开关状态下，可以得到各电感两端的电压 v_{La}、v_{Lb}、v_{Lc} 及 v_{Ld}，两相 IICIBC 各工作状态下的电感电压见表 3.2。分别用 M_{ab}、M_{ac}、M_{ad}、M_{bc}、M_{bd} 和 M_{cd} 代表 L_a、L_b、L_c、L_d 之间的互感，各电感电压与自感、互感的矩阵方程可表示为

$$
\begin{bmatrix} v_{La} \\ v_{Lb} \\ v_{Lc} \\ v_{Ld} \end{bmatrix} = \begin{bmatrix} L_a & -M_{ab} & -M_{ac} & M_{ad} \\ -M_{ab} & L_b & M_{bc} & -M_{bd} \\ -M_{ac} & M_{bc} & L_c & -M_{cd} \\ M_{ad} & -M_{bd} & -M_{cd} & L_d \end{bmatrix} \begin{bmatrix} \dfrac{di_{La}}{dt} \\[2mm] \dfrac{di_{Lb}}{dt} \\[2mm] \dfrac{di_{Lc}}{dt} \\[2mm] \dfrac{di_{Ld}}{dt} \end{bmatrix} \tag{3.54}
$$

式中,互感前的符号取决于电感间正向或反向的耦合关系。为简化各等效电感的表达式,用 $L_{eqa} \sim L_{eqd}$ 分别表示各等效电感,式(3.54)可重新表示为

$$
\begin{cases}
v_{La} = L_{eqa} \dfrac{di_{La}}{dt} \\[2mm]
v_{Lb} = L_{eqb} \dfrac{di_{Lb}}{dt} \\[2mm]
v_{Lc} = L_{eqc} \dfrac{di_{Lc}}{dt} \\[2mm]
v_{Ld} = L_{eqd} \dfrac{di_{Ld}}{dt}
\end{cases}
\tag{3.55}
$$

由式(3.55)可知,i_{La}、i_{Lb}、i_{Lc} 及 i_{Ld} 在各个开关状态的上升、下降斜率取决于各等效电感的大小,假定两相中相同位置的电感参数相等且耦合电感的结构完全对称,即 $L_a = L_c = L_1$、$L_b = L_d = L_2$、$M_{ab} = M_{cd} = M_1$、$M_{ad} = M_{bc} = M_2$,根据式(3.54)中的电感矩阵得到两相 IICIBC 各工作状态下的等效电感见表 3.3。

表 3.2　两相 IICIBC 各工作状态下的电感电压

工作模式 Ⅰ	工作模式 Ⅱ	工作模式 Ⅲ	工作模式 Ⅳ
$v_{La} = v_{in}$	$v_{La} = v_{in} - v_{C1}$	$v_{La} = v_{in}$	$v_{La} = v_{in} - v_{C1}$
$v_{Lb} = v_{C1} - v_o$	$v_{Lb} = v_{C1} - v_o$	$v_{Lb} = v_{C1} - v_o$	$v_{Lb} = v_{C1} - v_o$
$v_{Lc} = v_{in} - v_{C2}$	$v_{Lc} = v_{in}$	$v_{Lc} = v_{in}$	$v_{Lc} = v_{in} - v_{C2}$
$v_{Ld} = v_{C2} - v_o$	$v_{Ld} = v_{C2} - v_o$	$v_{Ld} = v_{C2} - v_o$	$v_{Ld} = v_{C2} - v_o$

表 3.3 中,$X_{i,j}(1 \leqslant i \leqslant 4, 1 \leqslant j \leqslant 4)$ 是电感矩阵的逆矩阵中的元素,表达式为

$$
X_{1,1} = X_{3,3} = \frac{L_1 L_2^2 - L_2 M_1^2 - L_2 M_2^2 + 2M_1 M_2 M_{bd} - L_1 M_{bd}^2}{L_{IICIB}}
$$

$$
X_{1,2} = X_{2,1} = X_{3,4} = X_{4,3}
$$
$$
= \frac{M_1 M_2^2 - M_1^3 + L_1 L_2 M_1 - L_2 M_2 M_{ac} - L_1 M_2 M_{bd} + M_1 M_{ac} M_{bd}}{L_{IICIB}}
$$

$$
X_{1,3} = X_{3,1} = \frac{M_{ac} L_2^2 - 2L_2 M_1 M_2 + M_1^2 M_{bd} + M_2^2 M_{bd} - M_{ac} M_{bd}^2}{L_{IICIB}}
$$

$$
X_{1,4} = X_{2,3} = X_{3,2} = X_{4,1}
$$
$$
= \frac{-M_1^2 M_2 + M_2^3 - L_1 L_2 M_2 + L_2 M_1 M_{ac} + L_1 M_1 M_{bd} - M_2 M_{ac} M_{bd}}{L_{IICIB}}
\tag{3.56}
$$

$$
X_{2,2} = X_{4,4} = \frac{L_2 L_1^2 - L_1 M_1^2 - L_1 M_2^2 + 2M_1 M_2 M_{ac} - L_2 M_{ac}^2}{L_{IICIB}}
$$

$$
X_{2,4} = X_{4,2} = \frac{M_{bd} L_1^2 - 2L_1 M_1 M_2 + M_1^2 M_{ac} + M_2^2 M_{ac} - M_{bd} M_{ac}^2}{L_{IICIB}}
$$

式中

$$L_{\text{IICIB}} = -(L_1 L_2 - 2M_1 M_2 - M_1^2 - M_2^2 + L_2 M_{ac} + L_1 M_{bd} + M_{ac} M_{bd})$$
$$(M_2^2 - 2M_1 M_2 - M_1^2 - L_1 L_2 + L_2 M_{ac} + L_1 M_{bd} - M_{ac} M_{bd})$$

表 3.3　　两相 IICIBC 各工作状态下的等效电感

工作模式 Ⅰ	工作模式 Ⅱ	工作模式 Ⅲ	工作模式 Ⅳ
$L_{\text{eqa\_1}} = \dfrac{1}{X_{1,1} + X_{1,3}\dfrac{D}{\overline{D}}}$	$L_{\text{eqa\_2}} = \dfrac{1}{X_{1,1} + X_{1,3}\dfrac{\overline{D}}{D}}$	$L_{\text{eqa\_3}} = \dfrac{1}{X_{1,1} + X_{1,3}}$	$L_{\text{eqa\_4}} = \dfrac{1}{X_{1,1} + X_{1,3}}$
$L_{\text{eqb\_1}} = \dfrac{1}{X_{2,1} + X_{2,3}\dfrac{D}{\overline{D}}}$	$L_{\text{eqb\_2}} = \dfrac{1}{X_{2,1} + X_{2,3}\dfrac{\overline{D}}{D}}$	$L_{\text{eqb\_3}} = \dfrac{1}{X_{2,1} + X_{2,2}}$	$L_{\text{eqb\_4}} = \dfrac{1}{X_{2,1} + X_{2,3}}$
$L_{\text{eqc\_1}} = \dfrac{1}{X_{3,3} + X_{3,1}\dfrac{\overline{D}}{D}}$	$L_{\text{eqc\_2}} = \dfrac{1}{X_{3,3} + X_{3,1}\dfrac{D}{\overline{D}}}$	$L_{\text{eqc\_3}} = \dfrac{1}{X_{3,1} + X_{3,3}}$	$L_{\text{eqc\_4}} = \dfrac{1}{X_{3,1} + X_{3,3}}$
$L_{\text{eqd\_1}} = \dfrac{1}{X_{4,3} + X_{4,1}\dfrac{\overline{D}}{D}}$	$L_{\text{eqd\_2}} = \dfrac{1}{X_{4,3} + X_{4,1}\dfrac{D}{\overline{D}}}$	$L_{\text{eqd\_3}} = \dfrac{1}{X_{4,1} + X_{4,3}}$	$L_{\text{eqd\_4}} = \dfrac{1}{X_{4,1} + X_{4,3}}$

图 3.21 所示为 $D < 0.5$ 和 $D > 0.5$ 时的关键波形，其中 $D < 0.5$ 包含 S_1 导通、S_2

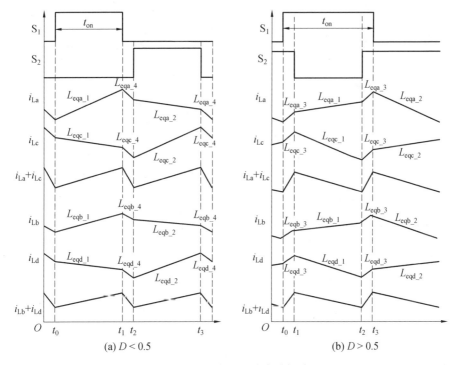

(a) $D < 0.5$　　　　　　　　(b) $D > 0.5$

图 3.21　　两相 IICIBC 稳态关键波形

关断、S_1 关断、S_2 关断，以及 S_1 关断、S_2 导通 3 种工作模式；$D > 0.5$ 时则包含 S_1 导通、S_2 关断、S_1 导通、S_2 导通，以及 S_1 关断、S_2 导通 3 种工作模式。相比单相的情况，两相交错拓扑中的输入电感电流纹波（i_{La} 与 i_{Lc}）及输出电感电流纹波（i_{Lb} 与 i_{Ld}）的相位相差 $180°$，使得总纹波的基频为开关频率的两倍。此外，由表 3.3 可知，各等效电感的大小与 D 相关，理想情况下若 $D = 0.5$，两相的电流纹波可完全抵消，输入、输出电流纹波为零。

2. 小信号建模

根据图 3.20 列举的各工作状态，以各电感电流与电容电压为状态变量，建立两相 IICIBC 各工作状态下的状态方程，见表 3.4。

表 3.4　两相 IICIBC 各工作状态下的状态方程

工作模式 Ⅰ	工作模式 Ⅱ	工作模式 Ⅲ	工作模式 Ⅳ
$\dfrac{di_{La}}{dt} = \dfrac{v_{in}}{L_{eqa\_1}}$	$\dfrac{di_{La}}{dt} = \dfrac{1}{L_{eqa\_2}}(v_{in} - v_{C1})$	$\dfrac{di_{La}}{dt} = \dfrac{v_{in}}{L_{eqa\_3}}$	$\dfrac{di_{La}}{dt} = \dfrac{1}{L_{eqa\_4}}(v_{in} - v_{C1})$
$\dfrac{di_{Lb}}{dt} = \dfrac{1}{L_{eqb\_1}}(v_{C1} - v_{Co})$	$\dfrac{di_{Lb}}{dt} = \dfrac{1}{L_{eqb\_2}}(v_{C1} - v_{Co})$	$\dfrac{di_{Lb}}{dt} = \dfrac{1}{L_{eqb\_3}}(v_{C1} - v_{Co})$	$\dfrac{di_{Lb}}{dt} = \dfrac{1}{L_{eqb\_4}}(v_{C1} - v_{Co})$
$\dfrac{di_{Lc}}{dt} = \dfrac{1}{L_{eqc\_1}}(v_{in} - v_{C2})$	$\dfrac{di_{Lc}}{dt} = \dfrac{v_{in}}{L_{eqc\_2}}$	$\dfrac{di_{Lc}}{dt} = \dfrac{v_{in}}{L_{eqc\_3}}$	$\dfrac{di_{Lc}}{dt} = \dfrac{1}{L_{eqc\_4}}(v_{in} - v_{C2})$
$\dfrac{di_{Ld}}{dt} = \dfrac{1}{L_{eqd\_1}}(v_{C2} - v_{Co})$	$\dfrac{di_{Ld}}{dt} = \dfrac{1}{L_{eqd\_2}}(v_{C2} - v_{Co})$	$\dfrac{di_{Ld}}{dt} = \dfrac{1}{L_{eqd\_3}}(v_{C2} - v_{Co})$	$\dfrac{di_{Ld}}{dt} = \dfrac{1}{L_{eqd\_4}}(v_{C2} - v_{Co})$
$\dfrac{dv_{C1}}{dt} = \dfrac{1}{C_1}(i_{La} - i_{Lb})$	$\dfrac{dv_{C1}}{dt} = -\dfrac{i_{Lb}}{C_1}$	$\dfrac{dv_{C1}}{dt} = -\dfrac{i_{Lb}}{C_1}$	$\dfrac{dv_{C1}}{dt} = \dfrac{1}{C_1}(i_{La} - i_{Lb})$
$\dfrac{dv_{C2}}{dt} = -\dfrac{i_{Ld}}{C_2}$	$\dfrac{dv_{C2}}{dt} = \dfrac{1}{C_2}(i_{Lc} - i_{Ld})$	$\dfrac{dv_{C2}}{dt} = -\dfrac{i_{Ld}}{C_2}$	$\dfrac{dv_{C2}}{dt} = \dfrac{1}{C_2}(i_{Lc} - i_{Ld})$
$\dfrac{dv_{Co}}{dt} = \dfrac{1}{C_o}(i_{Lb} + i_{Ld} - i_o)$	$\dfrac{dv_{Co}}{dt} = \dfrac{1}{C_o}(i_{Lb} + i_{Ld} - i_o)$	$\dfrac{dv_{Co}}{dt} = \dfrac{1}{C_o}(i_{Lb} + i_{Ld} - i_o)$	$\dfrac{dv_{Co}}{dt} = \dfrac{1}{C_o}(i_{Lb} + i_{Ld} - i_o)$

结合表 3.3 与表 3.4 的结果，对一个开关周期内的 4 种工作模式进行状态平均，得到 IICIBC 的小信号模型方程如下：

$$
\begin{cases}
\dfrac{\mathrm{d}\,\hat{i}_{\mathrm{La}}}{\mathrm{d}t} = (X_{1,2} - X_{1,1}\overline{D})\,\hat{v}_{\mathrm{C1}} + (X_{1,4} - X_{1,3}\overline{D})\,\hat{v}_{\mathrm{C2}} - (X_{1,2} + X_{1,4})\,\hat{v}_{\mathrm{Co}} + \\
\qquad (X_{1,1} + X_{1,3})\,\hat{v}_{\mathrm{in}} + (X_{1,1}V_{\mathrm{C1}} + X_{1,3}V_{\mathrm{C2}})\hat{d} \\[4pt]
\dfrac{\mathrm{d}\,\hat{i}_{\mathrm{Lb}}}{\mathrm{d}t} = (X_{2,2} - X_{2,1}\overline{D})\,\hat{v}_{\mathrm{C1}} + (X_{2,4} - X_{2,3}\overline{D})\,\hat{v}_{\mathrm{C2}} - (X_{2,2} + X_{2,4})\,\hat{v}_{\mathrm{Co}} + \\
\qquad (X_{2,1} + X_{2,3})\,\hat{v}_{\mathrm{in}} + (X_{2,1}V_{\mathrm{C1}} + X_{2,3}V_{\mathrm{C2}})\hat{d} \\[4pt]
\dfrac{\mathrm{d}\,\hat{i}_{\mathrm{Lc}}}{\mathrm{d}t} = (X_{3,2} - X_{3,1}\overline{D})\,\hat{v}_{\mathrm{C1}} + (X_{3,4} - X_{3,3}\overline{D})\,\hat{v}_{\mathrm{C2}} - (X_{3,2} + X_{3,4})\,\hat{v}_{\mathrm{Co}} + \\
\qquad (X_{3,1} + X_{3,3})\,\hat{v}_{\mathrm{in}} + (X_{3,1}V_{\mathrm{C1}} + X_{3,3}V_{\mathrm{C2}})\hat{d} \\[4pt]
\dfrac{\mathrm{d}\,\hat{i}_{\mathrm{Ld}}}{\mathrm{d}t} = (X_{4,2} - X_{4,1}\overline{D})\,\hat{v}_{\mathrm{C1}} + (X_{4,4} - X_{4,3}\overline{D})\,\hat{v}_{\mathrm{C2}} - (X_{4,2} + X_{4,4})\,\hat{v}_{\mathrm{Co}} + \\
\qquad (X_{4,1} + X_{4,3})\,\hat{v}_{\mathrm{in}} + (X_{4,1}V_{\mathrm{C1}} + X_{4,3}V_{\mathrm{C2}})\hat{d} \\[4pt]
\dfrac{\mathrm{d}\,\hat{v}_{\mathrm{C1}}}{\mathrm{d}t} = \dfrac{\overline{D}}{C_1}\,\hat{i}_{\mathrm{La}} - \dfrac{1}{C_1}\,\hat{i}_{\mathrm{Lb}} - \dfrac{I_{\mathrm{La}}}{C_1}\hat{d} \\[4pt]
\dfrac{\mathrm{d}\,\hat{v}_{\mathrm{C2}}}{\mathrm{d}t} = \dfrac{\overline{D}}{C_2}\,\hat{i}_{\mathrm{Lc}} - \dfrac{1}{C_2}\,\hat{i}_{\mathrm{Ld}} - \dfrac{I_{\mathrm{Lc}}}{C_2}\hat{d} \\[4pt]
\dfrac{\mathrm{d}\,\hat{v}_{\mathrm{Co}}}{\mathrm{d}t} = \dfrac{1}{C_{\mathrm{o}}}\,\hat{i}_{\mathrm{Lb}} + \dfrac{1}{C_{\mathrm{o}}}\,\hat{i}_{\mathrm{Ld}} - \dfrac{1}{C_{\mathrm{o}}}\,\hat{i}_{\mathrm{o}}
\end{cases}
$$

$$(3.57)$$

由式(3.57)计算 IICIBC 控制到输出的传递函数,因小信号模型中共包含 7 个状态变量,$G_{\mathrm{IICIBCv\_d}}(s)$ 为七阶传递函数,有

$$
G_{\mathrm{IICIBCv\_d}}(s) = \frac{\hat{v}_{\mathrm{o}}(s)}{\hat{d}(s)} = \frac{s^2 + a_1 s + a_0}{b_7 s^7 + b_6 s^6 + b_5 s^5 + b_4 s^4 + b_3 s^3 + b_2 s^2 + b_1 s + b_0}
$$

$$(3.58)$$

式(3.58)中,因两相结构对称,解得 $b_7 = b_6 = b_5 = b_3 = b_1 = 0$,令两相中的电容 $C_1 = C_2 = C$,剩余的因数如下:

$$\begin{cases} a_1 = -\dfrac{I_{L1}\left[-\overline{D}(X_{1,2} + X_{1,4}) + (X_{2,2} + X_{2,4})\right]}{(X_{1,2} + X_{1,4})CV_C} \\[3mm] a_0 = \dfrac{\overline{D}(X_{1,1}X_{2,2} - 2X_{1,2}X_{1,4} - X_{1,4}^2 - X_{1,2}^2 + X_{1,1}X_{2,4} + X_{1,3}X_{2,2} + X_{1,3}X_{2,4})}{(X_{1,2} + X_{1,4})C} \\[3mm] b_4 = \dfrac{C_o}{2(X_{1,2} + X_{1,4})V_C} \\[3mm] b_2 = \dfrac{\overline{D}^2(X_{1,1} + X_{1,3})C_o + (X_{2,2} + X_{2,4})(2C + C_o) - \overline{D}(X_{1,2} + X_{1,4})C_o}{2(X_{1,2} + X_{1,4})CV_C} \\[3mm] b_0 = \dfrac{\overline{D}^2\left[-X_{1,2}^2 - X_{1,4}^2 + (X_{1,1} + X_{1,3})(X_{2,2} + X_{2,4})\right] - 2\overline{D}^2 X_{1,2}X_{1,4}}{(X_{1,2} + X_{1,4})CV_C} \end{cases}$$

$$(3.59)$$

$G_{\text{IICIBCv\_d}}(s)$ 共包含两对共轭极点及一对共轭零点，所有极点均位于 LHP 的稳定极点。其中，第一对极点位于低频区域，由占空比、输出电压、输出滤波电容及等效电感共同决定，在其影响下，$G_{\text{IICIBCv\_d}}(s)$ 的低频增益以 -40 dB/dec 下降，相位将降至 $-180°$。另一对极点的位置频率略高，由占空比，输出电压，滤波电容 C_1、C_2 及等效电感决定，其频域的作用效果与第一对极点基本一致。对 $G_{\text{IICIBCv\_d}}(s)$ 中零点的分析如下：

$$Z_{\text{IICIBC\_1,2}} = q_2 \pm p_2 \text{j} \qquad (3.60)$$

由式（3.59）、式（3.60）可得

$$q_2 = \frac{(X_{2\_2} + X_{2\_4}) - \overline{D}(X_{1\_2} + X_{1\_4})}{2(X_{1\_2} + X_{1\_4})CV_C} \qquad (3.61)$$

则 IICIBC 零点位于 LHP 的条件为

$$D < 1 - \frac{(1 - k_{ac})\sqrt{\alpha}}{k_1 - k_2} \qquad (3.62)$$

式中　　k_1——L_a 与 L_b 之间及 L_c 与 L_d 之间的耦合系数；

　　　　k_2——L_a 与 L_d 之间及 L_b 与 L_c 之间的耦合系数；

　　　　k_{ac}——L_a 与 L_c 之间的耦合系数。

当工作占空比满足式（3.62）时，$G_{\text{IICIBCv\_d}}(s)$ 的一对零点将位于 LHP，如图 3.22 所示，$Z_{\text{IICIBC\_1,2}}$ 同样随占空比增大由 LHP 向 RHP 移动。

令 $k_{ac} = 0.85$、$k_2 = 0.3$，以 k_1 为变量得到零点位于 LHP 所对应的占空比工作范围，两相 IICIBC 中 D 与 k_1 的关系如图 3.23 所示。当新变换器中的耦合系数满足下述条件时，IICIBC 的无 RHPZ 占空比可工作区间将大于 ICIBC，即

$$k_{ac} > \frac{k_2}{k_1} \qquad (3.63)$$

当 $\alpha = 0.1$ 时，若输入、输出电感完全耦合，则最小相位系统对应的最大工作占空比为 0.942，远大于同等参数下的 ICIBC。上述分析结果表明 IICIBC 更适合升压比变

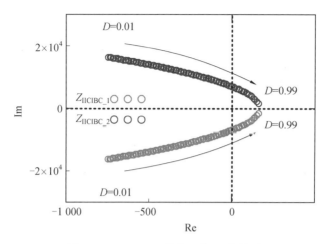

图 3.22　$Z_{\text{IICIBC\_1,2}}$ 的位置与 D 的关系

化范围大的应用场合。

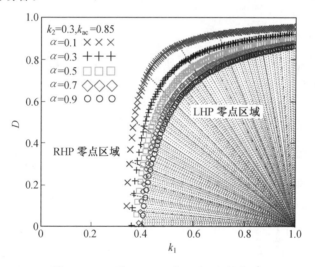

图 3.23　两相 IICIBC 中 D 与 k_1 的关系

3.2.2　ICIBC 与 IICIBC 特性对比

在输入电压 18 ～ 36 V、输出电压 50 V、最大功率 400 W 的情况下，ICIBC 与 IICIBC 的关键参数见表 3.5，下面将从电磁干扰（EMI）特性与动态特性方面对比这两个变换器。

表 3.5　ICIBC 与 IICIBC 的关键参数

参数	ICIBC	IICIBC
输入电压 V_{in}/V	$18 \sim 36$	$18 \sim 36$
输出电压 V_o/V	50	50
输出功率 P_o/W	400	400
开关频率 f_s/kHz	100	100
输入滤波电感 $L_1/\mu H$	128	128
输出滤波电感 $L_2/\mu H$	385	385
耦合系数 k_1	0.80	0.80
耦合系数 k_2	—	0.40
耦合系数 k_{ac}	—	0.75
电容 C_1(或 C_2)/μF	33	33
输出滤波电容 $C_o/\mu F$	220	220

1. EMI 特性

图 3.24、图 3.25 所示为输入电压分别为 18 V、25 V 和 36 V 时两相 IICIBC 与 ICIBC 的各电感电流及输入、输出电流仿真波形。从图 3.24(a)、(c) 中可以看出，因等效电感的变化，不同开关状态下各电感电流上升及下降斜率不同，印证了对新变换器工作模式的分析结果。图 3.25(b) 中占空比约为 0.50，各电感电流波形近似三角形，该现象源于此时不同开关状态的各等效电感量相等，如 $L_{eqa\_1} = L_{eqa\_2} = L_{eqa\_3} = L_{eqa\_4}$。

比较图 3.24(a) 与图 3.25(a)，以及图 3.24(c) 与图 3.25(c) 中各电感电流的峰峰值，可知 IICIBC 的等效电感量总小于相同占空比 ICIBC 的电感量。综合对比两变换器在不同占空比时总输入、总输出电流纹波峰峰值的大小，归一化计算结果如图 3.26 所示。两相交错的结构可以抵消一部分电流纹波，当 $D = 0.50$ 时，总电流纹波近乎为零；而在其他工作点，即 $D > 0.5$ 或 $D < 0.5$ 时，IICIBC 的总电流纹波大于 ICIBC。由此可知，新变换本身的 EMI 抑制特性略差，具体原因是 IICIBC 通过打破变换器输入端与输出端功率无耦合的关系以实现将零点由 RHP 移至 LHP，因此该变换器的等效电感量将小于 ICIBC。在参数设计时，需要在 EMI 特性与 RHPZ 之间做权衡。

2. 动态特性

在占空比分别为 0.28、0.50 及 0.64 的情况下，得到 IICIBC、ICIBC 控制到输出电压及输入电压到输出电压的开环传递函数频率特性，分别如图 3.27、图 3.28 所示。

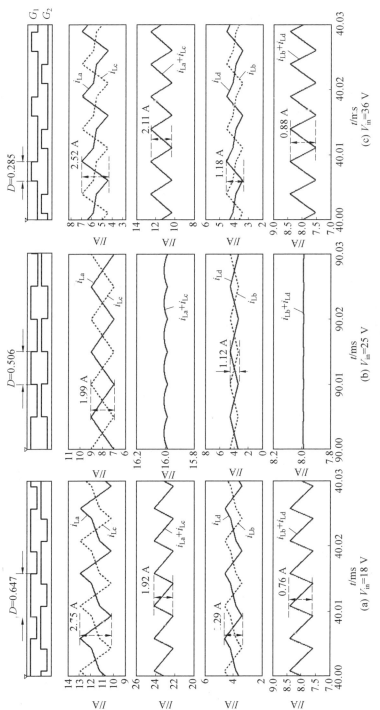

图 3.24　稳态下两相 IICIBC 的电感电流及输入、输出电流仿真波形

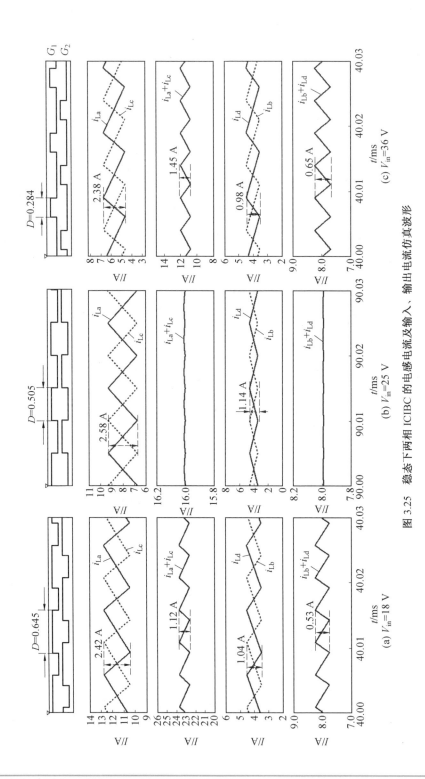

图 3.25 稳态下两相 ICIBC 的电感电流及输入、输出电流仿真波形

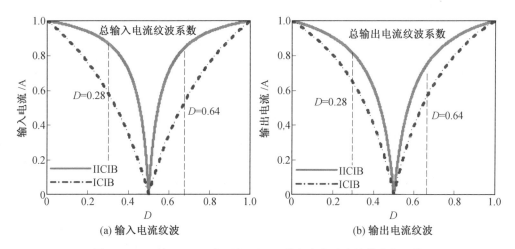

（a）输入电流纹波　　　　　　　　　　（b）输出电流纹波

图 3.26　两相 IICIBC 与两相 ICIBC 总电流纹波峰峰值的归一化

由图 3.27（a）、（b）可知，$G_{\text{IICIBCv\_d}}(s)$ 中包含两对共轭极点及一对 LHP 零点，当占空比由 0.28 增加至 0.64 时，两对极点均由低频区向高频区移动，一对 LHP 零点逐渐向 RHP 移动，但始终未进入 RHP，因此，在全频域范围内，$G_{\text{IICIBCv\_d}}(s)$ 的增益特性曲线以 40 dB/dec 下降，相位最终下降 180°，这种频率特性所需的闭环控制器设计较为简单。

与 IICIBC 相同，图 3.27（c）、（d）也在不同占空比下给出了 $G_{\text{ICIBCv\_d}}(s)$ 的频率特性。当 $D=0.28$ 时，$G_{\text{ICIBCv\_d}}(s)$ 的一对共轭零点位于 LHP，但当占空比增加至 0.50 时，零点已完全进入 RHP，其将在相位上新引入 180° 的下垂。综合 ICIBC 中所有零极点的影响，在高频区域 $G_{\text{ICIBCv\_d}}(s)$ 的相位将最终下降 540°。传统控制器为减小低频区的静态误差将包含一个积分环节，这引入 90° 的相位延迟，为确保闭环电源系统具备充裕的相位裕度，设置补偿后的穿越频率需在 RHPZ 的 1/3 频率范围内。

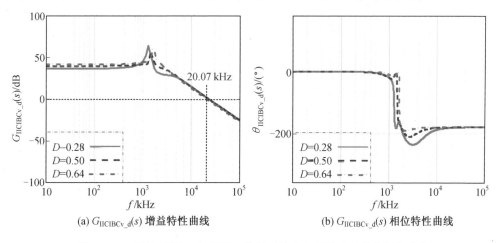

（a）$G_{\text{IICIBCv\_d}}(s)$ 增益特性曲线　　　　（b）$G_{\text{IICIBCv\_d}}(s)$ 相位特性曲线

图 3.27　两相 IICIBC 与 ICIBC 控制到输出电压传递函数的频率响应

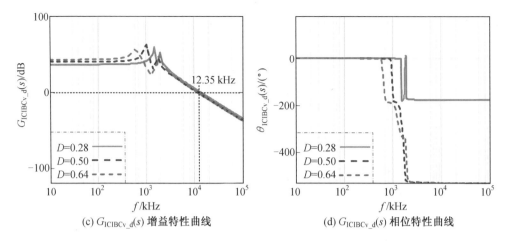

(c) $G_{\mathrm{ICIBCv\_d}}(s)$ 增益特性曲线

(d) $G_{\mathrm{ICIBCv\_d}}(s)$ 相位特性曲线

续图 3.27

比较图 3.27(a)、(c) 可知 $G_{\mathrm{IICIBCv\_d}}(s)$ 的穿越频率更高,即新拓扑可具备更好的动态特性。输入电压到输出电压的开环传递函数决定变换器的抗干扰能力,如图 3.28 所示,在开关频率处,$G_{\mathrm{IICIBCv\_d}}(s)$ 增益为 -25.6 dB,而 $G_{\mathrm{ICIBCv\_d}}(s)$ 增益为 -33.8 dB。由此可知,ICIBC 对输入电压扰动的抑制更好,IICIBC 更易在输入电压发生波动时受到影响,但两个变换器之间的差距并不明显。

综上所述,IICIBC 可确保控制到输出传递函数中的零点在全占空比工作范围内均位于 LHP,并且开环增益的穿越频率更高,略显不足的是其在输入电压波动时的抗扰性与 ICIBC 相比略差。由这种变换器组成的电源系统具备更充裕的稳定裕度和更好的动态特性,适用于宽输入电压、高动态响应的应用场合。

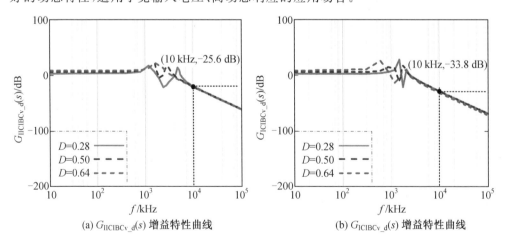

(a) $G_{\mathrm{IICIBCv\_d}}(s)$ 增益特性曲线

(b) $G_{\mathrm{ICIBCv\_d}}(s)$ 增益特性曲线

图 3.28　两相 IICIBC 与 ICIBC 输入电压到输出电压传递函数的频率响应

3.2.3　IICIBC 耦合电感的设计

在两相 IICIBC 中,输入端、输出端的四个滤波电感集成于一副 E—E 型磁芯中,磁芯结构如图 3.29(a) 所示。其中,N_a、N_b、N_c、N_d 分别表示各绕组的匝数,R_1、R_2、R_3、R_g 则表示磁材及中心磁路气隙的磁阻,且有

$$R_1 = \frac{1}{\mu_0 \mu_r} \frac{l_1}{A_1}, \quad R_2 = \frac{1}{\mu_0 \mu_r} \frac{l_2}{A_2}, \quad R_3 = \frac{1}{\mu_0 \mu_r} \frac{l_3}{A_3}, \quad R_g = \frac{1}{\mu_0} \frac{l_g}{A_1} \quad (3.64)$$

式中　μ_0—— 空气的磁导率;

$\quad\quad\ \mu_r$—— 磁材的相对磁导率;

$\quad\quad\ l_x$—— 各磁路的长度($x=1,2,3$);

$\quad\quad\ l_g$—— 中心磁路的气隙长度;

$\quad\quad\ A_x$—— 各磁路的截面积($x=1,2,3$)。

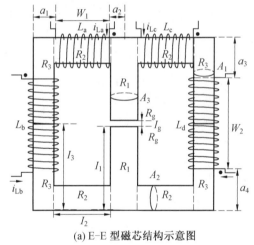

(a) E-E 型磁芯结构示意图

(b) 磁阻等效电路

图 3.29　两相 IICIBC 耦合电感磁芯结构及等效模型

用 $R_{La} \sim R_{Ld}$ 分别表示各绕组的漏磁磁阻,以 R_{La} 为例,其计算方法为

$$R_{La} = \frac{R_{ta} R_{ba}}{R_{ta} + R_{ba}} \tag{3.65}$$

式中 R_{ta}——绕组 L_a 前侧的磁阻;

    R_{ba}——绕组 L_a 后侧的磁阻。

且有

$$R_{ta} = R_{ba} = \frac{\overline{l_a}}{\mu_o \overline{S_{ta}}} \tag{3.66}$$

式中 $\overline{l_a}$——绕组 L_a 的磁路平均长度;

    $\overline{S_{ta}}$——绕组 L_a 的磁路平均截面积。

R_{Lb}、R_{Lc} 与 R_{Ld} 的计算方式与 R_{La} 相同,不再赘述。按照磁路与电路间的对偶变换方法得到耦合电感等效磁路模型如图 3.29(b)。分别用 R_o、R_c 表示图中外侧与中心磁路的磁阻,表达式分别为

$$\begin{cases} R_o = 2R_2 + 2R_3 \\ R_c = 2R_1 + R_g \end{cases} \tag{3.67}$$

则 3 条支路中的磁通量 Φ_1、Φ_2、Φ_3 满足如下关系式:

$$\begin{cases} \Phi_3 R_c - \Phi_1 R_o = N_{La} i_{La} - N_{Lb} i_{Lb} \\ \Phi_3 R_c - \Phi_2 R_o = N_{Lc} i_{Lc} - N_{Ld} i_{Ld} \\ \Phi_1 + \Phi_2 + \Phi_3 = 0 \end{cases} \tag{3.68}$$

因 IICIBC 中两相参数相同,则可设 $N_{La} = N_{Lc} = N_{L1}$,$N_{Lb} = N_{Ld} = N_{L2}$,且令 $N_{L2} = \beta N_{L1}$。求解式(3.68)中各磁通量,结果可按照占空比大小分为下述两种情况。

在 $D < 0.5$ 时:

$$\begin{cases} \Phi_1 = \dfrac{[(i_{Lc} - i_{La}) + \beta(i_{Lb} - i_{Ld})] N_{L1} R_c}{\Delta} + \dfrac{[(\beta - 1) - \beta D] i_{Lb} N_{L1} R_o}{(1 - D)\Delta} \\[3mm] \Phi_2 = \dfrac{[(i_{La} - i_{Lc}) + \beta(i_{Ld} - i_{Lb})] N_{L1} R_c}{\Delta} + \dfrac{[(\beta - 1) - \beta D] i_{Ld} N_{L1} R_o}{(1 - D)\Delta} \\[3mm] \Phi_3 = \dfrac{[(1 - \beta) + \beta D](i_{Ld} + i_{Lb}) N_{L1} R_o}{(1 - D)\Delta} \end{cases} \tag{3.69}$$

在 $D > 0.5$ 时:

$$\begin{cases} \Phi_1 = \dfrac{[(i_{Lc} - i_{La}) + \beta(i_{Lb} - i_{Ld})] N_{L1} R_c}{\Delta} + \dfrac{[\beta D - (\beta - 1)] i_{Lb} N_{L1} R_o}{(1 - D)\Delta} \\[3mm] \Phi_2 = \dfrac{[(i_{La} - i_{Lc}) + \beta(i_{Ld} - i_{Lb})] N_{L1} R_c}{\Delta} + \dfrac{[\beta D - (\beta - 1)] i_{Ld} N_{L1} R_o}{(1 - D)\Delta} \\[3mm] \Phi_3 = \dfrac{[(\beta - 1) - \beta D](i_{Ld} + i_{Lb}) N_{L1} R_o}{(1 - D)\Delta} \end{cases} \tag{3.70}$$

在式(3.69)、式(3.70)中,$\Delta = R_o^2 + 2R_o R_c$。由上述磁路表达式可推算出各绕组自感与互感的表达式如下:

$$
\begin{cases}
L_a = \left(\dfrac{R_o + R_c}{2\Delta} + \dfrac{1}{R_{La}} \right) N_{L1}^2, \quad L_b = \left(\dfrac{R_o + R_c}{2\Delta} + \dfrac{1}{R_{Lb}} \right) \beta^2 N_{L1}^2 \\[3mm]
L_c = \left(\dfrac{R_o + R_c}{2\Delta} + \dfrac{1}{R_{Lc}} \right) N_{L1}^2, \quad L_d = \left(\dfrac{R_o + R_c}{2\Delta} + \dfrac{1}{R_{Ld}} \right) \beta^2 N_{L1}^2 \\[3mm]
M_{ab} = M_{cd} = \dfrac{R_o + R_c}{2\Delta} \beta N_{L1}^2, \quad M_{ac} = \dfrac{R_c}{2\Delta} N_{L1}^2 \\[3mm]
M_{ad} = M_{bc} = \dfrac{R_c}{2\Delta} \beta N_{L1}^2, \quad M_{bd} = \dfrac{R_c}{2\Delta} \beta^2 N_{L1}^2
\end{cases}
\tag{3.71}
$$

磁路中的磁通量由直流磁通量与交流磁通量两部分组成,其中直流磁通量由电感电流的平均值产生,交流磁通量则来源于开关状态下电感两端的电压。图 3.29(a) 中磁材的模型左右对称,故两外侧磁路的磁通量 Φ_1 与 Φ_2 峰值相同且叠加在中心磁路上。电感电流 i_{La} 与 i_{Lc},i_{Lb} 与 i_{Ld} 的直流分量相等,则在式(3.69)、式(3.70)中,Φ_1 与 Φ_2 的第一项将只剩因电感电流纹波而产生的交流磁通量,第二项将随占空比而变。各支路在开关周期内的磁通量波形图如图 3.30 所示,由图可知,$\Phi_1 \sim \Phi_3$ 达到最大值的时间点相同,且 Φ_3 的频率是 Φ_1、Φ_2 的两倍。

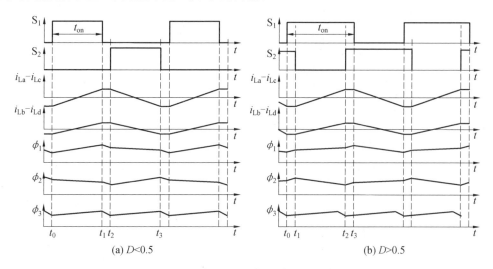

(a) $D<0.5$ (b) $D>0.5$

图 3.30 两相 IICIBC 各磁路磁通量波形图

用 B_1、B_2 及 B_3 表示各支路的磁通密度,相应表达式为

$$
B_1 = \frac{\Phi_1}{A_1}, \quad B_2 = \frac{\Phi_2}{A_2}, \quad B_3 = \frac{\Phi_3}{A_3}
\tag{3.72}
$$

两相 IICIBC 各磁通密度随占空比变化的归一化示意图如图 3.31 所示,据此可确定磁通密度最大工作点,以避免实际工作中出现磁芯饱和。

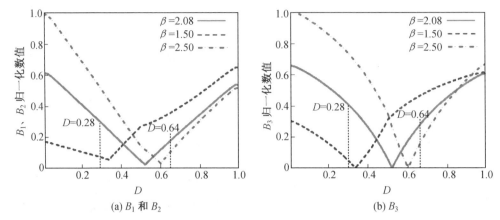

(a) B_1 和 B_2 (b) B_3

图 3.31 两相 IICIBC 各磁通密度随占空比变化的归一化示意图

按上述条件选择合适的磁芯,并在 ANSYS 软件中对耦合电感进行仿真,具体电感量与电流波形按照表 3.5 设置。选用 E42/21/15－3C92 型磁芯,其详细参数及尺寸见表 3.6。在开关管 S_1 关断的瞬间进行仿真,所得结果如图 3.32 所示,包含 $D=0.28$、$D=0.50$、$D=0.64$ 三种工况。由图 3.32 可知,$D=0.50$ 时磁芯中整体磁通密度最低,而在 $D=0.28$ 时则相对较高,与前序分析结果相同。其中,最大磁通密度不超过 265 mT,表明耦合电感的设计合理。

表 3.6 两相 IICIBC 磁芯关键参数

磁芯关键参数	数值
相对磁导率 μ_r	1 350
磁路截面积 A_1/mm^2	102.6
磁路截面积 A_2/mm^2	94.24
中心磁路截面积 A_3/mm^2	178
中心磁路长度 l_1/mm	20.85
磁路长度 l_2/mm	8.65
磁路长度 l_3/mm	21
磁材厚度 d/mm	15.2
中心磁路气隙长度 l_g/mm	0.15
饱和磁密度 B_s/mT	460
L_a 与 L_c 匝数比 N_a/N_c	12
L_b 与 L_d 匝数比 N_b/N_d	25

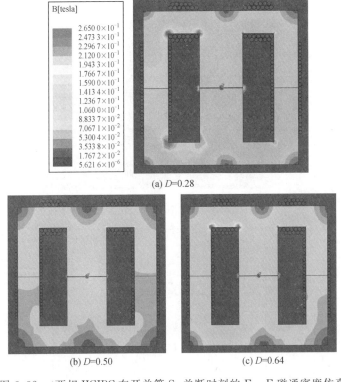

图 3.32　两相 IICIBC 在开关管 S_1 关断时刻的 E－E 磁通密度仿真

3.2.4　ICIBC 与 IICIBC 实验对比

1. EMI 特性

两相 IICIBC 原理性验证照片如图 3.33 所示,实测两相 IICIBC 中的各电感分别为 $L_a = 128.2\ \mu H$、$L_b = 378.5\ \mu H$、$L_c = 123.7\ \mu H$ 及 $L_d = 383.9\ \mu H$;各互感分别为 $M_{ab} = 174.3\ \mu H$、$M_{cd} = 178.2\ \mu H$、$M_{ad} = 82.7\ \mu H$、$M_{cb} = 84.6\ \mu H$、$M_{ac} = 92.4\ \mu H$ 及 $M_{bd} = 40.8\ \mu H$,感性元件的质量比 ICIBC 节约近 34.11%。稳态下的驱动信号与输出滤波电感的电流波形如图 3.34 所示,图中两相驱动信号相互交错,输入电压 18 V 时 Δi_{Lb} 为 1.43 A,输入电压 36 V 时 Δi_{Lb} 为 1.12 A,与仿真结果对比可知,实测结果与仿真预测间的误差分别为 10.8% 与 －5.1%,两者吻合度较高。

图 3.35、图 3.36 所示分别为不同输入电压下两相 IICIBC 与两相 ICIBC 的总输入电感电流纹波、总输出电感电流纹波。输入电压 36 V 时,图 3.35 中($\Delta i_{La} + \Delta i_{Lc}$)、($\Delta i_{Lb} + \Delta i_{Ld}$)的仿真结果分别为 2.11 A、0.88 A。与上述仿真对应的实测结果分别为 2.21 A、0.94 A 和 1.36 A、0.73 A,比较可知两者之间的吻合度较高。在另一个输入电压为 25 V 的工作点,理想情况下总电感电流纹波将完全抵消,但因实验电路中的器

件压降及电感参数误差等原因,纹波峰峰值在几十 mA 以内。

图 3.33　两相 IICIBC 原理性验证照片

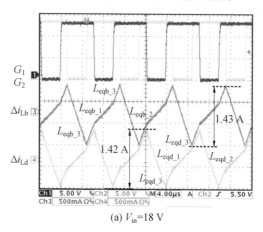

(a) V_{in}=18 V

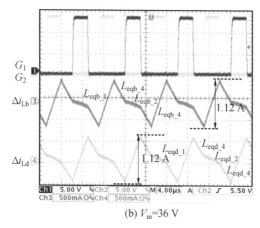

(b) V_{in}=36 V

图 3.34　不同输入电压下两相 IICIBC 输出滤波电感电流波形

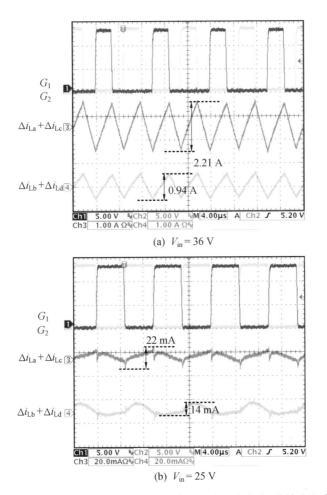

(a) $V_{in} = 36$ V

(b) $V_{in} = 25$ V

图 3.35　不同输入电压下两相 IICIBC 的总输入电感电流纹波、总输出电感电流纹波

2. 动态特性

（1）开环测试。

图 3.37(a)、(b) 分别为两相 IICIBC 及两相 ICIBC 在占空比由 0.3 切换至 0.6 时的输出电压波形。其中 IICIBC 的输出电压迅速响应占空比的变化，且趋势始终与占空比保持一致。在图 3.37(b) 可明显看见占空比开始增加时，输出电压先经历一个下降阶段之后才逐步上升，原因是此处变换器由最小相位系统转变为非最小相位系统，影响了变换器的动态响应速度。

（2）闭环测试。

电压环的控制器是一个双零点、单极点的 Ⅱ 型补偿器，如图 3.38(a) 所示，该补偿器的频率特性如图 3.38(b) 所示。预设补偿后的穿越频率为 8 kHz，由图 3.39(a) 中未补偿的开环传递函数 $G_{IICIBCv\_d}(s)$ 在此频点的增益及相位，计算补偿器参数。计算及

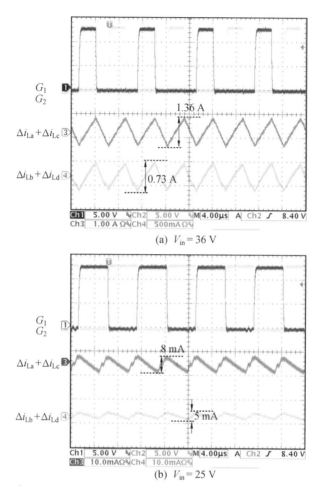

图 3.36　不同输入电压下两相 ICIBC 的总输入电感电流纹波、总输出电感电流纹波

测试所得两相 IICIBC 环路频率特性如图 3.39 所示。要求补偿后电源系统在低频区域有较高的增益,并且,增益曲线在穿越频率处以 20 dB/dec 下降,即表现与一个单极点的系统相似,以确保电源系统具备充足的相位裕度。进入高频区域后,增益曲线需迅速减小以降低开关噪声的影响。补偿后的电源系统计算与实测得到的穿越频率分别为 8.95 kHz 与 7.52 kHz,如图 3.39(c) 所示,相位裕度则分别为 47.8° 与 49.5°,如图 3.39(d) 所示,满足设计预期。

双零点、单极点 Ⅱ 型补偿器的传递函数公式为

$$H(s) = \frac{(1+R_1C_1s)(1+R_2C_2s)}{R_1(C_2+C_3)s\left(1+R_2\dfrac{C_2C_3}{C_2+C_3}s\right)} \tag{3.73}$$

对闭环控制下的 IICIBC 与 ICIBC 进行负载阶跃测试,输出功率由 200 W 切换至

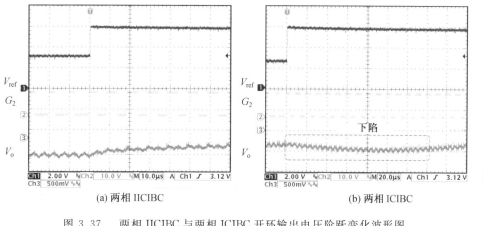

(a) 两相 IICIBC　　　　　　　　　　　(b) 两相 ICIBC

图 3.37　两相 IICIBC 与两相 ICIBC 开环输出电压阶跃变化波形图

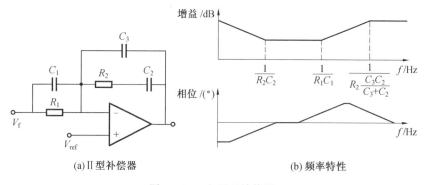

(a) Ⅱ型补偿器　　　　　　　　　　　(b) 频率特性

图 3.38　电压环补偿器

400 W,得到总输出电压与输出滤波电感电流波形图如图 3.40 所示,其中,IICIBC 输出电压的恢复时间较短,约为 0.87 ms,比 ICIBC 短 0.38 ms。

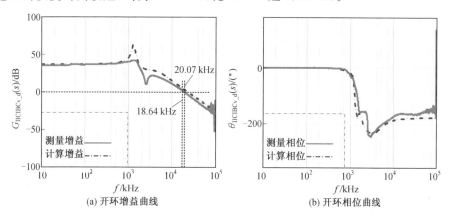

(a) 开环增益曲线　　　　　　　　　　(b) 开环相位曲线

图 3.39　计算及测试所得两相 IICIBC 环路频率特性

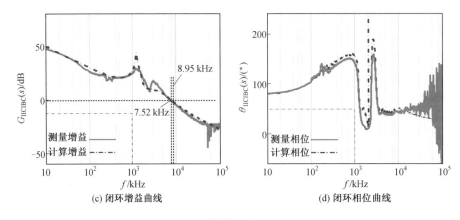

(c) 闭环增益曲线　　　　　　　　　　(d) 闭环相位曲线

续图 3.39

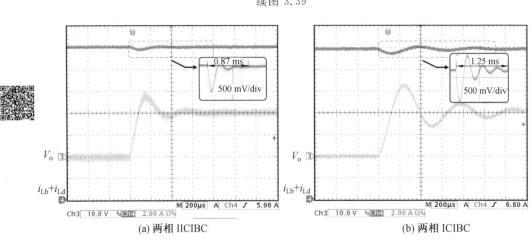

(a) 两相 IICIBC　　　　　　　　　　(b) 两相 ICIBC

图 3.40　两相 IICIBC 与两相 ICIBC 闭环负载阶跃变化总输出电压与输出滤波电感电流波形图

3.3　高频充放电切换双向充放电变换器

　　某些领域的特殊应用工况对双向 DC/DC 变换器的能量高频双向切换性能提出了极高的要求,例如电动汽车在快速启动或制动、减速及加速时;新能源系统中供电能量(太阳能、风能、燃料电池等)在快速变化时;特别是宇航应用中的 PCU 一次功率母线为脉冲型时分多址(time division multiple access,TDMA)或 SAR 等载荷供电且卫星正处在太阳能电池阵列能量不足时,充放电变换器需要对蓄电池、超级电容等储能设备形成快速的充放电切换。传统 S3R 架构的 PCU 中通常采用单独的 BCR 和 BDR 进行电池充放电切换,但这种配置方式大大限制了 PCU 功率密度的提高,而目前现有的适用于宇航 PCU 应用的双向变换器也存在右半平面零点或严格的 PWM 死区限制等影响双向切换频率提高的问题,基于此,本节提出一种新的双向拓扑及对应的双向变换器来适应一次功率母线对高频充放电切换功能的需求,即 Weinberg—Buck 型双向拓扑。

　　基于可选用到的宇航级功率元器件,单个功率变换器子模块的输出功率一般小于 2 000 W,因此大功率卫星电源设备一般采用多个子模块并联冗余备份的方式来对输出功率进行扩展并提高电源系统的可靠性。PCU 中的电池充电与放电调节器 (BCDR) 需同时具备高功率密度、高效率等特点,另外在多模块并联时需兼容高频双向切换功能,即当一次功率母线 V_{bus} 为 TDMA、SAR 等阶跃性载荷供电且太阳能电池阵列能量不足时,主误差放大器 (MEA) 将控制 BCDR 工作在跨域阶段,此时 BCDR 对蓄电池进行高频充放电切换,其中切换频率直接由阶跃性载荷的工作频率来决定。

1. 双向拓扑的演化分析

　　双向 DC/DC 变换器可显著提高 BCDR 的功率密度,降低成本,因此在工业及宇航领域具有广泛的用途,例如新能源系统、电动汽车、航天器能源系统等。大多数双向拓扑基于 Buck 或 Boost 型拓扑进行衍生,通过将二极管替换为开关管的方式,可以将绝大多数拓扑变为双向拓扑,其主要分为隔离型和非隔离型双向拓扑。隔离型双向变换器因变压器漏感、驱动死区设置、启动电路、软开关等原因,其在进行能量双向流动切换时频率有限。非隔离型双向拓扑在升压方向(Boost 方向)工作时,其等效拓扑一般存在右半平面零点,因此对应的双向变换器具有复杂的闭环控制及补偿环节,应用在多模块并联且需高频双向能量切换的情况时,并联系统容易不稳定。

　　在现有的宇航应用中,通常采用各自独立的 BCR 和 BDR 对电池进行充电和放电调节,并在 MEA 的域控制上留出死区时间,以避免快速切换时 BCR 和 BDR 同时工作导致能量在模块间形成环流从而引起损耗增大,但该域控制中死区的设置降低了 V_{bus} 的动态响应,独立的 BCR 和 BDR 也存在功率密度低等问题。增加跨导补偿器可以实现并联模块出现故障时不改变 V_{bus} 的环路带宽和输出阻抗,从而可应对阶跃性负载的快速能量响应需求,但此过程中仍存在 BCR 和 BDR 对电池快速充放电进行高速切换的情况。

　　Weinberg 拓扑是空间一次电源 PCU 中 BDR 广泛采用的非隔离型升压拓扑,该拓扑具有效率高、开关管应力低、输出电流连续且纹波小、为二阶控制模型且没有右半平面零点效应等优点。Buck 或 Superbuck 拓扑是 BCR 广泛采用的拓扑,其中 Buck 拓扑结构简单,为二阶控制模型且没有右半平面零点,缺点是输入电流为矩形电流波形,因此一般用于小功率充电且多模块并联的情况下;Superbuck 拓扑具有输入电流连续的优点,但为四阶模型且存在右半平面零点和极点,适用于单模块大功率充电情况。本章基于 Weinberg 拓扑和 Buck 拓扑设计了 Weinberg—Buck 型双向 DC/DC 变换器来对电池进行充电和放电变换,该双向拓扑的正反向数学模型均是二阶最小相位系统,易于并联控制,且充放电过程中共用同一个耦合电感,不会在高频切换时产生模块间的环流。表 3.7 为应用在功率控制与处理单元(power conditioning and processing unit,PCPU)中的 BCDR 的电性能指标。下面参考该指标参数对 Weinberg-Buck 拓扑及对应的 BCDR 进行设计与分析。

表 3.7 PCPU 中 BCDR 的电性能指标

参数描述	参数	参数值
电池侧电压 /V	V_{BAT}	$55 \sim 95$
母线侧电压 /V	V_{bus}	100 ± 0.5
放电电流 /A	I_D	$0 \sim 15$
充电电流 /A	I_C	$0 \sim 3$
放电效率 /%	η_{Boost}	$\geqslant 96.5$
充电效率 /%	η_{Buck}	$\geqslant 96$
并联模块数量 / 个	N	$\geqslant 14$
总的并联扩展放电功率 /kW	$P_{discharging}$	$\geqslant 20$
总的并联扩展充电电流 /A	$I_{charging}$	$\geqslant 40$
切换频率 /kHz	f_k	$\leqslant 1$

2. 双向切换工作原理

图 3.41 所示为本章提出的 Weinberg-Buck 型双向拓扑结构。在传统 Weinberg 拓扑的基础上,在与耦合电感相连的输出二极管 D_1 处并联开关管 Q_3,并增加对应的续流二极管 D_4,即可形成 Buck 拓扑,可实现从母线到电池的充电功能。图 3.41 所示的双向拓扑由耦合电感 L、变压器 T 和开关管 $Q_1 \sim Q_3$、二极管 $D_1 \sim D_4$ 构成,其中 L 的两个绕组 L_{c1} 和 L_{c2} 具有相同的匝比,电感量为 L_c,T 的两个绕组也具有相同的匝比。该双向拓扑对应的 BCDR 应用在 PCPU 中对电池进行充放电调节时具有 4 种工作状态:放电工作状态,放电状态切换到充电状态,充电工作状态,充电状态切换到放电状态。图 3.42 所示为双向拓扑对应的 BCDR 在 4 种工作状态下的理论工作波形,图中 B_{Lc}、B_T 分别表示电感 L_c 的磁通和变压器 T 的磁通(图中对于周期性的 PWM 开关波形有省略)。

(1)模式 1:放电工作状态 $[t_0, t_1]$。

开关管 Q_1、Q_2 工作在相移为 180° 的 PWM 状态,每只开关管的 PWM 占空比在 $0 \sim 50\%$ 之间调节,二极管 $D_1 \sim D_3$ 工作在截止或续流导通状态,Q_3 和 D_4 不工作。其中 D_1 本可以利用 Q_3 的源漏间寄生的反向二极管来实现,但该寄生二极管正向导通压降和反向恢复时间均较独立的超快软恢复型二极管大,因而在不考虑同步整流的情

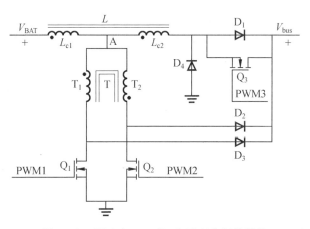

图 3.41　Weinberg－Buck 型双向拓扑结构

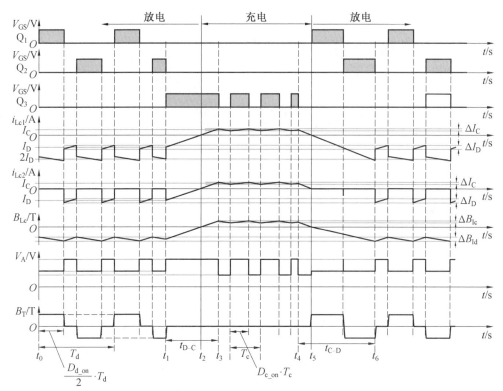

图 3.42　双向变换器的理论工作波形

况下,为减小损耗,采用单独的 D_1 和 Q_3 并联使用。图 3.43 所示为 BCDR 工作在放电工作状态时的电路图。图 3.43(a) 所示为 Q_1 导通,Q_2 关断,D_1 和 D_3 截止,D_2 续流导通,此时耦合电感 L_{c1} 绕组工作在储能状态,L_{c2} 绕组因 D_1 反向截止不工作。由于变压器效应以及变压器两个绕组 T_1 和 T_2 的匝比相同,流过 T_1 支路的电流(也等于流过 Q_1 的电流 i_{Q1})与流过 T_2 支路的电流(也等于流过 D_2 的电流 i_{D2} 和输出电流 i_{out})相等,A 点电压 V_A 为 $V_{bus}/2$,耦合电感两个绕组的电流和电流纹波为

$$\begin{cases} i_{Q1} = i_{D2} = i_{out} = \dfrac{i_{Lc1\_ON}}{2} \\[2mm] i_{Lc2\_ON} = 0 \\[2mm] \Delta i_{Lc1\_ON} = \dfrac{V_{BAT} - \dfrac{V_{bus}}{2}}{L_c} \times \dfrac{D_{d\_on} T_d}{2} = \dfrac{2 \times V_{BAT} - V_{bus}}{4 \times L_c} D_{d\_on} T_d \\[2mm] \Delta i_{Lc2\_ON} = 0 \end{cases} \tag{3.74}$$

式中　　D_{d_on}——放电工作状态下 Q_1 和 Q_2 的占空比之和,调节范围为 $0 \sim 100\%$;

　　　　T_d——放电状态的开关周期(μs)。

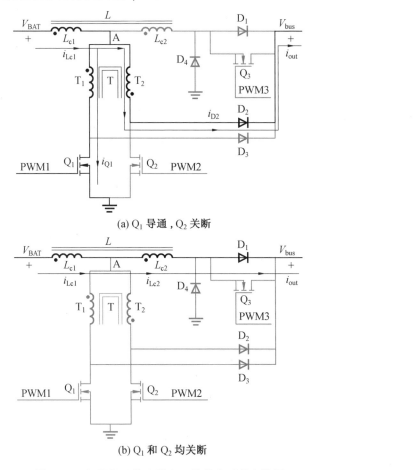

(a) Q_1 导通, Q_2 关断

(b) Q_1 和 Q_2 均关断

图 3.43　BCDR 工作在放电工作状态时的电路图

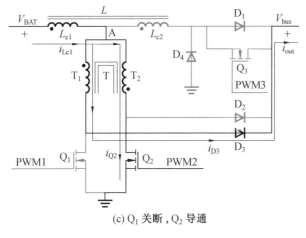

(c) Q_1 关断，Q_2 导通

续图 3.43

图 3.43(b) 所示为 Q_1 和 Q_2 均关断，D_2 和 D_3 截止，D_1 续流导通，A 点电压 V_A 为

$$V_A = \frac{V_{BAT} + V_{bus}}{2} \tag{3.75}$$

为保持电感安匝平衡及磁通平衡，耦合电感的两个绕组 L_{c1} 和 L_{c2} 均对 V_{bus} 续流放电，两个绕组的电流和电流纹波均相同。因耦合电感的两个绕组匝数相同，耦合电感 L_{c1} 支路的电流及其纹波变为 Q_1 或 Q_2 导通时的一半，所以该工况下的电流和电流纹波为

$$\begin{cases} i_{Lc1\_OFF} = i_{Lc2\_OFF} = i_{out} \\ i_{Lc1\_OFF} = \dfrac{i_{Lc1\_ON}}{2} \\ \Delta i_{Lc1\_OFF} = \Delta i_{Lc2\_OFF} = \dfrac{V_{bus} - V_{BAT}}{4 \times L_c} \times \dfrac{(1 - D_{d\_on})T_d}{2} \\ \Delta i_{Lc1\_OFF} = \dfrac{\Delta i_{Lc1\_ON}}{2} \end{cases} \tag{3.76}$$

图 3.43(c) 所示为 Q_2 导通，Q_1 关断，D_1 和 D_2 截止，D_3 续流导通，此时流过 T_2 支路的电流(也等于流过 Q_2 的电流 i_{Q2})与流过 T_1 支路的电流(也等于流过 D_3 的电流 i_{D3} 和输出电流 i_{out}) 相等，A 点电压 V_A 为

$$V_A = \frac{V_{bus}}{2} \tag{3.77}$$

耦合电感的工作状态与图 3.43(a) 所示状态相同，其电流及纹波满足式(3.74)。因 L_{c1} 和 L_{c2} 属于同一个耦合电感 L，因此耦合电感的磁通密度 B_{Lc} 同时受这两个电感支路的电流影响并处于连续状态。

由式(3.74) 和式(3.76) 可知，双向拓扑在放电工作状态下具有连续的输出电流，由式(3.76)中 $\Delta i_{\text{Lc1\_ON}}$ 和 $\Delta i_{\text{Lc1\_OFF}}$ 的关系可得

$$\frac{2 \times V_{\text{BAT}} - V_{\text{bus}}}{4 \times L_c} D_{\text{d\_on}} T_d = 2 \times \frac{V_{\text{bus}} - V_{\text{BAT}}}{4 \times L_c} \times \frac{(1 - D_{\text{d\_on}}) T_d}{2} \tag{3.78}$$

由式(3.78)可得,双向拓扑工作在放电状态的稳态电压增益为

$$V_{\text{bus}} = (1 + D_{\text{d\_on}}) V_{\text{BAT}} \tag{3.79}$$

(2) 模式 2:放电状态切换到充电状态 $[t_1, t_3]$。

从 t_1 时刻开始进入放电状态到切换到充电状态的过程中,t_1 时刻 Q_1 和 Q_2 关断,Q_3 工作在直通状态,二极管 $D_1 \sim D_4$ 和变压器 T 均不工作。耦合电感电流在 t_2 时刻由放电电流 I_D 续流到 0,之后继续反向充电储能,在 t_3 时刻达到充电电流设定值 I_C,之后 Q_3 受闭环控制工作在 PWM 状态,维持充电电流恒定在 I_C。该过程的电路结构图如图 3.44(a)所示,图中耦合电感的电流流向存在正反向交替过程。基于电感耦合效应,A 点电压 V_A 如式(3.75)所示。t_1—t_3 这段时间为耦合电感电流由放电电流 I_D 转变为充电电流 I_C 的切换时间 t_{D-C},该值满足

$$t_{D-C} = \frac{I_C + I_D}{V_{\text{bus}} - V_{\text{BAT}}} \times 4 \times L_c \tag{3.80}$$

(3) 模式 3:充电工作状态 $[t_3, t_4]$。

在 t_3 时刻之后,Q_3 工作在 PWM 状态,二极管 D_4 工作在截止或续流导通状态,Q_1、Q_2、$D_1 \sim D_3$ 和变压器 T 均不工作。图 3.44 为 BCDR 工作在充电工作状态下的电路图。图 3.44(a)所示为当 Q_3 导通时,D_4 截止,V_A 如式(3.75)所示,耦合电感 L 处于储能工作状态;图 3.44(b)所示为当 Q_3 关断时,D_4 续流导通,V_A 为

$$V_A = \frac{V_{\text{bus}}}{2} \tag{3.81}$$

此时耦合电感 L 处于续流工作状态。在 $[t_3, t_4]$ 时间内,耦合电感的两个绕组合为一个电感进行工作,该电感的电感量为 $4L_c$,其电流纹波为

$$\begin{cases} \Delta i_L = \Delta i_{\text{Lc2}} = \Delta i_{\text{Lc1}} = \dfrac{V_{\text{bus}} - V_{\text{BAT}}}{4 \times L_c} D_{\text{c\_on}} T_c, & Q_3 \text{导通} \\[3mm] \Delta i_L = \Delta i_{\text{Lc2}} = \Delta i_{\text{Lc1}} = \dfrac{V_{\text{BAT}}}{4 \times L_c} (1 - D_{\text{c\_on}}) T_c, & Q_3 \text{关断} \end{cases} \tag{3.82}$$

式中 $D_{\text{c\_on}}$——BCDR 工作在充电工作状态下 Q_3 的占空比,调节范围 $0\% \sim 100\%$;

T_c——Q_3 的 PWM 开关周期(μs)。

基于伏秒平衡,耦合电感的电流纹波在 Q_3 导通和关断时相同,因而基于式(3.82)可得双向拓扑工作在充电状态的稳态电压增益为

$$V_{\text{BAT}} = D_{\text{c\_on}} V_{\text{bus}} \tag{3.83}$$

(4) 模式 4:充电状态切换到放电状态 $[t_4, t_6]$。

从 t_4—t_6 这段时间为从充电状态切换到放电状态的过程,t_4 时刻 Q_3 立即关断,D_4 续流导通,直到 t_5 时刻耦合电感续流到电流为零,在此期间开关管 Q_1、Q_2,二极管

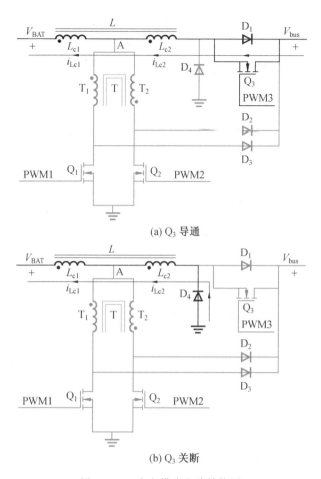

(a) Q₃ 导通

(b) Q₃ 关断

图 3.44　充电模式电路结构图

$D_1 \sim D_3$ 和变压器 T 均不工作(如果在此续流导通期间,Q_1 和 Q_2 工作在 PWM 状态,则相当于将绕组 L_{c2} 短路,耦合电感的储能消耗在自身的铜损上,在高频充放电切换下耦合电感将产生非常大的热耗)。从 t_5 时刻开始,Q_1 和 Q_2 立即工作在最大占空比状态下,忽略 Q_1 和 Q_2 工作在 PWM 状态的占空比之间的死区,则两个开关管轮流给耦合电感 L_{c1} 支路进行充电,直到 t_6 时刻该支路电流达到两倍的放电电流值 $2I_D$。为画图简洁,图 3.42 中在 t_4—t_6 期间仅画了一个周期用作参考。t_6 时刻之后,Q_1 和 Q_2 受闭环控制工作在 PWM 调节状态,维持放电电流恒定在 I_D。t_4—t_6 这段时间为耦合电感电流由充电电流 I_C 转变为放电电流 I_D 的切换时间 t_{C-D},该值满足

$$t_{C-D} = \frac{I_C}{V_{BAT}} \times 4 \times L_c + \frac{2 \times I_D}{V_{BAT} - \frac{V_{bus}}{2}} \times L_c \tag{3.84}$$

因耦合电感在充电状态和放电状态下均是共用的,且耦合电感的电流不能瞬间变

化,所以无论是充电过程切换到放电过程还是放电过程切换到充电过程,双向变换器在控制上均设计为对 $Q_1 \sim Q_3$ 进行开关控制,从而对耦合电感施加反向电压以使耦合电感的电流快速反向续流到零,再正向储能充电到设定值,之后 Q_1、Q_2 或 Q_3 再受闭环控制工作在 PWM 状态以稳定耦合电感电流工作在设定值。 从式(3.80)和式(3.84)可以看出:耦合电感的电感量 L_c、充电电流值 I_C、放电电流值 I_D、电池电压 V_{BAT} 和母线电压 V_{bus} 共同决定了充放电间的切换频率,最大切换频率 f_k 为

$$f_k = \frac{1}{t_{D-C} + t_{C-D}} = \frac{1}{\dfrac{I_C + I_D}{V_{bus} - V_{BAT}} \times 4 \times L_c + \dfrac{I_C}{V_{BAT}} \times 4 \times L_c + \dfrac{2 \times I_D}{V_{BAT} - \dfrac{V_{bus}}{2}} \times L_c}$$

$$= \frac{1}{\dfrac{I_C + I_D}{V_{bus} - V_{BAT}} + \dfrac{I_C}{V_{BAT}} + \dfrac{I_D}{2 \times V_{BAT} - V_{bus}}} \times \frac{1}{4 \times L_c} \tag{3.85}$$

从式(3.85)可以直接看出,在 V_{BAT} 和 V_{bus} 恒定的情况下,f_k 随着 I_C、I_D 和 L_c 的减小而增大,在 I_C、I_D、V_{BAT} 和 V_{bus} 确定的情况下,f_k 仅由 L_c 决定。 图 3.45 为 f_k 随 V_{BAT} 在 $55 \sim 95$ V 范围变化的曲线图,其中参数按表 3.7 设定: $I_C = 3$ A,$I_D = 15$ A,$V_{bus} = 100$ V,L_c 分别取 $30~\mu H$、$50~\mu H$、$80~\mu H$、$110~\mu H$、$140~\mu H$、$170~\mu H$。 从图 3.45 可见,f_k 随 V_{BAT} 的增大先增大后减小,在 $V_{BAT} = 69.8$ V 时 f_k 值最大;在 V_{BAT} 恒定的情况下,f_k 随 L_c 的增大迅速减小。

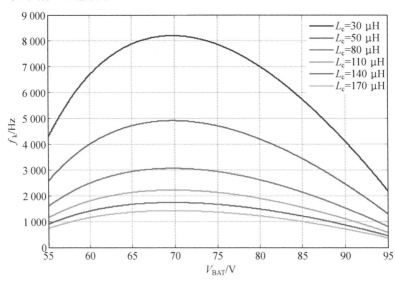

图 3.45　f_k 随 V_{BAT} 变化的曲线图

在上述分析双向拓扑的工作原理过程中,变压器和耦合电感均被当成理想器件进行分析,因此在设计耦合电感和变压器时,二者的漏感需要做到尽可能小。 耦合电感

的绕组电感量 L_{c} 决定了充放电过程中的电流纹波大小和双向切换频率,因此设计耦合电感时需依据技术指标要求和式(3.74)、式(3.76)、式(3.82)、式(3.85)来进行。

3. 双向拓扑的小信号模型

从上节的工作状态(模式 $1\sim4$)分析可以看出,耦合电感的电流 I_{L} 直接反映了双向拓扑的电流流向,通过对 I_{L} 的采样与闭环控制即可实现对双向变换器能量双向流动的控制。Weinberg $-$ Buck 双向拓扑工作在放电状态时的等效拓扑为 Weinberg,Weinberg 拓扑的小信号模型为二阶小信号模型;Weinberg $-$ Buck 双向拓扑工作在充电状态时的拓扑等效为 Buck,Buck 拓扑的小信号模型与 Weinberg 拓扑相似,也为二阶小信号模型。假定 T 为理想的变压器,该双向拓扑中用于放电的拓扑结构中的电感电流与占空比的传递函数 $G_{\mathrm{D}}(s)$ 和用于充电的拓扑结构中的电感电流与占空比的传递函数 $G_{\mathrm{C}}(s)$ 为

$$
\begin{cases}
G_{\mathrm{D}}(s) = \dfrac{\hat{i}_{\mathrm{L}}(s)}{\hat{d}_{\mathrm{d\_on}}(s)}\Bigg|_{\hat{v}_{\mathrm{BAT}}(s)=0} = \dfrac{\left(s \times C_{\mathrm{bus}} + \dfrac{1}{R_{\mathrm{D}}}\right)V_{\mathrm{BAT}}}{1 + s \times \dfrac{L}{R_{\mathrm{D}}} + s^2 \times LC_{\mathrm{bus}}} \\[4ex]
G_{\mathrm{C}}(s) = \dfrac{\hat{i}_{\mathrm{L}}(s)}{\hat{d}_{\mathrm{c\_on}}(s)}\Bigg|_{\hat{v}_{\mathrm{bus}}(s)=0} = \dfrac{\left(s \times C_{\mathrm{BAT}} + \dfrac{1}{R_{\mathrm{C}}}\right)V_{\mathrm{bus}}}{1 + s \times \dfrac{L}{R_{\mathrm{C}}} + s^2 \times LC_{\mathrm{BAT}}}
\end{cases}
\tag{3.86}
$$

式中　　R_{D}——放电时的输出等效电阻(Ω);

$\qquad R_{\mathrm{C}}$——充电时的输出等效电阻(Ω);

$\qquad C_{\mathrm{bus}}$——母线电容($\mu\mathrm{F}$);

$\qquad C_{\mathrm{BAT}}$——电池侧输出等效电容($\mu\mathrm{F}$)。

从式(3.86)可以看出,双向拓扑在两个方向上具有完全一致的小信号模型,均为二阶模型,且均不存在影响闭环稳定性的右半平面零点或极点。因此,对于基于该双向拓扑的双向变换器,正反向功率变换下的闭环控制均能方便地适用于跨导模式控制下的多模块并联控制,并且该双向变换器在进行高频双向能量切换时,模块级的内环闭环控制和并联系统级的外环闭环控制也更易稳定。

在宇航应用中,考虑到可选用的宇航级电子元器件,闭环控制及结构上的设计简单能提高可靠性,本双向拓扑未考虑增加同步整流技术、软开关技术来提高效率。综上所述,可得以下结论:

① 基于该双向拓扑设计的 BCDR,相比传统应用在 PCU 中的单独 BCR 和 BDR,功率密度显著提高;充放电过程共用同一个耦合电感,在域控制上不需要设置死区,提高了跨域模式下 V_{bus} 的动态响应,充电和放电功率变换时不会产生环流,因此更适用于高频双向功率切换的场合。

② 相比传统的 Buck $-$ Boost 型双向 DC/DC 拓扑,本章提出的双向拓扑在充电和

放电两个方向均为二阶拓扑结构,具有控制简单、易于并联、稳定性高等特点,且不需要增加严格的死区限制来防止开关管之间的直通,有助于提高双向功率切换频率。

3.3.2 高频双向功率切换控制策略研究

基于 Weinberg—Buck 双向拓扑的双向变换器作为 BCDR 模块应用在 PCPU 中时,其控制策略主要体现在两个方面:双向变换控制和电池控制管理,其中双向变换控制将 BCDR 设计为电压控制电流源(voltage controlled current source,VCCS),其在电池控制管理单元(BCM)产生的外部控制信号的控制下驱动 BCDR 的能量双向流动且可以满足高频双向流动的能力;BCM 控制电池的充放电并对 MEA 输出的误差信号进行响应来稳定 V_{bus}。下面将从相同跨导系数双向电流采样设计、双向闭环控制设计、高频充放电切换逻辑锁定电路设计 3 个方面来对 BCDR 的控制电路进行说明。

1. 相同跨导系数双向电流采样设计

图 3.46 所示为 BCDR 控制电路结构图。为便于多模块的并联以扩展功率,BCDR 被设计成 VCCS,并且所有并联 BCDR 模块的电流大小及流向统一由 BCM 产生的控制信号 $V_{control}$ 来控制。

BCDR 的充电电流(值为 I_C)与放电电流(值为 I_D)的方向相反,耦合电感电流的流向能够直接反映 BCDR 的电流流向,因此通过对 I_L 采样电路的设计可同时实现对充电电流和放电电流的采样。在图 3.46 中,采用两个阻值均为 R_s 的采样电阻 R_{S1} 和 R_{S2} 来对流过耦合电感的电流进行采样,其中 R_{S1} 与耦合电感的 L_{c1} 支路串联,R_{S2} 与耦合电感的 L_{c2} 支路串联,R_{S1} 和 R_{S2} 中间点连接到变压器 T 的中间抽头端。若 BCDR 工作在放电状态,当 Q_1 或 Q_2 导通时,流过 R_{S1} 的电流等于两倍放电电流($2I_D$),流过 R_{S2} 的电流为零;当 Q_1 和 Q_2 均关闭时,流过两个采样电阻的电流相同且均等于放电电流值 I_D。若 BCDR 工作在充电状态,流过两个采样电阻的电流均为充电电流 I_C。通过双向电流镜对流过两个采样电阻的电流进行采样,双向电流对应的采样电压值 V_s 满足

$$\begin{cases} V_{s\_D}=D_{d\_on}R_sk\times 2\times(-I_D)+(1-D_{d\_on})\times 2\times R_sk(-I_D)+V_{level} \\ \qquad =V_{level}-K_I\times I_D \\ V_{s\_C}=V_{level}+K_I\times I_C \\ K_I=2\times R_sk \end{cases} \tag{3.87}$$

式中 K_I——电流采样系数;

           k——电流镜比例系数;

           V_{s_D}——放电电流的采样电压数值(V);

           V_{s_C}——充电电流的采样电压数值(V);

           V_{level}——采样电压抬升基准值(V)。

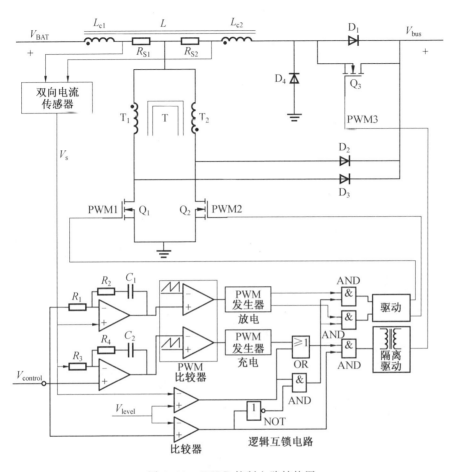

图 3.46　BCDR 控制电路结构图

以充电电流方向为正方向,则放电电流方向为负方向。式(3.87) 中,V_{level} 用于对充放电电流的采样电压数值进行抬升,以确保最大放电电流情况下 V_{s_D} 为正值。由式 (3.87) 可知,采用图 3.46 所示的采样电阻布局方式,BCDR 的充电电流和放电电流具有同样的采样比率 K_1,在闭环控制时将该电流采样信号 $V_s(V_{s\_D}$ 和 $V_{s\_C})$ 接入到内环闭环控制电路的 PID 控制器的输入端,在同样信号 $V_{control}$ 的控制下,BCDR 在充放电情况下具有相同的跨导系数。

2. 双向闭环控制设计

通过采样电阻的配置,压控电流源的电压控制信号 $V_{control}$ 和充放电过程中的电流采样信号 V_s 严格对应。图 3.47 所示为 PCPU 中 MEA 域控制信号分布图,V_{MEA} 信号与 $V_{control}$ 严格对应(详见 3.3.3 节电池控制管理单元研究)。控制信号 $V_{control}$ 以 V_{level} 为分界,当 $V_{control} < V_{level}$ 时,BCDR 在 MEA 的控制下工作在放电状态,且 $V_{control}$ 值越小,

放电电流越大,直到 $V_{\text{control}} \leqslant V_{\text{C\_min}}$ 时,放电电流限流在 $I_{\text{D\_limit}}$;当 $V_{\text{control}} > V_{\text{level}}$ 时, BCDR 在 MEA 的控制下工作在充电状态,且 V_{level} 值越大,充电电流越大,直到 $V_{\text{level}} \geqslant V_{\text{C\_limit}}$ 时,充电电流限流在 $I_{\text{C\_limit}}$;当 $V_{\text{control}} > V_{\text{sr}}$ 时,PCPU 中的 HVC_SR 模块在工作,BCDR 在 BCM 的作用下处于恒流充电、恒压充电或不工作状态。

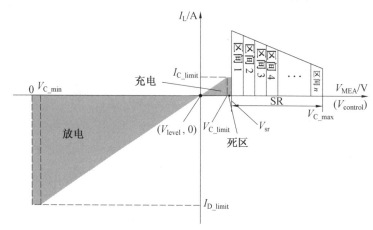

图 3.47　PCPU 中 MEA 域控制信号分布图

由式(3.86)可知,本章提出的双向变换器在充放电两个方向均具有相同形式的二阶小信号模型,但应用在 BCDR 中的 V_{BAT}、V_{bus}、C_{bus}、C_{BAT}、R_{D}、R_{C} 等参数不一致,因此,为使 BCDR 达到最佳的稳定性及动态响应特性,图 3.46 采用了两个独立的二型 PID 控制器分别对充电电流和放电电流进行闭环调节。放电状态的 PID 控制器输出的误差信号经过 PWM 比较器与三角波比较,其比较信号再由 PWM 发生器产生相移 $180°$ 的 PWM1 和 PWM2,其分别经过驱动器来驱动 Q_1 和 Q_2。同理,充电状态下闭环控制电路产生占空比可以在 $0 \sim 100\%$ 之间变化的 PWM3,其经隔离驱动器来驱动 Q_3。

图 3.48 所示为 BCDR 作为 VCCS 的闭环控制框图,$F_{\text{pid\_d}}$ 和 $F_{\text{pid\_c}}$ 分别为充电和放电状态的闭环二型网络补偿器的传递函数,F_{g} 是三角波比例系数。为保证 BCDR 工作在双向工作状态时具有足够大带宽的内环闭环环路,充电和放电状态的闭环控制器的 PID 参数及拓扑参数均各自独立设计。

放电和充电状态下的两个闭环环路的开环传递函数为

$$\begin{cases} G_{\text{discharging}}(s) = K_1 F_{\text{pid\_d}} F_{\text{g}} G_{\text{D}}(s) \\ G_{\text{charging}}(s) = K_1 F_{\text{pid\_c}} F_{\text{g}} G_{\text{C}}(s) \end{cases} \tag{3.88}$$

BCDR 作为 VCCS 的传递函数关系式为

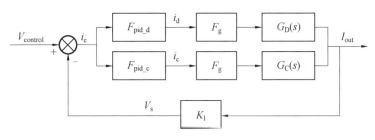

图 3.48　BCDR 作为 VCCS 的闭环控制框图

$$\begin{cases} G_{\text{M\_D}}(s) = -\left.\dfrac{\hat{i}_{\text{out}}(s)}{V_{\text{control}}(s)}\right|_{\hat{v}_{\text{BAT}}(s)=0} = -\dfrac{F_{\text{pid\_d}}F_{\text{g}}G_{\text{D}}(s)}{1-K_1 F_{\text{pid\_d}}F_{\text{g}}G_{\text{D}}(s)} \\[3mm] \qquad\quad \approx \dfrac{1}{K_1}, \qquad |G_{\text{discharging}}(s)| \gg 1 \\[6mm] G_{\text{M\_C}}(s) = -\left.\dfrac{\hat{i}_{\text{out}}(s)}{V_{\text{control}}(s)}\right|_{\hat{v}_{\text{bus}}(s)=0} = -\dfrac{F_{\text{pid\_c}}F_{\text{g}}G_{\text{C}}(s)}{1-K_1 F_{\text{pid\_c}}F_{\text{g}}G_{\text{C}}(s)} \\[3mm] \qquad\quad \approx \dfrac{1}{K_1}, \qquad |G_{\text{charging}}(s)| \gg 1 \end{cases} \tag{3.89}$$

从式(3.89)可以看出,$|G_{\text{discharging}}(s)|$ 和 $|G_{\text{charging}}(s)|$ 越大,即 BCDR 的内部电流闭环环路的带宽越高,BCDR 越接近于理想的 VCCS,其反映到外部 MEA 电压闭环环路中的跨导系数越接近于理想的跨导系数,且充电和放电工作状态的跨导系数越趋于相同。在该闭环控制方式下,BCDR 可以作为连续的双向 VCCS 应用在 PCPU 中,对应图 3.47 所示的 MEA 域控制上的充电域和放电域之间是连续的,因而避免了以往独立的 BCR 和 BDR 模块需要设置域死区的情况,从而提高了 V_{bus} 在跨域情况下的动态响应。

3. 高频充放电切换逻辑锁定电路设计

BCM 的输出信号 V_{control} 直接反映 MEA 对 V_{bus} 电压的监测,因此 V_{control} 随 V_{bus} 能量需求的变化而迅速变化,并对 BCDR 的充放电电流做出控制调节。BCDR 的内环闭环 PID 控制器需同时对 V_{control} 和 V_{s} 进行响应和闭环调节,最终反映到对三个开关管 $(Q_1 \sim Q_3)$ PWM 占空比的调节上有很大的延迟,因此该占空比对 V_{control} 不能快速响应使得高频双向切换的频率不易提高。结合前面对模式 2 和模式 4 工作模式的分析,切换频率的提高需要设计单独的高频充放电切换逻辑锁定电路来实现,该电路应满足如下逻辑关系:

(1) 放电状态切换到充电状态时,Q_1 和 Q_2 均立即关闭,Q_3 立即导通直到耦合电感电流反向储能充到 I_{c},之后 Q_3 在充电闭环电路的调节下工作在占空比为 $D_{\text{c\_on}}$ 的 PWM 状态。

(2) 充电状态切换到放电状态时,Q_3 立即关闭,Q_1 和 Q_2 维持关闭状态直到耦合

电感电流 I_L 续流到零,此时 Q_1 和 Q_2 立即工作在最大占空比的 PWM 状态,直到耦合电感反向储能充电到 I_D,之后 Q_1 和 Q_2 在放电闭环电路的调节下工作在占空比为 D_{d_on} 的 PWM 状态。

表 3.8 所示的锁定电路逻辑功能表可实现上述两种工况下的逻辑锁定关系,通过 $V_{control}$ 和 V_s 与 V_{level} 进行比较(表中比较部分为列与行进行比较,例如 $V_{control} > V_{level}$),在充放电切换瞬间逻辑锁定电路对 $Q_1 \sim Q_3$ 的导通和关断进行控制,以确保在最短时间内将耦合电感快速续流到零并反向充电到设定值,在此瞬态过程中,内环 PID 控制器的输出虽变化但对 PWM 调节不起作用。

表 3.8 锁定电路逻辑功能表

工作时区		$V_{control}$	V_s	放电 PID 输出	充电 PID 输出	Q_1, Q_2	Q_3
t_0—t_1	V_{level}	$<$	$<$	闭环调节	工作但不调节	D_{d_on}	关断
t_1—t_2	V_{level}	$>$	$<$	↓	↑	关断	导通
t_2—t_3	V_{level}	$>$	$>$	低电平	高电平	关断	导通
t_3—t_4	V_{level}	$>$	$>$	工作但不调节	闭环调节	关断	D_{c_on}
t_4—t_5	V_{level}	$<$	$>$	↑	↓	关断	关断
t_5—t_6	V_{level}	$<$	$<$	高电平	低电平	D_{d_max}	关断
$t_6 \rightarrow$	V_{level}	$>$	$>$	闭环调节	工作但不调节	D_{d_on}	关断

表 3.8 的逻辑功能通过图 3.46 中所示的逻辑锁定电路来实现,结合图 3.42 中的时序波形对该逻辑锁定电路进行分析:

t_0—t_1:放电工作状态的 PID 处于闭环调节过程中,Q_1 和 Q_2 以占空比 D_{d_on} 工作在 PWM 状态,Q_3 因 $V_{control} < V_{level}$ 的逻辑关系被锁定关断。

t_1—t_2:放电状态切换到充电状态瞬间,外环控制信号 $V_{control}$ 迅速增大达到 $V_{control} > V_{level}$,耦合电感电流 I_L 不能迅速变化使得 $V_s < V_{level}$,逻辑锁定电路瞬间将 Q_1 和 Q_2 置于关断状态,Q_3 置于导通状态,放电闭环控制对应的 PID 输出电压降低,充电闭环控制对应的 PID 输出电压升高。

t_2—t_3:充电工作状态的 PID 控制器输出电压为高电平,该 PID 的输出将 Q_3 置于导通状态,$V_{control} > V_{level}$ 的比较输出将 Q_1 和 Q_2 继续置于关断状态。

t_3—t_4:充电工作状态的 PID 控制器处于闭环调节过程中,Q_3 以占空比 D_{c_on} 工作在 PWM 状态,$V_{control} > V_{level}$ 的比较输出将 Q_1 和 Q_2 继续置于关断状态。

t_4—t_5:充电状态切换到放电状态瞬间,$V_{control}$ 迅速变化使得 $V_{control} < V_{level}$,从而将 Q_3 立即置于关断状态,而 $V_s > V_{level}$ 的输出及对应的逻辑锁定电路将 Q_1 和 Q_2 继续置于关断状态,放电闭环控制对应的 PID 输出电压升高,充电闭环控制对应的 PID 输出电压降低。

t_5—t_6:在 t_5 时刻,耦合电感电流 I_L 已经续流到零,使得 $V_s < V_{level}$ 解除锁定,放电

工作状态的 PID 控制器输出为高电平,该 PID 的输出将 Q_1 和 Q_2 置于以最大占空比 D_{d_max} 工作的 PWM 状态,$V_{control} < V_{level}$ 的比较输出将 Q_3 继续置于关断状态。

$t_6 \rightarrow$:与 t_0—t_1 工作状态相同。

3.3.3　电池控制管理单元研究

MEA 的输出信号 V_{MEA} 经跨导匹配电路后控制 BCDR 的电流流向与大小来稳定 V_{bus},因而 BCDR 的环路特性直接决定了 V_{bus} 的稳定性及动态响应。同时,BCDR 的另一个主要功能是在 V_{bus} 和电池组之间进行功率变换来实现卫星电源系统的能量平衡,即在太阳能电池阵列能量充足期间为电池组进行充电,在太阳能电池阵列能量不足或卫星处于地影区时电池组对 V_{bus} 进行放电,因此 BCDR 具备如下 4 种功能:

(1)在 MEA 的控制下工作在放电状态稳定 V_{bus}。

(2)在 MEA 的控制下工作在充电状态稳定 V_{bus}。

(3)在 I_{bat_set} 的控制下工作在恒流充电状态,此时 MEA 工作在 SR 域。

(4)在恒压闭环的控制下工作在恒压充电状态,恒压充电值由 V_{bat_set} 设定,此时 MEA 工作在 SR 域。

为同时实现上述 4 种功能,设计了如图 3.49 所示三冗余电池控制管理单元来对 BCDR 的电流流向及大小进行控制。MEA 对 V_{bus} 进行采样并由 PID 控制器闭环调节输出误差信号 V_{MEA},该信号经跨导匹配电路后得到误差信号 M_{er};恒流充电设定基准信号 I_{bat_set} 经跟随电路、加法电路抬升 V_{level} 后得到误差信号 I_{er};恒压充电控制电路对 V_{BAT} 进行采样,采样的 V_{BAT} 与恒压充电设定基准信号 V_{bat_set} 经闭环控制后输出误差信号 V_{er}。这 3 个误差信号(M_{er}、I_{er}、V_{er})通过取小电路及三取二选择器电路后,得到对 BCDR 并联模块组的统一控制信号 $V_{control}$。三取二选择器电路主要是提高控制器的可靠性,保证 BCDR 在任一器件发生故障时仍能正确输出。在图 3.49 中,$V_{control}$ 作为反馈信号被引入到取小电路中,以避免恒流充电信号 I_{bat_set} 经过三取二选择器电路后产生精度偏差。

从图 3.49 可以看出,MEA 控制信号、恒压充电控制信号和恒流充电控制信号各自独立,$V_{control}$ 为 BCDR 正常工作时上述 3 个误差信号(M_{er}、I_{er}、V_{er})的最小值,且 BCM 可以实现 3 种控制方式(MEA 控制、恒流充电控制、恒压充电控制)之间非常平滑的过渡。参与并联的 N 个 BCDR 子模块均被设计成具有相同跨导系数的 VCCS,因此对于相同的电压控制信号 $V_{control}$,各并联子模块的输出电流均相同,从而实现了所有并联工作的 BCDR 模块的自动均流,进而实现了各并联子模块在 MEA 控制、恒流充电控制、恒压充电控制下的自动均流。

图 3.50 所示为 N 个 BCDR 模块并联工作示意图,并联的 BCDR 模块 V_{BAT} 端汇总在一起后再接到电池,V_{bus} 端汇总在一起后再接到一次功率母线,BCM 的 $V_{control}$ 输出连接到所有 BCDR 模块的控制信号端,这样所有的 BCDR 模块间具备相互备份冗余功

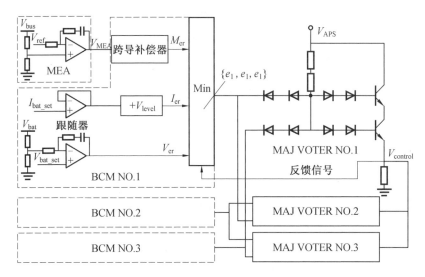

图 3.49 三冗余电池控制管理单元结构图

能,即某个 BCDR 模块发生故障后,这个模块会自动退出并联工作。当 BCM 处于 MEA 控制或恒压充电控制时,两个闭环均会自动调节 $V_{control}$ 的输出来增大其他正常工作的 BCDR 模块的输出电流以弥补故障模块的功率损失;当 BCM 处于恒流充电控制时,控制器通过调节 I_{bat_set} 来调节 $V_{control}$ 的输出以保证总的充电电流维持恒定。

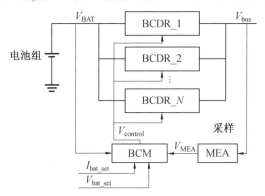

图 3.50 N 个 BCDR 模块并联工作示意图

3.3.4 高频切换实验验证

基于本章所提出的 Weinberg—Buck 双向拓扑及对应的控制方式,以及表 3.7 所示 PCPU 中 BCDR 的指标需求,本节研制了 14 个 BCDR 样机,图 3.51 所示为单个 BCDR 的原理性验证照片,表 3.9 所示为 BCDR 样机拓扑参数。该 BCDR 模块组与已有的 10 路分流调节器、MEA 等组成了一条 V_{bus},本节基于该 V_{bus} 测试了 BCDR 的相关电特性。测试仪器为:采用美国 Keysight 公司的太阳能电池阵列模拟器(型号为

E4360 和 E4362A）模拟所需的太阳能电池阵列单元的电特性，美国 Keysight 公司的蓄电池模拟器组（型号为 N7976A 和 N7909A）模拟蓄电池组的电特性，日本 NF 公司的环路分析仪（型号为 FRA5097）测试 V_{bus} 的环路特性及输出阻抗，德国 Itech 公司的电子负载（型号为 IT8834S）模拟阶跃负载特性。

图 3.51　　基于 Weinberg—Buck 双向拓扑的 BCDR 原理性验证照片

表 3.9　　BCDR 样机拓扑参数

参数描述	参数	参数值 / 型号
开关频率 /kHz	f_d	100
	f_c	120
功率 MOSFET	Q_1,Q_2	IRFP4768
	Q_3	IRF640
功率二极管	D_1,D_2,D_3	60APU02
	D_4	MUR2020
主变压器	T_1	Ferroxcube TX51/32/19 — 3C95 $n_1:n_2=8:8$
耦合电感	L（由 L_{c1},L_{c2} 组成）	Magnetics,58438 High Flux — 125 $L_{c1}=81\ \mu\mathrm{H},L_{c2}=81\ \mu\mathrm{H}$
采样电阻值 /mΩ	R_{S1},R_{S2}	5

图 3.52 显示了 BCDR 模块分别工作在充电状态和放电状态下的稳态工作波形的测试结果，其测试条件为：$V_{BAT}=75\ \mathrm{V}$，$V_{bus}=100\ \mathrm{V}$，$I_D=10\ \mathrm{A}$，$I_C=3\ \mathrm{A}$。图 3.52（a）所示为放电状态下 Q_1、Q_2 的 PWM 波形，耦合电感 L_{c1} 绕组、L_{c2} 绕组的电流波形，放电输出电流 i_{out} 的波形。从图 3.52（a）可以看出 L_{c1} 绕组工作在 10 A 和 20 A 的电流交替

变化状态,L_{c2} 绕组工作在 0 A 和 10 A 的电流交替变化状态,i_{out} 的平均值为 10 A,Q_1 或 Q_2 关断时均有一个峰值约为 18.9 A 的电流尖峰,该电流尖峰因耦合电感 L 的漏感在 Q_1 或 Q_2 关断时继续通过变压器 T 向 V_{bus} 续流而产生。图 3.52(b) 所示为充电状态下 Q_3 的 PWM 波形,耦合电感 L_{c1} 绕组、L_{c2} 绕组的电流波形。从图 3.52(b) 可以看出两个绕组具有相同的电流波形,平均值为 3 A,电流纹波峰峰值为 0.6 A。充放电状态下的稳态测试结果验证了图 3.42 中的理论工作波形。

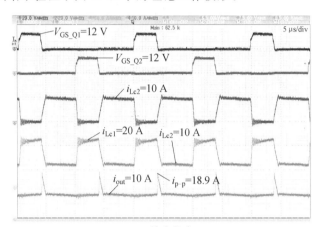

(a) 放电状态

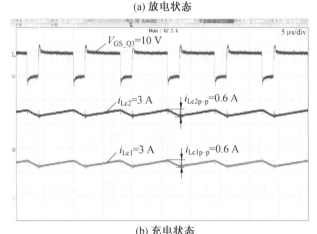

(b) 充电状态

图 3.52　BCDR 稳态充放电工作波形图

　　图 3.53 显示了与上述相同测试条件下 BCDR 模块双向切换时的波形测试结果,其中 BCDR 模块以 100 Hz 的频率在 $I_D = 10$ A 与 $I_C = 3$ A 之间进行双向切换。图 3.53 所示波形图包括 BCDR 模块在 100 Hz 双向切换频率情况下开关管 Q_1(Q_2 与其互补,未放置测试探头) 和 Q_3 的 PWM 波形、耦合电感支路 L_{c1} 和 L_{c2} 的电流波形图。从图 3.53 可以看出,Q_1(Q_2) 与 Q_3 的 PWM 波之间没有重合交叠;BCDR 由充电状态切换

到放电状态的时间 $t_{\text{C-D}} < 0.1$ ms，符合由式（3.84）计算的理论值 0.078 ms；BCDR 由放电状态切换到充电状态的时间 $t_{\text{D-C}} < 0.2$ ms，符合由式（3.80）计算的理论值 0.168 ms；充电过程中，充电电流经闭环动态调节达到稳态值 3 A；放电过程中，i_{Lc1} 的超调电流达到 40 A，i_{Lc2} 的超调电流达到 20 A，在 BCDR 切换到充电状态前，放电电流经闭环动态调节到接近稳态值 10 A。

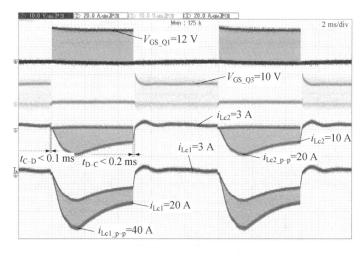

图 3.53　BCDR 模块双向切换时的 PWM 波形图和耦合电感电流波形图

图 3.54 所示为 14 个 BCDR 模块并联工作时 V_{bus} 的环路特性测试曲线，其中测试条件为：两个蓄电池组，每组电池电压 75 V，每 7 个 BCDR 模块对一个电池组进行充放电调节，频率扫描范围为 0.1～50 kHz；充电状态下设置太阳能电池阵列单元对 V_{bus} 分流调节的总输出电流为 50 A，负载电流 20 A，即从母线吸取用于 BCDR 充电的总电流为 30 A，MEA 工作在图 3.47 所示的充电域；放电状态下设置太阳能电池阵列单元对 V_{bus} 分流调节的总输出电流为零，负载电流 100 A，折算到每个 BCDR 模块的放电电流为 7.14 A，MEA 工作在图 3.47 所示的放电域。图 3.54(a) 为 14 个 BCDR 模块工作在充电状态时 V_{bus} 的环路特性测试曲线，由图 3.54(a) 可以看出环路带宽 4.64 kHz，相位裕度 69.4°，增益裕度 −16.9 dB。图 3.54(b) 所示为 14 个 BCDR 模块工作在放电状态下 V_{bus} 的环路特性测试曲线，由图 3.54(b) 可以看出环路带宽 4.98 kHz，相位裕度 70.2°，增益裕度 −16.1 dB。

输出阻抗是评判 PCU 一次功率母线阶跃响应性能最有效的指标，其直接反应一次功率母线带阶跃性负载情况下 V_{bus} 电压纹波的变化范围。图 3.55 所示为同等测试条件下 V_{bus} 的输出阻抗测试曲线，由图可见充电状态和放电状态下 V_{bus} 的最大输出阻抗分别为 15.9 mΩ 和 13.9 mΩ。

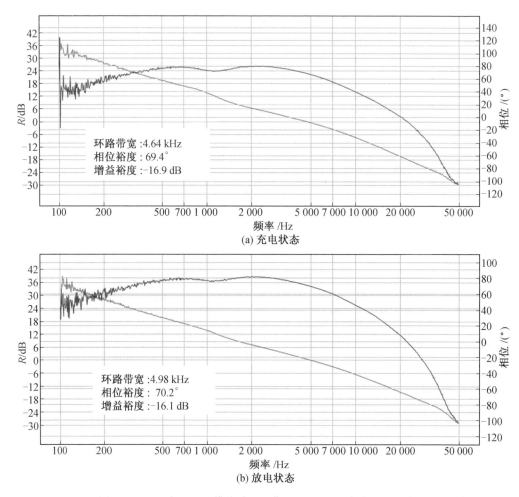

图 3.54　14 个 BCDR 模块并联工作时 V_{bus} 的环路特性测试曲线

　　上述环路曲线测试结果表明,BCDR 并联模块组无论工作在放电状态还是充电状态,V_{bus} 均具有稳定的环路特性,且两种工作状态下的环路特性均秉承了二阶拓扑结构的优点:具有光滑的频率曲线,不存在右半平面零点或极点。输出阻抗测试结果表明:在不超过 50 kHz 的频率范围内,V_{bus} 具有非常小的输出阻抗,可满足负载阶跃响应。

　　在卫星由阳光区进入地影区或由地影区进入阳光区时,太阳能电池阵列的能量不足以供给负载功率需求,此时处于分流调节状态的太阳能电池阵列单元和工作在放电状态的 BCDR 模块组同时为 V_{bus} 供电。对于某些阶跃性能量需求的负载,例如 TDMA、SAR 等载荷,会使 BCDR 为调节 V_{bus} 能量平衡而同时在充电和放电状态间反复切换,即 V_{bus} 工作在跨域暂态过程,此时 BCDR 的充放电双向切换频率直接决定了

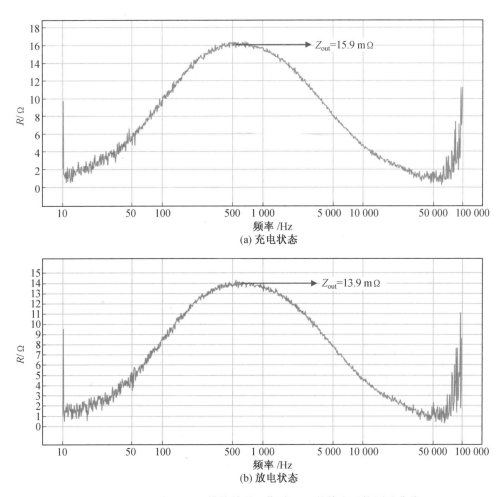

图 3.55　14 个 BCDR 模块并联工作时 V_{bus} 的输出阻抗测试曲线

负载所能提供的阶跃性载荷的工作频率。图 3.56 显示了模拟阶跃性载荷工作频率分别为 100 Hz、500 Hz、1 kHz 时跨域暂态测试波形图,其中测试方法为:配置 10 路分流调节模块,每路对应太阳能电池阵列模拟器输出电流设置为 5 A;电池电压设置为 75 V;电子负载电流 I_{load} 分别以 100 Hz、500 Hz、1 kHz 的频率在 25 ～ 125 A 之间进行切换。切换过程中,当 I_{load} 为 25 A 时,MEA 工作在充电域来稳定 V_{bus},BCDR 模块组工作在充电模式并从 V_{bus} 吸取 25 A 的电流;当 I_{load} 为 125 A 时,MEA 工作在放电域来稳定 V_{bus},BCDR 模块组工作在放电模式,对 V_{bus} 的放电电流为 75 A。从图 3.56 可以看出,I_{load} 从 25 A 切换到 125 A 时,BCDR 模块组由充电状态迅速切换到放电状态,V_{bus} 电压纹波下陷峰峰值在 100 Hz 切换频率下为 0.75 V,超过 0.5 V 的时间小于 0.5 ms;在 500 Hz 切换频率下为 0.5 V,在 1 kHz 切换频率下为 0.45 V;I_{load} 从 125 A

切换到 25 A 时,BCDR 模块组由放电状态迅速切换到充电状态,V_{bus} 电压纹波上冲峰峰值在 100 Hz 切换频率下为 0.75 V,超过 0.5 V 的时间小于 0.6 ms,在 500 Hz 切换频率下为 0.5 V,在 1 kHz 切换频率下为 0.45 V。上述测试波形表明,BCDR 模块组能实现充放电状态间的快速切换,且随着切换频率的提高,V_{bus} 电压纹波的下陷峰峰值和上冲峰峰值均变小。

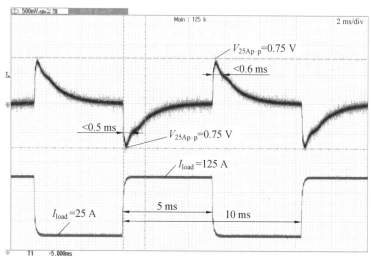

(a) 切换频率 100 Hz

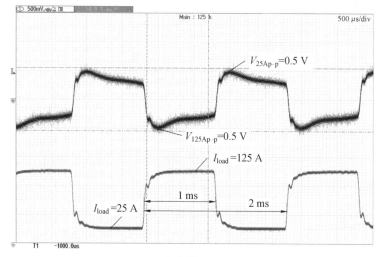

(b) 切换频率 500 Hz

图 3.56　跨域暂态测试波形图

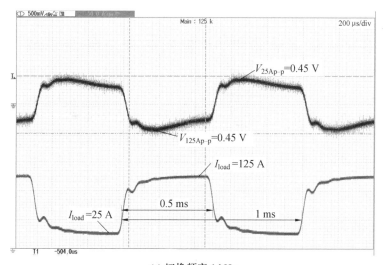

(c) 切换频率 1 kHz

续图 3.56

随着电池电压的变化,BCDR 进行双向功率变换时的效率也随之变化,图 3.57 显示了电池电压在 $55 \sim 95$ V 范围内,充电电流在 $0 \sim 3$ A 范围内,放电电流在 $0 \sim 15$ A 范围内的效率测试曲线。图 3.57(a) 所示为 BCDR 工作在充电状态的效率曲线,从图 3.57(a) 可以看出,BCDR 的效率随着电池电压 V_{BAT} 和充电电流的升高而增大,在电池电压 95 V、充电电流 3 A 时达到最大效率 97.01%。图 3.57(b) 所示为 BCDR 工作在放电状态的效率曲线,从图 3.57(b) 可以看出,BCDR 的效率随着电池电压 V_{BAT} 的升高而增大;在电池电压恒定时,效率随着放电电流增大先升高后降低,最优效率点在放电电流 $9 \sim 11$ A 范围内,该范围内电池电压 95 V 时达到最大效率 97.91%。从上述效率测试结果可以看出,BCDR 可在全电池电压和功率范围内实现高效率的充放电变换。

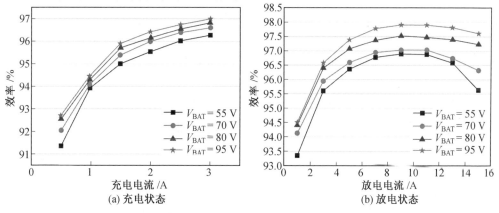

图 3.57　效率测试曲线

3.4   恒定带宽和输出阻抗的跨导补偿器研究

对于大功率宇航电源设备,因受可选用宇航元器件的限制,所以通常采用多个子模块并联的方式来实现功率扩展及冗余备份功能,例如传统 S3R 架构中的 BDR 和 BCR 模块。空间卫星一次电源 PCU 是一个独立自适应的电源系统,其载荷设备的电特性需求各种各样,为保证航天器上各种功能载荷设备的稳定可靠工作,PCU 的一次功率母线需针对各种工况下所有负载电性能指标的最大包络值进行设计,其中环路稳定裕度和输出阻抗特性是重要指标。平均电流模式控制是 PCU 中最常用的并联控制方式,在该控制方式下,当子模块因故障等退出并联工作后,一次功率母线的环路特性和输出阻抗将发生变化。基于此,本节将研究一种跨导补偿器,来保证平均电流模式控制下并联系统的环路特性和输出阻抗不随并联工作子模块数量的改变而变化。

3.4.1   跨导补偿器设计原理

基于平均电流模式控制的特点,下面将通过分析多个子模块并联工作时模块数量的变化所引起的环路特性和输出阻抗的变化,来引出跨导补偿器的设计思路及原理。

1. 恒定环路带宽和输出阻抗的需求

平均电流模式控制也称跨导模式控制,是双闭环控制系统。平均电流模式控制因易于冗余备份、抗干扰性强、设备单一、可自动均流限流等优点,被广泛应用于空间一次电源 PCU 的 BDR、BCR 等需要并联扩展输出功率的场合。平均电流模式控制应用于 PCU 时,外部电压环通过对一次功率母线 V_{bus} 的输出电压 V_{bus} 进行采样,闭环控制内部并联子模块的输出电流来稳定 V_{bus};内部并联子模块被设计成压控电流源(VCCS)形式;这种并联控制方式可以方便地实现输出功率的扩展,自动实现所有并联子模块的输出均流,且并联子模块可以根据输出功率的不同选择工作在热备份或冷备份模式下,并联子模块数量的变化仅改变 V_{bus} 的最大输出功率能力而不影响 V_{bus} 的电压值。

在设计基于平均电流模式控制的 PCU 时,一般仅要求 V_{bus} 在 2~4 个并联子模块退出工作情况下的环路带宽和输出阻抗指标仍能满足航天器所有负载对动态响应的需求,该设计存在如下两个问题:

(1)当并联子模块因故障或开关机等退出或者接入并联工作状态时,并联子模块的数量发生变化,此时 V_{bus} 的环路带宽及输出阻抗特性也随之发生改变。处于工作状态的并联子模块的数量减少会使 V_{bus} 的环路带宽降低,输出阻抗增大,动态响应变差。当并联工作子模块数量减少到一定程度且没有措施应对 V_{bus} 的环路带宽及输出阻抗的下降时,航天器中某些对 V_{bus} 的动态响应需求高的载荷,如对阶跃电流响应及电流变化斜率要求高的 TDMA 或 SAR 等载荷,将不能正常工作。

(2)并联子模块的效率随输出功率的变化而变化。为保证 V_{bus} 的额定环路带宽和输出阻抗,即使负载功率需求减少,V_{bus} 仍需要维持设计时所确定的并联子模块的最小工作数量,而不能根据负载的功率需求随时调节并联子模块的工作数量来达到子模块的最优效率点以减小 PCU 整机热耗,也不能关闭部分子模块来增加冷备份的模块数量从而提高 PCU 的可靠性。

目前对平均电流模式控制的研究工作主要集中在工作原理、小信号电路模型、动态响应、稳定性分析和均流设计等方面,对于 V_{bus} 的环路特性和输出阻抗在并联子模块数量发生变化时如何保持恒定的研究工作尚未发现有文献报道。随着空间大卫星功率的不断提高和卫星设计复杂性的增加,PCU 中的并联子模块数量也随之大大增加,同时 V_{bus} 也需要适应更多不同功能、种类的负载的电性能需求。因此,基于平均电流模式控制的多模块并联控制方式,本章提出一种跨导补偿器的设计方案,该跨导补偿器可用于使 V_{bus} 的环路带宽和输出阻抗在并联子模块的数量发生变化时保持恒定,从而很好地解决了上述传统 PCU 面临的两个问题。

2. 恒定带宽和输出阻抗设计原理

下面将以基于平均电流模式控制的 BDR 为例,对跨导补偿器的设计原理进行说明。图 3.58 显示了 N 个 BDR 模块并联的结构示意图,其中 BDR 采用非隔离的升压型 Weinberg 拓扑。当 Weinberg 拓扑的变压器 T 近似为理想变压器时,流过耦合电感 L 的电流等于拓扑的输出电流,因此图 3.58 中并联子模块在 Weinberg 拓扑的耦合电感处进行电流采样并对该采样电流进行闭环控制。外部电压环的 MEA 检测 V_{bus},输出误差电压信号 V_{MEA} 来控制各并联子模块的输出电流大小,进而稳定 V_{bus}。参与并联的 N 个子模块均被设计成独立且具有相同跨导系数(G_M)的 VCCS。对于相同的 MEA 电压控制信号 V_{MEA},各并联子模块的输出电流均相同,从而实现了所有并联工作子模块的输出自动均流。当 N 个并联模块中有模块因故障或开关机等关闭时,MEA 自动控制仍在工作的子模块输出更多的电流来稳定 V_{bus}。反之,当并联子模块数量增加时,MEA 自动控制所有并联工作的子模块减小输出电流以稳定 V_{bus}。综上所述,并联子模块数量的增减不改变一次功率母线电压 V_{bus},仅影响其最大输出功率能力。但从频域的角度进行分析,并联工作的子模块数量直接决定了 V_{bus} 的环路特性和输出阻抗。

图 3.59 所示为 N 个并联子模块外部电压环闭环控制框图。因每个并联子模块在设计上完全一致,具有完全一致的频率特性,所以 V_{bus} 的环路特性 $G_{BDR}(s)$ 和输出阻抗 Z_{out} 的传递函数为

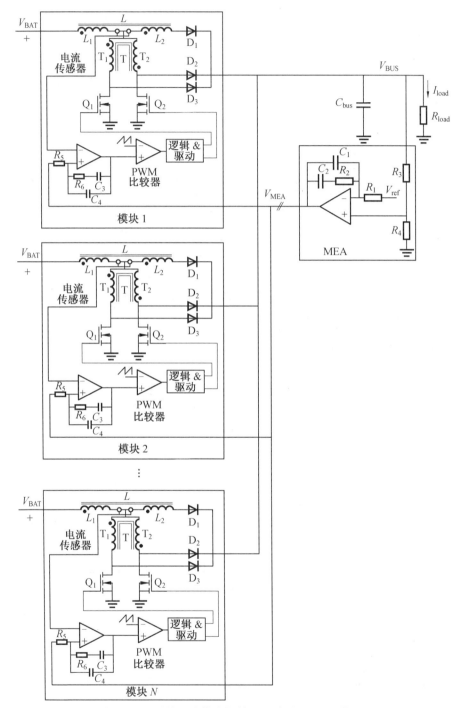

图 3.58　平均电流模式控制的 N 个并联 BDR 模块

$$
\begin{cases}
G_{\mathrm{BDR}}(s) = KA(s) \times N \times G_{\mathrm{M}}(s)C_{\mathrm{bus}}(s) \\[2mm]
Z_{\mathrm{out}} = -\dfrac{V_{\mathrm{bus}}(s)}{I_{\mathrm{load}}(s)} = \dfrac{C_{\mathrm{bus}}(s)}{1 + KA(s) \times N \times G_{\mathrm{M}}(s)C_{\mathrm{bus}}(s)} \\[4mm]
\qquad \approx \dfrac{1}{KA(s) \times N \times G_{\mathrm{M}}(s)}, \quad G_{\mathrm{BDR}}(s) \gg 1
\end{cases}
\tag{3.90}
$$

式中　　K——V_{bus} 的电压采样系数；

$\quad\quad A(s)$——MEA 的传递函数；

$\quad\quad C_{\mathrm{bus}}$——PCU 的输出滤波电容($\mu$F)；

$\quad\quad I_{\mathrm{load}}$——$V_{\mathrm{bus}}$ 的负载电流(A)；

$\quad\quad G_{\mathrm{M}}(s)$—— 并联子模块作为 VCCS 的频域传递函数。

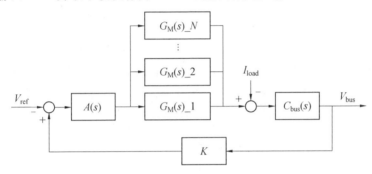

图 3.59　N 个并联子模块外部电压环闭环控制框图

假设退出并联工作的子模块数量为 M，则 V_{bus} 的环路特性及输出阻抗的传递函数变为

$$
\begin{cases}
G_{\mathrm{BDR}}(s) = KA(s) \times (N-M) \times G_{\mathrm{M}}(s)C_{\mathrm{bus}}(s) \\[2mm]
Z_{\mathrm{out}} \approx \dfrac{1}{KA(s) \times (N-M) \times G_{\mathrm{M}}(s)}, \quad G_{\mathrm{BDR}}(s) \gg 1
\end{cases}
\tag{3.91}
$$

式(3.91)表明退出并联工作的子模块数量 M 的变化直接反映了环路特性和输出阻抗的变化。假定所有并联子模块均为理想的 VCCS，则 $G_{\mathrm{M}}(s)$ 的增益等于单个子模块作为 VCCS 的跨导系数 G_{M}，相位恒定在 0°。M 个退出并联工作的子模块在频域特性上的变化主要体现在式(3.91)中($N-M$)$\cdot G_{\mathrm{M}}(s)$ 上。图 3.60 为并联工作的子模块数分别为 1、2、3、4 时的外部电压控制环的环路特性和输出阻抗计算图。图 3.60(a)表明增益曲线随着并联工作子模块数量的变化而线性上下移动，并联工作的子模块数量为 1、2、3、4 时的穿越频率分别为 0.56 kHz、1.12 kHz、1.67 kHz、2.23 kHz，相位曲线随并联工作子模块数量的变化保持恒定。图 3.60(b)表明输出阻抗值随着并联子模块数量的变化而反向线性变化，并联工作的子模块数量为 1、2、3、4 时的输出阻抗值分别为 81.4 mΩ、40.6 mΩ、27 mΩ、20.2 mΩ。

根据式(3.91)和图 3.60 的环路曲线和输出阻抗计算图，本章提出一种跨导补偿

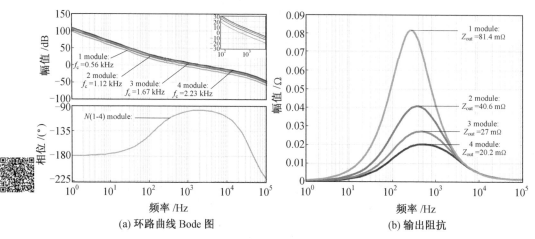

(a) 环路曲线 Bode 图　　　　　　　　　　(b) 输出阻抗

图 3.60　$N-M$ 个并联子模块工作时的环路曲线和输出阻抗计算图($N=4$，$M=0,1,2,3$)

器。该跨导补偿器通过检测各个并联子模块的开关机状态进而判断处于工作状态的子模块数量，并对外部电压环的跨导系数进行实时补偿，补偿系数为 K_b。图 3.61 显示了增加跨导补偿器的 N 个并联子模块外部电压环闭环控制框图。

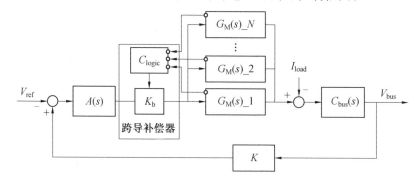

图 3.61　增加跨导补偿器的 N 个并联子模块外部电压环闭环控制框图

由图 3.61 可知，增加跨导补偿器后，V_{bus} 的环路特性及输出阻抗变为

$$
\begin{cases}
G_{BDR}(s) = KA(s) \times K_b \times (N-M) \times G_M(s) C_{bus}(s) \\
\qquad\quad = KA(s) \times N \times G_M(s) C_{bus}(s) \\
Z_{out} \approx \dfrac{1}{KA(s) \times K_b \times (N-M) \times G_M(s)} \\
\qquad\quad = \dfrac{1}{KA(s) \times N \times G_M(s)}, \quad G_{BDR}(s) \gg 1 \\
K_b = \dfrac{N}{N-M}
\end{cases}
\tag{3.92}
$$

式(3.92)表明，增加跨导补偿器后，处于并联工作状态的子模块数量无论是多少，V_{bus} 的环路特性与输出阻抗均恒定在 N 个子模块并联工作时的状态，实现了 V_{bus}

的环路带宽和输出阻抗保持恒定的目的。当处于工作状态的并联子模块的数量发生变化时,跨导补偿器 K_b 的调节可使外部电压环总跨导系数保持不变,此即跨导补偿器的设计原理。

3.4.2　跨导补偿器设计

跨导补偿器的设计分为硬件电路设计和开关时序的设计,二者共同作用即可实现跨导补偿器的功能。

1. 硬件电路设计

跨导补偿器需要对处于并联工作状态的子模块的数量变化进行实时响应,并调节 K_b 以保持总跨导系数不变。图 3.62(a) 所示跨导补偿器由跨导系数调节器 (coefficient regulator) 和阶跃信号滤波器(step filter)两部分构成。其中跨导系数调节器的输入端接 MEA 的输出,跨导系数调节器中的模块数量检测电路(module number detector)如图 3.62(b) 所示,模块数量检测电路由 N 个单元构成,每个单元由阻值为 R_s 的电阻和模拟开关(S)并联组成,其中每路模拟开关的开关状态由对应并联子模块的工作状态来确定。当某个并联子模块在工作时,对应的模拟开关断开,该单元在 MEA 的输出端与 A 点间呈现阻值为 R_s 的状态。当某个并联子模块退出工作时,对应的模拟开关接通,该单元在 MEA 的输出端与 A 点间呈现阻值近似为零(近似等于模拟开关的导通电阻)的状态。阶跃信号滤波器对跨导系数调节器输出的阶跃信号(V_{CR})进行反向运算和滤波处理,以防止并联子模块的数量变化时 K_b 信号出现阶跃响应振荡。阶跃信号滤波器的输出(V_C)作为新的 V_{MEA} 信号连接到各并联子模块的 VCCS 的电压控制接口。

当有 M 个并联子模块退出工作时,模块数量检测电路的等效电阻 R_D 满足

$$R_D = (N - M) \times R_s \tag{3.93}$$

在图 3.62(b) 中,设计 $R_7 = N \cdot R_s$,$R_9 = R_8$,则跨导补偿器的补偿系数 K_b 满足

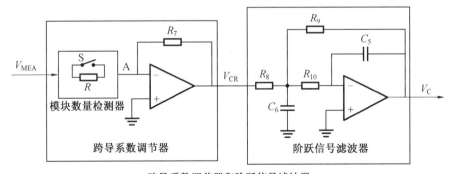

(a) 跨导系数调节器和阶跃信号滤波器

图 3.62　跨导补偿器电路结构图

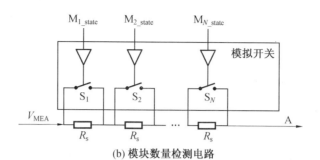

(b) 模块数量检测电路

续图 3.62

$$K_{b} = \frac{V_{C}}{V_{MEA}} = \frac{V_{CR}}{V_{MEA}} \times \frac{V_{C}}{V_{CR}} = -\frac{R_{7}}{R_{D}} \times \left(-\frac{R_{9}}{R_{8}}\right) = \frac{N}{N-M} \tag{3.94}$$

从式(3.94)可看出,跨导补偿器通过判断处于并联工作状态的子模块数量,实时调节 MEA 的输出与 A 点间的电阻值,从而实现 K_{b} 的运算功能。跨导补偿器的补偿系数 K_{b} 仅与退出并联工作的模块数量 M 有关系,M 的变化范围为 $0 \leqslant M \leqslant N$。当所有并联子模块均关机时,$M = N$,跨导补偿器的输出为跨导系数调节器中运算放大器的最大输出电压,此时 MEA 不调节;当 N 个并联子模块均工作时,$M = 0$,$K_{b} = 1$,跨导补偿器对 MEA 输出的误差控制信号的响应为单位增益。为实现高精度的跨导系数补偿,模拟开关的导通电阻应远小于 R_{s},阶跃响应滤波器需保证子模块数量变化时 K_{b} 的阶跃响应信号的带宽及精度。

2. 模块开关机与跨导补偿器工作时序

卫星在轨工作时,PCU 的 V_{bus} 必需时刻有能量输出,且随负载功率、并联子模块数量的变化需始终保持恒定的 V_{bus}。因此,在时域特性中,MEA 输出电压 V_{MEA} 的变化值 ΔV_{MEA} 随负载功率及并联工作子模块数量的变化而自动调节来稳定 V_{bus}。当有 M 个子模块退出并联工作时,I_{load} 与 ΔV_{MEA} 之间的关系为

$$I_{load} = \Delta V_{MEA} \times (N - M) \times G_{M} \tag{3.95}$$

式(3.95)表明,在负载功率不变的情况下,若退出并联工作状态的子模块数量发生变化(M 发生变化),ΔV_{MEA} 将随 M 的变化自动调节来稳定 V_{bus}。增加跨导补偿器后,I_{load} 与 ΔV_{MEA} 之间的关系为

$$I_{load} = \Delta V_{MEA} \times \frac{N}{N-M} \times (N - M) \times G_{M} = \Delta V_{MEA} \times N \times G_{M} \tag{3.96}$$

式(3.96)表明,增加跨导补偿器后,ΔV_{MEA} 与 I_{load} 严格对应,不随并联子模块数量的变化而变化。在并联子模块的开关机过程中,并联子模块输出电流的变化与跨导补偿器的调节之间有先后顺序,在这段时间内,ΔV_{MEA} 同步调整并始终维持 V_{bus} 的稳定输出。在外部电压控制环路中,总跨导系数有两个阶跃性跃变:① 并联子模块的开关机引起总跨导系数变化。② 跨导补偿器的跨导系数调节。

PCU 中的遥测遥控模块（EMDU）可对各功能模块进行开关机控制，也可对 V_{BAT}、V_{bus} 和每个功能模块的输入输出电流进行采样。并联子模块退出工作因受 EMDU 的控制主动关闭，或因故障、过流保护、过压保护等被动关闭。图 3.63 所示为外部电压环增加跨导补偿器后的工作时序图。当退出并联工作状态的子模块数量为 M 时，跨导补偿器的响应与并联子模块的关闭之间有 τ_1 的时间延时，在 τ_1 时间内，MEA 的输出从 ΔV_{MEA} 调节到 $\Delta V'_{MEA}$ 以维持 V_{bus} 的恒定。τ_1 时间后，跨导补偿器开始调节，当 K_b 调节到 $K_b = N/(N-M)$ 时，MEA 恢复到 ΔV_{MEA} 的状态。在跨导补偿器中增加对并联子模块的关机状态的响应延时电路可方便地实现对延时时间 τ_1 的控制。当有并联子模块（数量为 $M-M'$）需要开机时，这些模块对应的模拟开关状态（图 3.62(b)）受 EMDU 的控制预先开始动作，使跨导补偿系数提前调整到 $K_b = N/(N-M')$，随后 EMDU 计时延时时间 τ_2，在 τ_2 的延时时间内 MEA 的输出由 ΔV_{MEA} 调节到 $\Delta V''_{MEA}$ 以维持 V_{bus} 的恒定。在 τ_2 的延时时间后，EMDU 发出指令开启对应的并联子模块，使退出并联工作的子模块数量由 M 变为 M'，同时 MEA 的输出由 $\Delta V'''_{MEA}$ 恢复到 ΔV_{MEA}。

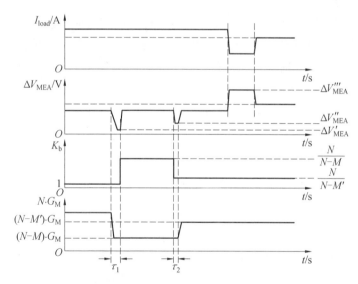

图 3.63　外部电压环增加跨导补偿器后的工作时序图

　　综上所述，并联子模块的开机过程仅受 EMDU 的指令控制，EMDU 优先调节跨导补偿器中需要开机的子模块对应的数量检测电路的模拟开关状态，再对子模块进行开机操作，EMDU 的软硬件电路均可方便地实现对延时时间 τ_2 的控制。延时时间的设置确保了外部电压环控制环路中的最大跨导增益系数不超过 $N \cdot G_M$，即并联子模块开关机过程中，外部电压环的环路带宽不超过最大设计带宽，这样可确保并联子模块开关机及跨导补偿器调节过程中 V_{bus} 始终处于稳定状态。

　　图 3.63 中所示的延时时间 τ_1 和 τ_2 的大小根据 t_m 进行设计，MEA 的调整时间 t_m

满足

$$\begin{cases} t_m > t_s \\ t_m > t_k \end{cases} \tag{3.97}$$

式中　t_s——并联子模块对开关机指令的响应时间；

　　　t_k——跨导补偿器的调整时间。

在并联子模块的关机过程中,补偿发生在关机动作后;在并联子模块的开机过程中,补偿发生在开机动作前。另外,t_m 总是随工况的改变而变化,因此延时时间 τ_1 和 τ_2 应该设计成大于 t_m 的最大值,并留出 $1 \sim 2$ ms 的余量。t_m 随 I_{load}、V_{BAT}、V_{bus} 及其他参数的变化而不同,通过测试各种工况下子模块开关机和跨导补偿器调节时的 V_{bus} 调整时间可确定 t_m 的最大值。因延时时间的存在,并联子模块的关机过程或并联子模块开机时跨导补偿器的预先调节过程均使外部电压环的总跨导系数减小,V_{bus} 对外呈现低带宽和高输出阻抗的特性。V_{bus} 的环路特性在设计时需保证 $1 \sim N$ 个子模块并联工作时的稳定性指标要求:相位裕度 $> 60°$,增益裕度 > 10 dB。即使在 τ_1 和 τ_2 时间内 I_{load} 发生变化,只要 I_{load} 处于所有并联工作状态的子模块的最大输出功率范围内,外部电压控制环将始终保持稳定工作。如果并联工作的子模块数量不发生变化,仅 I_{load} 发生变化,MEA 将自动调节并稳定 V_{bus},跨导补偿器不进行任何调节。

跨导补偿器在工作时不需要各并联子模块之间通信,参与并联的子模块只需反馈各自的开关机状态,跨导补偿器即能够迅速响应处在并联工作状态的模块数量并直接在外部电压控制环路中产生对应的跨导补偿系数。跨导补偿器的正常工作同时依赖于外部电压控制环路中各个功能环节的设计,下一节将仔细分析跨导补偿器正常工作的设计约束条件。

3.4.3　跨导补偿器设计约束条件

式(3.92)表明,在计算环路特性和输出阻抗时,并联工作的子模块数量($N-M$)直接与 K_b 运算进行了抵消,最终得出的运算结果是环路特性和输出阻抗不会随并联工作的子模块数量的变化而改变。式(3.92)是基于并联子模块数量发生变化时外部电压控制环的总跨导系数维持恒定,但从频域的角度进行分析,外部电压控制环路中各功能部分需满足一定的设计约束条件,式(3.92)才成立。在分析外部电压控制环的环路稳定性时,可从四个功能部分的频率特性进行分析:①MEA 频率特性,$K \cdot A(s)$;②跨导补偿器频率特性,$K_b(s)$;③$N-M$ 个并联子模块的 VCCS 频率特性,$(N-M) \cdot G_M(s)$;④母线滤波电容频率特性,$C_{bus}(s)$。

1.MEA 频率特性

当 I_{load} 变化、并联子模块开关机,或跨导补偿器调节时,MEA 需快速响应并闭环调节各并联子模块的输出电流来稳定 V_{bus}。图 3.58 所示 MEA 在设计上采用二型补

偿网络,MEA 的传递函数 $K \cdot A(s)$ 为

$$\begin{cases} K \cdot A(s) = \dfrac{V_{\text{MEA}}}{V_{\text{bus}}} \\[3mm] K = \dfrac{R_4}{R_3 + R_4} \\[3mm] A(s) = \dfrac{s^2 C_1 C_2 R_1 R_2 + s[R_2 C_2 + R_1(C_1 + C_2)] + 1}{R_1 s[s C_1 C_2 R_2 + (C_1 + C_2)]} \end{cases} \tag{3.98}$$

在式(3.98)中,$K \cdot A(s)$ 的两个极点(P_0, P_1)、两个零点(Z_0, Z_1)和增益(K_M)分别为

$$\begin{cases} P_0 = 0 \\[3mm] Z_0 = \dfrac{[R_2 C_2 + R_1(C_1 + C_2)] - a}{2\pi \times 2 \times C_1 C_2 R_1 R_2} \\[3mm] P_1 = \dfrac{C_1 + C_2}{2\pi \times C_1 C_2 R_2} \\[3mm] Z_1 = \dfrac{[R_2 C_2 + R_1(C_1 + C_2)] + a}{2\pi \times 2 \times C_1 C_2 R_1 R_2} \\[3mm] K_M = \dfrac{R_2}{R_1} \end{cases} \tag{3.99}$$

式中

$$a = \sqrt{[R_2 C_2 + R_1(C_1 + C_2)]^2 - 4 \times C_1 C_2 R_1 R_2}$$

图 3.64 为 $K \cdot A(s)$ 的 Bode 图,对应图 3.58 中的参数取值为:$R_1 = 3 \ \text{k}\Omega$,$R_2 = 145 \ \text{k}\Omega$,$R_3 = 93.9 \ \text{k}\Omega$,$R_4 = 6.4 \text{k}\Omega$,$C_1 = 20 \ \text{pF}$,$C_2 = 8 \ \text{nF}$,$V_{\text{ref}} = 6.4 \ \text{V}$。从图 3.64 可以看出 $K \cdot A(s)$ 频率特性中的增益曲线先以 $-20 \ \text{dB/dec}$ 的斜率下降,在第一个零点 Z_0 对应的频率处转为 $0 \ \text{dB/dec}$,在第二个极点 P_1 对应的频率处又转为 $-20 \ \text{dB/dec}$ 的斜率下降,在第二个零点 Z_1 对应的频率处再次转为 $0 \ \text{dB/dec}$。在设计外部电压控制环时,零点 Z_0 和极点 P_1 对应的频率一般小于并联子模块的开关频率 f_s,零点 Z_1 属于高频信号,远高于 f_s。在图 3.64 所示的频率特性中,增益曲线有一个平顶增益区间,即频率位于$[Z_0, P_1]$范围内的区间。$1 \sim N$ 个并联工作的子模块需在该频率区间内进行线性调节,如果超出这个频率区间,则跨导补偿器将不能线性可靠地工作,后续将对此进行进一步分析。

2. 跨导补偿器频率特性

跨导补偿器由跨导系数调节电路和阶跃信号滤波电路构成,其传递函数为

$$K_b(s) = -\frac{N}{N-M} \times \frac{1}{R_8 \left[s^2 R_{10} C_6 C_5 + s C_5 \left(\dfrac{R_{10}}{R_8} + \dfrac{R_{10}}{R_9} + 1 \right) - \dfrac{1}{R_9} \right]} \tag{3.100}$$

跨导系数调节电路的变化为阶跃变化,其调节过程中含有高频分量,为避免该高

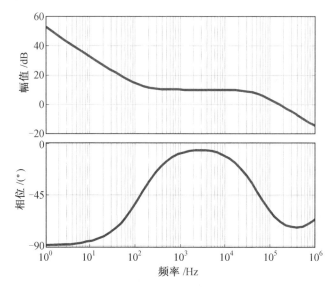

图 3.64 $K \cdot A(s)$ 的 Bode 图

频分量对外部电压控制环的闭环调节产生影响,阶跃信号滤波器需滤除该高频分量。此处提出的 $K_b(s)$ 采用的阶跃响应滤波器为二阶阶跃响应滤波器,其角频率 f_w 为

$$\begin{cases} f_w = \sqrt{\dfrac{-(2a+b^2)+\sqrt{(2a+b^2)^2+4a^2}}{2a^2}} \\ a = 4\pi^2 R_9 R_{10} C_6 C_5 \\ b = 2\pi R_9 C_5 \left(\dfrac{R_{10}}{R_8} + \dfrac{R_{10}}{R_9} + 1 \right) \end{cases} \qquad (3.101)$$

图 3.65 为 $K_b(s)$ 的 Bode 图,对应图 3.62 中的参数取值为 $R_8 = 10$ kΩ, $R_9 = 10$ kΩ, $R_{10} = 1$ kΩ, $C_6 = 200$ pF, $C_5 = 100$ pF。

从图 3.65 可以看出, $K_b(s)$ 在低频段呈现反向单位运算(增益为 0,幅度为 0 dB)的特性, f_w 为 117 kHz;当频率增大到 20 kHz 时,增益曲线仅有 -0.125 dB 的衰减,相位曲线抬升 8.54°;当频率继续增大时,增益曲线迅速下降。因此, $K_b(s)$ 可以很好地响应 MEA 的带宽,同时很好地滤除跨导系数调节器的阶跃信号的高频分量,以防止跨导补偿器在调节过程中对外部电压控制环路引入高频振荡。

3. $N - M$ 个并联子模块的 VCCS 频率特性

在分析跨导补偿器的工作原理时,并联子模块被当作理想的 VCCS 进行运算,但并联子模块在设计时需满足一定的条件才能近似等于理想的 VCCS。图 3.66 为一个并联子模块的闭环控制框图,其中 $G_{Iout\_d}(s)$ 为 Weinberg 拓扑结构的输出电流 I_{out} 与占空比 D 的传递函数, K_I 为输出电流 I_{out} 的采样系数, K_V 为 MEA 给定的电压控制信

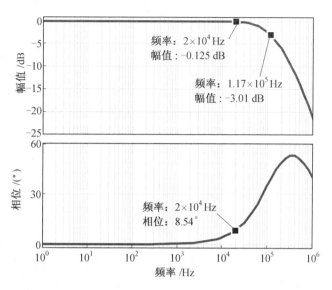

图 3.65　$K_b(s)$ 的 Bode 图

号 V_{MEA} 的比例系数，$G_{\mathrm{pid\_n}}(s)$ 为内环闭环二型补偿网络的传递函数，F_g 是内环三角波比例系数。在 PCU 的域控制设计中，MEA 的电压控制信号 V_{MEA} 与 I_{out} 成反向线性关系，即 V_{MEA} 越大，I_{out} 越小，反之 V_{MEA} 越小，I_{out} 越大。

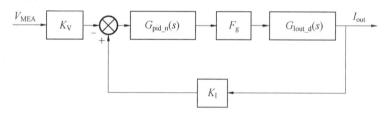

图 3.66　并联子模块闭环控制框图

$G_{\mathrm{pid\_n}}(s)$ 和 $G_{\mathrm{Iout\_d}}(s)$ 的传递函数为

$$
\begin{cases}
G_{\mathrm{pid\_n}}(s) = -\dfrac{1}{R_5 C_4} \times \dfrac{s + \dfrac{1}{R_6 C_3}}{s\left(s + \dfrac{C_4 + C_3}{R_6 C_4 C_3}\right)} \\[4mm]
G_{\mathrm{Iout\_d}}(s) = \left.\dfrac{\hat{i}_{\mathrm{out}}(s)}{\hat{d}(s)}\right|_{\hat{v}_{\mathrm{BAT}}(s)=0} = \dfrac{\left(s C_{\mathrm{bus}} + \dfrac{1}{R_{\mathrm{load}}}\right) V_{\mathrm{BAT}}}{1 + s\,\dfrac{I_{,}}{R_{\mathrm{load}}} + s^3 L C_{\mathrm{bus}}}
\end{cases}
\tag{3.102}
$$

由图 3.66 及式(3.102)可知，并联子模块的开环传递函数 $G_1(s)$ 和并联子模块作为 VCCS 的传递函数 $G_{\mathrm{M}}(s)$ 为

$$
\begin{cases}
G_{\mathrm{I}}(s) = K_{\mathrm{I}} F_{\mathrm{pid\_n}}(s) F_{\mathrm{g}} G_{\mathrm{Iout\_d}}(s) \\
G_{\mathrm{M}}(s) = -\dfrac{I_{\mathrm{out}}(s)}{V_{\mathrm{MEA}}(s)} = -\dfrac{K_V F_{\mathrm{pid\_n}}(s) F_{\mathrm{g}} G_{\mathrm{Iout\_d}}(s)}{1 - K_{\mathrm{I}} F_{\mathrm{pid\_n}}(s) F_{\mathrm{g}} G_{\mathrm{Iout\_d}}(s)} \\
\qquad \approx \dfrac{K_V}{K_{\mathrm{I}}} = G_{\mathrm{M}}, \quad G_{\mathrm{I}}(s) \gg 1
\end{cases}
\tag{3.103}
$$

从式(3.103) 可知,$|G_{\mathrm{I}}(s)|$ 越大,即并联子模块内部电流环的带宽越高,并联子模块在带宽频率范围内越接近于理想的 VCCS,其反映到外部电压控制环路中的跨导系数越接近于理想的跨导系数 G_{M}。表 3.10 为本章所采用的 Weinberg 变换器的元器件参数,将表中所示的参数代入式(3.103),可得图 3.67(a) 所示并联子模块内部电流环的 Bode 图,与图 3.67(b) 所示并联子模块作为 VCCS 的 Bode 图。图 3.67(a) 表明,并联子模块的内部电流环的带宽达到了 23.3 kHz,相位裕度为 68.8°,并联子模块的带宽在 100 kHz 开关频率下达到开关频率的 1/5 以上。图 3.67(b) 表明,并联子模块作为 VCCS 的增益曲线在 10 kHz 以下恒定在 11.8 dB,严格对应时域的跨导系数值 G_{M}(3.89 A/V),在 [10 kHz, 20 kHz] 频率范围内近似对应 G_{M},在频率高于 20 kHz 时迅速下降,在 75.5 kHz 处穿越增益零点;并联子模块作为 VCCS 的相位曲线在 1 kHz 以后开始下降,在 40.1 kHz 穿越 90°。

表 3.10　Weinberg 变换器的元器件参数

参数描述		参数	参数值
开关频率 /kHz		f_s	100
Ⅱ 型 PID 补偿网络参数	电阻 /kΩ	R_5	3
		R_6	20
	电容 /nF	C_4	0.12
		C_3	10
V_{MEA} 的比例系数		K_V	0.5
I_{out} 的采样系数		K_{I}	0.128 5
三角波的比例系数		F_{g}	0.221
电池电压 /V		V_{BAT}	75
一次功率母线电压 /V		V_{bus}	100
耦合电感量($L = 4L_1 = 4L_2$)/μH		L	90
母线电容 /mF		C_{bus}	3.6
负载等效电阻 /Ω		R_{load}	6.67

跨导补偿器实质上是对并联子模块的跨导系数进行补偿,因此为保证跨导补偿器的线性工作,外部电压控制环的最大环路带宽必须小于并联子模块能保持恒定跨导增益的最大频率。

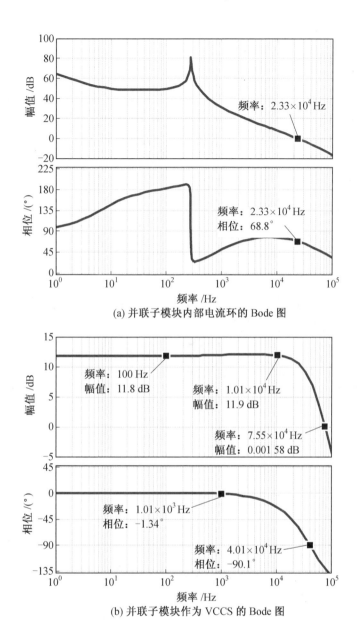

(a) 并联子模块内部电流环的 Bode 图

(b) 并联子模块作为 VCCS 的 Bode 图

图 3.67　并联子模块的 Bode 图

4. 母线滤波电容频率特性

设 PCU 的母线滤波电容的电容值为 C_{bus}，等效串联电阻（equivalent series resistance，ESR）为 R_{Cbus}，母线滤波电容的传递函数为

$$C_{bus}(s) = R_{Cbus} + \frac{1}{C_{bus} \times s} \tag{3.104}$$

图 3.68 为 $C_{bus}(s)$ 的 Bode 图,对应母线滤波电容的参数取值为 $C_{bus}=3.6$ mF, $R_{Cbus}=1.2$ mΩ。从图 3.68 可看出,$C_{bus}(s)$ 频率特性的初始相位裕度为 $-90°$,增益特性先以 -20 dB/10dec 的斜率下降,在 $|1/(2\pi \times C_{bus})|=44.2$ Hz 处穿越零点,然后在零点 $Z_{0\_Cbus}=|1/(2\pi \times R_{Cbus}C_{bus})|$ 后转为恒定增益。PCU 的母线滤波电容采用 ESR 非常小的电容,例如自愈薄膜电容。ESR 仅影响 V_{bus} 的高频特性,因此设计 PCU 的母线滤波电容时,Z_{0_Cbus} 应该远大于外部电压控制环路的带宽。

上述 $K \cdot A(s)$、$K_b(s)$、$(N-M) \cdot G_M(s)$ 以及 $C_{bus}(s)$ 的频率特性共同组成了 $N-M$ 个并联子模块工作的外部电压控制环路特性 $G_{BDR}(s)$。其中 $K \cdot A(s)$ 的增益特性在 $[Z_0, P_1]$ 频率范围内基本恒定,$K_b(s)$ 与 $(N-M) \cdot G_M(s)$ 的增益特性在其带宽范围内均保持恒定增益,$C_{bus}(s)$ 的增益特性在其零点 Z_{0_Cbus} 对应的频率以下以 -20 dB/dec 的斜率下降。

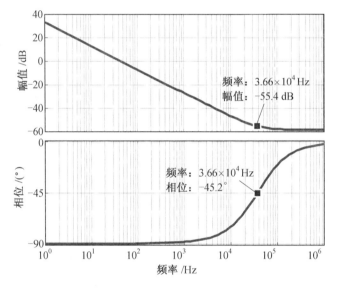

图 3.68　$C_{bus}(s)$ 的 Bode 图

增加跨导补偿器 $K_b(s)$ 后,外部电压控制环的环路特性和输出阻抗直接与四个模块并联工作时跨导系数对应的环路特性和输出阻抗相同,此时环路带宽恒定在 2.23 kHz,输出阻抗恒定在 20.2 mΩ,环路带宽和输出阻抗均不随并联工作的子模块数量的变化而变化。图 3.69(a) 显示了由 $K \cdot A(s)$、$K_b(s)$、$(N-M) \cdot G_M(s)$ 及 $C_{bus}(s)$ 的频率特性共同叠加组成的 $N-M$ 个并联工作子模块的外部电压控制环的环路特性 $G_{BDR}(s)$,从图 3.69(a) 可以看出,在不超过开关频率 f_s 的范围内,$G_{BDR}(s)$ 的增益曲线满足

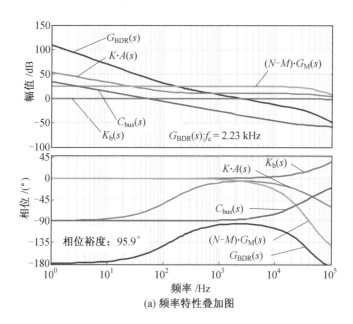

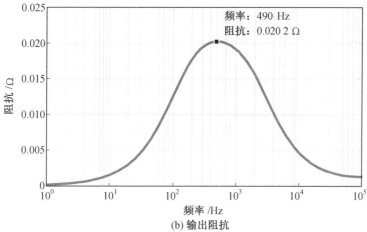

(b) 输出阻抗

图 3.69　4 个并联子模块工作时的频率特性叠加图和输出阻抗图

$$\begin{cases} f < Z_0: -40 \text{ dB/dec} \\ Z_0 < f < P_1: -20 \text{ dB/dec} \\ f > P_1: -40 \text{ dB/dec} \end{cases} \qquad (3.105)$$

环路带宽 f_c 为 2.23 kHz，相位裕度为 95.9°。图 3.69(b) 显示了 4 个并联工作子模块的输出阻抗特性，最大值为 20.2 mΩ。

　　从上面 4 个功能部分的频率特性可以看出，每个功能部分频率特性的变化都可以引起外部电压控制环的环路特性变化。为保证并联系统的稳定性以及跨导补偿器的

线性调节作用,4 个功能部分的设计需要满足如下约束条件:

(1) 外部电压控制环的环路带宽 f_c 满足:$Z_0 < f_c < P_1$。

(2) 并联子模块作为理想 VCCS 的增益特性需在大于 P_1 的频率范围内保持恒定。

(3) 跨导补偿器的增益特性需在大于 P_1 的频率范围内保持恒定,阶跃响应滤波器的角频率 f_w 应小于需要被滤除的系数调节器输出的阶跃信号中高频分量的频率。

(4) 母线滤波电容的 ESR 要足够小,满足 $Z_{0\_Cbus} > P_1$。

5. 恒定带宽与输出阻抗实验验证

为验证本章提出的跨导补偿器能使一次功率母线的环路带宽和输出阻抗保持恒定,基于 Weinberg 拓扑结构设计了 4 个功率为 1 500 W 的子模块以及对应模块数量的跨导补偿器电路,并对 4 个子模块进行了并联实验。图 3.70 所示为单个并联子模块的原理性验证照片。采用日本 NF 公司的型号为 FRA5097 的频率响应分析仪,对负载功率为 3 000 W 工况时的 V_{bus} 的环路特性和输出阻抗进行测试,频率扫描范围为 0.1 ~ 50 kHz。

图 3.70 单个并联子模块的原理性验证照片

图 3.71(a) ~ (c) 分别显示了 4、3、2 个并联模块工作时 V_{bus} 的环路特性。从图 3.71 可以看出,并联工作的子模块数量发生变化时,带宽基本恒定在 2.2 kHz 附近,相位裕度 > 60°,增益裕度小于 −10 dB。

图 3.72 所示为 4、3、2 个并联模块工作时 V_{bus} 的输出阻抗图,从图 3.72 可以看出,并联工作的子模块数量发生变化时,输出阻抗基本恒定在 21.5 mΩ 附近,不随处于工作状态的子模块数量的变化而变化。比较图 3.60、图 3.71 和图 3.72 可以看出,跨导补偿器能使 V_{bus} 的环路带宽和输出阻抗保持恒定。

图 3.73 显示了并联子模块关机和开机瞬间,V_{bus} 的电压纹波、并联子模块的输出电流 I_{out} 和负载电流 I_{load} 的波形测试图,其中电流波形是通过采用美国安捷伦公司型号为 N2780B(2 MHz/500 A)的电流探头来进行测试的。测试条件为:4 个并联子模

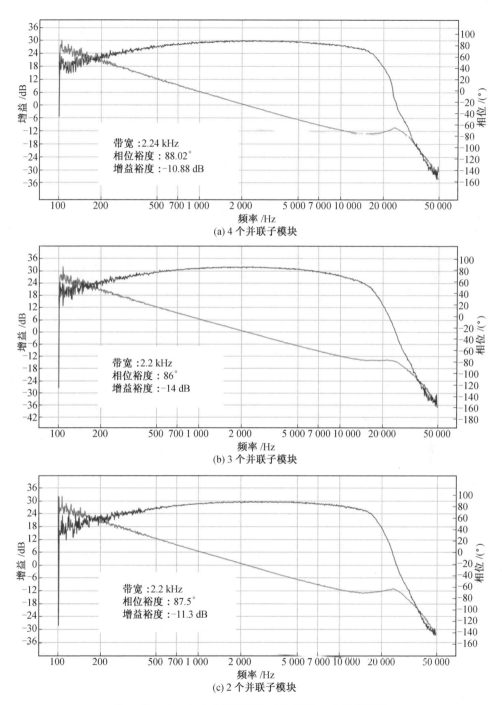

(a) 4 个并联子模块

(b) 3 个并联子模块

(c) 2 个并联子模块

图 3.71　4、3、2 个并联子模块工作时 V_{bus} 的环路特性

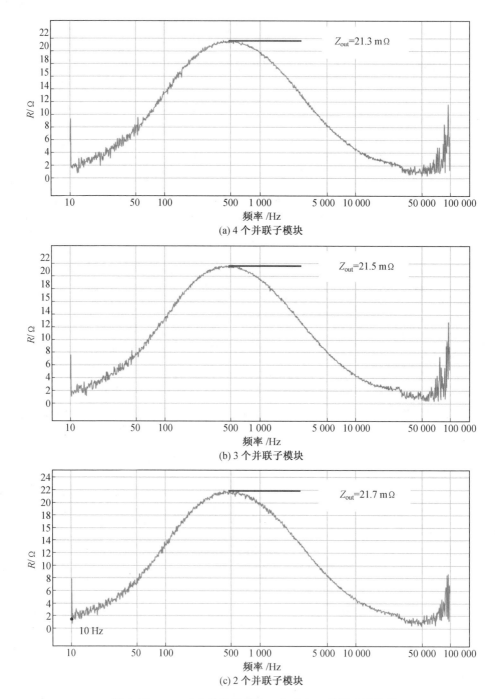

(a) 4 个并联子模块

(b) 3 个并联子模块

(c) 2 个并联子模块

图 3.72　4、3、2 个并联子模块工作时 V_{bus} 的输出阻抗图

块工作,负载功率为 4 200 W,每个并联子模块输出功率 1 050 W,当某个并联子模块

突然关闭后,其余 3 个子模块输出功率为 1 400 W。图 3.73(a) 所示为并联子模块开关机过程测试波形,从图 3.73(a) 可以看出,在关闭某个子模块的瞬间:V_{bus} 电压纹波中最大下降幅度为 190 mV,调整时间为 4 ms;被关闭的子模块的输出电流 I_{out1} 由 10.5 A 降低到零;另外 3 个处在工作状态的子模块的输出电流 I_{out2} 由 10.5 A 升高到 14 A;I_{load} 恒定在 42 A。图 3.73(b) 所示为再次开启该子模块时的测试波形,从图 3.73(b) 可以看出,在开启该子模块的瞬间:V_{bus} 电压纹波中最大超调幅度为 196 mV,调整时间为 4 ms;被开启的子模块的输出电流 I_{out1} 由零升高到 10.5 A;另外 3 个处在工作状态的子模块的输出电流 I_{out2} 由 14 A 降到 10.5 A;I_{load} 依然恒定在 42 A。上述测试的电压电流变化值均在设计范围内。

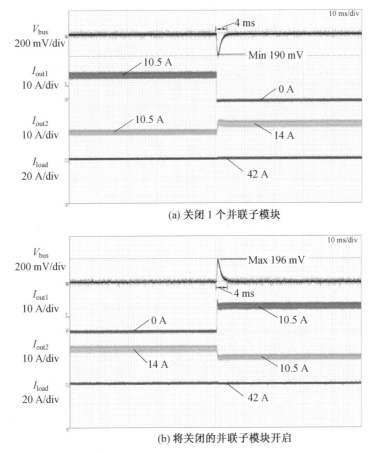

(a) 关闭 1 个并联子模块

(b) 将关闭的并联子模块开启

图 3.73　并联子模块开关机过程测试波形

上述测试结果表明:增加跨导补偿器后,当并联工作的子模块数量发生变化时,V_{bus} 环路特性和输出阻抗维持恒定,验证了跨导补偿器设计的正确性。V_{bus} 电压纹波的测试结果表明增加跨导补偿器不会影响一次功率母线的时域特性。

3.5 高稳定裕度高动态响应的 $1/\sqrt[3]{s}$ 模型参考平均电流型控制

BDR 模块作为 PCU 的主要组成部分,其稳定裕度及动态特性对电源系统至关重要。衡量稳定裕度的指标包括相位裕度、增益裕度、模值裕度及时延裕度,普通工业级电源系统要求相位裕度为 45° 或 50°,而 BDR 模块则需确保寿命末期最坏情况下的相位裕度不小于 60°,增益裕度不小于 10 dB。传统 II 型补偿器的相位补偿能力有限,在并联模块数量增加的情况下易引发裕度不足等问题。

闭环输出阻抗及闭环音频易感性可衡量电源系统在负载电流、输入电压波动时的动态特性。ESA 限定了全调节母线型 PCU 的闭环输出阻抗频率特性曲线,明确指出低频段增益及中频段的峰值需满足指标要求。但多个 BDR 模块间常用内环平均电流型控制方式(ILRACM)均分各相电流并稳定母线电压,位于内侧的电流环会增大输出阻抗的低频段增益,这将影响负载电流切换时母线电压的恢复时间。

针对上述问题,为进一步改善多相交错 BDR 模块的稳定裕度和动态特性,本章提出模型参考平均电流型(model following average current mode,MFACM)的控制方式。该控制方式可将闭环输出阻抗、闭环音频易感性的低频段增益减小约 25 dB,减小电源系统在负载电流、输入电压波动时母线的恢复时间。

3.5.1 $1/\sqrt[3]{s}$ 型补偿器的设计与效果

1. 内环调节平均电流型控制下多相 BDR 模块的小信号建模

选用传统 Boost 变换器作为 BDR 模块的功率拓扑,多相间采用内环平均电流型的控制方式,实现均分各相电流与稳定母线电压,ILRACM 控制下的多相 BDR 模块原理拓扑如图 3.74 所示。若各相参数完全相同,可将 N 相等效为一相,从而得到电源系统环路小信号框图如图 3.75 所示。图中,$G_{\text{iLio}}(s)$ 表示总电感电流与输出电流之间的开环传递函数,$G_{\text{iLvi}}(s)$ 表示总电感电流与输入电压之间的开环传递函数,$G_{\text{vod}}(s)$ 表示输出电压与控制之间的开环传递函数,$G_{\text{iLd}}(s)$ 表示总电感电流与控制之间的开环传递函数。为简化分析过程,用 $Z_{\text{m}}(s)$ 与 $Z_{\text{L}}(s)$ 表示各传递函数,因各相参数相同,可用 L_{eq} 与 r_{Leq} 分别表示多相等效电感与等效电阻,则有

$$\begin{cases} L_{\text{eq}} = \dfrac{L}{N} \\ r_{\text{eq}} = \dfrac{R_{\text{L}}}{N} \end{cases} \tag{3.106}$$

$Z_{\text{m}}(s)$ 为

$$Z_m(s) = L_{eq}s + r_{Leq} \qquad (3.107)$$

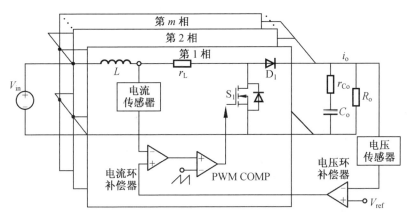

图 3.74　ILRACM 控制下的多相 BDR 模块原理拓扑

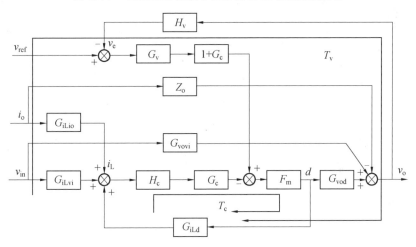

图 3.75　ILRACM 控制下的多相 BDR 模块等效小信号模型

图 3.75 中各 BC 功率级传递函数的表达式如下：

$$Z_o(s) = \cfrac{1}{\cfrac{1}{Z_L(s)} + \cfrac{(1-D)^2}{Z_m(s)}}$$

$$G_{vod}(s) = \frac{V_o}{1-D} \cdot \cfrac{1 - \cfrac{Z_m(s)}{(1-D)^2 R_o}}{1 + \cfrac{Z_m(s)}{(1-D)^2 Z_L(s)}}$$

$$G_{iLd}(s) = V_o \cfrac{1 + \cfrac{Z_L(s)}{R_o}}{Z_m(s) + (1-D)^2 Z_L(s)}$$

$$G_{\mathrm{vovi}}(s) = \frac{1}{1-D} \frac{Z_{\mathrm{L}}(s)}{Z_{\mathrm{L}}(s) + \dfrac{Z_{\mathrm{m}}(s)}{(1-D)^2}}$$

$$G_{\mathrm{iLvi}}(s) = \frac{1}{Z_{\mathrm{m}}(s) + (1-D)^2 Z_{\mathrm{L}}(s)}$$

$$G_{\mathrm{iLio}}(s) = \frac{(1-D) Z_{\mathrm{L}}(s)}{Z_{\mathrm{m}}(s) + (1-D)^2 Z_{\mathrm{L}}(s)}$$

式(3.107) 中 L_{eq} 的数值将随 N 发生变化,因此各功率级传递函数也会因相数不同而表现出不同特性。图 3.76 所示是 $N=1$、2、3 时多相 BC 的 $Z_{\mathrm{o}}(s)$ 与 $G_{\mathrm{vod}}(s)$ 的频率特性曲线,所选单相变换器的参数见表 3.11。由图 3.76 可知,模块数量逐渐增加时, L_{eq} 与 C_{o} 形成的谐振点 ω_{o} 逐渐向高频方向移动,即

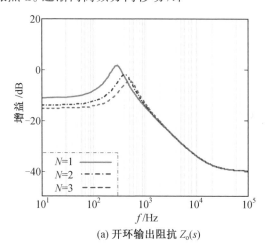

(a) 开环输出阻抗 $Z_{\mathrm{o}}(s)$

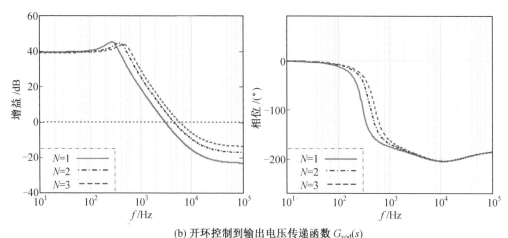

(b) 开环控制到输出电压传递函数 $G_{\mathrm{vod}}(s)$

图 3.76　不同相数多相 BC 功率级传递函数频率响应计算图

$$\omega_{\mathrm{o}} = (1 - D) \sqrt{\frac{1}{L_{\mathrm{eq}} C_{\mathrm{o}}}} \tag{3.108}$$

因此，$Z_{\mathrm{o}}(s)$ 低频段与峰值增益减小，$G_{\mathrm{vod}}(s)$ 的穿越频率增大，穿越频率所对应的相位随之减小。这就要求使用 ILRACM 控制多相交错并联变换器时按照最大相数设计外侧电压环的补偿器参数，但对于具备功率扩展功能的 PCU，BDR 模块数量可能随需求而变，这将增加电源系统的设计难度。

表 3.11　BC 主要元器件参数

参数	数值
输入电压 $V_{\mathrm{in}}/\mathrm{V}$	$18 \sim 24$
输出电压 $V_{\mathrm{o}}/\mathrm{V}$	42
单相输出电流 $I_{\mathrm{o}}/\mathrm{A}$	3
开关频率 $f_{\mathrm{s}}/\mathrm{kHz}$	100
输入电感 $L_{\mathrm{in}}/\mu\mathrm{H}$	60
输出滤波电容 $C_{\mathrm{o}}/\mu\mathrm{F}$	900

图 3.75 中的 $T_{\mathrm{c}}(s)$ 表示多相交错并联 BC 的等效电流环，表达式为

$$T_{\mathrm{c}}(s) = G_{\mathrm{iLd}}(s) G_{\mathrm{c}}(s) H_{\mathrm{c}}(s) F_{\mathrm{m}} \tag{3.109}$$

BC 的 $G_{\mathrm{iLd}}(s)$ 包含两个极点和一个位于 LHP 的零点，因此 $T_{\mathrm{c}}(s)$ 的穿越频率在不超过 $1/2 f_{\mathrm{s}}$ 的情况下应尽可能高，以最大限度发挥电流环的优势。图 3.75 中的 $T_{\mathrm{v}}(s)$ 表示多相交错并联 BC 的电压环，具体表达式为

$$T_{\mathrm{v}}(s) = G_{\mathrm{vod}}(s) G_{\mathrm{v}}(s) [G_{\mathrm{c}}(s) + 1] H_{\mathrm{v}}(s) F_{\mathrm{m}} \tag{3.110}$$

为确保环路稳定，$T_{\mathrm{v}}(s)$ 的穿越频率一般低于 $T_{\mathrm{c}}(s)$。此外，式(3.110) 中 BC 的 $G_{\mathrm{vod}}(s)$ 存在一个 RHPZ，设计 $T_{\mathrm{v}}(s)$ 时还应考虑 RHPZ 的影响。

2. 传统 Ⅱ 型补偿器与 $1/\sqrt[3]{s}$ 型补偿器的参数设计

在多相 BC 的功率级及电流环参数完全一致的情况下，令电压环的补偿器分别采用传统 Ⅱ 型补偿器 $G_{\mathrm{v1}}(s)$ 与本章提出的 $1/\sqrt[3]{s}$ 型补偿器 $G_{\mathrm{v2}}(s)$，并比较两补偿器效果。两种环路补偿器的原理图如图 3.77 所示，相应的传递函数为

$$G_{\mathrm{v1}}(s) = \frac{1 + \dfrac{s}{2\pi f_{\mathrm{v1\_z}}}}{\dfrac{s}{2\pi f_{\mathrm{v1\_p0}}} \left(1 + \dfrac{s}{2\pi f_{\mathrm{v1\_p}}}\right)} \tag{3.111}$$

上式中的零极点分别为

$$\begin{cases} f_{\mathrm{v1\_z}} = \dfrac{1}{2\pi R_2 C_1} \\[3mm] f_{\mathrm{v1\_p0}} = \dfrac{1}{2\pi R_1 (C_1 + C_2)} \\[3mm] f_{\mathrm{v1\_p}} = \dfrac{1}{2\pi R_2 \dfrac{C_1 C_2}{C_1 + C_2}} \end{cases} \tag{3.112}$$

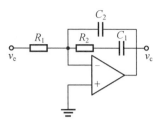

(a) 传统Ⅱ型补偿器

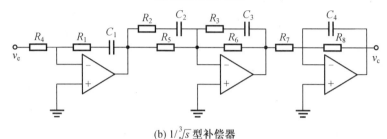

(b) $1/\sqrt[3]{s}$ 型补偿器

图 3.77　两种环路补偿器的原理图

在低频段，$G_{v1}(s)$ 的相位自 $-90°$ 逐渐升高，此时的频率特性与积分器相似。在中频段，传递函数中新引入一个零点 f_{v1_z} 用于提升相位、推高环路穿越频率。在高频段，$G_{v1}(s)$ 将引入一个组成的新的极点 f_{v1_p} 以抵消 BC 输出滤波电容阵 ESR 的影响。通常期望闭环系统的传递函数在低频段具备较高增益以减小稳态误差，在高频段具备较低增益以减小开关噪声的影响，并按照 -20 dB/dec 的斜率通过增益 0 dB 线。因此，在确定期望的穿越频率后，可用"k 系数"法设计 $G_{v1}(s)$ 各参数，f_{v1_p} 与 f_{v1_z} 的计算式分别为

$$\begin{cases} f_{v1\_p} = kf_c = \tan\left(\dfrac{\varphi_b}{2} + \dfrac{\pi}{4}\right) f_c \\[3mm] f_{v1\_z} = \dfrac{f_c}{k} = \dfrac{f_c}{\tan\left(\dfrac{\varphi_b}{2} + \dfrac{\pi}{4}\right)} \end{cases} \tag{3.113}$$

式中　φ_b——需补偿器在穿越频率处提供的相位补偿；

　　　　k——f_{v1_p} 与 f_{v1_z} 的比值。

为确定另一个极点的位置，式（3.111）还可重新表示为

$$G_{v1}(s) = \mathrm{Gain}_{v1} \frac{1 + \dfrac{2\pi f_{v1\_z}}{s}}{1 + \dfrac{s}{2\pi f_{v1\_p}}} \tag{3.114}$$

式中　Gain_{v1}——中频段增益，表达式为

$$\mathrm{Gain}_{v1} = \frac{f_{v1\_p0}}{f_{v1\_z}} = \frac{R_2 C_1}{R_1(C_1 + C_2)} \tag{3.115}$$

由上述分析可知,$G_{v1}(s)$ 中 f_{v1_p} 与 f_{v1_z} 的位置取决于穿越频率处补偿器所需提供的相位补偿,f_{v1_p0} 的位置取决于穿越频率处所需提供增益。$G_{v1}(s)$ 的频率特性如图 3.78 实线所示,最大可提供 65° 左右(参数不同时,最高不超过 90°)的相位补偿,但持续频率范围较窄。

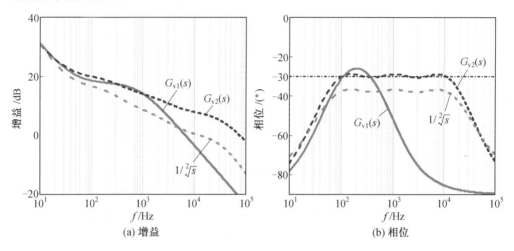

图 3.78   两种环路补偿器的频率特性计算图

$1/\sqrt[3]{s}$ 型补偿器来源于传统 $1/s$ 型补偿器与 $1/\sqrt[2]{s}$ 型补偿器。$1/s$ 型补偿器即为积分环节,增益以 $-20\ \mathrm{dB/dec}$ 下降,相位滞后 90°。$1/\sqrt[2]{s}$ 型补偿器的增益以 $-10\ \mathrm{dB/dec}$ 下降,相位以 f_b 为基准频率,可在 $0.1f_b \sim 10f_b$ 范围内持续为闭环环路提供 45° 的补偿,如图 3.78 中的灰色虚线所示,但该补偿器的相位补偿能力不满足 BDR 模块相位裕度 60° 的要求。本章在上述基础上,提出 $1/\sqrt[3]{s}$ 型补偿器,该补偿器的实现电路由三个运算放大器组成,如图 3.77(b) 所示,表达式为

$$G_{v2}(s) = \frac{R_6}{R_5} \frac{R_1 C_1 s + 1}{R_4 C_1 s} \frac{(R_2 + R_5)C_2 s + 1}{R_2 C_2 s + 1} \frac{R_3 C_3 s + 1}{(R_3 + R_6)C_3 s + 1} \frac{R_8}{R_7(R_8 C_4 s + 1)}$$

$$(3.116)$$

由上式可知,$G_{v2}(s)$ 共包含 3 个零点、4 个极点,为方便后续分析将其拆分为 4 个传递函数:

$$G_{v2}(s) = \frac{1}{\dfrac{s}{2\pi f_{v2\_p0}}} G_{v2\_a}(s) G_{v2\_b}(s) G_{v2\_c}(s) G_{v2\_d}(s)$$

$$= \frac{\left(1 + \dfrac{s}{2\pi f_{v2\_z1}}\right)\left(1 + \dfrac{s}{2\pi f_{v2\_z2}}\right)\left(1 + \dfrac{s}{2\pi f_{v2\_z3}}\right)}{\dfrac{s}{2\pi f_{v2\_p0}}\left(1 + \dfrac{s}{2\pi f_{v2\_p1}}\right)\left(1 + \dfrac{s}{2\pi f_{v2\_p2}}\right)\left(1 + \dfrac{s}{2\pi f_{v2\_p3}}\right)}$$

$$(3.117)$$

式中

$$f_{v2\_p0} = \frac{R_6 R_8}{2\pi C_1 R_4 R_5 R_7} \tag{3.118}$$

在低频段，$G_{v2}(s)$的频率特性取决于存在一个主导零点的$G_{v2\_a}(s)$，而中频段特性则分别由包含一个零点、一个极点的$G_{v2\_b}(s)$、$G_{v2\_c}(s)$决定，高频段特性由具有一个主导极点的$G_{v2\_d}(s)$决定。除f_{v2_p0}外，各零极点的表达式见表3.12。

表 3.12 $1/\sqrt[3]{s}$ 型补偿器零极点分布

$G_{v2\_a}(s)$	$G_{v2\_b}(s)$		$G_{v2\_c}(s)$		$G_{v2\_d}(s)$
f_{v2_z1}	f_{v2_p1}	f_{v2_z2}	f_{v2_p2}	f_{v2_z3}	f_{v2_p3}
$1/(2\pi R_1 C_1)$	$1/(2\pi R_2 C_2)$	$1/[2\pi(R_2 + R_5)C_2]$	$1/[2\pi(R_3 + R_6)C_3]$	$1/(2\pi R_3 C_3)$	$1/(2\pi R_8 C_4)$

式(3.117)还可重新表示为

$$G_{v2}(s) = \text{Gain}_{v2} \frac{\left(1 + \dfrac{2\pi f_{v2\_z1}}{s}\right)\left(1 + \dfrac{s}{2\pi f_{v2\_z2}}\right)\left(1 + \dfrac{s}{2\pi f_{v2\_z3}}\right)}{\left(1 + \dfrac{s}{2\pi f_{v2\_p1}}\right)\left(1 + \dfrac{s}{2\pi f_{v2\_p2}}\right)\left(1 + \dfrac{s}{2\pi f_{v2\_p3}}\right)} \tag{3.119}$$

式中

$$\text{Gain}_{v2} = \frac{f_{v2\_p0}}{f_{v2\_z1}} = \frac{R_1 R_6 R_8}{R_4 R_5 R_7} \tag{3.120}$$

Gain_{v2}与Gain_{v1}的含义相似，代表$1/\sqrt[3]{s}$型补偿器中频段增益。因$G_{v2}(s)$的增益近似以-6.7 dB/dec的斜率下降，可通过调节Gain_{v2}得到在穿越频率处所需增益补偿。为满足$G_{v2}(s)$在$0.1f_b \sim 10f_b$范围内始终具备$60°$的相位补偿能力，需在此频率范围内确定零极点的位置，关系式如下：

$$\begin{cases} \{\arg[G_{v2\_a}(0.1f_b)] + \arg[G_{v2\_b}(0.1f_b)] + \arg[G_{v2\_c}(0.1f_b)]\}\dfrac{180°}{\pi} = 60° \\[2mm] \{\arg[G_{v2\_b}(f_b)] + \arg[G_{v2\_c}(f_b)]\}\dfrac{180°}{\pi} = -30° \\[2mm] \{\arg[G_{v2\_b}(10f_b)] + \arg[G_{v2\_c}(10f_b)] + \arg[G_{v2\_d}(10f_b)]\}\dfrac{180°}{\pi} = -30° \end{cases} \tag{3.121}$$

根据上式计算图3.77(b)中各参数，得到电阻、电容参数见表3.13，表中R_b与C_b由基准频率f_b决定，具体关系为$1/(2\pi R_b C_b) = f_b$。

图3.78中的虚线是在f_b为1 kHz的情况下$G_{v2}(s)$的频率特性，该补偿器的增益以6.7 dB/dec逐渐减小，并在100 Hz $\sim$ 10 kHz频率区间内持续提供$60°$的相位补偿。实际使用$1/\sqrt[3]{s}$型补偿器的调整方式与传统 II 型补偿器相比也更简单，因其相位特性相对稳定，只需要调整增益的大小，根据式(3.116)可直接通过修改R_4、R_7的阻

值实现。

表 3.13　$1/\sqrt[3]{s}$ 型补偿器参数

R_1	R_2	R_3	R_5	R_6	R_8	C_1	C_2	C_3	C_4
$1.256R_b$	$0.470R_b$	$0.232R_b$	$1.416R_b$	$3.587R_b$	$0.628R_b$	$23.873C_b$	$1C_b$	$1C_b$	$0.048C_b$

3. 传统 Ⅱ 型补偿器与 $1/\sqrt[3]{s}$ 型补偿器的稳定裕度对比

为对比传统 Ⅱ 型补偿器与 $1/\sqrt[3]{s}$ 型补偿器的控制效果,分别将两补偿器应用于单相 BC 及三相交错并联 BC,进行相应计算与仿真。选择 PWM 比较器的三角波峰峰值为 1.8 V,输出电压的采样比例系数为 0.119,单相电感电流采样比例系数为 0.2,电流采样滤波电容为 0.1 μF,滤波电阻为 100 Ω。以下将从相位裕度、增益裕度、时延裕度及模值裕度四个方面进行比较。

(1) 相位裕度。

图 3.79 所示为传统 Ⅱ 型及 $1/\sqrt[3]{s}$ 型两种补偿器作用下交错并联 BC 的 $T_o(s)$ 环路频率特性。首先,以单相为例,两种补偿器控制下外环路穿越频率及相位裕度基本相同,分别为 365 Hz 与 69.5°。当模块数量增至三相时,两种补偿器对应的穿越频率均增至 875 Hz,此时经 $1/\sqrt[3]{s}$ 型补偿器补偿后的相位裕度为 66.7°,而传统 Ⅱ 型补偿器补偿的相位裕度则迅速减小至 47.1°。由 $T_o(s)$ 的相位特性曲线可以推断,若并联相数进一步增加,$1/\sqrt[3]{s}$ 型补偿器控制下的多相 BC 仍能满足 45° 甚至 60° 的相位裕度指标需求,但传统 Ⅱ 型补偿器将面临裕度不足的隐患。

(2) 增益裕度。

增益裕度是衡量电源系统稳定性的另一个重要指标,若补偿器设计所得的增益裕度较小,会引发系统对参数误差敏感等问题。对比图 3.79(a)、(c) 可知,$1/\sqrt[3]{s}$ 型补偿器补偿后系统的增益裕度由单相时的 −26.2 dB 减小至三相时的 −18.7 dB,而由传统 Ⅱ 型补偿器补偿的增益裕度由单相时的 −24.7 dB 减小至三相时的 −13.8 dB,因此,新补偿器作用下的电源系统对元器件参数误差的容许度更高。

(3) 时延裕度。

时延裕度是衡量确保电源闭环稳定的前提下系统所允许最大时延量的指标,由穿越频率和相位裕度共同决定。由图 3.79(a)、(c) 可知,$T_o(s)$ 的增益曲线均只有一次穿越 0 dB 线,可计算时延裕度,对于单相 BC,两种补偿器控制下的时延裕度基本相同,均为 542.3 μs;三相交错并联时,$1/\sqrt[3]{s}$ 型补偿器对应的时延裕度减至 211.7 μs,而传统 Ⅱ 型补偿器的时延裕度受相数变化的影响更大,仅为 149.5 μs。通常要求电源系统的时延裕度大于 $0.75T_s$,上述两补偿器无疑均可满足该指标,但如模块数量进一步增加,$1/\sqrt[3]{s}$ 型补偿器所提供的时延裕度更充足。

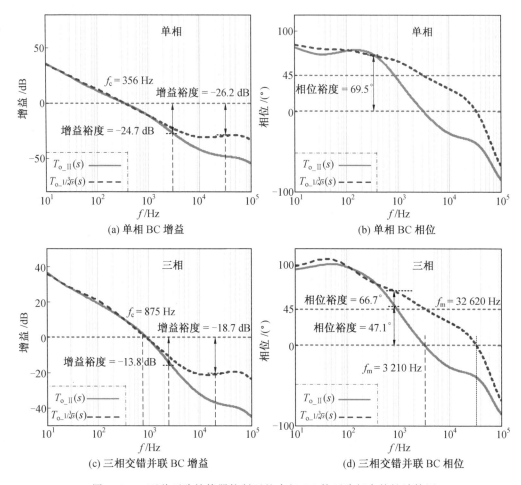

图 3.79 两种环路补偿器控制下的多相 BC 外环路频率特性计算图

（4）模值裕度。

分析闭环系统的模值裕度时需借助 Nyquist 图，得到单相与三相的曲线分别如图 3.80（a）、（b）所示。Nyquist 图与 Bode 图是一一对应的映射关系，其中 Nyquist 图的单位圆对应 Bode 图增益的 0 dB 线，可由此得到补偿后电源系统的穿越频率；Nyquist 图的负实轴对应 Bode 图相位的 −180° 线，可由此得到相位裕度，结果与图 3.79 相同。

模值裕度是以 [−1，j0] 为原点且与系统 Nyquist 曲线相切的圆的半径，其定义了系统对非线性或时变特性的容忍度，通常要求模值裕度大于 0.5，这样既能保证相位裕度又能满足增益裕度。由图 3.80（a）可得，单相时两种补偿器的模值裕度分别为 0.895 和 0.772，其中传统 II 型补偿器的略小；三相时 $1/\sqrt[3]{s}$ 型补偿器的模值裕度减小至 0.833，传统 II 型补偿器的模值裕度减小至 0.596。上述分析结果表明模值裕度与相位裕度相似,均随模块数量的增加而减小,选择 $1/\sqrt[3]{s}$ 型补偿器所能提供的模值裕度更充足。

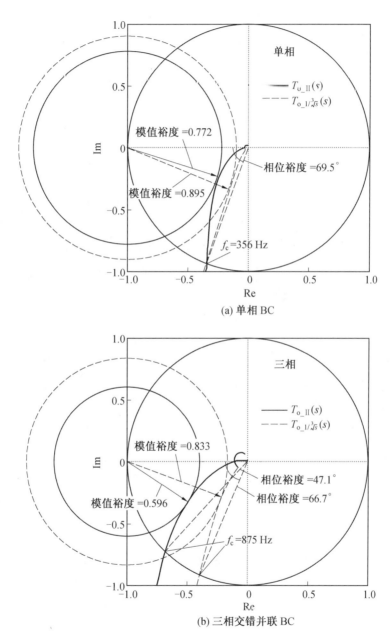

图 3.80　两种环路补偿器控制下的多相 BC 外环路 Nyquist 曲线

将上述衡量两种补偿器作用下系统鲁棒性的裕度指标结果总结于表 3.14 中。对于单相BC,$1/\sqrt[3]{s}$型补偿器补偿后的增益裕度与模值裕度略优于传统 Ⅱ 型补偿器的效果,但两者差别并不明显。当模块数量进一步增加时,$1/\sqrt[3]{s}$ 型补偿器的优势逐渐显现,系统的稳定裕度优于另一种补偿器。

表 3.14 两种环路补偿器控制下的多相交错并联 BC 外环路稳定裕度对比

参数	单相 BC		三相交错并联 BC	
	传统 Ⅱ 型补偿器	$1/\sqrt[3]{s}$ 型补偿器	传统 Ⅱ 型补偿器	$1/\sqrt[3]{s}$ 型补偿器
相位裕度 /(°)	69.5	69.5	47.1	66.7
增益裕度 /dB	− 24.7	− 26.2	− 13.8	− 18.7
时延裕度 /μs	542.3	542.3	149.5	211.7
模值裕度	0.772	0.895	0.596	0.833

当输入电压或输出电流变化时,$T_o(s)$ 的特性将随之改变,图 3.81 所示为三相BC 的输入电压在 18 ~ 24 V 之间,输出电流在 3 ~ 9 A 之间时,$1/\sqrt[3]{s}$ 型补偿器补偿后的 $T_o(s)$ 频率特性与 Nyquist 曲线。如图 3.81 所示,不同工作条件下系统的穿越频率为875 ~ 1 116 Hz,相位裕度为 64.7° ~ 69.5°,增益裕度为18.7 ~ 24.7 dB,模值裕度为0.852 ~ 0.895。上述结果表明,$1/\sqrt[3]{s}$ 型补偿器始终可保持 $T_o(s)$ 的稳定裕度满足应用需求。

按照表 3.11 的参数,在功率级及电流环参数完全一致的条件下,分别用 $1/\sqrt[3]{s}$ 型补偿器与传统 Ⅱ 型补偿器作为外侧电压环补偿器控制单相与三相BC,得到负载阶跃变化的动态仿真结果如图 3.82 所示。由图 3.82(a) 可知,对于单相电源系统,两种补偿器作用下的切载动态特性基本相同;而在 3.82(b) 中,$1/\sqrt[3]{s}$ 型补偿器作用下的输出电压超调量小,恢复时间更短。

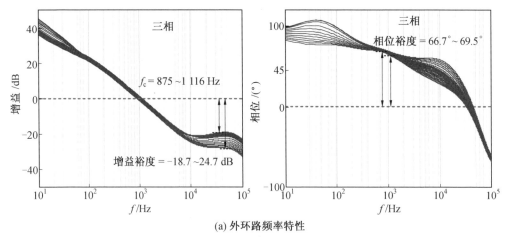

(a) 外环路频率特性

图 3.81 输入电压、输出电流变化时 $1/\sqrt[3]{s}$ 型补偿器补偿后的 $T_o(s)$ 特性计算图

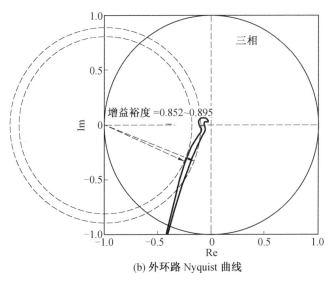

(b) 外环路 Nyquist 曲线

续图 3.81

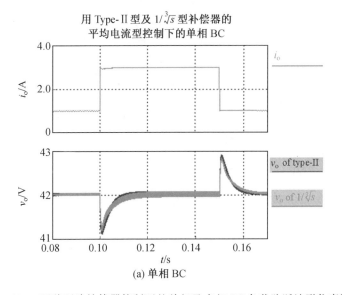

(a) 单相 BC

图 3.82　两种环路补偿器控制下的单相及多相 BC 负载阶跃波形仿真图

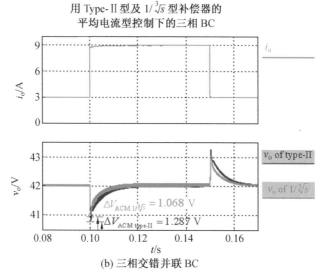

(b) 三相交错并联 BC

续图 3.82

在实验中分别将两种补偿器应用于单相 BC 及三相交错并联 BC,测量相应 Bode 图,所得结果如图 3.83 所示。首先,以单相为例,两种变换器的穿越频率与相位裕度分别为 342 Hz 与 72.7°,$1/\sqrt[3]{s}$ 型补偿器补偿后系统的增益裕度为 28.1 dB 且传统 II 型补偿器补偿的增益裕度为 −27.2 dB。当模块数量增至三相时,两种补偿器对应的穿越频率均增至 866 Hz,此时经 $1/\sqrt[3]{s}$ 型补偿器补偿后的相位裕度为 67.5°,而传统 II 型补偿器补偿的相位裕度则迅速减小至 47.4°,增益裕度则分别为 − 13.8 dB、−17.9 dB。综上所述,图 3.83 中的实验结果与图 3.79 中的仿真结果基本一致。以上结果表明,$1/\sqrt[3]{s}$ 型补偿器在模块数量逐渐增加的多相交错并联变换器中更具优势。

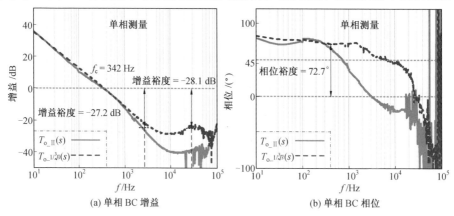

图 3.83　两种环路补偿器控制下的单相及多相 BC 外环路频率特性实测图

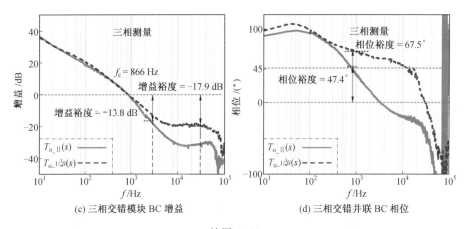

(c) 三相交错模块 BC 增益　　　　　　　(d) 三相交错并联 BC 相位

续图 3.83

3.5.2　MFACM 的小信号模型

　　MFACM 的控制结构参照"并联型"模型参考控制的环路控制方式,其原理拓扑图如图 3.84 所示,其中电压环补偿器与电流环补偿下交错传统 Boost 变换器(CBC)相同,参考模型用于表示电源系统预期的输出特性,模型参考环的控制输出与外侧电压环的控制输出叠加,共同作为内侧电路环的基准信号。这种方法可以令电流环补偿下的交错 CBC 跟随参考模型以改善闭环系统性能。

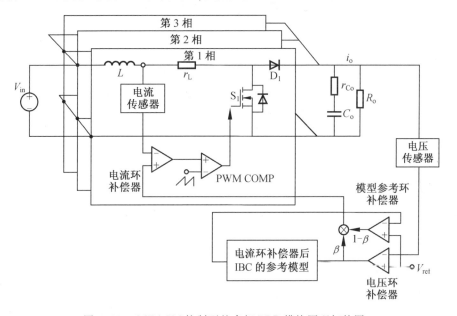

图 3.84　MFACM 控制下的多相 BDR 模块原理拓扑图

按照图 3.84,对 MFACM 控制下的电源系统进行小信号建模,如图 3.85 所示,图中用 $G_{ref}(s)$ 表示参考模型的传递函数,用 $G_m(s)$ 表示模型参考环路补偿器的传递函数,用 β、$1-\beta$ 分别表示电压环及模型参考环控制信号的比例因数。

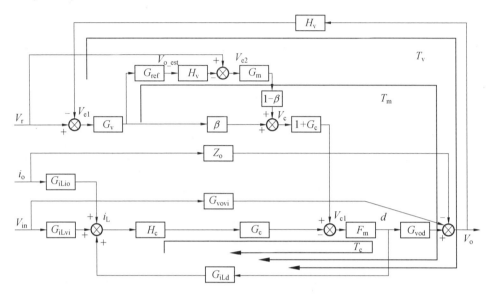

图 3.85　MFACM 小信号模型

用 $T_{cl}(s)$ 表示电流环补偿下的交错 CBC,具体表达式为

$$T_{cl}(s) = \frac{G_{vod}(s)\big[G_c(s)+1\big]F_m}{T_c(s)+1} \tag{3.122}$$

MFACM 中 $G_{ref}(s)$ 反映的是变换器的真实模型,其低频区域内的频率响应与 $T_{cl}(s)$ 保持一致。设 $G_{ref}(s)$ 包含一个极点 f_{p_ref} 与一个零点 f_{z_ref},f_{p_ref} 的位置与 $G_{vod}(s)$ 的输出滤波电容与负载电阻形成的极点位置相同,f_{z_ref} 则位于 $T_{cl}(s)$ 中 RHPZ 的频率处,当电源系统的并联模块数量可能发生变化时,按照 N 最大的情况计算 $G_{ref}(s)$,有

$$G_{ref}(s) = \frac{m_1\left(1 - \dfrac{s}{2\pi f_{z\_ref}}\right)}{1 + \dfrac{s}{2\pi f_{p\_ref}}} \tag{3.123}$$

计算三相交错 CBC 的 $T_{cl}(s)$ 与相应 $G_{ref}(s)$,两传递函数的频率响应如图 3.86 所示。由图可知,$G_{ref}(s)$ 在低频段与中频段特性与 $T_{cl}(s)$ 基本一致,仅在高频段略有差别。

由图 3.85 的小信号模型可知 MFACM 控制中包含电流环、模型参考环及电压环 3 个环路。用 $T_m(s)$ 表示模型参考环,则此时 $T_m(s)$、$T_v(s)$ 分别为

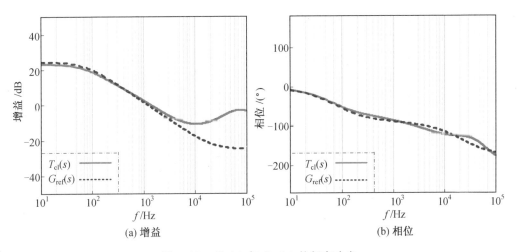

图 3.86　$T_{cl}(s)$ 与 $G_{ref}(s)$ 的频率响应

$$\begin{cases} T_m(s) = F_m G_m(s) G_{vod}(s) H_v(s) [G_c(s) + 1](1 - \beta) \\ T_v(s) = F_m G_v(s) G_{vod}(s) H_v(s) [G_c(s) + 1][\beta - G_{ref}(s) H_v(s) G_m(s)(1 - \beta)] \end{cases}$$

(3.124)

为充分发挥电流环的优势，$T_c(s)$ 的穿越频率应尽可能高，$T_v(s)$ 的穿越频率远低于变换器中 RHPZ 的位置，而 $T_m(s)$ 的穿越频率设置在 $T_c(s)$ 与 $T_v(s)$ 之间，以避免环路交叠带来的不良影响。据此设计，$T_c(s)$、$T_m(s)$ 及 $T_v(s)$ 的穿越频率分别在开关频率的 1/3、1/50 及 1/65 处。

3.5.3　MFACM 的控制效果

1. 外环传递函数

电源系统外环传递函数是基准电压与输出电压反馈误差之间的关系式，为求解 MFACM 中 $T_o(s)$ 的表达式，首先假设 i_o 与 v_{in} 保持不变，则图 3.85 所示的小信号模型可简化为图 3.87，此时环路存在下述关系：

$$\begin{cases} \hat{d} = F_m \hat{v}_{c1} \\ \hat{v}_{c1} = [G_c(s) + 1] \hat{v}_c - G_c(s) G_{iLd}(s) H_c(s) \hat{d} \\ \hat{v}_c = G_v(s) \beta \hat{v}_{e1} + G_{iii}(s)(1 - \beta) \hat{v}_{e2} \\ \hat{v}_{e2} = \hat{v}_r - G_v(s) G_{ref}(s) H_v(s) \hat{v}_{e1} \\ \hat{v}_f = G_{vod}(s) H_v(s) \hat{d} \end{cases}$$

(3.125)

由上式可得占空比的表达式为

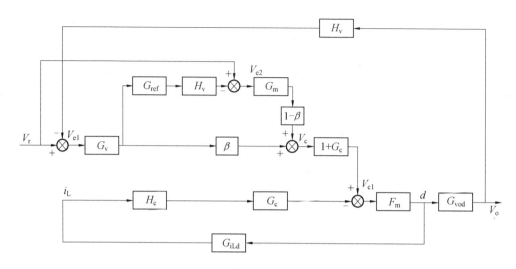

图 3.87　i_o 与 v_{in} 不变时 $1/\sqrt[3]{s}$ 型 MFACM 控制的环路小信号模型

$$\hat{d} = \frac{F_m\left[G_c(s)+1\right]\left\{G_v(s)\beta - G_m(s)\left[1 - G_v(s)G_{ref}(s)H_v(s)\right](\beta-1)\right\}v_{e1}}{F_m\left\{G_c(s)G_{iLd}(s)H_c(s) + G_m(s)G_{vod}(s)H_v(s)\left[G_c(s)+1\right](\beta-1)\right\}+1}$$

$$(3.126)$$

因基准电压与输出电压反馈误差间存在下述关系：

$$\hat{v}_r = \hat{v}_{e1} + G_{vod}(s)H_v(s)\hat{d} \qquad (3.127)$$

根据式（3.127）可得外环传递函数表达式为

$$T_o(s) = \frac{\hat{v}_f}{\hat{d}}\frac{\hat{d}}{\hat{v}_{e1}} =$$

$$\frac{F_m\left[G_c(s)+1\right]G_{vod}(s)H_v(s)\left\{G_v(s)\beta - G_m(s)\left[1 - G_v(s)G_{ref}(s)H_v(s)\right](\beta-1)\right\}v_{e1}}{F_m\left\{G_c(s)G_{iLd}(s)H_c(s) + G_m(s)G_{vod}(s)H_v(s)\left[G_c(s)+1\right](\beta-1)\right\}+1}$$

$$(3.128)$$

综上所述，$T_o(s)$ 可用 $T_c(s)$、$T_m(s)$ 与 $T_v(s)$ 共同表示为

$$T_o(s) = \frac{T_m(s) + T_v(s)}{T_c(s) - T_m(s) + 1} \qquad (3.129)$$

MFACM 控制中的比例因数 β 决定了模型参考环路作用效果的大小。由式
（3.129）可知，当 $\beta=1$ 时，$T_m(s)$ 将完全不起作用；当 β 逐渐减小时，v_{e2} 在 v_c 中所占比
例逐步提高，$T_m(s)$ 的作用效果逐渐明显。为分析 β 不同所带来的影响，在 $\beta=1$、0.7、
0.5 及 0.2 时比较 $T_o(s)$ 的 Bode 图与 Nyquist 曲线，所得结果如图 3.88 所示。由图
3.88 可知，伴随 β 由 1 减小至 0.2，$T_o(s)$ 的穿越频率逐渐由 875 Hz 增加至 945 Hz；同
时，相位裕度由 66.7° 增加至 71.4°；增益裕度略有减小，由 18.7 dB 减至 15.3 dB；上述
稳定裕度的变化趋势单调且幅度较小。

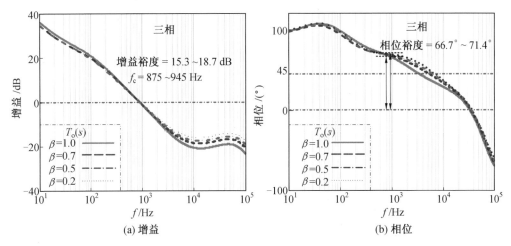

图 3.88　　不同 β 值时 $T_o(s)$ 的频率响应

图 3.89(a) 中 Nyquist 曲线所反映的模值裕度变化趋势则较复杂, β=1 的情况下, 以 [−1,j0] 为原点与 $T_o(s)$ 的 Nyquist 曲线相切的圆半径为 0.833, 切点位于曲线左下方。而当 β=0.7、0.5 及 0.2 时, 切点均位于负实轴上, 模值裕度分别为 0.859、0.842 及 0.807。图 3.89(b) 所示为以 β 为变量的模值裕度的曲线, 由图可知模值裕度的变化趋势不单调, 在 β=0.741 时, 模值裕度最大可达 0.861。

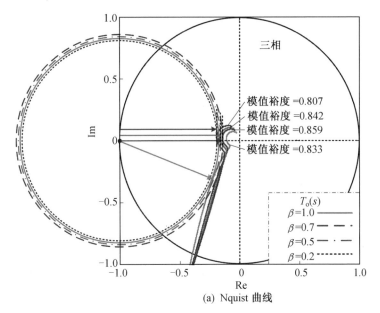

图 3.89　　不同 β 值时 $T_o(s)$ 的模值裕度

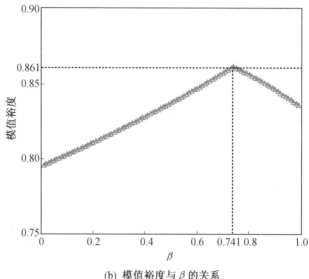

(b) 模值裕度与 β 的关系

续图 3.89

2. 闭环输出阻抗

电源系统的输出阻抗是输出电流与输出电压之间的关系式,求解该表达式时应假设 v_r 与 v_{in} 保持不变,则图 3.85 所示的小信号模型可简化为图 3.90,此时环路存在下述关系式:

$$
\begin{cases}
\hat{d} = F_m \hat{v}_{c1} \\
\hat{v}_{c1} = [G_c(s) + 1] \hat{v}_c - G_c(s) H_c(s) \hat{i}_L \\
\hat{i}_L = G_{iLio}(s) \hat{i}_o + G_{iLd}(s) \hat{d} \\
\hat{v}_c = G_v(s) \beta \hat{v}_{e1} + G_m(s)(1-\beta) \hat{v}_{e2} \\
\hat{v}_{e1} = -H_v(s) \hat{v}_o \\
\hat{v}_{e2} = G_v(s) G_{ref}(s) H_v(s)^2 \hat{v}_o
\end{cases}
\tag{3.130}
$$

由上述关系式可得占空比为

$$
\hat{d} = \frac{F_m\{G_v(s)H_v(s)Z_o(s)[G_c(s)+1][G_m(s)G_{ref}(s)(\beta-1)H_v(s)+\beta] - G_c(s)G_{iLd}(s)H_c(s)\}i_o}{F_m\{G_v(s)G_{vod}(s)H_v(s)[G_c(s)+1][G_m(s)G_{ref}(s)(\beta-1)H_v(s)+\beta] - G_c(s)G_{iLd}(s)H_c(s)\} + 1}
\tag{3.131}
$$

因输出电流与输出电压之间存在下述关系:

$$
\hat{v}_o = -Z_o(s) \hat{i}_o + G_{vod}(s) \hat{d}
\tag{3.132}
$$

根据上式可得闭环输出阻抗为

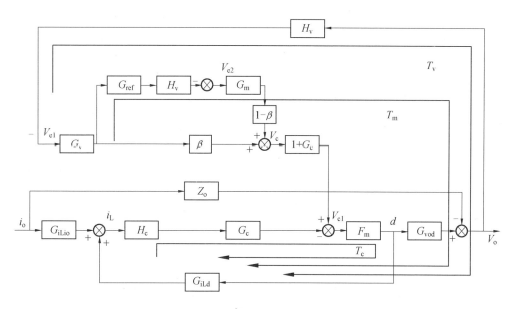

图 3.90　v_r 与 v_{in} 不变时 $1/\sqrt[3]{s}$ 型 MFACM 控制的环路小信号模型

$$Z_{clo}(s) = -\frac{\overset{\wedge}{v_o}}{\overset{\wedge}{i_o}} = \frac{Z_o(s)\left[T_c(s)+1\right]+F_m G_c(s) G_{vod}(s) G_{iLio}(s) H_c(s)}{T_v(s)+T_c(s)+1} \qquad (3.133)$$

由式(3.133)得到 $\beta=1$、0.7、0.5 及 0.2 时的输出阻抗频率特性曲线如图 3.91 所示,由结果可知,不同 β 值下高频段的 $Z_{clo}(s)$ 曲线基本重合;但在低频段与中频段,β 值越小,相应 $Z_{clo}(s)$ 曲线的增益越低。在 10 Hz 处,$\beta=0.2$ 时的闭环输出阻抗约比 $\beta=1$ 的情况小约 26 dB;在 100 Hz 处,$\beta=0.2$ 时的 $Z_{clo}(s)$ 增益比 $\beta=1$ 时的低 15 dB;在峰值处,两种情况相差约 5 dB。$Z_{clo}(s)$ 描述的是闭环情况下输出电流与输出电压之间的关系,增益越小表示输出电压受变化输出电流的影响越小,因此负载发生阶跃变化时,MFACM 控制下的输出电压变化量及恢复时间将短于 ILRACM 控制的情况,且 β 值越小优势越明显。

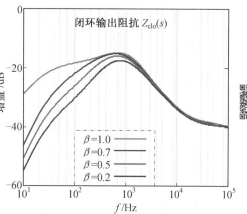

图 3.91　不同 β 值时 $Z_{clo}(s)$ 的频率响应

3.闭环音频易感性传递函数

求解闭环音频易感性传递函数时,需假设 v_r 与 i_o 保持不变,图 3.85 所示的信号框图可简化为图 3.92,此时环路存在下述关系式:

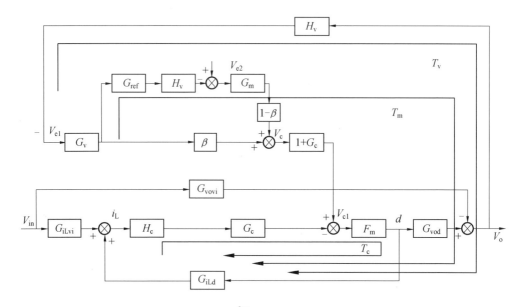

图 3.92　v_r 与 i_o 不变时 $1/\sqrt[3]{s}$ 型 MFACM 控制的环路小信号模型

$$
\begin{cases}
\hat{d} = F_m\,\hat{v}_{c1} \\
\hat{v}_{c1} = \left[G_c(s)+1\right]\hat{v}_c - G_c(s)H_c(s)\,\hat{i}_L \\
\hat{i}_L = G_{iLvi}(s)\,\hat{v}_{in} + G_{iLd}(s)\hat{d} \\
\hat{v}_c = G_v(s)\beta\,\hat{v}_{e1} + G_m(s)(1-\beta)\,\hat{v}_{e2} \\
\hat{v}_{e1} = -H_v(s)\,\hat{v}_o \\
\hat{v}_{e2} = G_v(s)G_{ref}(s)\left[H_v(s)\right]^2\,\hat{v}_o
\end{cases}
\tag{3.134}
$$

由上式可得占空比的表达式为

$$
\hat{d} = \frac{F_m\{G_v(s)H_v(s)G_{vovi}(s)[G_c(s)+1][G_m(s)G_{ref}(s)(\beta-1)H_v(s)+\beta]-G_c(s)G_{iLd}(s)H_c(s)\}i_o}{F_m\{G_v(s)G_{vod}(s)H_v(s)[G_c(s)+1][G_m(s)G_{ref}(s)(\beta-1)H_v(s)+\beta]-G_c(s)G_{iLd}(s)H_c(s)\}+1}
\tag{3.135}
$$

因输入电压与输出电压之间存在下述关系：

$$
\hat{v}_o = G_{vovi}(s)\,\hat{i}_o + G_{vod}(s)\hat{d}
\tag{3.136}
$$

根据上式可得闭环音频易感性传递函数为

$$
G_{clvovi}(s) = \frac{\hat{v}_o}{\hat{v}_{in}} = \frac{G_{vovi}(s)\left[T_c(s)+1\right]-F_mG_c(s)G_{vod}(s)G_{iLio}(s)H_c(s)}{T_v(s)+T_c(s)+1}
\tag{3.137}
$$

由式(3.137)得到 $\beta=1.0$、0.7、0.5 及 0.2 时，三相交错 CBC 的闭环音频易感性频域增益曲线如图 3.93 所示，$G_{clvovi}(s)$ 的情况与 $Z_{clo}(s)$ 比较相似，β 值越小，低频段的增

益越小,表明电源系统的输入电压抗扰性越好。

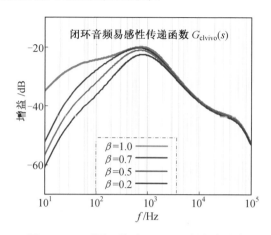

图 3.93　不同 β 值时 $G_{\text{clvovi}}(s)$ 的频率响应

本小节从外环传递函数、闭环输出阻抗及闭环音频易感性传递函数 3 个方面分析了 MFACM 的控制效果。总体而言,β 取值较小对电源系统的相位裕度、增益裕度、负载电流抗扰性及输入电压抗扰性均有益处,但值得注意的是,外环传递函数的模值裕度随 β 的变化趋势并不单调,实际设计时需权衡稳定裕度与动态特性,合理选择 β 的大小。

3.5.4　仿真与实验验证

1. 负载阶跃

为评估三相 CBC 在输出电流发生瞬态变化时的动态特性,在电流由 3 A 切换至 9 A 时得到 MFACM 控制(β 分别为 0.5、0.3)以及 ILRACM 控制下,电源输出电压与电流的仿真波形,如图 3.94 所示。

由图 3.94(a)可知,MFACM 控制($\beta=0.5$)下的输出电压跌落幅值仅为 ILRACM 控制下的一半。由于 $\beta=0.5$ 与 $\beta=0.3$ 两条件的结果差别较小,因此实际应用中无须过度减小 β 而追求更好的控制效果。各情况下的电感电流波形如图 3.94(b)所示,3 组仿真结果均具备较好的动态均流特性,且 MFACM 控制下的电感电流响应速度较快。

MFACM 控制($\beta=0.5$)与 ILRACM 控制下的负载阶跃时电压、电流波形如图 3.95 所示,$\beta=0.5$ 对应的电压最大跌落为 0.47 V,幅值比 ILRACM 控制时的小 0.79 V,恢复时间同样明显缩短。实测的电感电流波形如图 3.96 所示,由图可知 MFACM 控制下电感电流的响应速度约为 ILRACM 控制下的 2 倍。上述测试结果均与仿真结果相符。

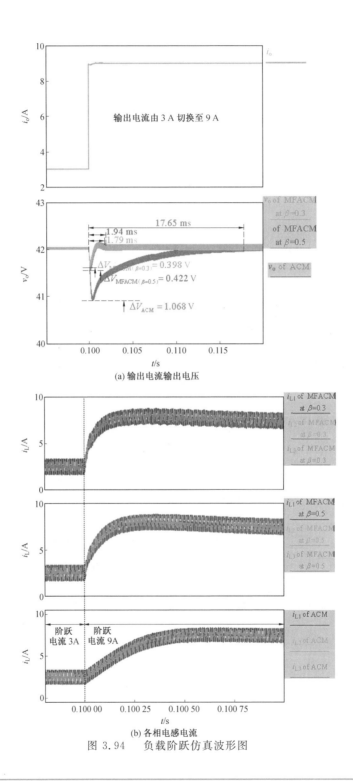

(a) 输出电流输出电压

(b) 各相电感电流

图 3.94   负载阶跃仿真波形图

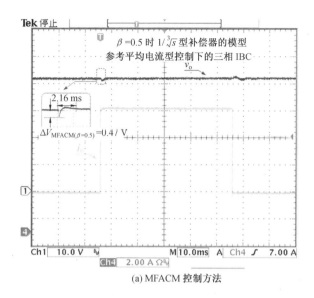

(a) MFACM 控制方法

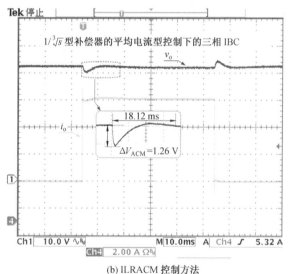

(b) ILRACM 控制方法

图 3.95　负载阶跃实验波形图

2. 输入电压阶跃

当输入电压由 18 V 增加至 24 V 时,三相交错 CBC 输出电压仿真波形如图 3.97 所示。其中,$\beta = 0.5$ 对应的电压超调量为 0.387 V,ILRACM 控制时超调量为 0.752 V。该结果验证了 3.5.3 小节中的结论,MFACM 控制可改善变换器对输入电压变化的抑制能力。三相交错 CBC 输入电压变化时实验波形如图 3.98 所示,由图可知,两种控制方式所对应的三相交错 CBC 超调量分别为 0.45 V 与 0.96 V,该结果与仿真结果基本一致。

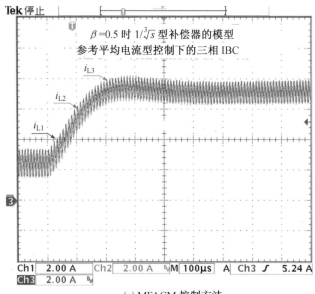

(a) MFACM 控制方法

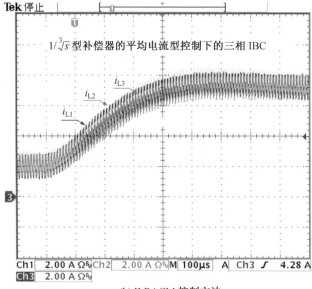

(b) ILRACM 控制方法

图 3.96　三相交错 CBC 的负载阶跃实验电感电流波形图

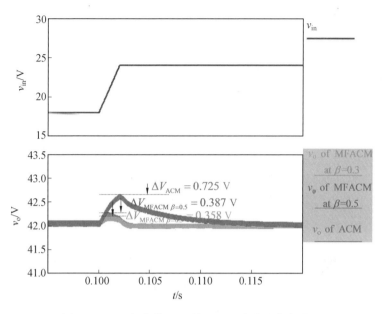

图 3.97　三相交错 CBC 输入电压变化时仿真波形图

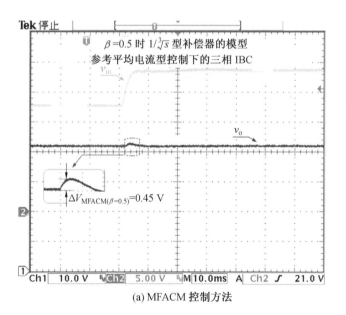

(a) MFACM 控制方法

图 3.98　三相交错 CBC 输入电压变化时实验波形图

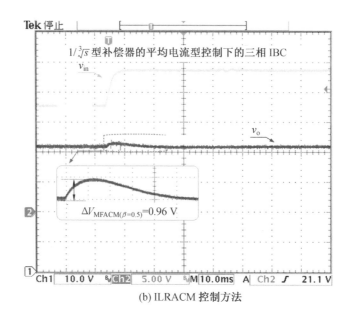

(b) ILRACM 控制方法

续图 3.98

本节通过负载阶跃测试、输入电压变化测试以及单模块切除测试,分别以三相交错 CBC 及两相 IICIBC 为功率拓扑,在仿真与实验中全面对比了 MFACM 与 ILRACM 的控制效果,且两控制方式的电压环补偿器均采用 $1/\sqrt[3]{s}$ 型补偿器。与传统控制方式相比,新控制方式可将电源系统动态响应时的输出电压变化幅度减小一半以上,且恢复时间明显缩短。

3.6　本章小结

本章通过理论分析、仿真验证与实验测试相结合的手段,研究了新体制航天器一次电源功率拓扑及控制方式。主要研究结果如下:

(1) 针对 BCR 域的高动态响应、低输入输出电流纹波等需求,提出了带阻尼滤波器的耦合电感 Superbuck 拓扑,其输入输出电流连续,提高了拓扑对输入噪声的抑制能力和拓扑的稳定性,所提出的最优阻尼滤波器阻尼电阻优化方法,减小了滤波电容,进一步提高了功率密度。

(2) 提出了两相交错反相耦合 Boost 变换器,建立了 IICIBC 的小信号模型,并给出了其控制到输出电压传递函数的零点位于 LHP 的条件。与 ICIBC 相比,IICIBC 具有下述优点:首先,理想情况下新变换器各电感的直流磁通基本可抵消,只剩余部分交流磁通,磁芯利用率更高,在减少磁芯数量的同时提高了运行效率;此外,IICIBC 的

"无 RHPZ" 占空比工作区间可大于同等参数的 ICIBC。上述优点使 IICIBC 更适用于高升压比且对动态响应速度、功率密度要求较高的场合。

（3）针对卫星一次功率母线中电池充放电变换功能对高频充放电切换的需求，提出了一种正反向数学模型均为二阶最小相位系统的 Weinberg—Buck 型双向 DC/DC 拓扑及对应的 BCDR 变换器，克服了以往双向拓扑需要严格的 PWM 死区限制、存在右半平面零点影响高频双向切换和模块并联稳定性的问题，并给出了影响最大双向切换频率的因素及小信号模型；同时给出了作为压控电流源的 BCDR 的相同跨导系数双向电流采样设计、双向闭环控制以及高频充放电切换逻辑锁定电路设计。针对 BCDR 应用在 PCPU 中的功能需求，还提出了一种能同时满足 MEA 控制、恒流充电、恒压充电的电池控制管理单元。

（4）基于平均电流模式控制的多个子模块并联方式，提出了一种能保证功率母线的带宽和输出阻抗维持恒定的跨导补偿器设计方案。分析了跨导补偿器的设计原理，给出了跨导补偿器的一种电路实现形式，并分析了该电路下并联子模块开关机或发生故障时与跨导补偿器调节的时序关系以及补偿过程中 V_{bus} 的稳定性。通过对并联环节各部分的频率特性分析，给出了跨导补偿器能线性稳定工作时外部电压控制环路中各功能部分的设计约束条件。

（5）提出了可在较宽的频域范围内持续提供 $60°$ 相位补偿能力的 $1/\sqrt[3]{s}$ 型补偿器结构和参数设计方法，并详细对比了该补偿器与传统 II 型补偿器在控制相同变换器时的相位裕度、增益裕度、模值裕度及时延裕度等指标。分析结果表明：$1/\sqrt[3]{s}$ 型补偿器作用下的变换器各项稳定裕度更充足，若并联相数进一步增加，该补偿器的优势将更加凸显。同时，提出了 MFACM 控制的设计思路与环路设计方法，详细对比了该种控制方式与传统 ILRACM 控制下的闭环输出阻抗与闭环音频易感性传递函数。与功率拓扑参数相同且外环穿越频率基本一致的 ILRACM 控制相比，新控制方法可将闭环输出阻抗与闭环音频易感性传递函数的低频增益降低约 25 dB，峰值增益降低约 5 dB。

本章参考文献

[1] WAI R J,DUAN R Y. High-efficiency bidirectional converter for power sources with great voltage diversity[J]. IEEE Transactions on Power Electronics,2007, 22(5):1986-1996.

[2] LEE Y S,KO Y P,CHENG M W,et al. Multiphase zero-current switching bidirectional converters and battery energy storage application [J]. IEEE

Transactions on Power Electronics,2013,28(8):3806-3815.

[3] PAN X,RATHORE A K. Naturally clamped soft-switching current-fed three-phase bidirectional DC/DC converter[J]. IEEE Transactions on Industrial Electronics,2015,62(5):3316-3324.

[4] SINGH R K,MISHRA S. A magnetically coupled feedback-clamped optimal bidirectional battery charger [J]. IEEE Transactions on Industrial Electronics, 2013,60(2):422-432.

[5] JIN K,YANG M,RUAN X,et al. Three-level bidirectional converter for fuel-cell/battery hybrid power system [J]. IEEE Transactions on Industrial Electronics,2010,57(6):1976-1986.

[6] PARK J,CHOI S. Design and control of a bidirectional resonant DC – DC converter for automotive engine/battery hybrid power generators [J]. IEEE Transactions on Power Electronics,2014,29(7):3748-3757.

[7] SAMOSIR A S,YATIM A H M. Implementation of dynamic evolution control of bidirectional DC – DC converter for interfacing ultracapacitor energy storage to fuel-cell system [J]. IEEE Transactions on Industrial Electronics,2010,57 (10):3468-3473.

[8] WANG K,ZHU L,QU D,et al. Design,implementation,and experimental results of bi-directional full-bridge DC/DC converter with unified soft-switching scheme and soft-starting capability [C]. IEEE Power Electronics Specialists Conference. Galway,Ireland. IEEE,2000:1058-1063.

[9] CORRADINI L,SELTZER D,BLOOMQUIST D,et al. Zero voltage switching technique for bidirectional DC/DC converters [J]. IEEE Transactions on Power Electronics,2014,29(4):1585-1594.

[10] ZHANG Z,OUYANG Z,THOMSEN O C,et al. Analysis and design of a bidirectional isolated DC – DC converter for fuel cells and supercapacitors hybrid system [J]. IEEE Transactions on Power Electronics,2012,27(2):848-859.

[11] JAIN M,DANIELE M,JAIN P K. A bidirectional DC-DC converter topology for low power application [J]. IEEE Transactions on Power Electronics,2000, 15(4):595-606.

[12] CHEN G,LEE Y S,HUI S Y R,et al. Actively clamped bidirectional flyback converter [J]. IEEE Transactions on Industrial Electronics, 2000, 47 (4): 770-779.

[13] BAEK J B,CHOI W I,CHO B H. Digital adaptive frequency modulation for bidirectional DC – DC converter [J]. IEEE Transactions on Industrial

Electronics,2013,60(11):5167-5176.

[14] YANG L S,LIANG T J. Analysis and implementation of a novel bidirectional DC-DC converter[J]. IEEE Transactions on Industrial Electronics,2012,59 (1):422-434.

[15] MOHAMMADI M R, FARZANEHFARD H. Analysis of diode reverse recovery effect on the improvement of soft-switching range in zero-voltage-transition bidirectional converters [J]. IEEE Transactions on Industrial Electronics,2015,62(3):1471-1479.

[16] CASTIAUX J P,BURY P,LIEGEOIS B. Power conditioning units for high power geostationary satellites [C]. 28th Annual IEEE Power Electronics Specialists Conference. Louis,MO,USA. IEEE,1997:722-733.

[17] FU M,ZHANG D,LI T. Design and analysis of a conductance compensator for keeping constant bandwidth and output impedance in average current mode control [J]. IEEE Transactions on Power Electronics,2017,32(1):837-848.

[18] MASET E,SANCHIS-KILDERS E,EJEA J B,et al. New high power/high voltage battery-free bus for electrical propulsion in satellites [C]. IEEE Power Electronics Specialists Conference. Orlando,FL,USA. IEEE,2007:1391-1397.

[19] WEINBERG A K,RUEDA BOLDO P. A high power,high frequency,DC to DC converter for space applications [C]. 23rd Annual IEEE Power Electronics Specialists Conference. Toledo,Spain. IEEE,1992:1140-1147.

[20] MASET E,FERRERES A,EJEA J B,et al. 5kW Weinberg converter for battery discharging in high-power communication satellites [C]. 36th IEEE Power Electronics Specialists Conference. Aachen, Germany. IEEE, 2005: 69-75.

[21] VAN-DIJK K,KLAASSENS J B,SPRUIJT H J N,et al. Battery charger design for the Columbus MTFF power system[J]. IEEE Transactions on Aerospace and Electronic Systems,1997,33(1):29-37.

[22] KARPPANEN M,SUNTIO T,SIPPOLA M. PCM-controlled superbuck converter with super performance and surprises [C]. IEEE Power Electronics Specialists Conference. Rhodes,Greece. IEEE,2008:3206-3212.

[23] ERICKSON R W,MAKSIMOVIC D. Fundamentals of power electronics[M]. New York:Springer US,2001.

[24] YU W,QIAN H,LAI J S. Design of high-efficiency bidirectional DC – DC converter and high-precision efficiency measurement [J]. IEEE Transactions on Power Electronics,2010,25(3):650-658.

[25] YANG J W,DO H L. High-efficiency bidirectional DC－DC converter with low circulating current and ZVS characteristic throughout a full range of loads [J]. IEEE Transactions on Industrial Electronics,2014,61(7):3248-3256.

[26] SANCHIS E,MASET E,FERRERES A,et al. Bidirectional high-efficiency nonisolated step-up battery regulator [J]. IEEE Transactions on Aerospace and Electronic Systems,2011,47(3):2230-2239.

[27] O'SULLIVAN D,SPRUYT H,CRAUSAZ A. PWM conductance control[C]. 19th Annual IEEE Power Electronics Specialists Conference. Kyoto,Japan. IEEE,1988:351-359.

[28] GARCERA G,FIGUERES E,PASCUAL M,et al. Analysis and design of a robust average current mode control loop for parallel buck DC-DC converters to reduce line and load disturbance [J]. IEE Proceedings-Electric Power Applications,2004,151(4):414-424.

[29] LI P,LEHMAN B. A design method for paralleling current mode controlled DC－DC converters [J]. IEEE Transactions on Power Electronics,2004,19 (3):748-756.

[30] EJEA J B,FERRERES A,SANCHIS-KILDERS E,et al. Optimized topology for high efficiency battery discharge regulator [J]. IEEE Transactions on Aerospace and Electronic Systems,2008,44(4):1511-1521.

[31] YAN Y Y,LEE F C,MATTAVELLI P. Analysis and design of average current mode control using a describing-function-based equivalent circuit model [J]. IEEE Transactions on Power Electronics,2013,28(10):4732-4741.

[32] KISLOVSKI A S. Small-signal,low-frequency analysis of a buck type PWM conductance controller [C]. 21st Annual IEEE Power Electronics Specialists Conference. San Antonio,TX,USA. IEEE,1990:88-95.

[33] TANG W,LEE F C,RIDLEY R B. Small-signal modeling of average current-mode control[J]. IEEE Transactions on Power Electronics, 1993, 8 (2): 112-119.

[34] YAN Y. Unified three-terminal switch model for current mode controls[D]. Virginia,USA:Virginia Polytechnic Institute and State University,2010.

[35] GARCERA G,PASCUAL M,FIGUERES E. Robust average current-mode control of multimodule parallel DC-DC PWM converter systems with improved dynamic response [J]. IEEE Transactions on Industrial Electronics,2001,48 (5):995-1005.

[36] SUN C,LEHMAN B,CIPRIAN R. Dynamic modeling and control in average

current mode controlled PWM DC/DC converters［C］. 30th Annual IEEE Power Electronics Specialists Conference. Charleston,SC,USA. IEEE,1999: 1152-1157.

[37] GARCERA G,FIGUERES E,MOCHOLI A. Novel three-controller average current mode control of DC-DC PWM converters with improved robustness and dynamic response［J］. IEEE Transactions on Power Electronics,2000,15(3): 516-528.

[38] GU Y,ZHANG D L. Voltage regulator buck converter with a tapped inductor for fast transient response application［J］. IEEE Transactions on Power Electronics,2014,29(12):6249-6254.

[39] GARCERA G,PASCUAL M,FIGUERES E. Robust average current-mode control of multimodule parallel DC-DC PWM converter systems with improved dynamic response［J］. IEEE Transaction on Industrial Electronics,2001,48 (5):995-1005.

[40] GARCERA G,FIGUERES E,MOCHOLI A. Novel three-controller average current mode control of DC-DC PWM converters with improved robustness and dynamic response［J］. IEEE Transactions on Power Electronics,2000,15(3): 516-528.

[41] FIGUERES E,BENAVENT J M,GARCERA G,et al. A control circuit with load-current injection for single-phase power-factor-correction rectifiers［J］. IEEE Transaction on Industrial Electronics,2007,54(3):1272-1281.

[42] LIU H,ZHANG D L,WANG D. Design considerations for output capacitance under inductance mismatches in multiphase buck converters［J］. IEEE Transactions on Power Electronics,2017,32(7):5004-5015.

[43] LIU H,ZHANG D L. Two-phase interleaved inverse-coupled inductor boost without right half-plane zeros［J］. IEEE Transactions on Power Electronics, 2017,32(3):1844-1859.

[44] LIU H,ZHANG D L. Model following average-current-mode control with 1/-s compensator for interleaved boost converters with improved dynamic response ［J］. IET Power Electronics,2017,10(12):1596-1608.

[45] 刘贺. 多相交错并联卫星电源蓄电池放电功率单元研究［D］. 哈尔滨:哈尔滨工业大学,2017.

[46] FU M,ZHANG D L,LI T C. Design and analysis of a conductance compensator for keeping constant bandwidth and output impedance in average current mode control［J］. IEEE Transactions on Power Electronics,2017,32

(1):837-848.

[47] FU M, ZHANG D L, LI T C, et al. High direction-changing frequency bidirectional DC-DC converter for charging/discharging applications [C]. IECON 2017 - 43rd Annual Conference of the IEEE Industrial Electronics Society. Beijing,China. IEEE,2017:4375-4382.

[48] 付明. 柔性可扩展全电推卫星平台 PCPU 的研究[D]. 哈尔滨:哈尔滨工业大学,2017.

第4章

分布式航天器电源的串并联组合技术

本章首先对航天器电源模块进行串并联组合连接后的均压特性与均压规律展开研究,研究不同类型拓扑的自然均压稳定性,进而总结适用于组合系统的拓扑类型,同时讨论组合系统从输入端平均与从输出端平均控制方法的差别,并着重介绍从输出端平均的控制方法。其次,研究成熟电源模块做进一步串并联扩展的平均控制策略,为电源模块的积木式堆叠应用提供理论指导。最后,为满足宽输入电压应用需求,讨论输入输出间接串并联的拓扑实现方法,该方法相比于传统两级方法具有更高的效率及更低的器件成本。

由于宇航级功率器件的电压等级和功率处理能力有限,因此可由多个电源经过串联或并联的有机连接来扩展电压和功率应用范围。分布式航天器电源系统通过子电源模块的串并联组合技术不仅能有效地降低器件的电压、电流和功率应力,提高系统可靠性,还可灵活、快速地将子电源模块组合成新的系统,从而缩短研制周期。子模块间的均压、均流通常需要依靠专用的均压、均流策略实现。输入端串联的连接结构包括输入串联输出并联(ISOP)、输入串联输出串联(ISOS)和输入串联输出独立(ISOI)连接,适用于输入母线高压的情况。为使输入串联型系统中各个子模块平均运行,国内外学者提出了很多不同的均压方法,主要可以分为两类,即模块之间的自然平均运行方式和具有专门的均压环或者均流环的控制策略。

自然平均运行方式的控制电路结构简单,易于实现且可靠性高,但是均压的稳态和动态效果不佳。具有专门的均压环或均流环的控制策略能获得较为理想的均压均流效果,但是控制电路结构复杂不易实现。自然平均运行方式最具代表性的是同占空比控制,由 Buck 推导型拓扑 ISOP 或输入并联输出串联(IPOS)连接后的系统具有公共的输出电压环,由公共的输出电压环补偿后产生的占空比同时提供给系统中的所有模块,尽管没有专用的输入均压环或输出均流环,但模块之间仍能获得功率自然平衡的效果。无中心控制器控制策略是利用控制环路改变模块的输出外特性,使闭环运行的模块输出电压不再是恒定的值,而是与输入电压或输出电流呈线性关系,当具有这样特性的闭环模块 ISOP 或 ISOS 连接时可获得自然平均运行。

由于自然平均运行方式不能获得较好的稳态和动态均压特性及其适用范围较窄的特点,一些文献中提出了带有特定的输入均压环和输出均压环(均流环)的控制策略。早期的研究中几乎所有的精确均压控制策略都是从输入端实现。三环控制策略可以应用在 ISOP 和 ISOS 连接结构上,控制策略包括公共的输出电压环、平均电流环和独立的输入均压环。平均电流环提高了系统的输出特性,而输入均压环使系统获得精确的稳态输入均压特性和高动态响应的输入均压特性。

目前关于串并联组合技术的研究中,对不同拓扑类型作为子模块时系统的自然均压稳定性、在输出端实现均压的控制策略和基于现有完成鉴定的成熟电源模块直接进行串并联组合的技术方面研究成果较少。本章将针对这 3 个方面依次展开研究,然后通过将串并联组合的概念应用于子模块变换器中,进一步提出两种高效的部分功率处理变换器。

4.1　分布式电源拓扑均压稳定性研究

同占空比控制是最简单的均压控制方法,其利用拓扑自身输入输出电压电流具有的线性关系,获得模块间的自然平均运行,但是目前对不同拓扑类型在进行组合时的自然均压稳定性研究成果较少,适合扩展连接的拓扑类型迫切需要理论支持。针对这一问题,本节对工作于连续模式和断续模式的 3 种基本拓扑类型 Buck、Boost 和 Buck－Boost 的稳态电压电流关系进行研究,总结不同类型拓扑进行 ISOP 和 ISOS 连接采用同占空比控制的自然均压稳定性。

4.1.1　Buck、Boost 和 Buck－Boost 拓扑的自然均压稳定性分析

图 4.1 为 N 个变换器 ISOP 和 ISOS 连接时采用同占空比控制的原理图,同占空比控制是所有均压控制方式中最简单的一种,可方便地实现热插拔功能,应用最为广泛。组合变换器在同占空比控制闭环运行时,所有变换器占空比的扰动值及稳态值都是完全一致的。当占空比变大时,所有变换器的输入电流变大,这将引起总输入电流变大,提高组合系统的总输入功率。当占空比变小时,输入电流变小,将减小组合系统的输入功率。因为所有变换器的输入电流是同步变化的,所以在占空比的调整过程中,每个变换器的输入电容电流不变,那么变换器的输入电压也不变,也就是占空比的调整过程不影响组合系统的内部分压,同占空比控制的组合系统是否能够获得平均稳定运行,是由子模块拓扑具有的自然均压特性决定的。

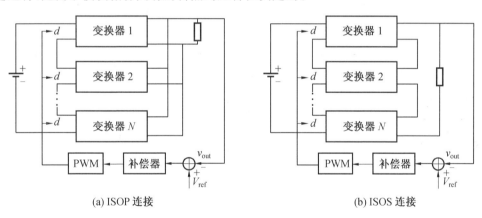

(a) ISOP 连接　　　　　　　　　　　　　(b) ISOS 连接

图 4.1　系统采用同占空比控制的原理图

采用同占空比控制的多变换器系统与单变换器系统在稳态分析上有所不同,单变换器系统的稳态工作点一定是存在的,这个稳态工作点就是变换器的输入、输出电压特定的比例关系。而在多变换器系统中,稳态工作点除了包含每个变换器输入、输出电压的比例关系外,还有组合系统中每个变换器模块的稳态分压情况。多个变换器进行 ISOP 和 ISOS 连接时,如果输入电压集中在一个子变换器上,而其他变换器的输入电压为 0,那么组合系统不存在稳态均压工作点,不能平均稳定运行。如果系统内部子变换器能够平均运行,每个变换器的输入电压是近似相等的,那么组合系统存在稳态均压工作点,能够平均稳定运行。

为简化后续分析过程,对稳定性的研究是基于两个子变换器构成的系统,稳定性

分析的结果同样适用于 N 个变换器的系统。变换器进行 ISOP(或 ISOS)连接时输入电流相等,设两个变换器的稳态输入电压比值是 k,那么它们的输入功率之比也是 k。假设系统运行效率为 100%,变换器的输入功率等于输出功率,那么输出功率之比仍然是 k。当输出端并联连接时,两个输出电流之比是 k;当输出端串联连接时,两个变换器的输出电压之比是 k。对采用同占空比控制的多个模块系统的稳态电压电流方程求解,如果拓扑具备自然均压能力,则能够解出两个模块在稳态运行时的分压系数 k 的值近似等于 1。

4.1.2 Buck、Boost 和 Buck $-$ Boost 拓扑的稳态电压电流方程

组合变换器的子模块必须是隔离型拓扑,隔离型拓扑一般可以归类为常用的 3 种基本拓扑,即 Buck、Boost 和 Buck$-$Boost。采用基本拓扑模型推导的稳定性结论具有代表性,并且得到的结论也同样适用于它们对应的隔离型拓扑。总结 3 种基本拓扑运行于连续电流模式(CCM)和断续电流模式(DCM)的稳态电压电流方程见表 4.1 和表 4.2,表中 V_{in_s}、V_{out_s}、I_{in_s}、I_{out_s}、D 分别为每个变换器的输入电压、输出电压、输入电流、输出电流和占空比,R_{o_s}、T_s、L 分别为变换器所带负载、开关周期和电感值。

表 4.1　连续电流模式 3 种拓扑的稳态电压电流方程

连续状态	Buck	Boost	Buck $-$ Boost
稳态电压方程	$V_{out\_s} = DV_{in\_s}$	$V_{out\_s} = V_{in\_s}/(1-D)$	$V_{out\_s} = DV_{in\_s}/(1-D)$
稳态电流方程	$I_{in\_s} = DI_{out\_s}$	$I_{in\_s} = I_{out\_s}/(1-D)$	$I_{in\_s} = DI_{out\_s}/(1-D)$

表 4.2　断续电流模式 3 种拓扑的稳态电压电流方程

断续状态	Buck	Boost	Buck $-$ Boost
稳态电压方程	$V_{out\_s} = \dfrac{2V_{in\_s}}{1+\sqrt{1+\dfrac{8L}{R_{o\_s}T_sD^2}}}$	$V_{out\_s} = \dfrac{V_{in\_s}\left(1+\sqrt{1+\dfrac{2D^2R_{o\_s}T_s}{L}}\right)}{2}$	$V_{out\_s} = \dfrac{V_{in\_s}D}{\sqrt{2L/R_{o\_s}T_s}}$
稳态电流方程	$I_{in\_s} = \dfrac{2I_{out\_s}}{1+\sqrt{1+\dfrac{8L}{R_{o\_s}T_sD^2}}}$	$I_{in\_s} = \dfrac{I_{out\_s}\left(1+\sqrt{1+\dfrac{2D^2R_{o\_s}T_s}{L}}\right)}{2}$	$I_{in\_s} = \dfrac{I_{out\_s}D}{\sqrt{2L/R_{o\_s}T_s}}$

4.1.3　连续工作模式的均压稳定性分析

Buck、Boost 和 Buck$-$Boost 变换器在进行 ISOP 和 ISOS 连接时的均压稳定性具有不同的情况,分别对其进行分析。

1. ISOP 连接结构

由 2 个隔离型连续工作模式的 Buck 拓扑 ISOP 连接的稳态方程为

$$\begin{cases} V_{\text{out}} = DV_{\text{in1}} \\ V_{\text{out}} = DV_{\text{in2}} \end{cases}, \quad \begin{cases} I_{\text{in}} = DI_{\text{out1}} \\ I_{\text{in}} = DI_{\text{out2}} \end{cases} \tag{4.1}$$

式中　　V_{in1}、V_{in2}——变换器 1 和变换器 2 的输入电压；

　　　　I_{out1}、I_{out2}——变换器 1 和变换器 2 的输出电流；

　　　　D——两个变换器相等的稳态占空比。

两个变换器采用同占空比控制,因而式(4.1)及后续分析的稳态方程中不同变换器的占空比用相同符号 D 表示,连续模式拓扑的输入输出电压增益与负载无关,只与系统的占空比有关。Buck 推导型的两个隔离变换器 ISOP 连接时,由于输入端串联连接,所以输入电流相等,为总输入电流 I_{in}；由于输出端并联连接,所以输出电压相等,为总输出电压 V_{out}。

式(4.1)中两个变换器的输出电压相等,又采用相同的占空比控制,能够推导出两个变换器的输入电压相等,即 $V_{\text{in1}} = V_{\text{in2}}$,也就是均压系数 $k=1$。根据稳态电流方程,得到两个变换器的输出电流相等,即 $I_{\text{out1}} = I_{\text{out2}}$。ISOP 连接的 Buck 推导型拓扑稳态输入分压的解 $k=1$,该类型的拓扑在应用同占空比控制 ISOP 连接时能够获得自然平均运行。实际电路中,两个变换器的占空比不会完全相等,会存在一定的误差,那么 k 的值近似等于 1。此外在相应的隔离型拓扑中,稳态方程将带有变压器匝比及线路寄生电阻等参数,这样推导出的稳态 k 的结果将与两个变换器的变压器匝比、寄生电阻及占空比的一致性有关,参数一致性越好 k 的值越接近于 1,理想情况下 $k=1$。

2. ISOS 连接结构

当两个 Buck 推导型的隔离变换器进行 ISOS 连接后,因输入端串联连接变换器的输入电流相等,输出端串联连接使输出电流相等,所以 ISOS 系统的稳态电压电流方程为

$$\begin{cases} V_{\text{out1}} = DV_{\text{in1}} \\ V_{\text{out2}} = DV_{\text{in2}} \end{cases}, \quad I_{\text{in}} = DI_{\text{out}} \tag{4.2}$$

式中　　V_{out1}、V_{out2}——变换器 1 和变换器 2 的输出电压。

从式(4.2)的稳态电压方程中不能解出系统输入电压的比值 k,电流方程中等式两边强制相等,这在实际情况中不能实现,因为尽管两个模块的占空比是相同的值,但是实际电路中,这两个相同的占空比一定会存在一些差异,这就使式(4.2)电流方程的右侧两项不会完全相同。而两个变换器的稳态输入电流一定相等,所以上述稳态电流方程不能成立,系统无稳态均压解,Buck 推导型隔离拓扑采用同占空比控制进行 ISOS 连接时不能稳定。从表 4.1 的稳态方程中发现,Boost 和 Buck－Boost 变换器的电压电流关系与 Buck 变换器相似,采用同样的分析方法能够得出均压稳定性结论:连续模式的 Buck、Boost 和 Buck－Boost 变换器在进行 ISOP 连接时采用同占空比控制能够获得自然均压,进行 ISOS 连接时系统不能获得自然平均稳定运行。

4.1.4 断续工作模式的均压稳定性分析

断续工作模式的 3 种基本拓扑稳态输入输出电压关系都与负载有关,因此均压稳态工作点的推导较连续模式时复杂,本节两种拓扑 Buck 和 Buck — Boost 为例进行稳定性分析。

1. ISOP 连接结构

断续运行的 Buck 推导型隔离变换器在 ISOP 连接时,R_o 是组合系统所带的负载,两个变换器的输出等效负载要由最终输出端的分流结果决定,所以两个变换器实际输出所带的等效负载的值为

$$\begin{cases} R_{o1} = \dfrac{V_{out}}{I_{out1}} \\ R_{o2} = \dfrac{V_{out}}{I_{out2}} \end{cases} \tag{4.3}$$

稳态时两个变换器输出均流的比值仍然是 k,根据式(4.3)以及两个等效负载 R_{o1} 和 R_{o2} 并联后的阻值 R_o,能够推导出每个变换器输出端的等效负载与系统总输出负载的关系为

$$\begin{cases} \dfrac{R_{o1}}{R_{o2}} = \dfrac{I_{out2}}{I_{out1}} = \dfrac{1}{k} \\ R_{o1} = \dfrac{1+k}{k}R_o, \quad R_{o2} = (1+k)R_o \end{cases} \tag{4.4}$$

两个断续 Buck 推导型隔离变换器 ISOP 连接的稳态电压电流关系式为

$$\begin{cases} V_{out} = \dfrac{2\,V_{in1}}{1+\sqrt{1+\dfrac{8L_1}{R_{o1}T_{s1}D^2}}} \\ V_{out} = \dfrac{2\,V_{in2}}{1+\sqrt{1+\dfrac{8L_2}{R_{o2}T_{s2}D^2}}} \end{cases}, \quad \begin{cases} I_{in} = \dfrac{2I_{out1}}{1+\sqrt{1+\dfrac{8L_1}{R_{o1}T_{s1}D^2}}} \\ I_{in} = \dfrac{2I_{out2}}{1+\sqrt{1+\dfrac{8L_2}{R_{o2}T_{s2}D^2}}} \end{cases} \tag{4.5}$$

式中　L_1、L_2——变换器 1 和变换器 2 的电感值;

　　　T_{s1}、T_{s2}——变换器 1 和变换器 2 的开关周期。

将两个负载的等效值式(4.4)代入电压电流的稳态方程式(4.5)中,并且两个变换器输入电压及输出电流的比值是 k,能够推导出稳态时 k 的解为

$$k = \dfrac{1+\sqrt{1+\dfrac{8L_1 k}{(1+k)R_o T_{s1}D^2}}}{1+\sqrt{1+\dfrac{8L_2}{(1+k)R_o T_{s2}D^2}}} \tag{4.6}$$

根据两个变换器具体的电路参数,能够从式(4.6)中解出最终系统输入分压的值

k 近似等于 1,说明 ISOP 连接的断续 Buck 推导型拓扑采用同占空比控制能够稳定。从 k 的稳态方程中能得出最终系统的输入分压与两个变换器的电感、开关周期的一致性有关,参数的一致性越好,系统的输入均压越准确;参数的差异越大,总输入电压在两个变换器上的分压误差越大。

当两个 Buck－Boost 变换器连接为 ISOP 结构时,能够得到其稳态电压和电流方程表达式为

$$\begin{cases} V_{out} = \dfrac{V_{in1} D}{\sqrt{2L_1/R_{o1} T_{s1}}} \\ V_{out} = \dfrac{V_{in2} D}{\sqrt{2L_2/R_{o2} T_{s2}}} \end{cases}, \quad \begin{cases} I_{in} = \dfrac{I_{out1} D}{\sqrt{2L_1/R_{o1} T_{s1}}} \\ I_{in} = \dfrac{I_{out2} D}{\sqrt{2L_2/R_{o2} T_{s2}}} \end{cases} \tag{4.7}$$

从上述稳态方程中能够求得两个 Buck－Boost 变换器输入电压的比值 k 为

$$k = \frac{L_1 T_{s2}}{L_2 T_{s1}} \tag{4.8}$$

式(4.8)表明 Buck－Boost 变换器得到的稳态分压 k 有解,说明 Buck－Boost 推导型隔离变换器采用同占空比控制 ISOP 连接时能够自然均压。两个变换器最终输入分压的比值与电感量成正比,与开关周期成反比。

2. ISOS 连接结构

两个 Buck 推导型隔离变换器连接成 ISOS 结构时,等效负载 R_{o1}、R_{o2} 的和等于系统的总输出负载 R_o,并且稳态的等效负载与输出端的分压结果有关,所以推导出 ISOS 连接时,两个变换器的输出等效负载的关系为

$$\begin{cases} \dfrac{R_{o1}}{R_{o2}} = k \\ R_{o1} = \dfrac{k}{1+k} R_o, \quad R_{o2} = \dfrac{1}{1+k} R_o \end{cases} \tag{4.9}$$

当 Buck 和 Buck－Boost 推导型隔离变换器分别连接成 ISOS 结构并且采用同占空比控制时,根据稳态电压电流方程能够推导出相同的输入分压的比值 k 为

$$k = \frac{L_1 T_{s2}}{L_2 T_{s1}} \tag{4.10}$$

从稳态 k 的结果能够得出,ISOS 连接断续运行的 Buck 和 Buck－Boost 推导型隔离变换器采用同占空比控制能够获得自然平均稳定运行,输入均压的结果与变换器的电感量和开关周期的一致性有关,根据两个变换器的实际参数能够计算出稳态时组合系统输入及输出分压的结果。按照相同的分析方法可以确定其他拓扑类型的自然均压稳定性,不同拓扑的自然均压稳定性总结见表 4.3,ISOP 连接较 ISOS 连接方式更容易获得平均稳定运行。表 4.3 中的稳定性结论可以用于帮助组合系统中子变换器的拓扑选型,如果子变换器的拓扑不是这 3 种基本类型拓扑,根据本书提出的基于稳

态工作点模型的分析方法同样能够推导出所需的稳定性结论。

表 4.3 CCM 和 DCM 模式下 3 种拓扑连接为 ISOP 和 ISOS 结构的稳定性

拓扑类型	ISOP 连接	ISOS 连接
CCM Buck	稳定	不稳定
CCM Boost	稳定	不稳定
CCM Buck — Boost	稳定	不稳定
DCM Buck	稳定	稳定
DCM Boost	稳定	稳定
DCM Buck — Boost	稳定	稳定

4.1.5 均压稳定性结论的仿真验证

正激变换器是常用的 Buck 推导型隔离变换器,反激变换器是常用的 Buck — Boost 推导型隔离变换器,为了验证均压稳定性结论,分别对正激和反激变换器 ISOP 和 ISOS 连接的输入均压情况进行仿真验证。

1. 连续模式运行的仿真验证

设计一款工作在连续模式的正激变换器,其关键参数见表 4.4。

表 4.4 连续模式正激变换器的关键参数

参数	值
输入电压 /V	$75 \sim 110$(额定 90)
输出电压 /V	15
输出电流 /A	5
输出电容 /μF	100
输入电容 /μF	20
输出电感 /μH	56
寄生电阻 /Ω	0.15
变压器匝比	$1 : 0.75$
开关频率 /kHz	100

将两个上述工作在连续模式的正激变换器 ISOP 连接,连接后的额定输入电压是 180 V,输出电压是 15 V,输出电流是 10 A。为了验证系统的均压稳定性,令两个变换器的变压器匝比具有 10% 的误差,匝比分别为 0.75 和 0.675。仿真两个变换器的输入电压和总输出电压波形,如图 4.2(a) 所示,系统可以稳定运行,两个变换器的输入电压因为变压器匝比的差异而具有稳态均压误差,每个变换器的输入电压值可以通过稳态电压电流方程计算得出。将表 4.4 设计的两个正激变换器进行 ISOS 连接,连接

后的额定输入电压为 180 V,输出电压为 30 V,输出电流为 5 A。在变压器匝比具有 10% 的差异时,仿真两个变换器的稳态输入电压和输出电压波形如图 4.2(b) 所示,两个变换器的输入电压不能平均,总输入电压会集中在变压器匝比较大的变换器上,仿真结果验证了均压稳定性分析的结论。

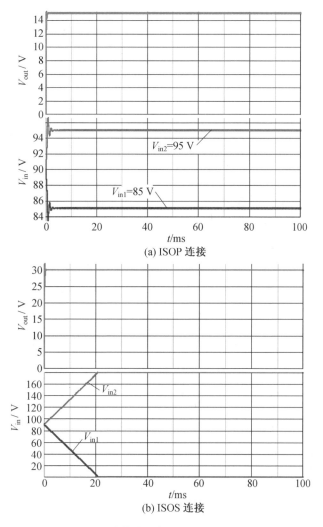

图 4.2　　连续模式正激变换器稳定性仿真

2. 断续模式运行的仿真验证

断续模式运行的正激变换器是断续 Buck 推导型的隔离变换器,设计两个断续运行的正激变换器 ISOP 连接验证推导的稳定性结果,每个正激变换器的关键参数见表 4.5。前面计算出的均压系数 k 是一个隐函数,在 Matlab 中采用迭代求解的方法对式

(4.6)进行计算。同占空比控制的系统开环和闭环的稳态均压特性完全相同,因为均压机制来自拓扑而不是控制环路,因此对式(4.6)求解时 D 直接代入开环运行时的固定值 0.13,两个变换器的输出电感值 L_1 和 L_2 分别具有 $\pm 10\%$ 的误差($L_1 = 22.5 \sim 27.5\ \mu\mathrm{H}$, $L_2 = 22.5 \sim 27.5\ \mu\mathrm{H}$),其他参数与表 4.5 中一致。计算 k 的解的分布情况如图 4.3 所示,图中 k 值的变化范围是 0.846 3 $\sim$ 1.181 6,证明隐函数有解,系统可以稳定均压。两个变换器电感量失配越严重 k 偏离 1 越远,说明参数一致性越好均压误差越小。

表 4.5　断续模式正激变换器的关键参数

参数	值
输入电压 /V	75 $\sim$ 110(额定 90)
输出电压 /V	15
输出电流 /A	1.5
输出电容 /μF	100
输入电容 /μF	20
输出电感 /μH	25
变压器匝比	1 : 1
开关频率 /kHz	100

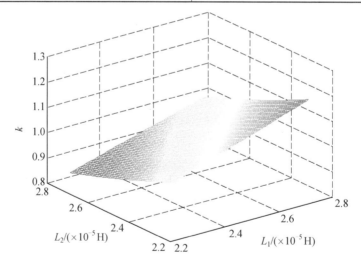

图 4.3　断续正激变换器 ISOP 连接电感具有 $\pm 10\%$ 误差时 k 的解

在 SIMPLIS 中搭建全电路模型,两个正激变换器 ISOP 连接后,输入电压为 180 V,闭环输出电压为 15 V,输出电流为 3 A。设置输出电感具有 10% 的误差时($L_1 = 25\ \mu\mathrm{H}$, $L_2 = 22.5\ \mu\mathrm{H}$),仿真两个变换器的输入电压和总输出电压如图 4.4(a) so示，图中两个变换器的稳态输入电压分别为 94 V 和 86 V，能够稳定平均运行。将两个断续正激变换器 ISOS 连接，闭环后输出电压为 30 V，输出电流为 1.5 A，同样设置输出电感具有 10% 的误差，仿真波形如图 4.4(b) 所示，图中两个变换器的输入电压分别为94.8 V 和 85.2 V，与式(4.10)计算的结果一致，验证了前面的分析。

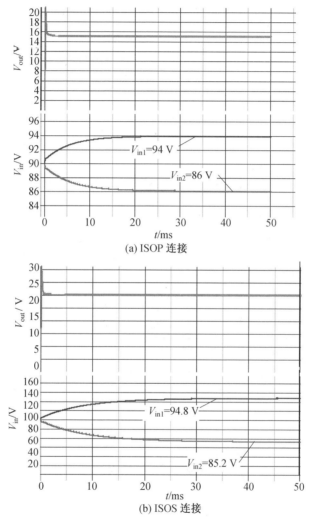

(a) ISOP 连接

(b) ISOS 连接

图 4.4　断续模式正激变换器稳定性仿真

断续模式运行的反激变换器是最常用的 Buck－Boost 推导型隔离变换器，设计两个工作在断续模式的反激变换器，参数见表 4.6。两个反激变换器 ISOP 连接后，组合系统总输入电压为 400 V，输出电压为 15 V，输出电流为 2 A。为验证系统的均压稳定性，令两个反激变换器的变压器原边电感具有 10% 的误差，分别为300 μH 和 270 μH。仿真输入和输出电压波形如图 4.5(a) 所示，两个变换器的输入电压平均稳

213

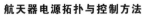

定,分别为 210.5 V 和 189.5 V,近似等于 1/2 的总输入电压,输入电压的分压比例与原边电感的比例相同,这与前面的分析结果一致。将两个反激变换器 ISOS 连接,系统总输入电压为 400 V,输出电压为 30 V,输出电流为 1 A。在变压器原边电感具有 10% 的误差下,仿真输入电压和输出电压的波形如图 4.5(b) 所示,两个变换器的输入均压比 k 仍然与电感的比值一致,同样验证了前面推导的结果。

表 4.6 断续模式反激变换器的关键参数

参数	值
输入电压 /V	30 ~ 300(额定 200)
输出电压 /V	15
输出电流 /A	1
输出电容 /μF	220
输入电容 /μF	20
变压器原边电感 /μH	300
变压器匝比	1∶0.2
开关频率 /kHz	50

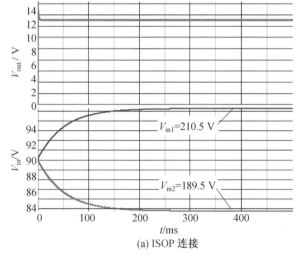

(a) ISOP 连接

图 4.5 断续模式反激变换器稳定性仿真

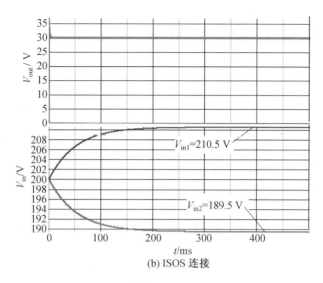

(b) ISOS 连接

续图 4.5

4.2　输入串联输出并联的输出电流差控制策略

大功率高输入电压的组合设备中,系统具有内部辅助源为控制电路统一供电,现有的精确均压控制策略几乎都是采用从输入端均压的控制方式,采样和运算的状态量分别在输入和输出侧,使控制电路中具有隔离环节,可能带来电路延迟问题与绝缘隐患,系统可靠性不高。针对该问题本节提出一种具有主从结构的输出电流差(output current differential,OCD)控制策略,即使在模块参数存在差异的情况下,该控制策略也能够从输出端实现 ISOP 系统的精确均流控制。其所需采样的状态量均在输出侧,省去了控制电路中的隔离器件,而且将采样电路放在低压的输出侧也较高压侧可靠性更高。当系统需要 $N+M$ 备份及热插拔功能时,OCD 控制策略将进一步提升为容错的自动主从输出电流差(fault-tolerant automatic master slave output current differential sharing,FOCD) 控制策略。此外,考虑模块间参数不一致的情况,本节分析输入电压阶跃时参数失配对均压均流动态过程的影响。

4.2.1　输出电流差控制策略的提出

为提高组合系统的稳态和动态均压特性,控制策略中需要具有专用的均压环或均流环,因此可将控制策略分为两类,即从输入侧进行均压控制和从输出侧进行均流控制。根据每个变换器的功率平衡原则,输入侧的均压实现后输出侧的均流自动实现;输出侧的均流实现后输入侧的均压自动实现。在具有辅助源的组合系统中,如果采用输入侧均压控制方式,方案一是辅助源与输出端共地,则需要隔离采样每个变换器的输入电压到输出端,与输出电压运算后共同产生各个变换器的占空比。方案二是辅助源与输入侧共地,系统总输出电压采样补偿后需要隔离传递到输入侧,与各变换器采样的输入电压运算后产生占空比。这两种方式都要采用隔离器件(如霍尔传感器、光电耦合器等),会为控制电路带来绝缘或延迟等问题。如果采用输出均流控制,系统采样的电路信号均在输出侧,控制电路中无隔离器件。传统的输出均流控制策略应用于输入串联、输出并联连接的系统中,不能获得模块间的平均运行,本节对传统输出均流控制策略和 OCD 控制策略的稳定性进行分析。

4.2.2 传统输出均流控制策略的稳定性分析

图 4.6 所示为应用在 ISOP 连接系统的传统输出均流控制策略原理图,图中的均流环运行于负反馈模式。当变换器 1 的输入电压 v_{in1} 受到扰动而增大时,输出电流 i_{o1} 也将增大,由于均流环的负反馈控制作用,变换器 1 的占空比 d_1 减小,占空比的减小使变换器 1 的输入电流 i_1 减小。因为 ISOP 系统总输入电流是恒定的,所以 i_1 的减小将使变换器 1 的输入电容电流 i_{c1} 增大,进而使变换器 1 的输入电压进一步增大。在整个闭环调节过程中,输入均压的调整是一个正反馈过程,系统不能稳定,所以常规的输出端均流方法没有应用到 ISOP 连接的系统中。

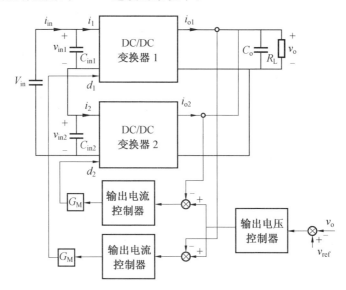

图 4.6   由两个模块组成的 ISOP 系统采用传统输出均流控制策略的原理图

4.2.3 输出电流差控制策略的运行原理

本节提出的 OCD 控制策略具有主从结构,能够最小化控制环路的数目,输出电压环(OVR)提供主模块的占空比,从模块的占空比由 OVR 环路和输出均流环(output current sharing,OCS)补偿器电压的和产生,主模块的输出电流作为均流环中相同的电流参考信号。两个正激变换器 ISOP 连接采用输出电流差控制策略的原理图如图 4.7 所示,系统采用主从结构,主变换器 2 通过公共的输出电压环调整系统的总输出电压恒定,而从变换器 1 通过输出电流环调整两个变换器的输出电流相等。注意从变换器 1 是正反馈运行,主变换器 2 的输出电流作为 OCS 环路公共的参考电流信号。假设两个正激变换器的参数均相等并且系统运行在平衡状态,当变换器 1 的输入电压 v_{in1} 受扰动增大时,输出电流 i_{o1} 也增大。由于 OCS 环路是正反馈运行,因此由 OCS 环路给出的补偿电压 v_{sh1} 将增大,那么占空比 d_1 也增大,进而使变换器 1 的输入电流 i_1 增大,这就使变换器 1 的输入电压减小,此时系统回到两个变换器均压的稳定状态。在稳态运行时,本章提出的 OCD 控制策略使两个变换器的输出电流相等,即 $i_{o1}=i_{o2}$,根据功率平衡原则,两个模块的输入电压也是相等的。

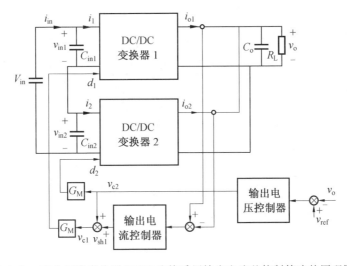

图 4.7　　两个正激变换器 ISOP 连接采用输出电流差控制策略的原理图

OVR 环路和 OCS 环路的补偿电压波形如图 4.8 所示,运行过程中,系统的总输入电压保持不变。在 t_1 时刻之前,两个正激变换器运行于平衡状态下,OCS 环路给出的补偿电压 v_{sh1} 为零。在 t_1 时刻,变换器 1 的输入电压受到扰动而增大,使 i_{o1} 也增大,此时 OCS 环路的补偿电压 v_{sh1} 为正值,它与 OVR 环路的补偿电压 V_c 求和后使占空比 d_1 增大,变换器 1 的输入电压 v_{in1} 减小回到稳态。在 t_2 时刻,扰动消失。在 t_3 时刻,变换器 2 的输入电压受到扰动而增大,i_{o2} 也增大,那么 v_{sh1} 是负值,它与 OVR 环路的补偿电压 V_c 求和后使占空比 d_1 减小,变换器 1 的输入电压增大。由于系统总输入电压不变,因此变换器 2 的输入电压减小回到稳态。在 t_4 时刻,扰动消失。

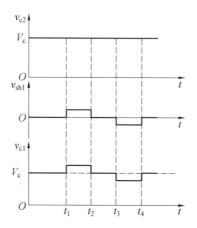

图 4.8 OVR 环路和 OCS 环路的补偿电压波形

4.2.4 环路小信号建模

图 4.9 所示为 N 个正激变换器 ISOP 连接的小信号模型,图中变压器匝比分别为 $1:n_1$、$1:n_2$、$1:n_N$,各个变换器的占空比分别为 D_1、D_2、D_N。电阻 R_{s1}、R_{s2}、R_{sN} 代表寄生电阻的和,输出电感电流分别为 I_{L1}、I_{L2}、I_{LN},各个变换器的输入电压为 V_{in1}、V_{in2}、V_{inN},系统总输入电流为 I_{in},R_o 为 ISOP 系统的总输出负载,图中的小写符号均是对应的扰动量。系统中变换器 N 为主变换器,变换器 $1 \sim N-1$ 为从变换器,提出的 OCD 控制策略的控制框图如图 4.10 所示。

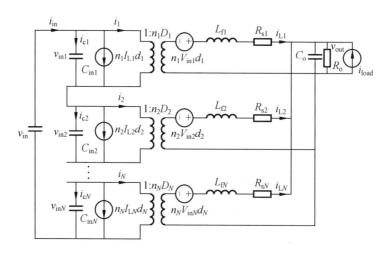

图 4.9 N 个正激变换器 ISOP 连接的小信号模型

提出的 OCD 控制策略具有两种环路并且环路间是并联关系,因此每个变换器的占空比有两种分量:一种是由 OVR 环路产生的所有变换器相同的稳态占空比分量

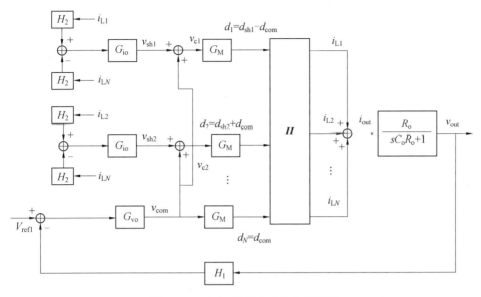

图 4.10　OCD 控制策略的控制框图

D_{com} 和扰动占空比分量 d_{com}；另外一种是由 OCS 环路产生的各个变换器不同的稳态占空比分量 $D_{sh1} \sim D_{sh(N-1)}$ 和扰动占空比分量 $d_{sh1} \sim d_{sh(N-1)}$。各个变换器稳态占空比和扰动占空比 $D_1 \sim D_N$、$d_1 \sim d_N$ 与两种环路分量的关系为

$$\begin{cases} D_1 = D_{sh1} + D_{com} \\ d_1 = d_{sh1} + d_{com} \end{cases} \tag{4.11}$$

$$\begin{cases} D_2 = D_{sh2} + D_{com} \\ d_2 = d_{sh2} + d_{com} \end{cases} \tag{4.12}$$

$$\begin{cases} D_N = D_{com} \\ d_N = d_{com} \end{cases} \tag{4.13}$$

分析环路稳定性时,总输入电压 V_{in} 和负载 R_o 不变。在图 4.10 中,**H** 是每个模块输出电感电流对占空比的传递函数矩阵,在单个变换器的系统中,不管采用什么控制方式,拓扑的传递函数形式是固定的,但是在多个变换器构成的组合系统中情况有所不同,组合系统的传递函数矩阵 **H** 根据不同控制环路的占空比分量将具有不同的表达形式。在多变换器系统中,变换器的输出电感电流 i_{L1}(或其他状态变量)不仅受到自身占空比 d_1 的影响,还受到其他变换器占空比 $d_2 \sim d_N$ 的影响,占空比 $d_2 \sim d_N$ 通过扰动总输入电压的分配来扰动变换器 1 的电感电流 i_{L1}。当闭环系统运行在稳态时,输入电流的稳态方程为

$$I_{in} = n_1 D_1 I_{L1} = n_2 D_2 I_{L2} = \cdots = n_N D_N I_{LN} = n_N D_{com} I_{LN} \tag{4.14}$$

OCS 环路的控制作用使每个变换器的输出电流相等,即

$$I_{L1} = k_1 I_{out},\ I_{L2} = k_2 I_{out},\cdots,\ I_{LN} = k_N I_{out} \tag{4.15}$$

式中 $k_1,k_2,\cdots,k_N$——每个变换器输出电流占总输出电流的比例；

I_{out}——ISOP 系统总输出电流。

理想情况下 $k_1=k_2=\cdots=k_N=1/N$，将式（4.15）代入式（4.14）中，能够推导出

$$n_1 D_1 = \frac{k_N}{k_1} n_N D_{com}, n_2 D_2 = \frac{k_N}{k_2} n_N D_{com}, \cdots, n_{N-1} D_{N-1} = \frac{k_N}{k_{N-1}} n_N D_{com} \tag{4.16}$$

每个正激变换器的稳态电压方程为

$$\begin{cases} n_1 D_1 V_{in1} = I_{L1} R_{s1} + I_{out} R_o = I_{out}(k_1 R_{s1} + R_o) \\ n_2 D_2 V_{in2} = I_{L2} R_{s2} + I_{out} R_o = I_{out}(k_2 R_{s2} + R_o) \\ \vdots \\ n_N D_N V_{inN} = I_{LN} R_{sN} + I_{out} R_o = I_{out}(k_N R_{sN} + R_o) \end{cases} \tag{4.17}$$

将式（4.16）代入式（4.17）中，得到

$$\begin{cases} V_{in1} = \dfrac{I_{out}}{n_N D_{com}} \dfrac{k_1}{k_N}(k_1 R_{s1} + R_o) \\ V_{in2} = \dfrac{I_{out}}{n_N D_{com}} \dfrac{k_2}{k_N}(k_2 R_{s2} + R_o) \\ \vdots \\ V_{inN} = \dfrac{I_{out}}{n_N D_{com}}(k_N R_{sN} + R_o) \end{cases} \tag{4.18}$$

$$V_{in1} : V_{in2} : \cdots : V_{inN} = \frac{k_1}{k_N}(k_1 R_{s1} + R_o) : \frac{k_2}{k_N}(k_2 R_{s2} + R_o) : \cdots : (k_N R_{sN} + R_o) \tag{4.19}$$

OVR 和 OCS 环路对最终输入电压的分配有不同的影响，由 OVR 环路产生的占空比 D_{com} 只影响系统的输出电压。在式（4.19）中，稳态时每个变换器的输入电压具有一个固定的比例，这个比例值与占空比分量 D_{com} 无关，即每个变换器稳态时的输入电压 V_{in1}、V_{in2}、V_{inN} 不会被 D_{com} 的扰动影响。推导每个变换器的输出电流对 OVR 环路产生的占空比分量 D_{com} 的传递函数时，各个输入电压的扰动为零，即 $v_{in1} = v_{in2} = \cdots = v_{inN} = 0$。由 OCS 环路产生的占空比 $D_{sh1} \sim D_{sh(N-1)}$ 将调整各个变换器的输出电流相等（或按照一定的比例）。在式（4.19）中，每个变换器的输入电压受到 $k_1 \sim k_N$ 影响，$k_1 \sim k_N$ 由 OCS 环路控制。因此 OCS 环路将影响各个变换器的输入电压，在推导输出电感电流对占空比分量 $D_{sh1},D_{sh2},\cdots,D_{sh(N-1)}$ 的传递函数时，各个变换器输入电压的扰动不为零，即 $v_{in1} \neq v_{in2} \neq \cdots \neq v_{inN} \neq 0$。

4.2.5　输出电压环的小信号模型

为简化分析过程，令图 4.9 中各个变换器的各项参数（输入电容、变压器匝比、占空比、电感量、线路寄生电阻）分别相等：$C_{in1}=C_{in2}=\cdots=C_{inN}=C_{in}$，$n_1=n_2=\cdots=n_N=n$，$D_1=D_2=\cdots=D_N=D$，$L_{f1}=L_{f2}=\cdots=L_{fN}=L$，$R_{s1}=R_{s2}=\cdots=R_{sN}=R_s$。系统运行于

平均状态,各个变换器的输入电压和输出电流分别相等,$V_{in1} = V_{in2} = \cdots = V_{inN} = V_{in}/N$,$I_{L1} = I_{L2} = \cdots = I_{LN} = I_{out}/N$,$V_{in}$ 和 I_{out} 分别为输入电压和输出电流。闭环运行时,系统总的输出电压受到四种扰动源的扰动,分别为 v_{in}、i_{load}、d_{com} 和 $d_{sh1} \sim d_{sh(N-1)}$。在这些扰动源中只有 d_{com} 是闭环调节总输出电压,所以 OVR 环路的增益只与公共的占空比扰动 d_{com} 有关。根据叠加定理分析 OVR 环路时,令扰动源 v_{in}、i_{load} 和 $d_{sh1} \sim d_{sh(N-1)}$ 均为 0,单独分析 d_{com} 作用的效果,有占空比扰动关系式 $d_1 = d_2 = \cdots = d_N = d_{com}$ 成立。根据前面分析所有变换器的输入电压扰动也为 0,从系统的小信号模型可推导输出电感电流对占空比的关系式为

$$
\begin{cases}
n\dfrac{V_{in}}{N}d_1 = (sL + R_s)i_{L1} + Z_o(i_{L1} + i_{L2} + \cdots + i_{LN}) \\[2mm]
n\dfrac{V_{in}}{N}d_2 = (sL + R_s)i_{L2} + Z_o(i_{L1} + i_{L2} + \cdots + i_{LN}) \\[2mm]
\vdots \\[2mm]
n\dfrac{V_{in}}{N}d_N = (sL + R_s)i_{LN} + Z_o(i_{L1} + i_{L2} + \cdots + i_{LN})
\end{cases}
\tag{4.20}
$$

Z_o 是组合系统的等效输出阻抗,有

$$
Z_o = \frac{R_o}{sC_oR_o + 1}
\tag{4.21}
$$

将式(4.20)转换为矩阵的形式为

$$
\begin{bmatrix} d_1 \\ d_2 \\ \vdots \\ d_N \end{bmatrix} =
\begin{bmatrix} X & Y & \cdots & Y \\ Y & X & \cdots & Y \\ \vdots & \vdots & & \vdots \\ Y & Y & \cdots & X \end{bmatrix}
\begin{bmatrix} i_{L1} \\ i_{L2} \\ \vdots \\ i_{LN} \end{bmatrix}
\tag{4.22}
$$

式中

$$
X = \frac{N(sL + R_s + Z_o)}{nV_{in}}, \quad Y = \frac{NZ_o}{nV_{in}}
$$

式(4.22)的逆矩阵形式为

$$
\begin{bmatrix} i_{L1} \\ i_{L2} \\ \vdots \\ i_{LN} \end{bmatrix} =
\begin{bmatrix} G_x & G_y & \cdots & G_y \\ G_y & G_x & \cdots & G_y \\ \vdots & \vdots & & \vdots \\ G_y & G_y & \cdots & G_x \end{bmatrix}
\begin{bmatrix} d_1 \\ d_2 \\ \vdots \\ d_N \end{bmatrix}
\tag{4.23}
$$

根据式(4.21)和式(4.22),能够推导出逆矩阵中的系数为

$$\begin{cases} G_x = \dfrac{i_{\mathrm{L}i}}{d_j}\Big|_{i=j} \\ \quad = \dfrac{nV_{\mathrm{in}}[LC_oR_os^2+(L+C_oR_oR_s)s+(N-1)R_o+R_s]}{N[L^2C_oR_os^3+(L^2+2C_oR_oR_sL)s^2+(C_oR_oR_s^2+2R_sL+NLR_o)s+NR_oR_s+R_s^2]} \\ G_y = \dfrac{i_{\mathrm{L}i}}{d_j}\Big|_{i\neq j} \\ \quad = \dfrac{-nV_{\mathrm{in}}R_o}{N[L^2C_oR_os^3+(L^2+2C_oR_oR_sL)s^2+(C_oR_oR_s^2+2R_sL+NLR_o)s+NR_oR_s+R_s^2]} \end{cases}$$
$$(4.24)$$

图 4.11 所示为根据推导的小信号表达式(4.23)得出的 OVR 环路控制框图,图中 H_1 为输出电压的采样比例系数,G_{vo} 为输出电压环的补偿器,G_M 为 PWM 环节。

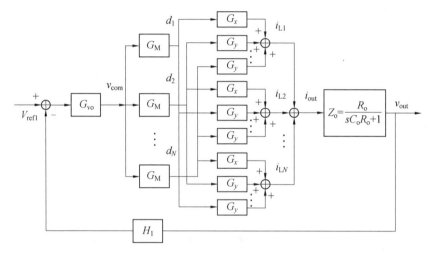

图 4.11　OVR 环路的控制框图

根据 OVR 环路的控制框图,推导传递函数 $i_{\mathrm{out}}/v_{\mathrm{com}}$ 的过程如下:首先

$$i_{\mathrm{out}} = i_{\mathrm{L}1} + \cdots + i_{\mathrm{L}N}$$
$$= (G_xd_1+G_yd_2+\cdots+G_yd_N)+\cdots+ \qquad (4.25)$$
$$(G_yd_1+G_yd_2+\cdots+G_xd_N)$$

式(4.25)化简后的形式为

$$i_{\mathrm{out}} = [G_x+(N-1)G_y](d_1+d_2+\cdots+d_N) \qquad (4.26)$$

将 $d_1+d_2+\cdots+d_N=NG_Mv_{\mathrm{com}}$ 代入式(4.26)后,推导出 ISOP 系统输出电流与 OVR 环路补偿电压的关系为

$$\frac{i_{\mathrm{out}}}{v_{\mathrm{com}}} = NG_M[G_x+(N-1)G_y] \qquad (4.27)$$

将 OVR 环路中的所有环节相乘,这里注意,环路中负反馈的负号也体现在方程中,得到 OVR 环路的增益 T_{vo} 的表达式为

$$T_{vo} = -NH_1 G_{vo} G_M [G_x + (N-1)G_y] Z_o \tag{4.28}$$

根据式(4.22)、式(4.23)及逆矩阵的特性,方程 $G_x + (N-1)G_y = \dfrac{1}{X + (N-1)Y}$ 成立,将 X、Y、Z_o 的结果代入式(4.28)中,推导出 OVR 环路增益的具体表达式为

$$T_{vo} = -H_1 G_{vo} G_M \frac{n V_{in} R_o}{C_o L R_o s^2 + (L + C_o R_o R_s)s + N R_o + R_s} \tag{4.29}$$

4.2.6　输出均流环的小信号模型

对主变换器和从变换器输出电流差的扰动源同样包含四种,分别是 v_{in}、i_{load}、d_{com} 和 $d_{sh1} \sim d_{sh(N-1)}$,只有 $d_{sh1} \sim d_{sh(N-1)}$ 是运行于闭环调整输出电流差的。根据叠加定理,当分析 OCS 环路时,扰动源 v_{in}、i_{load} 和 d_{com} 置零,由前面的分析,公式 $v_{in1} \neq v_{in2} \neq \cdots \neq v_{inN} \neq 0$ 成立。系统的输入输出功率可以表示为

$$P_{in} + p_{in} = (V_{in} + v_{in})(I_{in} + i_{in}) = V_{in} I_{in} + V_{in} i_{in} + I_{in} v_{in} + v_{in} i_{in} \tag{4.30}$$

$$P_{out} + p_{out} = (I_{L1} + i_{L1})^2 R_s + \cdots + (I_{LN} + i_{LN})^2 R_s + \frac{(V_{out} + v_{out})^2}{R_o} \tag{4.31}$$

忽略功率公式中的二阶扰动分量,而且公式中的直流分量相等,推导出组合系统总输入电流与各个模块输出电感电流的扰动关系为

$$i_{in} = \left(\frac{2I_{out} R_s}{N V_{in}} + \frac{2I_{out} Z_o}{V_{in}}\right) i_{L1} + \left(\frac{2I_{out} R_s}{N V_{in}} + \frac{2I_{out} Z_o}{V_{in}}\right) i_{L2} + \cdots + \left(\frac{2I_{out} R_s}{N V_{in}} + \frac{2I_{out} Z_o}{V_{in}}\right) i_{LN} \tag{4.32}$$

根据图 4.10 中的小信号模型,输入电流的扰动可以列出为

$$\begin{cases} i_{in} = i_1 + i_{c1} + n \dfrac{I_{out}}{N} d_1 \\[2mm] i_{in} = i_2 + i_{c2} + n \dfrac{I_{out}}{N} d_2 \\[2mm] \vdots \\[2mm] i_{in} = i_N + i_{cN} + n \dfrac{I_{out}}{N} d_N \end{cases} \tag{4.33}$$

$$\begin{cases} i_1 = n D i_{L1} \\ i_2 = n D i_{L2} \\ \vdots \\ i_N = n D i_{LN} \end{cases} \tag{4.34}$$

根据式(4.32)~(4.34),能够推导出电容电流及输入电压表达式为

$$
\begin{cases}
i_{c1} = \left(\dfrac{2I_{out}R_s}{NV_{in}} + \dfrac{2I_{out}Z_o}{V_{in}}\right)i_{L1} + \cdots + \left(\dfrac{2I_{out}R_s}{NV_{in}} + \dfrac{2I_{out}Z_o}{V_{in}}\right)i_{LN} - nDi_{L1} - n\dfrac{I_{out}}{N}d_1 \\[3mm]
i_{c2} = \left(\dfrac{2I_{out}R_s}{NV_{in}} + \dfrac{2I_{out}Z_o}{V_{in}}\right)i_{L1} + \cdots + \left(\dfrac{2I_{out}R_s}{NV_{in}} + \dfrac{2I_{out}Z_o}{V_{in}}\right)i_{LN} - nDi_{L2} - n\dfrac{I_{out}}{N}d_2 \\[3mm]
\vdots \\[2mm]
i_{cN} = \left(\dfrac{2I_{out}R_s}{NV_{in}} + \dfrac{2I_{out}Z_o}{V_{in}}\right)i_{L1} + \cdots + \left(\dfrac{2I_{out}R_s}{NV_{in}} + \dfrac{2I_{out}Z_o}{V_{in}}\right)i_{LN} - nDi_{LN} - n\dfrac{I_{out}}{N}d_N
\end{cases}
\tag{4.35}
$$

$$
\begin{cases}
v_{in1} = \dfrac{1}{sC_{in}} \times i_{c1} \\[3mm]
v_{in2} = \dfrac{1}{sC_{in}} \times i_{c2} \\[3mm]
\vdots \\[2mm]
v_{inN} = \dfrac{1}{sC_{in}} \times i_{cN}
\end{cases}
\tag{4.36}
$$

$$
\begin{cases}
nDv_{in1} + n\dfrac{V_{in}}{N}d_1 = (sL + R_s)i_{L1} + Z_o(i_{L1} + i_{L2} + \cdots + i_{LN}) \\[3mm]
nDv_{in2} + n\dfrac{V_{in}}{N}d_2 = (sL + R_s)i_{L2} + Z_o(i_{L1} + i_{L2} + \cdots + i_{LN}) \\[3mm]
\vdots \\[2mm]
nDv_{inN} + n\dfrac{V_{in}}{N}d_N = (sL + R_s)i_{LN} + Z_o(i_{L1} + i_{L2} + \cdots + i_{LN})
\end{cases}
\tag{4.37}
$$

将式(4.32)～(4.37)的结果变形后用矩阵的形式表示为

$$
\begin{bmatrix} d_1 \\ d_2 \\ \vdots \\ d_N \end{bmatrix} =
\begin{bmatrix} E & F & \cdots & F \\ F & E & \cdots & F \\ \vdots & \vdots & & \vdots \\ F & F & \cdots & E \end{bmatrix}
\begin{bmatrix} i_{L1} \\ i_{L2} \\ \vdots \\ i_{LN} \end{bmatrix}
\tag{4.38}
$$

并且推导出矩阵中的系数 E、F 的表达式为

$$
E = \frac{N[LC_{in}s^2 + (C_{in}Z_o + C_{in}R_s)s + n^2D^2] - (2nDI_{out}R_s/V_{in} + 2nDZ_oI_{out}N/V_{in})}{n(V_{in}C_{in}s - nDI_{out})}
\tag{4.39}
$$

$$
F = \frac{NC_{in}Z_os - (2nDI_{out}R_s/V_{in} + 2nDZ_oI_{out}N/V_{in})}{n(V_{in}C_{in}s - nDI_{out})}
\tag{4.40}
$$

式(4.38)的逆矩阵形式为

$$\begin{bmatrix} i_{\mathrm{L1}} \\ i_{\mathrm{L2}} \\ \vdots \\ i_{\mathrm{LN}} \end{bmatrix} = \begin{bmatrix} G_{\mathrm{e}} & G_{\mathrm{f}} & \cdots & G_{\mathrm{f}} \\ G_{\mathrm{f}} & G_{\mathrm{e}} & \cdots & G_{\mathrm{f}} \\ \vdots & \vdots & & \vdots \\ G_{\mathrm{f}} & G_{\mathrm{f}} & \cdots & G_{\mathrm{e}} \end{bmatrix} \begin{bmatrix} d_1 \\ d_2 \\ \vdots \\ d_N \end{bmatrix} \tag{4.41}$$

式中　G_{e}、G_{f}——输出电感电流与占空比的关系系数。

根据推导的矩阵关系式(4.41)，单独画出 OCS 环路的控制框图如图 4.12 所示，图中 H_2 为输出电流的采样系数，G_{io} 为 OCS 环路的补偿器。

用变换器 1 的均流环分析环路增益，其他变换器的均流环分析方法与变换器 1 完全相同，从图 4.12 中均流环的控制框图推导出传递函数 $\dfrac{v_{\mathrm{error}}}{d_1}$ 的表达式为

$$v_{\mathrm{error}} = G_{\mathrm{e}} H_2 d_1 - G_{\mathrm{f}} H_2 d_1 = (G_{\mathrm{e}} - G_{\mathrm{f}}) H_2 d_1 \tag{4.42}$$

$$\frac{v_{\mathrm{error}}}{d_1} = (G_{\mathrm{e}} - G_{\mathrm{f}}) H_2 \tag{4.43}$$

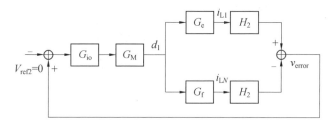

图 4.12　OCS 环路的控制框图

将 OCS 环路中的所有环节相乘，得到 OCS 环路增益为

$$T_{\mathrm{io}} = H_2 G_{\mathrm{io}} G_{\mathrm{M}} (G_{\mathrm{e}} - G_{\mathrm{f}}) \tag{4.44}$$

根据逆矩阵的性质，将 $G_{\mathrm{e}} - G_{\mathrm{f}} = \dfrac{1}{E-F}$ 代入式(4.44)，推导 OCS 环路增益 T_{io} 为

$$T_{\mathrm{io}} = -H_2 G_{\mathrm{io}} G_{\mathrm{M}} \frac{n^2 D I_{\mathrm{o}} - n V_{\mathrm{in}} C_{\mathrm{in}} s}{N(LC_{\mathrm{in}} s^2 + C_{\mathrm{in}} R_{\mathrm{s}} s + n^2 D^2)} \tag{4.45}$$

下面针对输出电流差控制策略进行仿真分析。

设计 3 个正激变换器 ISOP 连接验证推导的环路增益模型，ISOP 系统的仿真参数见表 4.7。

表 4.7　ISOP 系统的仿真参数

参数	值
总输入电压 V_{in}/V	$220 \sim 320$(额定 270)
总输出电压 V_{out}/V	15
总输出电流 I_{out}/A	30
总输出电容 C_{o}/μF	200

续表4.7

参数	值
每个模块的输入电容 $C_{in}/\mu F$	20
每个模块的输出电感 $L/\mu H$	56
每个模块的寄生电阻 R_s/Ω	0.15
每个模块的变压器匝比 n	1 : 0.75
开关频率 f_s/kHz	100

1. 输出电压环的环路稳定性分析

在软件 SIMPLIS 中搭建全电路模型仿真 OVR 环路的 Bode 图,同时根据推导的环路增益表达式令补偿器 $G_{vo}=1$,在 MATHCAD 中计算未补偿的 OVR 开环 Bode 图,将理论计算的结果与仿真得到的结果进行对比,如图 4.13 所示。图中负反馈带来 180° 相移,因此相位在低频段的起始点为 180°,由系统自身的共轭极点又引入 180° 的相移,最终相位趋近于 0°。由于 OVR 环路给出的表达式没有省略负反馈的负号,所以相位裕度的计算是在穿越频率处的实际相位与 360° 相比得到的,而不是常规情况下与 −180° 对比计算得到,图 4.13 中计算和仿真的结果非常接近,说明推导的小信号模型是准确的。设计的 OVR 环路补偿器如图 4.14 所示,这是一个双极点双零点补偿系统,其补偿器的表达式为

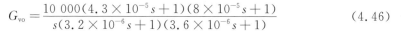

$$G_{vo} = \frac{10\ 000(4.3 \times 10^{-5}s + 1)(8 \times 10^{-5}s + 1)}{s(3.2 \times 10^{-6}s + 1)(3.6 \times 10^{-6}s + 1)} \tag{4.46}$$

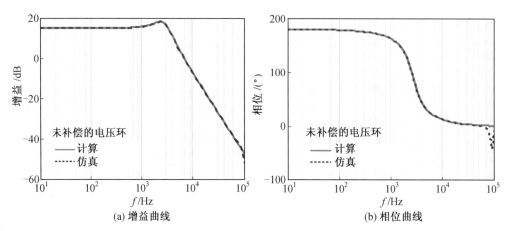

图 4.13　未补偿的输出电压环计算与仿真的对比 Bode 图

补偿后的 OVR 环路的对比 Bode 图如图 4.15 所示,系统的穿越频率为 10 kHz,在 10 kHz 处的相位与 0° 相位线比较计算出相位裕度为 48°,经过合理的补偿 OVR 环路是稳定的。

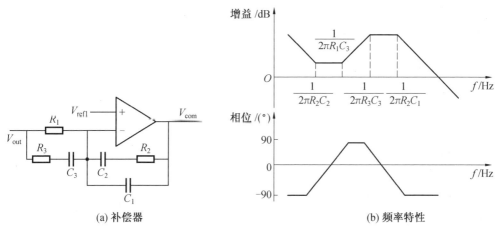

(a) 补偿器   (b) 频率特性

图 4.14   输出电压环补偿器

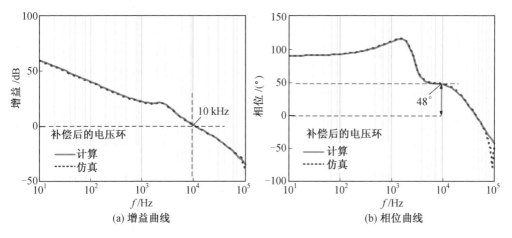

(a) 增益曲线   (b) 相位曲线

图 4.15   补偿后的输出电压环计算与仿真的对比 Bode 图

2. 输出均流环的环路稳定性分析

式(4.45) 中的均流环增益方程表明尽管 OCS 环路是正反馈运行,未补偿的环路表达式中已经在低频处有 180° 的相移,如果采用图 4.6 中传统的负反馈输出均流控制,控制环路将在低频处再引入 180° 的相移,那么系统共有 360° 的相移,不能补偿至稳定。令补偿器 $G_{io}=1$,在 SIMPLIS 中仿真未补偿的均流环增益,并与 MATHCAD 中计算的结果进行比较,如图 4.16 所示,曲线吻合度高,验证了推导过程的正确性。未补偿的 OCS 环路 Bode 图表明,系统存在一个右半平面零点频率为 170 Hz,和一对共轭极点频率为 1 kHz。当对均流环进行补偿时,应该设置系统的穿越频率小于右半平面零点的频率,才能获得足够的相位裕度。

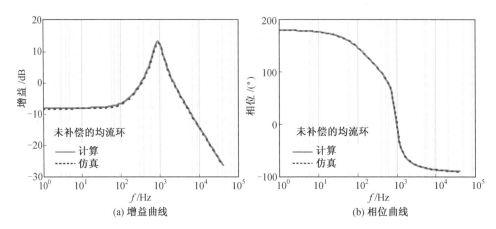

图 4.16　未补偿的输出均流环计算与仿真的对比 Bode 图

设计 OCS 补偿器如图 4.17 所示,补偿器的表达式为

$$G_{io} = \frac{133.3}{s(0.000\ 4s + 1)} \qquad (4.47)$$

图中 OCS 环路的补偿器由一个纯积分器与极点补偿器级联构成。补偿后的 OCS 计算与仿真的对比 Bode 图如图 4.18 所示,经补偿后系统穿越频率为 100 Hz,相位裕度为 45°,OCS 环路可以稳定运行。

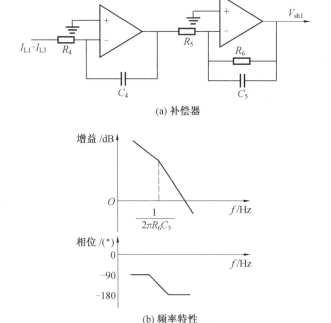

图 4.17　输出均流环补偿器

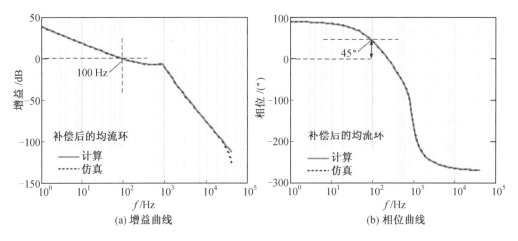

(a) 增益曲线　　　　　　　　　　(b) 相位曲线

图 4.18　补偿后的输出均流环计算与仿真的对比 Bode 图

4.2.8　输出电流差控制策略的仿真与实验结果

设计由 3 个正激变换器 ISOP 连接的样机对提出的输出电流差控制策略进行验证,变换器 3 是主变换器,变换器 1 和变换器 2 是从变换器。为了验证提出的 OCD 控制在各个变换器参数失配的条件下仍能良好地平均输入电压和输出电流,令 3 个变换器的变压器匝比分别为 1∶0.75,1∶0.75 和 1∶0.65,样机的其他具体参数与表 4.7 一致,考虑到单个正激变换器更适合应用于母线电压低于 200 V 的场合,所以设计的每个模块输入电压范围为 75 ～ 110 V。

1.时域测试结果

图 4.19 所示为当输入电压为额定值 270 V,负载在半载(15 A)到全载(30 A)之间切换时的动态测试波形,测试结果表明切换过程中 3 个变换器的输入电压能良好均压,不受负载变化的影响。图 4.20 为负载阶跃时 3 个模块的输出电流、总输出电压波形,图中 3 个变换器的输出电流同样能良好均流,电流调整过程中略有超调,因为系统中的均流环只调节每个模块的输出电流相等,而不对输出总负载的变化做出反应,所以负载阶跃时每个变换器的电感电流特性符合电压型控制的特点,具有一定超调。输出电压在动态过程的调整时间是 240 μs,超调是 2 V(13.3%),输出电流的超调约为 5 A。

当输入电压在 220 V 与 320 V 之间、阶跃负载满载时,测试每个模块的输入电压和总输入电压波形如图 4.21 所示。在输入电压阶跃的过程中,输入端均压与输出端均流都不受影响,输出电流纹波在输入电压较高时略大,总输出电压的调整时间是 240 μs,超调是 2 V(13.3%)。时域测试结果表明提出的控制方法能够获得较好的均压均流特性。

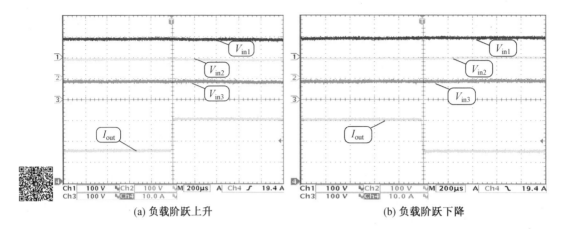

(a) 负载阶跃上升　　　　　　　　(b) 负载阶跃下降

图 4.19　负载阶跃时 3 个模块的输入电压、总输出电流波形

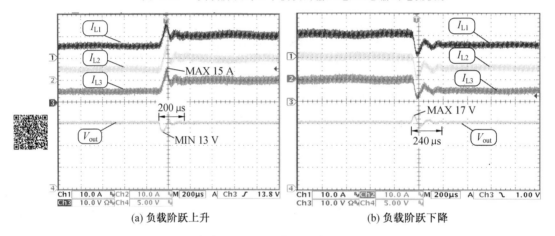

(a) 负载阶跃上升　　　　　　　　(b) 负载阶跃下降

图 4.20　负载阶跃时 3 个模块的输出电流、总输出电压波形

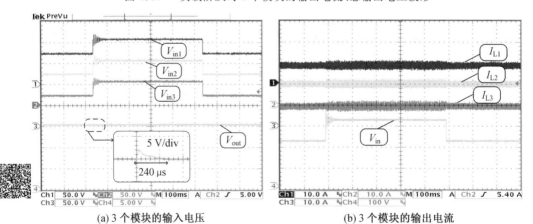

(a) 3 个模块的输入电压　　　　　　(b) 3 个模块的输出电流

图 4.21　输入电压阶跃时的测试波形

在输入电压最低点 220 V、额定点 270 V 和最高点 320 V,75～450 W 的输出功率范围内,测得样机的效率曲线如图 4.22 所示。不同输入电压的最大效率点出现在 225 W 左右,约为 90.2%。随着输入电压增加,开关管的开关损耗将增加,效率整体下降。

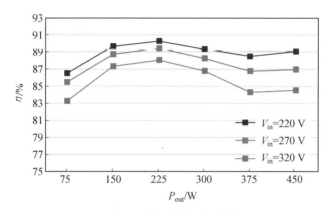

图 4.22　样机效率测试曲线

2. 频域测试结果

采用频率分析仪对样机 OVR 和 OCS 补偿后的环路进行扫频测试,如图 4.23 所示,结果表明 OVR 环路的穿越频率为 9 kHz,相位裕度为 46°,OCS 环路的穿越频率为 80 Hz,相位裕度为 44°。频域的测试结果与仿真结果非常相近,因此仿真和实验都验证了环路增益推导过程的正确性。

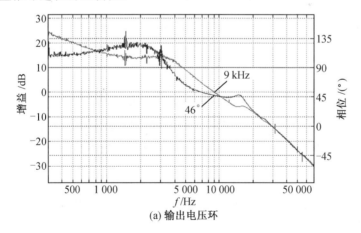

(a) 输出电压环

图 4.23　测试的输出电压环和输出均流环补偿后的开环 Bode 图

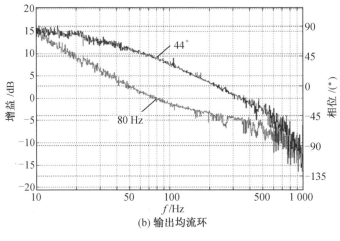

(b) 输出均流环

续图 4.23

4.2.9 自动主从的输出电流差控制策略

输出电流差控制是基于主从结构的,主从结构的可靠性不高,如果主变换器失效,那么整个系统将不能正常工作。系统中只有一个主变换器和公共的输出电压环,一旦输出电压环或主变换器发生故障,其他变换器的功能不能替代主变换器,所以需要将主变换器的功能复制到其他变换器中。图 4.24 所示为一个简化的自动主从的输出电流差控制策略原理图,为了获得冗余备份功能,每个变换器内部有两个环路,即 OVR和 OCS,所有变换器具有完全相同的结构。图 4.24 中 OVR 环路的补偿器输出端通过二极管后连接在一个公共点,最高的 OVR 环路补偿电压作为整个系统公共的电压环路补偿电压,所有 OCS 环路的电流参考信号也通过二极管后连接在公共点,变换器中最大的输出电流作为公共的 OCS 环电流参考。在系统正常工作时,可能同时具有两个不同变换器,分别提供公共的 OVR 环路补偿电压和 OCS 环路参考电流,如果当前提供公共 OVR 环路补偿电压的变换器被移除,将立刻由其他变换器的输出电压环通过二极管提供公共的补偿电压,系统仍然可以继续正常运行,OCS 环路的参考电流也是相同的情况。自动主从的输出电流差控制具备热插拔功能,在系统运行时子变换器可以通过功率母线在线切除或投入,控制电路没有额外操作。自动主从的输出电流差控制与电流差控制本质上是相同的控制方法,因此具有相同的动态特性。

图 4.25 所示为 FOCD 控制系统的热插拔测试,在稳态运行时将变换器 2 从系统中投入和切除,测试 3 个正激变换器的输入电压和总输出电压波形。变换器 2 投入系统中的动态时刻,输入电压略有超调(20 V)。变换器 2 切除过程中,各个变换器的输入电压无超调。切换的动态过程中每个变换器的输入电压仍是稳定平均的,而且系统总的输出电压几乎不受影响。

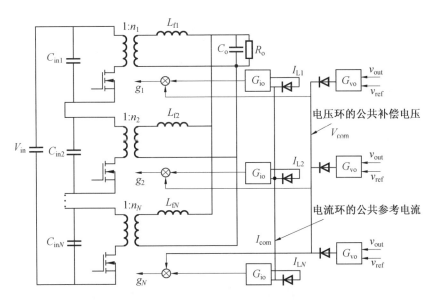

图 4.24　　自动主从的输出电流差控制策略原理图

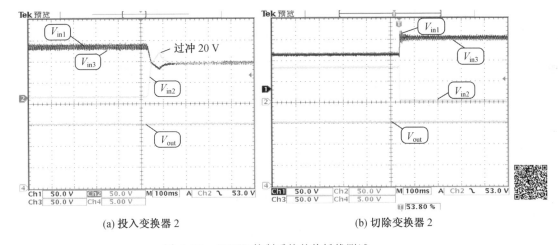

(a) 投入变换器 2　　　　　　　　　　　　(b) 切除变换器 2

图 4.25　　FOCD 控制系统的热插拔测试

　　在 FOCD 控制策略中,电流参考信号经过二极管产生的压降将会引入稳态均流误差。假设系统由变换器 N 提供公共的电流参考信号 I_{com},那么在稳态时,每个变换器的输出电流将有关系,有 $I_{L1} = I_{com}$, $I_{L2} = I_{com}$, $\cdots$, $I_{LN} = I_{com} + \Delta I$ 成立。ΔI 是根据二极管压降折算出的电流误差,ΔI 产生的误差效果将在负载电流较小时更加明显。令 3个正激变换器的变压器具有 13.3% 的误差,采用同占空比控制、OCD 控制和 FOCD控制 3 种控制方法测试得到的稳态输入均压误差 ΔU 如图 4.26 所示。在全负载范围内,OCD 和 FOCD 控制较同占空比控制具有更低的均压误差。此外,OCD 控制的均压误差非常小(低于 2%),OCD 控制策略的输入均压误差受电流采样电路精度和变换器之间效率匹配的影响。与前面分析的一致,在负载电流较小时,FOCD 控制的均压误差较大;但是当负载电流超过半载时,均压误差仍然很小。

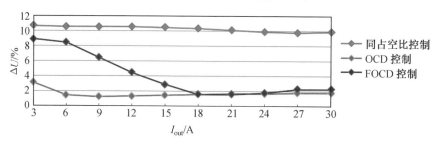

图 4.26　3 种控制方法下稳态输入均压误差的测试曲线

本节提出了一种应用在 ISOP 连接系统的输出电流差控制策略,从输出端实现均流的方式使系统具有更高的可靠性。本节推导了 OCD 控制方法电压环与均流环的小信号模型,时域与频域分析表明,通过调节占空比实现模块间的均流时,功率拓扑具有反相调整作用,因此均流环只有采用正反馈控制才能获得足够的相位裕度,从而使系统稳定运行。实验样机是由 3 个正激变换器构成的 ISOP 系统,通过频域 Bode 图的测试结果验证了推导环路模型的正确性,时域测试结果表明提出的控制方法具有较好的稳态和动态均压特性,热插拔实验验证了 FOCD 控制策略可在线调整系统模块的数目,并且动态过程中各模块均压状态良好。此外本节通过建立输入电压阶跃时输入均压和输出均流的闭环模型,计算出动态过程输入均压的超调,由两个正激变换器 ISOP 连接构成的系统验证了分析的正确性。

4.3　输入串联输出串联的输出电压差控制策略

输入串联输出串联(ISOS)连接适用于输入和输出端均是高压的 DC/DC 变换场合,可解决由高压导致的器件选型困难的问题。因为 ISOS 连接方式较 ISOP 连接方式更难获得自然均压机制,所以 ISOS 系统的均压策略带有专用的均压环,即输入均压环或输出均压环。为了避免使用传统输入侧均压控制策略中的高压隔离器件,本节提出一种输出电压差(output voltage differential,OVD)控制策略。该控制策略适用于 ISOS 连接的系统,通过输出端均压实现系统功率平衡。因为所有控制电路与采样电路均在输出侧,所以提出的控制方法更适用于降压型的 ISOS 系统。OVD 控制策略具有主从结构,为防止主模块失效导致系统失效的可能性,进一步提出了自动主从的输出电压差(fault-tolerant automatic master slave output voltage differential,
FOVD)控制方式。自动主从结构的均压环参考电压较分布式的均压环参考电压更
容易实现系统冗余备份及热插拔功能,同时控制电路结构简单,因此适用于多模块系
统。此外,本节还将分析模块之间参数失配对环路设计、稳态均压误差、动态均压特性
的影响规律,并通过仿真和实验对研究结果进行验证。

4.3.1　输出电压差控制策略的运行原理

OVD 控制策略具有主从结构,主变换器中具有公共的 OVR 控制输出电压恒定,
从变换器中具有独立的输出均压(output voltage sharing, OVS)环控制变换器间的功
率平衡。由 N 个DC/DC变换器ISOS连接采用 OVR 控制策略的原理图如图 4.27 所
示,图中是 N 个正激变换器的小信号模型。主变换器的补偿电压分别与从变换器的
补偿电压求和产生从变换器的占空比,而主变换器的占空比直接由 OVR 环路的补偿
电压生成,所有 OVS 环路的参考电压是主变换器 N 的输出电压,OVS 环是正反馈运
行。根据功率平衡原则,当系统输出端实现均压后,输入端自然获得均压。在图 4.27
中,如果变换器 1 的输入电压 v_{in1} 受到扰动上升,变换器 1 的输出电压 v_{out1} 也上升,运
行在正反馈状态的 OVS 环路使变换器 1 的补偿电压 v_{sh1} 上升,这导致变换器 1 的占空
比 d_1 上升,占空比的上升导致变换器 1 的输入电流 i_1 上升。在系统总输入电流不变
的前提下,变换器 1 的输入电容电流下降,使 v_{in1} 下降,系统回到稳态。

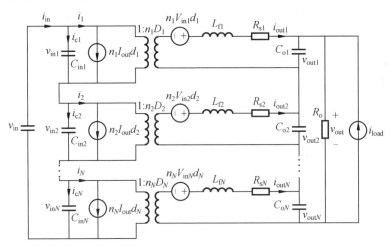

图 4.27　OVR 控制策略的小信号模型

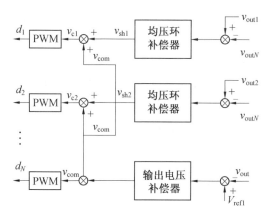

续图 4.27

4.3.2 ISOS 系统的小信号建模

在图 4.27 中，系统的每个状态变量受到 3 种类型扰动源的扰动，分别是 v_{in}、i_{load} 和 $d_1 \sim d_N$，当推导控制环路的增益时，输入电压和输出负载扰动置零（$v_{in} = 0$，$i_{load} = 0$），只考虑占空比扰动对状态变量的影响。与单个变换器不同的是，多变换器系统的状态变量不仅受到自身占空比的影响，还受到其他变换器占空比的影响，即多模块系统中占空比是彼此影响的。当系统运行于稳态时，每个变换器的占空比由两种分量组成，一种是由 OVR 环路提供的 D_{com}，另一种是由 OVS 环路提供的 $D_{sh1} \sim D_{sh(N-1)}$，每个变换器闭环的稳态占空比为

$$\begin{cases} D_1 = D_{com} + D_{sh1} \\ \vdots \\ D_{N-1} = D_{com} + D_{sh(N-1)} \\ D_N = D_{com} \end{cases} \tag{4.48}$$

式中　$D_1 \sim D_N$——变换器 $1 \sim N$ 的稳态占空比。

ISOS 连接的系统稳态电流方程为

$$I_{in} = n_1 D_1 I_{out} = n_2 D_2 I_{out} = \cdots = n_N D_N I_{out} = n_N D_{com} I_{out} \tag{4.49}$$

式中　$n_1 \sim n_N$——变换器 $1 \sim N$ 的变压器匝比；

I_{in}——ISOS 系统的稳态输入电流；

I_{out}——ISOS 系统的稳态输出电流。

将式（4.49）化简后得到

$$n_1 D_1 = n_2 D_2 = \cdots = n_N D_N = n_N D_{com} \tag{4.50}$$

OVS 环路使每个变换器的输出电压相等，参数 $a_1 \sim a_N$ 是每个变换器输出电压对总输出电压的比例系数，理想情况下 $a_1 = a_2 = \cdots = a_N = \dfrac{1}{N}$，则有下式成立：

$$V_{\text{out1}} = a_1 V_{\text{out}}, V_{\text{out2}} = a_2 V_{\text{out}}, \cdots, V_{\text{out}(N-1)} = a_{(N-1)} V_{\text{out}}, V_{\text{out}N} = a_N V_{\text{out}} \quad (4.51)$$

式中　$V_{\text{out1}} \sim V_{\text{out}N}$——变换器 $1 \sim N$ 的输出电压；

　　　V_{out}——ISOS 系统总输出电压。

ISOS 系统的输入电压 $V_{\text{in1}} \sim V_{\text{in}N}$ 的稳态方程为

$$\begin{cases} n_1 D_1 V_{\text{in1}} = V_{\text{out1}} + I_{\text{out}} R_{\text{s1}} = V_{\text{out}}\left(a_1 + \dfrac{R_{\text{s1}}}{R_{\text{o}}}\right) \\[2mm] n_2 D_2 V_{\text{in2}} = V_{\text{out2}} + I_{\text{out}} R_{\text{s2}} = V_{\text{out}}\left(a_2 + \dfrac{R_{\text{s2}}}{R_{\text{o}}}\right) \\[2mm] \vdots \\[2mm] n_N D_N V_{\text{in}N} = V_{\text{out}N} + I_{\text{out}} R_{\text{s}N} = V_{\text{out}}\left(a_N + \dfrac{R_{\text{s}N}}{R_{\text{o}}}\right) \end{cases} \quad (4.52)$$

式中　$R_{\text{s1}} \sim R_{\text{s}N}$——变换器 $1 \sim N$ 的寄生电阻。

将式(4.50)代入式(4.52)中,得到的结果为

$$\begin{cases} V_{\text{in1}} = \dfrac{V_{\text{out}}}{n_N D_{\text{com}}}\left(a_1 + \dfrac{R_{\text{s1}}}{R_{\text{o}}}\right) \\[2mm] V_{\text{in2}} = \dfrac{V_{\text{out}}}{n_N D_{\text{com}}}\left(a_2 + \dfrac{R_{\text{s2}}}{R_{\text{o}}}\right) \\[2mm] \vdots \\[2mm] V_{\text{in}N} = \dfrac{V_{\text{out}}}{n_N D_{\text{com}}}\left(a_N + \dfrac{R_{\text{s}N}}{R_{\text{o}}}\right) \end{cases} \quad (4.53)$$

$$V_{\text{in1}} : V_{\text{in2}} : \cdots : V_{\text{in}N} = \left(a_1 + \dfrac{R_{\text{s1}}}{R_{\text{o}}}\right) : \left(a_2 + \dfrac{R_{\text{s2}}}{R_{\text{o}}}\right) : \cdots : \left(a_N + \dfrac{R_{\text{s}N}}{R_{\text{o}}}\right) \quad (4.54)$$

式(4.54)表明每个变换器的输入电压具有一个固定的比例,这个固定的比例与公共的占空比 D_{com} 分量无关,因此占空比扰动 d_{com} 不会影响输入电压的分配。当分析状态变量对占空比 d_{com} 的传递函数时,每个变换器的输入电压扰动为零,$v_{\text{in1}} = v_{\text{in2}} = \cdots = v_{\text{in}N} = 0$。各个变换器输入电压的分配由参数 $a_1 \sim a_N$ 决定,这些参数由 OVS 环路控制,因此占空比分量 $d_{\text{sh1}} \sim d_{\text{sh}(N-1)}$ 将影响输入电压的分配,当分析状态变量对占空比分量 $d_{\text{sh1}} \sim d_{\text{sh}(N-1)}$ 的传递函数时,各个变换器的输入电压扰动不为零,$v_{\text{in1}} \neq v_{\text{in2}} \neq \cdots \neq v_{\text{in}N} \neq 0$。

4.3.3　输出电压环环路分析

为简化推导过程,令系统中各个变换器的参数相等,变压器匝比 $n_1 = n_2 = \cdots = n_N$,寄生电阻 $R_{\text{s1}} = R_{\text{s2}} = \cdots = R_{\text{s}N} = R_{\text{s}}$,系统运行在平均状态,$V_{\text{in1}} = V_{\text{in2}} = \cdots = V_{\text{in}N} = V_{\text{in}}/N$,输出电感 $L_{\text{f1}} = L_{\text{f2}} = \cdots = L_{\text{f}N} = L$。OVR 环路通过占空比 d_{com} 调整输出电压恒定,开环输出电压扰动方程可以表示为

$$v_{\text{out}} = G_{\text{vg}} v_{\text{in}} + Z_{\text{out}} i_{\text{load}} + G_{\text{com}} d_{\text{com}} + \boldsymbol{M}_{\text{sh}}(d_{\text{sh1}} \sim d_{\text{sh}(N-1)}) \quad (4.55)$$

式中 G_{vg}—— 输出电压对输入电压的开环传递函数；

         Z_{out}—— 输出电压对负载电流的开环传递函数；

         G_{com}—— 输出电压对占空比 d_{com} 的开环传递函数；

         $\boldsymbol{M}_{sh}$—— 输出电压对占空比 $d_{sh1} \sim d_{sh(N-1)}$ 的关系矩阵。

在式 (4.55) 所示的 4 种类型扰动源中，只有 d_{com} 是闭环调整输出电压，而其他扰动都是开环扰动输出电压，因此 OVR 环路增益的推导只与扰动源 d_{com} 有关。当推导每个变换器的输出电压对占空比 d_{com} 的传递函数时，应用叠加定理使扰动源置零，即 $v_{in}=0$，$i_{load}=0$，$d_{sh1} \sim d_{sh(N-1)}=0$，则每个变换器的占空比为 $d_1=d_2=\cdots=d_N=d_{com}$。

根据前述分析，占空比扰动 d_{com} 不会影响输入电压的分配，在占空比 d_{com} 的扰动下所有变换器的状态变量不会相互影响。因此整个 ISOS 系统可以等效为 N 个正激变换器串联连接，模型可简化为分析单个正激变换器，正激变换器 1 的小信号模型如图 4.28 所示，输入电压扰动为零，即 $v_{in1}=v_{in2}=\cdots=v_{inN}=0$，每个变换器的负载等效为 R_o/N。

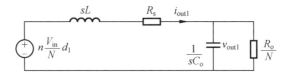

图 4.28   正激变换器 1 的小信号模型

传递函数 G_{vd} 代表变换器 1 的输出电压 v_{out1} 对占空比 d_1 的传递函数，其表达式为

$$G_{vd} = \frac{v_{out1}}{d_1} = \frac{v_{out1}}{d_{com}} = \frac{nV_{in}R_o}{N[s^2LC_oR_o + s(NL + C_oR_oR_s) + NR_s + R_o]} \tag{4.56}$$

式中 C_o—— 每个正激变换器的输出电容值。

所有变换器完全相同，推导传递函数 G_{com} 为

$$G_{com} = \frac{v_{out}}{d_{com}} = \frac{v_{out1} + \cdots + v_{outN}}{d_{com}} = NG_{vd} = \frac{nV_{in}R_o}{s^2LC_oR_o + s(NL + C_oR_oR_s) + NR_s + R_o}$$

$$\tag{4.57}$$

单独给出 OVR 环路的控制框图如图 4.29 所示，在图 4.29 中，H_1 为输出电压的采样比例系数，G_{vo1} 为 OVR 环路的补偿器，G_m 为 PWM 模块，V_{ref1} 为 OVR 环路的参考电压。根据控制框图，OVR 环路增益 T_{vo1} 为

$$T_{vo1} = -H_1G_{vo1}G_m \frac{nV_{in}R_o}{s^2LC_oR_o + s(NL + C_oR_oR_s) + NR_s + R_o} \tag{4.58}$$

式中不忽略负反馈带来的负号。

在主变换器的 OVR 环路中可添加电流环以提高系统输出电压的动态特性，即电流型的输出电压差控制，图 4.30 所示为电流型输出电压差控制的 OVR 环路和电流环的框图，图中 H_3 为电流采样系数，G_{io} 为电流环补偿器。

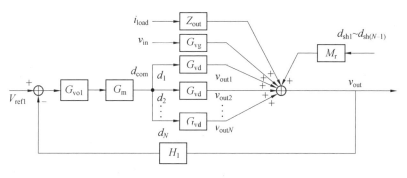

图 4.29 输出电压环的控制框图

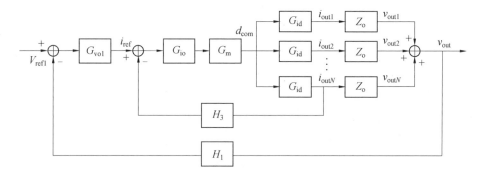

图 4.30 电流型输出电压差控制的 OVR 环路和电流环的框图

根据图 4.28 的小信号模型,推导框图 4.30 中的 G_{id} 和 Z_o 为

$$G_{id} = \frac{i_{out1}}{d_1} = \frac{i_{out1}}{d_{com}} = \frac{nV_{in}(sC_oR_o + N)}{N[s^2L_oC_oR_o + s(NL_o + C_oR_oR_s) + NR_s + R_o]} \quad (4.59)$$

$$Z_o = \frac{v_{out1}}{i_{out1}} = \frac{R_o}{sC_oR_o + N} \quad (4.60)$$

根据式(4.59)和式(4.60),推导出电流环的环路增益 T_{io} 为

$$T_{io} = H_3 G_{io} G_m G_{id} \quad (4.61)$$

为推导电流型 OVD 控制中 OVR 环路的增益,先推导电流环的闭环增益为

$$T_{closed} = \frac{i_{outN}}{i_{ref}} = \frac{G_{io}G_mG_{id}}{1 + H_3G_{io}G_mG_{id}} \quad (4.62)$$

ISOS 系统的总输出电压可以由各个变换器的输出电流表示为

$$v_{out} = Z_o(i_{out1} + i_{out2} + \cdots + i_{outN}) = NZ_o i_{outN} \quad (4.63)$$

将式(4.62)代入式(4.63)能够得到输出电压对电流参考信号的闭环传递函数为

$$\frac{v_{out}}{i_{ref}} = NZ_o T_{close} \quad (4.64)$$

电流模式的输出电压差控制中的 OVR 环路增益为

$$T_{vol\_current-mode} = NZ_o T_{close} H_1 G_{vol} \quad (4.65)$$

4.3.4 输出均压环环路分析

OVS 环路通过占空比 $d_{sh1} \sim d_{sh(N-1)}$ 调整各个变换器的输出电压相等,每个 OVS 环路的扰动方程可以表示为

$$\Delta v_i = v_{outi} - v_{outN} = G_{r1} v_{in} + G_{r2} i_{load} + G_{r3} d_{com} + G_{r4} d_{shi}, \quad i = 1, 2, \cdots, N-1$$

$$(4.66)$$

式中 $G_{r1} \sim G_{r4}$ ——扰动 Δv_i 对不同的扰动源 v_{in}、i_{load}、d_{com} 和 d_{shi} 的开环传递函数;

v_{outi} ——从变换器的输出电压;

d_{shi} ——从变换器中 OVS 环路的占空比;

Δv_i ——从变换器输出电压与参考电压(主变换器输出电压)的差。

在 4 种扰动源中,只有 $d_{sh1} \sim d_{sh(N-1)}$ 是闭环调整输出电压差,其他扰动源都是开环扰动,因此 OVS 环路增益只与扰动源 $d_{sh1} \sim d_{sh(N-1)}$ 有关。应用叠加定理使扰动源 v_{in}、i_{load}、d_{com} 置零,则每个变换器的占空比为 $d_1 = d_{sh1}, d_2 = d_{sh2}, \cdots, d_{N-1} = d_{sh(N-1)}, d_N = 0$。

根据前述分析,OVS 环路将影响各个变换器的输入均压,因此 $v_{in1} \neq v_{in2} \neq \cdots \neq v_{inN} \neq 0$。根据图 4.27 的小信号模型,电压和电流的扰动方程为

$$
\begin{cases}
nDv_{in1} + n\dfrac{V_{in}}{N}d_1 = (sL + R_s)i_{out1} + v_{out1} \\[2mm]
nDv_{in2} + n\dfrac{V_{in}}{N}d_2 = (sL + R_s)i_{out2} + v_{out2} \\[2mm]
\vdots \\[2mm]
nDv_{inN} + n\dfrac{V_{in}}{N}d_N = (sL + R_s)i_{outN} + v_{outN}
\end{cases}
$$

$$(4.67)$$

$$
\begin{cases}
i_{c1} = i_{in} - nI_o d_1 - nD i_{out1} \\[2mm]
i_{c2} = i_{in} - nI_o d_2 - nD i_{out2} \\[2mm]
\vdots \\[2mm]
i_{cN} = i_{in} - nI_o d_N - nD i_{outN}
\end{cases}
$$

$$(4.68)$$

$$
\begin{cases}
i_{c1} = v_{in1} sC_{in} \\[2mm]
i_{c2} = v_{in2} sC_{in} \\[2mm]
\vdots \\[2mm]
i_{cN} = v_{inN} sC_{in}
\end{cases}
$$

$$(4.69)$$

每个变换器输出电流的扰动与输出电压扰动的关系为

$$\begin{cases} i_{\text{out1}} = sC_{\text{o}}v_{\text{out1}} + \dfrac{1}{R_{\text{o}}}(v_{\text{out1}} + v_{\text{out2}} + \cdots + v_{\text{outN}}) \\[2mm] i_{\text{out2}} = sC_{\text{o}}v_{\text{out2}} + \dfrac{1}{R_{\text{o}}}(v_{\text{out1}} + v_{\text{out2}} + \cdots + v_{\text{outN}}) \\[2mm] \vdots \\[2mm] i_{\text{outN}} = sC_{\text{o}}v_{\text{outN}} + \dfrac{1}{R_{\text{o}}}(v_{\text{out1}} + v_{\text{out2}} + \cdots + v_{\text{outN}}) \end{cases} \tag{4.70}$$

ISOS 系统输入输出的总功率扰动方程为

$$P_{\text{in}} + p_{\text{in}} = (V_{\text{in}} + v_{\text{in}})(I_{\text{in}} + i_{\text{in}}) \tag{4.71}$$

$$P_{\text{out}} + p_{\text{out}} = \dfrac{(V_{\text{out}} + v_{\text{out}})^2}{R_{\text{o}}} + R_{\text{s}}(I_{\text{out1}} + i_{\text{out1}})^2 + \cdots + R_{\text{s}}(I_{\text{outN}} + i_{\text{outN}})^2 \tag{4.72}$$

P_{in} 和 p_{in} 为稳态输入功率和扰动输入功率，P_{out} 和 p_{out} 为稳态输出功率和扰动输出功率，因为输出端串联连接，所以各个变换器的稳态输出电流相等，即 $I_{\text{out1}} = I_{\text{out2}} = \cdots = I_{\text{outN}} = I_{\text{out}}$。根据功率守恒原则，式(4.71)和式(4.72)中的直流量相等，忽略二阶扰动量，从式(4.71)和式(4.72)推导出输入电流的扰动表达式为

$$i_{\text{in}} = \dfrac{2I_{\text{out}} + 2R_{\text{s}}I_{\text{out}}(sC_{\text{o}} + N/R_{\text{o}})}{V_{\text{in}}}(v_{\text{out1}} + \cdots + v_{\text{outN}}) = W(v_{\text{out1}} + \cdots + v_{\text{outN}}) \tag{4.73}$$

式中

$$W = \dfrac{2I_{\text{out}} + 2R_{\text{s}}I_{\text{out}}(sC_{\text{o}} + N/R_{\text{o}})}{V_{\text{in}}}$$

根据式(4.70)和式(4.73)推导输出电压对占空比的关系矩阵为

$$\begin{bmatrix} d_1 \\ d_2 \\ \vdots \\ d_N \end{bmatrix} = \begin{bmatrix} E & F & \cdots & F \\ F & E & \cdots & F \\ \vdots & \vdots & & \vdots \\ F & F & \cdots & E \end{bmatrix} \begin{bmatrix} v_{\text{out1}} \\ v_{\text{out2}} \\ \vdots \\ v_{\text{outN}} \end{bmatrix} \tag{4.74}$$

式中

$$\begin{cases} E = \dfrac{NsC_{\text{in}}\left[\left(sL + R_{\text{s}} + \dfrac{n^2D^2}{sC_{\text{in}}}\right)\left(sC_{\text{o}} + \dfrac{1}{R_{\text{o}}}\right) + 1\right] - NnDW}{nV_{\text{in}}sC_{\text{in}} - n^2DI_{\text{out}}N} \\[5mm] F = \dfrac{NsC_{\text{in}}\left(sL + R_{\text{s}} + \dfrac{n^2D^2}{sC_{\text{in}}}\right) - NnDR_{\text{o}}W}{R_{\text{o}}(nV_{\text{in}}sC_{\text{in}} - n^2DI_{\text{out}}N)} \end{cases} \tag{4.75}$$

列出式(4.74)的逆矩阵形式为

$$\begin{bmatrix} v_{\text{out1}} \\ v_{\text{out2}} \\ \vdots \\ v_{\text{outN}} \end{bmatrix} = \begin{bmatrix} G_E & G_F & \cdots & G_F \\ G_F & G_E & \cdots & G_F \\ \vdots & \vdots & \vdots & \vdots \\ G_F & G_F & \cdots & G_E \end{bmatrix} \begin{bmatrix} d_1 \\ d_2 \\ \vdots \\ d_N \end{bmatrix} \tag{4.76}$$

式中 G_E、G_F——输出电压与占空比的关系系数。

以变换器 1 的 OVS 环路为例,其他变换器的 OVS 环路增益的推导方式与变换器 1 完全相同,推导输出电压差的表达式为

$$\begin{aligned} \Delta v_1 &= v_{\text{out1}} - v_{\text{outN}} \\ &= \left[G_E d_1 + G_F (d_2 + \cdots + d_N) \right] - \\ &\quad \left[G_F (d_1 + \cdots + d_{(N-1)}) + G_E d_N \right] \\ &= (G_E - G_F) d_1 + (G_F - G_E) d_N \end{aligned} \tag{4.77}$$

将条件 $d_N = 0$ 代入式(4.77)中,得到输出电压差的简化形式为

$$\Delta v_1 = v_{\text{out1}} - v_{\text{outN}} = (G_E - G_F) d_1 \tag{4.78}$$

从变换器 1 的输出均压环控制框图如图 4.31 所示,图中 H_2 为每个变换器输出电压的采样比例,G_{vo2} 为 OVS 环路的补偿器,V_{ref2} 为 OVS 环路的参考电压。

以变换器 1 的 OVS 环路为例推导环路增益,根据控制框图 4.31 和式(4.78),输出电压差 Δv_1 对占空比 d_1 的传递函数 G_{r4} 为

$$G_{r4} = \frac{\Delta v_1}{d_1} = G_E - G_F \tag{4.79}$$

根据逆矩阵的性质有 $G_E - G_F = \dfrac{1}{E - F}$,由式(4.79)得到 G_{r4} 为

$$G_{r4} = \frac{1}{E - F} = \frac{-(n^2 D I_{\text{out}} N - n V_{\text{in}} s C_{\text{in}})}{s \left[N C_{\text{in}} C_o L s^2 + N C_{\text{in}} C_o R_s s + (N C_o n^2 D^2 + N C_{\text{in}}) \right]} \tag{4.80}$$

将控制框图 4.30 中所有的环节相乘得到 OVS 环路的增益表达式为

$$T_{vo2} = H_2 G_{vo2} G_m \frac{-(n^2 D I_{\text{out}} N - n V_{\text{in}} s C_{\text{in}})}{s \left[N C_{\text{in}} C_o L s^2 + N C_{\text{in}} C_o R_s s + (N C_o n^2 D^2 + N C_{\text{in}}) \right]} \tag{4.81}$$

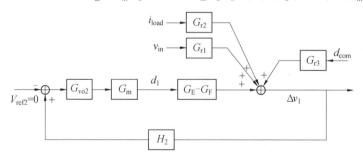

图 4.31   从变换器 1 的输出均压环控制框图

通过前面对 OVR 和 OVS 环路的分析,输出电压差控制策略的控制框图如图

4.32 所示,图中变换器 N 为主变换器,变换器 $1 \sim N-1$ 为从变换器,变换器 N 的输出电压作为其他变换器的参考电压,矩阵 $\boldsymbol{M}$ 为每个变换器输出电压对占空比的关系矩阵,从前面的分析中可知在不同的环路中 $\boldsymbol{M}$ 具有不同的表达形式。

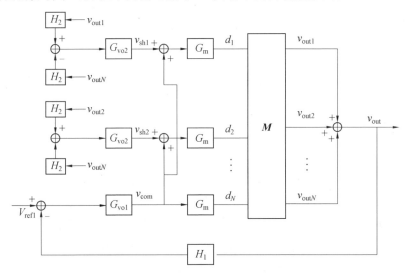

图 4.32　输出电压差控制策略的控制框图

电压型和电流型的 OVD 控制具有完全相同的输出均压环,所以两者的均压动态特性相同,而电流型的 OVD 控制由于具有输出电流环,因此输出动态特性要优于电压型 OVD 控制,但是鉴于电流型 OVD 控制结构较为复杂,所以下面的分析与实验验证都是基于电压型 OVD 控制。

4.3.5　环路补偿器设计

3 个工作于连续模式的正激变换器 ISOS 连接作为主功率拓扑,采用 OVD 控制策略,变换器 1 和变换器 2 是从变换器,变换器 3 是主变换器。ISOS 系统的关键参数见表 4.8,本节设计 OVR 和 OVS 环路的补偿器。

表 4.8　ISOS 系统的关键参数

参数	数值
总输入电压 $V_{\mathrm{in}}/\mathrm{V}$	$290 \sim 390$(额定值 340)
总输出电压 $V_{\mathrm{out}}/\mathrm{V}$	150
总输出电流 $I_{\mathrm{out}}/\mathrm{A}$	3
每个模块的输出电容 $C_{\mathrm{o}}/\mu\mathrm{F}$	282
每个模块的输入电容 $C_{\mathrm{in}}/\mu\mathrm{F}$	20

续表4.8

参数	数值
每个模块的输出电感 $L/\mu H$	300
每个模块的寄生电阻 R_s/Ω	0.3
变压器匝比 n	1 : 1.85
开关频率 f_s/kHz	100
系统模块数 N	3

1. 输出电压环的补偿器设计

根据式(4.58)推导的 OVR 环路的增益,将表4.8中的参数代入公式中,令补偿器 $G_{vo1}=1$,在 MATHCAD 中绘出未补偿的 OVR 环路的 Bode 图;同时为了验证推导过程的正确性,在软件 SIMPLIS 中采用全电路模型仿真 OVR 环路的 Bode 图。对比结果如图 4.33 所示,图中计算的结果与仿真的结果几乎完全一致,验证了推导过程的正确性。环路的稳定性准则是在穿越频率处系统的相移不能超过 360°,负反馈系统中负反馈带来 180° 相移,所以相位与 −180° 相位线比较计算得到相位裕度。在提出的控制策略中,OVS 环路是正反馈系统,所以统一相位裕度的计算方法是在穿越频率处的相位与 0° 相位线比较。在图 4.33 中相位曲线在低频处是 180°,从 Bode 图中能看出共轭极点的频率及相位的变化,设计的补偿器形式为

$$G_{vo1} = \frac{71\,428 \times (1 + 2.2 \times 10^{-4} \times s)^2}{s \times (1 + 2.2 \times 10^{-6} \times s) \times (1 + 2.42 \times 10^{-6} \times s)} \tag{4.82}$$

补偿后的输出电压环计算与仿真对比 Bode 图如图 4.34 所示,系统的穿越频率是 10 kHz,相位裕度是 65°。

2. 输出均压环的补偿器设计

将表4.8中的参数代入均压环的增益公式(4.81),在 MATHCAD 中绘出 OVS 环路的 Bode 图,同时与 SIMPLIS 中仿真的 OVS 环路的 Bode 图进行对比,对比结果如图 4.35 所示。图 4.35 中未补偿的 OVS 环路具有一个反相环节,一个右半平面零点(94 Hz),一个纯积分器和一对左半平面极点(1.1 kHz)。在低频处,反相环节带来 180° 的相移,纯积分器又引入 90° 相移,使 OVS 环路在低频处有 270° 的相移。如果控制电路仍采用负反馈系统,将再引入 180° 相移,使整个系统具有 450° 的相移,不能补偿至稳定,因此 OVS 环路必须采用正反馈运行。从时域角度分析这一问题,变换器 1 的占空比 d_1 增大将导致变换器 1 的输入电压 v_{in1} 减小,那么变换器 1 的输出电压 v_{out1} 将减小,输出电压差 Δv_1 减小,说明占空比 d_1 与输出电压差 Δv_1 之间在主拓扑中已经具有反相关系,所以在控制电路中无须反相环节。

在未补偿的 Bode 图中,OVS 环路低频处已经有 270° 的相移,所以只剩下 90° 的相

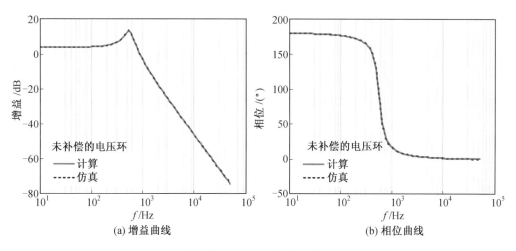

(a) 增益曲线　　　　　　　　　　　　(b) 相位曲线

图 4.33　未补偿的输出电压环计算与仿真对比 Bode 图

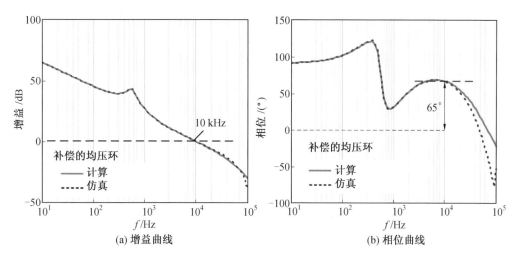

(a) 增益曲线　　　　　　　　　　　　(b) 相位曲线

图 4.34　补偿后的输出电压环计算与仿真对比 Bode 图

位裕度,补偿器中不能包含纯积分器,否则系统将因相位裕度不足而不能稳定运行。设计的补偿器形式为

$$G_{vo2} = \frac{K_1}{1 + \dfrac{s}{\omega_p}} = \frac{0.65}{1 + 1.3 \times 10^{-3} \times s} \qquad (4.83)$$

式中　K_1——均压环补偿器的比例值;

　　　ω_p——极点的角频率。

　　设置系统补偿后的穿越频率不能超过右半平面零点的频率,补偿后穿越频率为 50 Hz,相位裕度为 45°,补偿后的输出均压环计算与仿真对比 Bode 图如图 4.36

所示。

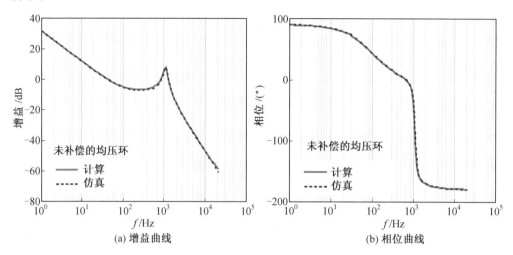

(a) 增益曲线 (b) 相位曲线

图 4.35　未补偿的输出均压环计算与仿真对比 Bode 图

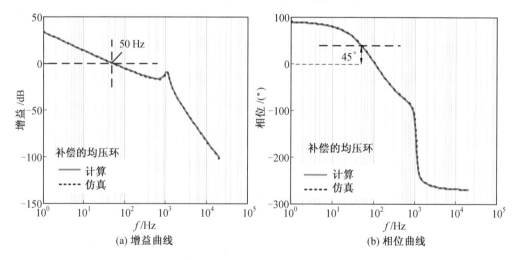

(a) 增益曲线 (b) 相位曲线

图 4.36　补偿后的输出均压环计算与仿真对比 Bode 图

输出电压差控制的实验结果如下：

设计 3 个正激变换器 ISOS 连接 450 W 的实验样机，对提出的输出电压差控制策略的动态特性进行验证，样机的具体参数与表 4.8 中一致，变换器 3 是主变换器，变换器 1 和变换器 2 是从变换器。

为反映出所提控制方法的均压效果，令 3 个变换器的输入电容分别为 20 μF、20 μF、19 μF 和 20 μF、20 μF、10 μF，当输入电压在 290 V 和 390 V 之间阶跃时，测试的 3 个变换器的输出电压及总输出电压（耦合交流）波形如图 4.37 和图 4.38 所示。图中 3 个变换器的输入电容差别越大，输出电压的动态均压超调越大，输出电压的最大超调为 5 V(3.3%),调整时间为 3 ms。图 4.39 和图 4.40 是当负载在 1 A 和 3 A(满载)之间阶跃时,每个变换器的输入电压(输出电压)和总输出电压(耦合交流)的测试波形,3 个变换器的输入电容值分别为 20 μF、20 μF、10 μF。测试结果表明在负载阶跃的动态瞬间,每个变换器的输入电压和输出电压都能很好地均压,总输出电压的超调小于 2 V(1.3%),调整时间为 2 ms。尽管 3 个模块的参数不一致,系统仍然具有较好的动态均压特性和动态输出特性。

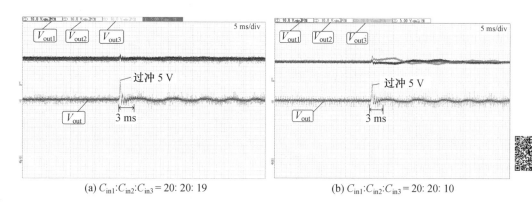

(a) $C_{in1}:C_{in2}:C_{in3}=20:20:19$　　　　　(b) $C_{in1}:C_{in2}:C_{in3}=20:20:10$

图 4.37　输入电压阶跃上升时的测试波形

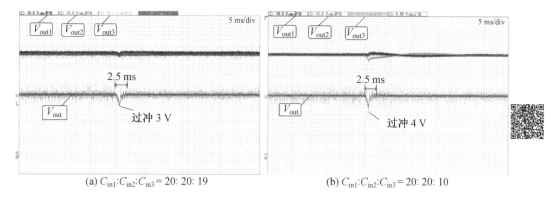

(a) $C_{in1}:C_{in2}:C_{in3}=20:20:19$　　　　　(b) $C_{in1}:C_{in2}:C_{in3}=20:20:10$

图 4.38　输入电压阶跃下降时的测试波形

在负载 75 ~ 450 W 的范围内测试系统效率,效率测试曲线如图 4.41 所示。其中效率的最高点在满载 450 W,约为 88%,因为设计的正激变换器是硬开关工作,所以随着输入电压的升高开关损耗增加,整体的效率曲线下移。

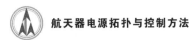
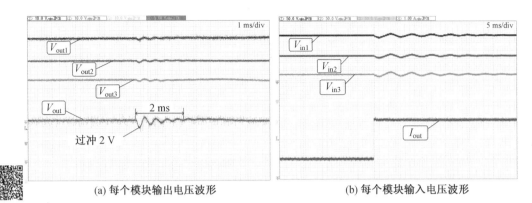

(a) 每个模块输出电压波形　　　　　　(b) 每个模块输入电压波形

图 4.39　　负载阶跃上升时的测试波形

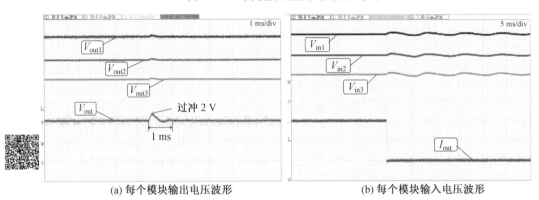

(a) 每个模块输出电压波形　　　　　　(b) 每个模块输入电压波形

图 4.40　　负载阶跃下降时的测试波形

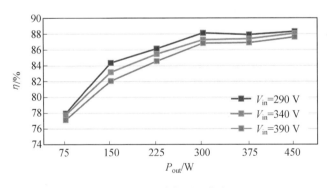

图 4.41　　效率测试曲线

4.3.7　自动主从结构的输出电压差控制策略

为提高组合系统可靠性并具备热插拔功能,本节提出自动主从结构的输出电压差控制策略,其原理图如图 4.42 所示。由图可见,每个变换器中有两个控制环路,即输出电压环和输出均压环,并且所有变换器内部结构完全相同,所有输出电压环的补偿电压通过二极管连接在同一点,在稳态运行时,最高的补偿电压将自动成为所有变换器公共的补偿电压 v_{com}。所有均压环的参考电压也通过二极管连接在同一点,模块中最大的输出电压将作为公共的输出均压环的参考电压 v_{oref}。

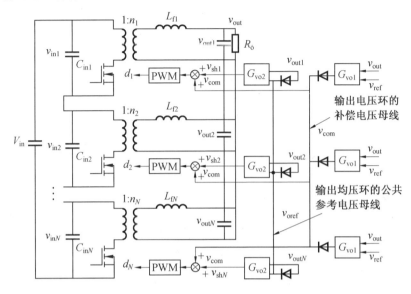

图 4.42　自动主从结构的输出电压差控制策略原理图

图 4.43 和图 4.44 分别是当变换器 2(模块 2)从系统中切除和投入时的热插拔实验,每个变换器的输入电容仍然设置为 20 μF、20 μF、10 μF,测试条件是系统输入电压为 300 V,负载为 3 A。在对变换器 2 进行短路的开关上串联一个 1 Ω 的电阻,以限制输入电容的瞬态放电电流,在变换器切除的瞬态过程中,每个变换器的输入电压和输出电压能够稳定均压,总输出电压的最大超调为 8 V(5.3%),调整时间为 1.5 ms。在变换器投入系统的瞬态过程,3 个变换器的输入电压和输出电压也都能够平均稳定运行,变换器 2 的输入电压和输出电压略有超调,但是总输出电压和输出电流几乎不受影响。

本节提出了一种结构简单、可靠性高的输出电压差控制策略,并对控制策略的工作原理、环路补偿器设计、稳态均压及参数失配的影响规律进行了详细分析。结果表明参数的不一致几乎不影响电压环和均压环的环路增益,采用模块间相同的参数进行小信号建模与实际情况的误差非常小,而对稳态均压和动态均压超调的影响可通过合理选择器件及设计环路参数使误差在可接受范围内。通过仿真对比证明了提出的控制方法与双环控制策略具有几乎相同的输出动态均压特性,而输出电压差控制具有更简单的控制结构及更高的可靠性。使用 3 个正激变换器 ISOS 连接组成的 450 W 样机对输出电压差和自动主从结构的输出电压差控制策略进行了验证,实验结果表明,即

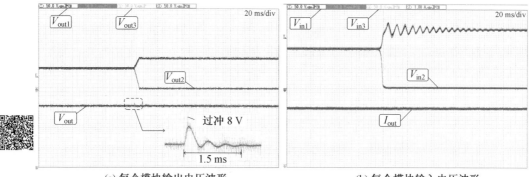

(a) 每个模块输出电压波形　　　　　　(b) 每个模块输入电压波形

图 4.43　切除模块 2 时的测试波形

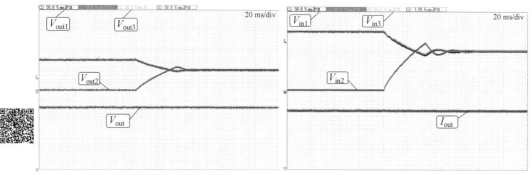

(a) 每个模块输出电压波形　　　　　　(b) 每个模块输入电压波形

图 4.44　投入模块 2 时的测试波形

使在各个变换器的输入电容具有 50% 的误差下,动态过程中输出电压的最大超调仅为 3.3%,调整时间最长为 3 ms,系统在热插拔过程中的输出电压超调为 5.3%,调整时间为 1.5 ms,实验验证了所提控制方法的实用性。

4.4　基于并联 MOSFET 的输入串联均压控制

常规输入串联型组合系统的均压控制策略在方案实现上,需要重新设计整个电源系统,包括选择合适的功率拓扑和控制策略,这需要较长的研发周期,而且指标参数略有改动时系统必须全部重新设计,因此组合系统的研发过程较为烦琐,不够灵活。为了解决这一问题,本节提出一种并联 MOSFET 的输入均压(input voltage sharing with paralleled MOSFET,IVSPM) 控制方法,该方法能够快速地组合已有的 DC/DC 变换器模块,通过外围手段实现组合系统的积木式搭建,省去主拓扑及输出电压环的设计过程,大大缩短研发时间。根据具体的 ISOP 和 ISOS 系统指标参数,直接挑选合适的市售模块将其按照需求组合,恒压源进行 ISOS 组合,恒流源进行 ISOP 组合。提出的控制方法中每个 DC/DC 变换器输入端并联一个 MOSFET,由输入均压环控制其工作于线性区,吸收 DC/DC 变换器间的不平衡功率。采用外部器件而不是传统的占空比实现均压的方式,使负载的变化不影响均压特性,同时不平衡功率不会由输入侧传递到输出侧,组合系统输入和输出端都具有良好的动态均压表现。

4.4.1　控制方法的运行原理

DC/DC 变换器正常运行时是闭环状态,通过调节环路的占空比使输出电压(或电流)保持恒定,当接入一个固定的负载,变换器的输出功率 P_o 是恒定值。根据下式中输入输出功率的关系,输入功率同样保持恒定:

$$P_o = \eta P_{in} \tag{4.84}$$

$$P_{in} = V_{in\_c} I_{in\_c} \tag{4.85}$$

式中　η——系统效率;

V_{in_c}、I_{in_c}——变换器的输入电压和输入电流。

闭环 DC/DC 变换器的输入功率等于输入电压与输入电流的乘积,当输入电压升高时,因输入功率恒定,输入电流将下降,这种特性与普通电阻中电压升高电流也升高的特性相反,因此输入阻抗可等效为一个负电阻,负电阻模型在变换器的穿越频率以内是准确的。变换器完整的输入阻抗表达式为

$$Z_{in\_close} = \frac{\dfrac{1}{T}+1}{\dfrac{1}{TZ_{in\_open}} - \dfrac{I_{in\_c}}{V_{in\_c}}} \tag{4.86}$$

式中　Z_{in_close}——变换器的闭环输入阻抗;

Z_{in_open}——变换器的开环输入阻抗;

T——环路增益。

在式(4.86)中,闭环控制环路具有积分器用以消除稳态误差,所以在穿越频率以内可认为 T 趋近于无穷大,输入阻抗在低频时可以化简等效为一个负电阻,即

$$Z_{in\_close} = -R_{neg} = -\frac{V_{in\_c}}{I_{in\_c}}, \quad f < f_c \tag{4.87}$$

式中　f_c——DC/DC 变换器的穿越频率;

R_{neg}——DC/DC 变换器的等效输入负电阻。

当频率大于穿越频率时,环路增益迅速减小,闭环输入阻抗近似等效为开环输入阻抗。通常 DC/DC 变换器的输入端会并联输入电容,使变换器输入阻抗的高频特性近似电容的高频特性。当输入电容足够大时,整个变换器的输入阻抗就可以等效为负电阻与输入电容并联的模型,无须获知变换器的内部结构,通过变换器的外部功率转换参数和输入电容的值就能得到准确的输入阻抗模型。闭环 DC/DC 变换器直接连接

成的 ISOP 或 ISOS 结构不能稳定工作,连接的示意图如图 4.45 所示,当变换器 1 的输入电压受扰动升高后,由于变换器的负电阻效应输入电流下降,那么变换器 1 的输入电容电流将继续升高使输入电压升高,这是一个正反馈过程,系统不能回到稳态。

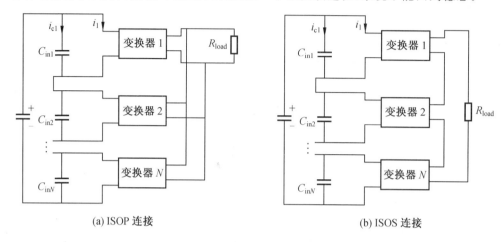

(a) ISOP 连接   (b) ISOS 连接

图 4.45   DC/DC 变换器连接成输入串联结构的示意图

本节提出的并联 MOSFET 的输入均压控制方法原理图如图 4.46 所示,图中 G_{vo} 是比例补偿器,每个变换器的输入端并联一个 MOSFET,输入均压环的补偿器电压控制该 MOSFET 运行在线性区而非开关区,因此它的特性近似于一个电压控制的电流源,工作在线性区的 MOSFET 的漏极电流与门极电压成正比,比例值是正向跨导 g_{fs}。本节提出的控制方法通过将 DC/DC 变换器直接 ISOP 或者 ISOS 连接即可获得变换器之间的均衡运行。如果 DC/DC 变换器是输出恒压型,那么该控制方法适用于 ISOS 连接方式;如果 DC/DC 变换器是输出恒流型,那么该控制方法适用于 ISOP 连接方式。两种连接方式中 DC/DC 变换器在稳态工作点的输出功率都恒定,等效到输入端的特性也均是负电阻,所以下面对稳定性的分析适用于两种连接方式。常规的 DC/DC 变换器是输出端恒压型,所以用 ISOS 连接的输出恒压型系统分析均压环的稳定性。

在 ISOS 连接的系统中,当变换器 1 的输入电压受到扰动具有正增量 Δu 时,输入均压环控制 MOSFET 的门极电压也具有正增绝对量,那么漏极电流产生一个正增量 Δi_{d1}。如果漏极电流增量的绝对值大于变换器输入电流负的增量绝对值,那么变换器 1 的输入电容电流将下降,系统能够回到稳态。根据上述分析,可通过下面三式计算出系统的稳定性条件:

$$| \Delta i_{d1} | > | \Delta i_1 | \tag{4.88}$$

$$\Delta u H_1 G_{vo} g_{fs} > \frac{\Delta u}{R_{neg}} \tag{4.89}$$

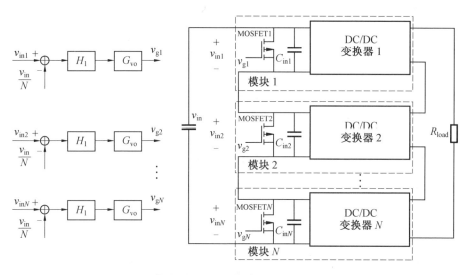

图 4.46   并联 MOSFET 的输入均压控制方法原理图

$$G_{vo} > \frac{1}{H_1 R_{neg} g_{fs}}\tag{4.90}$$

式中 H_1—— 每个变换器输入电压的采样系数;

$\quad\quad G_{vo}$—— 均压环的补偿器。

从变换器输入输出功率变换参数计算负电阻的值,再代入到式(4.88)中推导出保证系统能够稳定运行的补偿器的值。在 4.4.3 节中将给出基于小信号模型的频域稳定性分析,双重验证推导的稳定性条件。

4.4.2   控制方法的稳态工作点分析

将一组相同的 DC/DC 变换器连接成 ISOS 系统,系统中的变换器具有相同的额定输出电压,由于输出端串联连接使变换器的输出电流也相等,因此所有变换器的输出功率相等,即

$$P_{out1} = P_{out2} = \cdots = P_{outN} = P_{out}\tag{4.91}$$

式中 $P_{out1} \sim P_{outN}$—— 变换器 $1 \sim N$ 的输出功率;

$\quad\quad P_{out}$—— 归一化的输出功率。

因为变换器闭环工作状态下可以精确调整输出电压,所以式(4.91)中的结果在实际情况中也适用,但是每个变换器的效率 $\eta_1 \sim \eta_N$ 有所不同,因此输入功率也有所不同:

$$P_1 = \frac{P_{out}}{\eta_1}, P_2 = \frac{P_{out}}{\eta_2}, \cdots, P_N = \frac{P_{out}}{\eta_N}\tag{4.92}$$

式中 $P_1 \sim P_N$—— 每个 DC/DC 变换器的输入功率。

令 MOSFET1 与 DC/DC 变换器 1 并联的功率单元称为模块 1,以此类推,如图 4.46 所示。并联 MOSFET 的输入均压环在稳态时保证了每个模块的输入电压完全相等,而输入端串联连接使每个模块的输入电流也相等,因此输入均压环实际是控制了每个模块的输入功率必须相等,即 $P_{in1} = P_{in2} = \cdots = P_{inN} = P_{in}$。在稳态运行时,每个 DC/DC 变换器实际输入功率的差别将由并联的 MOSFET 吸收,所以稳态时 MOSFET 上的功率损耗可以由下式计算:

$$P_{M1} = P_{in} - P_1, P_{M2} = P_{in} - P_2, \cdots, P_{MN} = P_{in} - P_N \qquad (4.93)$$

式中　　$P_{M1} \sim P_{MN}$——MOSFET1 $\sim$ MOSFETN 的功率损耗;

　　　　P_{in}——每个模块的输入功率。

MOSFET 的功率是一个正标量,那么稳态时效率最低的 DC/DC 变换器(假设是 N)将具有最大的输入功率,即 $P_N = P_{in}$,变换器 N 输入端的 MOSFET 不导通没有损耗,而其他变换器输入端的 MOSFET 将工作在线性区,损耗可由式(4.93)计算。稳态时,其他模块的实际输入功率是 DC/DC 变换器上的输入功率与 MOSFET 上的损耗功率之和,等于 P_{in},所有模块的输出功率也是相等的,为 P_{out},则每个模块的效率是 $P_{out}/P_{in} = P_{out}/P_N = \eta_N$。最终整个 ISOS 系统的效率将等于变换器 N 的效率(变换器中最低的效率),因此为减小 MOSFET 上的功率损耗,在选择 DC/DC 变换器时应尽量挑选效率曲线一致的模块。考虑极限情况,如果系统输出空载(即效率为 0),每个 DC/DC 变换器只有静态损耗,此时输入端的 MOSFET 需要调整的各个变换器间的静态损耗有所不同,空载条件下系统仍可正常运行。

图 4.46 中的开关变换器也可以是一组具有不同输出电压的模块,甚至是一个组合的系统,只要变换器具有恒定的输出电压和相似的效率曲线,即可应用 IVSPM 控制方法实现均压。如果子模块的输出电压不同,那么输入均压环的参考电压根据变换器的输出功率进行相应调整,假设变换器的输出电压不相等,输出电压的比为

$$V_{out1} : V_{out2} : \cdots : V_{outN} = k_1 : k_2 : \cdots : k_N \qquad (4.94)$$

式中　　$V_{out1} \sim V_{outN}$——变换器 1 $\sim$ N 的输出电压;

　　　　$k_1 \sim k_N$——变换器 1 $\sim$ N 的输出电压比例。

变换器的输出功率具有相同的比例,则参考电压也具有该相同的比例,即

$$V_{ref1} : V_{ref2} : \cdots : V_{refN} = k_1 : k_2 : \cdots : k_N \qquad (4.95)$$

式中　　$V_{ref1} \sim V_{refN}$——均压环 1 $\sim$ N 的参考电压。

从式(4.95)中能得到每个变换器的输入电压为

$$V_{in1} = \frac{k_1 V_{in}}{k_1 + k_2 + \cdots + k_N}, V_{in2} = \frac{k_2 V_{in}}{k_1 + k_2 + \cdots + k_N}, \cdots, V_{inN} = \frac{k_N V_{in}}{k_1 + k_2 + \cdots + k_N}$$

$$(4.96)$$

式中　　$V_{in1} \sim V_{inN}$——模块 1 $\sim$ N 的输入电压;

　　　　V_{in}——ISOS 系统总的输入电压。

4.4.3　输入均压环特性的分析

本小节通过对输入均压环进行小信号建模推导出环路稳定性准则,并进行相关仿真验证。此外为了说明 IVSPM 控制策略的均压原理与传统控制策略的不同之处,将其与双环控制的均压动态特性进行对比。

1. 输入均压环的小信号模型

由两个 DC/DC 变换器 ISOS 连接的系统小信号模型如图 4.47 所示,图中也包括 MOSFET 的小信号模型,工作在线性区的 MOSFET 可以等效为 1 个受到驱动电压控制的线性电流源,此外模型还包括连接在门极、漏极和源极之间的 3 个寄生电容,DC/DC 变换器等效为 1 个负电阻,负电阻的值由式(4.87)计算。为了简化均压环的推导过程,各个模块之间的参数设为相等,系统中的 DC/DC 变换器也均相同,稳态工作时各个模块运行于功率平衡状态,则有 $V_{in1} = V_{in2} = V_{in}/2$。两个模块 MOSFET 的漏 − 源极电容、漏 − 门极电容、门 − 源极电容、跨导、输入电容、DC/DC 变换器等效输入电阻分别为 $C_{ds1} = C_{ds2} = C_{ds}$、$C_{dg1} = C_{dg2} = C_{dg}$、$C_{gs1} = C_{gs2} = C_{gs}$、$g_{fs1} = g_{fs2} = g_{fs}$、$C_{in1} = C_{in2} = C_{in}$、$R_{neg1} = R_{neg2} = R_{neg}$,负电阻的值可由系统的输入电压和输入电流计算得到,即 $2R_{neg} = V_{in}/I_{in}$。小信号模型图中状态量 i_{di}、v_{gi}、v_{ini} 分别是两个模块的漏极电流、驱动电压、输入电压的扰动量。

根据小信号模型图 4.47,两个 MOSFET 漏极电流的扰动为

$$\begin{cases} i_{d1} = (sC_{dg} + sC_{ds})v_{in1} + (g_{fs} - sC_{dg})v_{g1} \\ i_{d2} = (sC_{dg} + sC_{ds})v_{in2} + (g_{fs} - sC_{dg})v_{g2} \end{cases} \tag{4.97}$$

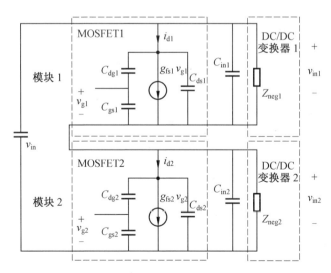

图 4.47　ISOS 连接的系统小信号模型

每个模块的输入电容阻抗 Z_{cin} 为

$$Z_{cin} = \frac{sC_{in}R_{cs} + 1}{sC_{in}} \quad\quad (4.98)$$

式中　R_{cs}——输入电容的寄生电阻。

系统总的输入功率与每个模块的输入功率分别为

$$P_{in\_total} = (V_{in} + v_{in})(I_{in} + i_{in}) = V_{in}I_{in} + V_{in}i_{in} + v_{in}I_{in} \quad\quad (4.99)$$

$$
\begin{aligned}
P_{ini} &= \frac{(V_{ini} + v_{ini})^2}{R_{neg}} + (V_{ini} + v_{ini})(I_{di} + i_{di}) + (V_{ini} + v_{ini})(I_{ci} + i_{ci}) \\
&= \frac{V_{ini}^2 + 2V_{ini}v_{ini}}{R_{neg}} + V_{ini}i_{di} + V_{ini}i_{ci}
\end{aligned}
$$

$$\quad\quad (4.100)$$

式中　V_{ini}——每个模块稳态的输入电压；

　　　　I_{di}——每个 MOSFET 稳态的漏极电流；

　　　　I_{ci}——每个模块输入电容的稳态电流；

　　　　P_{ini}——每个模块的输入功率；

　　　　P_{in_total}——ISOS 系统总输入功率。

公式中的直流量对应相等，并且省略二阶小信号扰动项。在分析小信号模型时，一阶的扰动量远小于稳态值，二阶扰动量是由两个一阶扰动相乘，幅值更小所以可以忽略不计。稳态运行时系统中的 DC/DC 变换器完全相同，所以 MOSFET 中没有功率损耗，那么 MOSFET 的稳态漏极电流为 0，只有动态分量 i_{d1} 和 i_{d2} 来调整系统平衡运行。稳态时输入电容电流也为 0，则每个模块的输入功率可以由式(4.99)计算得出，因为功率是一个正数，所以式(4.100)中负电阻的值直接代入绝对值 R_{neg}。

系统的总输入功率等于两个模块输入功率的和，即 $P_{in\_total} = P_{in1} + P_{in2}$，根据式(4.97)～(4.100)，能够推导出总输入电流的扰动为

$$
\begin{aligned}
i_{in} &= \left(\frac{1}{2R_{neg}} + \frac{sC_{dg1} + sC_{ds1}}{2} + \frac{1}{2Z_{cin}}\right)v_{in1} + \left(\frac{1}{2R_{neg}} + \frac{sC_{dg2} + sC_{ds2}}{2} + \frac{1}{2Z_{cin}}\right)v_{in2} + \\
&\quad \frac{g_{fs1} - sC_{dg1}}{2}v_{g1} + \frac{g_{fs2} - sC_{dg2}}{2}v_{g2}
\end{aligned}
$$

$$\quad\quad (4.101)$$

根据小信号模型图 4.47，输入电流的扰动还可以表示为

$$
\begin{cases}
i_{in} = i_{d1} + \dfrac{v_{in1}}{Z_{cin}} + \dfrac{v_{in1}}{Z_{neg}} \\[2mm]
i_{in} = i_{d2} + \dfrac{v_{in2}}{Z_{cin}} + \dfrac{v_{in2}}{Z_{neg}}
\end{cases}
\quad\quad (4.102)
$$

式中　Z_{neg}——DC/DC 变换器的输入阻抗，$Z_{neg} = -R_{neg}$。

将式(4.97)、式(4.101)代入到式(4.102)中，输入电流扰动由每个模块的输入电压和门极电压扰动表示，推导出每个模块输入电容的扰动对 MOSFET 门极电压扰动

的矩阵关系如下：

$$\begin{bmatrix} v_{in1} \\ v_{in2} \end{bmatrix} = \begin{bmatrix} G_1 & G_2 \\ G_3 & G_4 \end{bmatrix} \begin{bmatrix} v_{g1} \\ v_{g2} \end{bmatrix}$$
（4.103）

式中　$G_1 \sim G_4$——门极驱动电压与输入电压的关系系数。

根据该矩阵关系，得出并联 MOSFET 的输入均压控制方法的 IVS 环路控制框图，如图 4.48 所示，图中 H_1 是输入电压的采样比例系数，G_{vo} 是环路补偿器。根据系统的控制框图，推导出控制策略中 MOSFET 的驱动电压与每个模块输入电压的关系矩阵为

$$\begin{bmatrix} v_{g1} \\ v_{g2} \end{bmatrix} = \begin{bmatrix} \dfrac{G_{vo}H_1}{2} & -\dfrac{G_{vo}H_1}{2} \\ -\dfrac{G_{vo}H_1}{2} & \dfrac{G_{vo}H_1}{2} \end{bmatrix} \begin{bmatrix} v_{in1} \\ v_{in2} \end{bmatrix}$$
（4.104）

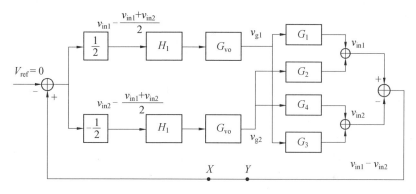

图 4.48　ISOS 连接系统采用并联 MOSFET 均压方法的控制框图

图 4.48 中的 X 和 Y 是反馈环路设置的断点，补偿后的开环传递函数即为 Y/X，根据式（4.103）和式（4.104）推导均压环的开环传递函数为

$$T_{open} = \frac{Y}{X} = \frac{1}{2} H_1 G_{vo} (G_1 - G_2 - G_3 + G_4)$$
（4.105）

当系统两个模块的参数相等时，系数 $G_1 = G_4$，$G_2 = G_3$，将该参数代入到式（4.105）中得到均压环开环传递函数的具体表达式为

$$T_{open} = \frac{H_1 G_{vo} R_{neg} [C_{dg} C_{in} R_{cs} s^2 + (C_{dg} - C_{in} g_{fs} R_{cs}) s - g_{fs}]}{C_{in} R_{cs} R_{neg} (C_{dg} + C_{ds}) s^2 + [R_{neg} (C_{dg} + C_{ds} + C_{in}) - C_{in} R_{cs}] s - 1}$$
（4.106）

通常 MOSFET 的寄生电容的值要远小于输入电容的值，因此可对式（4.106）进行简化，令寄生电容 C_{dg} 和 C_{ds} 置零得到简化后的结果为

$$T_{open\_1} = \frac{H_1 G_{vo} R_{neg} g_{fs} (C_{in} R_{cs} s + 1)}{1 - (R_{neg} C_{in} - C_{in} R_{cs}) s}$$
（4.107）

式(4.107)表明均压环是一个非最小相位系统,开环传递函数具有右半平面极点,将其整理成标准形式为

$$T_{\text{open\_2}} = \frac{G\left(1+\dfrac{s}{\omega_{\text{in}}}\right)}{1-\dfrac{s}{\omega_{\text{right}}}} \tag{4.108}$$

式中

$$\omega_{\text{in}} = \frac{1}{R_{\text{cs}}C_{\text{in}}}, \quad \omega_{\text{right}} = \frac{1}{R_{\text{neg}}C_{\text{in}}-R_{\text{cs}}C_{\text{in}}}, \quad G = H_1 G_{\text{vo}} R_{\text{neg}} g_{\text{fs}} \tag{4.109}$$

非最小相位系统在设计补偿器时不能采用常规的设置相位裕度和幅值裕度的方法,而是需要进一步推导闭环传递函数,根据闭环传递函数分母的极点位置对稳定性进行判断,如果分母的极点都位于左半平面,那么闭环系统是稳定的。根据控制框图4.48能够得到闭环传递函数的表达式为

$$T_{\text{close}} = \frac{T_{\text{open\_2}}}{T_{\text{open\_2}}-1} = \frac{G\left(1+\dfrac{s}{\omega_{\text{in}}}\right)}{\left(\dfrac{1}{\omega_{\text{right}}}+\dfrac{G}{\omega_{\text{in}}}\right)s+(G-1)} \tag{4.110}$$

为了保证系统能够稳定运行,闭环传递函数分母的极点应设置在左半平面内,从式(4.110)中能够推导出开环增益 G 必须大于1。

2.输入均压环的稳定性条件

输入均压环采用的补偿器是纯比例环节,为了减小稳态误差,比例的值应该尽量大,例如本节采用的值是100。通常使用运算放大器(简称运放)时认为它是理想的,具有无限大的增益带宽积和开环增益。输入均压环需要根据闭环传递函数分母的极点位置来判断稳定性,运放的不理想参数会给系统添加额外的极点,所以在分析稳定性条件时需要考虑运放的非理想参数,当考虑运放有限的增益带宽积时,连接成比例环节的运放在确定的频率内能对信号准确放大100倍。例如运放LM6172的增益带宽积是100 MHz,如图4.49中红色曲线所示,从图中也能看出增益和频率的乘积是固定的,同时理想的100倍(40 dB)比例环节的增益曲线用蓝色线表示,黑色曲线是实际比例环节运放的增益。与理想的曲线相比,实际的比例环节会在高频处具有一个极点,通过下式能计算出极点的频率 f_{p}(角频率 ω_{p}),得到较为准确的比例补偿器的频率模型:

$$f_{\text{p}} = \frac{100}{100} = 1 \ (\text{MHz}) \tag{4.111}$$

$$G_{\text{vo}} = \frac{K}{1+\dfrac{s}{\omega_{\text{p}}}} = \frac{K}{1+\dfrac{s}{2\pi f_{\text{p}}}} \tag{4.112}$$

式中　　K——比例补偿器的值。

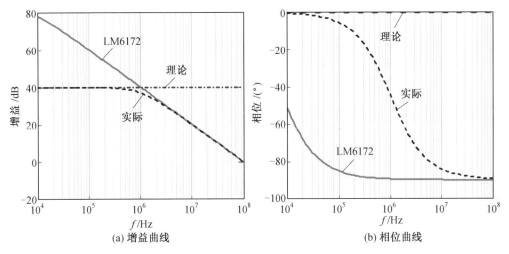

图 4.49　LM6172 和理想比例运放、实际比例运放的对比 Bode 图

由式(4.107)～(4.112)得到闭环传递函数的具体表达式为

$$T_{\text{close}} = \frac{g_{\text{fs}} H_1 K R_{\text{neg}} \left(1 + \dfrac{s}{\omega_{\text{in}}}\right)}{\dfrac{1}{\omega_{\text{right}} \omega_{\text{p}}} s^2 + \left(\dfrac{g_{\text{fs}} H_1 K R_{\text{neg}}}{\omega_{\text{in}}} + \dfrac{1}{\omega_{\text{right}}} - \dfrac{1}{\omega_{\text{p}}}\right) s + g_{\text{fs}} H_1 K R_{\text{neg}} - 1} \tag{4.113}$$

为保证系统稳定,根据劳斯 — 赫尔维茨稳定性准则,闭环传递函数分母的系数必须是正数。在分母的第二个系数中,$1/\omega_{\text{right}}$ 的值远小于 $g_{\text{fs}} H_1 K R_{\text{neg}}/\omega_{\text{in}}$ 的值,所以只要保证 $1/\omega_{\text{right}}$ 比 $1/\omega_{\text{p}}$ 大,那么分母的第二个系数一定是正值,推导出系统的稳定性准则如下式所示:

$$K > \frac{1}{g_{\text{fs}} H_1 R_{\text{neg}}} \tag{4.114}$$

$$C_{\text{in}} > \frac{1}{\omega_{\text{p}} (R_{\text{neg}} - R_{\text{cs}})} \tag{4.115}$$

得到的稳定性准则与前面由稳态值分析的稳定性准则结果一致。在式(4.113)中,根据单模块等效模型推导的闭环传递函数中不含参数 N,说明稳定性准则不随模块数变化而改变。要保证系统稳定开环增益大于 1,则由运放产生的高频极点的频率必须大于系统右半平面极点的频率。为保证系统在每个工作点都能稳定工作,式(4.114)和式(4.115)中的 R_{neg} 应该代入最小值,即系统在最小输入电压并且满载的工作点。

常规的补偿器中一定有积分环节用以消除系统的稳态误差,但是采用积分器对均压环进行补偿时,无论如何设计补偿器参数系统都不能稳定。运放有限的开环增益是 A_{OL},而且运放的设计人员在设计运放时,考虑保证运放的稳定性会在低频处设计一个极点 ω_{low},如果运放连接成积分器,实际积分器的频域模型如下式所示:

$$G'_{\mathrm{vo}} = \frac{A_{\mathrm{OL}}}{1 + \dfrac{s}{\omega_{\mathrm{low}}}} \qquad (4.116)$$

积分器具有有限的增益和一个低频极点。

将实际的积分器模型代入到均压环的闭环传递函数中,推导出补偿后的闭环传递函数公式为

$$T'_{\mathrm{close}} = \frac{g_{\mathrm{fs}} H_1 A_{\mathrm{OL}} R_{\mathrm{neg}} \left(1 + \dfrac{s}{\omega_{\mathrm{in}}}\right)}{\dfrac{1}{\omega_{\mathrm{right}}\omega_{\mathrm{low}}} s^2 + \left(\dfrac{g_{\mathrm{fs}} H_1 A_{\mathrm{OL}} R_{\mathrm{neg}}}{\omega_{\mathrm{in}}} + \dfrac{1}{\omega_{\mathrm{right}}} - \dfrac{1}{\omega_{\mathrm{low}}}\right) s + g_{\mathrm{fs}} H_1 A_{\mathrm{OL}} R_{\mathrm{neg}} - 1}$$

$$(4.117)$$

实际运放的极点 ω_{low} 具有非常低的频率,使式(4.117)中分母的第二项系数是负值,系统不能稳定,因此补偿器中不能含有积分器。

4.4.4 MOSFET 选型

MOSFET 选型将影响输入均压环的特性,为了使 IVSPM 控制策略具有更好的稳态和动态特性,本小节将通过对 MOSFET 的损耗分析及对系统动态特性和稳态特性影响规律的分析,总结 MOSFET 选型时的注意事项。

1. MOSFET 损耗分析

IVSPM 控制方法中 MOSFET 工作在线性区,特性近似可变电阻,工作在线性区的 MOSFET 功率损耗一般大于开关区的功率损耗,通过计算具体损耗并结合 MOSFET 的散热特性确保开关管能够安全工作。

理想情况下如果两个变换器的效率接近,那么 ISOS 系统的效率与一个变换器的效率一致,但实际情况有所不同。根据前面的分析,均压环的补偿器中没有积分器,因此模块间的输入均压具有稳态误差,稳态误差将导致并联的 MOSFET 具有额外的损耗。假设变换器 1 比变换器 2 的输入功率大,那么 MOSFET2 将具有功率损耗,而 MOSFET1 不导通没有损耗。在稳态情况下 V_{in1} 小于 V_{in2},这将使 MOSFET2 的门极电压为正,MOSFET2 的稳态漏极电流和输入电流分别为

$$I_{\mathrm{d2}} = \left[(V_{\mathrm{in2}} - V_{\mathrm{in1}})\frac{H_1 K}{2} - V_{\mathrm{th}}\right] g_{\mathrm{fs}} \qquad (4.118)$$

$$I_{\mathrm{in}} = I_1 = \frac{P_1}{V_{\mathrm{in1}}} \qquad (4.119)$$

$$I_{\mathrm{in}} = I_2 + I_{\mathrm{d2}} = \frac{P_2}{V_{\mathrm{in2}}} + I_{\mathrm{d2}} \qquad (4.120)$$

式中　　K——补偿器 G_{vo} 的值;

　　　　V_{th}——MOSFET 的开启电压;

I_1、I_2——DC/DC 变换器的稳态输入电流。

将式(4.118)和式(4.119)代入到式(4.120)中,同时系统的总输入电压等于两个模块输入电压的和,即 $V_{in1} + V_{in2} = V_{in}$,可推导出稳态下各模块的输入功率为

$$P_{M2} = (P_1 - P_2) + P_{\_additional} = V_{in2} I_{d2} \tag{4.121}$$

$$
\begin{aligned}
P_{\_additional} &= P_{M2} - (P_1 - P_2) = V_{in2} I_{d2} - (V_{in1} I_1 - V_{in2} I_2) \\
&= V_{in2} I_{in} - V_{in1} I_{in} \\
&= (V_{in2} - V_{in1}) I_{in}
\end{aligned} \tag{4.122}
$$

MOSFET2 的功率损耗由两部分组成,一部分是两个 DC/DC 变换器效率的差别产生的损耗 $P_1 - P_2$,另一部分是稳态输入均压误差产生的损耗。

2. MOSFET 的安全工作区分析

MOSFET 的损耗可由式(4.121)计算,其允许工作的最大功率损耗与冷却条件有关,冷却条件越好允许的功率损耗越大。图 4.50 所示是型号为 C2M0080120 的 MOSFET 的壳温 T_c 与功率损耗 P_D 的曲线。曲线的含义是:当器件的壳温低于 25 ℃ 时,MOSFET 允许的最大功率损耗为 210 W;当温度超过 25 ℃ 时,MOSFET 允许的最大功率损耗线性减小。线性曲线部分的两个极限工作点是(25 ℃,210 W)和(150 ℃,0 W),根据这两个工作点,线性曲线部分的表达式为

$$P_D(T_c) = -1.68 T_c + 252 \tag{4.123}$$

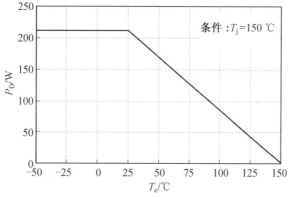

图 4.50   型号为 C2M0080120 的 MOSFET 的壳温与功率损耗曲线

假设 MOSFET 的功率损耗为 10 W,代入公式后得到壳温为 144 ℃,在工程中取 0.75 的安全裕量系数,那么最高允许的壳温是 108 ℃。如果一个设计合理的散热器能确保 MOSFET 的工作温度在 108 ℃ 以下,MOSFET 就可以安全运行在功率损耗低于 10 W 的条件,复核 MOSFET 的结温 T_j 为

$$T_j = T_c + P_D R_{\theta jc} = 108 + 10 \times 0.65 = 114.5 \ ℃ < 150 \ ℃ \tag{4.124}$$

式中 $R_{\theta jc}$——MOSFET 的壳到结的热阻。

计算结果满足最大允许结温(150 ℃)的要求,这个计算是以室温 25 ℃ 为基础,如果设备考虑在 25 ~ 50 ℃ 室温下工作,实际结温的范围是 114.5 ~ 139.5 ℃,仍低于最大允许结温,所以设计的工作区是合理的。如果 MOSFET 需要处理的功率损耗大于 10 W,那么在 25 ℃ 的室温下最高壳温应控制在 108 ℃ 以下。

4.4.5 MOSFET 寄生参数分析

MOSFET 的寄生电容、开启电压、跨导值将对控制方法的稳态和动态均压特性造成影响,本小节分析寄生参数的影响规律,所设计的 ISOS 系统中应用一款碳化硅(SiC)的 MOSFET,型号为 C2M0080120。

1.寄生参数对动态特性的影响

在均压环开环传递函数公式(4.106)中,MOSFET 的寄生参数 C_{ds} 和 C_{dg} 影响开环传递函数的零点和极点的频率,寄生电容越小系统越容易补偿到较高的带宽。采用 SiC 的 MOSFET 寄生电容值远低于普通硅的 MOSFET 寄生电容值,而且 SiC 器件的温度特性好,寄生参数随温度变化不明显,因此在本小节设计的系统中,选择一款 SiC 的 MOSFET,普通硅的 MOSFET 同样也可以应用在提出的控制方法中。

2.寄生参数对稳态特性的影响

理想情况下频域中只要环路增益足够大,系统的稳态均压误差就会很小,为了消除系统的稳态误差,提高补偿器增益 K 或 MOSFET 跨导值 g_{fs} 具有相同的效果。但是每个 MOSFET 的栅极具有确定的开启电压 V_{th},由 V_{th} 引起的稳态误差只能通过提高 K 的值减小,如下式所示:

$$(V_{in1} - V_{in2})H_1 K = V_{g1} = \Delta V_{g1} + V_{th} \quad (4.125)$$

$$V_{in1} - V_{in2} = \frac{\Delta V_{g1} + V_{th}}{H_1 K} \quad (4.126)$$

为了获得确定的环路增益,K 的值应该尽量大而 g_{fs} 的值应该尽量小,所以采用具有较小的 g_{fs} 和 V_{th} 值的 MOSFET 可有效降低稳态均压误差。

根据上述分析,MOSFET 选型时先根据每个模块的输入电压确定耐压值,再根据输入电容的精度、总输入电压的阶跃值公式(4.120)计算最大的脉冲电流值,确定 MOSFET 选型时允许的耐流值,初步挑选 MOSFET 的型号。此外具有较小的开启电压 V_{th}、较小的跨导值 g_{fs} 及较小热阻的 MOSFET 将使 IVSPM 控制方法具有更好的特性。

4.4.6 ISOS 系统的测试结果

搭建一个 600 W 的实验样机验证提出的控制策略,样机由两个市售的 DC/DC 模块 ISOS 连接构成,其关键参数见表 4.9,设计的样机能够满足航天电源系统中母线规格是 100 V 的需求,输出电压是典型的辅助源电压 24 V。

表 4.9　样机的关键参数

参数	值或型号
输入电压 /V	80 ~ 120
输出电压 /V	24
输出电流 /A	25
每个模块的输入电容 /μF	20
MOSFET 型号	C2M0080120
DC/DC 变换器型号	GDQ33S12B
运算放大器型号	LM6172
变换器开关频率 /kHz	140

1. 时域测试结果

当输入电压为 100 V,两个模块输入电容分别为 20 μF 和 10 μF,输出电流在 12.5 A(半负载)和 25 A(满载)之间动态切换时,测试每个模块输入电压和总输出电压波形,如图 4.51 所示。输出电压的最大超调量和调整时间分别为 2 V 和 100 μs,在动态过程中,两个模块的输入电压相等不受影响。如图 4.52 所示,输出电流为 12.5 A,输入电压从 80 V 阶跃到 120 V 时测试每个模块的输入电压、输出电压、漏极电流和总输出电压波形。当输入电压阶跃上升时,即使输入电容之间存在 50% 的差异,系统仍能够均衡运行。在瞬态过程中,MOSFET 的漏极电流对输入电压进行调节,以保证模块间功率平衡,两个漏极电流差 $I_{d1} - I_{d2}$ 的最大超调是 14 A,调整时间是 130 μs。如图 4.52(b) 所示,在输入电压阶跃上升时测试每个模块的输出电压、输出电压差及总输出电压的波形,图中各个模块的输出电压也能较好地平均,在瞬态过程中两个模块的输出电压之间的差几乎为零,总输出电压的波形完全是两个模块输出电压波形的叠加,总输出电压的超调量为 2 V,调整时间为 3.5 ms。单独测试市售模块的输出特性,输入电压阶跃上升时单个 DC/DC 变换器的测试波形如图 4.53 所示,输入电压从 40 V 增加到 60 V 时,模块的输出电压超调是 ISOS 系统的一半,调整时间相同。测试结果表明单个模块的输出特性与 ISOS 系统中模块的输出特性完全相同,组合后系统的输入均压环不会影响单个模块的动态输出特性,所以可根据系统具体的技术指标要求,选择合适的 DC/DC 变换器进行组合。由于输入均压环的补偿器中没有积分器,稳态输入电压的均压误差接近 0.5 V。

2. 效率测试结果

整个组合系统的输出功率等于两个 DC/DC 变换器输出功率之和,系统的附加损耗包括在 MOSFET 上的功率损耗和控制电路的损耗,因此系统的效率会略低于单个

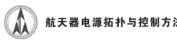
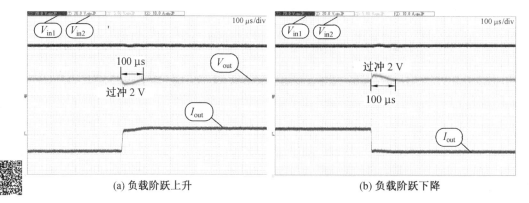

(a) 负载阶跃上升

(b) 负载阶跃下降

图 4.51　负载阶跃时每个模块的输入电压和总输出电压测试波形

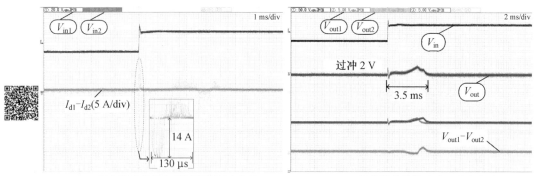

(a) 每个模块的输入电压和漏极电流差

(b) 每个模块的输出电压和漏极电压

图 4.52　输入电压阶跃上升时的测试波形

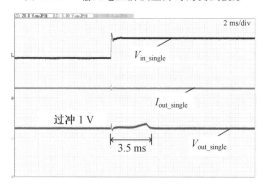

图 4.53　输入电压阶跃上升时单个 DC/DC 变换器的测试波形

模块的效率。分别测量 ISOS 系统的效率和单独 DC/DC 变换器的效率,测试结果如图 4.54 所示,图中两个变换器具有较为吻合的效率波动,但完整的 ISOS 系统的效率较单个模块最大效率低 1.5%。测得的输入均压稳态误差为 0.5 V,根据式(4.122)能够计算出 MOSFET 的附加功率损耗在满载时接近 3 W,同时测得控制电路功率损耗接近 2 W,进一步增加补偿器 K 的值能够提高系统效率。

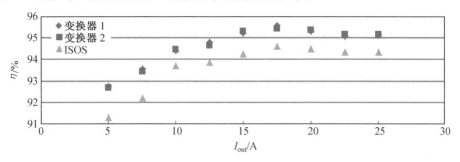

图 4.54　ISOS 系统与两个 DC/DC 变换器效率对比的测试结果

4.4.7　ISOP 系统的实验结果

上节对 ISOS 连接的恒压型 DC/DC 变换器的系统特性进行了验证,本节设计两个移相全桥电流源直接 ISOP 连接,采用提出的控制策略保证模块之间均衡运行。ISOP 系统环路设计和 MOSFET 选型原则与 ISOS 系统完全相同,样机的关键参数见表 4.10。

表 4.10　移相全桥的关键参数

含义	值
输入电压 /V	$50 \sim 75$
输出电流 /A	5
输出功率 /W	125
输入电容 /μF	10
输入负电阻 /Ω	20
输入电压的采样系数	0.05
开关管跨导	9.8
漏极 — 门极电容 /pF	6.5
漏极 — 源极电容 /pF	73.5
比例补偿器的值 K	100

当输入电压阶跃时,测试每个变换器的输入电压和输出电流,分别如图 4.55 和图 4.56 所示。图 4.55 中两个模块运行于均衡状态,总输出电流的最大超调为 4.5 A,调整时间为 270 μs;图 4.56 中两个模块输出电流相等,并且输出电流超调的和等于总输出电流,实验与仿真结果一致。

本节提出了一种灵活性高的输入均压控制策略,其适用于 ISOP 和 ISOS 连接的系统中,并详细分析了应用该控制策略时的参数设计准则。小信号建模表明本节所提

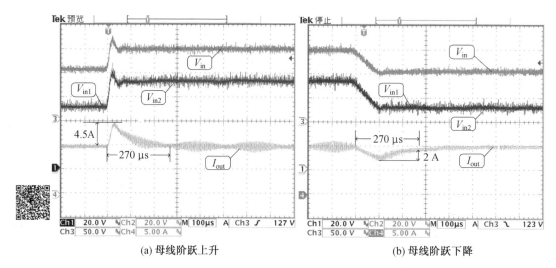

(a) 母线阶跃上升　　　　　　　　　　(b) 母线阶跃下降

图 4.55　　母线电压阶跃时模块输入电压的测试波形

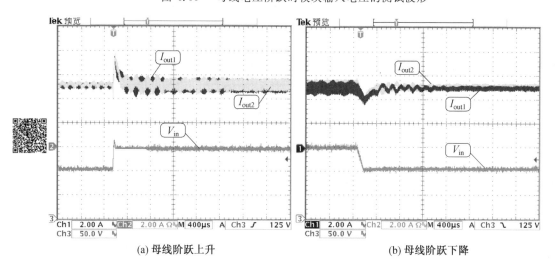

(a) 母线阶跃上升　　　　　　　　　　(b) 母线阶跃下降

图 4.56　　母线电压阶跃时模块输出电流的测试波形

控制方法具有很高的均压环带宽,并且通过将其与双环控制策略的仿真对比,验证了提出的控制方法输入输出端均具有更好的动态均压特性。从系统的稳态特性、动态特性及热耗三方面总结 MOSFET 的选型规律,较小的开启电压 V_{th}、较小的跨导 g_{fs} 值及较小热阻的 MOSFET 可使系统具有更好的稳态和动态特性。利用一台 600 W 的 ISOS 连接的恒压源和 250 W 的 ISOP 连接的恒流源对本节所提控制方法进行实验验证,结果表明组合系统的输出特性完全由选购的 DC/DC 变换器决定,因此可根据具体技术指标的要求灵活地对模块进行选配。此外,本节所提控制方法将损失一定的系统效率,但是损失情况并不严重,通过增加环路增益能有效减小损耗。

4.5　基于均衡模块的输入串联均压方法

基于 MOSFET 的输入均压控制方法中,子模块间微小的不平衡功率最终以热能的形式耗散在 MOSFET 上,从而实现系统平衡。为进一步提高系统的效率,同时省去专用的电压均分控制器,本节提出一种基于均衡模块的输入串联均压方法。该方法通过采用简单的固定频率和占空比的均压控制,避免了隔离电压反馈和均压环路补偿器的引入,从而简化了系统设计,缩短了研发周期。

4.5.1　基于均衡模块方法的运行原理

受并联 MOSFET 控制策略启发,在每个负阻抗旁并联一个受控电流源,子模块间小的不平衡功率就可以被消耗从而实现系统平衡。如果采用针对电池均衡场合提出的各种非耗散型均衡器,那么输入串联型组合变换器将可能在具有稳定性的同时兼具高效率。基于此,利用最基本的 cell－to－cell 均衡结构,本节提出一种积木式构建输入串联型组合变换器的方法。根据子模块输出端的不同连接方式,可以构建 ISOS、ISOP 和 ISOI 变换器,如图 4.57 所示。此外,以上 3 种输出端的连接形式也可以根据

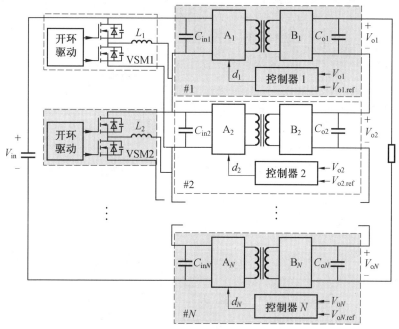

(a) 输出串联电压源变换器

图 4.57　输入串联型组合变换器

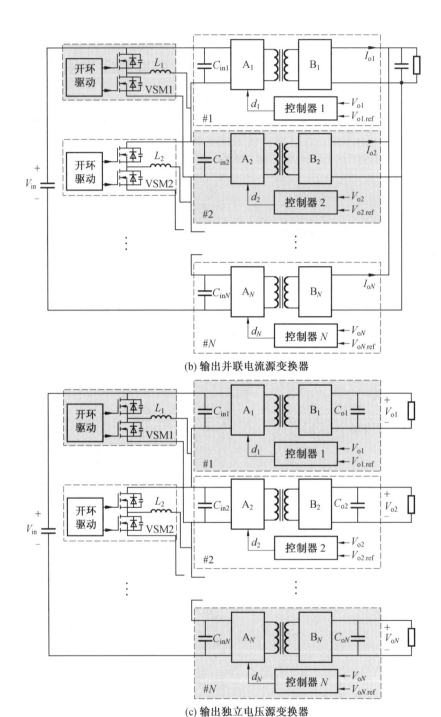

(b) 输出并联电流源变换器

(c) 输出独立电压源变换器

续图 4.57

输出电压和电流的需求进行组合形成混合型结构。图 4.57 中的均衡模块(VSM)由两个 MOSFET、一个公共电感器和一个简单的自激振荡开环驱动器构成,起到控制相邻两个电容电压、协调相邻两个功率变换器输入功率差异的作用。VSM 中两个开关管 S_1 和 S_2 由两个占空比为 0.5 的互补信号驱动。

在子模块完全一致时,VSM 的稳态波形如图 4.58(a) 所示。然而,在实际工程中各模块间参数总会存在一定的差异,从而导致各模块输入功率不同。当电感电流平均值 I_{L_avg}(即子模块间输入电流平均值的差 $I_{sub2\_avg} - I_{sub1\_avg}$)小于其交流纹波 $\Delta I/2$ 时,公共电感处于双向励磁状态,因此,开关管 S_1 和 S_2 都能实现零电压开关(ZVS),如图 4.58(b) 所示。当需要转移的能量过大时(假设模块 1 输入功率小于模块 2 输入功率),公共电感将处于单向励磁状态,如图 4.58(c) 所示。此时,开关管 S_1 无法实现 ZVS,但开关管 S_2 仍可以实现 ZVS。因为在稳态时 VSM 仅处理相邻模块间输入功率差值,所以当采用统一型号和批次的标准模块时,输入功率差值很小,公共电感可以很容易地被设计在双向励磁状态,从而实现 VSM 的高效率和小型化。

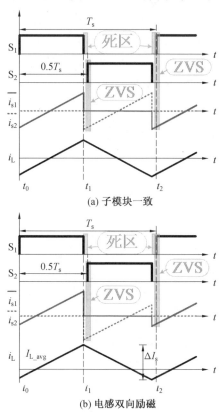

(a) 子模块一致

(b) 电感双向励磁

图 4.58　VSM 的稳态波形

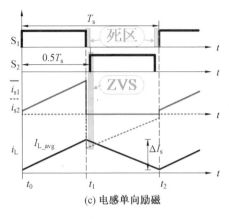

(c) 电感单向励磁

续图 4.58

当电池单元被串联组合时,其仍然是一个稳定的系统。引入均衡器的目的是实现电池单元的能量管理。但是,在提出的输入串联型组合变换器中,VSM 需要肩负起使整个变换器镇定的功能。当输入电压 V_{in1} 因为扰动而增大时,模块 1 的输入电流会减小。然而,由于 VSM 的存在,它将为系统总输入电流提供另外一条电流吸收支路,并且呈现随着输入电容电压增大吸收电流也增大的特性。但是,系统参数需要被合理地设计以使得 VSM 具有快速转移多余能量的能力,进而防止输入电容电压 V_{in1} 的继续增大。否则,整个变换器仍将无法稳定工作。

4.5.2 基于均衡模块方法的稳定性分析

为揭示本节所提方法的稳定性约束条件,首先对 VSM 进行数学建模,然后构建 ISOS、ISOP 和 ISOI 变换器的统一小信号模型。接下来,做如下定义以便于后面的分析与说明。$v_{inN}(N=1,2,\cdots,k)$ 和 $i_{subN}(N=1,2,\cdots,k)$ 是输入电容(C_{inN})的电压和子模块的输入电流;$v_{dsN}(N=1,2,\cdots,2k-2)$、$i_{sN}(N=1,2,\cdots,2k-2)$ 和 $r_N(N=1,2,\cdots,2k-2)$ 是开关管 S_N 的漏源电压、漏极电流和通态电阻;$i_{LN}(N=1,2,\cdots,k-1)$ 和 $r_{LN}(N=1,2,\cdots,k-1)$ 是公共电感(L_N)的电流和寄生电阻;变量放在尖括号内表示其在一个开关周期内的平均值,变量放在"帽子符号"($\wedge$)下面表示其扰动值。

1. VSM 等效大信号模型

将 VSM 划分为开关网络子电路和非时变线性子电路。在一个开关周期内,VSM 中开关管 S_1 和 S_2 的电压和电流方程满足

$$\begin{cases} v_{ds1}=0 & ,i_{s1}=i_{L1}, & 0\leqslant t\leqslant dT_s \\ v_{ds1}=v_{in1}+v_{in2}-r_1 i_{L1} & ,i_{s1}=0, & dT_s<t<T_s \end{cases} \tag{4.127}$$

$$\begin{cases} v_{ds2}=v_{in1}+v_{in2}+r_2 i_{L1} & ,i_{s2}=0, & 0\leqslant t\leqslant dT_s \\ v_{ds2}=0 & ,i_{s2}=-i_{L1}, & dT_s<t<T_s \end{cases} \tag{4.128}$$

根据开关变换器的时间等效原理,可以得到

$$\begin{cases} \langle v_{\mathrm{ds1}}(t) \rangle = (1-d)(\langle v_{\mathrm{in1}}(t) \rangle_{\mathrm{Ts}} + \langle v_{\mathrm{in2}}(t) \rangle_{\mathrm{Ts}} + r_2 \langle i_{\mathrm{L1}}(t) \rangle_{\mathrm{Ts}}) \\ \langle v_{\mathrm{ds2}}(t) \rangle = d(\langle v_{\mathrm{in1}}(t) \rangle_{\mathrm{Ts}} + \langle v_{\mathrm{in2}}(t) \rangle_{\mathrm{Ts}} - r_1 \langle i_{\mathrm{L1}}(t) \rangle_{\mathrm{Ts}}) \end{cases} \quad (4.129)$$

$$\begin{cases} \langle i_{\mathrm{s1}}(t) \rangle = d \langle i_{\mathrm{L1}}(t) \rangle_{\mathrm{Ts}} \\ \langle i_{\mathrm{s2}}(t) \rangle = (d-1) \langle i_{\mathrm{L1}}(t) \rangle_{\mathrm{Ts}} \end{cases} \quad (4.130)$$

将式(4.130)代入式(4.129)中得到

$$\begin{cases} \langle v_{\mathrm{ds1}}(t) \rangle = (1-d)(\langle v_{\mathrm{in1}}(t) \rangle_{\mathrm{Ts}} + \langle v_{\mathrm{in2}}(t) \rangle_{\mathrm{Ts}}) + \dfrac{1-d}{d} r_2 \langle i_{\mathrm{s1}}(t) \rangle_{\mathrm{Ts}} \\ \langle v_{\mathrm{ds2}}(t) \rangle = d(\langle v_{\mathrm{in1}}(t) \rangle_{\mathrm{Ts}} + \langle v_{\mathrm{in2}}(t) \rangle_{\mathrm{Ts}}) + \dfrac{d}{1-d} r_1 \langle i_{\mathrm{s2}}(t) \rangle_{\mathrm{Ts}} \end{cases} \quad (4.131)$$

进而可以得到 VSM 等效大信号模型电路图(图 4.59)。

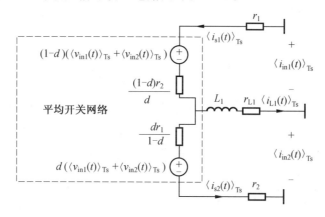

图 4.59　VSM 等效大信号模型电路图

由于 VSM 采用固定占空比控制,忽略死区时间,所以将 $d = 0.5$ 代入式(4.131)中,可以得到 VSM 的稳态工作点满足

$$\begin{cases} V_{\mathrm{in1}} - V_{\mathrm{in2}} = (r_1 + r_2 + 2r_{\mathrm{L}}) I_{\mathrm{L\_avg}} \\ I_{\mathrm{L\_avg}} = I_{\mathrm{sub2\_avg}} - I_{\mathrm{sub1\_avg}} \end{cases} \quad (4.132)$$

可以发现,两个端口电压均分结果由 VSM 中寄生电阻参数和子模块间输入电流差决定。而且,VSM 处理的功率为子模块间输入功率差。

2. 子模块等效模型

为研究积木式构建输入串联型组合变换器方法的可行性,还需要建立电压源变换器和电流源变换器的统一等效模型。根据 4.4 节可知,无论电源模块的内部拓扑与参数信息是否已知,通过功率变换参数就可以建立精确的输入阻抗等效模型,为 VSM 模块的选取提供参考。

结合式(4.132)和式(4.87),可以得到 VSM 中两端口电压的比值 γ 与子模块的关系如下:

$$\gamma = \frac{V_{in1}}{V_{in2}} = \frac{Z_{neg1}(Z_{neg2} - r_1 - r_2 - 2r_L)}{Z_{neg2}(Z_{neg1} - r_1 - r_2 - 2r_L)} \qquad (4.133)$$

两个输入负阻抗越一致，γ 越趋近于 1，VSM 的两个端口电压将获得越好的均压效果。此外，输入负阻抗越小，寄生电阻对于两端口的均压效果影响也越小。

3.统一小信号模型

通过在 VSM 的大信号模型基础上注入小信号扰动，然后消去稳态分量，并结合式（4.87），可以得到整个系统的小信号模型，如图 4.60 所示。

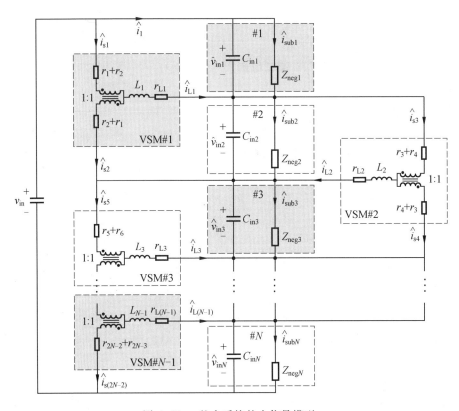

图 4.60　整个系统的小信号模型

通过图 4.60，可以分别得到 $N-1$ 个电流等式和 N 个电压等式，如下式所示：

$$\begin{cases} C_{in1}\dfrac{\mathrm{d}\,\hat{v}_{in1}}{\mathrm{d}t}+\dfrac{\hat{v}_{in1}}{Z_{neg1}}+\hat{i}_{L1}=C_{in2}\dfrac{\mathrm{d}\,\hat{v}_{in2}}{\mathrm{d}t}+\dfrac{\hat{v}_{in2}}{Z_{neg2}}+\dfrac{\hat{i}_{L2}}{2} \\[2mm] C_{in2}\dfrac{\mathrm{d}\,\hat{v}_{in2}}{\mathrm{d}t}+\dfrac{\hat{v}_{in2}}{Z_{neg2}}+\hat{i}_{L2}=C_{in3}\dfrac{\mathrm{d}\,\hat{v}_{in3}}{\mathrm{d}t}+\dfrac{\hat{v}_{in3}}{Z_{neg3}}+\dfrac{\hat{i}_{L3}}{2} \\[2mm] \vdots \\[2mm] C_{in(N-1)}\dfrac{\mathrm{d}\,\hat{v}_{in(N-1)}}{\mathrm{d}t}+\dfrac{\hat{v}_{in(N-1)}}{Z_{neg(N-1)}}+\hat{i}_{L(N-1)}=C_{inN}\dfrac{\mathrm{d}\,\hat{v}_{inN}}{\mathrm{d}t}+\dfrac{\hat{v}_{inN}}{Z_{negN}}+\dfrac{\hat{i}_{L(N-2)}}{2} \end{cases} \tag{4.134}$$

$$\begin{cases} L_1\dfrac{\mathrm{d}\,\hat{i}_{L1}}{\mathrm{d}t}+\dfrac{r_1+r_2+2r_{L1}}{2}\hat{i}_{L1}=\hat{v}_{in1}-\dfrac{\hat{v}_{in1}+\hat{v}_{in2}}{2} \\[2mm] L_2\dfrac{\mathrm{d}\,\hat{i}_{L2}}{\mathrm{d}t}+\dfrac{r_3+r_4+2r_{L2}}{2}\hat{i}_{L2}=\hat{v}_{in2}-\dfrac{\hat{v}_{in2}+\hat{v}_{in3}}{2} \\[2mm] \vdots \\[2mm] L_{(N-1)}\dfrac{\mathrm{d}\,\hat{i}_{L(N-1)}}{\mathrm{d}t}+\dfrac{r_{2N-3}+r_{2N-2}+2r_{L(N-1)}}{2}\hat{i}_{L(N-1)}=\hat{v}_{in(N-1)}-\dfrac{\hat{v}_{in(N-1)}+\hat{v}_{inN}}{2} \\[2mm] \hat{v}_{in}=\hat{v}_{in1}+\hat{v}_{in2}+\cdots+\hat{v}_{inN} \end{cases} \tag{4.135}$$

式中　$N\geqslant 3$。

因为系统的各输入电容电压是相互耦合的,很难直接进行求解,因此两相邻电容电压差和电感电流被选为状态变量,并假设各模块电容 $C_{in1}=C_{in2}=\cdots=C_{inN}=C$,如下式所示:

$$\begin{cases} x_1=\hat{v}_{in1}-\hat{v}_{in2} \\ \vdots \\ x_k=\hat{v}_{ink}-\hat{v}_{in(k+1)} \\ \vdots \\ x_{N-1}=\hat{v}_{in(N-1)}-\hat{v}_{inN} \end{cases} , \quad \begin{cases} x_N=\hat{i}_{L1} \\ \vdots \\ x_{N+k-1}=\hat{i}_{Lk} \\ \vdots \\ x_{2N-2}=\hat{i}_{L(N-1)} \end{cases} \tag{4.136}$$

将状态变量代入式(4.134)和式(4.135),可以得到系统的状态方程为

$$\begin{cases}
\dot{x}_1 = -p_1\left[-\sum_{i=2}^{N-1}(N-i)x_i - \hat{v}_{in}\right] + q_1x_1 - \dfrac{x_N}{C} + \dfrac{x_{N+1}}{2C} \\
\vdots \\
\dot{x}_k = -p_k\left[\sum_{i=1}^{k-1}ix_i - \sum_{i=k+1}^{N-1}(N-i)x_i - \hat{v}_{in}\right] + q_kx_k - \dfrac{x_{N+k-1}}{C} + \dfrac{x_{N+k}}{2C} \\
\vdots \\
\dot{x}_{N-1} = -p_{N-1}\left(\sum_{i=1}^{N-2}ix_i - \hat{v}_{in}\right) + q_{N-1}x_{N-1} - \dfrac{x_{2N-2}}{C} + \dfrac{x_{2N-3}}{2C}
\end{cases} \quad (4.137)$$

$$\begin{cases}
\dot{x}_N = \dfrac{x_1}{2L_1} - \dfrac{r_{v1}x_N}{L_1} \\
\vdots \\
\dot{x}_{N+k-1} = \dfrac{x_k}{2L_k} - \dfrac{r_{vk}x_{N+k-1}}{L_k} \\
\vdots \\
\dot{x}_{2N-2} = \dfrac{x_{N-1}}{2L_{N-1}} - \dfrac{r_{v(N-1)}x_{2N-2}}{L_{N-1}}
\end{cases} \quad (4.138)$$

式中

$$p_k = (Z_{negk} - Z_{neg(k+1)})/NZ_{negk}Z_{neg(k+1)}C$$
$$q_k = -[kZ_{negk} + (N-k)Z_{neg(k+1)}]/NZ_{negk}Z_{neg(k+1)}C$$
$$r_{vk} = (r_{2k-1} + r_{2k} + 2r_{Lk})/2$$

通过进一步整理,得到系统状态方程的矩阵形式为

$$\begin{bmatrix} \dot{x}_1 \\ \vdots \\ \dot{x}_k \\ \vdots \\ \dot{x}_{N-1} \\ \dot{x}_N \\ \vdots \\ \dot{x}_{N+k-1} \\ \vdots \\ \dot{x}_{2N-2} \end{bmatrix} = \begin{bmatrix}
q_1 & \cdots & p_1(N-k) & \cdots & p_1 & \dfrac{-1}{C} & \cdots & 0 & \cdots & 0 \\
\vdots & & \vdots & & \vdots & \vdots & & \vdots & & \vdots \\
-p_k & \cdots & q_k & \cdots & p_k & 0 & \cdots & \dfrac{-1}{C} & \cdots & 0 \\
\vdots & & \vdots & & \vdots & \vdots & & \vdots & & \vdots \\
-p_{N-1} & \cdots & -p_{N-1}k & \cdots & q_{N-1} & 0 & \cdots & 0 & \cdots & \dfrac{-1}{C} \\
\dfrac{1}{2L_1} & \cdots & 0 & \cdots & 0 & \dfrac{-r_{v1}}{L_1} & \cdots & 0 & \cdots & 0 \\
\vdots & & \vdots & & \vdots & \vdots & & \vdots & & \vdots \\
0 & \cdots & \dfrac{1}{2L_k} & \cdots & 0 & 0 & \cdots & \dfrac{-r_{vk}}{L_k} & \cdots & 0 \\
\vdots & & \vdots & & \vdots & \vdots & & \vdots & & \vdots \\
0 & \cdots & 0 & \cdots & \dfrac{1}{2L_{N-1}} & 0 & \cdots & 0 & \cdots & \dfrac{-r_{v(N-1)}}{L_{N-1}}
\end{bmatrix}$$

$$\begin{bmatrix} x_1 \\ \vdots \\ x_k \\ \vdots \\ x_{N-1} \\ x_N \\ \vdots \\ x_{N+k-1} \\ \vdots \\ x_{2N-2} \end{bmatrix} + \begin{bmatrix} p_1 \\ \vdots \\ p_k \\ \vdots \\ p_{N-1} \\ 0 \\ \vdots \\ 0 \\ \vdots \\ 0 \end{bmatrix} \hat{v}_{\mathrm{in}} \tag{4.139}$$

因此，当给定系统中各参数时，通过数学分析软件便可以方便地求解系统的特征根，从而判断系统稳定性。

至此，当 $N > 2$ 时的系统矩阵已经被求得。接下来，需要进一步求解当 $N=2$ 时的系统稳定性约束条件，这也将为由多模块组成的输入串联型组合变换器设计提供有益指导。与式(4.134)和式(4.135)相似，可以求得考虑输入电容等效串联电阻 r_{ESR} 的输入电压干扰传递函数为

$$G_{\mathrm{d}}(s) = \frac{\hat{v}_{\mathrm{in1}} - \hat{v}_{\mathrm{in2}}}{\hat{v}_{\mathrm{in}}} = \frac{Es^3 + Fs^2 + Gs + H}{As^3 + Bs^2 + Cs + D} \tag{4.140}$$

式中

$A = 2\,C_{\mathrm{in1}}\,C_{\mathrm{in2}}\,L_1\big[(r_{\mathrm{ESR1}} + r_{\mathrm{ESR2}})Z_{\mathrm{neg1}}\,Z_{\mathrm{neg2}} + r_{\mathrm{ESR1}}\,r_{\mathrm{ESR2}}(Z_{\mathrm{neg1}} + Z_{\mathrm{neg2}})\big]$

$B = 2L_1(C_{\mathrm{in1}}\,r_{\mathrm{ESR1}} + C_{\mathrm{in2}}\,r_{\mathrm{ESR2}})(Z_{\mathrm{neg1}} + Z_{\mathrm{neg2}}) + C_{\mathrm{in1}}\,C_{\mathrm{in2}}\,r_{\mathrm{ESR1}}\,r_{\mathrm{ESR2}}(r_1 + r_2 + \\ 2r_{\mathrm{L1}})(Z_{\mathrm{neg1}} + Z_{\mathrm{neg2}}) + 2L_1 Z_{\mathrm{neg1}}\,Z_{\mathrm{neg2}}(C_{\mathrm{in1}} + C_{\mathrm{in2}}) + \\ C_{\mathrm{in1}}\,C_{\mathrm{in2}}\,Z_{\mathrm{neg1}}\,Z_{\mathrm{neg2}}\big[(r_{\mathrm{ESR1}} + r_{\mathrm{ESR2}})(r_1 + r_2 + 2r_{\mathrm{L1}}) + 2r_{\mathrm{ESR1}}\,r_{\mathrm{ESR2}}\big]$

$C = \big[(r_1 + r_2 + 2r_{\mathrm{L1}})(Z_{\mathrm{neg1}} + Z_{\mathrm{neg2}}) + 2Z_{\mathrm{neg1}}\,Z_{\mathrm{neg2}}\big](C_{\mathrm{in1}}\,r_{\mathrm{ESR1}} + C_{\mathrm{in2}}\,r_{\mathrm{ESR2}}) + \\ 2L_1(Z_{\mathrm{neg1}} + Z_{\mathrm{neg2}}) + (C_{\mathrm{in1}} + C_{\mathrm{in2}})(r_1 + r_2 + 2r_{\mathrm{L1}})Z_{\mathrm{neg1}}\,Z_{\mathrm{neg2}}$

$D = (r_1 + r_2 + 2r_{\mathrm{L1}})(Z_{\mathrm{neg1}} + Z_{\mathrm{neg2}}) + 2\,Z_{\mathrm{neg1}}\,Z_{\mathrm{neg2}}$

$E = 2\,C_{\mathrm{in1}}\,C_{\mathrm{in2}}\,L_1\big[(r_{\mathrm{ESR1}} - r_{\mathrm{ESR2}})Z_{\mathrm{neg1}}\,Z_{\mathrm{neg2}} + r_{\mathrm{ESR1}}\,r_{\mathrm{ESR2}}(Z_{\mathrm{neg1}} - Z_{\mathrm{neg2}})\big]$

$F = 2L_1(C_{\mathrm{in1}}\,r_{\mathrm{ESR1}} + C_{\mathrm{in2}}\,r_{\mathrm{ESR2}})(Z_{\mathrm{neg1}} - Z_{\mathrm{neg2}}) + C_{\mathrm{in1}}\,C_{\mathrm{in2}}\,r_{\mathrm{ESR1}}\,r_{\mathrm{ESR2}}(r_1 + r_2 + \\ 2r_{\mathrm{L1}})(Z_{\mathrm{neg1}} - Z_{\mathrm{neg2}}) - 2L_1 Z_{\mathrm{neg1}}\,Z_{\mathrm{neg2}}(C_{\mathrm{in1}} - C_{\mathrm{in2}}) + \\ C_{\mathrm{in1}}\,C_{\mathrm{in2}}\,Z_{\mathrm{neg1}}\,Z_{\mathrm{neg2}}(r_{\mathrm{ESR1}} - r_{\mathrm{ESR2}})(r_1 + r_2 + 2r_{\mathrm{L1}})$

$G = \big[(C_{\mathrm{in1}}\,r_{\mathrm{ESR1}} + C_{\mathrm{in2}}\,r_{\mathrm{ESR2}})(r_1 + r_2 + 2r_{\mathrm{L1}}) + 2L_1\big](Z_{\mathrm{neg1}} - Z_{\mathrm{neg2}}) - \\ (C_{\mathrm{in1}} - C_{\mathrm{in2}})(r_1 + r_2 + 2r_{\mathrm{L1}})Z_{\mathrm{neg1}}\,Z_{\mathrm{neg2}}$

$H = (r_1 + r_2 + 2r_{\mathrm{L1}})(Z_{\mathrm{neg1}} - Z_{\mathrm{neg2}})$

根据式(4.140)很难直接得到系统的稳定性约束条件。但当输入电容的等效串

联电阻很小,小到可以被忽略时,可以得到简洁的二阶系统,如下式所示:

$$
\begin{aligned}
G_d(s) = \{ & 2L_1(C_{in2} - C_{in1})Z_{neg1}Z_{neg2}s^2 + \\
& [2L_1(Z_{neg1} + Z_{neg2}) + (C_{in2} - C_{in1})(r_1 + r_2 + 2r_{L1})Z_{neg1}Z_{neg2}]s + \\
& (r_1 + r_2 + 2r_{L1})(Z_{neg1} - Z_{neg2})\} / \\
\{ & 2L_1(C_{in1} + C_{in2})Z_{neg1}Z_{neg2}s^2 + \\
& [2L_1(Z_{neg1} + Z_{neg2}) + (C_{in1} + C_{in2})(r_1 + r_2 + 2r_{L1})Z_{neg1}Z_{neg2}]s + \\
& (r_1 + r_2 + 2r_{L1})(Z_{neg1} + Z_{neg2}) + 2Z_{neg1}Z_{neg2}
\end{aligned}
$$

$$(4.141)$$

如果系统稳定,则要求特征方程的特征根均为负值。因此,需要满足以下条件:

$$
\begin{cases}
(r_1 + r_2 + 2r_{L1})(Z_{neg1} + Z_{neg2}) + 2Z_{neg1}Z_{neg2} > 0 \\
2L_1(Z_{neg1} + Z_{neg2}) + (C_{in1} + C_{in2})(r_1 + r_2 + 2r_{L1})Z_{neg1}Z_{neg2} > 0 \\
2L_1(C_{in1} + C_{in2})Z_{neg1}Z_{neg2} > 0
\end{cases} \quad (4.142)
$$

通过求解式(4.142),可得系统的稳定性约束条件为

$$
-\frac{2L_1(Z_{neg1} + Z_{neg2})}{(C_{in1} + C_{in2})Z_{neg1}Z_{neg2}} < r_1 + r_2 + 2r_{L1} < -\frac{2Z_{neg1}Z_{neg2}}{Z_{neg1} + Z_{neg2}} \quad (4.143)
$$

通过观察式(4.143)可以发现,对于由一个 VSM 和两个闭环子模块构成的输入串联型组合变换器,需要具有下式所示的特性:

$$
Q = \frac{Z_{neg1}Z_{neg2}}{Z_{neg1} + Z_{neg2}}\sqrt{\frac{C_{in1} + C_{in2}}{L_1}} < -1 \quad (4.144)
$$

Q 值越小,则表示能够使系统稳定的 VSM 中等效寄生电阻的取值范围越宽;反之,则越窄。因此,通过合理设计 VSM 和子模块使得式(4.144)被满足,则提出的输入串联型组合变换器即可实现各子模块输入电压的均衡。

4.5.3　动态均压特性分析

上一节对系统的稳态特征和稳定性约束条件进行了分析和求解。然而,当输入电压发生阶跃时,不合理的设计参数可能导致变换器中某一个子模块因承受更高的输入电压而损坏。根据图 4.60,输入电容、等效负电阻、VSM 的公共电感器和开关管的通态电阻都是影响输入电压均分的主要因素。因此,有必要分析系统参数对动态输入均压性能的影响。

从输入电压干扰传递函数可知,只要子模块参数一致,其恒等于零。两个子模块实现了完全的输入电压均分。然而,在实际系统中子模块间偏差只能够被保证在一定范围内。为进一步分析,考虑一个输入串联型组合变换器:$V_{in} = 100$ V,$Z_{neg1} = Z_{neg2} = -10$ Ω,$C_{in1} = C_{in2} = 220$ μF,$L_1 = 68$ μH,$r_1 = r_2 = 65$ mΩ,$r_L = 100$ mΩ。将参数代入式(4.143)后可得:61.8 mΩ < 330 mΩ < 10 Ω,满足稳定性约束条件。

首先,根据初值定理可以推导出 $G_d(s)$ 的阶跃响应的初值为

$$\left[v_{in1}(t) - v_{in2}(t)\right]\big|_{t=0^+} = \lim_{s \to \infty} s \cdot G_d(s) \cdot \frac{1}{s} = \frac{C_{in2} - C_{in1}}{C_{in1} + C_{in2}} \qquad (4.145)$$

式（4.145）说明发生在 $t=0^+$ 时刻的 $v_{in1}(t) - v_{in2}(t)$ 只取决于两输入电容值，正比于 C_{in1} 与 C_{in2} 的差，反比于 C_{in1} 与 C_{in2} 的和。在 $C_{in1} \neq C_{in2}$ 的情况下，图 4.61 和图 4.62 分别给出了随着 C_{in2} 的变化，理论计算的 $G_d(s)$ 的阶跃响应和系统的根轨迹。输入电容的一致性越好，$\left[v_{in1}(t) - v_{in2}(t)\right]\big|_{t=0^+}$ 差值越小。图 4.62 说明系统的特征根均处于左半平面并且随着 C_{in2} 的增加逐渐向左移动。

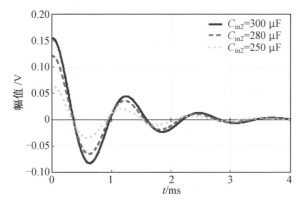

图 4.61　不同输入电容 C_{in2} 下 $G_d(s)$ 的阶跃响应

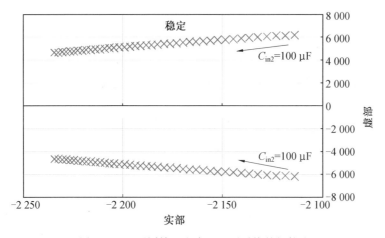

图 4.62　不同输入电容 C_{in2} 下系统的根轨迹

其次，通过终值定理可以得到 $\left[v_{in1}(t) - v_{in2}(t)\right]\big|_{t=+\infty}$ 如下所示：

$$
\begin{aligned}
\left[v_{in1}(t) - v_{in2}(t)\right]\big|_{t=+\infty} &= \lim_{s \to 0} s \cdot G_d(s) \cdot \frac{1}{s} \\
&= \frac{(r_1 + r_2 + 2r_L)(Z_{neg1} - Z_{neg2})}{(r_1 + r_2 + 2r_L)(Z_{neg1} + Z_{neg2}) + 2Z_{neg1}Z_{neg2}}
\end{aligned}
$$

$$(4.146)$$

从式(4.146)可以发现,稳态时输入电压差值只取决于总寄生电阻($r = r_1 + r_2 + 2r_{L1}$)和等效闭环负电阻。说明即使输入电容间存在不匹配,也不会影响输入电压的稳态均分。

当 $Z_{neg1} = -9.8\ \Omega$ 时,图 4.63 和图 4.64 分别给出了随着总等效寄生电阻 r 变化,理论计算的 $G_d(s)$ 的阶跃响应和系统的根轨迹。图 4.63 说明随着总寄生电阻的变大,输入电压的动态均分变快,阻尼增加,谐振尖峰降低。图 4.64 说明当总寄生电阻为零时,系统的两个极点处于右半平面,因此系统不稳定。随着 r 的增加,系统变得稳定并且特征根的虚部逐渐减小。

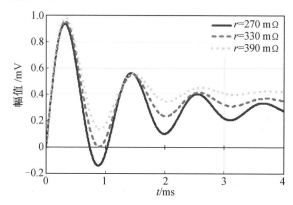

图 4.63　不同总寄生电阻下 $G_d(s)$ 的阶跃响应

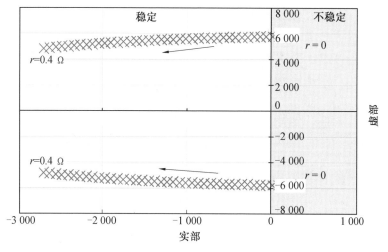

图 4.64　不同总寄生电阻下系统的根轨迹

只考虑 $Z_{neg1} \neq Z_{neg2}$ 的情况,图 4.65 和图 4.66 分别给出了随着闭环输入负电阻 Z_{neg1} 变化,理论计算的 $G_d(s)$ 的阶跃响应和系统的根轨迹。随着子模块间的输入功率差值加大,差值 $|v_{in1}(t) - v_{in2}(t)|$ 也将加大。然而,对于同一型号的电源模块,

$|Z_{\text{neg1}}-Z_{\text{neg2}}| \ll |Z_{\text{neg1}}+Z_{\text{neg2}}|$ 可以实现，$[v_{\text{in1}}(t)-v_{\text{in2}}(t)]|_{t=+\infty}$ 约等于 0。随着 Z_{neg1} 逐渐变大，系统的特征根逐渐向右移动，如图 4.66 所示。

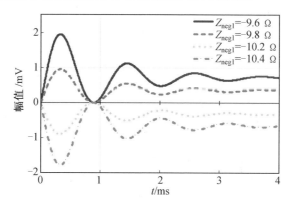

图 4.65　不同 Z_{neg1} 下 $G_{\text{d}}(s)$ 的阶跃响应

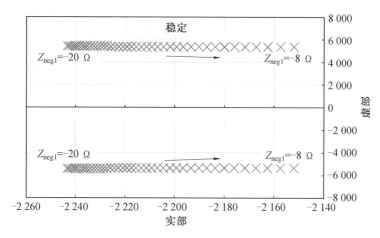

图 4.66　不同 Z_{neg1} 下系统的根轨迹

当 $C_{\text{in2}}=250~\mu\text{F}$ 时，图 4.67 和图 4.68 分别给出了随着电感 L_1 变化，理论计算的 $G_{\text{d}}(s)$ 的阶跃响应和系统的根轨迹。结合式（4.145）和式（4.146）可知，公共电感量 L_1 既不影响 $[v_{\text{in1}}(t)-v_{\text{in2}}(t)]|_{t=0^{+}}$ 也不影响 $[v_{\text{in1}}(t)-v_{\text{in2}}(t)]|_{t=+\infty}$，而是关系到输入电压动态均分速度。随着公共电感的减小，输入电压均分动态响应加快，调整时间缩短，与此同时公共电感的交流分量增大。图 4.68 说明随着 L_1 的增大，两共轭极点逐渐向右移动，当 L_1 足够大时，系统将变得不稳定。

当 $r_{\text{E3R2}}=20~\text{m}\Omega$ 时，图 4.69 给出了随着 r_{ESR1} 改变的系统根轨迹。图 4.69（a）中虚线框被展开在图 4.69（b）中，从中可以看到输入电容的等效串联电阻的引入增加了一个高频极点，并且随着 r_{ESR1} 的增加，高频极点逐渐降低，共轭复数极点逐渐向左移动，但是其对主导极点的影响很小。

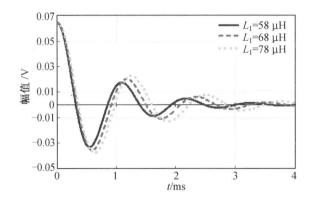

图 4.67　不同 L_1 下 $G_d(s)$ 的阶跃响应

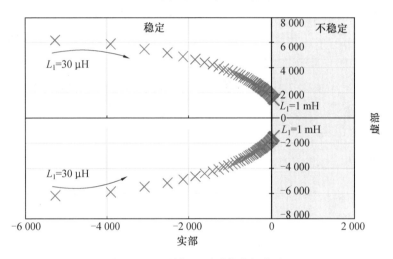

图 4.68　不同 L_1 下系统的根轨迹

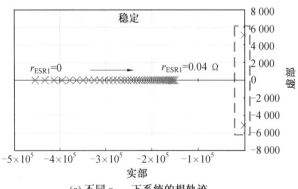

(a) 不同 r_{ESR1} 下系统的根轨迹

图 4.69　不同 r_{ESR1} 下系统的根轨迹及其部分展开波形

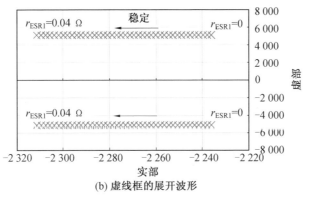

(b) 虚线框的展开波形

续图 4.69

4.5.4　仿真验证与分析

为证明理论分析的正确性和提出方法的有效性,进行了仿真验证。具有严格的闭环调节下的 DC/DC 变换器呈现几乎完美的输出外特性,独立于输入干扰。同时,由于变换器的高效率,这种特性映射到输入端表现为恒功率负载。因此,子模块 1 和子模块 2 可以被等效为两个恒功率负载,且被故意配置为存在大的参数偏差($P_{\text{in\_sub1}} = 240$ W,$P_{\text{in\_sub2}} = 250$ W)。两子模块的输入电容值也被故意失配($C_{\text{in1}} = 210\ \mu\text{F}$,$C_{\text{in2}} = 190\ \mu\text{F}$)。变换器主要参数见表 4.11。

表 4.11　变换器主要参数

参数	值
总输入电压 /V	$80 \sim 120$
恒功率模块 1/W	240
恒功率模块 2/W	250
模块 1 输入电容 /μF	210
模块 2 输入电容 /μF	190
VSM 开关频率 /kHz	100
VSM 电感 /μH	68
寄生电阻 r_1/mΩ	65
寄生电阻 r_{L}/mΩ	100

当总输入电压在 80 V 和 120 V 之间阶跃时,测试得到各输入电压和 VSM 中电感电流波形,如图 4.70 所示。从图中可以看出,即使子模块间存在差异,各输入电压在稳态和瞬态过程中都呈现好的均分效果。VSM 中电感电流不断调整,子模块间不平衡的输入功率被转移,从而使得整个系统稳定。

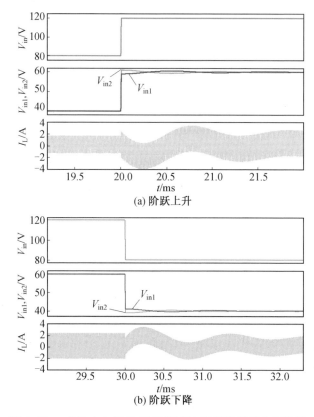

图 4.70   总输入电压在 80 V 和 120 V 间阶跃时仿真结果

图 4.71(a) 给出了在总输入电压为 80 V 时两子模块的输入电压和电流波形。两子模块间输入电流差为 0.26 A,输入电压差为 0.087 V,与利用式(4.132)进行两次迭代计算的结果一致。进一步地,系统的相对输入电压偏差为 0.109%,并且该值会随着输入电压的增加而进一步减小。图 4.71(b) 给出了 VSM 中门极驱动、漏源电压和电感电流的仿真结果。VSM 中两个开关均实现了 ZVS,从而具有小的开关损耗。

图 4.72 给出了插入和移除 VSM 时的仿真结果。在 $t=10$ ms 之前,提出的输入串联型组合变换器稳定工作,输入均压被实现,子模块均正常工作。在 $t=10$ ms 时,VSM 被移除,电感电流为 0,子模块输入电压和子模块输入电流开始发散。因为子模块 2 吸收的输入功率更大,所以 V_{in1} 相比于 V_{in2} 更高。在 $t=12$ ms 时,VSM 被重新激活,子模块输入电压和输入电流快速收敛到额定值。

根据式(4.141)计算得到的 Bode 图和用全电路模型仿真得到的 Bode 图如图 4.73 所示。从图中可以看出,两者 Bode 图几乎一致,确保了推导过程的正确性。此外,可以看出系统无右半平面极点,系统是稳定的。而且,全频率范围内增益均小于 -14.3 dB。在低于 100 Hz 的频带内,增益都小于 -51.9 dB。因此,提出的方法具有强的抑制输入电压扰动的能力,能够获得好的输入电压均分效果。

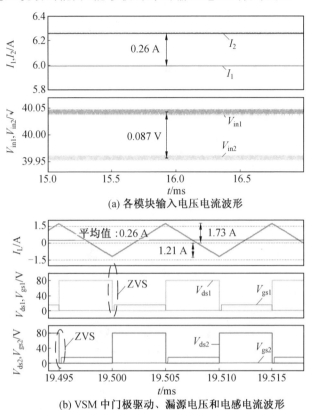

(a) 各模块输入电压电流波形

(b) VSM 中门极驱动、漏源电压和电感电流波形

图 4.71　总输入电压为 80 V 时稳态波形

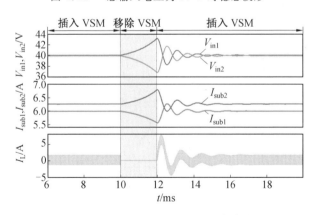

图 4.72　插入和移除 VSM 时的仿真结果

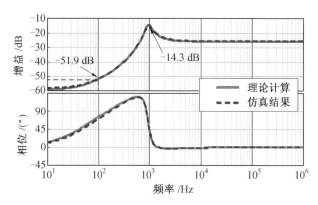

图 4.73　计算与仿真得到的输入电压扰动 Bode 图

4.5.5　实验验证与分析

为验证提出方案的可行性和通用性,构建了一台由商用电压源模块和均衡模块拼接而成的原理样机。系统参数与器件型号见表 4.12,其中,依据厂商数据手册推荐的典型值选取输入电容值,采用自振荡半桥驱动芯片作为 VSM 的控制器以实现各模块独立工作且无须引入逻辑驱动信号。

表 4.12　系统参数与器件型号

参数	值或器件型号
单模块输入电压 /V	40～60
单模块输出电压 /V	12
单模块最大输出电流 /A	20
单模块输入电容 /μF	220
单模块输出电容 /μF	470
驱动芯片	IR21531
VSM 开关频率 /kHz	100
VSM 电感	68 μH/DCR(53 mΩ)
VSM 中开关器件	C3M0065090D
DC/DC 电源模块	GDQ33S12B

1. 双模块实验

在最低输入电压下,测试单个商用电压源模块的效率,结合式(4.87),电压源模块的最大等效负阻抗约为 −6 Ω。根据 VSM 中相应器件的典型值,该输入串联型组合变换器满足最恶劣负载情况下系统稳定性约束条件式(4.143),特征根为 −488.589±5 497i。此外,当寄生电阻被考虑时,系统的主导极点将进一步向左移动。图 4.74 给出了当总输入电压在 80 V 和 120 V 之间阶跃时,各子模块输出电压和总输出电压的实验波形。无论在稳态还是暂态过程中,输出电压均被两个子模块很好地均分。

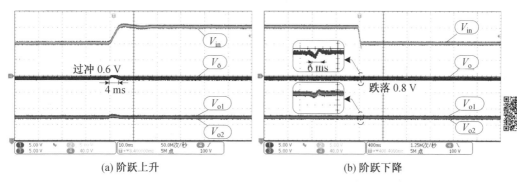

(a) 阶跃上升　　　　　　　　　　　　(b) 阶跃下降

图 4.74　总输入电压在 80 V 和 120 V 间阶跃实验波形

当总输出电流在 10 A 和 20 A 之间阶跃时,各输入电压和总输出电压的实验结果如图 4.75 所示。在阶跃上升期间,总输出电压跌落 1.19 V,调整时间为 88 μs。在阶跃下降过程中,总输出电压过冲 1 V,调整时间为 70 μs。同时,在交流耦合条件下测试得到各输入电压过冲 0.31 V。系统在稳态和瞬态都呈现出极佳的输入电压均分性能。作为对比,单个模块的测试结果如图 4.76 所示。在上升阶段,输出电压跌落和调整时间分别约为 0.59 V 和 70 μs;在下降阶段,输出电压过冲和调整时间分别为 0.63 V 和 70 μs。从图 4.76 中可以看出,所提方法在不牺牲单模块性能的条件下实现了模块的输入串联型组合。

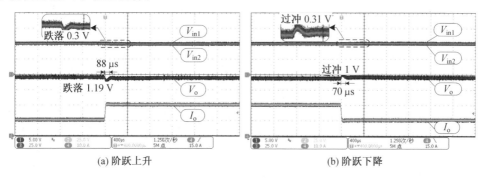

(a) 阶跃上升　　　　　　　　　　　　(b) 阶跃下降

图 4.75　输出电流在 10 A 和 20 A 间阶跃的实验波形

图 4.77 给出了稳态时 VSM 中开关管的漏源电压、门极驱动和电感电流的实验波形。VSM 中开关管处于 ZVS 状态,与仿真结果一致。通过搭建 ISOI 变换器,控制商用电源模块的使能引脚,提出的方法中子模块被接入与移除的情况可以被有效地模拟,如图 4.78 所示。当子模块 1 被移除时,VSM 中电感电流立即增加,VSM 被要求转移更多的功率以保证输入电压均衡,从而实现系统稳定。当子模块 1 被接入后,砖块

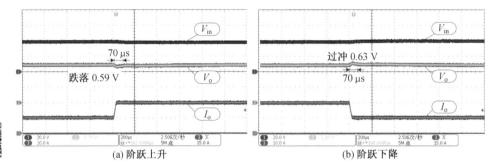

图 4.76　输出电流在 10 A 和 20 A 间阶跃时单模块实验结果

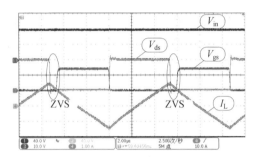

图 4.77　VSM 模块的稳态波形

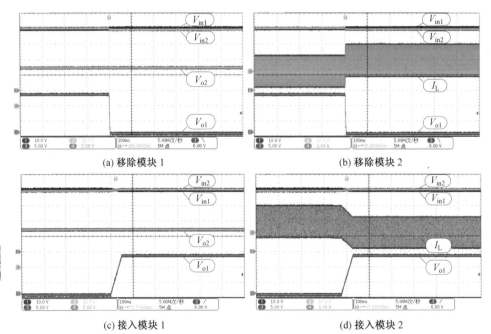

图 4.78　移除和接入子模块的实验波形

电源开始软启动,VSM 处理的功率随着子模块输入功率差值的减小而降低。最终,系统再次进入稳态。

2. 频域测试

采用 FRA5097 分析仪,输入电压干扰传递函数的测量结果如图 4.79(a) 所示。图 4.79(b) 为测量输入电容 ESR 后,理论计算的频域结果。在中低频段内,实际测量结果与理论分析结果基本一致,而在高频段的偏差主要是由于电路中存在寄生电感。此外,系统无右半平面极点,具有稳定性。

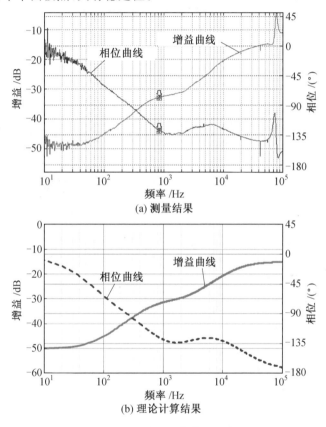

图 4.79　 输入干扰传递函数

3. 多模块实验

接下来对由三个电压源模块和两个 VSM 模块构成的多模块组合变换器进行实验测试。根据式(4.139),可以得到系统矩阵 A 为

$$A = \begin{bmatrix} 757.576 & 0 & -4\,545 & 2\,273 \\ 0 & 757.576 & 2\,273 & -4\,545 \\ 7\,353 & 0 & -1\,735 & 0 \\ 0 & 7\,353 & 0 & -1\,735 \end{bmatrix} \quad (4.147)$$

系统的特征根为 $-488.6 \pm 6\,970i$ 和 $-488.9 \pm 3\,893i$，与两模块系统特征根的实部基本相同，整个变换器仍具有稳定性。

图 4.80 呈现了系统启动时的实验波形。从图 4.80(a) 中可以看出在启动过程中，各模块的输入电压被很好地均分，总输出电压最终稳定到 36 V。如图 4.80(b) 所示，由于 VSM 先于子模块启动，所以系统在这一阶段等效为具有稳定性的电容均衡电路，从而为子模块的顺利启动提供了保证。因此，不同于调节子模块输出功率的控制策略，提出的方法无须在轻载和满载下设计不同的均压环权重。即使在子模块处于空载或轻载的工况下，提出的方法依然有效。

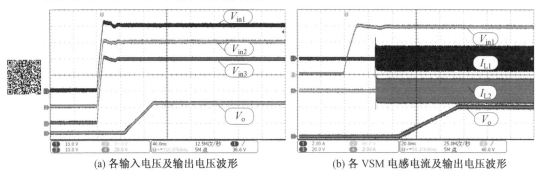

(a) 各输入电压及输出电压波形　　　(b) 各 VSM 电感电流及输出电压波形

图 4.80　系统启动波形

当总输入电压在 120 V 和 180 V 间阶跃时，各输出电压实验波形如图 4.81 所示。在稳态与动态过程中，均实现了输出电压的均衡。当输出电流在 10 A 和 20 A 间阶跃时，各输入电压实验波形如图 4.82 所示。系统表现出极佳的抗负载扰动能力，各输入电压基本不受影响。

4. 效率测试

图 4.83 给出了由 2 个子模块构成的 ISOS 变换器、由 3 个子模块构成的 ISOS 变换器和各子模块的效率曲线。在轻载时，由于 VSM 增加了约 2.7 W 的损耗，因此组合变换器效率低于子模块效率。但是 VSM 的功率损耗主要由总输入电压、开关频率和器件的寄生电阻决定，所以基本为常值。随着负载加重，其对于组合变换器效率的影响逐渐减小，而子模块的负载调整率对效率的影响变得更为明显。当采用 ISOS 连接时，子模块呈现出更小的负载调整率。因此，对于负载调整率大的电源模块来说，构成 ISOS 变换器将会获得更高的效率。此外，由于实验中 VSM 的驱动电源是通过功率电阻和齐纳二极管获得，因此如果将 VSM 集成到模块电源内部，整个变换器的效率将得

到进一步提升。

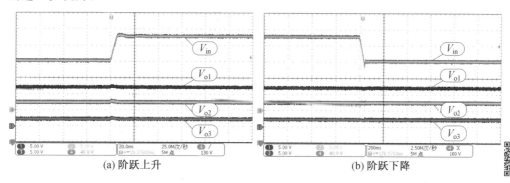

图 4.81　总输入电压在 120 V 和 180 V 间阶跃时各输出电压实验波形

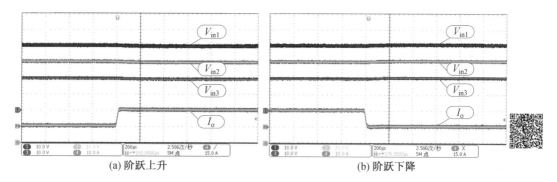

图 4.82　输出电流在 10 A 和 20 A 间阶跃时各输入电压实验波形

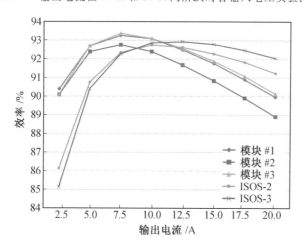

图 4.83　各子模块和所提变换器的效率曲线

本节深入探讨了积木式构建输入串联型组合变换器的可能性,并揭示出应用于电池管理的均衡技术具有移植到输入串联型组合变换器的潜力;通过建立输入串联型组合变换器的统一小信号模型,推导了系统的稳定性约束条件并分析了系统中各参数对动态均压性能的影响;以商用电压源模块为例搭建了一台原理样机,实验结果表明提出的组合系统的输出特性完全由标准化电源模块决定,可根据具体的技术指标进行灵活的选配和组装。此外,提出的方法中均衡模块的引入增加了损耗和成本,但省去了复杂的专用电压均分控制器,从而简化了系统设计,缩短了研发周期。而且,由于非耗散型均衡模块的损耗与负载功率无关,因此对系统效率具有有限的影响。

4.6　输入间接并联输出串联型部分功率调节变换器

从系统集成的角度出发,希望串并联组合系统中子模块具有以下特点:① 结构简单,易于模块化设计;② 具有电气隔离功能,可实现多模块的串并联组合;③ 高效率,可提高组合系统的整机效率。

LLC谐振直流变换器因其所有开关器件均可以实现软开关而被广泛地应用在高频高效率的隔离场合,是串并联组合系统中子模块的理想选择。为获得负载调节能力,变频控制通常被应用于传统LLC变换器中,这使得磁性器件的优化困难、需要处理的无功功率增加、系统的效率降低,而且使得电磁兼容滤波器的设计复杂。当LLC变换器工作于串联谐振频率时,不仅具有最高的工作效率,而且电压传输比完全独立于实际负载,呈现为直流变压器(DCX)的特性。因此,两级架构成为当前流行的一种解决方案。这种架构使得每一级都可以很容易地进行优化,从而在宽电压场合相比于传统单级方案获得更高的效率。然而,由于两级架构中的DCX级和DC/DC调节级都需要处理全负载功率,所以系统效率和功率密度有所牺牲。

为使谐振变换器工作在最优工作点的同时进一步提高系统效率,许多学者开展了深入研究,并开发了许多借助部分功率辅助变换器(PPC)调节输出电压的准单级变换器。由于辅助变换器被限定为仅处理总输入功率中的一小部分,因此对变换器效率具有有限的影响。根据PPC的输入输出端与主变换器的连接形式,可以将现有方案归纳为以下5类:① 输入串联输出并联型;② 输入间接串联输出并联型;③ 输入并联输出串联型;④ 输入串联输出间接并联型;⑤ 输入间接并联输出串联型。上述高效率隔离型准单级变换器在采用隔离型变换器作为PPC时,将显著增加组合系统中具有高绝缘应力的变压器数量,降低组合变换器可靠性和功率密度;而采用非隔离型变换器作为PPC时,需要引入额外的辅助变压器或辅助绕组,而且需要额外的谐振腔或整流器以构造中间直流链路。这显然增加了系统复杂性并提高了成本。为此,本节提出一种基于输入间接并联输出串联型结构的部分功率后调节谐振直流变换器,其仅引入了额外的副边绕组,如图4.84所示。相比于传统两级变换器,本节提出的变换器中大部分输入功率直接通过高效率高功率密度的单级谐振变换器传递到负载,从而获得了更高的转换效率。此外,通过采用输出串联结构,PPC 中开关器件具有相较于传统级联架构中调整级更低的电压应力,进而降低了器件成本。

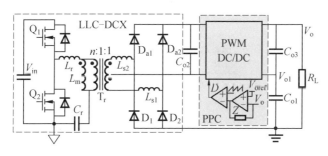

图 4.84　部分功率后调节谐振直流变换器

4.6.1　运行原理简介

本节提出的变换器中 PPC 为传统非隔离 PWM DC/DC 变换器,且其开关频率和占空比独立于 LLC－DCX,因此其工作原理不再赘述。如图 4.84 所示,PPC 的占空比取决于总输出电压经过反馈控制环路的输出。因此,总输出电压 V_o 被该闭环 PPC 调节。

为便于对主电路进行分析,做如下假设和定义。电容器 C_{o1}、C_{o2} 和 C_{o3} 足够大且其两端电压分别为 V_{o1}、V_{o2} 和 V_{o3};变压器副边两绕组的漏感 L_{s1} 和 L_{s2} 的值均为 L_s 且远小于谐振电感 L_r;LLC－DCX 的开关频率略低于串联谐振频率且忽略驱动信号的死区时间;整流器为理想二极管;PPC 处理的功率为总输出功率的一小部分。因此,提出的变换器在一个开关周期中的主要波形如图 4.85 所示。根据副边二极管的导通间隔,一个开关周期可以被分为 6 种模态,各模态下的等效电路如图 4.86 所示。

模态 Ⅰ $[t_0,t_1]$:t_0 时刻,开关管 Q_1 开通而 Q_2 处于关闭状态。L_r、L_{s1}、L_{s2} 和谐振电容 C_r 发生谐振,能量通过变压器传递到负载。谐振电感电流 i_{Lr} 为反射的负载电流和磁化电流之和。在这段区间,副边二极管 D_{a1} 和 D_2 导通。该模态的等效电路如图 4.86(a) 所示。

模态 Ⅱ $[t_1,t_2]$:t_1 时刻,电流 i_{Da1} 降到 0,二极管 D_{a1} 零电流关断。L_{s1} 不再参与谐振,L_r、L_{s2} 和 C_r 继续处于谐振状态,能量被传递到负载端。该模态的等效电路如图 4.86(b) 所示。

模态 Ⅲ $[t_2,t_3]$:t_2 时刻,电流 i_{D2} 降到 0,二极管 D_2 零电流关断。L_{s2} 不再参与谐振,L_r、L_m 和 C_r 开始处于谐振状态,i_{Lr} 等于 i_{Lm}。该模态的等效电路如图 4.86(c) 所示。

由于采用固定频率和占空比为 50% 的互补信号控制原边开关管,因此模态 Ⅳ～Ⅵ 分别与模态 Ⅰ～Ⅲ 类似,这里不再赘述。模态 Ⅳ～Ⅵ 的等效电路如图 4.86(d)～(f) 所示。

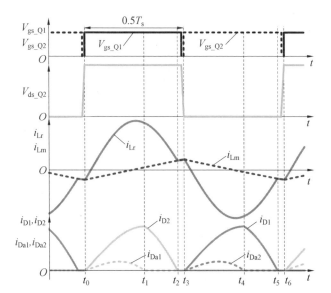

图 4.85　所提变换器在一个开关周期中的主要波形

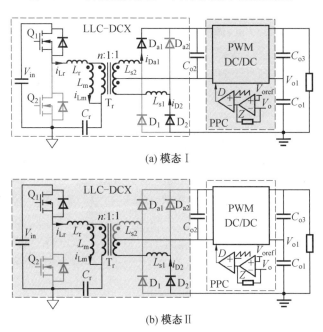

(a) 模态 I

(b) 模态 II

图 4.86　提出变换器在各模态下的等效电路

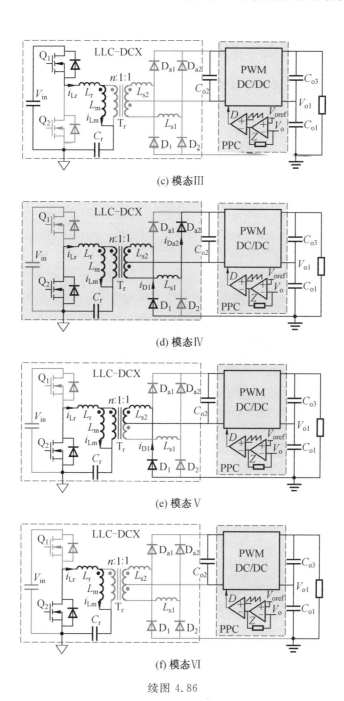

(c) 模态 III

(d) 模态 IV

(e) 模态 V

(f) 模态 VI

续图 4.86

4.6.2 调节机理与功率分配分析

1.时域建模与增益特性分析

如图 4.84 所示,提出的变换器的总输出电压由 V_{o1} 和 V_{o3} 决定。考虑到 PPC 的稳态增益为 $f(D)$,则总输出电压 V_o 满足

$$V_o = V_{o1} + V_{o2} \cdot f(D) \tag{4.148}$$

式中　D —— 非隔离 DC/DC 变换器的占空比。

进而,可以获得整个变换器的稳态增益 M 为

$$M = \frac{V_o}{V_{in}} = \frac{V_{o1}}{V_{in}} + \frac{V_{o2} \cdot f(D)}{V_{in}} = \frac{M_1 + M_2 \cdot f(D)}{2n} \tag{4.149}$$

式中　$M_1 \sim M_2$ —— $V_{o1} \sim V_{o2}$ 反射至原边的电压与输入电压 $V_{in}/2$ 的比值;

　　　n —— 变压器的匝比。

为明确 V_{o1} 和 V_{o2} 的关系,量化变换器的增益表达式,下面将对提出的变换器进行时域分析。

由于谐振电路在正、负半周期的运行状态具有对称性,因此只需考虑半个周期的情况。接下来,分别建立模态 Ⅰ ～ Ⅲ 的简化等效模型如图 4.87 所示,并基于此进行模型分析。

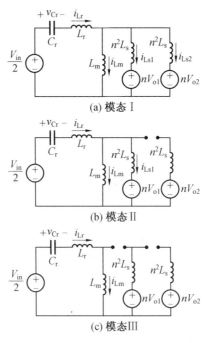

(a) 模态 Ⅰ

(b) 模态 Ⅱ

(c) 模态Ⅲ

图 4.87　简化的等效模型

根据基尔霍夫定律，分别建立与模态 Ⅰ ～ Ⅲ 所对应的方程组如下：

$$
\begin{cases}
\dfrac{\mathrm{d}v_{Cr}(t)}{\mathrm{d}t} = \dfrac{i_{Lr}(t)}{C_r} \\[2mm]
\dfrac{\mathrm{d}i_{Lm}(t)}{\mathrm{d}t} = \dfrac{n^2 L_s}{2L_m + n^2 L_s}\dfrac{\mathrm{d}i_{Lr}(t)}{\mathrm{d}t} + \dfrac{n(V_{o1} + V_{o2})}{2L_m + n^2 L_s} \\[2mm]
\dfrac{\mathrm{d}i_{Lr}(t)}{\mathrm{d}t} = \dfrac{V_{in}/2 - v_{Cr}(t)}{L_r} - \dfrac{n^2 L_m L_s \dfrac{\mathrm{d}i_{Lr}(t)}{\mathrm{d}t} + n L_m (V_{o1} + V_{o2})}{(2L_m + n^2 L_s) L_r} \\[2mm]
\dfrac{\mathrm{d}i_{Ls1}(t)}{\mathrm{d}t} = \dfrac{L_m}{2L_m + n^2 L_s}\dfrac{\mathrm{d}i_{Lr}(t)}{\mathrm{d}t} + \dfrac{L_m(V_{o1} + V_{o2})}{(2L_m + n^2 L_s)n L_s} - \dfrac{V_{o1}}{nL_s} \\[2mm]
\dfrac{\mathrm{d}i_{Ls2}(t)}{\mathrm{d}t} = \dfrac{L_m}{2L_m + n^2 L_s}\dfrac{\mathrm{d}i_{Lr}(t)}{\mathrm{d}t} + \dfrac{L_m(V_{o1} + V_{o2})}{(2L_m + n^2 L_s)n L_s} - \dfrac{V_{o2}}{nL_s} \\[2mm]
i_{Lr}(t) = i_{Lm}(t) + i_{Ls1}(t) + i_{Ls2}(t)
\end{cases}
\tag{4.150}
$$

$$
\begin{cases}
\dfrac{\mathrm{d}v_{Cr}(t)}{\mathrm{d}t} = \dfrac{i_{Lr}(t)}{C_r} \\[2mm]
\dfrac{\mathrm{d}i_{Lm}(t)}{\mathrm{d}t} = \dfrac{n^2 L_s}{L_m + n^2 L_s}\dfrac{\mathrm{d}i_{Lr}(t)}{\mathrm{d}t} + \dfrac{n V_{o1}}{L_m + n^2 L_s} \\[2mm]
\dfrac{\mathrm{d}i_{Lr}(t)}{\mathrm{d}t} = \dfrac{V_{in}/2 - v_{Cr}(t)}{L_r} - \dfrac{n^2 L_m L_s \dfrac{\mathrm{d}i_{Lr}(t)}{\mathrm{d}t} + n L_m V_{o1}}{(L_m + n^2 L_s) L_r} \\[2mm]
\dfrac{\mathrm{d}i_{Ls1}(t)}{\mathrm{d}t} = \dfrac{L_m}{L_m + n^2 L_s}\dfrac{\mathrm{d}i_{Lr}(t)}{\mathrm{d}t} + \dfrac{L_m V_{o1}}{(L_m + n^2 L_s)n L_s} - \dfrac{V_{o1}}{nL_s} \\[2mm]
i_{Ls2}(t) = 0 \\[2mm]
i_{Lr}(t) = i_{Lm}(t) + i_{Ls1}(t)
\end{cases}
\tag{4.151}
$$

$$
\begin{cases}
\dfrac{\mathrm{d}v_{Cr}(t)}{\mathrm{d}t} = \dfrac{i_{Lr}(t)}{C_r} \\[2mm]
\dfrac{\mathrm{d}i_{Lr}(t)}{\mathrm{d}t} = \dfrac{V_{in}/2 - v_{Cr}(t)}{L_r} - \dfrac{L_m}{L_r}\dfrac{\mathrm{d}i_{Lr}(t)}{\mathrm{d}t} \\[2mm]
\dfrac{\mathrm{d}i_{Lm}(t)}{\mathrm{d}t} = \dfrac{\mathrm{d}i_{Lr}(t)}{\mathrm{d}t} \\[2mm]
i_{Ls1}(t) = i_{Ls2}(t) = 0
\end{cases}
\tag{4.152}
$$

为便于后续分析和描述，对电路中所涉及的物理量进行如下定义和标幺化处理：模态 Ⅰ ～ Ⅲ 的等效谐振电感分别为 $L_{rpp} = (n^2 L_s/2) \mathbin{/\mkern-5mu/} L_m + L_r$，$L_{rpo} = n^2 L_s \mathbin{/\mkern-5mu/} L_m + L_r$ 和 $L_{roo} = L_m + L_r$；模态 Ⅰ ～ Ⅲ 的谐振角频率分别为 $\omega_{rpp} = 1/\sqrt{L_{rpp}C_r}$，$\omega_{rpo} = 1/\sqrt{L_{rpo}C_r}$ 和 $\omega_{roo} = 1/\sqrt{L_{roo}C_r}$；系数 k_{po}、k_{oo}、L_{mpp} 和 L_{mpo} 分别等于 $\omega_{rpo}/\omega_{rpp}$、$\omega_{roo}/\omega_{rpp}$、$n^2 L_s + 2L_m$ 和 $n^2 L_s + L_m$；特征阻抗统 $Z_r = \sqrt{L_{rpp}/C_r}$；开关频率 f_s 和运行时间 t 的标幺值分别通过 $f_n = 2\pi f_s/\omega_{rpp}$ 和 $\theta = \omega_{rpp}t$ 求解；采用 $V_{in}/2$ 作为基准电压；字母 m 表示标幺电压，字母 J

表示标幺电流,用下标表示相应的谐振元件;定义模态 Ⅰ ～ Ⅲ 在半个开关周期$[0,\gamma]$内持续的时间分别为$[0,\alpha]$、$[\alpha,\beta]$ 和$[\beta,\gamma]$。

由于电容电压和电感电流总是连续变化的,因此通过对式(4.150) ～ (4.152)进行标幺化处理,分别得到

$$
\begin{cases}
m_{Cr}(\theta) = 1 + [m_{Cr}(0) - 1]\cos\theta + L_m M_1(\cos\theta - 1)/L_{mpp} + \\
\qquad L_m M_2(\cos\theta - 1)/L_{mpp} + J_{Lr}(0)\sin\theta \\
J_{Lr}(\theta) = J_{Lr}(0)\cos\theta - m_{Cr}(0)\sin\theta - L_m M_1\sin\theta/L_{mpp} - \\
\qquad L_m M_2\sin\theta/L_{mpp} + \sin\theta \\
J_{Lm}(\theta) = J_{Lm}(0) - L_s J_{Lr}(0)\cos\theta/L_{mpp} + L_{rpp} M_1\theta/L_{mpp} + \\
\qquad L_{rpp} M_2\theta/L_{mpp} + n^2 L_s[1 - m_{Cr}(0)]\sin\theta/L_{mpp} + \\
\qquad L_s J_{Lr}(0)/L_{mpp} - n^2 L_m L_s(M_1 + M_2)\sin\theta/L_{mpp}^2 \\
J_{Ls1}(\theta) = L_{rpp} L_m M_2\theta/n^2 L_s L_{mpp} - L_{rpp} L_{mpo} M_1/n^2 L_s L_{mpp} + \\
\qquad L_m J_{Lr}(0)(\cos\theta - 1)/L_{mpp} - L_m m_{Cr}(0)\sin\theta/L_{mpp} + \\
\qquad L_m\sin\theta/L_{mpp} - L_m^2(M_1 + M_2)\sin\theta/L_{mpp}^2 \\
J_{Ls2}(\theta) = L_{rpp} L_m M_1\theta/n^2 L_s L_{mpp} - L_{rpp} L_{mpo} M_2\theta/n^2 L_s L_{mpp} + \\
\qquad L_m J_{Lr}(0)(\cos\theta - 1)/L_{mpp} - L_m m_{Cr}(0)\sin\theta/L_{mpp} + \\
\qquad L_m\sin\theta/L_{mpp} - L_m^2(M_1 + M_2)\sin\theta/L_{mpp}^2
\end{cases}
\tag{4.153}
$$

$$
\begin{cases}
m_{Cr}(\theta) = 1 - \cos[k_{po}(\theta - \alpha)] + L_m M_1\{\cos[k_{po}(\theta - \alpha)] - 1\}/L_{mpo} + \\
\qquad m_{Cr}(\alpha)\cos[k_{po}(\theta - \alpha)] + J_{Lr}(\alpha)\sin[k_{po}(\theta - \alpha)]/k_{po} \\
J_{Lr}(\theta) = k_{po}\sin[k_{po}(\theta - \alpha)] - k_{po}L_m M_1\sin[k_{po}(\theta - \alpha)]/L_{mpo} - \\
\qquad k_{po}m_{Cr}(\alpha)\sin[k_{po}(\theta - \alpha)] + J_{Lr}(\alpha)\cos[k_{po}(\theta - \alpha)] \\
J_{Lm}(\theta) = L_s J_{Lr}(\alpha)\cos[k_{po}(\theta - \alpha)]/L_{mpo} + L_{rpp} M_1(\theta - \alpha)/L_{mpo} + \\
\qquad J_{Lm}(\alpha) + n^2 k_{po} L_s[1 - m_{Cr}(\alpha)]\sin[k_{po}(\theta - \alpha)]/L_{mpo} - \\
\qquad n^2 k_{po} L_m L_s M_1\sin[k_{po}(\theta - \alpha)]/L_{mpo}^2 - L_s J_{Lr}(\alpha)/L_{mpo} \\
J_{Ls1}(\theta) = L_m J_{Lr}(\alpha)\cos[k_{po}(\theta - \alpha)]/L_{mpo} - L_{rpp} M_1(\theta - \alpha)/L_{mpo} + \\
\qquad L_m J_{Lr}(\alpha)/L_{mpo} - k_{po} L_m^2 M_1\sin[k_{po}(\theta - \alpha)]/L_{mpo}^2 + \\
\qquad J_{Ls1}(\alpha) + k_{po} L_m[1 - m_{Cr}(0)]\sin[k_{po}(\theta - \alpha)]/L_{mpo} \\
J_{Ls2}(\theta) = J_{Ls2}(\alpha) = 0
\end{cases}
$$

$$\tag{4.154}$$

$$\begin{cases} m_{Cr}(\theta) = 1 + [m_{Cr}(\beta) - 1]\cos[k_{oo}(\theta - \beta)] + \\ \qquad\qquad J_{Lr}(\beta)\sin[k_{oo}(\theta - \beta)]/k_{oo} \\ J_{Lr}(\theta) = k_{oo}[1 - m_{Cr}(\alpha)]\sin[k_{oo}(\theta - \alpha)] + \\ \qquad\qquad J_{Lr}(\beta)\cos[k_{oo}(\theta - \beta)] \\ J_{Ls1}(\theta) = J_{Ls2}(\theta) = J_{Ls1}(\beta) = 0 \\ J_{Lm}(\theta) = J_{Lr}(\theta) \end{cases} \tag{4.155}$$

由于电路的谐振状态具有对称性特性,即半周期的起始点处电容电压、电感电流值与半周期终点处的相应值大小相等但方向相反,因此得到如下等式:

$$\begin{cases} m_{Cr}(0) + m_{Cr}(\gamma) = 0 \\ J_{Lm}(0) + J_{Lm}(\gamma) = 0 \\ J_{Lr}(0) + J_{Lr}(\gamma) = 0 \end{cases} \tag{4.156}$$

在正半周期内,输出端 V_{o1} 和输出端 V_{o2} 分别只有在 $[0,\beta]$ 区间和 $[0,\alpha]$ 区间内才接收来自输入电源的能量,因此输出端 V_{o1} 和 V_{o2} 的输出功率 P_{o1} 和 P_{o2} 的标幺值如下:

$$\begin{cases} P_{n1} = \dfrac{P_{o1}}{V_{in}^2/4Z_r} = \dfrac{M_1}{\gamma}\displaystyle\int_0^\beta J_{s1}(\theta)\,\mathrm{d}\theta \\ P_{n2} = \dfrac{P_{o2}}{V_{in}^2/4Z_r} = \dfrac{M_2}{\gamma}\displaystyle\int_0^\alpha J_{s2}(\theta)\,\mathrm{d}\theta \end{cases} \tag{4.157}$$

综上所述,在已知输出功率 P_{o1}、P_{o2},开关频率 f_s 和谐振参数的前提下,通过联立式(4.153)～(4.157)就可以借助运算软件对未知量 $[J_{Lr}(0), m_{cr}(0), \alpha, \beta, M_1, M_2]$ 进行数值求解。

不同负载下本节所提变换器的转换增益 M_1 和 M_2 如图 4.88 所示。由于 L_m/L_r 的值较大且漏感 L_s 很小,所以在归一化谐振频率附近转换增益是平坦的且趋近于 1。从图 4.88 中可以看出,在固定负载下 M_1 低于 M_2,但 M_1 与 M_2 极为相近,可近似相等。因此,增益表达式(4.149)可以被改写成

$$M = \frac{1 + f(D)}{2n} \tag{4.158}$$

因为本节所提的变换器中 PPC 输出端与主变换器输出端为串联形式,所以 PPC 输出的功率 P_{co3} 与总输出功率 P_{Total} 的比值 k 满足

$$k = \frac{P_{Co3}}{P_{Total}} = \frac{V_{o3}}{V_{o1} + V_{o3}} = \frac{f(D)}{1 + f(D)} \tag{4.159}$$

从式(4.159)可以看出功率比 k 由 PPC 的电压增益决定。考虑到电路实现的方便性,结构简单的 Buck 变换器被选作 PPC。通过将式(4.159)代入式(4.158),同时令 $f(D) = D$,可以得到

$$M = \frac{1}{2n(1-k)} \tag{4.160}$$

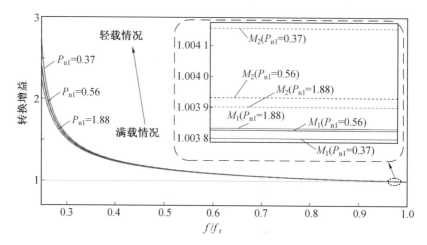

图 4.88 不同负载下本节所提变换器的转换增益 M_1 和 M_2

进而,功率比与电压增益间的关系如图 4.89 所示。k 值越高,调节输出电压的能力就越强。然而,更高的 k 值意味着更多的功率被部分功率辅助变换器处理。

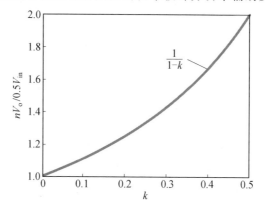

图 4.89 功率比 k 与电压增益间的关系($f(D) = D$,Buck)

2. PPC 与系统效率关系分析

为明确 PPC 对系统效率的影响,首先定义系统效率 η_{Total} 为

$$\eta_{\text{Total}} = \frac{P_{\text{o}}}{P_{\text{in}}} = \frac{(V_{\text{co1}} + V_{\text{co3}})I_{\text{o}}}{P_{\text{in}}} = \frac{P_{\text{co1}} + P_{\text{co3}}}{P_{\text{in}}} \tag{4.161}$$

由于 LLC−DCX 的原边属于提出的变换器的公共部分,为简化分析,分别定义通过 LLC−DCX 直接传递到负载的功率和经由 PPC 输出的功率与总输入功率的比为 $\eta_{\text{Direct}} = P_{\text{co1}}/P_{\text{in}}$ 和 $\eta_{\text{In direct}} = P_{\text{co3}}/P_{\text{in}}$。根据式(4.159),式(4.161)被重新整理为

$$\eta_{\text{Total}} = \eta_{\text{Direct}} + \eta_{\text{In direct}} = \frac{\eta_{\text{Direct}}}{1 - k} = \frac{\eta_{\text{In direct}}}{k} \tag{4.162}$$

当 k 接近 0.5 时,得到

$$\lim_{k \to 0.5} \eta_{\text{Total}} = 2\eta_{\text{Direct}} = 2\eta_{\text{In direct}} \tag{4.163}$$

根据式(4.163)可知,当 PPC 的输出功率为总输出功率的一半时,系统效率是 $\eta_{\text{In direct}}$ 的 2 倍。

当 k 接近 0 时,系统效率为

$$\lim_{k \to 0} \eta_{\text{Total}} = \eta_{\text{Direct}} \tag{4.164}$$

可以看出,不同于两级结构的系统效率等于前级和后级变换器效率的乘积,当 PPC 处理的功率较小时,本节所提变换器有能力实现接近单级的效率。

将式(4.160)代入式(4.162),得到系统效率和电压增益的关系为

$$\eta_{\text{Total}} = \frac{2nM}{2nM - 1} \eta_{\text{In direct}} = 2n\eta_{\text{Direct}} M \tag{4.165}$$

当采用 Buck 变换器时,电压增益 M 的范围是 $(1/2n, 1/n)$。因此,随着电压增益 M 的减小,系统效率逐渐接近 η_{Direct}。这意味着 PPC 处理的功率逐渐减小,其对系统效率的影响逐渐减弱。

4.6.3　电路参数设计

(1) 变压器匝比。

由于输出侧为串联结构且 PPC 为正极性输出的 Buck 变换器,因此电压 V_{o1} 需要小于总输出电压才能使得总输出电压可以被调节,即

$$V_{\text{o1}} = \frac{V_{\text{in}}/2}{n} < V_{\text{o}} \tag{4.166}$$

进而,变压器匝比的下限值需满足

$$n > \frac{V_{\text{in\_max}}/2}{V_{\text{o}}} \tag{4.167}$$

结合式(4.160)和式(4.167),n 的取值范围可以由下式确定:

$$\frac{V_{\text{in\_max}}/2}{V_{\text{o}}} < n < \frac{V_{\text{in\_min}}}{V_{\text{o}}} \tag{4.168}$$

在式(4.168)的条件下,n 取最小值是一个好的选择,因为这样在全输入电压范围内 PPC 处理的功率将最小。

(2) 谐振电容与磁化电感。

由于输出电压的调节是通过控制 PPC 的占空比实现的,因此谐振腔的品质因数的重要性被削弱,不需要为了实现预期的电压增益而设置较大的谐振电感以提高谐振腔的品质因数。根据谐振电感和预期的谐振频率,谐振电容可以选择为

$$C_{\text{r}} = \frac{1}{(2\pi f_{\text{r}})^2 \cdot L_{\text{rpo}}} \tag{4.169}$$

为保证原边开关器件的 ZVS,峰值磁化电流和死区时间需满足

$$I_{\text{m\_pk}} \cdot t_d \geqslant (C_{\text{Q1}} + C_{\text{Q2}}) \cdot V_{\text{in}} + C_w \cdot V_{\text{in}} + \frac{8C_D V_{\text{o1}}}{n} \tag{4.170}$$

式中　$C_{\text{Q1}} \sim C_{\text{Q2}}$ —— 原边开关管的等效输出电容；

$\quad\quad C_w$ —— 变压器一次侧绕组电容；

$\quad\quad C_D$ —— 副边二极管的结电容。

当考虑死区时间时,磁化电流峰值 $I_{\text{m\_pk}}$ 可以表示为

$$I_{\text{m\_pk}} \approx \frac{V_{\text{in}}(T_s/2 - t_d)}{4 \cdot L_m} \tag{4.171}$$

结合式(4.166)～(4.171),若磁化电感 L_m 满足

$$L_m \leqslant \frac{t_d(T_s/2 - t_d)}{4 \cdot (2C_Q + C_w + 4C_D/n^2)} \tag{4.172}$$

则原边开关管可以在全负载条件下实现零电压开通。

(3) 滤波电感设计。

峰值电感电流对于保证电感工作时不发生磁饱和是极其重要的。对于具有恒定输出电压的传统 Buck 变换器,峰值电感电流发生在最高输入电压下。然而,本节所提方案中 Buck 变换器的输出电压不是恒定的,会随着输入电压 V_{in} 的改变而调整。因此,下面将对滤波电感值 L_{buck} 进行分析。

本节所提变换器中,Buck 的输入电压为 V_{o2}(也就是说开关器件承受的电压应力为 V_{o2},且 $V_{\text{o2}} < V_o$),输出电压为 V_{o3}。因此,根据伏秒平衡原理可以得到

$$L_{\text{buck}} \cdot \Delta I \cdot f_{\text{s\_buck}} = (V_{\text{o2}} - V_{\text{o3}}) \cdot D = V_{\text{o3}} \cdot (1 - D) \tag{4.173}$$

式中　$f_{\text{s\_buck}}$ —— 开关频率；

$\quad\quad \Delta I$ —— 电感电流纹波。

通过整理式(4.173),可以得到

$$L_{\text{buck}}(v_{\text{in}}) = \frac{(v_{\text{in}}/n - V_o) \cdot (V_o - v_{\text{in}}/2n)}{\Delta I \cdot f_{\text{s\_buck}} \cdot (v_{\text{in}}/2n)} \tag{4.174}$$

通过对式(4.174)进行求导分析,可以知道 $L_{\text{buck}}(v_{\text{in}})$ 为一个凸函数,其极大值满足

$$L_{\text{buck\_max}} = \frac{(3 - 2\sqrt{2}) \cdot V_o}{\Delta I \cdot f_{\text{s\_buck}}}, \quad v_{\text{in}} = \sqrt{2} \cdot n V_o \tag{4.175}$$

因此,在已知输出电压、输入电压、匝比、$f_{\text{s\_buck}}$ 和 ΔI 时,根据式(4.174)和式(4.175)即可求得要求的电感值。

(4) 补偿器设计。

由于 LLC – DCX 运行在开环状态,原边驱动信号可以由一个具有固定频率和占空比(0.5)的振荡器产生。而对于 PWM DC/DC 变换器,其开关频率独立于 DCX 级,因此,为改善效率并降低电路噪声,PWM DC/DC 变换器通常被设计在更低的工作频率处。

为便于系统分析和控制器设计,本节所提变换器可以简化为图 4.90(a) 所示的等效模型。结合 Buck 变换器的小信号等效模型,可以建立系统的小信号模型如图 4.90(b) 所示。从图 4.90 中可以发现,本节所提变换器的控制到输出电压的传递函数与 Buck 变换器一致。因此,很容易使用典型的三型补偿器实现输出电压的闭环控制。

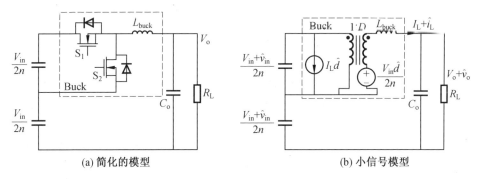

図 4.90　本节所提变换器的等效模型

4.6.4　实验验证与分析

为验证本节所提变换器的理论分析和可行性,搭建了一台 250 W,180 ～ 280 V/28 V 的原理样机,样机的关键参数和器件型号见表 4.13。

表 4.13　样机的关键参数和器件型号

参数	值或器件型号
输入直流电压 /V	180 ～ 280
输出电压 /V	28
输出功率 /W	250
LLC − DCX 开关频率 /kHz	370
Buck 开关频率 /kHz	140
谐振电容 C_r/nF	66
变压器 T_r	磁芯:PQ32/20;磁材:PC95 $N_p : N_{s1} : N_{s2} = 6 : 1 : 1$ 磁化电感 $L_m = 40\ \mu H$
原边开关管 $Q_1 \sim Q_2$	GS66516T
二极管 D_1、D_2、D_{a1}、D_{a2}	MBR40250
输出电容 C_{o1}、C_{o2}/μF	500
Buck 开关管	FDMD85100

续表4.13

参数	值或器件型号
Buck 滤波电感 /μH	47
输出电容 C_o/μF	40

图 4.91 给出了在不同输入电压 V_{in} 和负载电流 i_o 条件下测得的 Q_1 和 Q_2 的驱动电压 v_{gs} 和漏源电压 v_{ds}。根据漏源电压和驱动电压波形可知，在整个输入电压和负载电流范围内，Q_1 和 Q_2 均实现了零电压开通。

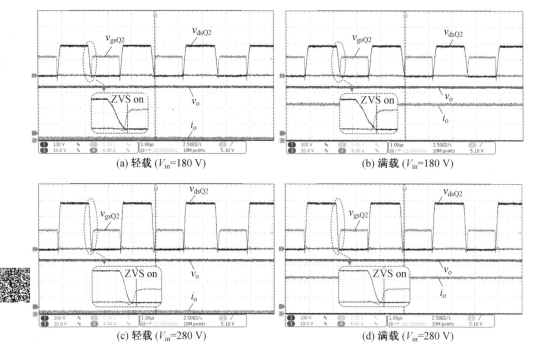

图 4.91　测量的驱动电压和漏源电压波形

图 4.92 所示为在不同输入电压下测量的谐振电容电流 i_{cr} 和副边绕组电流波形。随着输入电压的增加，在正半周期内的副边绕组电流 i_{s1} 逐渐小于在负半周期内的 i_{s1}，而副边绕组电流 i_{s2} 与之相反。这是由于随着输入电压的增加，功率比 k 逐渐降低，PPC 处理的功率减小。此外，由于副边整流二极管中流过的电流为副边绕组半个周期内的电流，因此副边二极管均实现了零电流关断。

图 4.93 所示为在不同输入电压下输出电容电压 V_{o1}、V_{o2} 和 V_{o3} 的波形。随着输入电压升高，电容电压 V_{o1} 和 V_{o2} 不断升高，V_{o3} 不断降低且电压 V_{o2} 稍高于 V_{o1}，与理论分析一致。

为验证调节能力，实验对比了本节所提变换器和传统 DCX 变换器。通过移除辅助 PWM DC/DC 级且切断变压器副边侧的中间抽头与分压电容的连线，构建了传统

DCX 变换器。

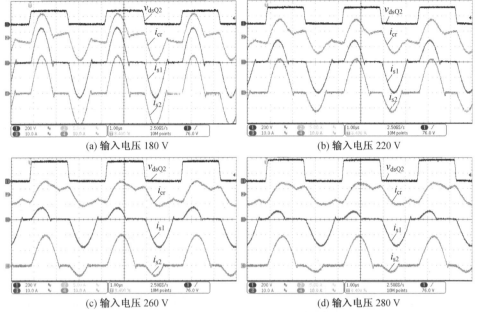

图 4.92　测量的谐振电容电流和副边绕组电流波形

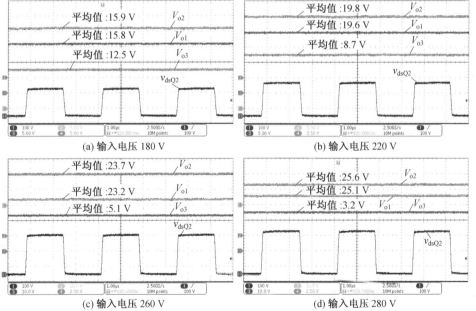

图 4.93　不同输入电压下输出电容电压 V_{o1}、V_{o2} 和 V_{o3} 波形

航天器电源拓扑与控制方法

图 4.94 所示为当输入电压变化时输出电压的波形。对于传统 DCX 变换器,输出电压正比于输入电压。而由于本节所提变换器具有调节能力,因此输出电压的变化几乎被消除,如图 4.94(b) 所示。当输入电压升高时,Buck 的占空比 D 减小,从而使得 Buck 的输出电容电压 V_{o3} 下降。V_{o3} 的下降量补偿了 V_{o1} 的上升量,从而保持了总输出电压的恒定。

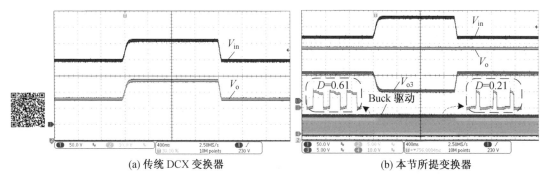

(a) 传统 DCX 变换器　　　　　　　　　(b) 本节所提变换器

图 4.94　当输入电压在 $200 \sim 260$ V 间阶跃时测量的输出电压波形

图 4.95 所示为负载电流在 2 A 和 8 A 间阶跃时本节所提变换器中各电容电压波形结果。传统 LLC-DCX 变换器从轻载到重载变化时,输出阻抗将造成输出电压 V_{o1} 的跌落。然而,由于本节所提变换器具有负载调节能力,因此总输出电压降在负载阶跃时可以被忽略。

图 4.96 所示为测量和仿真的闭环 Bode 图。从图中可以看到,仿真结果与实验结果基本一致,环路带宽约为 17.96 kHz,相位裕度约为 $60.5°$,说明系统是稳定的。

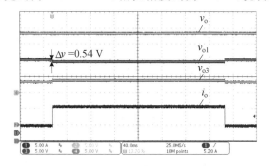

图 4.95　负载电流在 2 A 和 8 A 间阶跃时输出电容电压波形

为兼顾成本的同时避免因整流桥中二极管流过大电流而降低整机效率,将 LLC-DCX 中副边二极管 D_1 和 D_2 替换为 MOSFET。与此同时,通过将传统 DCX 变换器与本节所提变换器中的 Buck 级联,构建了传统两级变换器。在不同输入电压下测得的传统两级变换器和本节所提变换器的效率测试结果如图 4.97 所示。从图中可以看到,本节所提变换器在各输入电压下都较传统两级变换器效率高约 1%。值得注意的是,在对比实验中,两种方案的 Buck 级采用的是同一个开关器件,而本节所提变换器中 Buck 级的开关管的电压应力仅为传统两级变换器中 Buck 级的一半。因此,本节所提变换器可以选用成本一样但通态电阻更低的器件从而获得更高的效率。

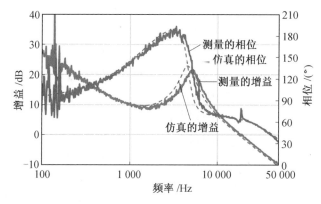

图 4.96　测量和仿真的闭环 Bode 图

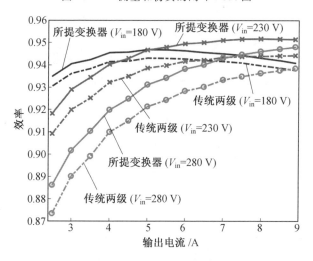

图 4.97　传统两级变换器与本节所提变换器的效率测试结果

　　本节提出了一种基于输入间接并联输出串联型结构的部分功率调节变换器,详细分析了其工作原理及参数设计,并进行了实验验证。通过全桥整流结构和主变压器上引入的第三绕组为部分功率辅助变换器 PPC 搭建了中间直流链路,构造了具有调节能力的准单级直流变换器。相比于传统两级方案,通过采用输出串联型结构,本节所提变换器中非隔离型 PWM DC/DC 变换器具有更低的电压应力。而且,由于大部分功率通过单级 LLC－DCX 被直接传递到负载端,仅小部分功率需要经过两级结构处理,所以整机获得了更高的效率。

4.7　输入串联输出间接并联型部分功率调节变换器

为满足电推进系统中宽输入隔离升压的需求,本节提出一种输入串联输出间接并联型部分功率调节变换器,如图 4.98 所示,图中 P_1、P_2 分别表示原边第一绕组和原边第二绕组,S 表示副边绕组。当要求实现高升压比变换时,本节所提变换器也可以作为 IPOS 组合系统的子模块,从而在满足升压比的同时获得高的系统效率。本节所提变换器由 DC/DC 变换器和 DCX 组成,输入端电容由 C_1 和 C_2 串联组成,DC/DC 变换器与电容 C_1 连接,起到对输入电压进行分压、对输出电压进行调节的作用。DC/DC 变换器是常见的 PWM 变换器,比如 Buck、Boost 和 Buck — Boost 变换器,可根据不同的母线电压范围选择不同的变换器。DCX 由副边串联谐振变换器(secondary-side series resonant converter,SSRC)组成。

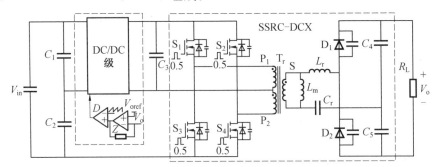

图 4.98　输入串联输出间接并联型部分功率调节变换器

4.7.1　运行原理

本节所提变换器在一个周期内的工作波形如图 4.99 所示。根据工作波形,分阶段分析变换器的运行状态。将一个周期分为 6 个模态,结合图 4.99,得到图 4.100 所示的各模态电路图。各个模态的工作原理如下:

(1) 模态 Ⅰ $[t_0,t_1]$:在 $t=t_0$ 时,一次侧开关管 S_2 和 S_3 的驱动为低压,于是 S_2 和 S_3 都关断。在这个模态中,谐振电流 i_r 给电容 C_1 和 C_4 放电、C_2 和 C_3 充电,励磁电感 L_m 仍然加入谐振。此模态电路图如图 4.100(a) 所示。

(2) 模态 Ⅱ $[t_1,t_2]$:在 $t=t_1$ 时,电压 v_{C1} 和 v_{C4} 都为 0,一次侧开关管 S_1 和 S_4 为 ZVS 开通,功率通过二次侧导通的二极管 D_1 输送。在这个阶段参与谐振的元件为 L_r 和 C_r,励磁电感 L_m 的电压 v_m 被 V_o 限制住。此模态电路图如图 4.100(b) 所示。

(3) 模态 Ⅲ $[t_2,t_3]$:在 $t=t_2$ 时,二次侧电流 i_S 与励磁电流 i_m 相等,在这个模态,谐振电流 i_r 的值为 0,二次侧的二极管 D_1 由于电流过零而关断,实现了 ZCS。此模态电

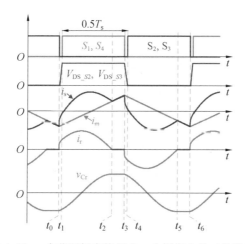

图 4.99　　本节所提变换器在一个周期内的工作波形

路图如图 4.100(c) 所示。

(4) 模态 Ⅳ $[t_3, t_4]$：在 $t = t_3$ 时，一次侧开关管 S_1 和 S_4 的驱动为低压，于是 S_1 和 S_4 都关断。在这个模态，谐振电流 i_r 给电容 C_2 和 C_3 放电、C_1 和 C_4 充电，为开关管 S_2 和 S_3 的 ZVS 开通做准备。此模态电路图如图 4.100(d) 所示。

(5) 模态 Ⅴ $[t_4, t_5]$：在 $t = t_4$ 时，电压 v_{C2} 和 v_{C3} 都为 0，一次侧开关管 S_2 和 S_3 为 ZVS 开通，功率通过二次侧导通的二极管 D_2 输送。在 $t = t_5$ 时，电容 C_r 上的电压 v_{Cr} 达到了反向最大值，此模态电路图如图 4.100(e) 所示。

(6) 模态 Ⅵ $[t_5, t_6]$：这个模态的工作原理与 $[t_2, t_3]$ 类似。在 $t = t_5$ 时，电流 i_S 与 i_m 相等，电流 i_r 为 0，即流过二次侧的二极管 D_2 的电流为 0。因此，D_2 实现了 ZCS。此模态电路图如图 4.100(f) 所示。

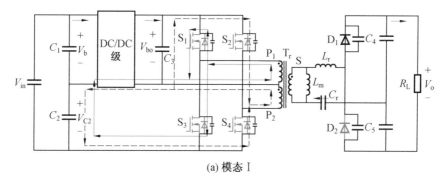

(a) 模态 Ⅰ

图 4.100　　本节所提变换器的各模态电路图

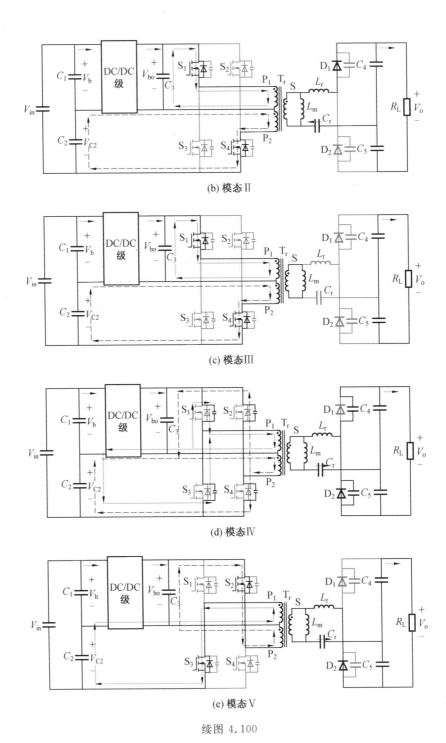

(b) 模态 II

(c) 模态 III

(d) 模态 IV

(e) 模态 V

续图 4.100

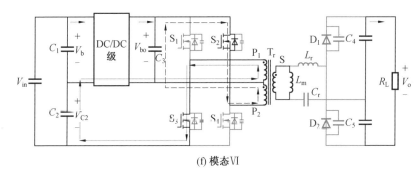

(f) 模态Ⅵ

续图 4.100

在本节所提变换器中,SSRC - DCX 的开关管 $S_1 \sim S_4$ 的驱动信号与传统 LLC - DCX 的相同。忽略 SSRC - DCX 同一桥臂上两个开关管(S_1、S_3 或 S_2、S_4)门极信号的死区时间,SSRC - DCX 的对角线开关管(S_1、S_4 或 S_2、S_3)同时导通,这两组开关以固定频率和占空比(0.5)交替导通半个周期。为得到提出的方案的具体增益表达式,接下来推导 V_{bo} 和 V_{C2} 的数学关系,并推导变换器的总增益表达式。

假设电容 C_1 上的电压为 V_b,电容 C_2 上的电压为 V_{c2},Boost 变换器的输出电压为 V_{bo},变压器变比 $n = N_{P1} : N_S = N_{P2} : N_S = 1 : N$,其中 N_{P1}、N_{P2} 和 N_S 分别代表原边绕组 P_1、原边绕组 P_2 和副边绕组 S 的匝数。DC/DC 级的转换增益可以用 $f(D)$ 表示,其中 D 是它的占空比。因此,图 4.98 所示的输入电压 V_{in} 可以表示为

$$V_{in} = V_b + V_{C2} = \frac{V_{bo}}{f(D)} + V_{C2} \tag{4.176}$$

因此,本节所提变换器的总的转换增益 G_{RSHC} 可以表示为

$$G_{RSHC} = \frac{V_o}{V_{in}} = \frac{V_o}{\dfrac{V_{bo}}{f(D)} + V_{C2}} = \frac{1}{\dfrac{1}{G_1 f(D)} + \dfrac{1}{G_2}} \tag{4.177}$$

式中　　G_1——V_o 与 V_{bo} 的比值;

G_2——V_o 与 V_{C2} 的比值。

根据图 4.99,当开关管 S_1 和 S_4 导通时,加在原边绕组 P_1 上的电压 v_{p1} 等于 V_{bo},加在原边绕组 P_2 上的电压 v_{p2} 等于 V_{C2}。当开关管 S_2 和 S_3 导通时,加在原边绕组 P_1 上的电压 V_{p1} 等于 $-V_{C2}$,加在原边绕组 P_2 上的电压 V_{p2} 等于 $-V_{bo}$。因此,v_{p1} 和 v_{p2} 在图 4.99 所示开关波形的一个开关周期内可以表示为

$$v_{p1} = \begin{cases} V_{bo} & , t_0 < t < t_3 \\ -V_{C2} & , t_3 < t < t_6 \end{cases} \tag{4.178}$$

$$v_{p2} = \begin{cases} V_{C2} & , t_0 < t < t_3 \\ -V_{bo} & , t_3 < t < t_6 \end{cases} \tag{4.179}$$

根据原边绕组 P_1 和绕组 P_2 在一个开关周期中的伏秒平衡关系可以得到

$$\int_{t_0}^{t_3} v_{p1}\,\mathrm{d}t + \int_{t_3}^{t_6} v_{p1}\,\mathrm{d}t = 0 \tag{4.180}$$

$$\int_{t_0}^{t_3} v_{p2}\,\mathrm{d}t + \int_{t_3}^{t_6} v_{p2}\,\mathrm{d}t = 0 \tag{4.181}$$

将式(4.178)代入式(4.180)，将式(4.179)代入式(4.181)，绕组 P_1 和绕组 P_2 伏秒平衡关系可分别写为

$$V_{bo}(t_3 - t_0) = V_{C2}(t_6 - t_3) \tag{4.182}$$

$$V_{C2}(t_3 - t_0) = V_{bo}(t_6 - t_3) \tag{4.183}$$

因为 $t_3 - t_0 = t_6 - t_3 = T_s/2$，所以从式(4.182)和式(4.183)可以得到电压 V_{bo} 和 V_{C2} 是相等的。SSRC 转换器起到具有恒定电压增益的直流变压器作用，所以 $V_{bo} = V_{C2} = \dfrac{nV_o}{2}$。

那么 G_1 和 G_2 可以表示为

$$G_1 = G_2 = \frac{V_o}{V_{bo}} = \frac{V_o}{V_{C2}} = \frac{2}{n} \tag{4.184}$$

通过将式(4.184)代入式(4.177)，本节所提变换器的总增益 G_{RSHC} 可以重新表示为

$$G_{RSHC} = \frac{V_o}{V_{in}} = \frac{2f(D)}{n[1 + f(D)]} \tag{4.185}$$

变压器一旦被设计好，匝比 n 就确定了。从式(4.185)可以看出，电压增益 G_{RSHC} 只与占空比 D 有关。当输入电压 V_{in} 变化时，DC/DC 变换器在闭环反馈作用下通过调节其占空比 D 以保持输出电压 V_o 不变。因此，电压 V_{C2} 和 V_o 是常数。图 4.101 给出了本节所提变换器的电压分配关系。输入电压的变化量由电容 C_1 承担，如图 4.101 中的阴影部分所示。这意味着电容 C_1 和 C_2 的电压分布随 V_{in} 的变化而变化。

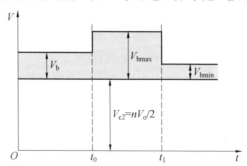

图 4.101　本节所提变换器的电压分配关系

由于电容 C_1 和 C_2 串联连接，因此本节所提变换器的功率分配比取决于电压 V_b 和 V_{C2} 占 V_{in} 的比例。定义 p_1 为由 DC/DC 变换器和 SSRC—DCX 处理的功率 P_b 占总输入功率 P_{in} 的比例，p_2 为由 SSRC—DCX 直接传送的功率 P_{C2} 占总输入功率 P_{in} 的比

例,有

$$p_1 = \frac{P_b}{P_{in}} = \frac{V_b}{V_{in}} = \frac{2\,V_{in} - nV_o}{2V_{in}} = 1 - \frac{nV_o}{2\,V_{in}} \tag{4.186}$$

$$p_2 = \frac{P_{C2}}{P_{in}} = \frac{V_{C2}}{V_{in}} = \frac{nV_o}{2V_{in}} \tag{4.187}$$

结合式(4.186)和式(4.187),功率 P_b 与 P_{C2} 的比为

$$\frac{P_b}{P_{C2}} = \frac{V_b}{V_{C2}} = \frac{2V_{in} - nV_o}{nV_o} \tag{4.188}$$

从式(4.188)可以看出,当电压 V_{in} 和 V_o 确定后, p_1 和 p_2 是常数且独立于负载。本节所提变换器在不同输入电压 V_{in} 下的功率分布曲线如图 4.102 所示。可以看出,在任何输入电压下 p_2 都比 p_1 大,这意味着大部分的功率由 SSRC－DCX 变换器直接传递给负载,只有部分功率通过 DC/DC 变换器传送。并且,随着输入电压 V_{in} 的变化,SSRC－DCX 和 DC/DC 级的功率分配关系也发生变化。

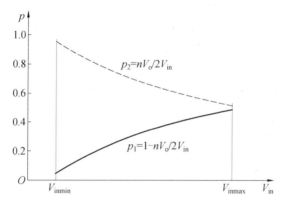

图 4.102　p_1 和 p_2 的功率分配关系

4.7.2　系统小信号模型

为实现电压的紧密调节,需要引入闭环反馈控制。因此,有必要建立这种新型变换器的小信号模型。在本节所提方案中,DC/DC 变换器选择 Boost 变换器,可采用平均开关网络法对其建模,本节所提变换器的小信号模型如图 4.103 所示。SSRC－DCX 变换器采用扩展描述函数方法建模。然而,这个小信号模型是七阶的,利用戴维南－诺顿定理,七阶小信号模型可以简化为三阶模型,由简化后的模型可以很容易地得到系统的解析表达式。

根据图 4.103,系统方程可以建立为

$$\begin{cases} L_b \dfrac{d\hat{i}_{Lb}}{dt} + (2-D)\hat{v}_{bo} - \hat{d}V_{bo} = \hat{v}_{in} \\[3mm] (2-D)\hat{i}_{Lb} - \hat{d}I_{Lb} - (C_2 + C_3)\dfrac{d\hat{v}_{bo}}{dt} = \hat{i}_2 + \hat{i}_1 \end{cases} \tag{4.189}$$

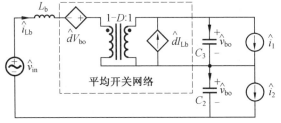

图 4.103 本节所提变换器的小信号模型

为得到提出的 SSRC－DCX 变换器的小信号模型，将开关管 $S_1 \sim S_4$ 构成的全桥电路与变压器 T_r 视为一个整体。假设该电路的输入功率和输出功率守恒，则可近似表示为

$$V_{bo}I_1 + V_{bo}I_2 = \dfrac{\dfrac{4}{\pi n}V_{bo}}{\sqrt{2}} \dfrac{I_{rm}}{\sqrt{2}} \cos\varphi_s \tag{4.190}$$

式中　　I_{rm}——谐振电流的基波幅值；

　　　　φ_s——V_{bo} 和 I_{rm} 之间的相位角。

对式(4.190)进行化简，得到

$$I_1 + I_2 = \dfrac{2}{\pi n}I_{rm}\cos\varphi_s = \dfrac{2}{\pi n}\mathrm{Re}(\dot{I}_r) \tag{4.191}$$

在式(4.191)中加入扰动，可以得到

$$\hat{i}_1 + \hat{i}_2 = \dfrac{2}{\pi n}\hat{i}_{r\_r} \tag{4.192}$$

式中　　$\hat{i}_{r\_r}$——电流 $\hat{i}_r$ 的实部。

利用戴维南－诺顿定理可以得到图 4.104 所示的 SSRC－DCX 变换器的三阶小信号模型，图中 $L_e = L_r + 1/(\omega_s^2 C_r)$，$X_{eq} = \omega_s L_r - 1/(\omega_s C_r)$，$\overset{\wedge}{\omega}_{sn} = \overset{\wedge}{\omega}_s / \omega_s$，$k_r = \alpha/(\pi\sqrt{1+\alpha^2})$，$k_i = -1/(\pi\sqrt{1+\alpha^2})$，$R_r = R_{eq}/(1+\alpha^2)$，$R_i = \alpha^2 R_{eq}/(1+\alpha^2)$，$r = \alpha/(1+\alpha^2)$。其中，$R_{eq} = 2R_L/\pi^2$，$\alpha = R_{eq}/X_{eq}$。从这些公式可以得到

$$X_{eq} \ll R_{eq} \tag{4.193}$$

因为开关频率是定值，有 $\overset{\wedge}{\omega}_s = 0$，也就是 $\overset{\wedge}{\omega}_{sn} = 0$。结合式(4.193)，可以得出 $\alpha \gg 1$，$k_r \approx 1/\pi$，$k_i \approx 0$，$R_r \approx 0$，$R_i \approx R_{eq}$，$r \approx 0$。因此，图 4.104 中的小信号模型可以被简化，简化后的模型如图 4.105 所示。

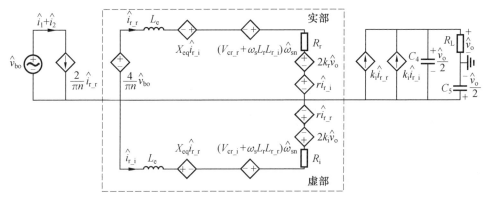

图 4.104　SSRC－DCX 变换器的三阶小信号模型

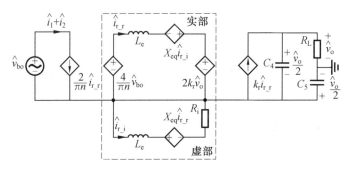

图 4.105　SSRC－DCX 变换器简化后的三阶小信号模型

根据图 4.105，SSRC－DCX 变换器的状态方程和输出方程可以表示为

$$
\begin{cases}
\dfrac{\mathrm{d}\hat{i}_{\mathrm{r\_r}}}{\mathrm{d}t} = \dfrac{X_{\mathrm{eq}}}{L_{\mathrm{e}}}\hat{i}_{\mathrm{r\_i}} - \dfrac{2k_{\mathrm{r}}}{L_{\mathrm{e}}}\hat{v}_{\mathrm{o}} + \dfrac{4}{\pi n L_{\mathrm{e}}}\hat{v}_{\mathrm{bo}} \\[3mm]
\dfrac{\mathrm{d}\hat{i}_{\mathrm{r\_i}}}{\mathrm{d}t} = -\dfrac{X_{\mathrm{eq}}}{L_{\mathrm{e}}}\hat{i}_{\mathrm{r\_r}} - \dfrac{R_{i}}{L_{\mathrm{e}}}\hat{i}_{\mathrm{r\_i}} \\[3mm]
\dfrac{\mathrm{d}\hat{v}_{\mathrm{o}}}{\mathrm{d}t} = \dfrac{2k_{\mathrm{r}}}{C_{4}}\hat{i}_{\mathrm{r\_r}} - \dfrac{2}{C_{4}R_{\mathrm{L}}}\hat{v}_{\mathrm{o}}
\end{cases}
\qquad (4.194)
$$

对式(4.189)～(4.194)进行拉普拉斯变换，可以获得从输入电压的扰动 $\hat{v}_{\mathrm{bo}}$ 到输出电压的扰动 $\hat{v}_{\mathrm{o}}$ 的传递函数 $G_{\mathrm{vg\_SSRC}}(s)$ 的解析解、输入阻抗 $Z_{\mathrm{in\_SSRC}}(s)$ 的解析解和从占空比的扰动 $\hat{d}$ 到输出电压的扰动 $\hat{v}_{\mathrm{o}}$ 的传递函数 $G_{\mathrm{vd}}(s)$ 的解析解，如下式所示：

$$G_{\text{vg\_SSRC}}(s) = \frac{\hat{v}_o}{\hat{v}_{bo}}$$

$$= \frac{8R_L(R_i k_r + L_e k_r s)}{n\pi L_e^2 R_L C_4 s^3 + n\pi L_e (2L_e + R_i R_L C_4)s^2 + n\pi(4k_r^2 L_e R_L + 2L_e R_i + X_{eq}^2 R_L C_4)s + 2n\pi(X_{eq}^2 + 2k_r^2 R_L R_i)}$$

$$(4.195)$$

$$Z_{\text{in\_SSRC}}(s) = \frac{\hat{v}_{bo}}{\hat{i}_1 + \hat{i}_2}$$

$$= \frac{n^2\pi^2 L_e^2 R_L C_4 s^3 + n^2\pi^2 L_e(2L_e + R_i R_L C_4)s^2 + n^2\pi^2(4k_r^2 L_e R_L + 2L_e R_i + X_{eq}^2 R_L C_4)s + 2n^2\pi^2(X_{eq}^2 + 2k_r^2 R_L R_i)}{8L_e R_L C_4 s^2 + 8(2L_e + R_i R_L C_4)s + 16R_i}$$

$$(4.196)$$

$$G_{vd}(s) = \frac{\hat{v}_o}{\hat{d}} = \frac{(2-D)V_{bo} - sL_b I_{Lb}}{s^2 L_b(C_2 + C_3) + \dfrac{L_b}{Z_{\text{in\_SSRC}}(s)}s + (2-D)^2} G_{\text{vg\_SSRC}}(s) \quad (4.197)$$

根据系统的传递函数设计三型补偿器,则所提变换器的输出电压调节可以很容易地实现。

4.7.3 电路参数设计

开关管 $S_1 \sim S_4$ 能否实现 ZVS 取决于电流 i_m 是否大于 i_{zvs},其中 i_{zvs} 是 $S_1 \sim S_4$ 和 $D_1 \sim D_2$ 的寄生电容在死区 T_d 内充分充放电所需的电流。为保证 $S_1 \sim S_4$ 的 ZVS,励磁电感 L_m 的约束条件为

$$L_m \leqslant \frac{V_{DCX} T_d}{8nV_o f_s(4C_{ds}n^2 + 2C_d)} = \frac{V_{bo} T_d}{4nV_o f_s(4C_{ds}n^2 + 2C_d)} \quad (4.198)$$

式中 f_s——开关频率。

根据串联谐振频率 $f_r = 1/(2\pi\sqrt{L_r C_r})$,谐振电容 C_r 可以表示为

$$C_r = \frac{1}{(2\pi f_r)^2 L_r} \quad (4.199)$$

式中 L_r——T_r 的二次侧漏感。

本节所提出的部分功率调节直流变换器由 DC/DC 变换器和 SSRC-DCX 变换器组成。由于 DC/DC 变换器是传统 PWM 变换器,这里不再对其详细描述。SSRC 变换器的主要电路参数可根据式(4.198)和式(4.199)计算。图 4.106 给出了不同负载下 SSRC 变换器的直流增益曲线。在图 4.106 中,Q 为品质因数,f_n 为归一化频率,$f_n = f_s/f_r$。可以观察到,在归一化频率 $f_n=1$ 附近,无论是在轻载还是满载情况下增益都非常接近 1,即使谐振参数在温度的影响下改变,导致 f_n 发生变化,但增益曲线仍然是平坦的,增益保持恒定。这说明 SSRC-DCX 变换器完美地实现了 DCX 的功能。

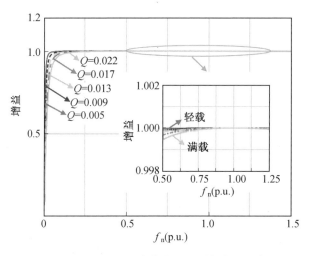

图 4.106　　SSRC－DCX 变换器在不同负载下的直流增益

4.7.4　实验验证与分析

为验证提出的拓扑结构的可行性,建立了 250 kHz、250 W 的原理样机,表 4.14 给出了相应的电路参数。Boost 变换器采用同步 Boost 结构,以降低一次侧的通态损耗,其中主开关用 Q_a 表示,同步开关用 Q_b 表示。

表 4.14　　本节所提变换器的电路参数

参数	值
输入电压 V_{in}/V	$24 \sim 37$
输出电压 V_o/V	240
SSRC－DCX 的开关频率 f_s/kHz	250
谐振电容 C_r/nF	620
变压器 T_r	型号:PQ32/20;材料:PC95 $N_{p1} : N_{p2} : N_s = 1 : 1 : 6$ 励磁电感 $L_m = 40.8\ \mu H$ 二次侧漏感 $L_r = 0.65\ \mu H$
输出功率 P_o/W	250
开关管 $S_1 \sim S_4$	FDMD85100
二极管 D_1、D_2	IDH10G65C6
Boost 的开关管 Q_a、Q_b	IPD053N06N
Boost 电感 $/\mu H$	17.3

图 4.107 和图 4.108 分别给出了本节所提变换器在不同负载和输入电压下的稳态波形。这些波形是在轻载和满载下以 24 V 和 37 V 输入电压测试的。其中 V_{GS1} 和 V_{GS3} 为 S_1 和 S_3 的栅极电压，V_{DS1} 和 V_{DS3} 为 S_1 和 S_3 的漏源极电压，i_r 为二次侧谐振电流。图 4.107(a)、(b) 与图 4.108(a)、(b) 显示了 S_1 和 S_3 的 ZVS 特性。可以看出，在 S_1 和 S_3 的驱动信号 V_{GS1} 和 V_{GS3} 到来之前，它们的漏源电压 V_{DS1} 和 V_{DS3} 已经降为 0，因此 S_1 和 S_3 可以实现 ZVS 开通。图 4.107(c)、(d) 与图 4.108(c)、(d) 显示了 D_1 和 D_2 的 ZCS 特性。可以看出，在整个工作范围内 D_1 和 D_2 的 ZCS 都被实现了。

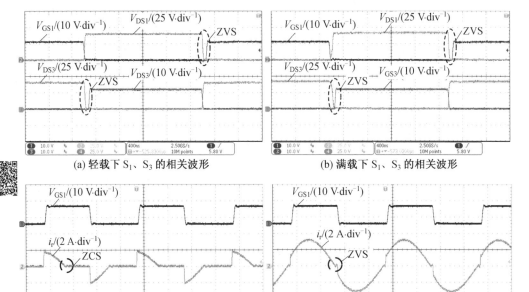

图 4.107   输入电压为 24 V 时本节所提变换器的稳态波形

图 4.109 给出了电容 C_1 和 C_2 在不同输入电压下（24 V 和 37 V）的电压分布波形。V_{DS_Qa} 表示 Boost 变换器的主开关管 Q_a 的漏源电压。可以从图 4.109 观察到，加在电容 C_2 上的电压 V_{C2} 和 Boost 变换器的输出电压 V_{bo} 都被钳位到 $nV_o/2(20\ V)$，Boost 变换器的输入电压 $V_b = V_{in} - V_{C2}$。

为证明本节所提变换器能够调节输出电压，比较了本节所提变换器和全桥 SSRC—DCX(FB—SSRC—DCX) 的输入电压阶跃响应和输出负载阶跃响应的实验结果。其中，FB—SSRC—DCX 是通过移除所提变换器中 DC/DC 变换器及电容 C_3 与变压器 T_r 之间的导线形成的，因此 FB—SSRC—DCX 与本节所提变换器的 SSRC—DCX 电路参数保持了一致。

本节所提变换器和 FB—SSRC—DCX 变换器在输入电压 V_{in} 切换时的输出电压

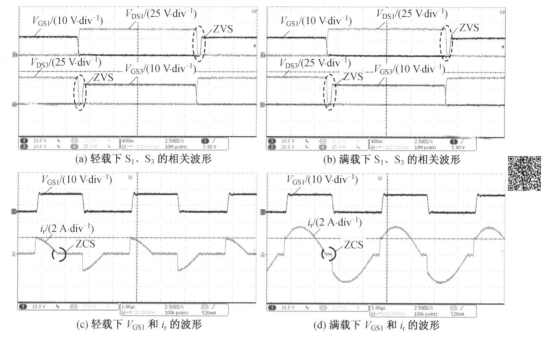

(a) 轻载下 S_1、S_3 的相关波形　　　　　(b) 满载下 S_1、S_3 的相关波形

(c) 轻载下 V_{GS1} 和 i_r 的波形　　　　　(d) 满载下 V_{GS1} 和 i_r 的波形

图 4.108　输入电压为 37 V 时本节所提变换器的稳态波形

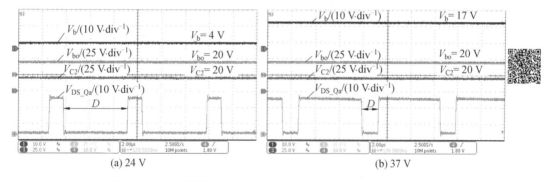

(a) 24 V　　　　　　　　　(b) 37 V

图 4.109　不同输入电压下电容 C_1 和 C_2 的电压分布波形

V_o 的动态波形如图 4.110 所示。图 4.110(a) 是 FB－SSRC－DCX 在 V_{in} 切换时其 V_o 的波形,可以看出,当 V_{in} 变大时,V_o 也随着变大。图 4.110(b) 是本节所提变换器在 V_{in} 切换时其 V_o 的波形,可以看出,当输入电压在 28 V 和 36 V 之间切换时,输出电压不变。以上实验结果表明了本节所提变换器在输入电压变化时具有调节输出电压的能力。

　　本节所提变换器和 FB－SSRC－DCX 变换器在负载 I_o 切换时的输出电压 V_o 的动态波形如图 4.111 所示。图 4.111(a) 所示为 FB－SSRC－DCX 变换器在电流 I_o 切换时 V_o 的动态波形,由图可以看出,当 I_o 变大时,V_o 会减小,这是因为线路上的压降随

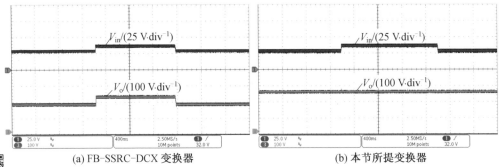

(a) FB-SSRC-DCX 变换器　　　　　　　　(b) 本节所提变换器

图 4.110　输入电压切换时输出电压的动态波形

着 I_o 增加会增大,这也意味着 DCX 变换器没有调节能力。图 4.111(b) 所示为是本节所提变换器在负载 I_o 切换时 V_o 的动态波形,由图可以看出,在负载 I_o 变化时,输出电压不变。以上实验结果验证了本节所提变换器在负载变化时可以调节输出电压。

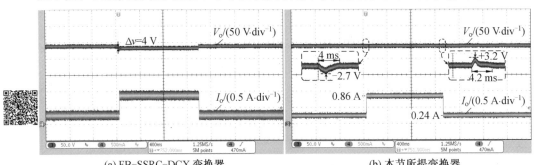

(a) FB-SSRC-DCX 变换器　　　　　　　　(b) 本节所提变换器

图 4.111　负载切换时输出电压的动态波形

　　为实现输出电压的调节,本节引入由典型的三型补偿器组成的闭环反馈控制,实验测得的 Bode 图和仿真的 Bode 图如图 4.112 所示。原理样机的环路带宽约为 1.03 kHz,相位裕度约为 123.4°,这表明了整个系统是稳定的。

　　为实现高的整体效率,辅助的 DC/DC 变换器采用低压器件。在启动过程中,避免辅助 DC/DC 变换器的器件击穿是很重要的。在本节所提变换器中,无须额外的输入电压控制即可轻松实现这一目标,SSRC － DCX 变换器和辅助的 Boost 变换器依次启动。

　　图 4.113 给出了本节所提变换器在 333 Ω 负载、28 V 输入电压下的启动波形。启动过程可以分为三个阶段,即 $[t_0,t_1]$、$[t_1,t_2]$ 和 $[t_2,t_3]$,它们分别对应 SSRC－DCX 的启动过程、SSRC－DCX 的运行过程和 Boost 的启动过程。在 t_0 时刻时,SSRC－DCX 级开始启动,电压 V_{bo} 和 V_{c2} 开始上升。这个阶段本节所提变换器和单级 LLC－DCX 的启动过程是一样的。t_1 时刻,SSRC－DCX 级启动结束,输出电压 V_o 接近168 V。在 $[t_1,t_2]$ 阶段,输出电压 V_o 保持不变。在 t_2 时刻,Boost 级在 PWM IC 的控制下开始启

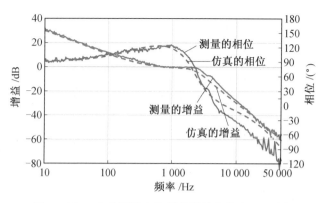

图 4.112   本节所提变换器的测量和仿真 Bode 图

动,在闭环控制下电压 V_{bo} 和 V_{c2} 继续上升,这使 V_o 继续上升。最终,在 t_3 时刻,V_o 达到 240 V,本节所提变换器的启动过程全部完成。如图 4.113 所示,V_o 在整个过程中没有过冲,这意味着开关管的电压应力不会超过它们的击穿电压。因此,本节所提变换器在启动时不需要额外的输入电压控制。

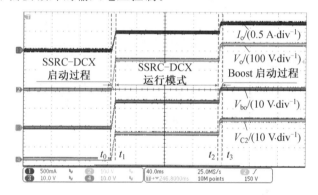

图 4.113   本节所提变换器的启动波形

为公平地比较效率,根据表 4.14 中的参数设计了本节所提变换器、Boost 级联 SSRC－DCX 两级结构和 FB－SSRC－DCX 的样机。FB－SSRC－DCX 的结构已在上述内容中给出,两级结构是由 FB－SSRC－DCX 和 Boost 变换器级联而成。图 4.114 给出了本节所提变换器和两级结构在不同输入电压(24 V 和 37 V)下的测试效率,以及 FB－SSRC－DCX 变换器在 40 V 输入时的测试效率。

从图 4.114 可以看出,本节所提变换器与 FB－SSRC－DCX 变换器的峰值效率差小于 0.5%。与两级结构相比,在相同负载条件下,无论是在 24 V 还是 37 V 输入下工作,本节所提变换器的效率都有所提高,其峰值效率为 95%(在 $V_{in}=37$ V 和 $P_o=$ 250 W 时)。值得注意的是,在对比实验中,由于 Boost 级联 SSRC－DCX 结构与本节所提方案中的 Boost 变换器采用了相同的开关器件,这实际上恶化了本节所提变换器

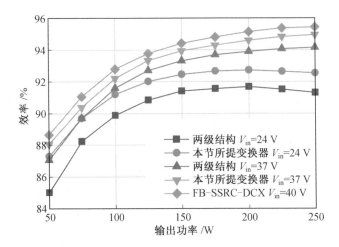

图 4.114   不同变换器的效率对比

的效率,因为该变换器 Boost 级开关管的电压应力仅为传统两级变换器的一半。 因此,在本节所提变换器中,可以选择成本相同但导通电阻较小的器件,以获得更高的效率。

根据文献[74]中的损耗模型,可以计算出变换器的损耗分布。 本节所提变换器与两级结构在不同输入电压满载下的损耗分布如图 4.115 所示。 可以看出,在本节所提方案中,Boost 变换器的损耗很小。 然而,两级结构中的 Boost 变换器不但需要处理全部的功率,而且其开关器件的电压应力是本节所提方案的两倍,这使得两级结构中 Boost 变换器的损耗比本节所提变换器中的大。

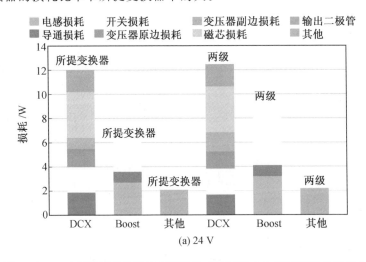

图 4.115   本节所提变换器和两级结构在不同输入电压满载下的损耗分布

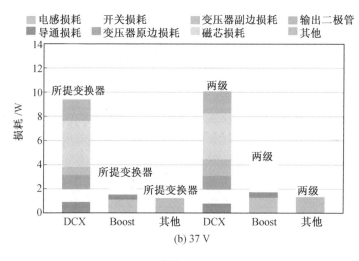

(b) 37 V

续图 4.115

本节所提变换器在 37 V 输入时满载和轻载下的损耗分布如图 4.116 所示。可以很清晰地看出,在本节所提变换器的所有损耗中,磁芯损耗占的比例最大。当负载从满载变化到轻载时,磁芯损耗在本节所提变换器的总损耗中占的比例从 28.68%(满载)增加到 56.31%(轻载),这导致了负载减小时本节所提变换器的低效率。

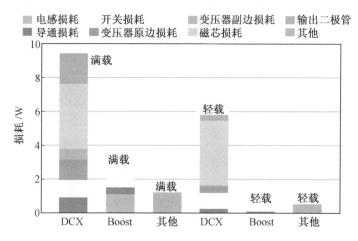

图 4.116　本节所提变换器在 37 V 输入时满载和轻载下的损耗分布

为了对变换器的性能进行公平的比较,表 4.15 给出了本节所提变换器与其他先进的变换器的定性比较,分别从元件的数量、电气隔离、电压调节能力、DC/DC 变换器处理的功率、控制策略、DC/DC 变换器的 ZVS、输入 / 输出电压、开关频率、输出功率、额定功率处的效率等方面对性能进行了评估。

从表 4.15 可以看出,文献[75] 中的双向 DCX 所用器件最少,但其无法实现输出电压的调节。传统的两级变换器可以获得较宽的输入电压范围,但是两级变换器的DC/DC变换器要处理全部的输出功率,这导致了系统效率的牺牲。本节所提变换器与Sigma变换器相比,它们的器件数目相同,但Sigma变换器不能实现电气的隔离功能。DAB+LLC−DCX(文献[77]和文献[78])中的DC/DC变换器能实现ZVS,但是它们需要引入的器件数目多,而且控制策略复杂。

总之,本节所提变换器相比于DCX虽然引入了额外的器件,但通过简单的PWM调制方式获得了输出电压的调节能力。相比于两级方案,本节所提拓扑的显著优点是DC/DC变换器仅需要处理部分的功率。而且,由于本节所提方案采用输入串联的形式,DC/DC级中Boost变换器的开关器件承受的电压应力低于总输入电压,而传统的两级变换器中Boost的开关器件承受的电压应力高于总输入电压,所以这也将进一步降低器件成本。相比其他的部分功率调节方案,本节所提拓扑的显著优点是在避免引入过多的额外器件的条件下,仅需将原边绕组改造成带有中间抽头的形式,就可以为DC/DC变换器构造直流电压链以实现部分功率处理的功能,从而保持有竞争力的成本和效率。

表 4.15   不同变换器的比较

拓扑	本节所提变换器	文献[75]中的双向DCX	Sigma变换器	两级变换器	文献[77]中的DAB+LLC−DCX	文献[78]中的DAB+LLC−DCX
开关管数量	6	4	8	3	12	16
二极管数量	2	2	0	5	0	0
电感数量	1	0	1	1	0	0
变压器数量	1	1	1	1	1	2
电气隔离	是	是	否	是	是	是
电压调节能力	是	否	是	是	是	是
DC/DC变换器处理的功率	部分	—	部分	全部	部分	部分
控制策略	占空比	占空比	占空比	占空比	移相+变频	移相+占空比
DC/DC变换器的ZVS	否	—	否	否	是	是

续表4.15

拓扑	本节所提变换器	文献[75]中的双向DCX	Sigma变换器	两级变换器	文献[77]中的DAB+LLC−DCX	文献[78]中的DAB+LLC−DCX
输入／输出电压	24～37 V/240 V	311 V/±54 V	48 V/0.8～1 V	24～48 V/400 V	42～60 V/5 V	370～430 V/48 V
开关频率	Boost：150 kHz DCX：250 kHz	200 kHz	Buck：600 kHz DCX：1 MHz	Boost：50 kHz DCX：300 kHz	DAB：320～400 kHz DCX：320～400 kHz	DAB：100 kHz DCX：100 kHz
输出功率	250 W	200 W	80 W	1 000 W	80 W	1 200 W
额定功率处的效率	95% @250 W	96.3% @200 W	92% @80 W	90.2% @1 000 W	95.9% @80 W	95.2% @1 200 W

4.8　本章小结

本章通过理论分析、仿真验证与实验测试相结合的手段,研究了分布式航天器电源的串并联组合技术。主要研究结果如下:

(1)为分析不同拓扑所具有的均压特性,在拓扑 ISOP 和 ISOS 连接时基于稳态工作点模型计算均压系数,根据均压系数的值判断拓扑的自然均压稳定性,可帮助串并联系统快速选择合适的功率拓扑。

(2)为使输入串联输出并联连接的系统实现输出均流控制,保证采样的状态量共地,提出了输出电流差控制策略。分析环路小信号模型的结果表明采用占空比调整模块输出电流平均时,拓扑自身具有反相作用,传统均流控制不稳定的原因是控制电路多余的负反馈环节。提出的控制策略中均流环采用正反馈运行,从而获得足够的相位裕度,输出端均流的控制方式使采样的状态量在低压侧,提高了系统的可靠性,小信号环路建模的分析表明在模块间参数失配时输出仍具有精确的稳态均流效果。提出的控制策略适合应用于对可靠性要求较高的航天器功率调节单元。

(3)为提高输入串联输出串联系统的可靠性,提出了一种从输出端进行均压的输出电压差控制策略。该控制策略中采用的主从结构可以最小化每个模块的环路数目,使系统结构简单易于实现。提高为自动主从结构后,相比于其他的输入端均压控制策略能更简便地实现热插拔功能。此外,通过时域与频域仿真的结果,分析总结出模块间参数失配对环路建模的准确性影响很小,而只对稳态和动态特性有影响,可通过提高环路增益改善均压和输出特性。

(4) 为提高组合系统动态均压特性和设计灵活性,采用线性 MOSFET 与开关电源模块结合的均压技术。MOSFET 替代传统控制方法中的占空比调整模块间的不平衡功率,负载的改变对均压特性无影响,可使组合系统输入输出侧同时获得较好的动态均压性能。此外,该控制策略不同于已有的均压控制方式,在组合系统的指标参数有变动时无须重复设计功率拓扑参数,而是直接选择合适的 DC/DC 变换器进行扩展连接,降低了研发时间与成本。该控制策略适合应用于航天器电源系统中的 DC/DC 模块,解决现有 DC/DC 模块定制性强的问题。

(5) 为省去复杂的专用电压均分控制器,提出了一种简单的积木式构建输入串联型组合变换器的方法。通过采用固定频率和占空比的非耗散型均衡模块,避免了隔离电压采样电路和均压环路补偿器的引入,从而简化了系统设计。实验结果表明组合系统的输出特性完全由 DC/DC 变换器决定,且均衡模块的损耗与负载功率无关,其对系统重载时的效率具有较小的影响。此外也揭示出应用于电池管理的均衡技术具有移植到输入串联型组合变换器的潜力。

(6) 为满足宽输入电压场合的要求,提出了一种基于输入间接并联输出串联型结构的部分功率调节直流变换器。通过全桥整流电路和主变压器上引入的第三绕组为部分功率辅助变换器搭建了中间直流链路,构造了具有调节能力的准单级谐振直流变换器。相比于传统两级方案,通过采用输出串联型结构,提出的变换器中非隔离型 PWM DC/DC 变换器具有更低的电压应力。而且,由于大部分功率通过单级 LLC —DCX 被直接传递到负载端,仅小部分功率需要经过两级结构处理,所以整机获得了高效率。

(7) 为满足电推进系统中宽输入隔离升压需求,提出了一种基于输入串联输出间接并联的部分功率调节变换器。通过采用全桥逆变电路和带有中间抽头形式的原边绕组为部分功率辅助变换器构造了直流电压链,实现了部分功率处理功能。而且,通过采用输入串联的形式,DC/DC 级中 Boost 开关器件承受的电压应力低于总输入电压,相比于传统两级方案中 Boost 变换器具有更低的器件成本和更高的效率。

本章参考文献

[1] LIU M Y,ZHANG D L,ZHOU Z C. Linear regulator design considerations of the serial linear-assisted switching converter used as envelope amplifier[J]. IEEE Transactions on Power Electronics,2016,31(5):3673-3689.

[2] HOU R Y，MAGNE P，BILGIN B，et al． A topological evaluation of isolated DC/DC converters for auxiliary power modules in electrified vehicle applications [C]． Proceedings of 2015 IEEE Applied Power Electronics Conference and Exposition． Charlotte，USA． IEEE，2015：1360-1366．

[3] GIRI R，CHOUDHARY V，AYYANAR R，et al． Common-duty-ratio control of input-series connected modular DC-DC converters with active input voltage and load-current sharing[J]． IEEE Transactions on Industry Applications，2006，42 (4)：1101-1111．

[4] KIMBALL J W，MOSSOBA J T，KREIN P T． A stabilizing，high-performance controller for input series-output parallel converters [J]． IEEE Transactions on Power Electronics，2008，23(3)：1416-1427．

[5] VAN-DER MERWE J W，MOUTON H D T． An investigation of the natural balancing mechanisms of modular input-series-output-series DC-DC converters [C]． Proceedings of 2010 IEEE Energy Conversion Congress and Exposition． Atlanta，USA． IEEE，2010：817-822．

[6] KIMBALL J W，MOSSOBA J T，KREIN P T． Control technique for series input-parallel output converter topologies[C]． Proceedings of IEEE 36th Power Electronics Specialists Conference． Aachen，Germany． IEEE，2005：1441-1445．

[7] WANG L B，HE X N． Input-series and output-parallel connection modular DC-DC converters with interleaved constant duty cycle control strategy [C]． Proceedings of 33rd Annual Conference of the IEEE Industrial Electronics Society． Taipei，China． IEEE，2007：1901-1906．

[8] SHENOY P S，KREIN P T． Local control of multiple module DC-DC converters [C]． Proceedings of 2010 IEEE 12th Workshop on Control and Modeling for Power Electronics． Boulder，USA． IEEE，2010：1-6．

[9] CHAUDHARY P，AGARWAL A，SENSARMA P． Stability analysis of input-series output-parallel connected buck rectifiers[C]． Proceedings of Emobility-Electrical Power Train． Leipzig，Germany． IEEE，2010：1-5．

[10] XU G，SHA D S，LIAO X Z． Decentralized inverse-droop control for input-series – output-parallel DC – DC converters[J]． IEEE Transactions on Power Electronics，2015，30(9)：4621-4625．

[11] CHEN W，WANG G J． Decentralized voltage-sharing control strategy for fully modular input-series – output-series system with improved voltage regulation [J]． IEEE Transactions on Industrial Electronics，2015，62(5)：2777-2787．

[12] CHEN W，WANG G J，RUAN X B，et al． Wireless input-voltage-sharing

control strategy for input-series output-parallel (ISOP) system based on positive output-voltage gradient method[J]. IEEE Transactions on Industrial Electronics,2014,61(11):6022-6030.

[13] ZUMEL P,ONA E,FERNANDEZ C,et al. Analysis and modeling of a modular ISOP Full Bridge based converter with input filter[C]. Proceedings of Applied Power Electronics Conference and Exposition. Long Beach, USA. IEEE,2016:2545-2552.

[14] SHA D S,GUO Z Q,LIAO X Z. Digital control strategy for input-series-output-parallel modular DC/DC converters[J]. Journal of Power Electronics, 2010,10(3):245-250.

[15] HUANG Y H,TSE C K,RUAN X B. General control considerations for input-series connected DC/DC converters[J]. IEEE Transactions on Circuits and Systems I:Regular Papers,2009,56(6):1286-1296.

[16] KHAZRAEI S M,JASOUR A M Z,RAHMATI A,et al. Improved large signal performance of linear controlled input-series and output-parallel DC-DC converter using genetic algorithm optimization[C]. Proceedings of 11th International Conference on Optimization of Electrical and Electronic Equipment. Brasov,Romania. IEEE,2008:31-36.

[17] 郑连清,赵世华,周晨. 输入串联输出并联半桥变换器研究[J]. 电子技术应用, 2008,34(8):78-82.

[18] TIAGO N L,RUFER A. Input-series and output-series high voltage converter with active balancing circuit for N-1 operation[C]. Proceedings of 18th European Conference on Power Electronics and Applications. Karlsruhe, Germany. IEEE,2016:1-9.

[19] MARTINEZ C,JALAKAS T,VINNIKOV D,et al. QZSI DC/DC converters in input-series output-parallel connection for distributed generation[C]. Proceedings of International Symposium on Power Electronics,Electrical Drives, Automation and Motion. Sorrento,Italy. IEEE,2012:952-957.

[20] 马学军,牛金红,康勇. 输入串联输出并联的双全桥变换器输入电容均压问题的研究[J]. 中国电机工程学报,2006,26(16):86-91.

[21] 陈杰,刁利军,林文立,等. 输入串联输出并联全桥变换器的无电流传感器均压均流控制策略[J]. 电工技术学报,2012,27(6):126-130.

[22] AYYANAR R,GIRI R,MOHAN N. Active input – voltage and load – current sharing in input-series and output-parallel connected modular DC – DC converters using dynamic input-voltage reference scheme[J]. IEEE Transactions

on Power Electronics,2004,19(6):1462-1473.

[23] GIRI R,AYYANAR R,LEDEZMA E. Input-series and output-series connected modular DC-DC converters with active input voltage and output voltage sharing [C]. Proceedings of 19th Annual IEEE Applied Power Electronics Conference and Exposition. Anaheim,USA. IEEE,2004:1751-1756.

[24] BHINGE A,MOHAN N,GIRI R,et al. Series-parallel connection of DC-DC converter modules with active sharing of input voltage and load current[C]. Proceedings of 17th Annual IEEE Applied Power Electronics Conference and Exposition. Dallas,USA. IEEE,2002:648-653.

[25] LEE J P,MIN B D,KIM T J,et al. Input-series-output-parallel connected DC/DC converter for a photovoltaic PCS with high efficiency under a wide load range [J]. Journal of Power Electronics,2010,10(1):9-13.

[26] 曲璐. 输入串联型组合变换器控制策略关键技术研究[D]. 哈尔滨:哈尔滨工业大学,2018.

[27] QU L,ZHANG D L. The influence analysis of parameters mismatch in the input series output parallel system [C]. Proceedings of IEEE Transportation Electrification Conference and Exposition. Harbin,China. IEEE,2017:1-6.

[28] QU L,ZHANG D L,BAO Z Y. Output current-differential control scheme for input-series – output-parallel-connected modular DC – DC converters[J]. IEEE Transactions on Power Electronics,2017,32(7):5699-5711.

[29] QU L,ZHANG D L,BAO Z Y. Active output-voltage-sharing control scheme for input series output series connected DC – DC converters based on a master slave structure[J]. IEEE Transactions on Power Electronics,2017,32(8):6638-6651.

[30] QU L,ZHANG D L. Input voltage sharing control scheme for input series and output series DC/DC converters using paralleled MOSFETs[J]. IET Power Electronics,2018,11(2):382-390.

[31] QU L,ZHANG D L,ZHANG B H. Active input voltage sharing control scheme for input series output parallel DC/DC converters [C]. Proceedings of 43rd Annual Conference of the IEEE Industrial Electronics Society. Beijing,China. IEEE,2017:744-750.

[32] AHMADI R,PASCHEDAG D,FERDOWSI M. Closed-loop input and output impedances of DC-DC switching converters operating in voltage and current mode control[C]. Proceedings of 36th Annual Conference on IEEE Industrial Electronics Society. Glendale,USA. IEEE,2010:2311-2316.

[33] ZAMIERCZUK M K, CRAVENS R C, REATTI A. Closed-loop input impedance of PWM buck-derived DC-DC converters[C]. Proceedings of IEEE International Symposium on Circuits and Systems. London, UK. IEEE, 1994: 61-64.

[34] LIU M Y, ZHANG D L, ZHOU Z C. Linear regulator design considerations of the serial linear-assisted switching converter used as envelope amplifier[J]. IEEE Transactions on Power Electronics, 2016, 31(5): 3673-3689.

[35] JIN S S, ZHANG D L, LIU H. High-efficiency switch-linear-hybrid space solar array simulator with a simple thermal design method for linear power stage[C]. Proceedings of IECON 2017 43rd Annual Conference of the IEEE Industrial Electronics Society. Beijing, China. IEEE, 2017: 4383-4390.

[36] DUAN J P, ZHANG D L, WANG L, et al. Active voltage sharing module for input-series connected modular DC/DC converters[J]. IEEE Transactions on Power Electronics, 2020, 35(6): 5987-6000.

[37] DUAN J P, ZHANG D L, WANG L, et al. A building block method for input-series-connected DC/DC converters [J]. IEEE Transactions on Power Electronics, 2021, 36(3): 3063-3077.

[38] YAN H, RUAN X B, CHEN W. The input voltage sharing control strategy for input-series and output-parallel converter under extreme conditions [C]. Proceedings of IEEE Energy Conversion Congress and Exposition. California, USA. IEEE, 2009: 662-667.

[39] AHMED M H, NABIH A, LEE F C, et al. High-efficiency, high-density isolated/regulated 48V bus converter with a novel planar magnetic structure [C]. Proceedings of IEEE Applied Power Electronics Conference and Exposition. Anaheim, USA. IEEE, 2019: 468-475.

[40] LI M X, OUYANG Z W, ANDERSEN M A E. High-frequency LLC resonant converter with magnetic shunt integrated planar transformer [J]. IEEE Transactions on Power Electronics, 2019, 34(3): 2405-2415.

[41] WOREK C, LIGENZA S. Integrated magnetic element for improving efficiency of LLC resonant converter[C]. Proceedings of IEEE Power Electronics and Applications. Warsaw, Poland. IEEE, 2017: 1-7.

[42] QIAN Q S, XU S, YU J Z, et al. A digital detecting method for synchronous rectification based on dual-verification for LLC resonant converter[C]. 2018 IEEE Applied Power Electronics Conference and Exposition. San Antonio, USA. IEEE, 2018: 2091-2097.

[43] HSU J D, ORDONEZ M, EBERLE W, et al. LLC synchronous rectification using resonant capacitor voltage[J]. IEEE Transactions on Power Electronics, 2019,34(11):10970-10987.

[44] WEI Y Q, LUO Q M, MANTOOTH H A. Synchronous rectification for LLC resonant converter:an overview[J]. IEEE Transactions on Power Electronics, 2021,36(6):7264-7280.

[45] MUKHERJEE S, KUMAR A, CHAKRABORTY S. Comparison of DAB and LLC DC – DC converters in high-step-down fixed-conversion-ratio (DCX) applications[J]. IEEE Transactions on Power Electronics,2021,36(4):4383-4398.

[46] SALATO M. Datacenter power architecture:IBA versus FPA[C]. Proceedings of IEEE International Telecommunications Energy Conference. Amsterdam, Netherlands. IEEE,2011:1-4.

[47] TAN D F D. A review of immediate bus architecture:a system perspective[J]. IEEE Journal of Emerging Selected Topics in Power Electronics,2014,2(3): 363-373.

[48] AHMED M H, FEI C, LEE F C, et al. 48-V voltage regulator module with PCB winding matrix transformer for future data centers[J]. IEEE Transactions Industrial Electronics,2017,64(12):9302-9310.

[49] SUN J L, XU M, REUSCH D, et al. High efficiency quasi-parallel voltage regulators[C]. Proceedings of IEEE Applied Power Electronic Conference and Exposition. Austin,USA. IEEE,2008:811-817.

[50] AHMED M, FEI C, LEE F C, et al. High-efficiency high-power density 48/1V sigma converter voltage regulator module[C]. Proceedings of IEEE Applied Power Electronics Conference and Exposition. Tampa, USA. IEEE, 2017: 2207-2212.

[51] AHMED M H, FEI C, LEE F C, et al. Single-stage high-efficiency 48/1V sigma converter with integrated magnetics [J]. IEEE Transactions Industrial Electronics,2020,67(1):192-202.

[52] XU M, LIU Y, SUN J L, et al. Σ/sigma DC/DC conversion for computing and telecom applications[C]. Proceedings of IEEE Power Electronics Specialists Conference. Rhodes,Greece. IEEE,2008:1190-1195.

[53] LI Y C, LYU X F, NI Z, et al. An isolated composite resonant multilevel converter with partial power voltage regulation for telecom application[C]. Proceedings of IEEE Energy Conversion Congress and Exposition. Portland,USA. IEEE,2018:3831-3837.

[54] BLANES J M, GARRIGOS A, CARRASCO J A, et al. High-efficiency regulation method for a zero-current and zero-voltage current-fed push-pull converter[J]. IEEE Transactions Power Electronics, 2011, 26(2): 444-452.

[55] WU X K, CHEN H, QIAN Z M. 1 MHz LLC resonant DC transformer (DCX) with regulating capability[J]. IEEE Transactions Industrial Electronics, 2016, 63(5): 2904-2912.

[56] CHEN H, WU X K, SHAO S. A current-sharing method for interleaved high-frequency LLC converter with partial energy processing[J]. IEEE Transactions Industrial Electronics, 2020, 67(2): 1498-1507.

[57] EJEA J B, FERRERES A, SANCHIS-KILDERS E, et al. Optimized topology for high efficiency battery discharge regulator[J]. IEEE Transactions on Aerospace and Electronic Systems, 2008, 44(4): 1511-1521.

[58] WANG C, LI M X, OUYANG Z W, et al. Resonant push-pull converter with flyback regulator for MHz high step-up power conversion [J]. IEEE Transactions Industrial Electronics, 2021, 68(2): 1178-1187.

[59] LI M X, OUYANG Z W, ANDERSEN M A E, et al. An efficiency-oriented two-stage structure employing partial power regulation[C]. Proceedings of IEEE 9th International Power Electronics and Motion Control Conference. Nanjing, China. IEEE, 2020: 2104-2109.

[60] CHEN M J, AFRIDI K K, CHAKRABORTY S, et al. Multitrack power conversion architecture[J]. IEEE Transactions Power Electronics, 2017, 32(1): 325-340.

[61] CHEN M J, CHAKRABORTY S, PERREAULT D J. Multitrack power factor correction architecture [J]. IEEE Transactions Power Electronics, 2019, 34(3): 2454-2466.

[62] LI M X, OUYANG Z W, ANDERSEN M A E. A hybrid multitrack-sigma converter with integrated transformer for wide input voltage regulation [C]. Proceedings of International Electronics Applied Conference and Exposition. New Orleans, USA. IEEE, 2020: 1844-1850.

[63] NEUMAYR D, VOHRINGER M, CHRYSOGELOS N, et al. P3DCT—Partial-power pre-regulated DC transformer [J]. IEEE Transactions Power Electronics, 2019, 34(7): 6036-6047.

[64] CHIU H J, LO Y K, TSENG P J, et al. High-efficiency battery charger with cascode output design[J]. IET Power Electronics, 2014, 7(7): 1725-1735.

[65] LIU T J, WU X K, YANG S. 1 MHz $48-12$ V regulated DCX with single

transformer［J］. IEEE Journal of Emerging Selected Topics in Power Electronics,2021,9(1):38-47.

［66］DUAN J P,ZHANG D L,GU R N. Partial-power post-regulated LLC resonant DC transformer［J］. IEEE Transactions Industrial Electronics, 2022, 69 (8): 7909-7919.

［67］ZHANG W M,WANG F,COSTINETT D J,et al. Investigation of gallium nitride devices in high-frequency LLC resonant converters ［J］. IEEE Transactions Power Electronics,2017,32(1):571-583.

［68］GU R N,DUAN J P,ZHANG D L,et al. Regulated series hybrid converter with DC transformer （DCX） for step-up power conversion ［J］. IEEE Transactions Industrial Electronics,2022,69(9):8961-8971.

［69］ERICKSON R W,MAKSIMOVIĆ D. Fundamentals of power electronics［M］. 3rd ed. Berlin:Springer,2020.

［70］YANG E X,LEE F C,JOVANOVIC M M. Small-signal modeling of series and parallel resonant converters ［C］. Proceedings of IEEE Applied Power Electronics Conference. Boston,USA. IEEE,1992:785-792.

［71］ZHOU G J,RUAN X B,WANG X H. Input voltage feed-forward control strategy for cascaded DC/DC converters with wide input voltage range［C］. Proceedings of IEEE International Power Electronics and Motion Control Conference. Hefei,China. IEEE,2016:603-608.

［72］TIAN S L,LEE F C,LI Q. A simplified equivalent circuit model of series resonant converter ［J］. IEEE Transactions Power Electronics, 2016, 31 (5): 3922-3931.

［73］AHMED M H,FEI C,LI V,et al. Startup and control of high efficiency 48/1V sigma converter［C］. Proceedings of IEEE Energy Conversion Congress and Exposition. Cincinnati,USA. IEEE,2017:2010-2016.

［74］PAN X W,LI H Q,LIU Y T,et al. An overview and comprehensive comparative evaluation of current-fed-isolated-bidirectional DC/DC converter ［J］. IEEE Transactions Power Electronics,2020,35(3):2737-2763.

［75］ZHOU X,XU J P,ZHONG S,et al. Soft switching symmetric bipolar outputs DC-transformer （DCX） for eliminating power supply pumping of half-bridge class-D audio amplifier［J］. IEEE Transactions Power Electronics,2019,34(7): 6440-6455.

［76］LEE J Y,JEONG Y S,HAN B M. An isolated DC/DC converter using high-frequency unregulated LLC resonant converter for fuel cell applications ［J］.

IEEE Transactions Industrial Electronics, 2011, 58(7): 2926-2934.

[77] WANG M L, PAN S Z, ZHA X M, et al. Hybrid control strategy for an integrated DAB-LLC-DCX DC-DC converter to achieve full-power-range zero-voltage switching[J]. IEEE Transactions Power Electronics, 2021, 36(12): 14383-14397.

[78] LIAO Y F, XU G, SUN Y, et al. Single-stage DAB-LLC hybrid bidirectional converter with tight voltage regulation under DCX operation[J]. IEEE Transactions Industrial Electronics, 2021, 68(1): 293-303.

第 5 章

PCU 遥测遥控单元设计

本章对 PCU 遥测遥控单元展开研究，首先论述遥测遥控单元在PCU 产品中所起的作用；其次论述遥测遥控单元的技术发展过程和基本设计方法，并描述基于 FPGA 的软件设计，进而深入研究开关噪声和地弹噪声对遥测遥控系统的影响和优化措施；最后详细论述空间环境下基于反熔丝工艺 FPGA 的可靠性设计方法，为 PCU 产品遥测遥控单元开发提供理论指导。

遥测遥控(TMTC)单元主要用于实现电源控制器的遥控指令解析、遥测数据发送、内部控制指令的输出和遥测参数的采集功能。该单元一般采用主、备冷备设计,对外接口包括直接遥测遥控接口和总线遥测遥控接口,高轨卫星平台一般采用1553B总线实现星载计算机与PCU之间的通信;对内接口主要实现对PCU整机各功率模块的调度与管理。

5.1　PCU 遥测遥控系统设计

本节重点论述高可靠内总线技术在卫星电源控制器 TMTC 单元中的应用,采用内总线通信技术优化 PCU 的遥测遥控系统设计,有利于产品标准化、模块化设计,有利于对 PCU 进行功率扩展和功能扩展,有利于数字控制等更复杂功能的实现。TAS－B 公司 NG 架构 100 V 母线 PCU 产品和 50 V 母线电源控制与配电单元 (PCDU) 产品的 TMTC 模块和功率模块间采用高速内总线通信技术,针对不同卫星型号,仅需更换背板就可以完成产品快速生产、交付、应用,实现了标准化、模块化设计。由于不同低轨卫星(LEO)采用的太阳能电池阵列数量、电池组数量、负载配置等变化范围很大,为了适应多变的低轨卫星应用场景,实现低轨卫星电源系统的去型号化设计,法国国家空间研究中心(CNES)利用内总线技术结合数字控制技术开发具有高度灵活性和模块化的电源系统。随着高可靠数字控制技术的发展,有的 PCU 产品 SUN 模块设计采用了数字控制设计,用数字控制器实现 MPPT 和 BCM 功能,采用两种独立的内总线,用互为冷备份的内总线实现遥测遥控,又专门设计高可靠内总线进行外环数字表决,实现控制器去中心化,保证空间环境的可靠性。

5.1.1　技术背景及发展历程

传统的 PCU 产品一般采用集中式供电设计,如图 5.1 所示,包括分流调节器 (S3R)、充电调节器(BCR)、放电调节器(BDR)、电容阵(CAP)、连接器单元(CONN)、遥测遥控单元(TMTC)共 6 种模块。各模块的功率端口通过汇流条进行互连,包括功率地 PRTN、母线正极 VBUS、蓄电池 1 正极 VBAT1、蓄电池 2 正极 VBAT2 共 4 根汇流条。这 4 根汇流条与各模块的功率端口连接,并通过 CONN 与南太阳能电池阵列 SA1、北太阳能电池阵列 SA2、南蓄电池 BAT1、北蓄电池 BAT1、整星负载 LOAD、整星地 GND 连接到一起。TMTC 是 PCU 的遥测遥控单元,实现对整机各模块的遥测遥控,还具有主误差放大器(MEA)功能、电池管理(BCM)功能及母线过压保护等功能。根据图 5.1 中 PCU 设计,TMTC 也采用集中遥测遥控设计,S3R、BCR、BDR、CONN 各模块的遥测遥控信号通过离散形式连接到 TMTC_N 和 TMTC_R 主、备两个模块。

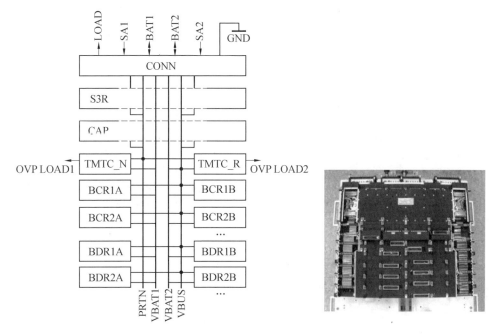

图 5.1　传统架构 PCU 模块划分及照片

　　随着卫星有效载荷功率需求不断提升,PCU 功率密度和整机复杂程度越来越高。整星中 PCU 模块数量的增加及卫星供配电系统的不断发展,对 PCU 提出了更高的要求,功能扩展与智能化的技术要求也越来越高,遥测量与遥控指令相应增加,PCU 整机遥测遥控系统也越来越复杂。面对新的需求,PCU 产品设计理念正在发生重大改进,图 5.2 所示为采用分布式供电方案的一种 PCU 产品设计,该设计把 BCR 和 BDR 合成一个单元 BCDR,S3R 则被分成几个分立的单元,每个 S3R 模块与 2 个 BCDR 模块组成一个独立的功率调节单元(PSR),每个 PSR 都可以看成是按照图 5.2 组成的一个独立的供电系统,与蓄电池 BAT、太阳能电池阵列 SA 和整星负载 LOAD 独立连接,母线电容阵 CAP 和遥测遥控单元 TMTC 是共用的,为适应可能出现的各 PSR 模块负载 LOAD 输出不均衡的情况,各 PSR 模块的母线 BUS 通过背板连接到一起。

　　PCU 分布式供电系统这种新的体系架构取消了产品中汇流条设计,模块化设计思想更加突出,功率密度得到了较大的提升。针对新的产品架构,需要开发一种内总线实现分布式遥测遥控系统,有利于功率扩展、功能扩展和智能化的产品设计。目前适用于航天的 1553B 和控制局域网(CAN)总线一般用于整机对外接口,过于复杂,不适用于内总线应用。而 SPACE WIRE 总线适用于点对点通信,且协议也较复杂,也不适用于内总线应用。因此需要开发一种新型内总线,要求其抗干扰能力强,适用于模块间通信,可以较小的代价实现高可靠的内总线设计。

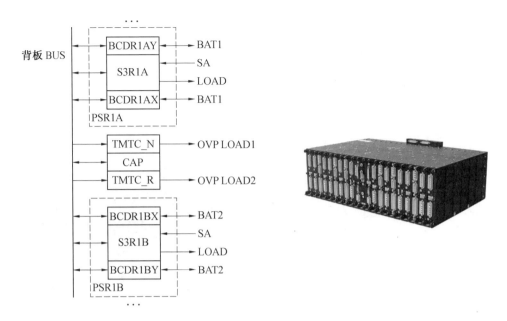

图 5.2　新架构 PCU 功能及照片

5.1.2　分布式遥测遥控系统

　　分布式遥测遥控系统主要应用于卫星大功率电源控制器及其他需要 TMTC 单元的航天电源类产品。传统的集中式的遥测遥控方式中,各模块的遥测遥控信号通过离散形式连接到 TMTC 模块,不仅造成 TMTC 过于复杂,而且由于模块间互连信号数量众多,因此 EMC 特性和可靠性难以保证。本书设计了一种内总线,基于分布式供电方案的 PCU 设计,采用此内总线可以实现 PCU 分布式遥测遥控。新架构 PCU 遥测遥控系统如图 5.3 所示,该系统中 TMTC 主、备模块内部各包括一个内总线主站,用于对 PCU 内部各模块的指令输出和遥测采集;每个 S3R 模块包含主、备两个内总线从站,分别用于接收 TMTC 模块从主、备内总线输出的指令数据,每个 S3R 模块的内总线从站可实现对 S3R 模块和两个 BCDR 模块的控制和遥测采集,并将遥测数据上传至 TMTC 模块。TMTC 模块采用冷备份工作模式,正常情况下 TMTC 主、备两个模块仅有一个模块处于开机状态,其对应的内总线主站和从站也处于开机状态,如当前遥测遥控系统失效,则启用另一遥测遥控系统。由于通过内总线系统,实现了 PCU 分布式遥测遥控,分布式遥测遥控是以 PSR 为基本单元实现的,因此把此内总线系统称为 IPBUS(inter PSR bus)。

　　PCU 内总线具体实现如图 5.4 所示,内总线主站 MST 可采用 FPGA 实现,内总线从站 PSR 子站(PSST)、TMTC 子部(TSST)可采用专用集成电路(ASIC)实现,PSST 实现 PSR 单元的遥测遥控,TSST 实现 TMTC 模块自身的遥测遥控,PCU 通过内总线

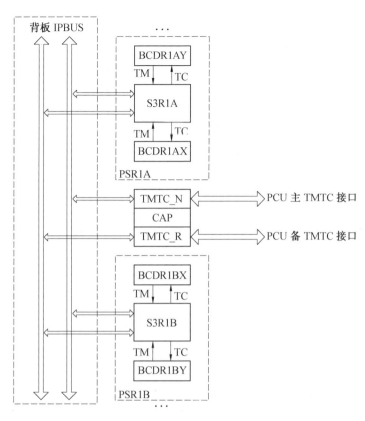

图 5.3　新架构 PCU 遥测遥控系统

IPBUS 实现内部各模块的总线遥测遥控功能。TMTC 模块接收到 1553B 总线输入的控制指令后，经过指令解析转换为 PCU 内部 IPBUS 控制指令，由内总线从站 PSST 和 TSST 完成指令执行，同时 PSST 和 TSST 通过状态量和模拟量采集接口完成对 S3R 模块、两个 BCDR 模块及 TMTC 模块的状态遥测和模拟量遥测后，由内总线输出至 TMTC 模块，经 TMTC 模块组帧后通过 1553B 总线接口上传。整个 PCU 遥测遥控系统分为主份和备份，互为冷备份，相应的 IPBUS 也采用互为冷备份的双总线设计。IPBUS_N 是主 TMTC 总线，主站为 MST_N，从站为 TSST_N 和 PSST_N，由辅助源 APS_N 独立供电；IPBUS_R 是备 TMTC 总线，主站为 MST_R，从站为 TSST_R 和 PSST_R，由辅助源 APS_R 独立供电。当 APS_N 开机时，星载计算机可通过主遥测遥控系统对 PCU 进行访问；当 APS_R 开机时，星载计算机可通过备遥测遥控系统对 PCU 进行访问。内总线设计采用一主多从的通信模式，基于 LVDS 实现，包括时钟信号（CLK）、指令信号（CMD）和数据信号（DATA）共三对差分信号。DATA 的传输方向为"从站 → 主站"，CLK 和 CMD 的传输方向为"主站 → 从站"，分别如图 5.5 所示。

　　为保证可靠性，采用全双工同步串行通信方式，内总线时序设计如图 5.6 所示。

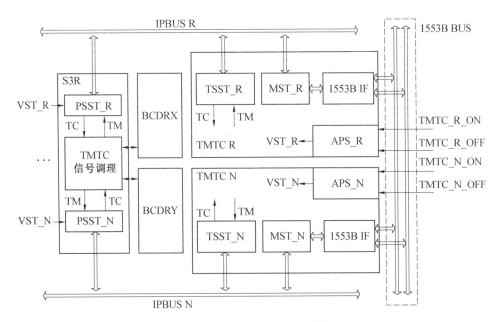

图 5.4 PCU 遥测遥控系统功能框图

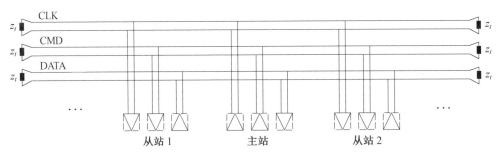

图 5.5 内总线拓扑设计

起始条件定义为:CLK 为 1 并且 CMD 为上升沿。停止条件定义为:CLK 为 1 并且 CMD 为下降沿。通信过程中,主站控制 CMD 状态在 CLK 为 0 时发生变化,从站在 CLK 下降沿之后读取总线信号 CMD 数据。从站控制 DATA 在 CLK 上升沿之后发生变化,主站在 CLK 下降沿之后读取总线信号 DATA 数据。如图 5.6 所示,主站发送的 16 位指令码包括从站地址、标志码、指令参数三个字段。从站 DATA 总线平时处于高阻状态,当起始条件发生并且接受完指令后,从站判断从站地址、校验位是否正确,然后判断标志码和指令参数,如果为遥控指令,从站执行相应的动作;如果为遥测指令,从站驱动 DATA 总线,开始上传数据及校验位。停止条件发生后,从站释放 DATA 总线,恢复高阻状态。总线空闲状态 CLK 总线为 1,CMD 总线为 0,DATA 总线为高阻态。

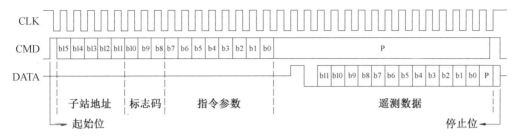

图 5.6　　内总线时序设计

5.1.3　FPGA 软件设计概述

基于上述遥测遥控系统,可以实现良好的模块化设计,如图 5.7 所示,实现了 PCU $5.4 \sim 25.2$ kW 全范围功率扩展,并可适应卫星平台单蓄电池和双蓄电池配置需求。

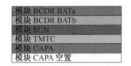

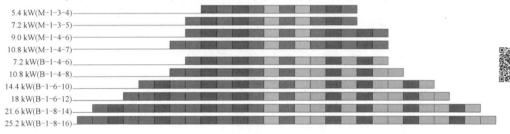

图 5.7　　PCU 模块化设计

主、备 TMTC 模块位于 PCU 的中间位置,以尽量保护 TMTC 免受空间环境辐照危害,TMTC 模块的中央处理器是最为核心的关键单元。在处理器选用方面,反熔丝工艺 FPGA 具有独特的优势,可以最大限度免受空间环境辐照影响。针对上述系统,一个典型的 FPGA 软件功能及接口框图如图 5.8 所示。顶层设计包括 BRIDGE、HCLK_BUF、HIREL_RST、CLKINT、RESHAPER 几个模块。BRIDGE 为主控单元,HCLK_BUF 为硬时钟缓冲,HIREL_RST 实现可靠复位,CLKINT 的用途是让复位信号走内部时钟网络,提高其扇出能力,RESHAPER 对内总线信号进行抗干扰处理。

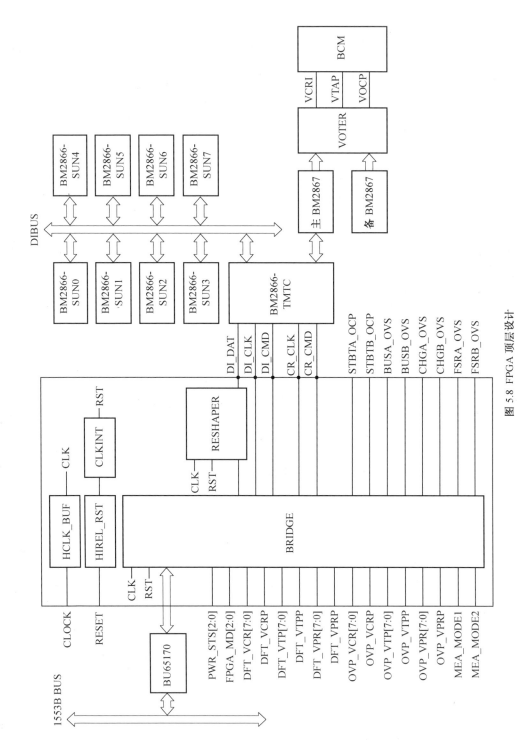

图 5.8 FPGA 顶层设计

5.2　同步开关噪声和地弹噪声的分析及研究

作为 PCU 的核心管理单元,应充分考虑 TMTC 的测控精度和抗干扰能力,特别是 TMTC 受功率模块开关噪声影响,工作环境恶劣,这就要从电路的信号完整性、电源完整性等方面充分考虑。

5.2.1　高速 CMOS 电路的电源完整性分析

传统互补金属氧化物半导体器件(CMOS)集成电路(IC)受到当时工艺条件的限制,采用金属栅工艺制造,因此在 MOS 管各极之间存在着较大的寄生电容,这些寄生电容的存在降低了 MOS 管的开关速度。高速 CMOS 门电路从工艺上做了 3 方面的改进:采用硅栅工艺制造;尽可能减小沟道的长度;缩小 MOS 管的尺寸,使高速 CMOS 电路的寄生电容减小,开关速度达到传统 CMOS 电路的 8 ~ 10 倍。

高速 CMOS 系列电路具有以下特点:有简单门电路到大规模集成电路的全系列产品;器件功能、器件引脚与 74 系列晶体管－晶体管逻辑(TTL)器件相同;电源电压和工作温度范围宽,功耗低,噪声容限高;高速 CMOS 门电路的典型传输延迟为 8 ~ 11.5 ns,与 TTL 基本相同,比传统的 CMOS 电路提高了一个数量级;相邻输入端之间电流耦合小。目前 CMOS 电路正朝着低电压、超高速、大驱动能力、高密度集成的方向发展。

在高速 CMOS 电路中,高集成度高速的 IC 器件由于受到器件封装上寄生电感的作用而产生同步开关噪声(SSN)。SSN 是指数字系统中由多个电路同时开关引起电流及电压快速变化而产生的噪声,这对已封装器件的高速和宽位总线来说是一个严重的问题。快速变化的电流在封装的电源和地引脚上产生很大的电压,会引起逻辑电路的开关状态错误、信号时序和质量变差等问题,例如上升沿变缓、信道传输延迟和过冲增大等。如果不及时有效地进行控制,SSN 将对高速电路和系统产生显著的影响。

高速数据采集系统 SSN 传导图如图 5.9 所示,图中缩写字符"Pwr"指器件的供电管脚,"Gnd"指器件的接地管脚。当处在开关切换状态,信号上升/下降沿斜率过陡或开关器件切换速度过快时,会有较高瞬态电流(di/dt)流经电源分配网络(power distribution network,PDN),此时将在较宽频带上形成交流电压降噪声。高速门驱动电路可被认为是电源平面之间的电流源,其代表一个随时间变化的开关电流较大的驱动(large di)或快速时变开关电路(small dt),甚至是两者的结合。该噪声被称为同步开关噪声,其与同时进行开关状态切换的 I/O 个数有关。多位并行总线产生的 SSN,对数据采集系统精度和正常运行造成的影响巨大,不仅导致电源分配网络供电质量变差,还影响数字电源平面和模拟电源平面,使信号抖动和失真,影响信号采集精度,产生数据丢失、控制信号逻辑错误等现象,严重时导致系统崩溃。

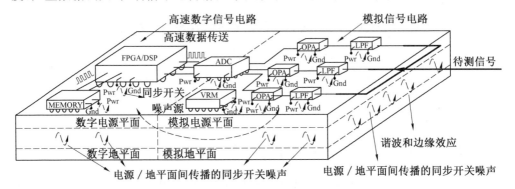

图 5.9   高速数据采集系统 SSN 传导图

CMOS 电路 SSN 模型(以驱动端输出缓冲器的详细模型为例)如图5.10所示,图中 V_{DD} 表示外部电源,V_{DDINT} 表示芯片内电源,GND 表示外部地线,GND_{INT} 表示片内地线,L_{VDD} 和 L_{VSS} 分别表示电源线和地线上的电感,C_L 为负载电容。

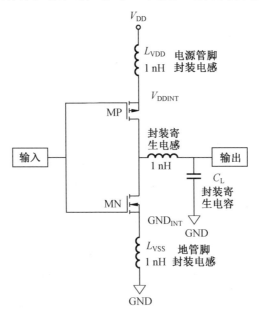

图 5.10   驱动端输出缓冲器的详细模型

当输入端由低电平到高电平转换时,P 管从饱和区经线性区进入截止区,而 N 管则由截止区经线性区进入饱和区。在这个过程中会出现两管同时导通的情况,这时会产生很大的尖峰电流,进而产生 SSN。电感 L_{VDD} 和晶体管的等效电容组成 LC 振荡,在 V_{DDINT} 引起小的电压幅度波动,而负载电容 C_L 要对 N 管放电,L_{VSS} 上不仅有直通电流还有放电电流,所以 L_{VSS} 上的电流变化要比 L_{VDD} 上大得多,L_{VSS} 上的电压降将很大。在这个转换过程中噪声主要由电感 L_{VSS} 引起，所以这时的噪声称为地弹噪声。

快速变化的电流流经封装、接插件和连接件时产生的开关噪声为

$$V_{\mathrm{SSN}} = L_{\mathrm{eff}} \frac{\mathrm{d}i}{\mathrm{d}t} \tag{5.1}$$

式中　L_{eff}——电流通过路径的有效电感。

当主要考虑噪声电压的最大值时，若假设噪声电压最大值出现在开关时间 t_{r} 之外，则输入电压保持在高电平，N 管的栅源电压 V_{GS} 将下降，电流的变化率将减小，噪声电压 V_{n} 将减小，这与假设相反，故噪声电压的最大值一定出现在开关时间 t_{r} 之内。

在输入由低到高的转换过程中，输出端保持高电位，在没有短沟道效应下，N 管一直处于饱和区。这时通过 N 管的饱和电流为

$$i_{\mathrm{sat}} = \frac{K}{2}(V_{\mathrm{GS}} - V_{\mathrm{T}})^2 \tag{5.2}$$

式中　V_{GS}——栅源电压；

　　　V_{T}——NMOSFET 与工艺相关的门限电压，即阈值电压；

　　　K——驱动器管的跨导参数，其值为

$$K = \mu_0 C(S) \tag{5.3}$$

其中　μ_0——放大率；

　　　$C(S)$——驱动器管的内部电容，与 N 型金属－氧化物－半导体（NMOS）的宽长比 W/L 有关。

一般将 K 写成

$$K = \frac{\mu_0 c_{\mathrm{OX}} W}{L} \tag{5.4}$$

此方程通常在零噪声条件 $V_{\mathrm{SSN}} = 0$ 下提出。

对上述模型来说，$V_{\mathrm{GS}} = V_{\mathrm{in}} - V_{\mathrm{SSN}}$，这样，式（5.2）变为

$$i_{\mathrm{sat}} = \frac{K}{2}(V_{\mathrm{in}} - V_{\mathrm{T}} - V_{\mathrm{SSN}})^2 \tag{5.5}$$

假设这时有 N 个同步开关同时开关，这样在电感上的电压降则为

$$V_{\mathrm{SSN}} = N L_{\mathrm{eff}} \frac{\mathrm{d}i}{\mathrm{d}t} \tag{5.6}$$

从而可以得到

$$V_{\mathrm{SSN}} = N L_{\mathrm{eff}} K (V_{\mathrm{in}} - V_{\mathrm{T}} - V_{\mathrm{SSN}}) \left(\frac{\mathrm{d}V_{\mathrm{in}}}{\mathrm{d}t} - \frac{\mathrm{d}V_{\mathrm{SSN}}}{\mathrm{d}t} \right) \tag{5.7}$$

因为噪声在电路上有电流时才存在，因此当 V_{in} 小于阈值电压时，电路上无电流，也就无噪声电压。同时可以近似认为噪声电压 V_{SSN} 在 t_{T}（V_{in} 等于阈值电压 V_{T} 时）和开关时间 t_{r} 上是线性变化的，且在 t_{r} 时达到最大值。

因为 V_{in} 随时间的变化关系为

$$V_{in}(t) = \frac{V_{DD}}{t_r} t \qquad (5.8)$$

所以,当 $V_{in} = V_T$ 时有

$$t_T = \frac{V_T}{V_{DD}} t_r \qquad (5.9)$$

故噪声电压随时间的变化可表示为

$$V_{SSN} = \frac{V_{SSNmax}}{t_r - t_T} (t - t_T) \qquad (5.10)$$

利用式(5.7)、式(5.8)和式(5.10),可以解出 $t = t_r$ 时最大噪声电压为

$$V_{SSNmax} = NL_{eff} K (V_{DD} - V_{SSNmax} - V_T) \left(\frac{V_{DD}}{t_r} - \frac{V_{SSNmax}}{t_r - t_T} \right) \qquad (5.11)$$

进一步简化得

$$\frac{(V_{DD} - V_{SSNmax} - V_T)^2}{V_{SSNmax}} = \frac{t_r (V_{DD} - V_T)}{NL_{eff} K V_{DD}} \qquad (5.12)$$

可以得到

$$V_{SSNmax} = V_{DD} - V_T + \frac{t_r (V_{DD} - V_T)}{2NL_{eff} K V_{DD}} \left(1 - \sqrt{1 + \frac{4NL_{eff} K V_{DD}}{t_r}} \right) \qquad (5.13)$$

如果噪声电压在 t_s 时达到最大值,其中 $t_s < t_r$,则式(5.11)可变为

$$V_{SSNmax} = NL_{eff} K (V_{DD} - V_{SSNmax} - V_T) \left(\frac{V_{DD}}{t_r} - \frac{V_{SSNmax}}{t_s - t_T} \right) \qquad (5.14)$$

当输入端由高电平向低电平转换时,与上述分析类似,只是在这个转换过程中,L_{VDD} 上的电流变化率远大于 L_{VSS} 上的电流变化率。因为噪声主要是由 L_{VDD} 引起,所以这时的噪声又称为电源噪声。此时,有

$$i_{sat} = \frac{K}{2} (V_{GS} - V_T - V_{SSN})^2 \qquad (5.15)$$

在 N 个驱动器同时切换的最坏情况下,总的电流应该为 N 倍。为了用式(5.1)计算有效电感的噪声,需要电流的时间变化率。近似地有

$$\frac{di}{dt} \approx \frac{\Delta i}{\Delta t} \qquad (5.16)$$

且

$$\Delta i = N i_{sat} \qquad (5.17)$$

$$\Delta t = t_f \qquad (5.18)$$

式中 t_f—— 信号切换时的下降时间

结合式(5.1)和式(5.15),可以得到

$$V_{SSN} = L_{eff} \frac{N \times \frac{K}{2} \times (V_{GS} - V_T - V_{SSN})^2}{t_f} \qquad (5.19)$$

求解式(5.19),得出

$$V_{SSN} = (V_{GS} - V_T) + \frac{t_f}{NKL_{eff}} \left[1 - \sqrt{1 + 2(V_{GS} - V_T)\frac{NKL_{eff}}{t_f}} \right] \qquad (5.20)$$

影响 SSN 的有驱动器的开关时间 t_r,驱动管的跨导参数 K,寄生电感 L,同时开关的驱动器的个数 N 等。在设计时主要考虑的是前两个因素开关时间 t_r 和跨导参数 K 中的 W/L。

通过延长开关时间 t_r 或者降低 W/L 都能够降低 SSN。但是必须注意,延长开关时间 t_r 或者降低 W/L 也会引起电路的速度变慢,所以应在确保电路速度要求的前提下,尽可能地延长开关时间或降低宽长比 W/L。

因此,SSN 是由寄生电感上的电流变化量引起的,可尽量降低电源分布系统上的寄生电感和降低电流的变化量来减少 SSN。

5.2.2　同步开关噪声 / 地弹噪声电路分析

IC 供电电源的电压波动称为电源噪声或 ΔI 噪声,由于电源噪声只在大量晶体管开关的时候才会产生,所以又称为 SSN。其指器件处于开关状态产生瞬间变化的电流 (di/dt),在经过回流途径上存在的电感时,形成交流压降,从而引起噪声,所以也称为 ΔI 噪声。封装电感引起的地平面波动使得芯片地和系统地不一致的现象称为地弹 (ground bounce)。同样,如果是由封装电感引起的芯片和系统电源差异,就称为电源反弹(power bounce)。所以,严格地说,SSN 并不完全是电源的问题,它对电源完整性产生的影响最主要表现为地弹 / 电源反弹现象。

电路中有多种机制可以产生 SSN,针对各种激励都有不同的降噪策略,位于同一封装的驱动器和接收器间信令所产生的片上 SSN 或模块内 SSN,可以通过降低互连寄生参数和加入旁路电容器来减小。由不同封装的启动器和接收器间信令所产生的片外 SSN 和模块外 SSN,尽管旁路电容器有一些降噪作用,更多还是通过降低寄生参数进行降噪。总体来说,对于 SSN 的研究是一个比较复杂的工程,本书也仅是对其基本原理做一个概括性的阐述。此外,如果考虑得更广一点,除了信号本身回流路径的电感之外,离得很近的信号互连引线之间的串扰也是加剧 SSN 的原因之一。由串扰产生的 SSN 可以通过增加线间距或用多层平面衬底隔离布线层来降低。

SSN 主要伴随着器件的同步开关输出(simultaneous switch output,SSO) 而产生,开关速度越快,瞬间电流变化越显著,电流回路上的电感越大,则产生的 SSN 越严重,基本公式为

$$V_{SSN} = N \times L_{Loop} \times dI/dt \qquad (5.21)$$

式中　　I——单个开关输出的电流;

　　　　N——同时开关的驱动端数目;

　　　　L_{Loop}——整个回流路径上的电感;

V_{SSN}——SSN 电压的大小。

这个公式需要对电路进行合理的建模,还要判断各种可能的回流路径,以及分析不同的工作状态。

由于存在大量可选的逻辑类型和端接方法,因此式(5.21)不可能完全覆盖所有组合。如图 5.11 所示,采用没有端接的 CMOS 电源轨道 — 地轨道信令,并假设所有的电源寄生效应是由封装和接插件产生。逻辑信令包括通过信号线对电容的充电和放电,通过信号线给两个电容器进行充放电使得在节点上获得逻辑 0 或 1 的信号值。如图 5.11(a) 所示,如果信号线用 0 电压驱动,上面的电容充电而下面的电容放电;相反,如图5.11(b) 所示,信号线受 +V 电压驱动,上面的电容放电而下面的电容充电。充放电产生的突变电流在电源分布系统的寄生电感上会产生有害电压 $L di/dt$。

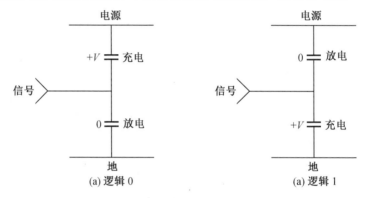

图 5.11 CMOS电源轨道 — 地轨道无端接信令

由于 SSN 的影响,IC 中开关器件晶体管的供电电源(VDD)和 GND 端之间的电压产生波动,可能引起晶体管的如下问题:

①IC 供电端之间电压的降低将减慢或阻止晶体管状态的切换。

②IC 供电端之间电压的增大将引发可靠性问题。

③ 泄漏到静态晶体管中的电压波动和来自邻近信号线的串扰将使传输路径远端的静态晶体管电路产生错误的开关切换。

④ 驱动器输出波形退化将引起时序容限错误。

SSN 分析电路模型原理图如图 5.12 所示,图中包含与 SSN 相关的所有元器件。原理图系统中的数字芯片由 3 个片外驱动器(驱动器 1、驱动器 2 和驱动器 3)和一个片上驱动器(驱动器 4)组成,这个芯片经由封装再连接到系统。封装由局部自感和局部互感组成,图 5.12 中画出了局部自感,局部互感没有画出。片外驱动器的系统负载用电容表示。

由于电阻对开关噪声的影响很小,为简化讨论,这里忽略其影响,并把封装电感提取为简化的集总元件进行分析。可以将 SSN 分为两种情况:片上(On-chip)开关噪声

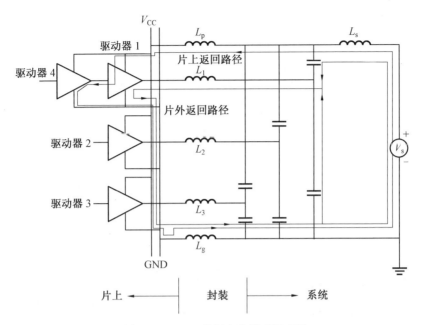

图 5.12　SSN 分析电路模型原理图

和片外(Off-chip)开关噪声。对于片上开关,驱动器 4 传输信号至驱动器 1;对于片外开关,驱动器 1～3 传输信号至用电容性负载表示的系统接收器。对于不同的情况,封装电感的影响是不同的。

可以参考图 5.12,当内部驱动器 4 开关(此时驱动器 1 作为接收端)时产生的噪声就是 On-chip SSN,可以看到其回流途径只经过电源和地,与信号管脚的寄生电感无关;而当驱动器 1(或 2,3)作为开关输出时,产生的噪声称为 Off-chip SSN,这时的电流将流经信号线和地,但不经过芯片的电源管脚(信号跳变为 1 到 0)与器件封装中电源的寄生电感 L_p 无关。

1. On-chip 切换噪声

对于片上开关,驱动器 4 必须对驱动器 1 的输入电容充放电。当从高电平向低电平切换时,图 5.13 所示为电流路径。当下面的电容放电时,电流全部包含在芯片上,没有产生互连噪声。而对上面的电容充电时,电流流经寄生电感,将产生感应电压 Ldi/dt。对于从低电平向高电平的切换,上面的电容放电而下面的电容充电,从互连和电源角度来看,电流路径是一样的。

图 5.13 中的 L_p 和 L_g 为封装中电源和地的寄生电感,L_s 为系统电源的电感。电流流经封装电源和地的局部电感,但不通过信号线的局部电感。现假设 L 为封装电源和地总的电感,由于 L_p 和 L_g 上通过的电流是反向的,则有

$$L = L_p + L_g - 2M_{pg} \tag{5.22}$$

式中 M_{pg}——L_p 和 L_g 之间的耦合电感。

这时芯片实际得到的电压为

$$V_{chip} = V_s - L \frac{\mathrm{d}i}{\mathrm{d}t} - L_s \frac{\mathrm{d}i}{\mathrm{d}t} \tag{5.23}$$

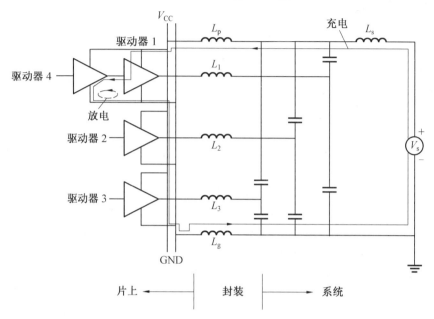

图 5.13   片上驱动器和片上接收器间的信令从逻辑 1 到逻辑 0 变化时的电流路径

因而,在瞬间开关时,加载在芯片上的电源电压会下降,随后围绕 V_s 振荡并呈振铃状。片上电压降低的部分称为电源下垂(supply drop)、轨道塌陷(rail collapse)或电源紧缩(supply compression)。片上电压值一旦出现降低现象,随后通常会在 V_s 上下形成包络衰减的振铃。电源电压的降低减缓了片上电路工作速度,降低了最大时钟速度。上面的分析仅仅是针对一个内部驱动工作的情况,如果多个驱动级同时工作,会造成更大的电源压降,从而造成器件的驱动能力降低,电路速度会减慢。有几种方法能明显减小轨道塌陷,其基本的策略是通过降低电感或电流的变化率来减小感应噪声,通常可以采取的措施有:

(1)降低芯片内部驱动器的开关速率和同时开关的数目,以减小 $\mathrm{d}i/\mathrm{d}t$。但是由于现在高速电路设计的方向就是更快,印刷电路板(printed circuit board,PCB)的布局更密,因此该措施是不符合实际的。

(2)降低系统供给电源的电感。像前面分析的一样,让电源层和地平面尽量接近,从而使得从电源到电路的电感最小。高速电路设计中要求使用单独的电源层。

(3)降低芯片封装中的电源和地管脚的电感。比如增加电源和地的管脚数目,缩短电源和地的引线长度,尽可能采用大面积铺铜来减小电源和地平面之间的局部自感。

（4）增加电源和地的互相耦合电感也可以减小回路总的电感。像前面分析的一样，互感增大能使总电感变小，因此要让电源和地的管脚成对分布，并尽量靠近，这样可能因电源与地平面间距很小而产生较大的局部互感。

（5）给系统电源增加旁路电容，这些电容可以给高频的瞬变交流信号提供低电感的旁路，而变化较慢的信号仍然走系统电源回路，如图 5.14 所示。这样做使得那些电流快速变化的元件在靠近电路处及时得到供电，电流变化缓慢的元件仍然靠原来的电源供给。只要在两次电路开关之间，旁路电容器能完成再充电，这种方法就完全奏效。虽然片外驱动器上的负载电容也可以看作旁路电容，但由于其电容很小，所以对交流旁路作用不大。

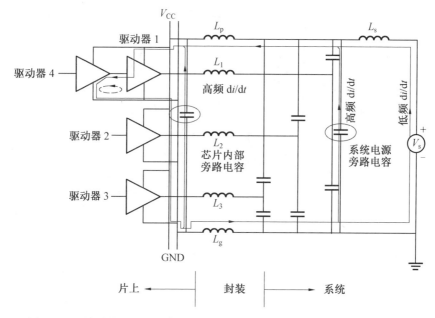

图 5.14　给系统电源增加旁路电容后由高到低切换的片上开关电流路径

（6）考虑在芯片封装内部使用旁路电容，这样更加靠近驱动器，高频电流的回路电感会非常小，能在很大程度上减小芯片内部的 SSN。

（7）更高要求的情况下可以将芯片不经过封装而直接装配到系统主板上，这称为直接芯片连接（direct chip attach，DCA）技术。但这种技术关系到一些稳定性和安全性的问题，在目前的技术水平下，还存在着很多问题，一般不运用。

在实践中，可以根据需要权衡成本，选择使用上述方法。对于低成本应用，可以在主板上使用四侧引脚扁平封装（quad flat package，QFP）和表面贴装的旁路电容器；对高成本高性能的系统，可以使用倒装球栅阵列封装（ball grid array，BGA）和完整的电源和地平面以获得最小电感，并在主板上和封装中添加旁路电容器。

2. Off-chip 切换噪声

对于从片上到片外的信令,片上驱动器必须使信号经由封装去完成对片外电容的充放电。对于从高到低的开关切换,电流路径如图 5.15 所示。

Off-chip 和 On-chip 最显著的区别在于计算开关噪声时需要考虑信号线的电感,而且对于不同的开关状态其电流回路也不同。由 1 到 0 跳变时,回流不经过封装的电源管脚;由 0 到 1 跳变时,回流不经过封装的地管脚。类似前面的分析,可计算由封装电感的影响造成的电压降为(不考虑系统电源电感)

$$V_{gb} = (L_1 + L_g - 2M_{1g}) \frac{\mathrm{d}i}{\mathrm{d}t} \tag{5.24}$$

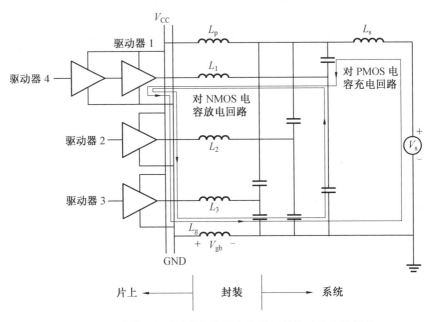

图 5.15 驱动器 1 驱动片外接收器由高到低切换时的电流路径

这时,芯片的地并不是与理想的系统地保持同样的零电位,而是存在 V_{gb} 的电压波动,这个电压相对于片外,即系统地电压为正,片上地电压在开关时增加。这种现象称为地弹(也称地跳),同样对于 0 到 1 开关状态,封装电感会给电源造成一定的压降,大量电流的涌入产生了电源弹,称为电源反弹,这时片上的电源参考电位相对而言将变得低于片外电源。当然,地弹现象是 On-chip 和 Off-chip 同步开关输出的综合影响,但需要注意的是,地弹噪声只与封装寄生电感有关,而与系统的电源和地的电感无关,这也是 SSN 和地弹在概念上不等同的根本原因。

地弹对芯片的电源完整性会造成影响。片上的电源电压为 $V_s - V_{gb}$,所以地弹直接造成轨道塌陷。由片外信令所引起的轨道塌陷可通过以下方法来降低:

(1) 降低芯片内部驱动器的开关速率和同时开关的数目,满足时序要求的最慢边沿产生最小的噪声。

（2）降低封装回路电感,可以通过降低局部自感以及增加信号、电源和地的耦合电感来实现。

（3）在封装内部使用旁路电容,这样能让电源和地平面共同分担电流回路,可以减小等效电感和电压波动。但对于系统电源旁路电容的使用将使得无法减小由片外信号传输引起的地弹噪声。电源反弹同样可以导致轨道塌陷,其解决方法与地弹相同。

5.2.3　SSN 仿真分析

分析 SSN 的基本原理,可以总结出一个结论:对于给定的电路,即 di/dt 不变的情况下,减轻 SSN 就是尽量减小信号回路的等效电感 L_{eff}。L_{eff} 包含 3 个部分:

① On-chip 开关输出的回路等效电感 $L_{eff,PG}$,其为电源和地引脚回路形成的电感,计算公式为

$$L_{eff,PG} = L_p + L_g - 2M_{pg} \tag{5.25}$$

② 所有 Off-chip 驱动从低到高开关输出的回路等效电感 $L_{eff,LH}$,其为电源引脚和信号线回路形成的电感,计算公式为

$$L_{eff,LH} = L_s + L_p - 2M_{sp} \tag{5.26}$$

③ 所有 Off-chip 驱动从高到低开关输出的回路等效电感 $L_{eff,HL}$,其为信号和地线形成的回路的等效电感,计算公式为

$$L_{eff,HL} = L_s + L_g - 2M_{sg} \tag{5.27}$$

对于 Off-chip 的同步开关来说,如果驱动器的跳变不一致,如有的是从 1 到 0 变化,有的是从 0 到 1 变化,则某些回流方向将相反,会因耦合而降低等效电感,而对于噪声分析,需能预见最坏的可能,所以考虑所有同步开关状态都一致的情况。

SSN 的产生绝大部分源于芯片封装的问题(此外,还有接插件或连接器),若仅仅是比较芯片封装管脚本身的寄生电感来判断高频封装的优劣,并没有太大意义。更有效的方法是通过仿真及测试得到信号回路等效电感 L_{eff} 来进行比较,L_{eff} 越大,就意味着 SSN 也越大。但有时也不是很容易就可以通过 L_{eff} 看出来,这时候就要取决于实际应用,看电源稳定性和信号干扰哪个更重要。

利用软件对 SSN 进行具体分析时,可以构建图 5.10 所示电路模型,通过集成电路用仿真程序(simulation program with integrated circuit emphasis,SPICE)进行仿真。

在 Saber 软件中对图 5.10 所示电路模型进行仿真,具体电路如图 5.16 所示。L_1、L_2 和 L_3 分别为芯片封装寄生电感、电源线上的电感和地线上的电感;C_1、C_2 和 C_3 分别为负载、片外去耦电容和片上去耦电容;V_{dd} 为 3.3 V 直流外部电源;V_{in} 为 3.3 V/100 MHz 的脉冲。封装寄生电感一般都在 nH 的数量级,去耦电容一般都在

μF 或 pF 的数量级。

假设 L_1、L_2 和 L_3 均为 1 nH,为了去耦,由串联谐振的计算公式

$$\omega_0 L = \frac{1}{\omega_0 C} \tag{5.28}$$

可得

$$C = \frac{1}{\omega_0^2 L} \tag{5.29}$$

将 $\omega_0 = 2\pi \times 100$ MHz 代入式(5.29)后,得到 C 约为 4 μF。

未加去耦电容,加片外去耦电容 C_2,加片上去耦电容 C_3,加去耦电容 C_2、C_3 后的电压波形分别如图 5.17 ~ 图 5.20 所示,其中,V_load 为负载端电压波形,V_driver 为片内驱动器获得的供电电压波形。

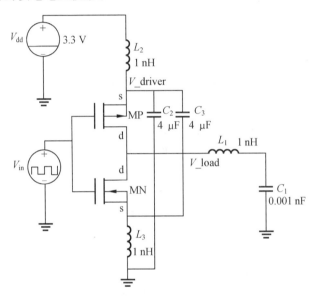

图 5.16 去耦电容降噪电路

从图 5.17 可以看出,没有去耦电容时,负载端电压波形存在过冲和轻微的振铃,片内驱动器获得的电压围绕 3.3 V 有较大波动。图 5.18 中,加入片外去耦电容后负载端电压波形正电压变得理想,说明这些效应都是由电源供电电感造成的,片内驱动器获得的电压波动有减小,但是没有完全消除,因为封装电感也引入噪声。图 5.19 中,片上去耦电容的使用抑制了过冲,但是片内驱动器获得的供电电压波形却出现了高频振荡,这是片上去耦电容和封装电感相互作用的结果,此时片上去耦电容的使用几乎完全消除了轨道塌陷噪声,这时再增加片外去耦电容,对于负载端电压波形而言(图 5.20),已经看不到明显的效果。而图 5.20 中,同时使用片外和片上去耦电容可以使片内驱动器获得相对干净的电压波形。

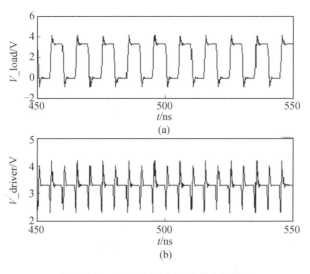

图 5.17　未加去耦电容时的电压波形

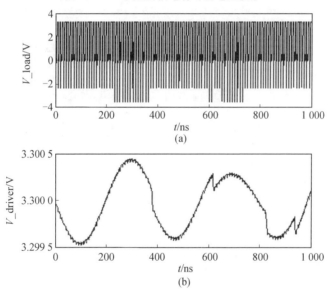

图 5.18　加片外去耦电容 C_2 后的电压波形

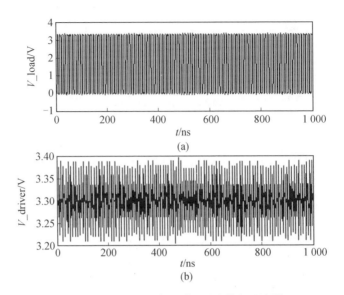

图 5.19　加片上去耦电容 C_3 后的电压波形

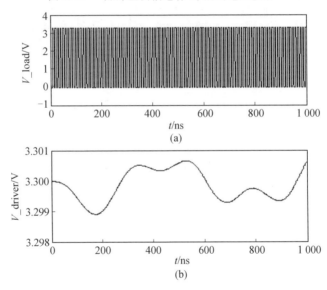

图 5.20　加去耦电容 C_2、C_3 后的电压波形

通过分析及仿真,得出下面的结论:

(1)要抑制 SSN,首先是减少芯片封装的分布电感,在考虑 IC 引脚的配置图时,就应该将时钟脉冲信号或数据/地址总线的引脚位置摆放在较靠近芯片的地方,这样能减小寄生电阻和寄生电感的影响。

(2)采用分布电感量较小的芯片封装技术。

(3)设计电路时,应尽可能避免让某个逻辑门驱动太多的负载,避免逻辑门电路之间的相互干扰。一般而言,在数字电路中若有多个并联的逻辑装置,计算总输入电容时将每个逻辑装置的输入电容直接相加。

（4）当电源/地线对 I/O 信号线的比例一定时,输出缓冲器同时开启数目 N 和不同封装结构的等效电感 L_{eff} 会对 SSN 产生影响,一般是当同时开启数目 N 逐步加大时,SSN 趋于饱和;当同时开启数目 N 逐步增加时,封装结构等效电感 L_{eff} 越大,SSN 越早趋向饱和。

（5）增加旁路电容,在满足设计要求的前提下,可降低芯片内部驱动器的开关速率和同时开关的数目,降低封装回路电感,增加信号、电源和地三者两两之间的耦合电感,降低系统供给电源的电感等方法能降低 SSN 和地弹噪声。

5.3　狭缝－地表扰动晶格型电磁带隙结构的设计实现

5.3.1　狭缝－地表扰动晶格型电磁带隙模型设计

电磁带隙结构（electromagnetic bandgap,EBG）可在宽频带范围内抑制 SSN 耦合到整个 PDN,降低 PDN 阻抗,为 SSN 提供暂态低阻抗回路,降低高速数字电路对模拟电路的影响。为降低高速数字信号引入的 SSN,提高采集系统的采集精度和系统稳定性,本节提出狭缝－地表扰动晶格（Slit-GSPL）型 EBG 结构,在电源/地平面对上,特殊的 EBG 结构可在特定频率范围内提供隔离,抑制特定频率的电磁干扰,提供表现频率阻带带隙特性的滤波器,并降低 SSN。

如图 5.21 所示,本节提出的 Slit-GSPL 型 EBG 结构结合了对称分布过孔的蘑菇型 EBG 结构和共面型狭缝 EBG 结构,并综合了二者的优点。其设计原理为,将常规的共面型狭缝 EBG 结构与特殊的周期分布式地表扰动晶格结构相结合。该结构的顶层为狭缝结构的电源平面层,而中间层通过 8 个过孔对称连接到底层地平面层。由于地表扰动晶格的慢波效应,多过孔连接中间层至地平面的结构,可显著增加有效阻带宽度。对高速数据采集系统的数字电源层进行狭缝 EBG 结构设计,其叠层结构尺寸如图 5.21（b）所示,电源平面层狭缝 EBG 结构尺寸如图 5.21（c）所示,其可看作对该层边长为 d 的正方形单元格做特殊刻蚀。中间层与数字电源层和地层之间的距离分别为 h_1 和 h_2,中间层为正方形,边长为 w。过孔的半径为 r,其距离中间层边沿距离为 t,每面对称放置过孔。该结构的波传导在确定频带被禁止,且禁带由中间层和狭缝的大小及形状决定。

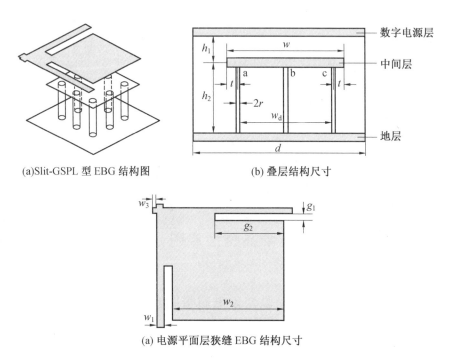

(a)Slit-GSPL 型 EBG 结构图　　　　(b) 叠层结构尺寸

(a) 电源平面层狭缝 EBG 结构尺寸

图 5.21　Slit-GSPL 型 EBG 结构及尺寸

5.3.2　参数优化设计

中间层与地平面之间连接的过孔是地表扰动晶格结构中的重要部分,过孔的数目、位置和排列方式将显著影响谐振腔效应的特性。为了简化,本书将过孔沿着中间层的边缘,对称且均匀地分布在横轴和纵轴方向上。6 种不同过孔的 EBG 结构如图 5.22 所示,这些结构除过孔位置或数目不同外,被设定具备相同的几何尺寸。超过 8 个过孔的结构未被考虑,因其过于复杂,难以在实际中应用。

图 5.23 所示为图 5.22 中 6 种结构低频截止频率和高频截止频率的仿真对比结果,其表明这 6 种结构具备近似的低频截止频率 f_L。当具备相同的过孔数时,不同的模式之间频率特性差别很小。在 6 种结构中,8 个过孔的结构可达到更高的高频截止频率 f_H,这意味着,在本节所提出的 Slit-GSPL 型 EBG 结构中,增加过孔数目并保持其他参数不变,可增强所提结构的禁带宽度。

图 5.24 所示为当过孔位置参数 t 变化时本节所提 Slit-GSPL 型 EBG 结构低频截止频率 f_L 和高频截止频率 f_H 变化情况。可看出,当 t 变大时,f_L 将更低,且最低 f_L 出现在 $t=3.0$ mm 的位置,此时结构边缘排列的 8 个过孔都被移至中间层的中心位置,即 Ⅰ 类结构。当 t 从 0 增大至 1.22 mm 时,由于中间层的等效谐振腔减小,因此高频截止频率 f_H 增大。但当 t 大于 1.22 mm 时,由于中间层的等效谐振腔增大,因此高频

截止频率 f_H 减小。这意味着，最大高频截止频率 f_H 出现在 $t=1.22$ mm 位置。

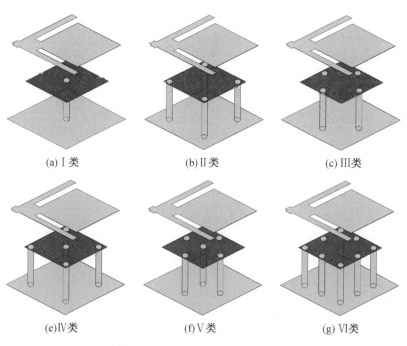

(a) I 类　　　　　　(b) II 类　　　　　　(c) III 类

(e) IV 类　　　　　　(f) V 类　　　　　　(g) VI 类

图 5.22　6 种不同过孔的 EBG 结构

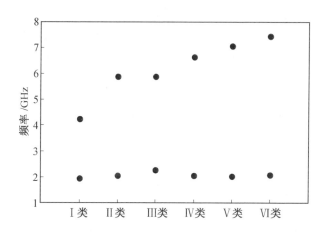

图 5.23　6 种不同过孔的 EBG 结构的高低频截止频率比较

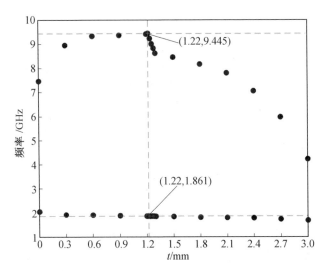

图 5.24　t 不同时,Slit-GSPL 型 EBG 结构的高低频截止频率变化情况

　　狭缝越窄该面的正方形分支长度越长,则分支的等效电感越大。这意味着,顶层狭缝 EBG 电源平面被刻蚀的长方形区块的数量和排列方式将显著影响禁带特性。增加狭缝数量及改变各狭缝的长度可用于设计各输出通道的分配和分离,且可用于对结构进行修改以得到其他期望的频带,但其表现出多阻带特性,不适合本书的设计应用环境,因此不做过多讨论。同时,由于难以枚举过孔数目、狭缝的排列方向及位置,以及它们的排列组合结构,因此本书仅列举 3 种狭缝结构,如图 5.25 所示。这 3 种应用于 Slit-GPSL 型 EBG 顶层的狭缝结构的低频截止频率 f_L 和高频截止频率 f_H 变化情况如图 5.26 所示。由于增加同样尺寸的狭缝块数对增大禁带宽度无效,因此本书仅采用典型的狭缝 EBG 结构。

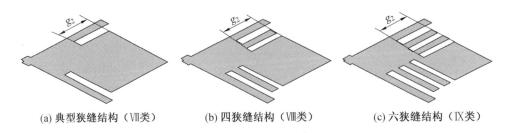

(a) 典型狭缝结构（Ⅶ类）　　　(b) 四狭缝结构（Ⅷ类）　　　(c) 六狭缝结构（Ⅸ类）

图 5.25　3 种不同的应用于顶层的狭缝结构

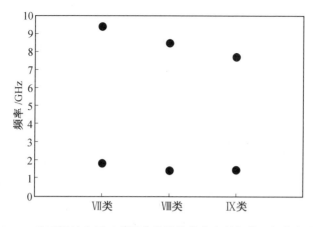

图 5.26　3 种不同的应用于顶层的狭缝结构的高低频截止频率变化情况

5.3.3　等效传输线模型建模及分析

为理解和预测本节所提 EBG 模型可达到的带隙截止频带,对图 5.21(a)所示模型建模,根据物理结构和过孔位置,将该模型划分为 8 个区域,如图 5.27(a)所示,并将其等效成一维传输线模型,如图 5.27(b)所示。区域 A 和 D 是两层结构,可类比由 L_{pg} 和 C_{pg} 组成的 π 型结构建模,A′ 和 D′ 区域具备同样的特性。

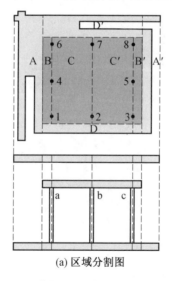

(a) 区域分割图

图 5.27　Slit-GSPL 型 EBG 区域分割图及一维传输线等效模型

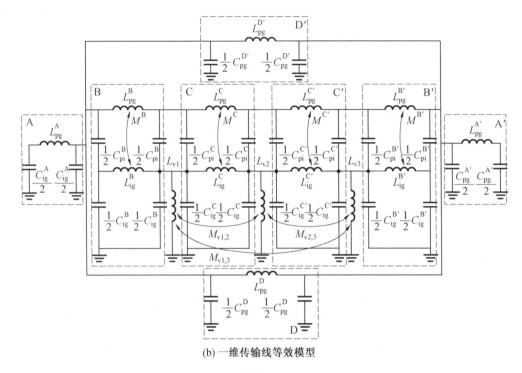

(b) 一维传输线等效模型

续图 5.27

区域 B 和 C 为 3 层平面结构,包含被刻蚀的电源平面、中间层和地平面,B′ 和 C′ 与之类似。在这四个区域,电源平面与地平面之间的等效电感和等效电容可分别由 L_{pg} 和 C_{pg} 表示,而中间层与底层之间的等效电感和等效电容可分别由 L_{ig} 和 C_{ig} 表示。将电源平面层与中间层之间的等效电容由 C_{pi} 表示,L_{pg} 与 L_{ig} 之间的互感定义为 M。L_{v1}、L_{v2} 和 L_{v3} 分别代表过孔 a、b 和 c 的等效电感,且 $L_{v1}=L_{v3}$。由于两个过孔平行排列,因此 $L_{v2}=L_{v1}/2$。两两过孔之间存在互感,分别为 $M_{v1,2}$、$M_{v2,3}$ 和 $M_{v1,3}$。

单个过孔等效电感 L_{v1} 和互感 $M_{vi,j}$ 的计算公式为

$$L_{v1}=\mu_0\,\frac{h_2}{2\pi}\left\{\ln\left[\frac{2h_2}{r}+\sqrt{1+\left(\frac{2h_2}{r}\right)^2}\,\right]-\sqrt{1+\left(\frac{r}{2h_2}\right)^2}+\frac{r}{2h_2}+\frac{1}{4}\right\} \quad (5.30)$$

$$M_{vi,j}=\mu_0\,\frac{h_2}{2\pi}\left\{\ln\left[\frac{2h_2}{D_{i,j}}+\sqrt{1+\left(\frac{2h_2}{D_{i,j}}\right)^2}\,\right]-\sqrt{1+\left(\frac{D_{i,j}}{2h_2}\right)^2}+\frac{D_{i,j}}{2h_2}+\frac{1}{4}\right\} \quad (5.31)$$

式中 μ_0——自由空间相对磁导率,约等于 $1.256\ 6\times10^{-6}\ \text{H/m}$;

h_2——过孔的长度;

r——过孔半径;

$D_{i,j}$——L_{vi} 与 L_{vj} 之间的距离,$i,j=1,2,3$。

区域 B、C、C′ 和 B′ 中电源与地平面之间和中间层与地层平面之间的等效电感,可

分别表示为

$$L_{\mathrm{pg}}^{\mathrm{B}} = L_{\mathrm{pg}}^{\mathrm{B'}} = \mu_0 (h_1 + h_2) t / w \tag{5.32}$$

$$L_{\mathrm{pg}}^{\mathrm{C}} = L_{\mathrm{pg}}^{\mathrm{C'}} = \mu_0 (h_1 + h_2)(w - 2t)/2w \tag{5.33}$$

$$L_{\mathrm{ig}}^{\mathrm{B}} = L_{\mathrm{ig}}^{\mathrm{B'}} = \mu_0 h_2 t / w \tag{5.34}$$

$$L_{\mathrm{ig}}^{\mathrm{C}} = L_{\mathrm{ig}}^{\mathrm{C'}} = \mu_0 h_2 (w - 2t)/2w \tag{5.35}$$

当区域的几何尺寸比对应的两个平面之间的距离更大时，参数 $L_{\mathrm{pg}}^{\mathrm{A}}$、$L_{\mathrm{pg}}^{\mathrm{A'}}$、$L_{\mathrm{pg}}^{\mathrm{D}}$、$L_{\mathrm{pg}}^{\mathrm{D'}}$ 可由下式推导：

$$L = \int_{l_1}^{l_2} \mathrm{d}L = \int_{l_1}^{l_2} \frac{\mu_0 \Delta d}{w(l)} \mathrm{d}l \tag{5.36}$$

式中　$w(l)$—— 等效平行平面间传输线的宽度；

Δd—— 两个平行平面之间的距离。

若区域的几何尺寸比对应的两个平面之间的距离小时，参数 $L_{\mathrm{pg}}^{\mathrm{A}}$、$L_{\mathrm{pg}}^{\mathrm{A'}}$、$L_{\mathrm{pg}}^{\mathrm{D}}$、$L_{\mathrm{pg}}^{\mathrm{D'}}$ 可通过背敷金属共面波导（conductor-back coplanar waveguide）原理进行推导。

$$L_{\mathrm{pg}}^{\mathrm{A}} = \frac{z_{\mathrm{micro1}}}{c} \sqrt{\varepsilon_{\mathrm{micro1}}} w_3 + \frac{z_{\mathrm{micro2}}}{c} \sqrt{\varepsilon_{\mathrm{micro2}}} w_1 + \frac{z_{\mathrm{micro3}}}{c} \sqrt{\varepsilon_{\mathrm{micro3}}} g_1 + \frac{z_{\mathrm{micro4}}}{c} \sqrt{\varepsilon_{\mathrm{micro4}}} \left(\frac{w_2}{2} - \frac{w}{2} \right) \tag{5.37}$$

$$L_{\mathrm{pg}}^{\mathrm{A'}} = \frac{z_{\mathrm{micro1}}}{c} \sqrt{\varepsilon_{\mathrm{micro1}}} \left(\frac{d}{2} + w_3 - \frac{w}{2} \right) + \frac{z_{\mathrm{micro2}}}{c} \sqrt{\varepsilon_{\mathrm{micro2}}} \left(\frac{d}{2} - \frac{w}{2} \right) \tag{5.38}$$

$$L_{\mathrm{pg}}^{\mathrm{D'}} = \frac{z_{\mathrm{micro1}}}{c} \sqrt{\varepsilon_{\mathrm{micro1}}} w_1 + \frac{z_{\mathrm{micro2}}}{c} \sqrt{\varepsilon_{\mathrm{micro2}}} g_1 + \frac{z_{\mathrm{micro3}}}{c} \sqrt{\varepsilon_{\mathrm{micro3}}} \left(\frac{w_2}{2} - \frac{w}{2} \right) \tag{5.39}$$

$$L_{\mathrm{pg}}^{\mathrm{D}} = \frac{z_{\mathrm{micro1}}}{c} \sqrt{\varepsilon_{\mathrm{micro1}}} \left(\frac{w_2}{2} - \frac{w}{2} \right) \tag{5.40}$$

M 为 L_{pg} 和 L_{ig} 之间的互感，因为电源／地平面电流回路与中间层／地平面电流回路区域重叠，所以

$$M^{\mathrm{B}} = M^{\mathrm{B'}} = L_{\mathrm{ig}}^{\mathrm{B}} = L_{\mathrm{ig}}^{\mathrm{B'}} \tag{5.41}$$

$$M^{\mathrm{C}} = M^{\mathrm{C'}} = L_{\mathrm{ig}}^{\mathrm{C}} = L_{\mathrm{ig}}^{\mathrm{C'}} \tag{5.42}$$

$$C_{\mathrm{pi}}^{\mathrm{B'}} = C_{\mathrm{pi}}^{\mathrm{B}} = \varepsilon_0 \varepsilon_{\mathrm{r}} \frac{tw}{h_1} \tag{5.43}$$

$$C_{\mathrm{pi}}^{\mathrm{C'}} = C_{\mathrm{pi}}^{\mathrm{C}} = \varepsilon_0 \varepsilon_{\mathrm{r}} \left(\frac{w}{2} - t \right) w / h_1 \tag{5.44}$$

$$C_{\mathrm{ig}}^{\mathrm{B'}} = C_{\mathrm{ig}}^{\mathrm{B}} = \varepsilon_0 \varepsilon_{\mathrm{r}} tw / h_2 \tag{5.45}$$

$$C_{\mathrm{ig}}^{\mathrm{C'}} = C_{\mathrm{ig}}^{\mathrm{C}} = \varepsilon_0 \varepsilon_{\mathrm{r}} \left(\frac{w}{2} - t \right) w / h_2 \tag{5.46}$$

$$C_{\mathrm{pg}}^{\mathrm{A}} = C_{\mathrm{pg}}^{\mathrm{A'}} = \varepsilon_0 \varepsilon_{\mathrm{r}} \frac{d^2 - w^2}{2(h_1 + h_2)} \tag{5.47}$$

式中　ε_0—— 自由空间的介电常数，通常取 $8.854\,2 \times 10^{-12}\,\mathrm{F/m}$；

ε_{r}—— 板层材料的相对介电常数，通常取 $4.47\,\mathrm{F/m}$。

5.3.4 截止频率及带宽预测

在低频段,图5.27(b)可被简化为图5.28。从定性观点考虑,区域A与A′之间的差别可忽略。区域A由电源平面层和地平面层构成,可等价为高阻抗传输线模型,由纵向电感 L_{pg}^A 表示。区域B、B′、C和C′均由3层平面的叠层和8个过孔组成。其中电源平面层和中间层可被认为是低阻抗传输线模型,由等效电容 C_p 表示,而过孔被用于连接中间层和底层,电流通过过孔从中间层流向地平面层,使得过孔表现出电感的特性,可由等效电感 L_{v_eff} 表示。

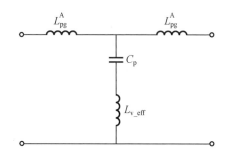

图 5.28　简化的一维传输线等效模型

图5.28中的等效电容参数 C_p 可由下式计算:

$$C_p = 2C_{pi}^B + 2C_{pi}^C = 2\varepsilon_0\varepsilon_r\frac{tw}{h_1} + 2\varepsilon_0\varepsilon_r\frac{\left(\frac{w}{2}-t\right)w}{h_1} = \frac{\varepsilon_0\varepsilon_r w^2}{h_1} \tag{5.48}$$

从而得到低频截止频率

$$f_L = \frac{1}{2\pi}\sqrt{\frac{2}{C_p(L_{pg}^A + 2L_{v\_eff})}} \tag{5.49}$$

式(5.48)表明,电源平面层与中间层之间的等效电容 C_p 与过孔的位置 t 无关。式(5.49)表明,当 L_{v_eff} 增大时,低频截止频率 f_L 降低。等效电感 L_{v_eff} 可由三维准静态电磁场解算器(3D quasi-static field,Q3D)求解。L_{v_eff} 与过孔位置参数 t 之间的关系如图5.29所示,L_{v_eff} 随过孔位置参数 t 增大而增大,此结论验证了图5.24的正确性。

式(5.49)还表明,增大中间层与顶层电源平面之间的电容 C_p 或过孔的电感 L_{v_eff} 均可降低低频截止频率。考虑顶层被刻蚀的电源平面与中间层地表扰动晶格组成的谐振腔,高频截止频率可由谐振腔理论推导。图5.27(b)中,从腔体边缘看进去的等效输入阻抗可表示为

$$Z_{11} = P(\omega)/Q(\omega) \tag{5.50}$$

$$Q(\omega) = a(\omega)b(\omega)c(\omega)d(\omega) \tag{5.51}$$

式中

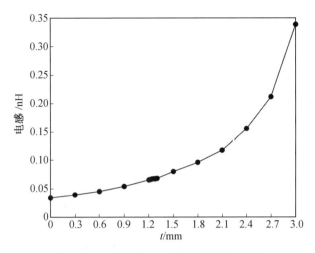

图 5.29　过孔位置 t 不同时的等效电感

$$a(\omega) = 1 + \frac{C_{pi}^{B}(L_{pg}^{C} - L_{ig}^{C})(L_{pg}^{B} - L_{ig}^{B})(C_{pi}^{B} + C_{pi}^{C})}{4}\omega^{4} +$$
$$\left[\frac{1}{2}C_{pi}^{C}(L_{ig}^{C} - L_{pg}^{C}) + C_{pi}^{B}(L_{ig}^{C} - L_{pg}^{C}) + \frac{1}{2}C_{pi}^{B}(L_{ig}^{B} - L_{pg}^{B})\right]\omega^{2} \tag{5.52}$$

$$b(\omega) = C_{pi}^{B} + C_{pi}^{C} + \frac{1}{4}\left[C_{pi}^{C}(2C_{pi}^{B} + C_{pi}^{C})(L_{ig}^{C} - L_{pg}^{C}) + C_{pi}^{B}(2C_{pi}^{C} + C_{pi}^{B})(L_{ig}^{B} - L_{pg}^{B})\right]\omega^{2} +$$
$$\frac{1}{8}C_{pi}^{B}C_{pi}^{C}(L_{pg}^{B} - L_{ig}^{B})(L_{pg}^{C} - L_{ig}^{C})(C_{pi}^{B} + C_{pi}^{C})\omega^{4} \tag{5.53}$$

$$c(\omega) = L_{ig}^{C} + L_{v1} + \left[-\frac{L_{ig}^{C}L_{v1}(C_{ig}^{B} + C_{ig}^{C})}{2} - \frac{C_{ig}^{B}(L_{ig}^{C}L_{ig}^{B} + L_{ig}^{B}L_{v1} + L_{ig}^{C}L_{v1})}{2}\right]\omega^{2} +$$
$$\frac{C_{ig}^{B}L_{ig}^{B}L_{ig}^{C}L_{v1}(C_{ig}^{B} + C_{ig}^{C})}{4}\omega^{4} \tag{5.54}$$

$$d(\omega) = \left[-\frac{1}{4}C_{ig}^{B}C_{ig}^{C}L_{ig}^{B}L_{ig}^{C}L_{v2}L_{v1}(C_{ig}^{B} + C_{ig}^{C})\right]\omega^{6} + \left[\frac{1}{4}C_{ig}^{B}L_{ig}^{B}L_{ig}^{C}L_{v1}(C_{ig}^{C} + C_{ig}^{C}) + \right.$$
$$C_{ig}^{B}C_{ig}^{C}L_{v2}L_{v1}(L_{ig}^{C} + L_{ig}^{B}) + \frac{1}{2}L_{v2}(C_{ig}^{B}C_{ig}^{C}L_{ig}^{B}L_{ig}^{C} + L_{v1}(C_{ig}^{C})^{2}L_{ig}^{C} +$$
$$L_{v1}(C_{ig}^{B})^{2}L_{ig}^{B})\Big]\omega^{4} - \left[L_{v2}L_{ig}^{C}C_{ig}^{C} + C_{ig}^{B}L_{v2}L_{ig}^{B} + \left(C_{ig}^{B} + \frac{1}{2}C_{ig}^{C}\right)L_{ig}^{C}L_{v1} + \right.$$
$$2L_{v2}L_{v1}(C_{ig}^{C} + C_{ig}^{B}) +$$
$$\frac{1}{2}C_{ig}^{B}L_{ig}^{B}(L_{v1} + L_{ig}^{C})\Big]\omega^{2} + L_{ig}^{C} + 2L_{v2} + L_{v1} \tag{5.55}$$

则存在频率点使得 $Q(\omega)=0$，该点即为高频截止频率。令 $a(\omega)=0, b(\omega)=0, c(\omega)=0$，

$d(\omega)=0$，则四个谐振频率点 f_1、f_2、f_3、f_4 为

$$f_1 = \frac{1}{2\pi}\sqrt{\frac{\begin{array}{l}((2C_{pi}^{B}+C_{pi}^{C})(L_{pg}^{C}-L_{ig}^{C})+C_{pi}^{B}(L_{pg}^{B}-L_{ig}^{B})-\{(C_{pi}^{B})^2(L_{pg}^{B}-L_{ig}^{B})^2- \\ 8C_{pi}^{B}L_{pg}^{C}L_{ig}^{C}(C_{pi}^{B}+C_{pi}^{C})+2C_{pi}^{B}C_{pi}^{C}(L_{pg}^{C}-L_{ig}^{C})(L_{ig}^{B}-L_{pg}^{B})- \\ 2(C_{pi}^{C})^2L_{pg}^{C}L_{ig}^{C}+2(C_{pi}^{B}+C_{pi}^{C})^2[(L_{pg}^{C})^2+(L_{ig}^{C})^2]\}^{\frac{1}{2}})/ \end{array}}{C_{pi}^{B}(C_{pi}^{B}+C_{pi}^{C})(L_{pg}^{B}-L_{ig}^{B})(L_{pg}^{C}-L_{ig}^{C})}}$$

(5.56)

$$f_2 = \frac{1}{2\pi}\sqrt{\frac{\begin{array}{l}(2C_{pi}^{B}C_{pi}^{C}(L_{pg}^{B}+L_{pg}^{C}-L_{ig}^{C}-L_{ig}^{B})+(C_{pi}^{C})^2(L_{pg}^{C}-L_{ig}^{C})+(C_{pi}^{B})^2(L_{pg}^{B}-L_{ig}^{B})- \\ \{(C_{pi}^{B})^4(L_{ig}^{B}-L_{pg}^{B})^2+(C_{pi}^{C})^4(L_{ig}^{C}-L_{pg}^{C})^2+4(C_{pi}^{B})^2C_{pi}^{C}(C_{pi}^{B}+C_{pi}^{C})(L_{pg}^{B}-L_{ig}^{B})^2+ \\ 4C_{pi}^{B}C_{pi}^{C}[(C_{pi}^{B})^2+(C_{pi}^{C})^2](L_{ig}^{B}-L_{pg}^{B})(L_{pg}^{C}-L_{ig}^{C})+ \\ 4C_{pi}^{B}(C_{pi}^{C})^2(C_{pi}^{B}+C_{pi}^{C})[(L_{ig}^{C})^2+(L_{pg}^{C})^2]+6(C_{pi}^{B})^2(C_{pi}^{C})^2(L_{pg}^{B}-L_{ig}^{B})(L_{ig}^{C}-L_{pg}^{C})- \\ 8C_{pi}^{B}(C_{pi}^{C})^2L_{ig}^{C}L_{pg}^{C}(C_{pi}^{B}+C_{pi}^{C})\}^{\frac{1}{2}})/[C_{pi}^{B}C_{pi}^{C}(C_{pi}^{B}+C_{pi}^{C})(L_{pg}^{B}-L_{ig}^{B})(L_{pg}^{C}-L_{ig}^{C})] \end{array}}}$$

(5.57)

$$f_3 = \frac{1}{2\pi}\sqrt{\frac{\begin{array}{l}\{L_{ig}^{C}L_{v1}(2C_{ig}^{B}+C_{ig}^{C})+C_{ig}^{B}L_{ig}^{B}(L_{ig}^{C}+L_{v1})- \\ [4(L_{ig}^{C})^2L_{v1}^{2}C_{ig}^{B}(C_{ig}^{B}+C_{ig}^{C})+(L_{ig}^{C}L_{v1}C_{ig}^{C}+C_{ig}^{B}L_{ig}^{B}L_{ig}^{C}+C_{ig}^{B}L_{ig}^{B}L_{v1})^2]^{\frac{1}{2}}\}/ \end{array}}{[C_{ig}^{B}L_{ig}^{B}L_{ig}^{C}L_{v1}(C_{ig}^{B}+C_{ig}^{C})]}}$$

(5.58)

$$f_4 = \frac{1}{2\pi}\min\{|\,\mathrm{roots}[d(\omega)=0]\,|\}$$

(5.59)

$$f_H = \min\{f_1, f_4\}$$

(5.60)

截止频率由四个谐振频率点中的最小值决定，即 $f_H = \min\{f_1, f_2, f_3, f_4\}$。证明可得 $f_1 < f_2$ 且 $f_1 < f_3$，而 f_1 与 f_4 之间的大小由过孔的等效电感 L_v 决定，如图5.30所示，设本节提出的 Slit-GSPL 型 EBG 结构参数 $(w_3, g_1, g_2, w_2, w_1, w, t, r, w_d, d, h_1, h_2) = (0.325, 0.25, 3.81, 6.74, 0.25, 6, 1.22, 0.15, 2.56, 7.565, 0.125, 0.549)$，单位

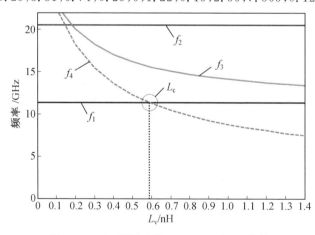

图 5.30 L_v 不同时的 f_1、f_2、f_3 和 f_4 曲线

为 mm，从图中可看到，当 $L_v > 0.585\ 6$ nH 时，$f_4 < f_1$，此时截止频率 f_H 由式 (5.60) 决定。

5.3.5　电源分配网络降噪可行性分析

1. 频域分析及实验结果

为了验证设计理念的正确性，将实测结果与仿真结果进行对比分析。Slit-GSPL 型 EBG、L-bridge GSPL 型 EBG、Slit EBG 和具备完整电源 / 地平面的参考板被制作成 FR-4 材料的 PCB 板，其中 L-bridge GSPL 型 EBG 仅用于仿真分析，未制作实物，其余 3 种 PCB 板的实物图如图 5.31 所示。设置 L-bridge GSPL 型 EBG 的几何尺寸参数 $(a, w, t_1, t_2, l, p, g_1, g_2, g_3, e)$ 为 $(7.89, 6, 0.125, 0.549, 5.19, 6.39, 0.25, 0.5, 0.5, 0.6)$，单位为 mm。通过文献[24]中的公式，可得到 L-bridge GSPL 型 EBG 的低频截止频率 f_L 和高频截止频率 f_H 分别为 2.28 GHz 和 10.72 GHz。本节提出的 Slit-GSPL 型 EBG 的 PCB 版图如图 5.32 所示，且设定图 5.21 中单元格的几何尺寸参数 $(w_3, g_1, g_2, w_2, w_1, w, t, r, w_d, d, h_1, h_2)$ 为 $(0.325, 0.25, 3.81, 6.74, 0.25, 6, 1.22, 0.15, 2.56, 7.565, 0.125, 0.549)$，单位为 mm。Slit-GSPL 型 EBG 结构传输线模型的等效参数计算后列于表 5.1。将这些参数代入式(5.49) 和式(5.60)，可得到低频截止频率 $f_L = 1.855$ GHz，高频截止频率 $f_H = 11.368$ GHz，以抑制该频段内的数字信号引起的 SSN。单元格结构、色散图和插入损耗曲线如图 5.33 所示，由图可见，本节建立的模型在低频截止频率较精确，但在高频截止频率有少许误差。当所有的几何参数增大时，高频截止频率降低，仿真结果与模型结果之间的差别将会减少，同时误差的比率保持不变。

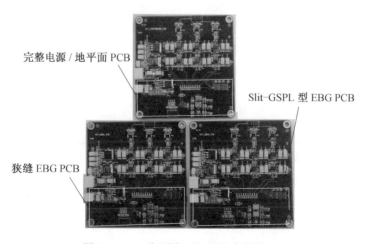

完整电源 / 地平面 PCB

Slit-GSPL 型 EBG PCB

狭缝 EBG PCB

图 5.31　3 种不同 PCB 板的实物图

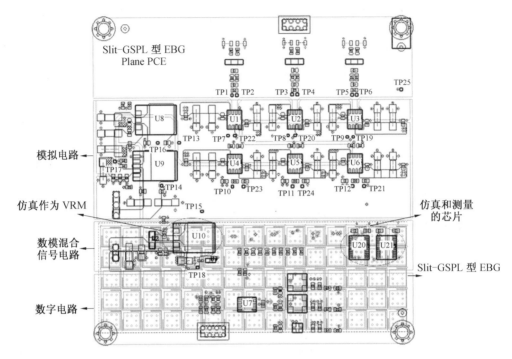

图 5.32　Slit-GSPL 型 EBG 结构的 PCB 版图

在本节提出的单元格结构基础上,设计了 5×15 的单元格结构以提供要求的禁带特性。在设计的 4 种具备相同结构尺寸的测试板中,Slit-GSPL 型 EBG 结构和 L-bridge GSPL 型 EBG 为 3 层结构,而狭缝 EBG 为两层结构。 本节所提结构和狭缝 EBG 结构的单元格色散图如图 5.33(b) 所示。从图中可看到,狭缝 EBG 的禁带为从低频频点 $f_L = 3.68\,\text{GHz}$ 至高频频点 $f_H = 7.73\,\text{GHz}$,而本节所提结构的禁带从 $f_L = 1.86\,\text{GHz}$ 至 $f_H = 9.44\,\text{GHz}$。图 5.33(b) 的结果验证了本节所提出的新型 EBG 结构远优于狭缝 EBG 结构。L-bridge GSPL 型 EBG 结构与本节所提结构的禁带宽度分别为 7.34 GHz 和 7.58 GHz。 在同样的几何尺寸下,本节所提结构频率特性略优于 L-bridge GSPL 型 EBG。

表 5.1　一维传输线模型等效参数

参数	计算值	参数	计算值
L_{pg}^{A}/nH	1.179	$M_{v1.2}/\text{nH}$	0.075
L_{pg}^{B}/nH	0.172	$M_{v1.3}/\text{nH}$	0.047
L_{pg}^{C}/nH	0.251	C_{pg}^{A}/pF	0.613

续表5.1

参数	计算值	参数	计算值
L_{ig}^{B}/nH	0.140	C_{pi}^{B}/pF	2.281
L_{ig}^{C}/nH	0.204	C_{ig}^{B}/pF	0.519
L_{v_eff}/nH	0.066	C_{p}/pF	11.22
L_{v1}/nH	0.096		

　　将测试端口放在 EBG 结构边缘,以测试端口位置点对传输线特性的影响。S 参数,即插入损耗 S_{21} 被用于表示 PDN 的高阻抗特性,通常以隔离度形式表现。图 5.33(c) 表明,Slit-GSPL 型 EBG 和狭缝 EBG 比完整电源 / 地平面的 $|S_{21}|$ 参数更低。通常禁带宽度和对应的 f_L、f_H 被定义在 $|S_{21}|<-30$ dB。由图 5.33(c) 可得到,狭缝 EBG 结构的禁带从 $f_L=3.78$ GHz 至 $f_H=7.68$ GHz,此时 L-bridge GSPL 型 EBG 的禁带从 $f_L=2.36$ GHz 至 $f_H=9.52$ GHz,而本节所提结构的禁带从 $f_L=1.8$ GHz 至 $f_H=9.6$ GHz。仿真结果表明,本节所提结构的隔离度高于 90 dB,表现出较好的频率特性。

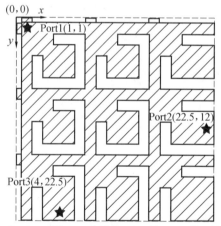

(a) Slit-GSPL 型 EBG 和狭缝 EBG 的 5×15 单元格结构

图 5.33　单元格结构、色散图和插入损耗曲线

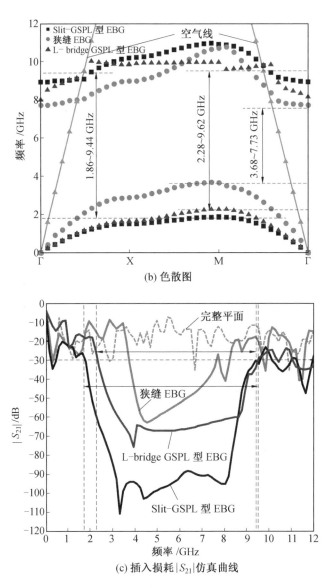

(b) 色散图

(c) 插入损耗 $|S_{21}|$ 仿真曲线

续图 5.33

完整电源／地平面为全金属平面,其表现出平行板波导特性,在固定频率发生固有共振现象。实验结果与模型预测结果一致,可被设计为禁带,且在该禁带内,高频数字电路引起的 SSN 可被降低,不会影响与其共享供电电源网络的模拟电路,且超过 90 dB 隔离度的 EBG 结构可保证模拟电路的正常工作。L-brige GSPL 型 EBG 结构的插入损耗约为 -70 dB,狭缝 EBG 中端口 2 和端口 1 之间的耦合系数为 -50 dB,而此时完整电源／地平面板的插入损耗 $|S_{21}|$ 仅为 -20 dB。实验结果验证了与完整电

源／地平面、狭缝 EBG 结构和 L-brige GSPL 型 EBG 结构相比,本节所提结构能更有效地增大禁带宽度。禁带宽度和高低频截止频率点由单元格形状和尺寸决定,单元格数目越多,结构的有效隔离度越大。本节所提结构的等效模型计算结果与图 5.33(b)的色散图和图 5.33(c)的插入损耗结果相符合,验证了模型的有效性。

2. 时域分析及实验结果

(1)输入／输出缓冲器信息规范(input/output buffer information specification, IBIS)模型精确仿真分析。

考虑高速模数混合系统中的关键传输线和关键器件,在本节所提结构和完整电源／地平面结构中重点关注高速器件 U20 和 U21 的信号线。分析数据、片选和读／写这三路信号线,以两路为干扰线(标号 1_in,2_in),另一路为被干扰线(标号 3_in)。取电源芯片电源地之间添加一个端口(port),作为等效的电压调节模块(voltage regulator module,VRM),以模拟整个系统的输入电源接口,U20 与 U21 之间端口连接和电压调节模组示意图如图 5.34 所示。

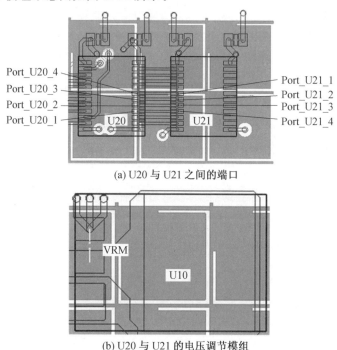

(a) U20 与 U21 之间的端口

(b) U20 与 U21 的电压调节模组

图 5.34　U20 与 U21 之间端口连接和电压调节模组示意图

IBIS 规范是较准确反映芯片真实输入输出电气特性的国际标准,本节采用按照 IBIS 规范创建的模型(简称 IBIS 模型)进行仿真,并与真实结果进行对比,以指导采样系统的电源完整性设计。本节中所用模型是双向管,并规定逻辑"0"约为 0.3 V 电平,逻辑"1"约为 3.3 V 电平,单板电源电压 VRM=3.3 V,两条干扰线(1_in,2_in)施加同一 200 MHz 方波驱动信号,被干扰信号(3_in)接地。图 5.35 所示为 IBIS 模型仿真电路原理图,标号 1_out、2_out 和 3_out 分别代表对应输入信号经过系统后的输出信号波形。

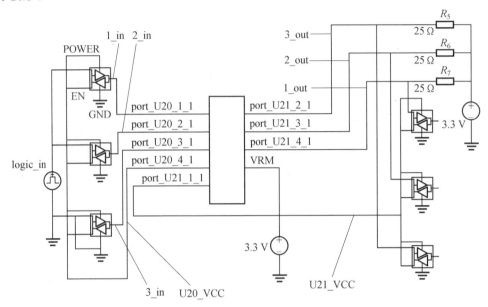

图 5.35   IBIS 模型仿真电路原理图

当输入标准脉冲时,信号 1 和信号 2 产生的 SSN 导致完整电源/地平面中信号 3 的输入信号并非保持静态零电平,如图 5.36(a)所示。受到板级电源/地平面电压差不稳和干扰信号 1 和信号 2 的影响,信号 3 产生同频波动,且电压振幅约为 0.61 V。该输出电平极易被处理器认为是高电平,从而造成信号反逻辑,产生不正确数据和系统误动作。而图 5.36(b)中,经过 Slit-GSPL 型 EBG 处理后受干扰信号 3 的同频噪声幅值下降了 40%,而标准 TTL 输入低电平最大 0.8 V,输出低电平最大 0.4 V,典型值 0.2 V,可见经过 Slit-GSPL 型 EBG 处理后,能确保系统传输的逻辑正常。

图 5.37(a)中,干扰信号 1 和干扰信号 2 产生的 SSN,会导致供电电源质量问题,不仅影响自身供电电源,且影响被干扰对象的供电电源。芯片 U20 和 U21 的供电电压并非稳定在 3.3 V 电平,其受 SSN 影响产生同频波动,芯片 U20 和 U21 供电电压振幅波动最大值分别比 3.3 V 电平高 0.433 V 和 0.226 V。图 5.36 中信号 3 的波动不仅来源于信号 1 和信号 2 产生的 SSN,也来源于其自身电源波动,在关注的频段内,干扰信号线上 SSN 产生的电源噪声都超过了芯片供电电压波动的可接受范围(一般认为 ±6%),使得实际输出信号失真。而图 5.37(b)中芯片 U20 和 U21 的振幅波动最大值分别为 3.472 V 和 3.489 V,表明经 Slit-GSPL 型 EBG 处理电源/地平面后,波动范围

在系统可接受范围内。

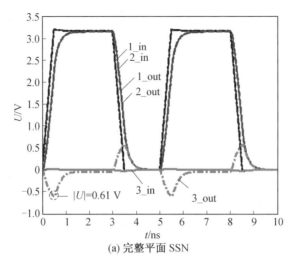

(a) 完整平面 SSN

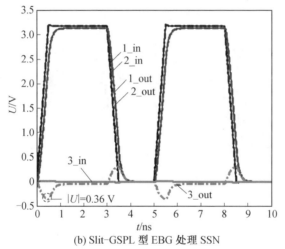

(b) Slit-GSPL 型 EBG 处理 SSN

图 5.36　数据线上输入信号和输出管脚信号电压仿真波形

（2）模型架构及频域分析。

下面对模数混合数据采集系统中关键高速器件的电源／地平面质量进行频域分析。开关缓冲芯片 U20 的缓冲信号保持频率为 200 MHz，其将数据传输至被干扰对象缓冲芯片 U21。本实验采用采样频率为 20 GHz 的 Agilent MSO9404A 示波器对数据进行采集。实测结果验证了高速数字信号造成的 SSN 将严重影响模拟信号的质量。图 5.38（a）所示为完整电源／地平面和本节提出的 Slit-GSPL 型 EBG 电源／地平面下，开关缓冲芯片 U20 的供电电压波形。完整电源／地平面下，峰峰值约为286 mV；而在 Slit-GSPL 型 EBG 电源／地平面下，峰峰值约为 184 mV。图 5.38（b）

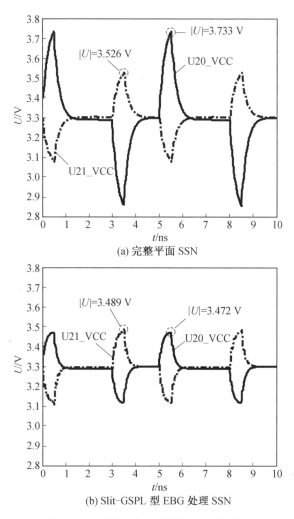

(a) 完整平面 SSN

(b) Slit-GSPL 型 EBG 处理 SSN

图 5.37   芯片电源电压噪声仿真波形

为受干扰对象芯片 U21 在两种电源／地平面条件下的供电电源波形。完整电源／地平面下，峰峰值约为 270 mV；而在 Slit-GSPL 型 EBG 电源／地平面下，峰峰值约为 175 mV。Slit-GSPL 型 EBG 结构可使耦合的 SSN 降低 35%，此结果与图 5.39 的频域响应结果一致。

为进一步说明 Slit-GSPL 型 EBG 结构能在 0.911～2.833 GHz 频段内抑制数字信号耦合到模拟信号区域，取 50 个周期的实测数据进行频域分析，如图 5.38 中 4 组数据各取 10 000 个点，减去均值、归一化处理，并做快速傅里叶变换（FFT）后，频谱图如图 5.39 所示。图 5.39(a)、(b) 分别为开关缓冲芯片 U20 和受干扰对象芯片 U21 在三种结构下的频谱图。

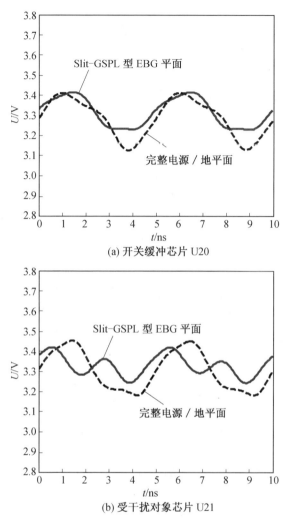

(a) 开关缓冲芯片 U20

(b) 受干扰对象芯片 U21

图 5.38　完整电源／地平面与 Slit-GSPL 型 EBG 电
源／地平面实测电压噪声波形

　　图 5.39 中各频率对应的幅值参数见表 5.2。图 5.39 波形与表 5.2 数据表明,在关注频段内,本节提出的 Slit-GSPL 型 EBG 结构可抑制 200 MHz 数字信号引入的 SSN。实测数据表明,本节提出的 Slit-GSPL 型 EBG 结构提供了一种有效的可降低 SSN 基频和谐波的手段。其可降低 10 次以内的 SSN 谐波,且一定程度上减轻开关缓冲信号对电源的影响,使接收敏感器件输入和输出端信号质量比在完整电源／地平面下质量高。

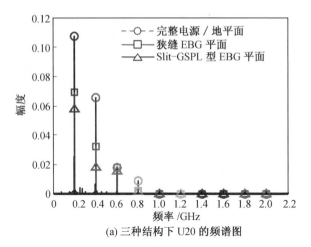

(a) 三种结构下 U20 的频谱图

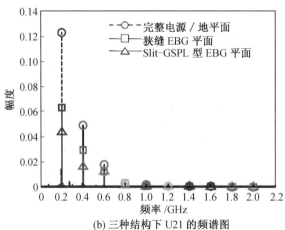

(b) 三种结构下 U21 的频谱图

图 5.39　实测芯片电源电压噪声 FFT 分析

表 5.2　FFT 幅值参数

测度目标	开关缓冲芯片 U20			受干扰对象芯片 U21		
频率	完整电源/地平面	狭缝 EBG	Slit-GSPL 型 EBG	完整电源/地平面	狭缝 EBG	Slit-GSPL 型 EBG
200 MHz	0.107 6	0.069 5	0.057 8	0.123 2	0.063	0.043 3
400 MHz	0.065 6	0.032 1	0.017 6	0.049 2	0.029 4	0.015 9
600 MHz	0.017 8	0.017 7	0.015	0.017 3	0.012 2	0.012
800 MHz	0.009	0.001 7	0.001 3	0.002 5	0.002 9	0.001 2
1.0 GHz	4.15×10^{-4}	5.13×10^{-4}	1.58×10^{-4}	1.37×10^{-3}	3.52×10^{-4}	7.84×10^{-5}

续表5.2

测度目标	开关缓冲芯片 U20			受干扰对象芯片 U21		
频率	完整电源 / 地平面	狭缝 EBG	Slit-GSPL 型 EBG	完整电源 / 地平面	狭缝 EBG	Slit-GSPL 型 EBG
1.2 GHz	3.11×10^{-4}	1.35×10^{-4}	8.58×10^{-5}	3.74×10^{-4}	1.68×10^{-4}	2.92×10^{-5}
1.4 GHz	1.16×10^{-4}	1.08×10^{-4}	0	1.23×10^{-4}	3.02×10^{-5}	1.71×10^{-5}
1.6 GHz	7.29×10^{-5}	6.28×10^{-5}	1.32×10^{-5}	6.89×10^{-5}	2.29×10^{-5}	0
1.8 GHz	4.57×10^{-5}	1.23×10^{-5}	0	3.79×10^{-5}	0	0
2.0 GHz	1.85×10^{-5}	1.57×10^{-5}	1.54×10^{-5}	3.99×10^{-5}	0	0

　　眼图被普遍用于评测信号质量,下面运用眼图在时域内验证所提 Slit-GSPL 型 EBG 结构对 SSN 的抑制效果。通常最大眼开(maximum eye open,MEO)被用于计量噪声裕度,而最大眼宽(maximum eye width,MEW)被用于计量信号抖动裕度,以评价眼图质量。图 5.40 所示为实测受干扰对象芯片 U21 处单条数据线信号眼图实测波形,其表明完整电源 / 地平面的信号质量明显差于 Slit-GSPL 型 EBG 电源 / 地平面的信号质量。标准 TTL 电平输出高电平最小 2.4 V,输出低电平最大 0.4 V,而在完整电源 / 地平面下,图 5.40(a) 眼图表明,下一级信号接收端将误接收信号,高低电平翻转,不正确的数据会导致系统混乱甚至崩溃。而图 5.40(b) 眼图质量在 TTL 电平标准范围内,说明 Slit-GSPL 型 EBG 结构提高了高速信号质量。

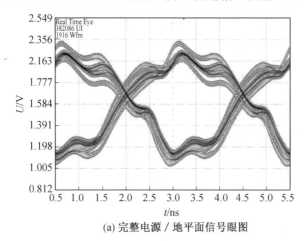

(a) 完整电源 / 地平面信号眼图

图 5.40　受干扰对象芯片 U21 处单条数据线信号眼图实测波形

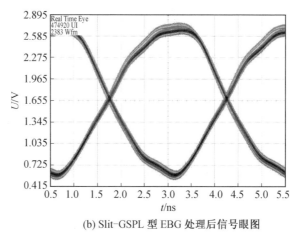

(b) Slit-GSPL 型 EBG 处理后信号眼图

续图 5.40

眼图参数见表 5.3。Slit-GSPL 型 EBG 结构的电源／地平面使信号 MEO 比完整电源／地平面信号 MEO 高 819 mV，提高约 61%，而 MEW 质量提高 11%。图 5.40 眼图和表 5.3 说明 SSN 将导致严重的信号抖动，Slit-GSPL 型 EBG 结构的电源／地平面使信号使抖动从 0.4 ns 提高至 0.1 ns，表明 Slit-GSPL 型 EBG 结构可有效改善信号抖动，缓和信号完整性和电源完整性问题中 SSN 的影响，也为保证数字信号中时钟和信号逻辑的正确性提供了保障。

实测结果证明本节提出的结构可在较宽的频带范围内抑制 SSN，且可降低干扰时钟频率及其谐波的影响。时域结果表明，Slit-GSPL 型 EBG 结构不仅可将完整电源／地平面的 SSN 降低 35%，且可提高受干扰信号的眼图质量。与完整电源／地平面相比，该结构的 MEO 可提高 61%，MEW 可提高 11%。仿真结果、模型计算结果和实测结果相匹配，从而验证了本节所提结构从板级产生带隙型陷波滤波器，可改善模拟电源／地平面，提高供电电源质量，改善信号抖动现象，提高采集系统各级数字信号质量，为数据采集的精确性提供保障。

表 5.3　眼图参数

电源／地平面类型	完整电源／地平面	Slit-GSPL 型 EBG 电源／地平面
MEO/V	1.351	2.170
MEW/ns	2.25	2.5
抖动 /ns	0.4	0.1

5.4　TMTC 抗辐照容错技术研究

TMTC 是 PCU 的管理单元,负责对 PCU 的运行状态进行监测,包括蓄电池、太阳能电池阵列、BCR 单元、BDR 单元和 S3R 单元,对这些单元的电流、电压、温度、开关机状态、故障状态进行检测、编码、上传,并执行星上计算机的指令,如开关机指令、充电率设置、充电模式设置、复位指令等。另外,TMTC 还具备蓄电池充电管理、蓄电池过充保护、母线过压保护等功能。TMTC 元器件中集成电路所占比重很大,抗辐照容错是需要重点考虑的问题。PCU 应用于地球同步轨道(GEO),轨道高度为 35 786 km,这个轨道高度处于地球外辐射带的范围内,地球同步轨道卫星中的抗辐射设计主要针对总剂量效应和单粒子效应(SEE)。

5.4.1　TMTC 电离总剂量效应防护设计

总剂量效应具有长期累积的特点,即辐射剂量对电子元器件和材料的损伤不是瞬时产生的,而是经过长时间的积累逐渐形成并加重,并非瞬时突变而成。

(1)设备结构屏蔽分析。

对空间辐照总剂量的安全由卫星蒙皮厚度、设备外壳厚度及元器件抗辐照总剂量的指标保证。为保证整机的抗辐照性,TMTC 模块的等效机壳材料厚度应不低于2.5 mm。整机由多个结构模块组成,外表是由六面体组成,每个结构模块在整机装配后,都能确保在 PCU 设备内部形成各自模块的小六面体封闭结构,模块之间设计有搭接止口,尽量减少缝隙的存在,降低辐照渗透的可能性。TMTC 模块采用双机冷备份工作模式,通过冷备份机的辐照总剂量无累计功能,可提高整机的抗辐照总剂量能力。

(2)元器件/部件与材料抗辐照总剂量能力分析。

尽量选用抗辐照和质量等级符合的元器件,对不满足辐照总剂量要求的元器件,采用双面防护罩的方式进行必要的辐射防护,使用钽片对器件进行屏蔽,并与机壳相连,使带电粒子能及时泄放,不会累积。

5.4.2　TMTC 单粒子效应防护设计

当高能带电粒子穿过半导体时,在其经过的轨迹上会产生电流和存储状态的改变,从而产生单粒子效应(图 5.41)。根据出现的故障及其发生机理的不同,单粒子效应分为单粒子翻转、单粒子闭锁、单粒子烧毁、单粒子栅穿等十几种,见表 5.4。在这些效应中,单粒子烧毁、单粒子栅穿、单粒子位移损伤和单粒子位硬错误会导致永久损伤,也称为硬错误,即通过重新写入或断开电源,被辐射器件不能恢复正常状态,器件彻底损坏。单粒子闭锁在不采取保护措施的情况下,也会导致永久损伤。其他效应均为软错误,器件可以恢复正常状态,而且都是由粒子入射产生的瞬态电流引起,与单粒子翻转有密切的关系。

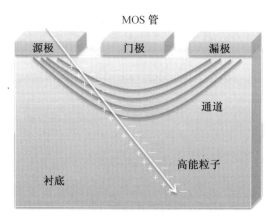

图 5.41   单粒子效应

表 5.4   单粒子效应的分类和描述

类型	描述
单粒子翻转(SEU)	存储单元逻辑状态改变
单粒子闭锁(SEL)	PNPN 结构中的大电流再生状态
单粒子烧毁(SEB)	大电流导致器件烧毁
单粒子栅穿(SEGR)	栅介质因大电流流过而击穿
单粒子多位翻转(MBU)	一个粒子入射导致存储单元多个位的状态改变
单粒子扰动(SED)	存储单元逻辑状态出现瞬时改变
单粒子瞬态脉冲(SET)	瞬态电流在混合逻辑电路中传播,导致输出错误
单粒子快速反向(SES)	在 NMOS 器件中产生的大电流再生状态单粒子功能中断
单粒子功能中断(SEFI)	一个翻转导致控制部件出错
单粒子位移损伤(SPDD)	位移效应造成的永久损伤
单粒子位硬错误(SHE)	单个位出现不可恢复性错误
单粒子诱导暗电流(SEIDC)	CCD 阵列中暗电流增加

如何提高飞行器的工作可靠性和运行寿命、加强空间抗单粒子效应事件的能力,已是众所关注的热点问题,需从以下几方面考虑设计防护措施。

1. 从器件选用上进行防护设计

(1)对于单粒子引起的翻转。

尽量选用敏感度低的器件,其敏感度按由低到高的顺序可以排列为:

CMOS/SOI、CMOS/SOS、体硅 CMOS、NMOS、I2L、TTL。

（2）对于单粒子引起的锁定。

采用 CMOS/SOI、CMOS/SOS 或外延 CMOS 工艺器件。由于 CMOS/SOS 和 CMOS/SOI 工艺器件不存在寄生可控硅结构，因而不存在发生单粒子锁定效应的问题，而外延 CMOS 器件具体应用时，应对其锁定阈值进行评估。

2. 电路防护设计方法

（1）SEU 事件防护设计。

① 硬件设计防护方法。

（a）冗余设计。冗余设计是产品获得高可靠性、高安全性、高生存能力的设计方法之一，特别是当基础元器件或零部件质量与可靠性水平比较低、采用一般设计已无法满足设备的任务可靠性要求时，可采用冗余设计。采用冗余设计可以提高任务可靠性，但会使产品结构复杂化。因此，设计时在保证产品性能要求（包括外形尺寸、质量）的情况下，对发生故障比较高的器件和对关键电路采用冗余设计。冗余设计尽可能在较低层次上进行。

（b）降额设计。降额设计是降低元器件故障率的有效方法，因为在所施加的工作应力低于规定的额定值时，大多数元器件故障率都有显著的下降，所以在产品设计中应降低元器件承受的应力。降额参数包括功率、电压、电流、频率、结温、环境温度等。元器件降额一般分为三级，即 Ⅰ 级降额、Ⅱ 级降额和 Ⅲ 级降额。Ⅰ 级降额是最大的降额，对空间飞行器来说器件最好为 Ⅰ 级降额。

② 软件设计防护方法。

软件是 SEU 防护设计的主要途径，已被广泛应用，并取得有效成果，一般采取以下几种方法：

（a）错误检测与纠正（error dection and correction，EDAC）技术。EDAC 技术是防止 SEU 的有效技术。常用的方法有奇偶校验码（该方法只能检测错误，不能校正错误）、海明码（可检测两位错误，并校正一位错误）、R－S 码（能够检测和校正数据结构中的多位和连续错误）。

（b）三模冗余技术。将重要数据存放在存储器内三个不同的物理区域位置，应用时从三处取出，按照三取二比对／刷新原则处理，也可以消除 SEU 造成的瞬时错误。

（2）单粒子锁定事件防护设计。

CMOS 器件一般在 I/O 端口进行保护和钳位来防止常规电路应用中出现锁定故障。但是在空间辐射环境中，发生锁定故障的瞬态脉冲信号不再局限于 I/O 端口，即重离子或质子电流脉冲触发的锁定不仅发生在 I/O 端口，还可能发生在 CMOS 器件的内部。一旦发生锁定，体硅 CMOS 中的寄生可控硅结构将被置为导通状态并保持直到电源关闭。发生锁定期间电流可能很高，产生几百毫安的电流流过锁定发生部位,使其局部迅速升温,造成局部材料损伤,甚至会蔓延到其他部位。因此一般会在器件电源端增加限流电阻;也可以在电路板上按模块添加限流电阻;还有一种方法是在电路板电源入口处统一限流。

(3)SET 防护设计。

针对电源模块和运放等模拟器件的 SET 效应,有两种加固措施:对于信号带宽有限的电路可在相关电路的输出端加滤波电路来减缓 SET 对后续电路的影响;对于信号带宽要求较高的电路可在其后续的数字逻辑电路中进行纠错。

5.4.3　FPGA 单粒子加固技术研究

FPGA 是 TMTC 的核心单元,也是保障整个 PCU 正常工作的关键因素之一,单粒子事件产生的 FPGA 硬错误主要包括 SEL、SEGR 和 SEB,软错误主要包括 SEU、SET 和 SEFI。SEU 在太空辐照环境下发生最为频繁,将导致存储单元的状态发生变化(图 5.42);SET 表现形式为门电路的输出电压扰动(图 5.43),这会导致组合逻辑通道输出变化,如果组合逻辑后级连接了时序逻辑单元,有可能进一步产生 SEU;SEFI 会导致整个 FPGA 异常工作,这时需要对 FPGA 进行特殊复位操作。为了降低 TMTC 单元整体失效的概率,主要从以下几个方面对其进行单粒子加固。

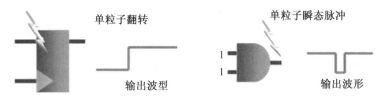

图 5.42　SEU 示意图　　　　　图 5.43　SET 示意图

(1)PCU 整体结构设计。

从 PCU 总体机构设计来看,TMTC 模块位于机构的中心位置,PCU 机构设计加强了 TMTC 模块的屏蔽效果,即利用 PCU 外壳和其他对辐照敏感程度相对较低的模块或加局部屏蔽(如铝、钽、钨)的方法提高 TMTC 的抗单粒子水平。但是,屏蔽加固对高能粒子的作用有限,而且屏蔽材料的厚度受到卫星体积和质量的制约。屏蔽可以减少 SEU 的概率,但不能完全避免。

(2)TMTC 模块设计。

从 TMTC 板级结构设计来看,测控单元 N 和测控单元 R 互为冷备份。当主机受单粒子事件影响产生硬错误时,可以切换到备机,从而避免 TMTC 单元整体失效,元器件的选用经过严格筛选,可对 FPGA 的工作频率进行降额设计。

(3)FPGA 容错设计。

目前在抗辐射加固电路设计中较多采用冗余技术来实现对故障的检测和隔离,如硬件冗余、信息冗余及时间冗余。在基于反熔丝型 FPGA 中,在硬件资源充足的情况下,可以采用三模冗余及冗余编码技术。另外,可采用高可靠安全状态机进一步提高 FPGA 抗干扰能力。

下面重点论述 FPGA 的容错设计。

1. FPGA 高可靠 TMR 设计

三模冗余(triple moudular redundancy,TMR)是一种容错机制,如图 5.44 所示,首先根据原有系统进行三冗余设计,然后在输出端加表决器。这样,当某一单元受单粒子效应影响发生故障时,通过表决器仍然能从另外两个单元得到正确的结果。表决器是三模冗余设计的基础,由组合逻辑单元构成,如图 5.45 所示,表决器输出结果等于 $A*B+B*C+C*A$。

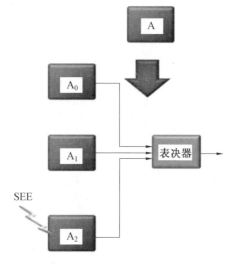

图 5.44　TMR 基本概念

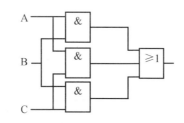

图 5.45　表决电路

以 D 触发器为例,TMR 具体实现如图 5.46 所示,基本原则是对时序逻辑单元进行 TMR 设计,3 个时序逻辑单元的数据线、控制线和时钟信号都是共用的。这种 TMR 设计能够增强时序单元的抗 SEU 能力,称为局部三模冗余(localized triple modular redundancy,LTMR)。

观察图 5.46,如果表决电路发生 SET 现象,有可能产生错误输出。对上述 TMR

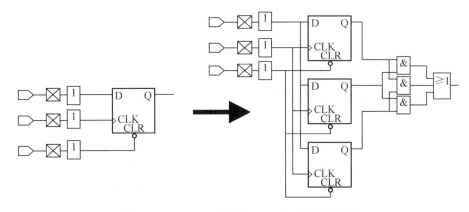

图 5.46　LTMR 寄存器 TMR 和表决电路嵌入

设计进行优化,对组合逻辑单元、表决电路和时序逻辑单元进行 TMR 设计,优化后的设计如图 5.47 所示,这样既可以抑制 SEU,又可以抑制 SET,把这种三模冗余方式称为分布式三模冗余(distributed triple modular redundancy,DTMR)。

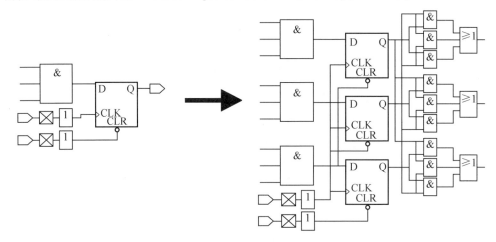

图 5.47　DTMR 寄存器、表决器和组合逻辑的 TMR 设计

如图 5.48 所示,对 DTMR 中的时钟、控制信号进行三冗余设计,能提高时钟电路和控制信号的抗 SET 效应能力,进一步提高 FPGA 的可靠性,把这种三模冗余方式称为全局三模冗余(global triple modular redundancy,GTMR)。

本书的设计采用了 A54SX72A 反熔丝 FPGA 来实现,分别采用以上 3 种方法进行编译综合,其结果见表 5.5。因所用 FPGA 有足够资源可用,最终采用 GTMR 技术,时序逻辑单元占用 30.42%,组合逻辑单元占用 65.56%。

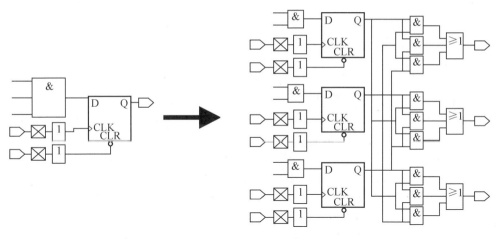

图 5.48　GTMR 组合逻辑、寄存器、表决器和全局线路 TMR 设计

表 5.5　综合结果

方法	无 TMR	LTMR	DTMR	GTMR
时序逻辑单元个数	204	612	612	612
组合逻辑单元个数	647	911	2 543	2 638

2. FPGA 有限状态机加固设计

三模冗余是面向航天应用的 FPGA 设计采用最多的容错设计方法,但在很多 FPGA 设计中处于核心地位的有限状态机(finite state machines,FSM)都因为存储在寄存器中的状态信息随着状态变化而不断变化,致使辐照效应导致的错误很难被发现和修复。传统的 FPGA 容错设计方法应用于 FSM 有一定的局限性,研究高可靠安全状态机(advanced safe finite state machines,ASFSM)具有重要意义。传统的安全状态机如图 5.49 所示,当 SEU 发生时,可能导致状态寄存器的某一位翻转而进入无

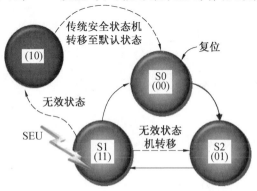

图 5.49　传统的安全状态机

效状态,安全状态机的基本原理是确保 FSM 从无效状态中跳出。

这种传统的安全状态机存在两个问题:

① 当 SEU 发生时,如果导致状态寄存器的某一位翻转而进入另一有效状态,就会发生非法状态转移,所以传统的安全状态机仅适用于采用独热编码的状态机。

② 当 SEU 发生时,有可能因复位而中断状态机的运行。

有两种方法解决以上问题:通过 SEU 检测与恢复技术;通过状态机容错技术。

SEU 检测与恢复技术的基本思路是通过海明编码在状态寄存器上附加校验位,如果状态位翻转,状态机可以自我纠错,如果校验位翻转,状态机的运行不受影响。 如图 5.50 所示,为逻辑单元新增了两个校验位,如果状态位遭遇 SEU 干扰,状态机会被修复。通过 SEU 检测与恢复技术,状态机的非法转移都会被检测到,并且这种方法适用于独热码、二进制码和格雷码,SEU 检测与恢复三状态二进制编码 FSM 见表 5.6。这种状态机的缺点是如果受 SEU 干扰发生错误,状态机会暂时中断进入纠错状态,然后再转移到正确的状态。

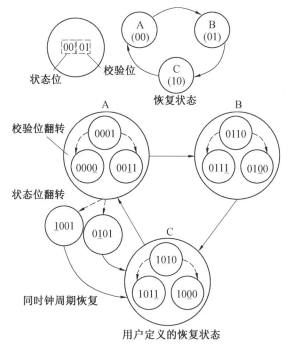

图 5.50　SEU 检测与恢复示意图

表 5.6　SEU 检测与恢复三状态二进制编码 FSM

状态	原编码	加入校验位后的编码	对正常运行有影响的 SEU	对正常运行无影响的 SEU
A	00	0001	1001,0101	0011,0000
B	01	0110	1110,0010	0100,0111
C	10	1010	0010,1110	1000,1011

状态机容错方法采用海明距离（Hamming-distance）3 编码方案来实现,如图 5.51 所示。增加校验位之后,两个状态码的最小海明距离为 3,如果受 SEU 干扰,状态机不会发生转移。这种方法适用于所有的状态机编码方式（独热码、二进制码和格雷码）。而且随状态寄存器位数的增加,校验位呈对数增加,一个 100 bit 的状态相量仅需 8 bit 校验位。表 5.7 列出了几种状态位与校验位的对应关系,表 5.8 是对图 5.51 状态信息的具体描述。

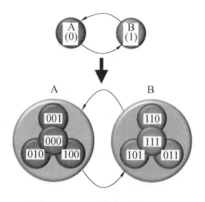

图 5.51　两状态容错 FSM

表 5.7　容错 FSM 资源占用情况

状态编码位数	需增加的校验位
1	2
2 ～ 4	3
5 ～ 11	4

表 5.8　两状态容错 FSM 应用

状态	原编码	带校验的编码	指向同一状态的编码
A	0	000	001 010 100
B	1	111	110 101 011

5.5　本章小结

　　PCU 遥测遥控系统是 PCU 与卫星平台星上计算机交互的桥梁,星上计算机通过该系统获取 PCU 工作状态,不仅可以通过发送指令对 PCU 各子单元进行调度与管理,还可以实现 PCU 整机自主管理,其作用非常重要。本章论述了 PCU 遥测遥控系统的设计,随着 PCU 系统设计优化,PCU 从集中供电输出发展为分布式供电输出,遥测遥控系统也随之发生变化。本章分别论述了相对应的集中式遥测遥控系统和分布式遥测遥控系统;分析了开关噪声和地弹噪声对遥测遥控系统的影响和优化措施;并进一步论述了遥测遥控系统中反熔丝 FPGA 的应用,在 FPGA 可靠性设计方面,从三模冗余和安全状态机两方面论述了空间环境遥测遥控系统抗辐照容错具体措施。

本章参考文献

[1] SWAMINATHAN S,ENGIN A E. 芯片及系统的电源完整性建模与设计[M]. 李玉山,张木水,等译. 北京:电子工业出版社,2009.

[2] WU T L,LIN Y H,WANG T K,et al. Electromagnetic bandgap power/ground planes for wideband suppression of ground bounce noise and radiated emission in high-speed circuits [J]. IEEE Transactions on Microwave Theory and Techniques,2005,53(9):2935-2942.

[3] 杨胜君. 用于减小同步开关噪声的 OCD 输出驱动电路的设计[J]. 半导体技术,2001,26(2):33-36.

[4] 郭新伟,任俊彦,李宁. 一种适用于标准单元库的低电源噪声输出驱动器[J]. 微电子学,2000,30(6):365-369.

[5] 陈建华,毛军发,蔡兴建,等. 基于 IBIS 模型的 CMOS 电路同步开关噪声的计算和优化[J]. 上海交通大学学报,2001,35(6):848-851.

[6] 贾毅婷. 电网数据采集系统中电源完整性的分析与研究[D]. 哈尔滨:哈尔滨工业大学,2010.

[7] 李玉山,蒋冬初. 数字信号完整性:互连、封装的建模与仿真 [M]. 北京:机械工业出版社,2009.

[8] CHOI J,GOVIND V,SWAMINATHAN M,et al. Isolation in mixed-signal systems using a novel electromagnetic bandgap (EBG) structure[C]. IEEE Electrical Performance of Electronic Packaging Conference. Portland,OR,USA.

IEEE,2004:199-202.

[9] 贾毅婷. 面向智能电网的数据监测与压缩技术研究[D]. 哈尔滨:哈尔滨工业大学,2015.

[10] RAO P H. Multi-slit electromagnetic bandgap power plane for wideband noise suppression [J]. IEEE Transactions on Components, Packaging and Manufacturing Technology,2011,1(9):1424-1427.

[11] JIA Y T,ZHANG D L,ZHANG B. Slit-surface disturbance lattice EBG structure for simultaneously switching noise suppression in high-speed data acquisition system[J]. IEEE Transactions on Components,Packaging and Manufacturing Technology,2015,5(1):86-98.

[12] WANG C D,YU Y M,DE-PAULIS F,et al. Bandwidth enhancement based on optimized via location for multiple vias EBG power/ground planes[J]. IEEE Transactions on Components,Packaging and Manufacturing Technology,2012,2(2):332-341.

[13] HSIEH C Y,WANG C D,LIN K Y,et al. A power bus with multiple via ground surface perturbation lattices for broadband noise isolation:modeling and application in RF-SiP [J]. IEEE Transactions on IEEE Transactions on Advanced Packaging,2010,33(3):582-591.

[14] KIM M,KOO K,HWANG C,et al. A compact and wideband electromagnetic bandgap structure using a defected ground structure for power/ground noise suppression in multilayer packages and PCBs[J]. IEEE Transactions on Electromagnetic Compatibility,2012,54(3):689-695.

[15] WANG C L,SHIUE G H,GUO W D,et al. A systematic design to suppress wideband ground bounce noise in high-speed circuits by electromagnetic-bandgap-enhanced split powers[J]. IEEE Transactions on Microwave Theory and Techniques,2006,54(12):4209-4217.

[16] HUH S L,SWAMINATHAN M. A design technique for embedded electromagnetic band gap structure in load board applications [J]. IEEE Transactions on Electromagnetic Compatibility,2012,54(2):443-456.

[17] HUANG C H,WU T L. Analytical design of via lattice for ground planes noise suppression and application on embedded planar EBG structures[J]. IEEE Transactions on Components,Packaging and Manufacturing Technology,2013,3(1):21-30.

[18] WANG C D,WU T L. Model and mechanism of miniaturized and stopband-enhanced interleaved EBG structure for power/ground noise suppression[J].

IEEE Transactions on Electromagnetic Compatibility,2013,55(1):159-167.

[19] KIM K H,SCHUTT-AINE J E. Analysis and modeling of hybrid planar-type electromagnetic-bandgap structures and feasibility study on power distribution network applications [J]. IEEE Transactions on Microwave Theory and Techniques,2008,56(1):178-186.

[20] WU T L,LIN Y H,WANG T K,et al. Electromagnetic bandgap power/ground planes for wideband suppression of ground bounce noise and radiated emission in high-speed circuits [J]. IEEE Transactions on Microwave Theory and Techniques,2005,53(9):2935-2942.

[21] KWON J H,SIM D U,KWAK S I,et al. Novel electromagnetic bandgap array structure on power distribution network for suppressing simultaneous switching noise and minimizing effects on high-speed signals [J]. IEEE Transactions on Electromagnetic Compatibility,2010,52(2):365-372.

[22] WANG T K,HAN T W,WU T L. A novel power/ground layer using artificial substrate EBG for simultaneously switching noise suppression [J]. IEEE Transactions on Microwave Theory and Techniques,2008,56(5):1164-1171.

[23] SHI YR,TANG W C,LIU S,et al. Ultra-wideband suppression of power/ground noise in high-speed circuits using a novel electromagnetic bandgap power plane [J]. IEEE Transactions on Components,Packaging and Manufacturing Technology,2013,3(4):653-660.

[24] WANG T K,HSIEH C Y,CHUANG H H,et al. Design and modeling of a stopband-enhanced EBG structure using ground surface perturbation lattice for power/ground noise suppression[J]. IEEE Transactions on Microwave Theory and Techniques,2009,57(8):2047-2054.

第 6 章

电源系统稳定性分析和地面评测系统

本章对电源系统稳定性和地面评测系统展开研究。在稳定性方面提出小信号稳定充要条件阻抗比判据和负载阻抗设计方法、广义小信号稳定裕度表征及测算方法、大信号吸引域求取方法等,为系统稳定性研究提供指导;在地面评测系统方面设计一套全自动测试的地面评测系统,并通过蒙特卡洛分析方法对电源系统性能指标进行统计性测量和评价,可实现电源系统的快速、全面评测。

由于分布式电源系统具有便于模块化、集成化，易扩展、易维护等众多优点，因此其在航天航空、电力系统、新能源等领域得到了长足发展和广泛应用。同时，随着电源技术的发展和需求的提升，航天航空、新能源等领域的负载越来越复杂，电力电子器件的开关频率越来越高，对稳定性和可靠性的要求也越来越高。系统的稳定性问题成为一个日益突出的问题。由于各个模块在设计时是单独考虑的，并未考虑集成后系统的特性，故在系统集成后，可能会出现不稳定现象。在系统集成后，分布式电源系统中的问题表现为以下方面：系统运行时突然崩溃、系统瞬态超调过大产生破坏性过冲、输出电压中能看到低频振荡、电源噪声很大产生"啸叫"现象、电源模块发热等。同时，空间环境的影响也可能使电源系统在运行过程中发生稳定性问题。这些情况轻则使系统瞬态性能下降，系统转换效率降低，重则直接使某些模块或整个系统失效，引发灾难性后果。

电源系统评测是电源系统在研制过程中、系统交付前和交付后必须进行的一项重要工作。电源地面评测系统可以对卫星电源系统进行全面的功能性测试和性能指标评测。近年来，低轨星座等大规模卫星系统快速发展，对地面评测系统在低成本大批量自动评测等方面提出了更高的要求。现有电源地面评测系统存在操作复杂、依赖专业人员操作维护、测试成本高、测试设备不够通用、评价指标不够系统全面等问题。

针对电源系统稳定性和地面评测系统中存在的问题，本章将从分布式电源系统的小信号稳定判据、小信号稳定裕度、大信号稳定性与吸引域、电源评测系统自动测试和蒙特卡洛分析评测等方面进行探讨研究。

6.1　稳定性研究方法概述

分布式电源中的变换器大多采用开关变换器。开关变换器是非常复杂的时变非线性系统，有电压型、峰值电流型、平均电流型等多种控制方法，要考虑寄生参数的影响和不同工作模式（连续电流模式（CCM）、断续电流模式（DCM））下的特性，以及温度老化等对器件参数的影响。另外，系统级联后也会表现出一些非线性特性，如 Buck 加电阻负载对于前级变换器而言可以等效成非线性的恒功率负载，再加上系统本身的源或负载也会呈现出非线性特性，如太阳能电池阵列作为系统的源，其电压电流特性即表现为非线性。非线性系统的稳定性分析方法远没有线性系统成熟。整个系统可能出现振荡、分岔、混沌等现象。众多非线性因素使得分布式电源系统的稳定性研究异常复杂。

对不同程度的扰动，稳定性分析通常可分为稳态／静态分析、小信号稳定性分析、大信号稳定性分析。首先进行稳态分析，确定系统无扰动时的稳态工作点（平衡状态）。但稳态分析并不能直接判定稳态工作点的稳定性，因为暂态特性还未知，系统向哪个方向移动还不能确定。要想确定稳态工作点的稳定性,还需要使用下面介绍的小信号稳定性分析和大信号稳定性分析来进行判定。小信号稳定性分析可以判定系统在小扰动情况下的稳定性。但小信号稳定并不能保证系统在大扰动情况下的大信号稳定,因此还需要进行大信号稳定性分析,并确定系统在多大范围内稳定,即求出该稳态工作点的吸引域。用如图 6.1 所示的小球曲面系统来对分析过程进行说明:经过稳态分析后,可以确定 A、B、C 三个平衡点,但是不能判定平衡点 A、B、C 的稳定性;经过小信号稳定性分析后,可判定平衡点 A 和平衡点 C 是小信号不稳定的,平衡点 B 是小信号稳定的;再经过大信号稳定性分析后,可进一步确定平衡点 B 的吸引域,即在多大范围内稳定。

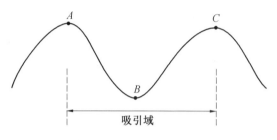

图 6.1　小球曲面系统

使用不同的稳定性定义,建模方法及稳定性分析方法也不同。表 6.1 列出了 Lyapunov 稳定定义和轨道稳定定义两种稳定性定义下的稳态、小信号、大信号建模和稳定性分析方法,下面对其进行详细介绍。

表 6.1　不同稳定性定义下的分析方法比较

稳定性定义		Lyapunov 稳定定义	轨道稳定定义
稳态分析	分析方法	状态变量导数都为 0 时,可得到稳态平衡点	占空比稳定时得到平衡状态(周期解)
小信号稳定性分析	建模方法	小信号线性模型	离散模型
	分析方法	① 输入输出阻抗、阻抗比;②Lyapunov 间接法,看特征根是否在左半平面	Lyapunov 间接法,看特征根是否在单位圆内
	分析范围	小信号扰动稳定性	小信号扰动稳定性

续表6.1

稳定性定义		Lyapunov 稳定定义	轨道稳定定义
大信号稳定性分析	建模方法	能量守恒模型、大信号平均模型等	能量守恒模型、分段线性模型（离散和连续）等
	分析方法	相平面法、Lyapunov 直接法，包括 TS(Takagi-Sygeno) 多模型法、混合势函数法、遗传算法、逆轨迹法等	相平面法、Lyapunov 直接法，包括公共 Lyapunov 函数法、多 Lyapunov 函数法、分段 Lyapunov 函数法等
	分析范围	低频稳定性	低、高频稳定性

1. 稳态／静态分析

稳态／静态分析的目的是求取平衡状态（平衡点或周期为开关周期的周期解）。若建立的是大信号平均模型，按照 Lyapunov 稳定定义来进行分析，令状态变量的导数为 0，可求得稳态平衡点。若建立的是分段线性模型或者离散模型，按照轨道稳定定义来进行分析，可在占空比稳定时得到平衡状态（周期解）。

2. 小信号稳定性分析

（1）意义。

小信号稳定性分析采用某一稳态工作点的线性化模型，可以使用已有的完善的线性理论的方法（Bode 图、Nyquist 判据、根轨迹等），分析稳态工作点附近的特性，很方便地确定哪些稳态工作点是小信号稳定的，哪些稳态工作点是小信号不稳定的。另外，可以分析系统参数改变后稳态工作点的小信号稳定性，这些分析结果对系统拓扑参数及控制器设计很有帮助。

（2）小信号稳定性分析方法。

对开关变换器进行平均后，可建立大信号平均模型，在某一工作点线性化后分离出交流扰动便可得到小信号模型。根据 Lyapunov 稳定定义，可以使用 Lyapunov 间接法，通过判断系统矩阵的特征值来进行小信号稳定性分析。工程上常用的对开关变换器进行小信号稳定性分析的方法是阻抗分析法。单个或多个开关变换器级联都可等效为源和负载两部分，可以根据源的输出阻抗和负载的输入阻抗的比值来判定整个系统的稳定性。有许多文献通过阻抗来研究系统稳定性，这些研究涵盖阻抗比判据、阻抗设计原则、稳定裕度监测和稳定裕度改善等多个方面。

使用数据采样法等离散建模方法，可以建立更为精确的模型，利用轨道稳定性的定义来对稳定性进行研究。其判定方法是：判断线性矩阵的特征根是否在复平面的单位圆内。使用数据采样法等离散模型，可对小信号稳定性进行更为精确的分析，其缺点是计算复杂，不便于进行控制器设计。

（3）相对稳定性。

除了判定系统的稳定性外，还应该看系统的相对稳定性。有学者分析了不同根（复数根与实数根）系统不稳定的不同形式，说明根的分布会影响相对稳定性，但根的分布与相对稳定性间的定量关系还有待进一步确定。稳定裕度可用开环奈氏曲线与点 $(-1, \text{j}0)$ 的距离来衡量，曲线距离点 $(-1, \text{j}0)$ 越远，稳定程度越高。但是，建立开关变换器小信号模型时，做了线性化近似处理，而且，从不同端口看去的稳定裕度并不相同，因此，小信号稳定裕度从一定程度上反映了系统距离临界稳定的程度，大信号分析中的吸引域概念能更准确地反映系统的相对稳定程度。

另外，需要说明一下鲁棒性的概念。鲁棒性包含稳定鲁棒性和品质鲁棒性。前者研究的是系统参数变化时，系统是否渐进稳定的问题；后者研究的是参数变化或扰动下其性能指标是否保持在某个许可范围内。稳定裕度和稳定鲁棒性从不同角度描述了系统的相对稳定性。

3. 大信号稳定性分析

（1）意义。

小信号稳定并不能保证大信号稳定。即使在每一个可能的工作点处处小信号稳定，也不能保证系统大信号稳定性。1982 年 Erickson、Cuk 和 Middlebrook 便通过一个 Boost 电路小信号稳定而大信号不稳定的例子指出了这一点。因此必须对开关变换器进行大信号稳定性分析。

大信号稳定性分析也是分析某一平衡状态的稳定性，需要确定该平衡状态的吸引域的大小。吸引域越大，系统可抵抗的干扰越大。通过吸引域可以对系统的暂态性能进行分析。大信号稳定性分析有两种情况：一种是系统拓扑结构不改变，但系统状态或参数发生改变，如前面所述的负载切换和电路启动；另一种是拓扑结构改变，如故障或保护电路动作。对于前者，可以直接分析参数变化对吸引域大小的影响；对于后者，由于故障有可能改变状态方程的形式，状态变量也会不同，因此需要额外考虑。

（2）大信号稳定性分析方法。

大信号稳定性分析可采用 Lyapunov 直接法、相平面法等。使用相平面法分析系统的吸引域是很经典、直观的方法，但该方法只适用于二阶及二阶以下的低阶系统，对高阶系统使用该方法，需要把系统降阶为二阶系统。使用 Lyapunov 直接法分析系统稳定性则可以使用大信号平均模型、数据采样模型或分段线性模型。该方法最关键的一个步骤是构造 Lyapunov 函数。对于大信号平均模型，可以使用 TS 多模型法（Takagi Sugeno multi-modeling）、混合势函数法（mixed potential function）、遗传算法（genetic algorithms）、逆轨迹法（reverse trajectory tracking）来构造 Lyapunov 函数。对于可以分析轨道稳定性的分段线性模型，可以使用公共 Lyapunov 函数法、多 Lyapunov 函数法、分段 Lyapunov 函数法等方法来构造 Lyapunov 函数。多 Lyapunov

函数法不像公共 Lyapunov 函数法那样保守,这是该方法的优势,其缺点是计算比较复杂。构造时应注意两个问题:① 保守性。由于 Lyapunov 稳定性判定定理的条件是充分条件,构造 Lyapunov 函数时,特别要注意克服其保守性。对同一种模型,可构造多种 Lyapunov 函数,使用优化算法来尽量避免保守性。② 适用性。有的 Lyapunov 函数构造方法只适用于部分模型,应用受限。例如,逆轨迹法只能处理低阶(二阶以内)系统。构造好 Lyapunov 函数后,确定其边界便可求取该稳态工作点的吸引域。需要注意的是,由于保守性问题,使用 Lyapunov 直接法求出的吸引域通常是实际吸引域的一个子集。

如图 6.2 所示,不同的稳定性分析方法对应不同的模型。理论分析法包括基于小信号模型的线性分析方法和基于大信号模型的非线性分析方法。线性分析方法包括阻抗法和 Lyapunov 间接法;非线性分析方法包含 Lyapunov 直接法、相平面法等。小信号稳定性分析方法和大信号稳定性分析方法均属于理论分析法。理论分析法的缺点在于:① 小信号线性分析方法只适合在平衡点附近的小范围内进行分析,无法进行切载、启动等大信号分析;② 大信号非线性分析方法中,Lyapunov 直接法中的Lyapunov 函数构造困难,而且求出的吸引域带有保守性,大信号非线性分析方法中的相平面法则只适用于二阶及二阶以下的低阶系统。

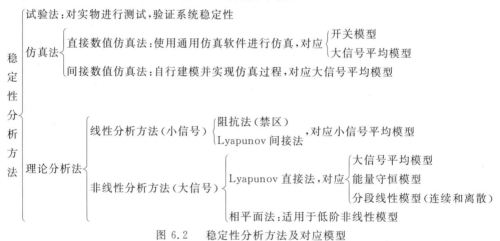

图 6.2 稳定性分析方法及对应模型

除理论分析法外,稳定性分析方法还有仿真法和试验法。仿真法包括直接数值仿真法和间接数值仿真法两种。前者是使用 Saber、PSpice 等通用仿真软件进行仿真分析,后者需要自行建模并实现仿真过程。试验法则直接对已完成的硬件产品进行试验,测试系统的稳定性。

试验法直接对实物进行测试,是检验系统稳定性的最终手段;仿真法对建立的模型进行仿真,分析和验证系统的稳定性;理论分析法则不对建立的模型进行仿真,而是采用控制理论的分析工具直接分析系统的稳定性。试验法和仿真法都可以进行大信号和小信号稳定性验证,但一般只做大信号稳定性验证,主要是在不同输入电压条件下,改变负载,按照工程稳定定义,检验分布式电源系统是否稳定。但是试验法只能进行有限次的分析,不能进行全面的稳定性分析,它更适合做稳定性验证。直接数值仿真法不方便对仿真的进程进行控制,和试验法一样只适合做稳定性验证,不适合全面稳定性分析。间接数值仿真法则因为是自行建模并实现仿真过程,可以任意改变参数并实现较快的仿真,可较全面地进行稳定性分析。

6.2　小信号稳定性分析

小信号模型是在平均模型的基础上,在某个平衡状态进行线性化得到的,因此,小信号分析只能分析平衡状态附近的特性,不适合进行启动、切载等大信号暂态分析。尽管如此,小信号分析在稳定性分析中仍然十分有用:① 可以使用已有、完善的线性理论的方法,对控制器进行设计。② 使用小信号分析可以很方便地确定哪些平衡状态是小信号稳定的,哪些平衡状态是小信号不稳定的。③ 使用小信号分析可以研究系统的鲁棒稳定问题,即分析参数改变后系统某一平衡状态的小信号稳定问题。

在小信号稳定性分析方法中,阻抗法是最为流行的方法,因为该方法容易在工程中得到应用。根据不同的应用场合,人们提出了多种阻抗比判据来对系统稳定性进行判定。但这些判据或多或少都带有一定的保守性。本节提出一种使系统稳定的充要条件阻抗比判据。和其他判据相比,本节提出的判据有以下优点:① 该判据无保守性;② 可根据该判据从任意端口判定系统稳定性。针对增益裕度和相位裕度在稳定裕度方面的局限性,提出一种基于增益裕度、相位裕度、时延裕度和模值裕度综合约束的广义稳定裕度表征及测算方法。另外,针对圆禁区或者最大峰值判据(maximum peak criterion,MPC)判据在进行负载阻抗设计时在 Bode 图上难于计算的问题,提出了一种新的禁区 —— 扇形禁区,使用该禁区,可以在 Bode 图上很容易地完成负载阻抗的设计。

6.2.1　阻抗比判据

1. 已有阻抗比判据

文献中已有的阻抗比判据见表 6.2,表中 GM 表示增益裕度,PM 表示相位裕度。Middlebrook 是最早开始研究阻抗比判据的学者,他提出,对于两个级联的子系统,只要在所有的频率段满足 $|Z_o| \ll |Z_{in}|$,则可以忽略子系统间的相互作用,系统能够保持级联前的稳定性和瞬态性能。Middlebrook 判据是在设计滤波器时提出的,该判据是分布式电源系统稳定的充分条件而不是必要条件。对分布式电源系统而言,在所有

的频率段满足 $|Z_o| \ll |Z_{in}|$ 常常是不现实的。为了减少 Middlebrook 判据的保守性,人们提出了很多其他判据(通常用禁区来表示)。Lee 等提出了一种增益裕度和相位裕度(gain margin and phase margin,GMPM)判据,该判据主要用于在给定增益裕度和相位裕度情况下整个负载子系统的输入阻抗设计。不久之后,有学者提出了 Opposing Argument 判据,该判据可以用于计算多个负载子系统并联时单个负载子系统应该满足的阻抗条件。能源分析判据(energy source analysis consortium criterion,ESAC)判据及其改进判据——根指数稳定判据(root exponential stability criterion,RESC)判据进一步减少了阻抗比判据的保守性。从鲁棒稳定性的角度出发,有学者提出了 MPC 判据,该判据可以保证系统具有一定的稳定裕度。和其他判据不同的是,MPC 判据并不能保证系统的稳定性,必须使用 Nyquist 判据来进行辅助判定。ESAC 判据、RESC 判据和 MPC 判据有一个共同的缺点,即它们都不太适合进行阻抗设计,因为很难在 Bode 图上对这几个判据进行计算。

表 6.2 中所列的阻抗比判据或多或少都带有一定的保守性,这种保守性使得系统在设计之初就付出了一些不必要的代价,这些代价包括:系统性能下降、滤波器尺寸增大、母线电容增大等。因此,有必要寻找一种使系统稳定的充分必要条件,以消除阻抗比判据的保守性。同时,通过该充要条件稳定判据,可以评估已有阻抗比判据保守性的程度。

表 6.2   文献中已有的阻抗比判据(禁区)

判据名称	阻抗比禁区
Middlebrook 判据	
GMPM 判据	

续表6.2

判据名称	阻抗比禁区
Opposing Argument 判据	
ESAC 判据	
RESC 判据	
MPC 判据	

2. 两级级联系统充要条件阻抗比判据

在小信号意义上,分布式电源系统可等效为两个级联的子系统:源子系统和负载子系统(图 6.3)。整个系统 F 的传递函数可表示为

$$F = \frac{\hat{u}_{o2}}{\hat{u}_{in1}} = \frac{F_1 F_2}{1 + \dfrac{Z_o}{Z_{in}}} = \frac{F_1 F_2}{1 + T_m} \tag{6.1}$$

式中　F_1、F_2——源子系统和负载子系统的传递函数;

　　　　Z_o——源子系统的输出阻抗;

　　　　Z_{in}——负载子系统的输入阻抗;

　　　　T_m——通常称作次环路增益或小环路增益(minor loop gain),$T_m = \dfrac{Z_o}{Z_{in}}$;

　　　　$\hat{u}_{in1}$、$\hat{u}_{o2}$——小扰动输入电压和对应的小扰动输出电压,变量上的"$\wedge$"代表该变量是基于某一稳态工作点的小信号扰动变量。

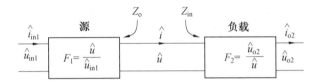

图 6.3　两级级联的分布式电源系统

式(6.1)中,分母 $1 + T_m$ 代表了两个子系统的阻抗对整个系统的影响。

提出的使分布式电源系统小信号稳定的充要条件如下:假设子系统 F_1 和 F_2 是各自稳定的,当且仅当 T_m 的 Nyquist 曲线不进入如图 6.4 所示的禁区,整个系统 F 是小信号稳定的。图 6.4 所示的禁区称作实轴禁区,在极坐标图下,可用下式来描述:

$$\begin{cases} \operatorname{Re}\{T_m\} \leqslant -1 \\ \operatorname{Im}\{T_m\} = 0 \end{cases} \tag{6.2}$$

图 6.4　实轴禁区

充要条件阻抗比判据的证明可参见本章参考文献。

3. n 级级联的阻抗比判据

如图 6.5 所示,n 个子系统级联时,假设各子系统是各自稳定的,则从各个端口看输入输出阻抗,所得到的特征方程 $1 + \dfrac{Z_{o(k)}^n}{Z_{in(k)}^n} = 0 (k = 0, 1, 2, \cdots, n)$ 是等价的。亦即从各个端口看,所得到的小信号稳定性结论是一致的。这样 n 级级联系统的阻抗比判据可以等效为两级级联系统的阻抗比判据。这可通过数学归纳法来进行证明,此处不再赘述。

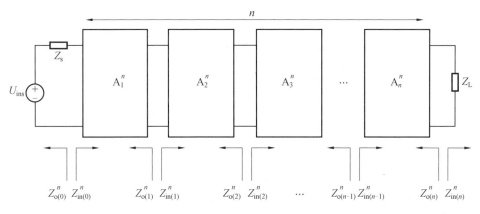

图 6.5　n 级子系统级联的分布式电源系统

4. M 个源变换器和 N 个负载变换器级联的阻抗比判据

对于如图 6.6 所示的 M 个源变换器、N 个负载变换器级联,阻抗比判据如下:

若 $T_{m,1}, T_{m,2}, \cdots, T_{m,M}$ 均满足稳定性判据,则整个系统稳定,其中

$$T_{m,k} = Z_{o,k} \left(\sum_{j=1, j \neq k}^{M} \frac{1}{Z_{o,j}} + \sum_{j=1}^{N} \frac{1}{Z_{iL,j}} \right), \quad k = 1, 2, \cdots, M \tag{6.3}$$

可以使用多端口网络的知识来验证上述结论。例如,对于图 6.7 所示 $M=2, N=1$ 的情况,假设各个子系统的 G 参数方程如下:

$$\begin{bmatrix} \hat{i}_{in1}^S \\ \bar{u} \end{bmatrix} = \begin{bmatrix} S_{11}^1 & S_{12}^1 \\ S_{21}^1 & S_{22}^1 \end{bmatrix} \begin{bmatrix} \hat{u}_{in1}^S \\ \hat{i}_{o1}^S \end{bmatrix}, \quad \begin{bmatrix} \hat{i}_{in2}^S \\ \bar{u} \end{bmatrix} = \begin{bmatrix} S_{11}^2 & S_{12}^2 \\ S_{21}^2 & S_{22}^2 \end{bmatrix} \begin{bmatrix} \hat{u}_{in2}^S \\ \hat{i}_{o2}^S \end{bmatrix}, \quad \begin{bmatrix} \hat{i}_{in1}^L \\ \hat{u}_{o1}^L \end{bmatrix} = \begin{bmatrix} L_{11}^1 & L_{12}^1 \\ L_{21}^1 & L_{22}^1 \end{bmatrix} \begin{bmatrix} \bar{u} \\ \hat{i}_{o1}^L \end{bmatrix} \tag{6.4}$$

式中

$$\hat{i}_{in1}^L - \hat{i}_{o1}^S + \hat{i}_{o2}^S \tag{6.5}$$

解以上方程,得

$$\begin{bmatrix} \hat{i}{}^{\mathrm{S}}_{\mathrm{in1}} \\[2mm] \hat{i}{}^{\mathrm{S}}_{\mathrm{in2}} \\[2mm] \hat{u}{}^{\mathrm{L}}_{\mathrm{o1}} \end{bmatrix} = \begin{bmatrix} S^1_{11} + \dfrac{-S^1_{12}S^1_{21} + L^1_{11}S^1_{12}S^2_{22}}{S^1_{22} + S^2_{22} - L^1_{11}S^1_{22}S^2_{22}} & \dfrac{S^1_{12}S^2_{21}}{S^1_{22} + S^2_{22} - L^1_{11}S^1_{22}S^2_{22}} & \dfrac{L^1_{12}S^1_{12}}{1 + S^1_{22}\left(\dfrac{1}{S^2_{22}} - L^1_{11}\right)} \\[6mm] \dfrac{S^1_{21}S^2_{12}}{S^1_{22} + S^2_{22} - L^1_{11}S^1_{22}S^2_{22}} & S^2_{11} + \dfrac{-S^2_{12}S^2_{21} + L^1_{11}S^1_{22}S^2_{12}S^2_{21}}{S^1_{22} + S^2_{22} - L^1_{11}S^1_{22}S^2_{22}} & \dfrac{L^1_{12}S^2_{12}}{1 + S^2_{22}\left(\dfrac{1}{S^2_{22}} - L^1_{11}\right)} \\[6mm] \dfrac{L^1_{21}S^1_{21}}{1 + S^1_{22}\left(\dfrac{1}{S^2_{22}} - L^1_{11}\right)} & \dfrac{L^1_{21}S^2_{21}}{1 + S^2_{22}\left(\dfrac{1}{S^2_{22}} - L^1_{11}\right)} & L^1_{22} + \dfrac{L^1_{12}}{\dfrac{S^1_{22}}{S^2_{22}} + \dfrac{S^2_{22}}{S^1_{22}} - L^1_{11}} \end{bmatrix} \begin{bmatrix} \hat{u}{}^{\mathrm{S}}_{\mathrm{in1}} \\[2mm] \hat{u}{}^{\mathrm{S}}_{\mathrm{in2}} \\[2mm] \hat{i}{}^{\mathrm{L}}_{\mathrm{o1}} \end{bmatrix}$$

$$(6.6)$$

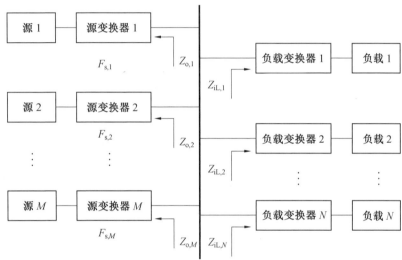

图 6.6　M 个源变换器、N 个负载变换器级联的分布式电源系统

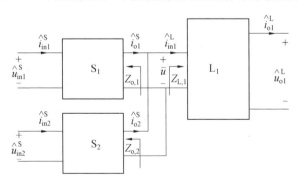

图 6.7　两个源变换器、一个负载变换器级联的分布式电源系统

可知输入输出方程为

$$\frac{\hat{u}{}_{o1}^{L}}{\hat{u}{}_{in1}^{S}} = \frac{L_{21}^{1} S_{21}^{1}}{1 + S_{22}^{1}\left(\dfrac{1}{S_{22}^{2}} - L_{11}^{1}\right)}, \quad \frac{\hat{u}{}_{o1}^{L}}{\hat{u}{}_{in2}^{S}} = \frac{L_{21}^{1} S_{21}^{2}}{1 + S_{22}^{2}\left(\dfrac{1}{S_{22}^{1}} - L_{11}^{1}\right)} \tag{6.7}$$

假设各子系统是各自稳定的,则 S_{21}^{1}、S_{21}^{2}、L_{21}^{1} 在 S 平面右半平面没有根,那么只要特征多项式 $1 + S_{22}^{1}\left(\dfrac{1}{S_{22}^{2}} - L_{11}^{1}\right)$ 和 $1 + S_{22}^{2}\left(\dfrac{1}{S_{22}^{1}} - L_{11}^{1}\right)$ 在 S 平面右半平面没有根,整个系统就是稳定的。

因为 $S_{22}^{1} = -Z_{o,1}$,$S_{22}^{2} = -Z_{o,2}$,$L_{11}^{1} = \dfrac{1}{Z_{L,1}}$,所以特征多项式可表示为 $1 + Z_{o,1}\left(\dfrac{1}{Z_{o,2}} + \dfrac{1}{Z_{L,1}}\right)$ 和 $1 + Z_{o,2}\left(\dfrac{1}{Z_{o,1}} + \dfrac{1}{Z_{L,1}}\right)$。

特别地,当 $M = N = 1$ 时,1 个源变换器与 1 个负载变换器级联,特征多项式为 $1 + \dfrac{Z_{o,1}}{Z_{L,1}}$。当 $M = 1$ 时,1 个源变换器与 N 个负载变换器级联,特征多项式为 $1 + Z_{o,1}\displaystyle\sum_{j=1}^{N}\dfrac{1}{Z_{L,j}}$。可以注意到,$N$ 个负载变换器并联时,其输入阻抗 $Z_{L,1}, Z_{L,2}, \cdots,$ $Z_{L,N}$ 可等效成一个负载变换器的输入阻抗 Z_{L},这里 $\dfrac{1}{Z_{L}} = \displaystyle\sum_{j=1}^{N}\dfrac{1}{Z_{L,j}}$,即等效的输入阻抗 Z_{L} 为各个变换器输入阻抗的并联值,$Z_{L} = Z_{L,1} \,/\!/\, Z_{L,2} \,/\!/\, \cdots \,/\!/\, Z_{L,N}$,但是对于源变换器,并没有类似的结论。这意味着多个并联的负载变换器可以等效为一个子系统,但多个并联的源变换器不能够等效为一个子系统,整个系统也就不能够等效为两级级联系统。

5. 任意集成的分布式电源系统阻抗比判据

假设各系统是单独设计然后集成到一起,它们之间没有均流、协同等控制关系。此处的任意集成指各变换器可以任意并联、级联,但各变换器为独立设计,不含协同控制。

下面分析对于如图 6.8 所示的任意子系统级联和并联而成的复杂系统,如何判定整个系统的小信号稳定性。

根据前述结论,级联和并联的负载子系统能够等效为一个负载子系统,所以从主母线端看去,图 6.8 所示的复杂系统可以等效为图 6.9 所示的 M 个源子系统和一个负载子系统级联而成的系统。可以使用如下的阻抗比判据来判定整个系统的小信号稳定性:M 个阻抗比 $T_{m,k}$ 需同时满足稳定性判据,其中

$$T_{m,k} = Z_{o,k}\left(\sum_{j=1, j \ne k}^{M}\frac{1}{Z_{o,j}} + \frac{1}{Z_{L}}\right), \quad k = 1, 2, \cdots, M \tag{6.8}$$

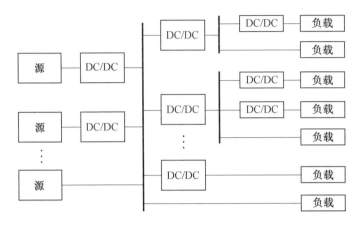

图 6.8　复杂连接的分布式电源系统

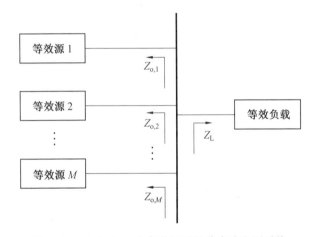

图 6.9　M 个源、一个负载级联的分布式电源系统

6.2.2　稳定裕度

仅仅保证分布式电源系统的小信号稳定是不够的。假如系统是稳定的但非常接近临近稳定,即使是微小的扰动,也可能使系统变得不稳定。因此,对一个已经小信号稳定的系统,为了加强系统的相对稳定性,稳定裕度也是一个必须要考虑的因素。

对于航天器电源系统,幅相判据是现阶段应用最广泛的稳定裕度标准。1999 年 ESA 的电源标准(ECSS－E－20A)从频域角度给出了航天器电源系统的稳定裕度指标:系统级部件增益裕度大于 10 dB,相位裕度在寿命末期最坏条件下应大于 60°;非系统级的部件要求其增益裕度大于 10 dB,相位裕度在寿命末期最坏条件下应大于 50°。2008 年 ESA 电源标准修订版本明确给出了电源系统的范畴,该版本也是目前正在执行的标准。ESA 标准是多个国家的航天电源标准,起到了引领的作用。根据其定义,增益裕度和相位裕度能够在一定程度上保证系统的相对稳定性。然而，使用增益裕度和相位裕度并不总是能保证系统有良好的相对稳定性。如图 6.10 所示，有时系统（特别是高阶系统）能够满足增益裕度和相位裕度的要求（图中的粗直线和粗弧线分别代表增益裕度和相位裕度的要求），但仍有部分 Nyquist 曲线靠近点(-1,j0)，轻微扰动就可能使系统进入不稳定状态，导致系统的相对稳定程度下降。且目前低轨卫星中越来越多地使用宽禁带高频功率器件，如 SiC、GaN 等，与硅基功率器件构建的电源系统的不同之处在于，更高频率的开关电源的 Bode 图会出现多次零点穿越的现象，原有的增益裕度和相位裕度已不能全面衡量在复杂、高频、多频的功率系统中的稳定性情况，需要更严格的量化表征。

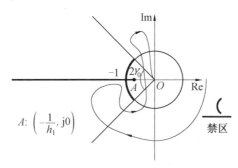

图 6.10　系统满足增益裕度 h_0(dB) 和相位裕度 γ_0(°) 但稳定裕度不好的例子

　　工业界已应用模值裕度和时延裕度等新指标对工控系统的稳定程度开展评价，飞控领域也对多输入多输出（MIMO）控制系统的稳定裕度进行了系统研究和概括，将模值裕度加入评价指标。2010 年 ESA 在 ECSS-E-HB-60-10A 标准中给出了对于控制系统鲁棒性表征的两个指标。由于这两个指标的重要性，也应开展针对航天器电源的稳定裕度研究，提出更严格表征稳定程度的方法和稳定裕度表征形式，探索广义稳定裕度界值。

1. 广义稳定裕度表征形式

　　设计电源控制系统时，须考虑对象模型的不确定性，包括不确定参数、不确定频率特性、时变参数等。在对象模型存在不确定性时，评估闭环系统能否稳定及其稳定程度具有重要意义。

　　由 Nyquist 稳定判据可知：若已知系统的开环传递函数 $H_{OL}(s)=G(s)H(s)$，可判定闭环控制系统 $\varphi(s)=\dfrac{G}{1+GH}$ 的稳定性，闭环系统示意图如图 6.11 所示。

　　令 $s=j\omega$，可得极坐标图上开环传递函数 $H_{OL}(s)=H_{OL}(j\omega),\omega\in(-\infty,+\infty)$ 的 Nyquist 图。稳定性研究中，将(-1,j0)点称为临界点。当 Nyquist 图穿过(-1,j0)点时，闭环系统临界稳定。Nyquist 图相对于该点的位置，即偏离临界点的程度，反映了

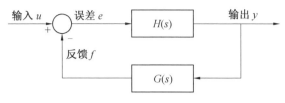

图 6.11　闭环系统示意图

系统的相对稳定性。

通过图 6.12 所示开环传递函数的 Nyquist 图,可直观定义表征系统稳定性的广义稳定裕度。四个稳定裕度定义如下:

① 增益裕度 ΔG。

相位位移 $\angle \varphi = -180°$ 时,增益裕度 ΔG 对应频率上的幅值增益 $H_{OL}(j\omega)$ 的倒数,单位是 dB,有

$$\Delta G = \frac{1}{|H_{OL}(j\omega)|}, \quad \angle \varphi(\omega) = -180° \tag{6.9}$$

以分贝表示为

$$\Delta G(dB) = -20\lg|H_{OL}(j\omega)| \tag{6.10}$$

增益裕度的含义为:若开环幅频特性增大 ΔG 倍,则系统将经过 $(-1, j0)$ 点,系统临界稳定。

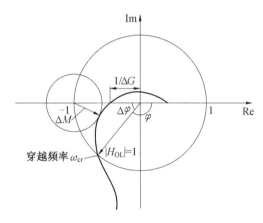

图 6.12　开环传递函数的 Nyquist 图

② 相位裕度 $\Delta \varphi$。

相位裕度 $\Delta \varphi$ 在数值上等于开环增益为 1(0 dB) 时,系统的相位与 $-180°$ 的差值,即

$$\Delta \varphi = 180° + \angle \varphi(\omega_{cr}), \quad |H_{OL}(j\omega_{cr})| = 1 \tag{6.11}$$

式中　ω_{cr}——幅值穿越频率。

相位裕度的含义为:若开环相频特性再滞后 $\Delta \varphi$,则系统将经过 $(-1, j0)$ 点,系统

临界稳定。

③ 时延裕度 $\Delta\tau$。

在系统的开环特性中引入延迟环节 $e^{-\tau s}$ 后,系统的幅值特性不变,但频率 ω 会成正比地相位偏移。假如频率为 ω_0,则时延为 τ 时的相位偏移为 $\angle\varphi(\omega_0)=-\omega_0\tau$。

时延裕度在 Nyquist 图和 Bode 图上的表现如图 6.13 所示,图 6.13(a) 中虚线为 $H_{OL}(j\omega)$ 频率特性,实线为增加了延迟环节后的频率特性。其幅值和相位穿越频率分别为 ω_{cr0}、ω_{cr}($\omega_{cr0}=\omega_{cr}$)和 ω_{g0}、ω_g,相位裕度分别为 $\Delta\varphi_0$、$\Delta\varphi$。图 6.13(b) 为增加延迟环节前后所对应的 Bode 图。

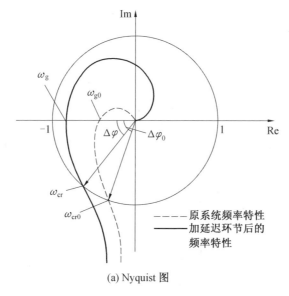

(a) Nyquist 图

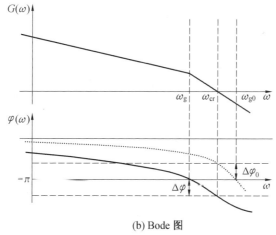

(b) Bode 图

图 6.13　时延裕度示意图

增加延迟环节后,系统靠近$(-1,j0)$点,稳定性下降。若要保证系统的稳定性,应保证相位裕度大于0,则有

$$\Delta\varphi = \Delta\varphi_0 - \tau\omega_{cr0}\frac{180}{\pi} = 180° + \angle\varphi(\omega_{cr0}) - \tau\omega_{cr0}\frac{180}{\pi} > 0 \qquad (6.12)$$

求得

$$\tau < \frac{\pi}{180}\frac{\angle\varphi(\omega_{cr0}) + 180°}{\omega_{cr0}} \qquad (6.13)$$

将相位裕度转换为时延裕度(即在保证闭环系统稳定的条件下开环系统能允许的最大时延增量),由式(6.13),时延裕度表达式为

$$\Delta\tau = \frac{\Delta\varphi}{\omega_{cr}} \qquad (6.14)$$

若 Nyquist 曲线多次穿越单位圆,对应的频率为ω_{cr}^i,则时延裕度定义为

$$\Delta\tau = \min_i \frac{\Delta\varphi_i}{\omega_{cr}^i} \qquad (6.15)$$

时延裕度的含义为:系统引入延迟环节 $e^{-\tau s}$,若τ达到时延裕度,则系统将经过$(-1,j0)$点,系统临界稳定。

④ 模值裕度 ΔM。

模值裕度是用来度量开环系统 $H_{OL}(j\omega)$ 的 Nyquist 曲线和临界点$(-1,j0)$之间距离的一个广义指标。定义模值裕度为系统开环特性 $H_{OL}(s)$ 与$(-1,j0)$点的最小距离,即以$(-1,j0)$为原点且与 $H_{OL}(j\omega)$ 的 Nyquist 曲线相切的圆的半径,如图 6.14 所示。连接点$(-1,j0)$和 $H_{OL}(j\omega)$ 的复向量的表达式为

$$S_{yp}^{-1}(s) = 1 + H_{OL}(s) \qquad (6.16)$$

即输出灵敏度函数的倒数。

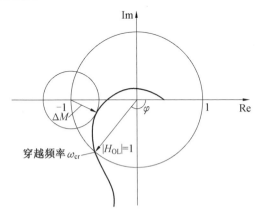

图 6.14　模值裕度示意图

根据模值裕度的定义,其表达式为

$$\Delta M = \min_{\omega} |1 + H_{\mathrm{OL}}(\mathrm{j}\omega)| \tag{6.17}$$

以分贝表示为

$$\Delta M(\mathrm{dB}) = \max_{\omega}[-20\lg|1 + H_{\mathrm{OL}}(\mathrm{j}\omega)|] \tag{6.18}$$

即输出灵敏度函数 $S_{\mathrm{yp}}(s)$ 极大值的倒数。

模值裕度的含义为:若开环特性与 $(-1,\mathrm{j}0)$ 点的距离再减小 ΔM,则系统将经过 $(-1,\mathrm{j}0)$ 点,系统临界稳定。

以图 6.15 为例,模值裕度 $R_0 = 0.5$ 时,换算成分贝为 6 dB。以 $(-1,\mathrm{j}0)$ 点为圆心,以 0.5 为半径画圆。左图开环特性未进入圆内,满足模值裕度要求;右图开环特性进入圆内,不满足模值裕度要求。

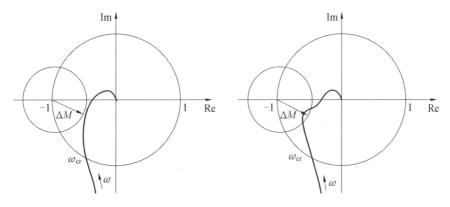

图 6.15　　模值裕度判定稳定性示例

模值裕度特别重要,它定义了输出灵敏度函数模值的最大允许值,即抑制扰动性能的底限;同时表征了系统对可能存在的非线性突变或时变特性的容忍度。

2. 广义稳定裕度测算方法

通过网络分析仪易测得电源系统的开环幅频特性 $G(\omega) = 20\lg|H(\mathrm{j}\omega)|$ 和相频特性 $\varphi(\omega) = \angle H(\mathrm{j}\omega)$,获得系统的频率特性测试曲线,示意图如图 6.16 所示。根据测得的幅频和相频数据,可计算得到电源系统的增益裕度、相位裕度、时延裕度和模值裕度。

① 增益裕度和相位裕度。

增益裕度 ΔG 和相位裕度 $\Delta \varphi$ 可从图 6.16 中直接读出。

其中增益裕度

$$\Delta G - \quad G(\omega_{\mathrm{g}}) \tag{6.19}$$

式中,ω_{g} 对应相位 $\varphi(\omega) = -180°$。

相位裕度

$$\Delta \varphi = |180° + \varphi(\omega_{\mathrm{cr}})| \tag{6.20}$$

式中，ω_{cr} 对应幅频 $G(\omega)=0$ dB。

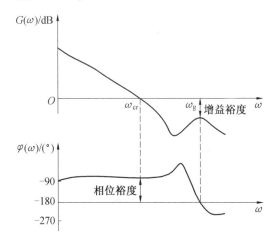

图 6.16　频率特性测试曲线示意图

② 时延裕度。

时延裕度可通过网络分析仪测得的系统幅频特性和相频特性数据计算得到。根据时延裕度 $\Delta\tau$ 的定义，其表达式为

$$\Delta\tau = \min\left[\frac{\pi}{180}\frac{\angle\varphi(\omega_{cr})+180°}{\omega_{cr}}\right] \tag{6.21}$$

即

$$\Delta\tau = \frac{\Delta\varphi}{\omega_{cr}} \tag{6.22}$$

式中　　ω_{cr}——穿越频率；

$\Delta\varphi$——相位裕度。

③ 模值裕度。

模值裕度 ΔM 为复平面上开环特性曲线 $H_{OL}(j\omega)$ 与 $(-1,j0)$ 点的最短距离 $\min_{\omega}[|1+H_{OL}(j\omega)|]$，换算成分贝为 $\max[-20\lg|1+H_{OL}(j\omega)|]$。

根据如下开环幅频数据 $G(\omega)$ 和相频数据 $\varphi(\omega)$ 表达式：

$$G(\omega)=20\lg|H_{OL}(j\omega)| \tag{6.23}$$

$$\varphi(\omega)=\angle H_{OL}(j\omega) \tag{6.24}$$

可求得 $1+H_{OL}(j\omega)$ 的幅频特性 $20\lg|1+H_{OL}(j\omega)|$ 为

$$-20\lg|1+H_{OL}(j\omega)|=-20\lg\sqrt{\{1+Re[H_{OL}(j\omega)]\}^2+Im[H_{OL}(j\omega)]^2}$$

$$\tag{6.25}$$

模值裕度为 $-20\lg|1+H_{OL}(j\omega)|$ 的最大值，则

$$\Delta M = \max_{\omega}[-20\lg|1+H_{OL}(j\omega)|] \tag{6.26}$$

3. 基于广义稳定裕度的稳定性评估

参考现行航天器电源标准,并结合航天器电源系统的历史数据分析,初步给出航天器电源系统小信号广义稳定裕度界限值。设计一个稳健的航天器电源系统,一般要求:

① 增益裕度:$\Delta G > 10$ dB;

② 相位裕度:$\Delta \varphi > 60°$;

③ 时延裕度:$\Delta \tau \geqslant 33$ μs(穿越频率按照 5 kHz 考虑);

④ 模值裕度:$\Delta M < 3.3$ dB。

下面以两个型号电源系统研制过程为例,分析电源系统的稳定性,并说明广义稳定裕度的重要性。

例 1　型号 1 电源系统。

型号 1 电源系统的原理样机和正式样机频率特性曲线分别如图 6.17 和图 6.18 所示,根据该测试结果测算稳定裕度,二者稳定裕度对比见表 6.3。可以看出,设计初期,原理样机的增益裕度仅为 2.56 dB,远小于 10 dB,因此测试中闭环系统稳定性很差,轻微扰动便会使系统进入不稳定状态。同时,模值裕度也远超限定范围。

对原理样机进行改进设计,重新设定 PI 参数提高增益裕度,同时采用 $1/\sqrt[3]{s}$ 型补偿器设计方法,把相位裕度拉回到 60° 以上。最终正式样机增益裕度增大到 21.14 dB,相位裕度为 87.6°,此时的模值裕度也回到了标准范围内,完全满足稳定性要求。

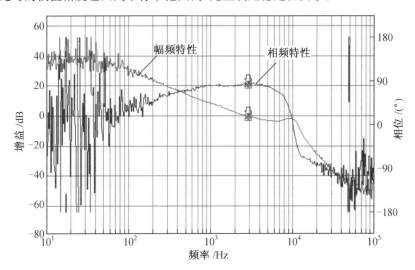

图 6.17　型号 1 电源系统原理样机开环幅频特性和相频特性

例 2　型号 2 电源系统。

型号 2 电源系统各研制阶段的频率特性曲线如图 6.19 ～ 6.23 所示,对应各阶段

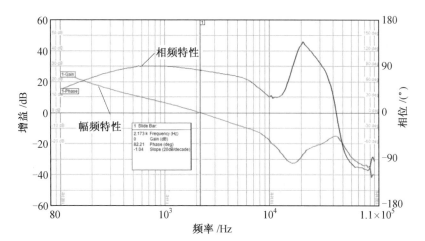

图 6.18　型号 1 电源系统正式样机开环幅频特性和相频特性

稳定裕度测算结果见表 6.4。

表 6.3　型号 1 电源系统原理样机与正式样机稳定裕度对比

研制阶段	增益裕度 /dB	相位裕度 /(°)	时延裕度 /μs	模值裕度 /dB	穿越频率 /kHz
原理样机	2.6	86.4	89.4	7.6	2.7
正式样机	21.1	87.6	176.0	0.8	1.38

　　初始单模块原理样机测试曲线如图 6.19 所示,增益裕度为临界 10 dB,且由于增益裕度在 10 kHz 频率附近有异常鼓包,因此系统随着并联模块数的增加,增益裕度越来越差,产生振荡,无法完成整机系统测试。为提高增益裕度,调整外环比例增益 k,此时对应的穿越频率降低,相位裕度降低至 58.9°,单模块测试曲线如图 6.20 所示。此后,将输出电感短接,相位裕度维持不变,幅频曲线在 10 kHz 频率附近鼓包减小,并联模块数量增加,研制节点 2 为 8 个模块并联数据,测试增益裕度降至临界值,如图 6.21 所示。整机系统并联情况如图 6.22 所示,增益裕度降至 4 dB。最终通过调整电流内环控制参数,使系统达到稳定,如图 6.23 所示。

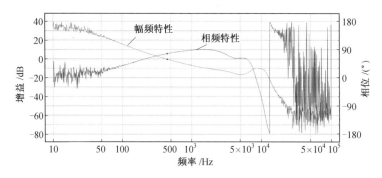

图 6.19　型号 2 电源系统单模块原理样机开环幅频特性和相频特性

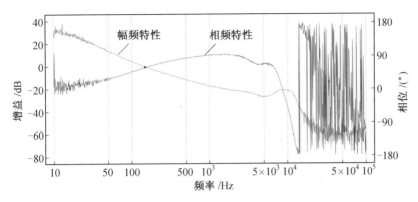

图 6.20   型号 2 电源系统研制节点 1 开环幅频特性和相频特性

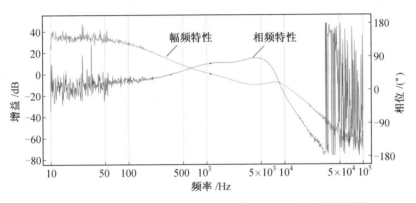

图 6.21   型号 2 电源系统研制节点 2 开环幅频特性和相频特性

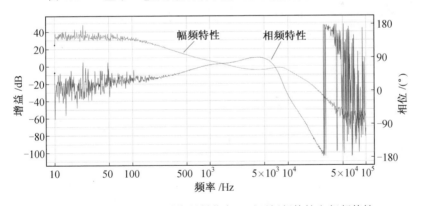

图 6.22   型号 2 电源系统研制节点 3 开环幅频特性和相频特性

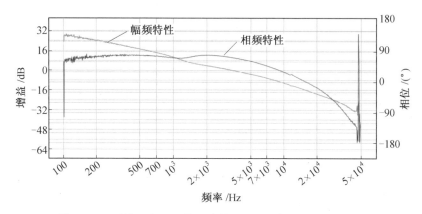

图 6.23　型号 2 电源系统正式样机开环幅频特性和相频特性

表 6.4　型号 2 电源系统各研制阶段稳定裕度对比

研制阶段	增益裕度 /dB	相位裕度 /(°)	时延裕度 /μs	模值裕度 /dB	穿越频率 /kHz
原理样机	10.5	75.7	496	3.04	0.4
节点 1	21.3	58.9	1 100	0.79	0.1
节点 2	10.0	70.7	175	3.84	1.1
节点 3	4.0	75.3	116	8.8	1.8
正式样机	16.1	71.4	57.6	2.7	3.4

　　分析这几个研制节点数据可以看出，当增益裕度和相位裕度同时满足标准要求时，系统不一定稳定，如型号 2 电源系统节点 2 的情况。其中模值裕度可较直观地反映系统稳定性，当模值裕度 $\Delta M < 3.3$ dB 时，可同时保证增益裕度 $\Delta G > 10$ dB 且相位裕度 $\Delta \varphi > 40°$。因此当增益裕度和相位裕度很差或在临界状态时，会直接反映在模值裕度数值上。一般来说，满意的模值裕度既能保证增益裕度又能保证相位裕度，但反之并不一定成立。

　　此外，对于具有多个穿越频率的系统，若该系统具有满意的相位裕度，并不能保证得到满意的时延裕度，这是由于尽管相位裕度很重要，但若频率很高，时延裕度则会变得很小。因此，对于模型不精准或时变的电源系统，这两项指标更具有重要的意义。

6.2.3　一种适用于负载阻抗设计的阻抗比禁区

　　对于图 6.3 所示的分布式电源系统，在设计过程中，经常遇到的一个问题是：假如源变换器的输出阻抗已知，负载变换器的输入阻抗满足什么样的条件时，整个级联的系统是稳定的？有学者分别研究了整个负载变换器满足什么条件时整个系统是稳定的,以及当有多个负载变换器并联时单个负载变换器满足什么条件时整个系统是稳定的。接下来对前者进行研究。

根据图 6.24 所示的禁区,可以在理论上推导出 Z_{in} 的设计原则。实轴禁区很容易计算,但是圆禁区在 Bode 图上却难以计算。而 Bode 图是工程中普遍使用的方法。针对该问题,本节提出了一种新的禁区 —— 扇形禁区。如图 6.24 所示,扇形禁区恰好包含圆禁区,由两段圆弧和两条线段组成。圆弧的圆心为原点,半径分别为 $1-R_0$ 和 $1+R_0$。线段与实轴的夹角分别是 $180-\gamma_0$ 和 $180+\gamma_0$。若需要计算增益裕度和相位裕度,可由相关公式进行计算。

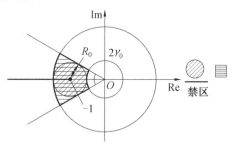

图 6.24　实轴禁区和扇形禁区

在极坐标上,扇形禁区可由下式来描述:

$$\begin{cases} 1-R_0 \leqslant |T_m| \leqslant 1+R_0 \\ (2k+1)180-\gamma_0 \leqslant \angle T_m \leqslant (2k+1)180+\gamma_0 \end{cases} \tag{6.27}$$

在 Bode 图上,扇形禁区可由下式来描述:

$$\begin{cases} 20\lg(1-R_0) \leqslant |T_m| \leqslant 20\lg(1+R_0) \\ (2k+1)180-\gamma_0 \leqslant \angle T_m \leqslant (2k+1)180+\gamma_0 \end{cases} \tag{6.28}$$

把 $T_m = Z_o/Z_{in}$ 代入式(6.28),可得

$$\begin{cases} 20\lg(1-R_0) \leqslant |Z_o|-|Z_{in}| \leqslant 20\lg(1+R_0) \\ (2k+1)180-\gamma_0 \leqslant \angle Z_o - \angle Z_{in} \leqslant (2k+1)180+\gamma_0 \end{cases} \tag{6.29}$$

实轴禁区在 Bode 图上可描述为

$$\begin{cases} |T_m| \geqslant 0 \text{ dB} \\ \angle T_m = (2k+1)180, \quad k=0,\pm 1,\cdots \end{cases} \tag{6.30}$$

把 $T_m = Z_o/Z_{in}$ 代入式(6.30),可得

$$\begin{cases} |Z_o| \geqslant |Z_{in}| \\ \angle Z_o - \angle Z_{in} = (2k+1)180, \quad k=0,\pm 1,\cdots \end{cases} \tag{6.31}$$

在 Bode 图上,图 6.24 所示的实轴禁区和扇形禁区可分别由式(6.31)和式(6.29)来描述,因此,负载输入阻抗 Z_{in} 的设计原则(图 6.25)可表述为

① 在 $|Z_{in}| > |Z_o| + 20\lg(1 + R_0)$ 的频率段,对 $\angle Z_{in}$ 无要求;

② 在 $|Z_{in}| < |Z_o| + 20\lg(1 - R_0)$ 的频率段,$\angle Z_{in}$ 不能穿过线 $\angle Z_o + (2k+1)180, k = 0, \pm 1, \cdots$;

③ 在 $|Z_o| + 20\lg(1 - R_0) < |Z_{in}| < |Z_o| + 20\lg(1 + R_0)$ 的频率段,$\angle Z_{in}$ 不能穿过由 $\angle Z_o + (2k+1)180 \pm \gamma_0$ 围成的相位禁区。

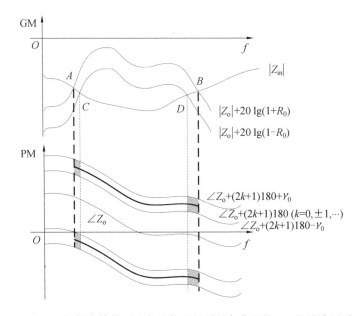

图 6.25 根据实轴禁区和扇形禁区得到的负载阻抗 Z_{in} 的设计原则

根据 GMPM 判据得到的负载阻抗 Z_{in} 的设计原则如图 6.26 所示。与 GMPM 判据相比,实轴禁区和扇形禁区(图 6.24)在复平面上所占用的空间更小但却保持了与 GMPM 判据相同的稳定性和稳定裕度。同样地,在 Bode 图上也可以看到,与 GMPM 判据相比,所提出的实轴禁区和扇形禁区在 Bode 图上对应的相位禁区(图 6.25)占用更少的空间。

在工程实际中,源子系统的输出阻抗和负载子系统的输入阻抗会随着工作点、温度、器件容差及老化等的影响而发生变化。可以使用蒙特卡洛方法估计上述因素对源子系统的输出阻抗和负载子系统的输入阻抗的影响,这样可使得负载阻抗设计更接近工程实际。下面将结合实例对具体的设计过程予以详细介绍。

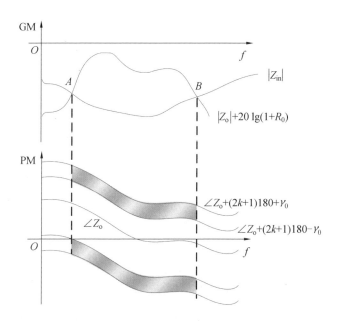

图 6.26　根据 GMPM 判据得到的负载阻抗 Z_{in} 的设计原则

6.2.4　仿真验证

本小节将以一个两级级联的分布式电源系统的例子来说明使用实轴禁区和扇形禁区进行负载阻抗设计的过程。另外,为了更接近工程实际,使用蒙特卡洛方法考虑了系统的鲁棒性问题,允许器件参数在一定容差范围内变化。如图 6.27 所示,该电路包含两个 Buck 变换器(工作在 CCM 模式),前级变换器作为源变换器,输入电压 $U_{\text{in}} =$ 48 V,后级变换器作为负载变换器,所带负载为 R,输出电压 $U_{\text{o}} = 12$ V。母线电压 $U_{\text{bus}} = 24$ V,额定功率为 144 W,此时负载 $R = 1\ \Omega$。主拓扑电路和控制回路的其他具体参数如图 6.27 所示。

负载阻抗设计可分为三步。设计目标是器件在给定的容差范围内能保证系统的小信号稳定性,且满足稳定裕度要求。

第一步,分析工作点的变化对阻抗造成的影响。根据建立的 Buck 变换器的小信号模型,可在理论上计算出源变换器的输出阻抗 Z_{o} 不随工作点变化,而负载变换器的输入阻抗 Z_{in} 则随工作点变化而变化。图 6.28 是当负载电阻以步长为 $-1\ \Omega$ 从 10 Ω 减小到 1 Ω 的 Z_{o} 和 Z_{in} 的 Bode 图。图 6.28 验证了上述理论计算,且可看出,当 $R = 1\ \Omega$ 时,即在额定工作点时,Z_{in} 的幅值最小。

第二步,使用蒙特卡洛方法分析在给定工作点器件参数的影响。之所以选择额定工作点来进行蒙特卡洛分析,是因为 Z_{o} 不随工作点变化而变化,Z_{in} 在额定工作点幅值最小。设主电路拓扑和控制电路的电阻、电容、电感等器件的器件容差为 30%,呈

正态分布,分析次数为 100 次时 Z_o 和 Z_{in} 的蒙特卡洛分析结果如图 6.29 所示。设 Z_o 的幅值和相位的上下包络分别为 $|Z_o|_{max}$、$|Z_o|_{min}$、$\angle Z_{omax}$、$\angle Z_{omin}$。

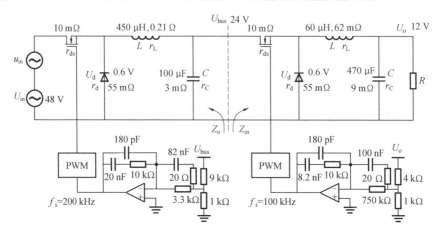

图 6.27　一个两级 Buck 级联的分布式电源系统

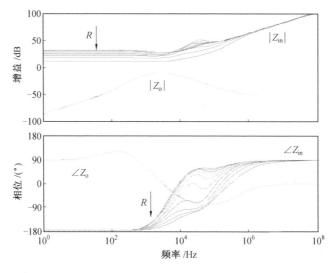

图 6.28　当 R 从 10 Ω 减小到 1 Ω 时 Z_o 和 Z_{in} 的 Bode 图

第三步,选取参数为 $R_0 = 0.5$,$\gamma = 30°$ 的扇形禁区,根据图 6.25 所示负载阻抗 Z_{in} 的设计原则,计算结果如图 6.30(a) 所示。图 6.30(a) 中,$|Z_o|_{max} + 20\lg(1+0.5)$、$|Z_o|_{min} + 20\lg(1-0.5)$、$\angle Z_{omax} - 180 + 30$、$\angle Z_{omin} - 180 - 30$、$|Z_{in}|$ 和 $\angle Z_{in}$ 都是基于第二步的计算结果。在图 6.30(a) 中,因为在整个频率段均有 $|Z_{in}| > |Z_o|_{max} + 20\lg(1+0.5)$,故整个系统是稳定的。为了验证这个结论,在源变换器的输入端叠加了一个频率为 1 kHz、峰峰值为 0.48 V 的正弦电压小扰动信号,母线电压 U_{bus} 的数值仿真结果如图 6.30(b) 所示,可以看到,母线电压也有同频率的正弦扰动信号,但是幅

值非常小,整个系统是稳定的。另外,当 $R=0.1\ \Omega$ 或 $R=0.01\ \Omega$ 时,额定功率增加,在某些频率段将有 $|Z_{in}|<|Z_o|_{max}+20\lg(1+0.5)$ 或 $|Z_{in}|<|Z_o|_{min}+20\lg(1-0.5)$,根据图 6.25 所示负载阻抗 Z_{in} 的设计原则,Z_{in} 的禁区分别如图 6.31(a) 和图 6.32(a) 所示。因为 $\angle Z_{in}$ 穿过了图中的相位禁区,所以不能保证整个系统是稳定的。数值仿真结果表明:当在源变换器输入端叠加一个小扰动电压时,两种情况下母线电压都是发散的,分别如图 6.31(b) 和图 6.32(h) 所示。

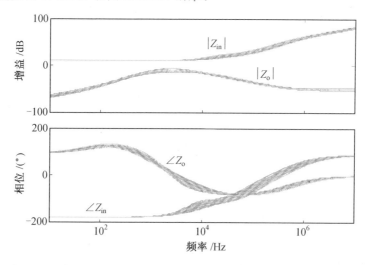

图 6.29　当 $R=1\ \Omega$ 时用蒙特卡洛法得到的器件参数变化时 Z_o 和 Z_{in} 的 Bode 图

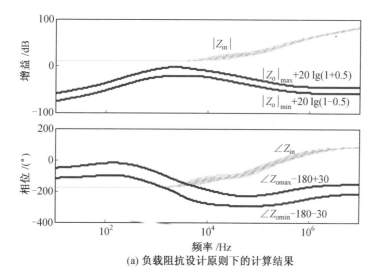

(a) 负载阻抗设计原则下的计算结果

图 6.30　当 $R=1\ \Omega$ 时的计算与仿真结果

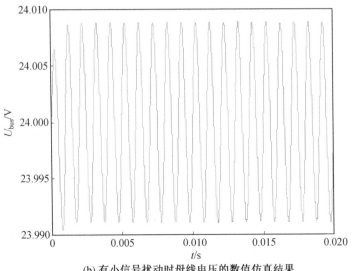

(b) 有小信号扰动时母线电压的数值仿真结果

续图 6.30

根据系统稳定的充要条件阻抗比判据(即实轴禁区)和易于进行负载阻抗设计的扇形禁区,能够计算出系统稳定且满足鲁棒性要求和稳定裕度要求时电阻 R 的范围。系统稳定且满足不同要求时 R 的范围见表 6.5,由表 6.5 所示的计算结果可以看出,鲁棒性要求和稳定裕度要求都限制了 R 的范围。另外,结果显示 R 越大,即功率越小,系统越容易稳定。实际上图 6.30 ~ 6.32 是系统满足鲁棒性要求和稳定裕度要求,当 R 取不同值时系统稳定和不稳定的一些例子。

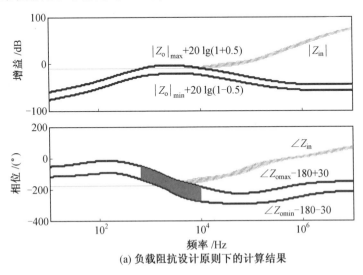

(a) 负载阻抗设计原则下的计算结果

图 6.31　当 $R = 0.1\ \Omega$ 时的计算与仿真结果

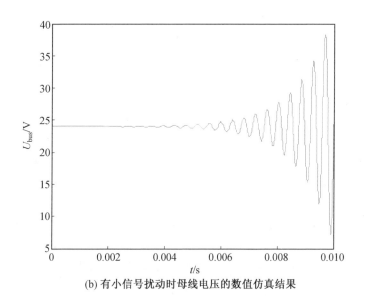

(b) 有小信号扰动时母线电压的数值仿真结果

续图 6.31

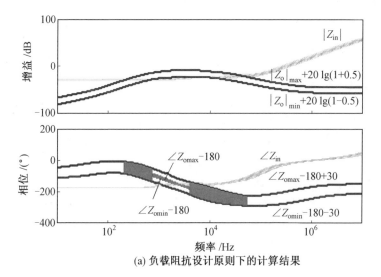

(a) 负载阻抗设计原则下的计算结果

图 6.32　　当 $R = 0.01\ \Omega$ 时的计算与仿真结果

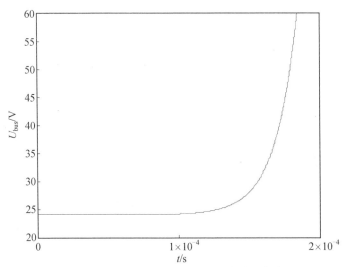

(b) 有小信号扰动时母线电压的数值仿真结果

续图 6.32

表 6.5　系统稳定且满足不同要求时 R 的范围

鲁棒性要求	稳定裕度要求	电阻 R 范围 /Ω
参数固定(无鲁棒性要求)	无稳定裕度要求	$R \geqslant 0.095$
	满足图 6.24 所示的扇形禁区条件($R_0 = 0.5$, GM $\geqslant 6$ dB, PM $\geqslant 30°$)	$R \geqslant 0.140$
参数变化(使用蒙特卡洛方法来分析最坏情况)	无稳定裕度要求	$R \geqslant 0.167$
	满足图 6.24 所示的扇形禁区条件($R_0 = 0.5$, GM $\geqslant 6$ dB, PM $\geqslant 30°$)	$R \geqslant 0.245$

　　图 6.33 所示是当负载电阻在 10 ms 时从 2 Ω 突降为 1 Ω 时母线电压和负载电流的时域响应波形。可以看到母线电压在经过一个 3 ms 左右的衰减振荡后,重新获得稳定,瞬态特性良好。

　　总之,和 MPC 判据相比,使用本节提出的扇形禁区更容易在 Bode 图上进行负载阻抗设计。另外,MPC 判据可以用来估计系统的瞬态性能。因为扇形禁区恰好包围 MPC 判据的圆禁区,所以使用扇形禁区设计的系统的瞬态性能要优于使用 MPC 判据设计的系统。

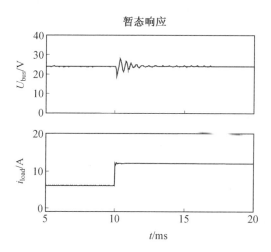

图 6.33　当负载电阻从 2 Ω 突降为 1 Ω 时母线电压和负载电流的时域响应

6.3　大信号稳定性分析

系统稳定的一个重要表现是能够经受大的扰动,在扰动消失后,系统能够恢复到原来的状态。使用小信号分析,无法保证系统在大扰动下也是稳定的。即使在每一个可能的工作点都是小信号稳定的,也不能保证系统的大信号稳定性。因此,必须进行大信号稳定性分析。

小信号稳定是在某一个平衡状态邻域范围内的稳定性问题,讨论在多大扰动下系统稳定没有意义。大信号稳定则不同,不仅可以判断该平衡状态是否稳定,还可以确定该平衡状态的吸引域。即系统工作于平衡状态时,在受到多大的干扰下,撤去扰动后,系统还能回到原来的平衡状态。在求出吸引域后,可以对电路中的一些大信号扰动现象进行稳定性分析。如电路中的负载切换:在负载切换前,系统处于某一平衡状态,在负载切换完成后,系统将达到新的平衡状态。对于新的平衡状态,可以求出一个吸引域。若原来的平衡状态在该吸引域之内,则系统可以到达新的平衡状态,系统可以重新稳定;若原来的平衡状态在该吸引域之外,则系统不能到达新的平衡状态,系统不能稳定。电路中的启动情况也与此类似。

6.3.1　电源系统中的非线性因素分析

在分布式电源系统中,开关变换器是造成系统非线性的最主要因素,其次是分布式电源系统中有些源和负载本身是非线性的。开关变换器是非常复杂的非线性时变离散系统。开关器件周期性的导通与关断使得开关变换器的主拓扑是一个时变电路。开关变换器是一个离散系统,系统中既存在模拟量,又存在数字量。控制电路中的脉宽调制器将连续的模拟量转换为离散的开关序列(数字量),用以驱动开关器件的导通和关断。同时,开关变换器是复杂的非线性系统,下面结合图 6.34 所示的 Boost 电路对此进行分析。

(1)占空比恒定时主拓扑电路结构切换造成的非线性。

主拓扑中开关器件的导通与关断会引起电路结构的改变。多个开关器件导通与关断的不同组合形成不同的电路结构。开关变换器中的开关器件主要有三种类型:第一种是以 MOSFET、IGBT 为代表的全控型器件;第二种是以二极管为代表的不控型器件;第三种是以晶闸管为代表的半控型器件。本书重点考虑在 DC/DC 变换器中使用的前两种类型的开关器件。全控型器件的通断由主拓扑外部的控制电路进行驱动,不控型器件的通断则由主拓扑电路自身的结构和状态来决定。当图 6.34 所示的 Boost 变换器工作在 CCM 模式时,不控型器件二极管的开关状态与全控型器件的 MOSFET 形成互补,主拓扑有两种可能的电路结构;Boost 变换器工作在 DCM 模式时,当 MOSFET 关断后,若电感电流不为 0,二极管导通,若电感电流为 0,二极管断开,所以 DCM 下 Boost 电路有三种可能的电路结构。

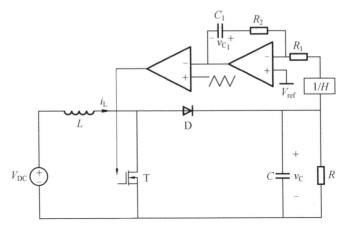

图 6.34 Boost 电路

占空比恒定时,变换器工作在稳态或者开环模式。在一个开关周期内,不同的电路结构所占时间的比例是不变的。主拓扑中的每一种电路结构单独来看都是线性的,但对于不同的电路结构,电源是否接入电路、电容的充放电状态、电感电流的增减状态都不太一样,随着开关器件的导通与关断,开关变换器也在不同的电路结构间切换,从而造成主拓扑电路的非线性,电流、电压等在电路结构切换时,发生非线性变化,形成开关纹波。

(2)变化占空比造成的非线性。

若忽略掉开关纹波的影响,既然每一种电路结构都是线性的,那么主拓扑电路是否也为线性呢?要回答这个问题,首先要建立变换器的大信号状态平均模型。

由于开关纹波幅值很小,一般远小于平均值,可以近似认为状态变量的平均值与瞬时值相等,而不会引起较大的误差。对于 CCM 模式下的变换器,有两种可能的电路结构。设源为直流电压源,负载为阻值不变的电阻负载。

在每个开关周期的 $[0, dT_s]$ 时间段内,主拓扑为一种电路结构,设状态方程为

$$\begin{cases} \dot{x} = A_1 x + B_1 u \\ y = C_1 x + D_1 u \end{cases} \tag{6.32}$$

式中　　A_1、B_1、C_1、D_1 —— 系数矩阵;

　　　　u —— 系统输入;

　　　　y —— 系统输出;

　　　　x —— 系统的状态变量。

在每个开关周期的 $[dT_s, T_s]$ 时间段内,主拓扑为另一种电路结构,设状态方程为

$$\begin{cases} \dot{x} = A_2 x + B_2 u \\ y = C_2 x + D_2 u \end{cases} \tag{6.33}$$

式中　　A_2、B_2、C_2、D_2 —— 系数矩阵。

根据状态平均的原理,最终的状态平均方程为

$$\begin{cases} \dot{x} = [dA_1 + (1-d)A_2]x + [dB_1 + (1-d)B_2]u \\ y = [dC_1 + (1-d)C_2]x + [dD_1 + (1-d)D_2]u \end{cases} \tag{6.34}$$

若变换器工作在开环状态,占空比 d 可看成一个像电感、电容一样的固定不变的参数,则由式(6.34)可以看出,状态平均方程是线性的。但在闭环情况下,变换器的占空比 d 是变化的,通常是电感电流和电容电压的函数,设 $d = f(x)$,在状态方程中,会出现 $d \cdot x = f(x) \cdot x$ 或 $d \cdot u = f(x) \cdot u$,即会出现两个状态变量相乘或者状态变量与输入相乘的非线性乘积项。类似地,可建立 DCM 下 Boost 电路的状态方程模型,DCM 下 Boost 电路的状态方程要复杂些,因为电感电流存在断续的状态。但同样地,状态方程中也会出现两个状态变量相乘或者状态变量与输入相乘的非线性乘积项。由此可见,使用状态平均方法消除了状态变量中由开关动作引起的纹波和由此带来的非线性,把时变系统转变为时不变系统,但状态方程中仍然含有非线性因素。这种非线性在状态方程中体现为状态变量相乘或状态变量与输入相乘的非线性乘积项;在由受控源替代开关元件的等效电路中体现为受控源的表达式为非线性乘积项;在物理意义上体现为在一个开关周期内,不同的电路结构所占时间的比例不是恒定不变或线性的,而是受状态变量控制的非线性表达式。在使用状态平均法建立小信号模型时,正是忽略了这些非线性乘积项,才使得小信号模型成为线性模型。

(3)控制电路中的非线性。

控制电路中的非线性主要是由饱和现象造成的,包含以下两个方面:一是控制器的输出电压被供电电压所钳制,在电压模式的 PWM 控制器和电流模式的 PWM 控制

器中会存在这样的饱和现象;二是占空比被限制在 0 到 1 之间。这样的占空比限制存在于任何一个开关变换中,实际工程中占空比的最小值和最大值可能不是 0 和 1,而是介于 0 和 1 的值。

(4) 源和负载的非线性。

在分布式电源系统中,开关变换器的源和负载的非线性体现在以下两个方面。一方面是变换器的源和负载本身带有非线性。如源是蓄电池组、太阳能电池阵列等,其 U-I 特性曲线都呈现非线性特征。又如负载可能是电机、时断时续的加热器或者功率在某个范围内变化的变功率负载等非线性负载。另一方面是变换器引起的非线性。在分布式电源系统中,存在级联、并联、串联等情况,很多时候变换器不是直接和源、负载相连接,中间可能经过多个变换器,变换器的"源"和"负载"可能是其他变换器和源、其他变换器和负载的组合,这种组合常常呈现非线性特征。如两个开关变换器级联时,后级变换器和电阻负载作为前级变换器的负载,其负载特性可以看作恒功率负载,电阻负载是线性的,恒功率负载却是非线性的,而且,恒功率负载是对该负载特性的一种近似表示,后级变换器和电阻负载的真实非线性特性要复杂得多。

(5) 器件的非线性。

电感、电容在通过不同的电流、电压时,其电感值、电容值可能发生变化,比较典型的是电感会有饱和现象。另外,器件的特性也会受温度和老化的影响而发生变化。器件的这些特性变化中含有非线性因素。

6.3.2 基于蒙特卡洛分析的间接数值仿真法求取吸引域

由前面的分析可知,在分布式电源系统中存在着大量的非线性因素。使用线性理论的方法很难准确分析分布式电源系统的特性,特别是使用线性理论中的稳定裕度来分析系统的相对稳定性存在着很大局限性。本小节讨论基于非线性方程的吸引域的求取问题。吸引域能够更好地反映系统在某一平衡状态的相对稳定性,即抗干扰的能力。

可以使用 Lyapunov 直接法、通用软件仿真法甚至试验法来确定系统在某一平衡状态的吸引域。但是 Lyapunov 函数构造复杂,没有通用的构造方法,而且使用 Lyapunov 直接法求出的吸引域通常是实际吸引域的一个子集,具有保守性;使用 Saber、PSpice 等通用仿真软件无法方便地修改参数和状态变量初值,求取吸引域时费时费力;试验法也存在类似的问题。针对上述问题,本节提出了一种基于蒙特卡洛分析的间接数值仿真法求取系统的吸引域。该方法与使用通用仿真软件的直接仿真法相比,分析更为方便和快速;与理论分析方法中的 Lyapunov 直接法相比,该方法理论上不存在保守性问题。

非线性系统的吸引域求取可归结为如下数学问题:

设非线性系统状态方程为

$$\dot{x} = f(t, x, u), \quad x(t_0) = x_0 \tag{6.35}$$

式中　　$\dot{x}$——系统的状态变量；

　　　　u——系统的输入量；

　　　　t——时间。

对于大信号平均模型，系统为时不变系统，式(6.35)变为

$$\dot{x} = f(x, u), \quad x(0) = x_0 \tag{6.36}$$

设稳态时平衡点为 x_e，求取吸引域即求取初值集合 $\{x_0 \mid x \to x_e,$ 当 $t \to \infty\}$。

由以上分析可知，求取吸引域实际上是一个微分方程初值问题，和普通的微分方程初值问题不同的是要对所有可能的初值进行求解，并判定微分方程的解是否趋近于稳态平衡点。

下面介绍基于蒙特卡洛分析的间接数值仿真法求吸引域的具体过程(图 6.35)。

(1) 建立系统的大信号平均模型。

选用大信号平均模型进行研究，因为大信号平均模型保留了系统的非线性，又便于仿真。首先建立系统的大信号平均模型，得到时不变的状态方程。

(2) 计算系统的稳态平衡点。

令状态方程的导数为 0，可求得稳态平衡点。

(3) 确定吸引域可能的范围，即状态变量初值可能的范围 R^n。

根据状态变量在实际电路系统中所受的限制来确定其初值的范围 R^n(其中 n 为状态变量的维数)。如某些电路结构下电感电流和电容电压值不可能小于 0，在电路中也会受器件承受能力、供电电压等的限制。

(4) 使用蒙特卡洛方法确定需要进行仿真的初始点，由此确定仿真次数。

在上一步中，可确定状态变量初值可能的范围 R^n。若确定好步长，可以把 R^n 均匀划分为有限个初始点。但是随着状态变量维数的增加，初始点的个数呈指数增加，仿真所需要的次数也呈指数增加，造成"维数灾难"问题。这里引入蒙特卡洛方法来解决这个问题。蒙特卡洛方法是一种使用随机数来解决计算问题的方法，目前已广泛应用于金融学、宏观经济学、计算物理学等领域。根据蒙特卡洛方法的思想，在区域 R^n 内按照某种规律随机生成初始点，而不是把该区域均匀划分为有限个初始点。使用均匀划分的方法，初始点的个数随状态变量的维数增加而呈指数增加；而使用蒙特卡洛方法，初始点的个数基本不受维数的影响。因此，对于维数较大的系统，使用蒙特卡洛方法生成初始点，可以大大减少初始点的个数，进而减少仿真次数，缩短求取吸引域所用时间。使用蒙特卡洛方法确定初始点时，初始点的个数不影响吸引域的准确性，但会影响所求吸引域的精确性。当状态变量的范围 R^n 确定后，初始点个数越多，所求吸引域越精确，可根据实际需求确定初始点个数。

(5) 给微分方程赋初值并使用数值计算方法进行仿真。

这一步主要是使用数值计算方法求解微分方程初值问题，涉及仿真算法、仿真步

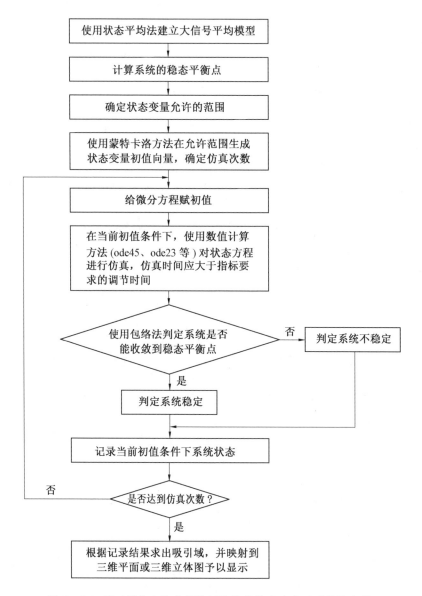

图 6.35　基于蒙特卡洛分析的间接数值仿真法求吸引域的流程

长的选择及仿真时间的设置。另外,应该注意到微分方程组是有一定限制条件的,如某些情况下会要求电感电流和电容电压值大于 0。

对于仿真时间的设置,虽然吸引域定义为仿真时间趋于无穷时微分方程的解趋于稳态工作点的那些初始点,但实际仿真中仿真时间不可能设为无穷。实际系统中通常有调节时间的要求,设指标要求的调节时间为 t_s。在 t_s 后,系统表现为趋于稳态、振荡或者发散。因此,仿真时间可设置为某一大于 t_s 的时间。

仿真算法和仿真步长的选择主要考虑计算精度、计算速度和数值稳定性。计算精度主要取决于仿真算法的阶数,仿真算法阶数越高,计算精度越高,但相应地计算量也会增大,计算速度会下降。计算速度除了与仿真算法阶数有关外,还与仿真算法是否是变步长仿真有关,使用变步长仿真方法求解微分方程,可以提高计算速度。当方程的解变化比较平滑时,选用较长的步长;当方程的解变化很快时,选用较短的步长。当仿真算法确定时,计算速度取决于仿真步长,仿真步长越长,计算速度越快。但仿真步长的选择受到仿真算法数值稳定性的限制。应在绝对稳定区间内合理选择仿真步长,避免截断误差的累积引起的数值不稳定问题。下面以经典的四阶龙格库塔法为例说明绝对稳定区间的求取过程。

　　对于初值问题

$$\dot{y} = f(t, y), \quad y(t_0) = y_0 \tag{6.37}$$

经典的四阶龙格库塔法公式为

$$y_{n+1} = y_n + \frac{h}{6}(K_1 + 2K_2 + 2K_3 + K_4), \quad n = 0, 1, \cdots, N-1$$

$$\begin{cases} K_1 = f(t_n, y_n) \\ K_2 = f\left(t_n + \frac{1}{2}h, y_n + \frac{1}{2}hK_1\right) \\ K_3 = f\left(t_n + \frac{1}{2}h, y_n + \frac{1}{2}hK_2\right) \\ K_4 = f(t_n + h, y_n + hK_3) \end{cases} \tag{6.38}$$

求稳定域时,一般限于典型微分方程

$$\dot{y} = \lambda y, \quad y(0) = y_0 \tag{6.39}$$

根据式(6.38),有

$$y_{n+1} = \left[1 + \lambda h + \frac{1}{2!}(\lambda h)^2 + \frac{1}{3!}(\lambda h)^3 + \frac{1}{4!}(\lambda h)^4\right]y_n + o(h^5) \tag{6.40}$$

使式(6.40)稳定的条件为

$$\left|1 + \lambda h + \frac{1}{2!}(\lambda h)^2 + \frac{1}{3!}(\lambda h)^3 + \frac{1}{4!}(\lambda h)^4\right| < 1 \tag{6.41}$$

　　于是,对于典型微分方程式(6.39),可根据式(6.41)求得四阶龙格库塔法的稳定区间(图 6.36)。

　　当 λ 为实数时,λh 的稳定区间为 $(-2.78, 0)$。

　　实际应用中,求解的方程通常不是典型微分方程式(6.39),则可令 $\lambda = \frac{\partial f}{\partial y}$,由此可求得绝对稳定区间,确定使系统数值稳定的仿真步长范围。

　　(6) 判断系统是否能收敛到稳态平衡点,并记录各初值对应的稳定情况。

　　当系统为刚性系统时,在仿真时间段内一些状态变量收敛,而另外一些状态变量

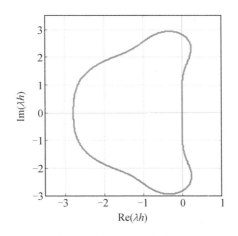

图 6.36   四阶龙格库塔法的稳定区间

并不收敛。因此,不能单纯使用工程稳定定义来判定系统是否收敛。在调节时间过后,认为系统稳定或不稳定的"趋势"已经确定,可以使用上包络法来判定系统是否能收敛到稳态平衡点。即求取调节时间后仿真时间段内状态变量的上包络线,通过判定上包络线是否趋近于(2)中求出的稳态平衡点来判定系统是否收敛。记录该初值情况下系统对应的稳定情况。

下面具体说明如何使用上包络法来判定系统是否收敛于稳态平衡点。

① 求取上包络。

求取上包络时很自然的想法是求取极大值点,连接极大值点便形成上包络线,如图 6.37 所示。但当状态变量的时域响应含有高频分量时,通过极大值点连线获得的上包络并不能用来直接判定系统的稳定趋势(图 6.38)。因此,在求得极大值点后,需

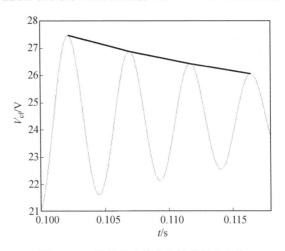

图 6.37   通过极大值点连线获得上包络

要进行预处理,去掉影响判断的点,使得获取的上包络能用来直接判定系统的稳定趋势。预处理通过以下两步来完成:

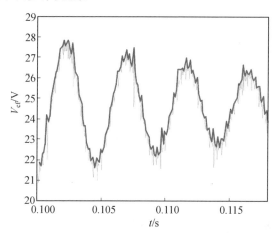

图 6.38　通过极大值点连线求取的上包络不能判断
稳定趋势的例子

　　(a) 对于如图 6.38 所示求得的极大值点,去掉任意两个极大值点连线下方的极大值点,得到如图 6.39 所示的包络。

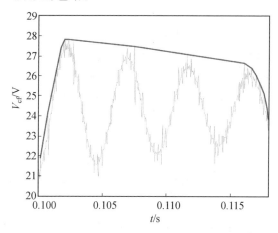

图 6.39　对极大值点进行初步处理后得到的上包络

　　(b) 经过上一步的处理后,包络的中间段能够正确反映稳定趋势,但在包络的开始段和结束段,仍有一些点不能反映系统的稳定趋势。通过以下方法去掉这些点:对状态变量的时域响应做 FFT 分析,求取基波周期,去掉时间间隔小于基波周期的点。图 6.39 所示的包络经过本步骤的处理,便可得到如图 6.40 所示的上包络。

　　另外,当系统的状态变量时域响应是直线时,求不出极大值点,此时可认为状态变量的时域响应即是上包络。

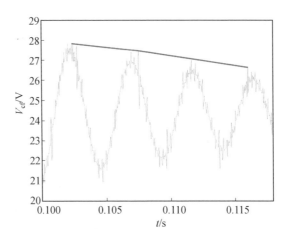

图 6.40   最终求得的上包络

② 通过上包络判定系统能否收敛于指定平衡点。

在求出上包络之后,需要判定系统能否收敛于指定平衡点。若上包络上的极大值点满足以下任意条件,则可判定系统能够收敛于指定平衡点:

(a) 上包络上的极大值点逐渐减小;

(b) 上包络上的极大值点在平衡点 5% 范围内。

其中判定规则(a) 主要考虑系统趋于平衡点但未到达平衡点的情况;判定规则(b) 主要考虑系统已经到达平衡点的情况。

(7) 判断是否已对第(4) 步确定的所有初值进行仿真,未完成则返回第(5) 步。

(8) 根据记录结果求出吸引域。

对于二阶系统,吸引域可以显示为二维图;对于三阶系统,吸引域可以显示为三维图;对于更高阶的系统,吸引域无法直接用图形来表示,可以把吸引域投射到二维图或三维图中来显示。

在使用上述方法求取吸引域时,可以结合系统的瞬态特性来考虑。上述方法已考虑了调节时间的影响,若需要考虑超调量的影响,则可以在仿真的每一步判断系统的状态变量是否超出了超调量允许的范围。

6.3.3   吸引域求取实例及实验验证

以图 6.41 所示的滤波器加开关变换器级联的电源系统为例进行研究。分别以滤波器电感 L_f 的电流 i_{Lf}、滤波器电容 C_f 的电压 v_{Cf}、变换器主拓扑电感 L 的电流 i_L、变换器主拓扑电容 C 的电压 v_C 和控制电路电容 C_1 的电压 v_{C1} 为状态变量,可列写出系统的状态方程。

CCM 模式下,系统的状态方程为

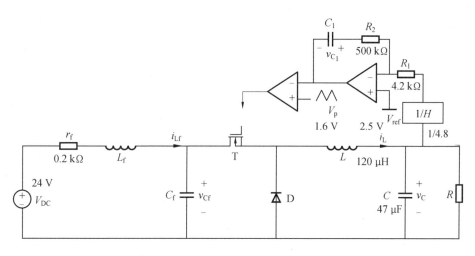

图 6.41　　输入滤波器和电压型 Buck 变换器级联的分布式电源系统

$$\begin{cases} \dot{i}_{\mathrm{Lf}} = \dfrac{1}{L_{\mathrm{f}}}(V_{\mathrm{DC}} - r_{\mathrm{f}} i_{\mathrm{Lf}} - v_{\mathrm{Cf}}) \\[2mm] \dot{v}_{\mathrm{Cf}} = \dfrac{1}{C_{\mathrm{f}}}(i_{\mathrm{Lf}} - d_1 i_{\mathrm{L}}) \\[2mm] \dot{i}_{\mathrm{L}} = \dfrac{1}{L}(d_1 v_{\mathrm{Cf}} - v_{\mathrm{C}}) \\[2mm] \dot{v}_{\mathrm{C}} = \dfrac{1}{C}\left(i_{\mathrm{L}} - \dfrac{v_{\mathrm{C}}}{R}\right) \\[2mm] \dot{v}_{\mathrm{C1}} = \dfrac{v_{\mathrm{C}}/H - V_{\mathrm{ref}}}{C_1 R_1} \end{cases} \qquad (6.42)$$

式中　d_1——占空比,有

$$d_1 = \varphi\left(\frac{V_{\mathrm{ctrl}}}{V_{\mathrm{p}}}\right) = \varphi\left(\frac{V_{\mathrm{ref}} - R_2 C_1 \dot{v}_{\mathrm{C1}} - v_{\mathrm{C1}}}{V_{\mathrm{p}}}\right) = \varphi\left(\frac{V_{\mathrm{ref}} - R_2 \dfrac{v_{\mathrm{C}}/H - V_{\mathrm{ref}}}{R_1} - v_{\mathrm{C1}}}{V_{\mathrm{p}}}\right)$$

$$(6.43)$$

其中

$$\varphi(\boldsymbol{x}) = \begin{cases} 0, & x < 0 \\ x, & 0 \leqslant x \leqslant 1 \\ 1, & x > 1 \end{cases}$$

DCM 模式下,系统的状态方程为

$$
\begin{cases}
\dot{i}_{\mathrm{Lf}} = \dfrac{1}{L_{\mathrm{f}}}(V_{\mathrm{DC}} - r_{\mathrm{f}} i_{\mathrm{Lf}} - v_{\mathrm{Cf}}) \\[2ex]
\dot{v}_{\mathrm{Cf}} = \dfrac{1}{C_{\mathrm{f}}}\left(i_{\mathrm{Lf}} - \dfrac{d_1}{d_1 + d_2} i_{\mathrm{L}}\right) \\[2ex]
\dot{i}_{\mathrm{L}} = \dfrac{1}{L}\left[d_1 v_{\mathrm{Cf}} - (d_1 + d_2) v_{\mathrm{C}} \right] \\[2ex]
\dot{v}_{\mathrm{C}} = \dfrac{1}{C}\left(i_{\mathrm{L}} - \dfrac{v_{\mathrm{C}}}{R}\right) \\[2ex]
\dot{v}_{\mathrm{C1}} = \dfrac{v_{\mathrm{C}}/H - V_{\mathrm{ref}}}{C_1 R_1}
\end{cases}
\tag{6.44}
$$

式中

$$
d_2 = \frac{2 L f_s i_{\mathrm{L}}}{d_1 (V_{\mathrm{DC}} - v_{\mathrm{C}})} - d_1
$$

令 $x_1 = i_{\mathrm{Lf}}, x_2 = v_{\mathrm{Cf}}, x_3 = i_{\mathrm{L}}, x_4 = v_{\mathrm{C}}, x_5 = v_{\mathrm{C1}}$，系统方程可重写如下：

CCM 模式：

$$
\begin{cases}
\dot{x}_1 = \dfrac{1}{L_{\mathrm{f}}}(V_{\mathrm{DC}} - r_{\mathrm{f}} x_1 - x_2) \\[2ex]
\dot{x}_2 = \dfrac{1}{C_{\mathrm{f}}}(x_1 - d_1 x_3) \\[2ex]
\dot{x}_3 = \dfrac{1}{L}(d_1 x_2 - x_4) \\[2ex]
\dot{x}_4 = \dfrac{1}{C}\left(x_3 - \dfrac{x_4}{R}\right) \\[2ex]
\dot{x}_5 = \dfrac{x_4/H - V_{\mathrm{ref}}}{C_1 R_1}
\end{cases}
\tag{6.45}
$$

式中

$$
d_1 = \varphi\left(\frac{V_{\mathrm{ref}} - R_2 \dfrac{x_4/H - V_{\mathrm{ref}}}{R_1} - x_5}{V_{\mathrm{p}}} \right)
$$

DCM 模式：

$$\begin{cases} \dot{x}_1 = \dfrac{1}{L_f}(V_{DC} - r_f x_1 - x_2) \\[2mm] \dot{x}_2 = \dfrac{1}{C_f}\left(x_1 - \dfrac{d_1}{d_1 + d_2}x_3\right) \\[2mm] \dot{x}_3 = \dfrac{1}{L}[d_1 x_2 - (d_1 + d_2)x_4] \\[2mm] \dot{x}_4 = \dfrac{1}{C}\left(x_3 - \dfrac{x_4}{R}\right) \\[2mm] \dot{x}_5 = \dfrac{x_4/H - V_{ref}}{C_1 R_1} \end{cases} \qquad (6.46)$$

式中

$$d_2 = \frac{2Lf_s x_3}{d_1(V_{DC} - x_4)} - d_1$$

以上分别建立了 CCM 模式和 DCM 模式下系统的大信号平均模型,CCM 和 DCM 间的模式切换可按照参考文献[51]的原则进行。根据前面所述的吸引域求取方法(仿真算法为 ode45,仿真步长为 1×10^{-5} s,调节时间为 100 ms,仿真结束时间为 110 ms)及建立的大信号平均模型,可以求得表 6.6 所示的 4 个算例条件下系统的吸引域。另外,搭建了滤波器和 Buck 开关变换器级联的实验电路,通过观察变换器电容电压 v_C 和电感电流 i_L 的时域波形是否能达到算例平衡点来验证所求吸引域的有效性。

表 6.6　算例参数及其稳态平衡点

算例编号	算例参数(L_f, C_f, R)	稳态平衡点$(i_{Lf}, v_{Cf}, i_L, v_C, v_{C1})$
1	$(1.1\ \text{mH}, 220\ \mu\text{F}, 4.8\ \Omega)$	$(1.263\ 3\ \text{A}, 23.747\ 3\ \text{V}, 2.5\ \text{A}, 12\ \text{V}, 1.691\ 5\ \text{V})$
2	$(1.1\ \text{mH}, 220\ \mu\text{F}, 2.4\ \Omega)$	$(2.554\ 4\ \text{A}, 23.489\ 1\ \text{V}, 5.0\ \text{A}, 12\ \text{V}, 1.682\ 6\ \text{V})$
3	$(1.2\ \text{mH}, 500\ \mu\text{F}, 4.8\ \Omega)$	$(1.263\ 3\ \text{A}, 23.747\ 3\ \text{V}, 2.5\ \text{A}, 12\ \text{V}, 1.691\ 5\ \text{V})$
4	$(1.2\ \text{mH}, 500\ \mu\text{F}, 2.4\ \Omega)$	$(2.554\ 4\ \text{A}, 23.489\ 1\ \text{V}, 5.0\ \text{A}, 12\ \text{V}, 1.682\ 6\ \text{V})$

算例 1 条件下求出的吸引域如图 6.42 所示,该吸引域为求解空间的一部分,表明系统在平衡点一定范围内稳定。图 6.43 为算例 1 条件下系统启动到稳态时状态变量的实验波形图。可以看出,系统可以直接启动到算例 1 的平衡点。

算例 2 条件下求出的吸引域如图 6.44 所示,该吸引域为 0,表明系统在平衡点不稳定。图 6.45 为算例 2 条件下系统启动到稳态时状态变量的实验波形图;图 6.46 为系统从算例 1 的平衡点出发切换到算例 2 的平衡点的动态过程。从图 6.45 和图 6.46 中可以看出,系统从状态 0 点和算例 1 的平衡点均不能到达算例 2 的平衡点,系统开始振荡。

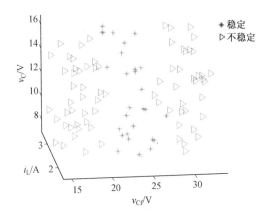

图 6.42   算例 1 投射到 $v_{Cf} - i_L - v_C$ 的吸引域

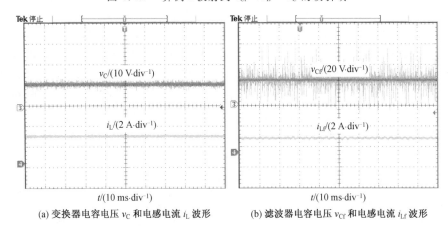

(a) 变换器电容电压 v_C 和电感电流 i_L 波形   (b) 滤波器电容电压 v_{Cf} 和电感电流 i_{Lf} 波形

图 6.43   算例 1 条件下系统启动到稳态时状态变量的实验波形图

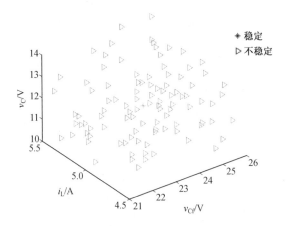

图 6.44   算例 2 投射到 $v_{Cf} - i_L - v_C$ 的吸引域

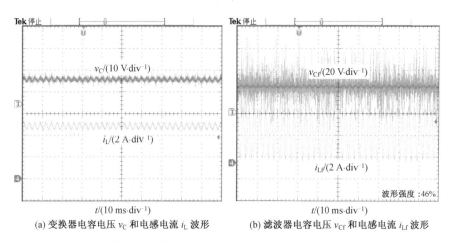

(a) 变换器电容电压 v_C 和电感电流 i_L 波形　　　　(b) 滤波器电容电压 v_{Cf} 和电感电流 i_{Lf} 波形

图 6.45　　算例 2 条件下系统启动到稳态时状态变量的实验波形图

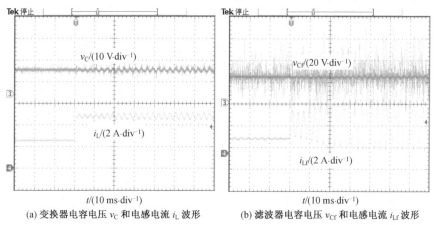

(a) 变换器电容电压 v_C 和电感电流 i_L 波形　　　　(b) 滤波器电容电压 v_{Cf} 和电感电流 i_{Lf} 波形

图 6.46　　算例 1 的平衡点到算例 2 的平衡点的动态过程（切载）

　　算例 3 条件下求出的吸引域如图 6.47 所示，该吸引域为整个求解范围，表明系统在所求解的初值条件下都稳定。图 6.48 为算例 3 条件下系统启动到稳态时状态变量的实验波形图。可以看出，系统可以直接启动到算例 3 的平衡点。

　　算例 4 条件下求出的吸引域如图 6.49 所示。同样地，算例 4 的吸引域为整个求解范围。图 6.50 为算例 4 条件下系统启动到稳态时状态变量的实验波形图；图 6.51 所示为系统从算例 3 的平衡点出发切换到算例 4 的平衡点时的动态过程。从图 6.50 和图 6.51 中可以看出，系统从状态 0 点和算例 3 的平衡点均能到达算例 4 的平衡点。

　　以上实验说明了所求吸引域的有效性。需要说明的是，利用所述的基于蒙特卡洛分析的间接仿真法求取的吸引域仍然可能跟实际系统的吸引域有一定差异。如算例 1 求出的吸引域并不包含状态 0 点，Matlab 开关模型仿真结果也表明系统不能从状态 0 点到达算例 1 的平衡点，但上述实验结果表明实际系统仍然可以从状态 0 点启动到

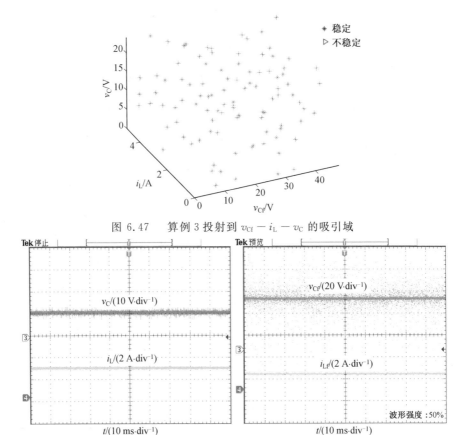

图 6.47 算例 3 投射到 $v_{Cf} - i_L - v_C$ 的吸引域

(a) 变换器电容电压 v_C 和电感电流 i_L 波形　　(b) 滤波器电容电压 v_{Cf} 和电感电流 i_{Lf} 波形

图 6.48 算例 3 条件下系统启动到稳态时状态变量的实验波形图

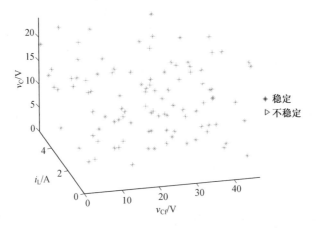

图 6.49 算例 4 投射到 $v_{Cf} - i_L - v_C$ 的吸引域

算例 1 的平衡点。这说明仿真模型在某些情况下没有正确反映实际系统的特性，在模型建立方面仍然需要进行深入的研究。

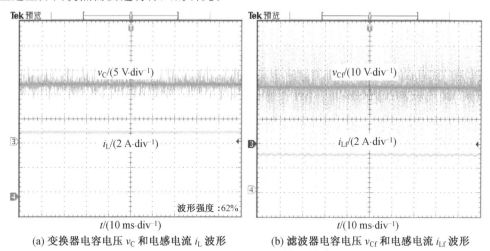

(a) 变换器电容电压 v_C 和电感电流 i_L 波形　　　　(b) 滤波器电容电压 v_{Cf} 和电感电流 i_{Lf} 波形

图 6.50　算例 4 条件下系统启动到稳态时状态变量的实验波形图

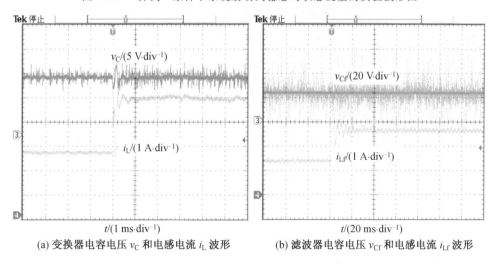

(a) 变换器电容电压 v_C 和电感电流 i_L 波形　　　　(b) 滤波器电容电压 v_{Cf} 和电感电流 i_{Lf} 波形

图 6.51　算例 3 的平衡点到算例 4 的平衡点的动态过程（切载）

6.4　电源地面自动化评测系统

在卫星的在轨运行过程中，需要卫星的各个分系统通力配合才能完成卫星的既定任务，实现卫星的功能及价值。其中卫星电源系统可以被称为"火种"，即保证卫星在轨运行的正常工作。与此同时,在卫星易发生故障的分系统排名中,卫星电源系统高居不下。当电源系统出现故障时,卫星的在轨正常工作寿命会受到极大的影响,严重时会使整个卫星失效成为宇宙垃圾。因此卫星电源系统的可靠性、安全性关乎整个航天器的功能和性能。

北京空间飞行器总体设计部对 1975—2007 年国内外共 272 次卫星故障报告进行了统计与分析,通过研究各种失效模式了解系统故障对卫星任务的影响。研究中卫星分系统被分为 5 大类,包括:姿态和轨道控制分系统(AOCS)、指令和数据处理分系统(CDH)、测控与通信分系统(TTC)、卫星电源分系统(MECH)及有效载荷分系统。对 272 次卫星故障数据进行总结,各个分系统出现故障占总数的分布如图 6.52 所示。从图 6.52 中可以看出,MECH 故障概率为 20%,仅次于 AOCS 故障。卫星在轨运行过程中,所有功能的实现都需要电能的支持。而电能的产生和存储,全部要靠电源分系统来进行控制与管理,所以电源分系统的故障直接影响卫星的功能和寿命。

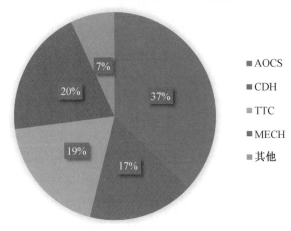

图 6.52　卫星故障分析图

同时根据统计,卫星故障的高发时间为在轨第一年。大于 66% 的电源系统故障是由电子产品故障引起的,接近 49% 的故障发生在第一年。可以说地面测试的不充分是一个重要原因。因此,电源分系统的高效自动化地面评测系统的研发,是电源分系统设计和研发过程中不可或缺的一步。提高测试水平是优化卫星电源分系统总体设计的必要条件。

6.4.1　国内外自动化测试系统发展现状

目前,国外的自动测试系统正朝着通用化、标准化、系列化发展。根据国外军用典型自动化测试平台或系列产品的开发过程和介绍,可以得出国外自动测试系统的开发经历了三代发展,且国外的自动化测试平台或系统正处于新一代模块化仪器系统阶段。

第一代专用型自动化的测试系统：测试设备均为根据被测对象和被测对象的测试要求进行定制开发的，软件也是定制的，所以测试系统的开发周期长，工作量大。由于定制化的设备及软件升级换代和系统维护都异常复杂，系统整体技术水平往往远远落后于被测对象的技术发展水平。

第二代台式仪器测试系统：台式仪器测试系统开始使用通用标准仪器设备外加通用接口总线（general-purpose interface bus，GPIB）通信板卡以及计算机。采用通用设备的优点在于配置测试系统设备时难度降低，只要台式仪器设备可以满足测试需求就可以用来搭建测试系统；缺点是通用台式仪器的测试资源有限、通用功能单一，在需要大量测试通道、测试需求不标准时，台式仪器不能满足要求。同时，台式仪器系统在常规情况下，其体积与成本成正比，体积大且费用高；仪器的配套资源，如直流电源、工业机箱及显示设备等资源配置重复，利用率很低。

第三代模块化仪器系统：由于测试总线技术的发展，特别是新型总线技术的发展，国外大量地开发出了基于标准测试总线仪器的模块，如 NI、Agilent（现在称为 Keysight）等。厂家推出了上千种仪器模块，同时标准总线技术和多家厂商的仪器在使用同一总线技术时可以互换，为自动测试系统的建设提供了良好的基础。模块化仪器测试系统采用模块化仪器设计建筑、通用底盘、电源设备等功能实现的各种测量软件，可以很全面地涵盖各种测试要求。由于采用机箱、电源等常用设备，这种测试系统具有体积小、成本低的特点，适用于大型综合自动化测试系统，是当前和未来的发展趋势。

我国航空航天电子产品和相关保障设备的研发与制造有着很强的相关性，因此在拥有庞大航空航天电子产品的基础上，相关的保障设备也有着惊人的数量，并且种类复杂。繁杂的设备影响设备的使用和维护，也制约和困扰着我国地面保障设备和系统的研究和发展。

20 世纪后期，我国的地面保障设备和地面测试设备与系统进入了以半自动化、自动化为主的早期阶段，通过采用现场总线技术实现系统级的自动化测试，例如 GPIB 总线、计算机自动测量和控制（CAMAC）标准等；20 世纪末，伴随新型总线技术的快速发展和普及，我国航空航天电子产品的地面保障设备及系统开始大量采用该技术，并很快拥有了该技术的研制生产能力，开始了系列化模块的研发生产，对于重要产品的地面保障设备与自动化平台的研发也有了长足的进步。目前我国自动测试系统开发中存在的问题主要集中在以下几个方面：

（1）由于航天航空电子设备的种类繁多，型号间差异较大，所以现有的自动测试系统的数量与规模同样很大。且绝大多数的设备占地面积大，测试功能单一，设备大多在固定环境下使用，不可移动。相同种类不同信号的设备配套的测试系统需要从头开发，系统不具备通用性，且不可继承。

（2）现有系统的操作复杂，通常需要大量的技术人员协同操作方能进行测试，且不够智能,过多的人员参与也使得系统的可靠性降低。同时由于系统的复杂性,其后期维护需要大量专业人员,维修时间和成本较高。

(3) 现自动测试系统所采用的很多测试设备只针对某一型号,不具有通用性,因此从设备的研发、生产、使用到后期的维护都需要大量专业人员。

(4) 现有自动测试系统对卫星电源分系统的测试研发重视度很低,还只是要求进行基本的性能测试,没有一个较系统的标准。现有标准无法全面地分析电源分系统,往往故障会遗留到整星阶段方能体现。

综上所述,在航天领域内,专门针对卫星电源的测试系统标准化产品尚无成熟的方案。各个航天单位场所的航天器总装、集成、测试中心(AIT)部门会根据需求配备相关测试人员,针对各型号任务的卫星电源系统定制对应的测试系统,但针对卫星电源测试的全自动系统形态各异,标准不一,难以达到业界的统一标准或得到一致认可。各个场所自制的卫星电源测试系统只能应用于本场所内,在其他场所不被接受,导致大量人力、物力和财力的重复投入和资源浪费现象。

造成上述局面的原因是多方面的,有历史原因,有技术原因,但是最重要的是卫星电源测试系统的建设无统一行业标准,缺乏系统建设指导方法,无一致认可的系统建设平台。为解决当前存在的问题,迫切的任务是遵照科学依据,制定卫星电源测试系统建设规范,推广一套标准化的系统建设方案和平台,为卫星电源测试系统的大面积推广提供依据。

6.4.2　电源地面自动化评测系统设计及实现

地面评测系统的主要功能如下:

(1) 在卫星电源系统的子系统级别的测试中,实现对太阳能帆板的仿真功能,并为电源分系统供电。

(2) 在卫星电源系统的子系统级别的测试中,实现对星上真实负载的仿真功能,能模拟星上真实负载的变化,并对卫星电源系统的工作状态进行评估。

(3) 在卫星电源系统的子系统级别的测试中,模拟星上蓄电池的充、放电特性,并验证星上蓄电池充、放电控制器的工作是否正常。

(4) 在卫星电源系统的子系统级别的测试中,为卫星电源系统提供地面供电电源及卫星电源系统的开机电源。

(5) 模拟星载计算机系统,与卫星电源系统进行通信,发送遥控指令并接收遥测参数,测试卫星电源系统通信的功能是否正常。

(6) 在卫星电源系统的子系统级别的测试中,在各种测试环境下检验卫星电源系统的各项设计指标是否满足要求。

(7) 在卫星电源系统的子系统级别的测试中,不论在何种条件下,均不能对星上设备造成任何损伤和破坏。

（8）手动遥控功能。所有仪器设备均能独立控制，能通过该功能完成计划外的测试任务。

（9）自动测试功能。根据卫星电源系统的各设计指标测试要求，对卫星电源系统进行自动测试。要求测试过程安全、可靠，测试结果真实、可信。测试结果自动研判并生成测试报告保存以及打印。

根据上述功能需求，设计了图 6.53 所示的地面评测系统，该系统主要由 5 部分组成：太阳能电池阵列模拟器、蓄电池模拟器、地面供电电源、电子负载和工控系统。

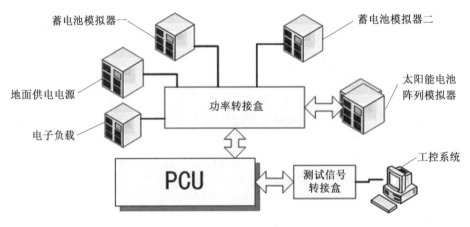

图 6.53　　地面评测系统组成框图

1. 系统硬件组成及设计

在设计地面评测系统时，考虑被测物为模块化设计，测试信号数目随模块数目的改变而改变，且通常具有上百个测试信号，所以采用板卡进行参数测量。采用板卡进行参数测量的好处在于可提高测试设备的集成度，所有的采集卡都可集成在一个工控机内，采集卡可部分替代示波器、功率分析仪、信号发生器等标准设备的数据采集功能，还便于硬件平台的裁剪和移植。

下面以某大功率卫星电源控制器为被测对象来进行介绍。大功率卫星电源控制器采用了顺序开关分流调节（S3R）的全调节母线架构，无论卫星处于光照区还是地影区，功率调节都使母线电压恒定在额定值。如图 6.54 所示，卫星电源控制器一般采用模块化设计，包括 BCDR、TMTC 和 SUN 共 3 种模块，对应的功能分别为：蓄电池充放电管理、遥测遥控和太阳能电池阵列与母线管理。在地面组建电源评测系统时，需要使整套卫星电源系统能够正常工作的功率输入输出设备，数据采集、测量和分析设备，以及网络分析仪等专业测量设备。设备功能及用途说明见表 6.7。

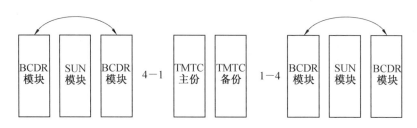

图 6.54　卫星电源控制器基本单元组成示意图

表 6.7　设备功能及用途说明

设备名称	功能及用途说明
太阳翼阵列模拟器	模拟太阳翼阵列帆板，能够自主配置输出 $I-V$ 工作曲线；作为能量供给单元，给卫星电源系统提供能量输入
大功率电子负载	模拟负载消耗功率，能够配置工作电压、吸收的电流等参数；作为能量消耗单元，模拟卫星电源系统的各种负载情况，吸收卫星电源系统输出的能量
外接电压源	作为电压源，能配置输出端的电压、电流和功率；通过卫星电源系统的 Vset 端子，直接配置卫星电源系统的输出电容阵电压，即直接配置卫星电源系统的输出电压
蓄电池模拟器	模拟实际的蓄电池，能够配置充电电压电流、放电电压电流等蓄电池工作参数和状态；用于模拟卫星电源系统正常工作需求的能量存储单元和能量供给单元
示波器	示波器能够实现监视电压电流的波形等功能；用于监视卫星电源系统工作时的工作状态，包括各种可监视的波形
功率分析仪	用于监视卫星电源系统工作时的工作状态，测量电压电流的幅值，直接计算效率功率因数等参数
信号发生器	产生各种信号，包括正弦波、方波、三角波和脉冲等任意波形；作为激励信号产生单元，在卫星电源系统测试过程中，提供相应的激励辅助信号
数据采集板卡	数据采集板卡是用于采集电压电流温度等一系列参数的传感器，它将感兴趣的物理信号转化为数字信息，供给上位机使用。作为采集单元，它对卫星电源系统工作时的各种电性能参数（电压、电流）和非电性能参数（温度）进行采集
工控机	工控机是工业上使用的计算机，能够提高各种板卡插槽和通信接口，为设备组网和系统集成提供核心控制支撑

续表6.7

设备名称	功能及用途说明
网络分析仪	网络分析仪实现对电路设备频率特性的测量,它是对卫星电源系统的环路和阻抗特性进行特定功能测试的专业设备
功率放大器	功率放大器实现对电信号功率的放大,能够放大电压、电流和功率,配合网络分析仪等其他设备使用

根据硬件需求分析,可以将硬件分为两部分:一是标准仪器设备,二是测试转接盒与功率转接盒。其中标准仪器设备通过采购具有通用标准通信接口的设备实现,满足设备的通用性,实现设备可按需替换而无须修改软件的目标。两种转接盒则是为不同被测对象统一接口而设计,基本设计方案如下:

(1)测试转接盒。

测试转接盒的作用是将卫星电源的对外通信接口和检测设备的接口进行转换匹配,其内部转接板主要负责将上位机各种板卡的接口引线进行整理和协调,并将它们与卫星电源的接口对应起来,从而实现卫星电源与上位机的正常通信以及各种激励信号的供给。图 6.55 所示为测试转接线缆的连接流向示意图,示意测量与控制的连接方式。

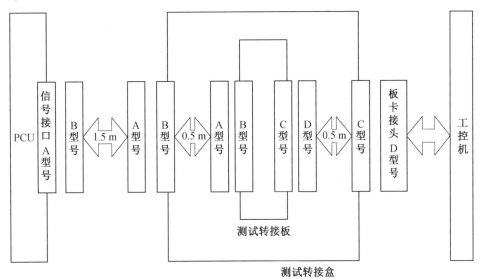

1.A 型号与 B 型号匹配
2.C 型号与 D 型号匹配

图 6.55　测试转接线缆的连接流向示意图

(2)功率转接盒。

如图 6.56 所示,功率转接盒的设计主要实现对蓄电池及负载的接口转换,同时对蓄电池电压和母线电压进行采集的功能。通过采用自制的电压采样电路,功率转接盒可适应多种不同情况的应用。

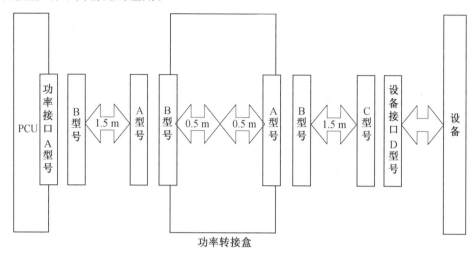

图 6.56　功率转接盒中线缆的连接流向示意图

1. A 型号与 B 型号匹配
2. C 型号与 D 型号匹配
3. 若是采用功率转接盒,每个功率接口至功率设备需经过 3 根线缆;
   若是去掉功率转接盒,经过 2 根线缆即可

2. 系统软件设计

系统软件的主要功能包括人机交互、自动测试、手动测试、用户管理、测试用例、通用驱动测试、数据报表处理、设备驱动、安全措施(安全性和可靠性),以及系统出错处理设计等方面。

(1)人机交互界面:界面美观,操作简单明了,在该界面能完成系统所有操作,对整个测试过程进行监控。

(2)自动测试:可以对测试用例进行管理,包括测试用例的配置、运行控制及结果查看。

(3)手动测试:通过手动测试界面可以完成对所有测试设备的控制。

(4)用户管理:实现对用户的身份和权限管理。

(5)测试用例:针对每一个测试目标编写的自动测试程序。

(6)通用驱动测试:为满足多种型号设备的自由替换,将驱动进行通用化封装。

(7)数据报表处理:根据用户预设的方式方法对结果数据进行处理及生成报表。

(8)设备驱动:针对某一型号设备的驱动程序。

(9)安全措施:由于测试对象为高压大功率电源,所以在测试过程中加入软件终止命令,可在出现错误时停止正在进行的测试,并将仪器逐一下电。在使用本系统时,测试对象与操作者应保持在安全距离以外,以保证人身安全。由于软件的终止命令需要一定时间且需要计算机与设备的通信正常才能完成仪器的下电动作,所以在系统的硬件上应加入紧急急停按钮,控制所有仪器的电源,在危险发生且软件终止不及时时使用。

(10) 系统出错处理设计:定义错误数据库,将可能出现的错误用错误码进行区分,用户通过错误码在错误数据库中查找相应的错误信息。

同时系统软件应实现产品交付过程电性能自动化测试,测试内容严格按照总体单位制定的测试细则进行,并满足表 6.8 所示的技术指标。

表 6.8 系统软件技术指标

编号	指标
1	根据备选测试项菜单,实现多个测试项任意组合,进而完成一键式自动测试
2	在测试过程中,实时显示总体测试进度和子项测试进度,可暂停或停止当前测试项,便于应对紧急事故的发生
3	测试过程无须人工参与,测试完成后自动生成测试报告,保存测试数据
4	软件维护性好,可兼容多个制造商的测试设备,更换设备时,只需选择对应的设备驱动程序,无须改动上层软件
5	可通过测试软件手动配置设备和仪器的参数,进行单步测试
6	软件扩展性好,便于添加新型号卫星电源测试,即预留卫星电源型号菜单,可对指定的其他型号卫星电源进行测试
7	自动测试过程能够及时报警,避免事故发生
8	通过故障注入及蒙特卡洛方法,实现可靠性验证

评测系统中包含的设备,从功率源到负载,从示波器到采集板卡,类型各异,设备供应商也各不相同。因此,在评测系统中,设备与上位机(如 PC)的通信接口也包含多种类型,含有局域网(LAN)、GPIB 和串口等类型。图 6.53 中所示设备的接口都遵守虚拟仪器软件架构(virtual instrumentation software architecture,VISA)规范,这是一种与仪器接口无关的标准 I/O 软件规范。本系统中设备均遵守 VISA 规范,从而可以不考虑各个设备具体接口类型的问题,简化系统开发的难度。

系统软件架构图如图 6.57 所示,在系统设计方面,电源评测系统分为四个层次:

(1) 软件开发平台层。

软件开发平台是评测系统的最底层支撑,是完成评测开发最重要的工作环境。软件开发平台的熟练掌握和灵活应用将给评测系统的设计带来十分可观的便利。

(2) 设备驱动层。

设备驱动是上位机实现对硬件设备远程控制的枢纽,是有效利用硬件设备实现相应功能的桥梁。优化的设备驱动是评测系统应用功能开发的必要保证和有力支撑。

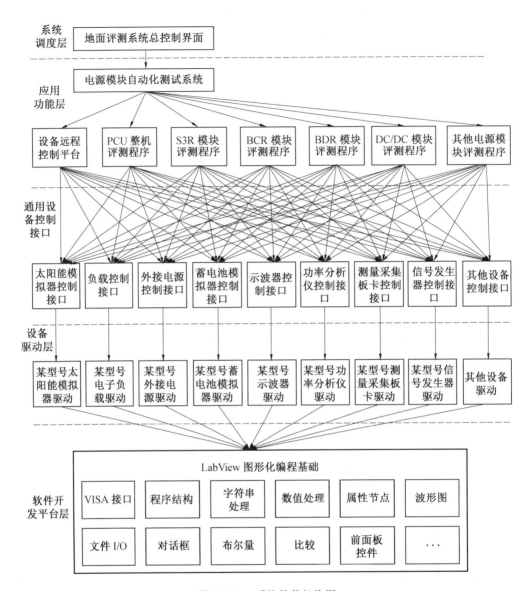

图 6.57　系统软件架构图

（3）应用功能层。

应用功能层是评测系统具体功能的实现。应用功能包括电源模块自动化测试（PCU 整机、分模块、DC/DC 等电源模块自动化测试），电源系统可靠性分析，电源系统故障预测和健康管理（PHM）。应用功能层是整个评测系统的灵魂和核心，在应用功能层中，用于实现三方面的功能，包括：

① 验收测试。通过对航天电源进行全面自动化的性能测试，实现产品高效且客

观验收,实现优劣评测。

② 可靠性分析。在测试指标要求之外,采用覆盖性测试等手段,对航天电源的可靠性进行系统的分析。

③ 故障预测和健康管理。通过遥测数据,对航天器电源在轨性能进行监测,分析可能出现的故障情况,给出航天器电源健康状态,提供电源分系统供电指导意见。

值得说明的是,上述功能的实现是以全自动化测试为前提的。

（4）系统调度层。

地面评测系统总控制界面是评测系统的最顶层人机交互操作窗口,它管理整个评测系统的运行,是系统使用性能的直接表现形式。因此,友好的用户界面是系统的必备特征。

3. 系统实现

根据以上要求及设计方案,设计了适用于多种型号 PCU 的地面自动化评测系统。同时仪器驱动采用标准化接口设计,该自动化评测系统还具备一定的扩展能力（受限于仪器设备性能）,可通过设备替换等方式,适用于未来 PCU 型号产品测试。系统实现的具体指标见表 6.9。

表 6.9　地面自动化评测系统指标

编号	指标
1	根据备选测试项菜单,实现多个测试项任意组合,进而完成一键式自动测试
2	在测试过程中,实时显示总体测试进度和子项测试进度,可暂停或停止当前测试项,便于应对紧急事故的发生
3	测试过程无须人工参与,测试完成后自动生成测试报告,保存测试数据
4	软件维护性好,可兼容多个制造商的测试设备,更换设备时,只需选择对应的设备驱动程序,无须改动上层软件
5	可通过测试软件手动配置设备和仪器的参数,进行单步测试
6	软件扩展性好,便于添加新型号卫星电源测试,即预留卫星电源型号菜单,可对指定的其他型号卫星电源进行测试
7	自动测试过程能够及时报警,避免事故发生
8	完成一台卫星电源测试总时间不超过 3 h
9	通过故障注入及蒙特卡洛方法,实现可靠性验证

其中,系统的手动控制平台（图 6.58）用于用户对被测对象的调试过程。手动控制平台包含太阳能阵列模拟器、电池模拟器、TMTC 接口等全部供配电系统调试相关支撑平台;平台兼容各种型号相关设备,剥离对设备的依赖性;平台根据供配电系统性能调试风格,定制便捷操作界面。通过该控制平台,用户可自由地对被测对象进行调

试,可进行供配电模块研发过程功能调试、供配电模块验收过程逐项测试等。

图 6.58　系统的手动控制平台

系统的自动测试平台(图 6.59)用于自动测试,该平台具备如下特点:

① 精确性。电压测量精度达千分之一,电流测量精度达百分之一。

② 快速性。在 3 h 内完成全部性能指标测试(对应某型号人工测试 5 个工作日)。

③ 覆盖性。覆盖供配电系统正常功能和故障保护功能等全部评价指标测试功能。

④ 拓展性。阻抗／环路测试一应俱全,特有蒙特卡洛分析测试功能。

⑤ 操作友好,测试项可随意组合,测试过程动态显示,测试过程紧急停止,自动生成报告。

系统的自动测试平台可用于供配电系统模块出厂验收通用电性能一键测试、供配电系统模块研发过程自定义测试项反复调试、供配电系统模块常态考核、性能统计分析等。

电源地面自动化评测系统可应用于几乎所有型号的 PCU、PCDU 及电推进电源处理单元(PPU)研发生产,其软硬件实物图如图 6.60 所示。测试涵盖整个供配电系统的生产制造过程,包括原理样机阶段、电性件阶段、鉴定件阶段及正式样机阶段等不同阶段。与传统测试的人工测试方法相比较,自动化评测系统在保证测试精度的前提下,极大地缩短了整体制造工时,在按时、保质地向用户提供产品方面起到了重要作用。

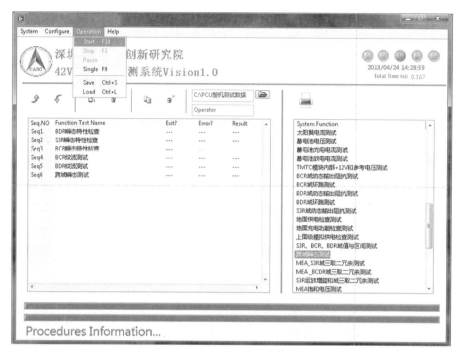

图 6.59　系统的自动测试平台

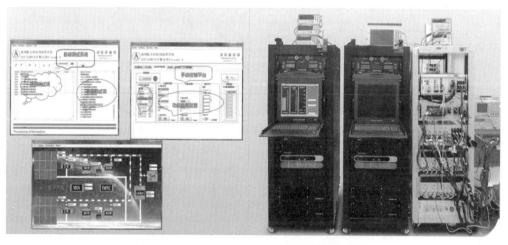

图 6.60　电源地面自动化评测系统软硬件实物图

6.5　基于蒙特卡洛分析的电源系统评测

当前航天体系内,针对卫星电源的评测都是根据对应的测试细则,关注在特定测试条件下的某些特定参数,获取的参数仅仅是某一时刻的数据。然而,即使在相同的测试条件下重复进行测试,电源系统表现出的性能参数也都会有细微差别。虽然很多时候对应的性能指标(如纹波)符合规定要求,但是仅仅从一张截图和一个数据很难去判断该电源系统的纹波与规定要求的差距,纹波值究竟是离规定值很近,还是离规定值很远,这些在现有的电源系统评价方式中难以回答。

在电源系统的仿真中,往往仿真的结果与实际模块的结果会有比较大的出入,主要问题在于建模困难。可靠性评估的数学模型应该正确地反映系统中各个元件之间的内在联系,准确描述系统的实际运行情况,这就要求在电源系统的可靠性评估中,其模型不仅要考虑元件的非线性,还需要考虑元件间的相关性、负荷模型的选取等。可靠性评估是非线性、多约束、高维数的,是具有随机不确定性和模糊不确定性特征的数学求解问题,目前在数学上还没有直接的解法。因此,如何在精度与计算量之间进行适当的平衡,如何寻求快速有效的计算方法,都是需要人们去进一步探索的问题。

6.5.1 基于蒙特卡洛分析的评测方法介绍

为了弥补传统电源系统评测的不足,需要寻找新的评测方式和手段。考虑到卫星电源系统与电网某些方面的相近性,可以借鉴在电力系统中评测电网和发电机组性能的方式和手段。因为电网是一个规模极其庞大、结构极其复杂的系统,不能仅仅通过单点时刻的电网数据去判断电网性能的优劣,必须通过长时间的统计数据去衡量电网质量。在电力系统中,常用的评测方式就是采用蒙特卡洛方法进行统计性测量,分析出相关参数的分布图和期望值等,对电网及其发电机组等进行性能评价。

卫星电源系统虽然不如电网那么复杂,但是在电源系统评测中,依然适合引入蒙特卡洛方式进行性能评价。例如,同一型号的多个模块进行比较时,在均满足规定性能指标的情况下,传统的评测方法无法对它们之间的性能区别进行区分。若是采用蒙特卡洛方法进行统计性测量,得出各个模块的相关参数分布和期望值,那么就可以明确地知道它们之间的细微区别,也就可以对产品进行性能定级。除此之外,采用蒙特卡洛方法进行电源系统评价,不仅可以知道电源系统相关参数是否符合指标要求,还可以知道这些参数与指标之间的安全余量,即期望值与指标之间的差值。因此,蒙特卡洛方法同样适用于电源系统的评价。

在蒙特卡洛方法中,首先要对系统内各个元件的状态抽样,在电源系统应用中,主要是指各个输入和输出端的水平。对每一状态 x,都存在其状态对应的时间概率,假定 $F(x)$ 是状态 x 的一次实验,实验结果的期望值由下式表示:

$$E(F) = \sum_{x \in X} F(x) * P(x) \tag{6.47}$$

实验函数 F 的期望值 $\hat{E}(F)$ 由下式估计:

$$\hat{E}(F) = \frac{1}{N_s} \sum_{i=1}^{N_s} F(x_i) \qquad (6.48)$$

式中　$\hat{E}(F)$——实验函数 F 期望值的估计值；

　　　N_s——总的抽样次数；

　　　x_i——第 i 次的状态抽样值；

　　　$F(x_i)$——对第 i 次抽样值 x_i 的实验结果。

$E(F)$ 的估计值 $\hat{E}(F)$ 的误差由其方差决定：

$$V[\hat{E}(F)] = V(F)/N_s \qquad (6.49)$$

式中　$V(F)$——实验函数 F 的方差，其值为

$$\hat{V}(F) = \frac{1}{N_s} \sum [F(x_i) - \hat{E}(F)]^2 \qquad (6.50)$$

蒙特卡洛方法的收敛判据是基于 $E(F)$ 的估计值 $\hat{E}(F)$ 的误差，这个误差通常用方差系数表示为

$$\beta = \frac{\sqrt{V[\hat{E}(F)]}}{\hat{E}(F)} \qquad (6.51)$$

将式(6.49)代入式(6.51)中，有

$$\beta = \frac{\sqrt{V(F)/N_s}}{\hat{E}(F)} \qquad (6.52)$$

经整理有

$$N_s = \frac{V(F)}{[\beta\hat{E}(F)]^2} \qquad (6.53)$$

根据式(6.53)分析可知，蒙特卡洛方法的计算量与估计精度的平方成反比，也就是说在一定的精度下，减少抽样次数的唯一途径就是减小方差，因此，研究各种减小方差的技巧是提高蒙特卡洛法收敛速度的关键。

提高蒙特卡洛法收敛速度的方法有分层抽样法、重要抽样法、控制变量法、对偶变数法等。下面简单介绍两种用于优化蒙特卡洛方法的原理。

(1) 分层抽样法。

蒙特卡洛法对运行状态的抽样是随机的，然而在通常情况下，随机抽取的运行状态中有 90% 都不出现限制负荷。为了更快地计算出所需的可靠性指标，可以对有限制负荷的状态进行加权来计算可靠性指标。这就促使我们对运行状态进行分层，也就是分层抽样法的基本思想。例如，可以根据电源系统的输出功率等级来分层。对每一层次的概率有所估计后，就可以通过对每一层次上运行状态的抽样来计算所需的指标。更为一般地说，该方法就是通过从一个变量 W 得到的信息来改进对另一个变量

F 的估计。该方法的关键在于如何合理地分配每一层次上的抽样点数 n_k,使得估计的方差最小。 研究表明 n_k 由下式决定:

$$n_k = \frac{N_s * P_s * \sqrt{V_k}}{\sum_k P_k * \sqrt{V_k}} \tag{6.54}$$

式中　N_s——总的抽样次数;

$\quad\quad\quad$ P_k——第 k 层的概率;

$\quad\quad\quad$ V_k——第 k 层上的 W 方差;

$\quad\quad\quad$ P_s——总概率。

(2)重要抽样法。

重要抽样法的思想就是在保持原样本期望值不变的条件下,改变现有样本空间的概率分布, 使其方差减少, 以达到降低运算时间的目的。 将式 $E(F) = \sum_{x \in X} F(x) * P(x)$ 中右侧写成分式形式,并将分子与分母同乘一个新的分布函数 $P^*(x)$,得到

$$E(F) = \sum_{x \in X} \frac{F(x) * P(x)}{P^*(x)} * P^*(x) \tag{6.55}$$

令 $F^*(x) = \dfrac{F(x) * P(x)}{P^*(x)}$,则有

$$E(F) = \sum_{x \in X} F^*(x) * P^*(x) = E(F^*) \tag{6.56}$$

由式(6.56)可知,$E(F)$ 与 $E(F^*)$ 相等,可以对新的分布 $P^*(x)$ 进行抽样,计算新函数 F^*,从而估计 $E(F^*)$ 的值。如果选择的新的分布能够突出"重要事件",那么 F^* 的方差将小于 F 的方差。这种方法的关键在于构造最优的概率分布 $P^*(x)$,使得可以在对可靠性指标影响比较大的地方多采样,在影响较小的地方少采样,从而最大程度减少方差。

由于蒙特卡洛方法是采用统计学方法,所以需要进行大量重复实验,其计算量几乎不受系统规模的影响,适合应用于非线性的电源系统可靠性分析中。它采用期望值和概率分析作为统计计算结果,这种方式也可以很好地用于表征电源系统相关性能参数。例如,通过蒙特卡洛方法,就可以预估出电源系统输出纹波值的期望和分布。

把蒙特卡洛分析方法引入电源系统的可靠性评价中,是实现对非线性电源系统有效分析的良好手段。采用蒙特卡洛方法可以弥补传统的性能指标评价方法评价手段单一和评价结果片面的不足,可以提高对电源系统性能可靠性的评价能力,可以很好地指导生产者对电源系统进行筛选与定级,同时也可以反过来给予设计者一定的提示与借鉴。

6.5.2　蒙特卡洛分析方法的操作步骤及可靠性评估

在使用蒙特卡洛方法对工程技术问题进行求解时,大体可以将其分为两类:确定

性问题和随机性问题,在卫星电源系统中的相关问题可以认为是随机性问题。具体求解步骤如下:

(1)建立一个合适的模型,包括概率模型和随机模型,模型的主要参数应该与系统一致,比如卫星电源系统的某个参数的均值或方差。

(2)根据模型中参数的随机分布情况,使用软件或其他手段生成大量的随机数。随机数的数量要能够完成仿真实验。通常首先生成均匀分布的随机数,然后在进行随机模拟实验之前生成服从一定分布的随机数。

(3)设计随机变量抽样方法,常见的抽样方法包括直接抽样法、分层抽样法、相关抽样法和重要抽样法。设计方法需要考虑模型和变量的特征。

(4)根据建立的模型进行仿真实验和计算,找出问题的随机解。

(5)对实验结果进行分析,对问题的解进行评估。

在对工程进行可靠性分析时,利用蒙特卡洛方法可以对随机变量的概率分布和复杂的数字特性进行仿真,可以对系统基本单元的可靠性进行评估,也可以模拟随机过程,寻求最优参数等。

根据前面介绍的蒙特卡洛方法的操作步骤可知,在电源系统中应用蒙特卡洛方法进行可靠性评估的步骤如下:

(1)确定对应电源系统需要分析的参数个数与类型。通常电源系统通过直流输出、纹波、占空比、效率、反馈、漏电流、射频噪声等参数表征其性能优劣。

(2)根据功率模块各输入输出端等变量的分布范围,使用计算机生成一组随机数组,其数量应足够进行仿真。在随机数的生成和选取上,通常首先生成均匀分布的随机数,然后在进行随机模拟实验之前生成服从一定分布的随机数。

(3)根据电源系统概率模型的特点和随机变量的分布特点,设计和选择合适的采样方法,对每个随机变量进行采样(包括直接抽样、分层抽样、相关抽样、重要抽样等)。

(4)将上述生成的电源系统各输入和输出端产生的随机数组,注入对应硬件设备中,模拟相应的随机情况,获取对应的参数,通过进行指定循环次数的随机实验,得到模拟实验的结果。例如进行 DC/DC 模块可靠性分析时,将 DC/DC 模块输入端电压注入 EA 电源,输出端电流注入电子负载中,然后获取对应的参数值。

(5)分析获取的参数数据,计算得出对应参数的期望和分布图。

6.6　本章小结

本章对电源系统的稳定性问题和地面评测展开了研究,取得的成果如下:

(1)在小信号稳定判据方面提出了一种使两级级联的分布式电源系统稳定的充

要条件阻抗比判据，克服了已有判据的保守性问题。给出了 n 级级联、M 个源变换器和 N 个负载变换器，以及任意集成的分布式电源系统的阻抗比判据。

（2）针对增益裕度和相位裕度在稳定裕度方面的局限性，提出了一种基于增益裕度、相位裕度、时延裕度和模值裕度综合约束的广义稳定裕度表征及测算方法，并以两个型号电源系统为例对航天器电源系统的广义稳定裕度进行了分析。

（3）针对圆形禁区在 Bode 图上不易计算的问题，提出了一种在 Bode 图上易于进行负载阻抗设计的扇形禁区，仿真研究证明了所提充要条件阻抗比判据及使用扇形禁区进行负载阻抗设计的有效性。

（4）对分布式电源系统的大信号稳定问题中的吸引域求取方法展开了研究，分析了分布式电源系统中可能存在的非线性影响因素。针对该非线性问题，提出了一种基于间接数值仿真法和蒙特卡洛分析的系统吸引域求取方法，使用上包络法来判定系统能否收敛到平衡点，给出了方法描述和吸引域求取实例。最后用实验验证了实例分析中使用基于间接数值仿真法和蒙特卡洛分析求取吸引域的有效性。

（5）设计了一套进行全自动测试的地面评测系统，相比传统人工手动测试的方法，具有节省人力、长时间数据采集、测试结果分析、自动生成测试报告等优点。地面评测系统的全自动测试和分析，可提高卫星电源地面性能评测快速响应能力、覆盖性和可靠性，并推动了卫星电源在快速生产测试领域的快速发展。

（6）通过运用蒙特卡洛分析方法对电源系统性能指标进行统计性测量和评价，可分析出相关性能指标的分布图和期望值等，采用期望值和概率分析作为统计计算结果，可很好地表征电源系统相关性能参数。另外，通过故障注入及蒙特卡洛方法，可实现电源系统的可靠性验证。采用蒙特卡洛分析的性能指标评价方法可弥补传统评价方法评价手段单一和评价结果片面的不足，且可提高电源系统可靠性方面的评价能力。

本章参考文献

[1] 周宇飞，姜丹丹，黄家成，等．DC-DC 变换器中负载阻抗特性及其对稳定性的影响 [J]．中国电机工程学报，2010，30(6)：15-21．

[2] 周素莹，齐蓉，林辉．多电飞机电源系统的负载稳定性分析[J]．航空计算技术，2002，32(4)：93-95．

[3] 王媛彬．矿用本安型开关电源的稳定性研究[J]．煤矿机械，2011，32(11)：58-60．

[4] 李安寿，张东来，杨炀．开关变换器的稳定性定义及分析方法[J]．电力电子技术，2013，47(11)：27-29．

[5] HOROWITZ S，PHADKE A．Power system relaying[M]．5th ed．Chichester：

John Wildy & sons Ltd. ,2023:287-300.

[6] SUDHOFF S D,GLOVER S F. Modeling techniques,stability analysis,and design criteria for DC power systems with experimental verification [J]. SAE Transactions on Journal of Aerospace,1998,107:52-67.

[7] TAN F D,RAMSHAW R S. Instabilities of a boost converter system under large parameter variations[J]. IEEE Transaction on Power Electronics,1989, 4(4):442-449.

[8] CHO B H,CHOI B. Analysis and design of multi-stage distributed power system[C]. Proceedings of Telecommunications Energy Conference. Kyoto, Japan. IEEE,1991:220-226.

[9] WILDRICK C M,LEE F C,CHO B H,et al. A method of defining the load impedance specification for a stable distributed power system [J]. IEEE Transaction on Power Electronics,1995,10(3):280-285.

[10] FENG X,YE Z,XING K,et al. Individual load impedance specification for a stable DC distributed power system [C]. IEEE Annual Applied Power Electronics Conference and Exposition (APEC). Dallas,TX,USA. IEEE,1999: 923-929.

[11] SUDHOFF S D,GLOVER S F,LAMM P T,et al. Admittance space stability analysis of power electronic systems[J]. IEEE Transaction on Aerospace and Electronic Systems,2000,36(3):965-973.

[12] SUDHOFF S D,GLOVER S F. Three-dimensional stability analysis of DC power electronics based systems[C]. Power Electronics Specialists Conference. Galway,Ireland. IEEE,2000:101-106.

[13] SUDHOFF S D,CRIDER J M. Advancements in generalized immittance based stability analysis of DC power electronics based distribution systems [C]. Electric Ship Technologies Symposium (ESTS). Alexandria,VA,USA. IEEE, 2011:207-212.

[14] VESTI S,SUNTIO T,OLIVER J A,et al. Impedance-based stability and transient-performance assessment applying maximum peak criteria[J]. IEEE Transaction on Power Electronics,2013,28(5):2099-2104.

[15] FENG X G,YE Z H,XING K,et al. Impedance specification and impedance improvement for DC distributed power system[C]. IEEE Power Electronics Specialists Conference (PESC). Charleston,SC,USA. IEEE,1999:889-894.

[16] FENG X G,LIU J J,LEE F C. Impedance specifications for stable DC distributed power systems[J]. IEEE Transaction on Power Electronics,2002,17

(2):157-162.

[17] FENG X G,LIU C R,YE Z H,et al. Monitoring the stability of DC distributed power systems [C]. IEEE Proceedings of Industrial Electronics Society Conference (IECON). San Jose,CA,USA. IEEE,1999:367-372.

[18] FENG X G, LEE F C. On-line measurement on stability margin of DC distributed power system[C]. IEEE Proceedings of Applied Power Electronics Conference and Exposition (APEC). New Orleans, LA, USA. IEEE, 2000: 1190-1196.

[19] LIU J J,FENG X G, LEE F C,et al. Stability margin monitoring for DC distributed power systems via perturbation approaches[J]. IEEE Transaction on Power Electronics,2003,18(6):1254-1261.

[20] ZHANG J M, XIE X G, JIAO D Z, et al. Stability problems and input impedance improvement for cascaded power electronic systems [C]. IEEE Proceedings of Applied Power Electronics Conference and Exposition (APEC). Anaheim,CA,USA. IEEE,2004:1018-1024.

[21] SUNTIO T. Dynamic profile of switched-mode converter-modeling, analysis and control[M]. Weinheim:Wiley-VCH,2009.

[22] ZENGER K, ALTOWATI A, SUNTIO T. Dynamic properties of interconnected power systems—a system theoretic approach [C]. IEEE Proceedings of Industrial Electronics and Applications. Singapore. IEEE,2006: 835-840.

[23] LEPPÄAHO J,HUUSARI J,NOUSIAINEN L,et al. Dynamic properties and stability assessment of current-fed converters in photovoltaic applications[J]. IEEJ Transaction on Industry Applications,2011,131(8):976-984.

[24] VESTI S,OLIVER J A,PRIETO R,et al. Stability and transient performance assessment in a COTS-module-based distributed DC/DC system[C]. IEEE Proceedings of Telecommunications Energy Conference (INTELEC). Amsterdam, Netherlands. IEEE,2011:1-7.

[25] TRAN D,ZHOU H H,KHAMBADKONE A M. A simple design of DC power system with multiple source-side converters to operate stably underconstant power load[C]. 2nd IEEE International Symposium on Power Electronics for Distributed Generation Systems (PEDG). Hefei,China. IEEE,2010:520-525.

[26] FANG C C. Sampled-data modeling and analysis of one-cycle control and charge control [J]. IEEE Transaction on Power Electronics, 2001, 16 (3): 345-350.

[27] ROSADO S P. Voltage stability and control in autonomous electric power systems with variable frequency[D]. Blacksburg:Virginia Polytechnic Institute and State University,2007.

[28] ERICKSON R,CUK S,MIDDLEBROOK R D. Large-signal modelling and analysis of switching regulators[C]. IEEE Proceedings of Power Electronics Specialists Conference. Cambridge,MA,USA. IEEE,1982:240-250.

[29] MARX D,PIERFEDERICI S,NAHID-MOBARAKEH B,et al. Contribution to determination of domain of attraction in power systems:application to drives with input filter[C]. 2009 IEEE Industry Applications Society Annual Meeting. Houston,TX,USA. IEEE,2009:1-8.

[30] BLANCO Y,PERRUQUETTI W,BORNE P. Stability and stabilization of nonlinear systems and takagi-sugeno's fuzzy models[J]. Mathematical Problems in Engineering,2001,7(3):221-240.

[31] BRAYTON R K,MOSER J K. A theory of nonlinear networks part I[J]. Quarterly of Applied Mathematics,1964,22(1):1-33.

[32] LOOP B P,SUDHOFF S D,ZAK S H,et al. Estimating regions of asymptotic stability of power electronics systems using genetic algorithms [J]. IEEE Transaction on Control Systems Technology,2010,18(5):1011-1022.

[33] SULLIVAN C J,SUDHOFF S D,ZIVI E L,et al. Methods of optimal Lyapunov function generation with application to power electronic converters and systems[C]. 2007 IEEE Electric Ship Technologies Symposium. Arlington, VA,USA. IEEE,2007:267-274.

[34] BACHA A,JERBI H,BRAIEK N B. An approach of asymptotic stability domain estimation of discrete polynomial systems[C]. IEEE Proceedings of Computational Engineering in Systems Applications. Beijing,China. IEEE, 2006:288-292.

[35] MARX D,MAGNE P,NAHID-MOBARAKEH B,et al. Large signal stability analysis tools in DC power systems with constant power loads and variable power loads—a review[J]. IEEE Transaction on Power Electronics,2012,27 (4):1773-1787.

[36] JOHANSSON M,RANTZER A. Computation of piecewise quadratic Lyapunov functions for hybrid systems[J]. IEEE Transaction on Automatic Control,1998,43(4):555-559.

[37] YE H,MICHEL A N,HOU L. Stability theory for hybrid dynamical systems [J]. IEEE Transaction on Automatic Control,1998,43(4):461-474.

[38] BRANICKY M S. Multiple lyapunov functions and other analysis tools for switched and hybrid systems[J]. IEEE Transaction on Automatic Control, 1998,43(4):475-482.

[39] RIVETTA C H,EMADI A,WILLIAMSON G A,et al. Analysis and control of a buck DC-DC converter operating with constant power load in sea and undersea vehicles[J]. IEEE Transactions on Industry Applications,2006,42(2):559-572.

[40] RIVETTA C,WILLIAMSON G A. Large-signal analysis of a DC-DC buck power converter operating with constant power load[C]. IEEE Conference of the Industrial Electronics Society. Roanoke,VA,USA. IEEE,2003:732-737.

[41] RIVETTA C,WILLIAMSON G A. Global behaviour analysis of a DC-DC boost power converter operating with constant power load [C]. IEEE Proceedings of the International Symposium on Circuits and Systems. Vancouver,BC,Canada. IEEE,2004:956-959.

[42] 万成安,于磊,刘建强. 航天器直流电源系统稳定性分析方法研究[J]. 航天器工程,2009,18(2):14-19.

[43] LI A S,ZHANG D L. Necessary and sufficient stability criterion and new forbidden region for load impedance specification [J]. Chinese Journal of Electronics,2014,23(3):628-634.

[44] LI A S,CHEN Q,ZHANG J M,et al. Stability margin monitoring method for N subsystems cascaded DC distributed power systems [C]. 2015 2nd International Conference on Electrical,Computer Engineering and Electronics. Jinan,China. Atlantis Press,2015:336-339.

[45] 李安寿. 分布式电源系统稳定性研究[D]. 哈尔滨:哈尔滨工业大学,2014.

[46] 瞿福存,史忠科,戴冠中. MIMO 系统稳定裕度的几个定义[J]. 飞行力学,2002,20(2):6-9.

[47] MENG Y C,LI A S,ZHANG D L. A novel method to characterize and measure the small-signal stability margin of spacecraft power systems[C]. 2021 IEEE 4th International Conference on Electronics Technology (ICET). Chengdu,China. IEEE,2021:778-784.

[48] 刘贺. 多相交错并联卫星电源蓄电池放电功率单元研究[D]. 哈尔滨:哈尔滨工业大学,2017.

[49] ANDERSON D R,CANTRELL W H. High-efficiency high-level modulator for use in dynamic envelope tracking CDMA RF power amplifiers[C]. IEEE International Microwave Symposium Digest. Phoenix,AZ,USA. IEEE,2001,3:1509-1512.

[50] 林成森. 数值分析[M]. 北京:科学出版社,2006.

[51] LI A,WANG Z,LI T. Mode transition approach for large signal average models of PWM DC-DC converters[C]. 2016 IEEE 6th International Conference on Electronics Information and Emergency Communication. Beijing,China. IEEE,2016:232-235.

[52] 孙放. 飞行器电源地面测试系统的设计与实现[D]. 哈尔滨:哈尔滨工业大学,2018.

[53] 王超,张东来,李勇,等. 航天大功率 PCU 测试技术研究[J]. 测控技术,2012,31(11):135-139.

[54] 张森,石军,王九龙. 卫星在轨失效统计分析[J]. 航天器工程,2010,19(4):41-46.

[55] 朱毅麟. 卫星设计寿命影响分析[J]. 航天器工程,2007,16(4):9-18.

[56] 贾娜,王红萍,戴军. 自动测试系统的发展现状和前景[J]. 科技与企业,2015(9):85.

[57] 屈建兵. 军用自动测试系统的发展综述[J]. 直升机技术,2014(1):59-64,68.

[58] 程嗣怡,肖明清,郑鑫. 未来军用测试系统的发展前景[J]. 微计算机信息,2006,22(10):170-173.

[59] 于劲松,李行善. 下一代自动测试系统体系结构与关键技术[J]. 计算机测量与控制,2005,13(1):1-3,17.

[60] 郭甲阵,谢华,兰京川. 基于虚拟仪器的雷达电路板自动测试系统[J]. 仪表技术与传感器,2011(2):26-28,31.

[61] 周家丹,于素芬,成曙,等. 基于 LabVIEW 的电路板虚拟测试系统设计[J]. 兵工自动化,2005,24(2):73-74.

[62] BOUHOURS G,ASPLANATO R,REBUFFEL C. A new generation of electrical power supply for telecom satellites[J]. ESPC,2014,32(3):20-41.

第7章

空间环境影响分析及整星设计优化

本章对空间环境对电源系统的影响及整星设计优化方法展开研究，研究空间非预期输入能量、空间电弧放电、脉冲负载响应和 SA 遮挡等对航天器电源系统的影响规律，并给出 SA 布片优化方法和整星电源系统的多目标优化方法，为设计提供参考。

航天器的空间运行环境复杂且恶劣，可能会引发电源系统一系列非预期的非线性变化，导致系统稳定性下降，严重情况下甚至使航天器失效。目前空间电源的研制大多关注电性能、效率等自身品质的提升，易忽视空间环境及意外事件导致的非线性现象对其稳定性的影响。

　　空间等离子体和碎片撞击等意外事件可能会诱发 SA、太阳帆板驱动机构（SADA）等暴露在空间环境中的组件异常放电，这些非预期的空间效应会对 PCU 的控制和器件产生隐蔽性很强的破坏作用。同时，航天器发射阶段从正常气压变化到低气压，并最终到达真空状态的过程中，空间碎片的撞击及电弧发生瞬间可能会造成 PCU 输出端出现脉冲型负载，导致电路产生谐振振铃，出现较大的电压波动。一旦配电前端的母线电压出现过压或欠压状态，将直接破坏掉 PCU 母线后端的配电，导致后续用电模块失电，母线电压的质量直接影响供配电的品质。

　　卫星本体对 SA 造成的部分遮挡难以完全避免，而其造成的能量损失与遮挡面积之间亦非简单的函数关系，对此常用增加 SA 串联数、增加 SA 与卫星本体距离等方法保证充足能量的供给。同时在整星电源系统设计过程中，常用最坏情况分析法，造成成本居高不下，效费比低等问题。

　　本章对空间环境中 SA 非预期能量和 SADA 导电滑环电弧放电效应进行分析，并分析其对电源系统的负面影响规律，为进一步提高电源系统稳定性奠定理论基础。同时，对航天器 SA 受本体遮挡的情况进行建模分析，分析 SA 损伤对航天器电源系统寿命的影响，并给出 SA 布片优化方法和整星电源系统的多目标优化方法，为设计提供参考。

7.1　空间环境特征分析

　　航天器在轨处于空间环境，太阳系内的空间环境可分为行星际环境、行星空间环境、地球空间环境等。太阳与地球相互作用及地球本身的固有特性形成地球空间环境，地球空间环境是航天活动的主要场所。航天器所遭遇到的空间环境效应的决定因素主要为航天器所处的轨道空间及轨道倾角，其中运行轨道分为低地球轨道（LEO）、中地球轨道（MEO）和地球同步轨道（GEO），而轨道倾角是地球赤道平面与轨道平面的夹角。

　　空间环境主要分为空间粒子辐射环境、等离子体环境、真空紫外环境、中性粒子环境、微流星／碎片环境五大类。空间非预期能量输入会对航天器 PCU 造成影响，其中等离子体环境和微流星／碎片环境是影响较大的因素。

　　原子中的电子摆脱原子核的束缚后形成的正离子和电子的混合物称为等离子体。由于地球周围大多数的轨道环境都处于等离子体环境，这些轨道上的航天器表面材料导电性的差异使得不同材料之间产生不同的电势,因此,进入等离子体环境中的航天器表面可能具有很高的电势,如果电势差足够大,航天器表面会发生电弧放电。电弧放电对航天器的危害性很大,容易毁伤器件,甚至导致航天器遭遇永久性的破坏,造成整个系统瘫痪。同时,电弧放电还可能产生电磁干扰,干扰敏感电子设备的正常运行。

中低地球轨道中航天器所遇到的微流星体环境主要包括人类空间活动产生的人造垃圾及空间天然存在的微流星。微流星体具有一定的速度、密度和质量,可对航天器造成伤害。轨道碎片是环绕地球运行的人造固体颗粒,而空间碎片环境是一个不断变化的空间环境。在地球空间环境中,存在大量的轨道碎片,航天器的发射将颗粒带到运行轨道上,这些碎片是航天器发射以及火箭卫星运行终结的产物,具有较高的运行速度。

空间碎片或微流星体对航天器的影响受到碎片尺寸、质量、速度和碰撞角度的影响。空间碎片对航天器造成的危害按影响程度可分为灾难性撞击、可恢复性撞击、撞击累积效应三类。其中灾难性撞击是指空间碎片撞击航天器造成其解体或关键设备损坏,致使飞行任务不可逆转地失败;可恢复性撞击是指空间碎片撞击航天器导致飞行任务短暂中断或部分任务丧失;而撞击累积效应是指随时间的积累及撞击次数的增多,航天器表面温控层被破坏,从而引发内部相关设备失效,最终导致飞行任务的永久失效。

在轨航天器的 SA 存在被部分或者完全遮挡的情况,遮挡会在很大程度上影响 SA 的发电功率。主要有以下四种遮挡情形:① 被星体遮挡,如卫星 SA 被地球、月球遮挡;② 被地形遮挡,如月球车 SA 被月球地形遮挡;③ 被其他邻近的航天器遮挡,多见于航天器交会对接或卫星编队飞行时;④ 被航天器本体遮挡,这种情况多见于具有大型外部结构的航天器,其 SA 不可避免地会受到航天器本体遮挡。

7.2 空间环境对太阳能电池阵列输出特性的影响分析

自 1958 年美国发射的“探险者 6 号”卫星首次采用了展开式 SA 以来,SA 一直用作卫星、空间站等航天器的主要电源。SA 直接暴露在空间环境中,受等离子体环境及微流星/碎片环境等空间环境的影响,可能发生静电放电(ESD)现象,产生表面充放电效应,从而发生异常放电。随着空间任务需求和技术的发展,航天器任务周期延长,对电压的要求越来越高,太阳能电池帆板也越来越大,极大地增加了 SA 在空间环境中的风险。

SA 的 $V-I$ 和 $V-P$ 特征曲线随光强而变化,如图 7.1 所示。光强对 SA 输出特性有很大影响,通常短路电流随光强增强而升高,在强光时具有很好的线性关系。开路电压随光强呈指数上升,弱光时增长很快,而强光下则趋于饱和;功率随着光强的上升而上升。

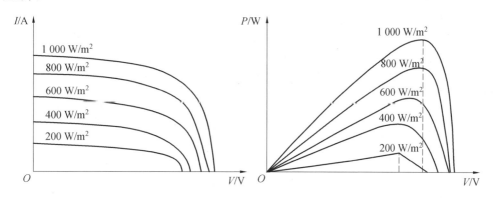

图 7.1　SA 的 $V-I$ 和 $V-P$ 特征曲线

　　空间等离子体环境和碎片高速撞击是导致 SA 异常放电的主要原因。SA 遭遇碎片撞击时会形成致密的等离子体,一旦密集等离子体覆盖到太阳能电池的充放电敏感区,易形成瞬时导电通道,触发异常电弧放电。闪光效应通常与等离子体效应同时发生,是材料在高速撞击时产生的能量辐射。电弧放电弧光和闪光波长一般在 SA 的响应光谱范围内,瞬间增大的光强可影响 SA 输出特性,造成工作点迁移,在 SA 上产生非预期的“多余”的能量。该过程中 SA 的输出特性变化如图 7.2 所示,初始阶段 $(t_0—t_1)$,SA 以恒流 I_0 稳态输出。当光强在 t_1 时刻瞬间增大时,对于航天器电源系统,在工作点电压 V_0 不变的条件下,工作点电流会发生突变,由 I_0 增大到 I_1,直到 t_4 时刻空间影响因素消失,恢复稳态输出。在此过程中 SA 的输出电流 I_{SA} 信号异常,呈脉冲电流形式,输出了“多余”的非预期能量。

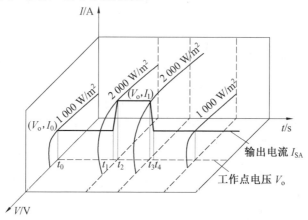

图 7.2　SA 受空间环境影响的非预期输出形式

SA 被完全或部分遮挡后,其输出功率将受到极大的影响。遮挡造成的功率损失并非与遮挡面积成简单的线性关系,功率损失的大小与受遮挡太阳能电池片在电路中所处位置有关。当串联组件中有单片太阳能电池被完全遮挡时,整个串联组件最大输出功率损失超过 90%。在航天器设计时,SA 应尽量避开遮挡多发区域;当遮挡不可避免地发生时,应对遮挡情况进行分析计算,以便更合理地设计 SA。另外,在进行 SA 热分析和设计时,也需对遮挡情况进行分析计算。

7.3　空间非预期能量输入对航天器 PCU 的影响分析

空间环境的复杂性对电源系统的可靠性和输出品质造成了威胁,根据空间科学规律和历史飞行经验及教训,空间事件和环境造成的影响,会导致母线质量下降,甚至产生颠覆性的结果。上节中分析了 SA 受空间环境因素影响而输出非预期"多余"能量的过程,该"多余"的能量有可能是脉动形式或呈现特殊频率特性,随着能量加大,可对 PCU 的控制和器件产生隐蔽性很强的破坏作用,尤其对于分流体制的电源系统,PCU 输入端非预期能量的影响可能导致分流调节器过调节或损坏。

7.3.1　PCU 分流调节器架构

以分流架构的 PCU 为例,分流部分常采用图 7.3 所示的顺序开关分流调节(S3R)架构,它具有效率高、质量小、简单可靠等优点。该系统中 SA 被分为相同的 n 级,分别连接到 n 个分流调节器(SR)上,所有分流调节器输出端并联至公共母线 V_{bus},将 SA 输出的恒定电流转换为恒压母线。主母线电压通过主误差放大器(MEA)来调节,其输出信号 V_{MEA} 与各级参考电压信号 V_{ref_n} 经过滞环比较后产生控制信号 V_{G_n},控制各级分流调节器的工作模式,保证输出稳定的母线电压和功率。SA 驱动组件(SADA)滑环是实现 SA 列与卫星电力系统之间电能和电信号传输的重要环节。SA 列各分阵通过 SADA 滑环与 PCU 内的分流调节器连接,形成 SA 分阵—SADA 滑环—SR 的一一对应关系。

S3R 在 MEA 的控制下进行顺序分流,为防止调节状态发生误动作,通常采用滞环带相互叠加的方式扩大每一级的滞环宽度。MEA 输出电压 V_{MEA} 与负载电流的关系如图 7.4 所示,其中滞环宽度为

$$V_{hyst} = KA\Delta V_{bus} \tag{7.1}$$

式中　　ΔV_{bus}——母线纹波;

　　　　K——母线电压电阻分压器;

　　　　A——MEA 的比例增益。

相邻上限或下限阈值为

$$V_{LL} = V_{HH} = \frac{V_{Hn} - V_{L1} - V_{hyst}}{n-1} \qquad (7.2)$$

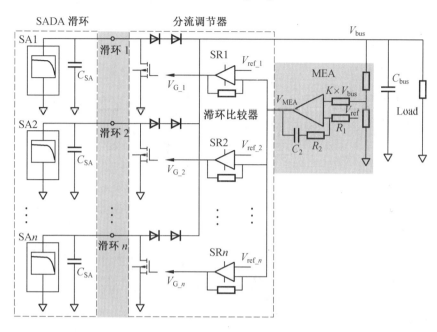

图 7.3　S3R 架构电源系统

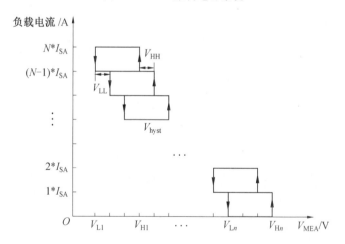

图 7.4　V_{MEA} 与负载电流的关系

　　每级分流调节器的工作模式由有效负荷功率需求的平均值决定,有 3 种工作模式:在母线供电模式中,分流开关管 Q_1 关断,分流调节器模块将该级 SA 的能量全部传输给母线,如图 7.5(a)所示;在分流模式下,Q_1 导通,分流调节器将该级 SA 的所有能量分流到地,如图 7.5(b)所示;在调节模式中,分流调节器在母线供电模式和分流模式之间进行切换,从而保证母线输出功率的稳定。稳态下,通常保证只有一级分流调节器工作在调节模式,其他均保持在母线供电模式或分流模式。

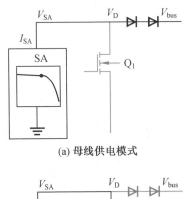

(a) 母线供电模式

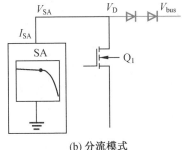

(b) 分流模式

图 7.5　分流调节器工作模式

分流调节器经典拓扑如图 7.6 所示,分流开关管的驱动模块采用基于线性限流原理的有源电流限制方法,通过控制 Q_1 的栅极源极(GS)驱动电压使 MOSFET 工作在线性区,利用瞬间的阻尼电阻来抑制电流尖峰,以限制通过分流开关管的最大电流。

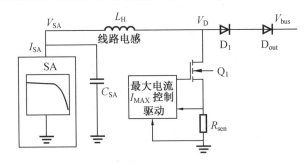

图 7.6　采用有源电流限制方法的分流调节器

图 7.7 所示拓扑常用于高压大功率 PCU,该限流方案包括无源器件 L_1 和限流驱动两部分,结合了有源和无源电流限制方法,可进一步减小分流开关管的关断延时。

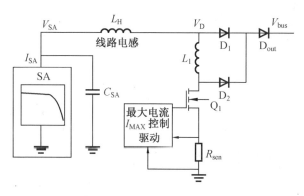

图 7.7　结合有源和无源电流限制方法的分流调节器

7.3.2　空间非预期能量对 PCU 分流调节器的负面影响分析

PCU 分流调节器的设计过程未考虑空间非预期能量的影响,控制系统和器件承受非预期能量的能力有限,随着能量的增大,功率器件的电流应力和功率损耗均随之增大。同时,分流调节器可能会过调节,引发双段调节现象,严重时导致母线输出品质下降。

1. 功率器件电流应力和功率损耗

S3R 分流调节器的分流开关功耗与分流支路电流和开关频率成正比。分流开关管 MOSFET 开关过程功率损耗如图 7.8 所示。功率损耗主要包括开关损耗和导通损耗。导通损耗 E_{on} 为

$$E_{on} = \frac{I_{SA}^2 R_{DSON}}{2} \tag{7.3}$$

式中　R_{DSON}——开关导通阻抗;

　　　I_{SA}——单阵电流。

开关损耗 E_{turn_on} 由 SA 的寄生电容(C_{SA}) 对 MOSFET 的放电决定,可以估计为

$$E_{turn\_on} = \frac{C_{SA} V_{bus}^2}{2} \frac{I_{MAX}}{I_{MAX} - I_{SA}} \tag{7.4}$$

式中　I_{MAX}——分流支路限流最大值;

　　　V_{bus}——母线电压。

因此总功耗 E_{total} 为

$$E_{total} = E_{turn\_on} f_{max} + E_{on} \tag{7.5}$$

式中　E_{turn_on}——开关损耗;

　　　E_{on}——导通损耗。

最大开关频率 f_{max} 为

$$f_{max} = \frac{I_{SA}}{4 \Delta V_{bus} C_{bus}} \tag{7.6}$$

式中　　ΔV_{bus}——母线电压纹波；

　　　　C_{bus}——母线电容。

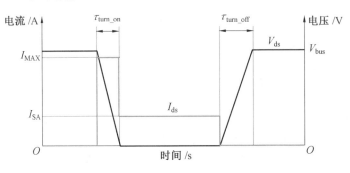

图 7.8　MOSFET 功率损耗模型

当 SA 输出非预期能量时,分流调节器需承受非预期的"过量"电流脉冲。分流模式下,非预期能量全部流入分流支路,导致施加在分流开关管(图 7.6 或图 7.7 中 Q_1)上的电流增大,如图 7.9 所示,在正常波形上叠加了一个电流尖峰。母线供电模式下,电流脉冲直接作用于二极管(图 7.6 或图 7.7 中 D_1 和 D_{out}),导致二极管电流应力增大,如图 7.10 所示,在二极管电流波形上叠加了一个电流尖峰。调节模式下,通过增大 Q_1 的开关频率和延长分流时间来分流"多余"的能量,Q_1 的功率损耗明显增加。

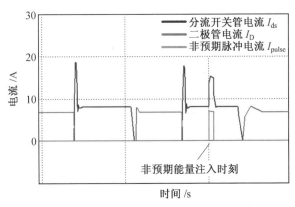

图 7.9　分流模式下注入非预期能量波形

不同非预期能量下通过分流开关管和二极管电流最大值的变化趋势如图 7.11 所示。随着非预期能量电流峰值的增加,二者均呈线性增长趋势,能量超过了分流调节器限流驱动的最大电流调节范围,导致功率器件受损。

同时,受非预期能量影响,分流开关管的导通和关断时期的功率损耗均可能会增大。分流开关管功率损耗波形如图 7.12 所示,对比稳态功率损耗和非预期能量注入时的功率损耗波形,可看出:非预期能量影响期间分流开关管导通和关断损耗峰值均明显增大。

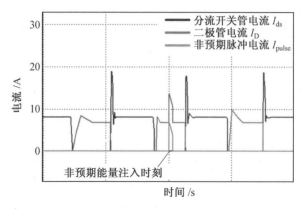

图 7.10　母线供电模式下注入非预期能量波形

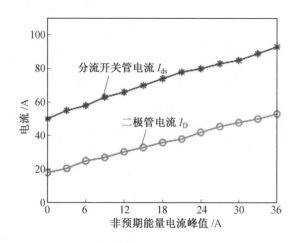

图 7.11　功率器件电流应力随非预期能量变化情况

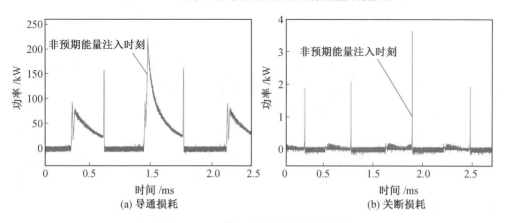

图 7.12　分流开关管功率损耗波形

S3R 是直接能量转移架构。在分流模式下,SA 通过分流开关管连接到地面;在母线供电模式下,SA 和母线之间只有两个二极管。因此,分流开关管和功率二极管的可靠性尤为重要,任何器件失效都会导致分流调节器失效。当分流开关管和二极管承受过大的电流应力或功率损耗时,极易受损。

2. S3R 过调节

当负载电流接近 SA 单阵电流的整数倍时,MEA 控制信号触发两个相邻级的分流调节器同时工作在调节模式。这种过调节的现象也被称为双段调节,其主要是由滞环回路输入信号极快或极慢的变化率导致的。

如图 7.13 所示,S3R 正常工作时,第 n 级 SR 为调节模式,第 $n+1$ 级 SR 为母线供电模式,当 V_{MEA} 下降至 V_{Ln} 时,第 n 级的分流 MOSFET 应在 A 点关断。在非预期能量的影响下,当 V_{MEA} 降至 B 点时便进入上升过程,直到升至 V_{Hn+1} 时,第 $n+1$ 级的分流 MOSFET 在 C 点导通。当 V_{MEA} 依次下降到 D 点和 E 点时,第 n 级和第 $n+1$ 级分流 MOSFET 依次关断,形成双段调节过程。随着意外能量的增加,甚至可能同时触发多级 SR 进入调节模式。

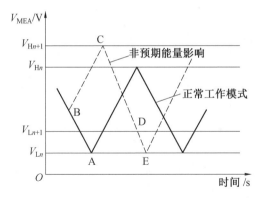

图 7.13　非预期能量诱发双段调节原理

图 7.14 所示波形显示了非预期能量诱发产生双段调节的现象,监测信号为双阵分流开关管两端电压 V_{ds}。双段调节是一种过调节的现象,会加大开关频率和功率损耗,并导致母线电压纹波增大,同时也易因局部过热而损坏分流调节器。

3. 母线输出品质

母线电压纹波由滞环比较器、母线电压分压器和 MEA 比例增益决定,如式(7.1)所示。双段调节模式的母线电压纹波高于单阵调节模式,但低于单阵调节纹波的两倍,且随负载而变化。如图 7.15 所示,双阵调节下母线纹波明显大于正常工作状态,超出了指标范围。

另外,非预期能量峰值较大,且放电时间较长,将严重影响母线输出品质,在极端情况下,若超过了 MEA 的调节能力,甚至会触发母线过压保护机制,导致电源系统无法正常供电。

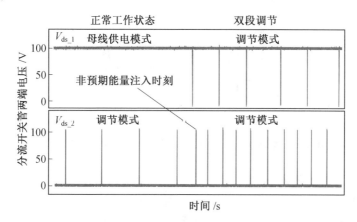

图 7.14　双段调节现象波形

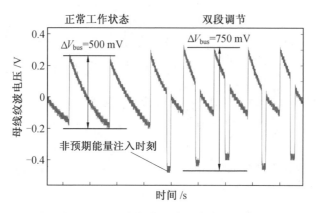

图 7.15　双段调节母线纹波电压波形

7.4　空间电弧放电效应及其对航天器 PCU 的影响分析

航天器在轨运行期间,由于空间环境作用,可能发生静电放电(ESD)现象,并产生表面充放电效应,严重影响航天器运行安全。SA 是卫星的主要动力来源,通过 SADA 滑环实现与卫星电源系统之间的电力传输。如图 7.16 所示,SADA 位于卫星与外部空间的交接处,同 SA 均直接面对空间环境,极大地增加了充放电效应的风险,两者均位于 PCU 的输入侧,其负面效应也将直接威胁电源系统的可靠性和卫星的安全性。

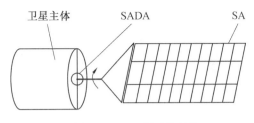

图 7.16　卫星系统结构

7.4.1　SADA 空间电弧效应

SADA 滑环有大量裸露的导电滑环,这些导电滑环间隔紧密,电流集中汇集。滑环与电刷之间处于滑动接触状态,在工作过程中不可避免会产生磨屑。SADA 盘式导电滑环电弧故障机理为:电刷触头和导电环道在滑动接触过程中会产生金属磨屑。这些以金、铜为主的金属磨屑若在滑环内部焊点间、环道与焊点之间大量积聚并产生搭接,会形成短路通道。真空电弧主要依靠触头电极的金属蒸气维持燃烧,电流通过短路通道时释放的大量能量会使金属磨屑升华形成金属蒸气,在电场作用下电离成等离子体,并进一步发展成为自持电弧。空间等离子体和失重环境会加剧 SADA 空间电弧放电效应。

NASA 最早报告了 SADA 电弧故障,1978 年美国海事卫星发生电弧短路故障,故障沿着相邻导电环蔓延,导致供配电分系统无法输出功率。SADA 滑环电弧故障同样会导致 PCU 输入侧能量异常,进而影响 PCU 的稳定性,同时电弧故障具有极强的破坏性,且传播快,抢救难度极大,若不能及时快速检测和防护,会威胁在轨卫星的运行寿命,造成灾难性的后果。

7.4.2　空间电弧放电效应对航天器 PCU 的负面影响分析

1.SA 工作点

SA 工作点切换形式如图 7.17 所示,S3R 型分流调节器的工作点在短路工作点(工作点 1)和额定工作点(工作点 2)之间切换,额定工作点在 SA 最大功率点附近。

SADA 导电滑环内部电刷触头一直与汇流盘上的导电环道发生滑动接触,稳定运行时存在接触电阻 R_R,当发生电弧故障时,电弧阻抗增大且发生剧烈波动。

当分流调节器工作在母线供电模式时,如图 7.17(a) 所示,SA 工作在额定工作点,稳态时有

$$V_{SA} = I_{SA}R_R + V_{bus} + V_{D1} \tag{7.7}$$

发生电弧故障时,电弧阻抗 R_R 增大,导致 V_{SA} 瞬间增大,随着 V_{SA} 的增大,SA 的工作点右移,进入电流下降区,导致该阵供电能力下降,同时电弧能量也随之下降,随着触点间隙增大,电弧易被拉断。

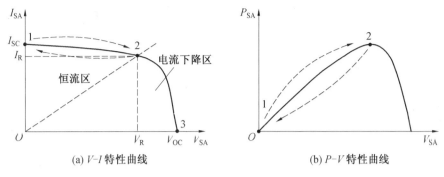

(a) V-I 特性曲线　　　　　　　　(b) P-V 特性曲线

图 7.17　SA 工作点切换形式

图 7.18(a)模拟了母线供电模式分阵稳定燃弧情况,由于 SA 输出端阻抗增大,工作点电压上升,因此输出电流小于额定电流,且在该值上下剧烈波动,严重影响 SA 的供电品质。

当分流调节器工作在分流模式时,如图 7.17(b)所示,SA 工作在短路工作点,SA 输出通过 SADA 滑环和分流开关管分流到地。发生电弧故障时,电弧阻抗 R_R 增大,导致 V_{SA} 瞬间增大,SA 工作点右移,但电弧阻抗有限,燃弧期间 SA 始终工作在恒流区,导致该工作模式下电弧难以切断。

图 7.18(b)模拟了分流模式发生电弧故障的情况,由于阻抗增大,SA 电压工作点升高,但始终在 SA 恒流区内,电弧能量充足无法自行熄灭。

分流调节器工作在调节模式时,SA 工作点在短路工作点和额定工作点之间来回切换,当发生电弧故障时,SA 工作点同样会右移,使供电能量下降,如图 7.18(c)和图 7.18(d)所示。

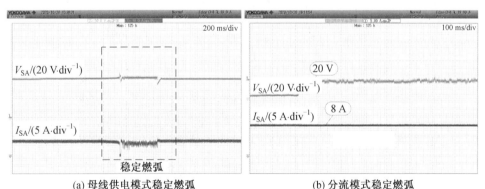

(a) 母线供电模式稳定燃弧　　　　　　(b) 分流模式稳定燃弧

图 7.18　电弧对 SA 工作点的影响波形

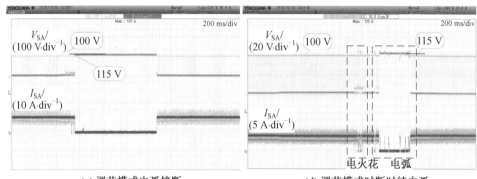

(c) 调节模式电弧接断   (d) 调节模式时断时续电弧

续图 7.18

2. 分流调节器工作模式和母线输出品质

SADA 滑环发生电弧故障时,随着 SA 工作点的迁移,对应级的 SR 不能满足供电需求,从而影响相邻级 SR 的工作模式,如图 7.19 所示。同时,因分流调节器的输入电压和电流剧烈波动,进一步触发双段调节。若多级同时发生时断时续的电弧故障,如图 7.19(d) 所示,则可能导致 SR 在 3 个工作模式和双段调节间反复切换,破坏分流时序,甚至损坏分流调节器。

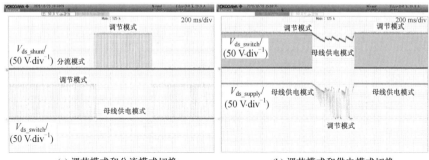

(a) 调节模式和分流模式切换   (b) 调节模式和供电模式切换

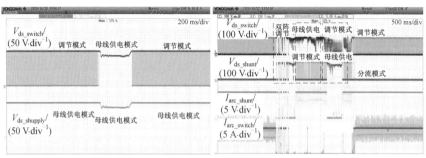

(c) 双路供电   (d) 四种工作模式切换

图 7.19　电弧故障对工作模式的影响

在常压下,用电弧发生器模拟随着触点分离能自行拉断的电弧燃弧情况,如图 7.20(a) 所示,闪光后迅速熄灭,危害不大;而图 7.20(b) 为分流模式电弧故障情况,触点间始终通过 SA 输出的恒定电流对地放电,电弧能量过大,导致局部温度过高,严重烧蚀触头材料,若不能及时灭弧,则易烧毁绝缘层,烧蚀太阳翼,造成严重后果。

(a) 短弧和电火花

(b) 分流模式电弧故障

图 7.20   电弧烧蚀情况

真空电弧的破坏作用取决于故障持续时间,时间越长破坏越严重。电弧持续时间取决于电弧电流的大小,电流越大,电弧持续越长,电弧烧蚀越严重。同时,电弧放电引起的局部高温会造成烧蚀,破坏绝缘层,导致相邻焊点之间、焊点与环道间出现短路或低阻抗通路,同时也可能导致焊点处出现高阻抗开路,从而影响滑环的电传输功能,甚至导致对应的 SA 分阵失效,影响母线供电品质,严重威胁电源系统的安全。高压大功率卫星的单阵电流可高达 20 A,一旦发生电弧故障可能造成严重后果。

本章前几节给出了空间环境中 SA 和 SADA 滑环的放电机理分析,进而完成了空间非预期能量输入和空间电弧放电效应对航天器 PCU 的危害分析,指出了现阶段 PCU 受空间环境效应影响的薄弱环节,为进一步提升电源系统稳定性奠定了理论基础,期望引起电源系统和部件设计者的关注。

7.5   脉冲负载响应对 PCU 供电品质的影响及改善对策分析

空间环境中等离子体环境和微流星／碎片环境影响航天器的运行,等离子体环境可能会造成航天器不同材料之间产生电势差,当电势差足够大时,可能会发生电弧。同时,航天器发射阶段从正常气压变化到低气压,并最终到达真空状态的过程中,空间环境中存在大量的空间碎片,空间碎片的撞击及电弧发生瞬间均可能会造成 PCU 输出端出现脉冲型负载。PCU 通过母线线缆对后续载荷进行供配电,同时,PCU 工作环境复杂多变,当母线线缆之间出现脉冲型负载时,由于寄生电容、寄生电感、线缆等效电容和等效电感的存在,因此电路产生谐振振铃。谐振振铃会在 PCU 输出母线线缆上产生高频振荡,产生较大的电压波动,在系统中产生电磁干扰,通常这种脉冲负载响应是一种阻尼振荡。PCU 通过母线线缆对后续载荷进行供配电,一旦配电前端的母线线缆电压出现过压和欠压状态,将直接破坏掉 PCU 母线后端的配电情况,导致后续用电模块失电,母线线缆电压的质量直接影响供配电的品质。

7.5.1　脉冲负载响应对 PCU 供电品质的影响

电源是电子设备正常工作的基础和核心,为整个系统提供能量,电源是否正常工作直接影响到电力设备和应用系统的安全。美国 Ridgetop 公司采用振铃响应的方法对开关电源反馈回路中的光隔离器进行深入研究,用振铃响应信号来研究光耦的参数退化情况,并在开关电源健康状态监测技术方面取得一定成果。PCU 输出端脉冲负载及供配电示意图如图 7.21 所示,电源输出稳定的直流电对后续载荷进行供配电。图中,PCU 母线线缆的等效电阻、电感和电容分别用 R_{bus}、L_{bus} 和 C_{bus} 表示;V_{bus} 表示母线电压;用 R_{pul} 和 Q 表示脉冲负载;V_L 表示配电直流电压;而 $Q_1 \sim Q_n$ 表示用电载荷的配电开关。当 PCU 输出端未出现脉冲型负载时,V_{bus} 与 V_L 几乎没有差别;而当 PCU 输出端出现脉冲型负载时,V_L 会出现高频振荡,在系统中产生较大的电压波动,继而影响电源母线的供配电情况。PCU 母线线缆简化模型如图 7.22 所示,在脉冲负载条件下,母线线缆的等效电阻 R_{bus}、等效电感 L_{bus} 和等效电容 C_{bus} 组成了 RLC 串联谐振电路。由基尔霍夫定律可以得出母线线缆各等效参数电压之间的关系为

$$L_{bus}C_{bus}\frac{\mathrm{d}^2 u_C}{\mathrm{d}t^2} + R_{bus}C_{bus}\frac{\mathrm{d}u_C}{\mathrm{d}t} + u_C = V_{bus} \qquad (7.8)$$

式中　　V_{bus}—— 母线电压;

u_C—— 母线线缆等效电容两端的电压。

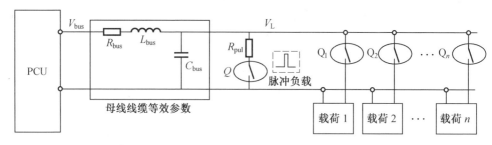

图 7.21　PCU 输出端脉冲负载及供配电示意图

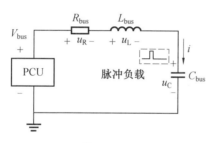

图 7.22　PCU 母线线缆简化模型

当 PCU 输出侧出现脉冲型负载时,若是 PCU 母线线缆上的三个参数满足 $R_{bus} <$ $2\sqrt{L_{bus}/C_{bus}}$ 条件,则母线电压出现高频振荡现象。

PCU 脉冲负载响应波形示意图如图 7.23 所示,当 PCU 输出端出现脉冲负载时,输出母线电压会出现高频振荡,产生较大的电压波动。PCU 输出端脉冲响应实验原理图如图 7.24 所示,电源额定输出电压为 100 V,电流为 18 A。图 7.24 中,R_{bus_in1} 和 R_{bus_in2} 是 PCU 正输出端与负载端之间导线的等效电阻,L_{bus_in1} 和 L_{bus_in2} 是 PCU 正输出端与负载端之间导线的等效电感;R_{bus_out1} 和 R_{bus_out2} 是 PCU 负输出端与负载端之间导线的等效电阻,L_{bus_out1} 和 L_{bus_out2} 是 PCU 负输出端与负载端之间导线的等效电感。R_{pul} 与 MOSFET 串联组成脉冲负载支路,脉冲负载支路与用电载荷并联,通过控制 MOSFET 的通断实现脉冲支路的加入与断开。采用 MOSFET 作为开关模拟脉冲负载实验,测量脉冲驱动信号、电源输出侧电压信号 $V_1(t)$、脉冲负载侧电压信号 $V_2(t)$ 和线缆中间电压信号 $V_3(t)$。

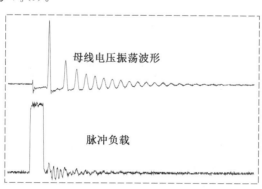

图 7.23　PCU 脉冲负载响应波形示意图

采用 MOSFET 通断实现脉冲支路的加入与断开,当脉冲电流为 2 A、脉冲时间为 2 μs 时,PCU 脉冲负载响应波形如图 7.25 所示,从上到下依次为 PCU 输出电压波形、线缆中间电压波形、脉冲负载侧电压波形、脉冲驱动信号波形。从图 7.25 可以看出,在 MOSFET 开通的瞬间,脉冲负载侧电压与线缆中间电压均出现了跌落,而 PCU 输出侧电压保持稳定。在 MOSFET 关断的瞬间,PCU 输出侧电压始终稳定在 100 V 左

线缆等效模型

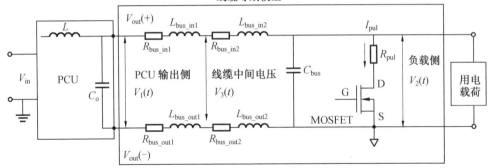

图 7.24　PCU 输出端脉冲响应实验原理图

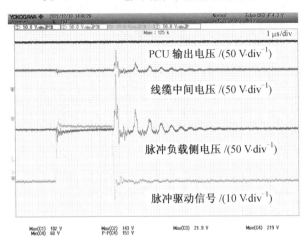

图 7.25　PCU 脉冲负载响应波形

右,脉冲负载侧电压与线缆中间电压均出现了高频振荡。当脉冲时间为 2 μs 时,在不同脉冲电流下得出负载侧电压最大值、最小值、峰峰值,以及线缆中间电压最大值,见表 7.1。从表 7.1 可以看出,不同测试条件下,负载侧电压与线缆中间电压均出现了振荡,母线电压的振荡峰值与脉冲负载大小有关,脉冲电流越大,振荡越明显。

　　对比图 7.25 中脉冲负载侧电压和线缆中间电压可以清晰地看出,这两处电压的高频振荡频率一致,只是负载侧电压振荡幅值高于线缆中间电压的振荡幅值。此时脉冲负载侧是振铃响应的源头,振铃响应最剧烈,电压的峰峰值和最大值都是最大的。振铃响应的电压信号随着线缆传播,电压的有效值均按照指数规律从产生振铃响应的位置沿着线缆单调递减,呈现出正向波的规律。脉冲负载响应信号传播示意图如图 7.26 所示,当 PCU 输出侧出现脉冲负载时,母线电压产生高频振荡,该信号随着线缆按照正向波的规律传播,有时存在特定频率的脉冲负载时,还可能出现驻波现象。驻波的存在将极大地破坏掉电源的供电情况,致使系统崩溃。

表 7.1　不同脉冲电流时母线线缆电压信号

脉冲电流 /A	负载侧电压 最大值 /V	负载侧电压 最小值 /V	负载侧电压 峰峰值 /V	线缆中间电 压最大值 /V
2	196	10	186	134
1	160	77	84	121
0.67	131	80	51	111

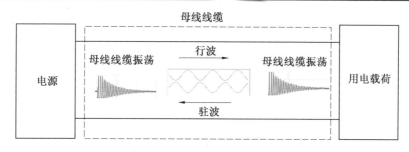

图 7.26　脉冲负载响应信号传播示意图

　　PCU 通过母线线缆对后续用电设备进行供配电,当母线线缆电压出现振荡现象并产生较大的电压波动时,系统会进行过压和欠压保护,母线线缆电压的质量直接影响供电的品质,因此需要及时消除掉母线电压振荡才能保证供电的品质。

7.5.2　PCU 供电品质改善对策

　　当 PCU 输出端存在脉冲负载时,会在电源输出端产生阻尼振荡,可通过改变回路中的电阻、电感、电容参数消除振铃响应。但是增大电阻值会增加额外的功率损耗,而增加电感值可能会降低动态响应,因此,一般采用增大回路的电容值来改善电源的供电品质。

　　在母线线缆中间或负载前端加上合适参数的 π 型滤波器进行实验,用于消除电压振荡,其实验原理图如图 7.27 所示。其中,π 型滤波器前端的线缆长约 110 cm,π 型滤波器后端的线缆长约 90 cm。此时,采用 MOSFET 通断实现脉冲支路的加入与断开,当脉冲电流为 2 A、脉冲时间为 2 μs 时,PCU 脉冲负载响应波形如图 7.28 所示。从图 7.28 可以得出,在 MOSFET 关断瞬间,负载侧电压出现了较大的振荡。PCU 输出侧电压稳定在 100 V 左右,没有出现任何振荡和电压跌落的现象,线缆中间电压(即 π 型滤波器输出端电压)几乎未产生波动。因此,在 PCU 的母线线缆上加入合适参数的 π 型滤波器,可以消除母线电压振荡。

　　当在线缆中间或负载前端加上 π 型滤波器后,在不同脉冲电流条件下得出母线线缆的电压信号见表 7.2。从表 7.2 可以看出,不同测试条件下,脉冲电流越大,振荡越明显。但是 π 型滤波器输出端电压信号几乎没有出现波动情况,保持母线输出电压稳

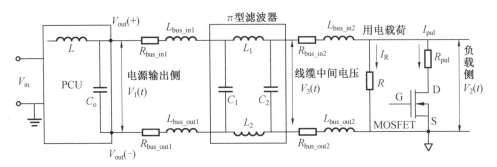

图 7.27　负载前端加 π 型滤波器的实验原理图

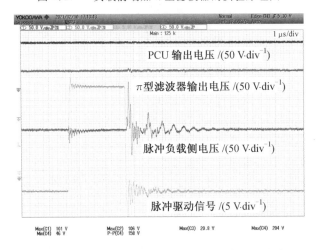

图 7.28　加入 π 型滤波器后 PCU 脉冲负载响应波形

定。因此,若是在每个用电设备前端加上合适参数的 π 型滤波器,可以消除掉电压尖峰,保证母线线缆供电的品质。

表 7.2　加入 π 型滤波器后不同脉冲电流时母线线缆电压信号

脉冲电流 /A	负载侧电压最大值 /V	负载侧电压最小值 /V	负载侧电压峰峰值 /V	π 型滤波器输出端电压最大值 /V
2	184	12	171	105
1	147	78	69	104
0.67	125	82	43	103

　　在 PCU 输出端设置单独的配电模块,配电模块配置分布电容示意图如图 7.29 所示。针对不同的载荷,在配电模块的每个配电前端配置分布式电容,设计合适的电容参数,用于消除脉冲负载导致的电压高频振荡。在配电开关处设置合适的保护电路,主动保护配电模块。同时可以设计合适的配电线缆长度,避开驻波形成的频率,减弱驻波的影响。

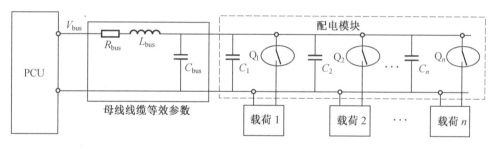

图 7.29　配电模块配置分布电容示意图

7.6　太阳能电池阵列透光性遮挡计算及影响分析

具有大型外部结构的航天器,如通信卫星、月球巡视器等,其 SA 不可避免地会受到航天器本体遮挡,在对 SA 进行仿真、布片规划和计算时,必须对航天器本体造成的 SA 遮挡情况进行分析。由于航天器构件种类和材质不同,遮挡可分为实体遮挡和透光性遮挡。采用金属网布作为反射材料的大型展开式天线由于其有质量轻、体积收缩比高等优点,是近年航天器普遍采用的材料,例如图 7.30 中美国 ATS－6 卫星上使用的缠绕肋天线和 TDRS 卫星上使用的径向肋天线。与以前的金属薄板天线不同,金属网布形成的遮挡具有透光性,且透光率随光线入射角而变化。

本节首先给出对航天器构件进行建模和 SA 遮挡阴影计算的方法,然后推导金属网布透光率分析计算模型,并给出透光性遮挡的计算方法,最后给出定量分析透光性遮挡对 SA 输出特性影响的方法。

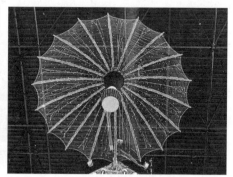

(a) ATS-6 卫星的缠绕肋天线　　　　(b) TDRS 卫星的径向肋天线

图 7.30　卫星展开式网状天线

7.6.1 航天器构件建模与运动模型

航天器结构系统设计、制造、装配过程中,广泛应用计算机辅助设计(CAD) 软件对构件进行建模、分析、试装配等。应用 CAD 软件,可以缩短研发周期和生产周期,提高设计的准确性,降低成本。在这些 CAD 软件中,构件会以矢量体组合的方式来描述,这种描述方式精准重现了构件的生产加工尺寸,放大缩小不会带来失真。但不同的 CAD 软件对矢量体的具体描述方式和规则并不完全相同,且矢量体在进行投射计算时较为复杂和困难。

以三角形网络的方式描述三维构件是业界常用的方法,大部分 CAD 软件都可将构件模型导出为三角形网络描述格式。采用三角形而不是多边形描述,其原因是:三角形是最为基本的多边形,任意多边形可拆分为多个三角形的拼合;三角形三点必然在同一个平面上,运算前可省去验证;三角形的一些性质能为计算带来便利。图 7.31 是以径向肋天线为例的三角形网络模型。在建模中,为避免模型细节过于复杂影响计算速度,在不影响计算精度的情况下可删除螺丝、螺母、垫片等细小零件,按活动关节拆分模型,不可相对运动的构件合并后再建模。

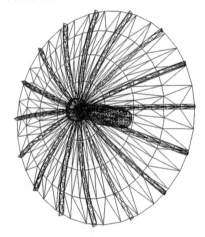

图 7.31　径向肋天线的三角形网络模型

除了对航天器构件的外形和材料进行建模,还需对构件之间的相对运动姿态进行建模,以描述运行期间构件与 SA 的相对位置关系。构件之间的相对运动形式主要有两种:一种是绕轴旋转,另一种是沿直线轨道平移。转动轴以与其平行的单位矢量和轴上任一点的坐标来定义,以右手法则确定其转动方向;移动轨则以与其平行的单位矢量来定义,单位矢量方向即为移动方向。单个运动关节的运动,可能带动一个或多个构件及关节的位置发生变化,其关系由结构系统的设计决定。采用运动关系树可以描述这些关系,以转动轴或移动轨为节点,每个分支下连接受其运动影响的构件和关节,如图 7.32 所示。运动关节和运动关系树共同构成了航天器本体运动模型,其数据结构如图 7.33 所示。

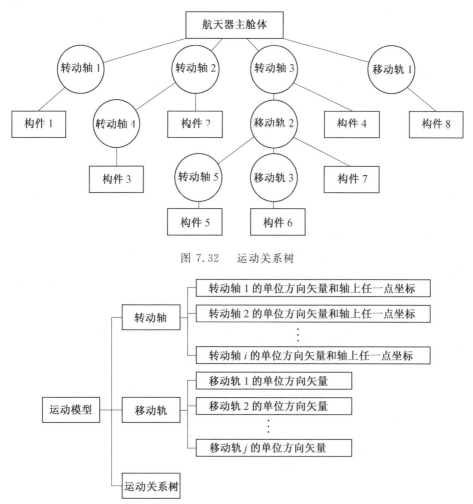

图 7.32 运动关系树

图 7.33 航天器本体运动模型的数据结构

7.6.2 SA 的遮挡阴影计算方法

航天器距离太阳非常遥远,由于构成遮挡的构件尺寸一般较大且距离 SA 不远,此时,可以合理地认为太阳光线是平行光,构件在 SA 上形成的阴影是硬阴影,有明确的边界。而且,太空中没有大气和周围环境对太阳光的折射和漫反射,若进一步忽略航天器本体对太阳光的反射,则可认为阴影处的光照强度为 0,即没有光照。

遮挡计算的结果求得的是 SA 上阴影的具体分布。将 SA 沿长、宽方向分别进行 m、n 等分,形成 $m \times n$ 个单元格,此单元格为计算阴影图形时的最小单位,每个单元格用 [0,1] 内的实数代表此单元格的相对太阳光照强度,0 代表无光照,1 代表完全不受遮挡地接受太阳光照,数据以 $m \times n$ 矩阵形式存储,称为遮挡矩阵。求得遮挡矩阵即代表求得 SA 上阴影的具体分布。提高 m、n 值可令计算更加精细,同时也会增加计算时间和空间的消耗,工程上一般折中选择合适的 m、n 值,令单片太阳能电池片上的单元格个数大于 100 个即可满足精度需要。

SA 的遮挡阴影计算方法简要流程图如图 7.34 所示,首先考虑航天器的姿态变化(偏航、俯仰和滚动)对遮挡计算的影响,这可通过把太阳光矢量由导航坐标系转换到本体坐标系来实现;其次对在航天器本体坐标系中有相对运动的构件(包括 SA)进行运动学计算;最后根据 SA 是否背光来进行计算。若 SA 背光,则说明光线没有照射到 SA 正面,直接输出结果;若 SA 有光照射到,则进行投影和遮挡矩阵计算,生成阴影图形。下面予以具体介绍。

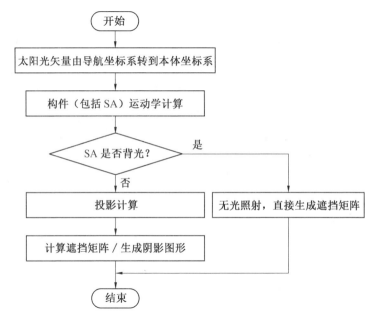

图 7.34　SA 的遮挡阴影计算方法简要流程图

1. 坐标系变换和运动学计算

进行航天器本体运动学研究时,常用的坐标系有两种:

(1)导航坐标系。

以航天器质心为原点,X 轴方向指向航天器轨道运动方向,即轨道的切线,Z 轴方向由航天器质心指向地心,Y 轴方向由 X、Z 轴根据右手法则确定。

(2)本体坐标系。

以航天器质心为原点,当航天器为标准姿态时,X、Y、Z 轴方向与导航坐标系下的三轴方向一致。但当航天器进行偏航、俯仰、侧摆等姿态机动时,坐标系随航天器本体一起运动,航天器上各构件在此坐标系下的位置不变。

三维建模时使用的是本体坐标系,但一般航天器轨道计算仿真软件只能给出星地日关系以及导航坐标系下的太阳光矢量方向,需将该矢量转换到本体坐标系下以便后续计算。航天器姿态以先偏航(绕 Z 轴转动)、后俯仰(绕一次转动后的 Y 轴转动)、再侧摆(绕二次转动后的 X 轴转动)的次序执行,则太阳光矢量在两个坐标系下的转换公式为

$$\boldsymbol{L}_{\mathrm{B}} = \begin{bmatrix} \cos\alpha\cos\beta & \cos\alpha\sin\beta\sin\gamma - \cos\gamma\sin\alpha & \sin\alpha\sin\gamma + \cos\alpha\cos\gamma\sin\beta \\ \cos\beta\sin\alpha & \cos\alpha\cos\gamma + \sin\alpha\sin\beta\sin\gamma & \cos\gamma\sin\alpha\sin\beta - \cos\alpha\sin\gamma \\ -\sin\beta & \cos\beta\sin\gamma & \cos\beta\cos\gamma \end{bmatrix} \boldsymbol{L}_{\mathrm{N}}$$

$$(7.9)$$

式中　$\boldsymbol{L}_{\mathrm{B}}$——本体坐标系下的太阳光矢量,为列向量;

　　　$\boldsymbol{L}_{\mathrm{N}}$——导航坐标系下的太阳光矢量,为列向量;

　　　α——偏航角($°$);

　　　β——俯仰角($°$);

　　　γ——侧摆角($°$)。

航天器在轨时,会根据任务需要和指令调整运动关节位置,需重新计算运动关系树中该关节下属的关节和构件的坐标位置,以反映相互位置的变动。

沿轨运动时,设移动方向单位矢量为 $\boldsymbol{T}(t_x, t_y, t_z)$,移动量为 d,点 $P(x, y, z)$ 移动后到达 $P'(x', y', z')$,则有

$$\begin{cases} x' = x + t_x d \\ y' = y + t_y d \\ z' = z + t_z d \end{cases}$$

$$(7.10)$$

绕轴转动时,通常转动轴并不穿过坐标系原点,计算时需要先将构件和转轴平移使转轴通过原点,然后将构件转动给定的角度,最后将构件和转轴逆向平移回去。设转轴单位方向矢量为 $\boldsymbol{A}(a_x, a_y, a_z)$,轴上一点为 $\boldsymbol{R}_{\mathrm{P}}(x_{\mathrm{RP}}, y_{\mathrm{RP}}, z_{\mathrm{RP}})$,将转动前后坐标表示为矩阵形式,设转动前坐标为 $\begin{bmatrix} x & y & z & 1 \end{bmatrix}^{\mathrm{T}}$,转动后坐标为 $\begin{bmatrix} x' & y' & z' & 1 \end{bmatrix}'$,则

$$\begin{bmatrix} x' \\ y' \\ z' \\ 1 \end{bmatrix} = \begin{bmatrix} 1 & 0 & 0 & x_{\mathrm{rp}} \\ 0 & 1 & 0 & y_{\mathrm{rp}} \\ 0 & 0 & 1 & z_{\mathrm{rp}} \\ 0 & 0 & 0 & 1 \end{bmatrix} \begin{bmatrix} M_{11} & M_{21} & M_{31} & 0 \\ M_{12} & M_{22} & M_{32} & 0 \\ M_{13} & M_{23} & M_{33} & 0 \\ 0 & 0 & 0 & 1 \end{bmatrix} \begin{bmatrix} 1 & 0 & 0 & -x_{\mathrm{rp}} \\ 0 & 1 & 0 & -y_{\mathrm{rp}} \\ 0 & 0 & 1 & -z_{\mathrm{rp}} \\ 0 & 0 & 0 & 1 \end{bmatrix} \begin{bmatrix} x \\ y \\ z \\ 1 \end{bmatrix}$$

$$(7.11)$$

$$\begin{bmatrix} M_{11} & M_{12} & M_{13} \\ M_{21} & M_{22} & M_{23} \\ M_{31} & M_{32} & M_{33} \end{bmatrix} = \hat{A} + \cos\theta \cdot (\boldsymbol{I} - \hat{A}) + \sin\theta \cdot \boldsymbol{A}^*$$

$$(7.12)$$

$$\hat{A} = \begin{bmatrix} a_x a_x & a_x a_y & a_x a_z \\ a_y a_x & a_y a_y & a_y a_z \\ a_z a_x & a_z a_y & a_z a_z \end{bmatrix} \tag{7.13}$$

$$A^* = \begin{bmatrix} 0 & -a_z & a_y \\ a_z & 0 & -a_x \\ -a_y & a_x & 0 \end{bmatrix} \tag{7.14}$$

上述计算,只需在关节运动姿态有变化时计算一次并存储,实际航天器关节运动姿态不会经常改变,在仿真中不需要经常计算。调整好各构件的运动姿态后,按空间几何关系,将所有的顶点沿太阳光矢量方向投射到 SA 所在平面。具体方法如下:设 SA 所在平面的方程为 $Ax + By + Cz + D = 0$,太阳光矢量方向为 $\boldsymbol{L}_B(L_{Bx}, L_{By}, L_{Bz})$,点 $P(x, y, z)$ 投射到平面上记为 $P'(x', y', z')$,则有

$$P' = \frac{\boldsymbol{N}}{AL_{Bx} + BL_{By} + CL_{Bz}} P \tag{7.15}$$

式中

$$\boldsymbol{N} = \begin{bmatrix} BL_{By} + CL_{Bz} & -BL_{Bx} & -CL_{Bx} & -DL_{Bx} \\ -AL_{By} & AL_{Bx} + CL_{Bz} & -CL_{By} & -DL_{By} \\ -AL_{Bz} & -BL_{Bz} & AL_{Bx} + BL_{By} & -DL_{Bz} \\ 0 & 0 & 0 & AL_{Bx} + BL_{By} + CL_{Bz} \end{bmatrix}$$

$$\tag{7.16}$$

2. 投影计算

首先使用"包围盒"去截取模型,如图 7.35 所示,光线与 SA 的边缘分别形成 4 个平面,再加上 SA 所在的平面,这 5 个平面可以组成一个侧面无限长且没有顶面的"盒

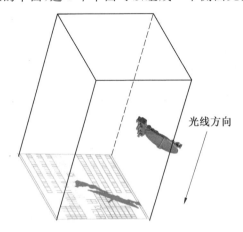

光线方向

图 7.35 "包围盒"截取模型

子",只有被这个"盒子"包围的模型上的点才会投影到 SA 上,没有被包围的点将不会投影到 SA 上。具体实现时,首先确定光线与 SA 边缘围成的 4 个边缘面及 SA 所在平面的方程,计算模型中的三角面片是否被这 5 个面所包围,若三角面片至少有一个点被这 5 个平面包围,则对该三角面片的顶点做标记。

这样做有以下好处:

① 加快计算。后续的计算只使用被标记的点。

② SA 背面的点将不会投影到 SA 上。

③ 提高"包围盒"边缘点计算的准确性。三角面片即使只有一个点或两个点被"盒子"包围,也对该三角面片做标记,这样边缘上的点也加入投影计算,而不是简单地将其舍弃,提高了计算准确性。

然后,使用投射阴影法,把标记的顶点投射到 SA 所在面。根据投射阴影法,只需使用投影矩阵与该点相乘,即可获得投影后的点。投影矩阵的求法如下:

假设平面方程为 $Ax + By + Cz + D = 0$,光的方向 $\boldsymbol{L}(L_x, L_y, L_z, 0)$,点 $\boldsymbol{P}(P_x, P_y, P_z, 1)$ 沿着光的方向投射到平面上的点 $\boldsymbol{S}(S_x, S_y, S_z, 1)$,假设投影矩阵为 $\boldsymbol{M}$,使得 $\boldsymbol{MP} = \boldsymbol{S}$,则有

$$\boldsymbol{M} = \frac{\boldsymbol{N}}{AL_x + BL_y + CL_z} \tag{7.17}$$

式中

$$\boldsymbol{N} = \begin{bmatrix} BL_y + CL_z & -BL_x & -CL_x & -DL_x \\ -AL_y & AL_x + CL_z & -CL_y & -DL_y \\ -AL_z & -BL_z & AL_x + BL_y & -DL_z \\ 0 & 0 & 0 & AL_x + BL_y + CL_z \end{bmatrix} \tag{7.18}$$

根据式(7.18)可求得投影矩阵,再左乘待投影点,便可求得投影变换后的坐标点。

3. 遮挡矩阵计算／阴影图形生成

为了方便计算,首先把投影后的点进行旋转,旋转至水平;然后再计算每个三角面片在 SA 上的分布情况,有逐点比较法和最小矩形法两种算法。

(1) 逐点比较法。

如图 7.36 所示,每次取小方格的中心点坐标,与投影的三角面片进行比较,直到发现被某一个三角面片包含或者与全部的三角面片比较完成发现没有被遮挡。

(2) 最小矩形法。

如图 7.37 所示,每次取一个投影后的三角面片,用一个最小矩形包围,然后计算最小矩形内的所有小方格中心点是否在三角面片内。应注意的是,有些三角面片可能有一个顶点或两个顶点落在 SA 之外,会包含 SA 之外的一些点,这些点不能计算在遮挡矩阵中。

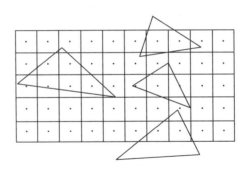

图 7.36   逐点比较法计算遮挡矩阵

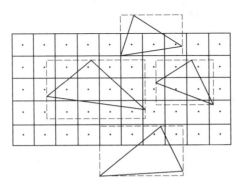

图 7.37   最小矩形法计算遮挡矩阵

两种算法都需要判断同一平面内的某一点是否在三角形内,可以通过面积法来进行判断,如图 7.38 所示,设点 P 和 $\triangle ABC$ 都在同一平面内,若点 P 在三角形内或在三角形某一条边上,则有

$$S_{\triangle ABC} = S_{\triangle PAB} + S_{\triangle PBC} + S_{\triangle PCA} \tag{7.19}$$

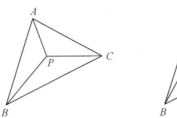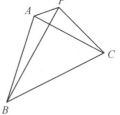

图 7.38   面积法判断平面某点是否在三角形内

若点 P 在三角形之外,则有

$$S_{\triangle ABC} < S_{\triangle PAB} + S_{\triangle PBC} + S_{\triangle PCA} \tag{7.20}$$

据此,可以判断点 P 是否在 $\triangle ABC$ 内。

最小矩形法只对遮挡的小方格中心点进行计算,而不是像逐点比较法那样计算每一个小方格中心点,因此,最小矩形法的计算速度要远快于逐点比较法。

总之,使用本节所述方法,可以精确求得航天器本体等对 SA 遮挡生成的阴影图形。

7.6.3　金属网布透光率分析

金属网布一般由直径为 0.02 ～ 0.05 mm 的镀镍或镀金金属丝织造而成。网孔直径与天线的工作频段有关,通常为 0.5 ～ 5 mm,为达到良好的电磁反射效果,应小于电磁波波长的 1/10。尽管机织方法织造的网布网面平整、网孔均匀、电磁特性好,但存在可折展性差、容易撕裂的缺点,所以一般使用针织方法织造。常见的织法有双梳经平绒和双梳缎类编织,前者适用于高频段天线,后者适用于低频段天线。

针织金属网布是一种空间周期性重复的结构,对整个金属网布进行三维建模,将消耗巨量的空间和时间,令仿真计算难以进行,根据具体针织结构的特点,选定最小重复单元,对该单元进行建模即可反映整个网布的特性。以经平绒金属网布为例进行最小重复单元划分和建模,如图 7.39 所示,矩形框内为其最小重复单元。

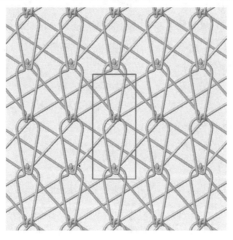

图 7.39　经平绒金属网布及其最小重复单元

由于金属网布的透光率与光线在网布结构上的入射方位角有关,除了使用顶点的坐标来描述三角形的位置,还需额外的数据描述金属网布方向与三角形的相对位置关系。因网布与三角形在同一个平面内,通过将图 7.40 所示的金属网布参考坐标系原点平移到三角形的第一个顶点并保持 X、Y 轴在三角形所确定的平面内,计算 X、Y 轴方向上单位矢量的终点在三角网络模型中的坐标,其与三角形顶点坐标一起组成了对三角形空间位置和金属网布构成的完整描述。

当光线从不同方向穿过金属网布时,光线的透过率也不一样。为了研究金属网布透光率的变化情况,须先确立参考系,以描述光线和金属网布在三维空间的关系。选择金属网布本身作为参考系,以编织时的经纬方向为 X 轴和 Y 轴方向,再根据右手法则确定 Z 轴方向。光线方向由球面坐标系下的 (θ, φ) 确定,其中 θ 为光线矢量在 XY

平面的投影与 X 轴正方向的夹角（即方位角），φ 为光线矢量与 XY 平面的夹角（即仰角），如图 7.40 所示。

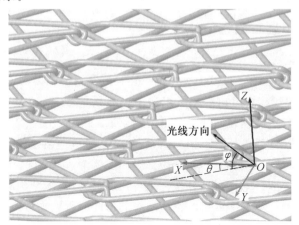

图 7.40   金属网布参考坐标系（三维视图）

太阳光并非理想的点光源，当受照面到金属丝的距离与金属丝直径之比满足下式时，受照面处在伪本影区，金属丝不会在受照面上形成边界明确的硬阴影，金属网布在受照面形成的是均匀遮挡：

$$\frac{L}{d} > \frac{1}{2\tan(\delta/2)} \tag{7.21}$$

式中 L—— 受照面到金属丝的距离（mm）；

　　　 d—— 金属丝直径（mm）；

　　　 δ—— 太阳的角直径（°）。

金属网布对太阳光线的遮挡率等于金属丝与整块金属网布在光线方向上的投影面积的比值。从地球轨道观察，太阳的角直径约为 0.53°，金属丝直径为 0.02～0.05 mm，代入式（7.21）可得，当受照面到金属丝的距离大于 5 mm 时，受照面处在伪本影区。在实际中，SA 与网布的距离远大于此数值，故按软阴影计算金属网布的阴影。

由于金属网布是最小重复单元在 XY 平面上的重复拼接，因此只需对最小重复单元进行分析即可得到金属网布的透光率。计算时，将金属丝视作不透光物体，根据几何投射原理，将最小重复单元及其外包矩形投影到与光线矢量垂直的平面上，如图 7.41 所示，此时金属网布的透光率为

$$\eta = 1 - \frac{S_{sd}}{S_{all}} \tag{7.22}$$

式中 S_{sd}—— 最小重复单元阴影的面积（mm²）；

　　　 S_{all}—— 矩形投影的面积（mm²）。

对经平绒编织的高频段镀金钼丝网建模，按上述方法，计算其在不同光照方向下

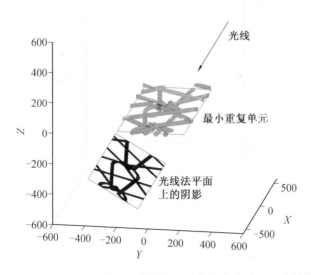

图 7.41　最小重复单元及其外包矩形在光线法平面上的投影

的透光率,结果如图 7.42 所示,图中横轴为入射光线在金属网布坐标系下的方位角,纵轴为入射光线在金属网布坐标系下的仰角,图上每点用不同的颜色代表此入射光线方向下,金属网布的透光率。当入射光线仰角不变、方位角改变时,由于金属网布是三维立体结构,不同方位入射光形成的阴影面积不一样,故金属网布的透光率有细微的变化,且在仰角较低时比较明显;随着仰角的增加,金属丝与整块金属网布在光线法平面的投影面积比变小,网布透光率增大,该现象与百叶窗对不同方向的阳光遮挡率不一样的情况类似。

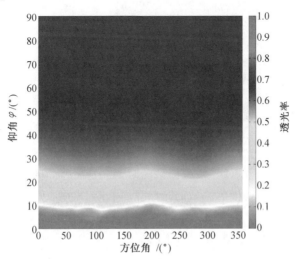

图 7.42　不同光照方向下经平绒金属网布透光率的仿真结果

7.6.4 透光性遮挡的阴影计算方法

金属网布的透光率与光线方向有关,设太阳光线方向矢量为 $\boldsymbol{L} = (x_L, y_L, z_L)$,三角面片 3 个顶点为 $V_1(x_1, y_1, z_1)$, $V_2(x_2, y_2, z_2)$, $V_3(x_3, y_3, z_3)$,描述金属网布坐标系的两个点为 $V_5(x_5, y_5, z_5)$, $V_6(x_6, y_6, z_6)$。将 $\boldsymbol{L}$ 平移到以 V_1 为起点,则其终点为 $V_L = V_1 + \boldsymbol{L}$,将 V_L 投影到 $\{V_1, V_2, V_3\}$ 所在平面,记为 V_{Lp},如图 7.43 所示。首先将 $\{V_1, V_2, V_3\}$ 所确定的平面写成 $Ax + By + Cz + D = 0$ 的一般形式,4 个系数按下式计算:

$$
\begin{cases}
A = (y_2 - y_1)(z_3 - z_1) - (y_3 - y_1)(z_2 - z_1) \\
B = (x_3 - x_1)(z_2 - z_1) - (x_2 - x_1)(z_3 - z_1) \\
C = (x_3 - x_1)(y_2 - y_1) - (x_2 - x_1)(y_3 - y_1) \\
D = -(Ax_1 + By_1 + Cz_1)
\end{cases}
\tag{7.23}
$$

该平面的法向量为 $\boldsymbol{n} = (A, B, C)$, $\boldsymbol{n}$ 与 $\overrightarrow{V_L V_{Lp}}$ 平行,故直线的参数方程为

$$
\begin{cases}
x = x_1 + x_L + At \\
y = y_1 + y_L + Bt \\
z = z_1 + z_L + Ct
\end{cases}
\tag{7.24}
$$

因为 V_{Lp} 在 $\{V_1, V_2, V_3\}$ 平面上,将式(7.24)代入平面方程,求得参数 t 后再代入式(7.24),即可求得点 V_{Lp} 的坐标 (x_{Lp}, y_{Lp}, z_{Lp})。太阳光线方向在金属网布参考坐标系中的方位角 $\theta = \angle V_5 V_1 V_{Lp}$。根据向量点积的定义,可求得太阳光线的方位角为

$$
\theta = \arccos \frac{\overrightarrow{V_1 V_5} \cdot \overrightarrow{V_1 V_{Lp}}}{|\overrightarrow{V_1 V_5}| |\overrightarrow{V_1 V_{Lp}}|}
\tag{7.25}
$$

通过 V_1、V_5、V_6 计算金属网布参考坐标系中,点 $(0,0,1)$ 在三角网络模型中的坐标 V_7,根据向量积的定义,得

$$
V_7 = V_1 + \overrightarrow{V_1 V_5} \times \overrightarrow{V_1 V_6}
\tag{7.26}
$$

可求得太阳光线的仰角为

$$
\varphi = 180° - \arccos \frac{\overrightarrow{V_1 V_7} \cdot \overrightarrow{V_1 V_{Lp}}}{|\overrightarrow{V_1 V_7}| |\overrightarrow{V_1 V_{Lp}}|}
\tag{7.27}
$$

计算出当前太阳光线方向在该三角面片的金属网布参考坐标系下的方位角和仰角,根据金属网布透光率分析结果,可得到此时该三角面片的透光率。

对构件的实体部分,将投影区域的光照强度数值 I 全标记为 0;对构件的金属网布部分,将投影区域原数值 I 乘该构件在当前光线方向下的透光率 η,得到该区域新的光照强度数值 I' 后写回原位。对所有三角面片进行上述筛选和计算,可以得到透光性遮挡的阴影图形,算法流程如图 7.44 所示。

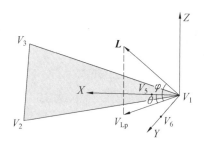

图 7.43　金属网布坐标系下的太阳光线方向矢量(三维视图)

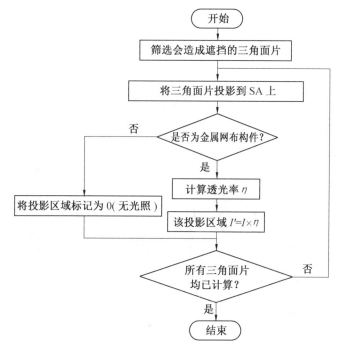

图 7.44　透光性遮挡阴影图形计算流程图

7.6.5　透光性遮挡情况下 SA 输出特性

在得到 SA 上的遮挡阴影图形后,需根据每一片太阳电池片的遮挡情况计算此时整个 SA 的输出 $I-V$ 曲线。

图 7.45 所示为太阳电池片单二极管等效模型,其中电流源代表光生电流,二极管反映电池片中 P-N 结的固有特性,回路中的并联电阻 R_{sh} 和串联电阻 R_s 则反映电池片的欧姆特性。整个太阳电池片的 $I-V$ 曲线可由下式计算得到,即

$$I_{cell} = I_{ph} - I_0\left[\exp\left(\frac{qV_{cell}}{\alpha kT}\right) - 1\right] - \frac{V_{cell} + R_s I_{cell}}{R_{sh}} \tag{7.28}$$

式中 I_{ph}—— 光生电流（A）；

I_0—— 二极管反向饱和电流（A）；

q —— 电子电荷量（C）；

α —— 二极管理想因子；

k —— 波尔兹曼常数，取 $1.380\,6 \times 10^{-23}$ J/K；

T—— 电池片绝对温度（K）。

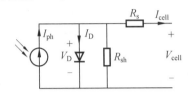

图 7.45   太阳电池片单二极管等效模型

式（7.28）等号右侧的第二部分反映图 7.45 中二极管的特性，第三部分反映电池片的欧姆特性。微观上，太阳电池片是一组垂直层叠的 P－N 结，当光子射到结上时，电子可吸收足够的能量从价带跃迁到导带，并在导带上运动产生电流。根据 P－N 型半导体材料的不同，P－N 结对不同频段的光线表现不同的吸收转换率，三结太阳电池利用垂直层叠的 3 个 P－N 结相互补充，较好地匹配了太阳光光谱，具有较高的转换效率。半导体材料的导电率较低，电流在电池片内沿垂直方向流动，在电池背面以面接触方式留到电极上，在正面通过印刷银电极汇流后导出。对于图 7.46 所示的受到部分透光性遮挡、光照强度不均匀的单片太阳电池片，其输出特性曲线的精确计算需要运用有限元分析法，一般不采取用于聚光式光伏发电的仿真分析，因为进行 SA 分析时仿真分析法计算量过大不可行。由于电池片横向电阻较大，以纵向电流为主，所以受到部分透光性遮挡的单片太阳电池片可近似等效为一片完全受照、一片被完全遮挡和 M 片光照强度均匀减弱的电池片并联，各片面积等于相应区域的面积，如图 7.47 所示。

图 7.46   受部分透光性遮挡的太阳电池片

对光照强度连续变化的区域，统计该区域单元格个数并将单元格按光照强度排序，排序后的单元格划分为 M 等份，计算每份相对光照强度的平均值 r_m，将每份等效为一片光照强度为 r_m、分布均匀的电池片。设被完全遮挡部分面积为 A_s、完全受照面积为 A_i、透光性遮挡面积为 A_t，电池片面积为 $A_{cell} = A_s + A_i + A_t$，完全受照部分的 I－

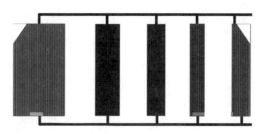

图 7.47　受部分透光性遮挡的太阳电池片的等效模型

V 曲线为

$$I_{\text{cell\_i}} = K_i I_{\text{ph}} \cos\theta - K_i I_0 \left[\exp\left(\frac{qV_{\text{cell}}}{\alpha kT}\right) - 1 \right] - \frac{V_{\text{cell}} + K_i R_s I_{\text{cell\_i}}}{R_{\text{sh}}/K_i} \tag{7.29}$$

式中　　K_i——电池片相对受照面积，$K_i = \dfrac{A_i}{A_{\text{cell}}}$。

完全遮挡部分的 $I - V$ 曲线为

$$I_{\text{cell\_s}} = -K_s I_0 \left[\exp\left(\frac{qV_{\text{cell}}}{\alpha kT}\right) - 1 \right] - \frac{V_{\text{cell}} + K_s R_s I_{\text{cell\_s}}}{R_{\text{sh}}/K_s} \tag{7.30}$$

式中　　K_s——电池片相对遮挡面积，$K_s = \dfrac{A_s}{A_{\text{cell}}}$。

透光性遮挡部分的 $I - V$ 曲线为

$$I_{\text{cell\_m}} = K_t I_{\text{ph}} r_m \cos\theta - K_t I_0 \left[\exp\left(\frac{qV_{\text{cell}}}{\alpha kT}\right) - 1 \right] - \frac{V_{\text{cell}} + K_t R_s I_{\text{cell\_m}}}{R_{\text{sh}}/K_t} \tag{7.31}$$

式中　　m——等效模型中对应电池片的序号，$m = 1, 2, \cdots, M$；

K_t——等效模型中对应单个电池片的相对面积，$K_t = \dfrac{A_t}{MA_{\text{cell}}}$；

r_m——等效模型中对应电池片的相对光照强度平均值。

因此，受部分遮挡的单片太阳电池片的 $I - V$ 曲线为

$$I_{\text{cell}} = I_{\text{cell\_i}} + I_{\text{cell\_s}} + I_{\text{cell\_1}} + I_{\text{cell\_2}} + \cdots + I_{\text{cell\_m}} \tag{7.32}$$

根据选定的母线电压和太阳电池片参数，将多片太阳电池片串联起来，组成太阳电池串，一个电池串中的电池片数量称为串联数；再根据功率需求，将一定数量的太阳电池串并联起来，组成 SA，一个电池阵中的电池串数量称为并联数。航天器 SA 由成千上万片太阳电池片通过这种先串联再并联的方式连接而成。这种结构中，若一片太阳电池片被遮挡，同一串中未被遮挡的太阳电池片产生的电流会使其反向偏置，并产生大量功耗，称为热斑效应。通过为太阳电池片反向并联旁路二极管，可钳制反向电压，为电流提供通路，减少热斑效应。与地面应用中多片太阳电池片并联一个旁路二极管的做法不同，在空间应用中，通常会为每一片太阳电池片并联一个旁路二极管以最大限度减少功率损失，宇航用太阳电池片厂家通常会在电池片缺角处预留焊接旁路二极管的位置。

在计算中,太阳电池片与旁路二极管可视作一个单元,如图 7.48 所示。当电池电压 $V_{cell} > 0$ 时,旁路二极管反向漏电流一般小于 10 μA,与光生电流相比可忽略,此时单元的 $I-V$ 曲线为太阳电池片的特性;当 $V_{cell} < 0$ 时,单元的 $I-V$ 曲线可近似为旁路二极管的 $I-V$ 曲线。

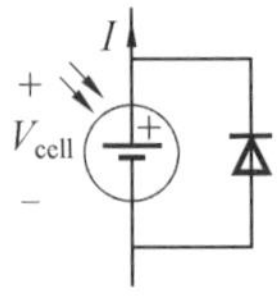

图 7.48 太阳电池片与旁路二极管组成的单元

计算出每一个太阳电池片的遮挡比例并求出每一个单元的 $I-V$ 曲线后,可根据串联时回路电流相同、电压相加的原则,计算太阳电池串 $I-V$ 曲线,即

$$V_{string} = \sum_{i=1}^{n} V_{cell\_i} \tag{7.33}$$

$$I_{string} = I_{cell\_1} = I_{cell\_2} = \cdots = I_{cell\_n} \tag{7.34}$$

计算出所有太阳电池串的 $I-V$ 曲线后,可根据并联时回路电流相加、电压相同的原则,计算整个 SA 的 $I-V$ 曲线,即

$$V_{array} = V_{string\_1} = V_{string\_2} = \cdots = V_{string\_m} \tag{7.35}$$

$$I_{array} = \sum_{j=1}^{m} I_{string\_j} \tag{7.36}$$

7.7 太阳能电池阵列损伤对航天器电源系统寿命影响分析

卫星 SA 直接暴露在空间中,会受到各种空间要素的影响,是最易受到损伤的部件。空间辐照、温度交变、空间碎片、原子氧侵蚀、带电粒子、宇宙射线、等离子体、激光照射等都可能对 SA 造成损伤,影响 SA 的输出性能,对卫星的安全可靠运行构成威胁,严重时甚至会造成整个卫星电源系统的崩溃。另外,SA 受到遮挡时,其输出性能下降,同样会对卫星电源系统造成影响。因此研究 SA 损伤对卫星电源系统的影响具有重要的现实意义。

有学者分别研究了空间微小碎片对太阳电池撞击损伤规律、连续激光和超短脉冲激光对单晶硅太阳电池的损伤效应,以及 MEO 轨道辐射环境对硅太阳电池的影响等。上述研究根据实验分析了特定工况的损伤对 SA 的影响,但并未分析 SA 损伤对整个卫星电源分系统的影响。本节建立了任意损伤情况下的 SA 输出模型,搭建了半物理仿真平台,以某 S4R 拓扑全调节拓扑电源系统为例研究了 SA 损伤对卫星电源系统的影响规律。

7.7.1 实验原理与方法

1. 任意损伤情况下的 SA 输出模型

要分析 SA 损伤对卫星电源系统的影响,首先需要建立任意损伤情况下的 SA 输出模型,计算损伤后 SA 的 $I-V$ 输出特性曲线,从而可在 SA 模拟器中对损伤进行模拟。图 7.49 所示为 SA 布片图,每一个小方格代表一片太阳电池片,同一串太阳电池串中的太阳电池片用相同颜色来表示。根据 SA 布片图、SA 损伤范围和损伤程度,便可计算出受损后的 SA 输出特性。

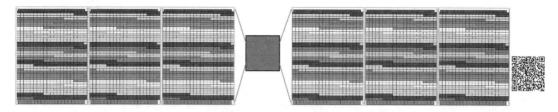

图 7.49 SA 布片图

(1) 损伤范围。

SA 损伤范围如图 7.50 所示,损伤范围指在 SA 布片图中确定哪些太阳电池片受损。损伤范围不仅包含损伤面积,还包含损伤位置。即使是相同的损伤面积,但在不同的损伤位置,其损伤效果也可能不同。

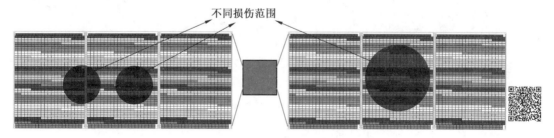

图 7.50 SA 损伤范围

(2) 损伤程度。

损伤程度指在损伤范围内的太阳电池片,受到多大程度的损伤。太阳电池片典型的几个损伤程度工况见表 7.3。

表 7.3 太阳电池片损伤工况(下降率)   %

太阳电池片参数	工况 1	工况 2	工况 3	工况 4	工况 5	工况 6	工况 7	工况 8	工况 9
V_{oc}	22.6	35.4	38.1	45.8	53.6	61.3	78	84.5	100
I_{sc}	9.8	24.7	27.8	39	45.9	54.9	72.9	82.0	100

续表7.3

太阳电池片参数	工况1	工况2	工况3	工况4	工况5	工况6	工况7	工况8	工况9
V_{mp}	35.3	37.6	40.2	54.7	61.2	67.7	80.6	87.1	100
I_{mp}	19.1	32.4	35.3	43.4	51.5	59.6	75.7	83.8	100

(3)任意损伤计算。

根据 SA 布片和损伤情况,确定损伤范围和每一片太阳电池的损伤情况后,便可确定布片图中每一片太阳电池片的 $I-V$ 输出特性曲线,根据电路的串联关系,可计算出每一串太阳电池串的 $I-V$ 输出特性曲线,进而根据电路的并联关系,可计算出每一串、每一分阵、每翼及整个 SA 的 $I-V$ 输出特性曲线。

2.实验装置及原理

为更真实地研究 SA 损伤对航天器电源系统寿命的影响,搭建了半物理仿真系统进行相关研究。半物理仿真系统架构如图 7.51 所示,由 PC 机、SA 模拟器、蓄电池组模拟器、负载模拟器、PCU、网线等组成。系统通过 PC 机软件模拟实现 SA 受损模型、蓄电池组模型和负载模型;根据仿真流程,通过网线来控制相应的 SA 模拟器、蓄电池组模拟器、负载模拟器,实现半物理仿真;在仿真的过程中,通过网线从模拟器实时返回系统当前的工作状态,实现半物理仿真过程的状态监控。

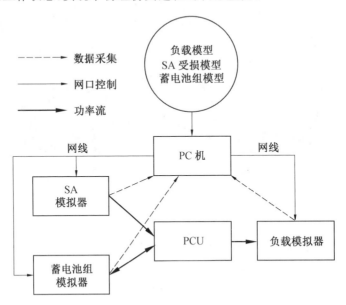

图 7.51　半物理仿真系统架构

在光照期间,系统控制 SA 模拟器为整星负载模拟器供电,同时 PCU 为蓄电池组模拟器充电,在峰值功率时 SA 模拟器和蓄电池组模拟器联合供电;在地影期间,蓄电池组模拟器通过放电调节器提供负载功率。整个半物理仿真过程中,PCU 对 SA 模拟器的输出功率进行处理、实施母线电压调节,并完成充放电控制,保证电源系统安全可靠地工作。系统软件完成系统参数设置、半物理仿真过程中对模拟器的控制和系统工作状态的监控等。

半物理仿真系统中,SA、蓄电池组、负载均为模型,可在模拟器中灵活设置模型参数,但 PCU 和各模拟器连接的线缆在完成系统搭建后,线缆长度是确定的。为更好地模拟实际卫星电源系统的线缆损耗情况,需要使得线缆长度也是可任意设置的,通过改变半物理仿真系统中的实际线缆长度来满足这一需求是不切实际的。本书提出一种卫星电源系统寿命估计时的不同线缆长度模拟方法,即根据电路关系获得充放电电流与线缆等效电阻之间的函数关系,通过折算后的充放电电流来计算蓄电池组的放电深度,从而实现半物理仿真系统线缆长度可调的效果。

以某低轨全调节母线电源系统为研究对象进行半物理仿真,硬件平台方案设计见表 7.4,系统硬件包括 PCU、SA 模拟器、蓄电池组模拟器、负载模拟器、PC 机等。其中 PCU 为定制产品,采用 S4R 拓扑全调节母线架构,母线电压恒定在 28 V,包括 4 个放电调节模块,8 个分流调节和充电模块,可完成充电、放电、分流和母线调节等功能。SA 模拟器采用安捷伦 E4360A,根据软件设置的模型,可模拟 SA 正常和损伤情况下的输出特性。蓄电池组模拟器采用安捷伦的 N7976A + N7909A,可模拟蓄电池特性并高精度返回充放电电量信息。负载模拟器采用爱德克斯的 IT8814B,具有恒流、恒阻、恒功率等多种工作模式。PC 机用来运行半物理仿真软件,完成对模拟器的控制和数据采集等功能。半物理仿真系统软件可完成模拟器连接、模型设置、系统仿真、数据采集等功能,可根据用户的设置计算 SA 的损伤,把 SA、蓄电池和负载模型设置到相应的模拟器中,控制系统进行半物理仿真并采集仿真过程中相关模块的信息。半物理仿真系统实物如图 7.52 所示。

表 7.4　硬件平台方案设计

设备名称	厂商	数量
PCU	定制	1
SA 模拟器	安捷伦	4
蓄电池组模拟器	安捷伦	3
负载模拟器	爱德克斯	1
PC 机	清华同方	1

3. 实验方法

通过设置不同损伤范围、不同损伤程度的 SA 损伤,可模拟卫星不同的负载工作模式,观察损伤对卫星电源系统的影响。通过能量平衡情况和卫星电源系统剩余使用寿命(可运行的轨道圈数) 来观察 SA 损伤对卫星电源系统的影响。当损伤较轻时,系

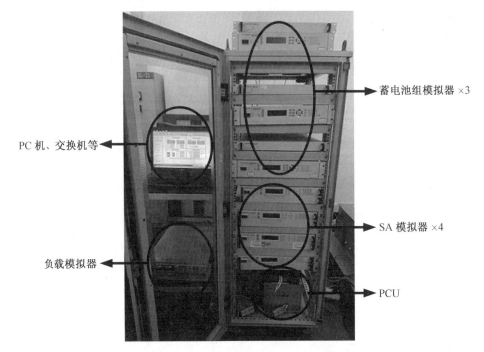

图 7.52　半物理仿真系统实物图

统能够保持能量平衡,对卫星电源系统剩余使用寿命影响不大;当损伤较重时,系统不能够保持能量平衡,随着蓄电池组放电程度的逐渐加深,系统将因蓄电池组无法放电而失效,卫星电源系统剩余使用寿命会受到很大影响。

　　具体实验方法为:半物理仿真系统仿真真实电源系统的损伤运行状态,直至蓄电池组模拟器的放电深度达到设定阈值时,统计半物理仿真系统的仿真圈数,放电深度用于表征蓄电池组模拟器的放电百分比,仿真圈数用于表征半物理仿真系统仿真至蓄电池组模拟器的放电深度达到设定阈值时所用的时长,通过仿真圈数,即可估计电源系统的剩余寿命。

　　利用半物理仿真系统进行航天器电源系统寿命估计工程化应用的前提是能够实现加速仿真。在半物理仿真系统中,通过下述方法来进行加速仿真:

　　① 将负载模拟器的功率 — 时间曲线中的时间按照设定比例进行压缩;

　　② 将蓄电池组模拟器的额定容量按照设定比例进行减小;

　　③ 通过仿真圈数来估计电源系统的剩余寿命。

7.7.2　SA 损伤对电源系统寿命影响规律分析

1. 损伤程度对寿命影响分析

图 7.53 所示为当损伤范围、卫星负载工作模式确定时,电源系统剩余使用寿命与

SA 损伤程度之间的关系(其中 ＊ 为实验数据)。对数据进行拟合和分析后,可得出如下结论:随着 SA 损伤程度的加深,卫星电源系统依次经历能量平衡区、双曲线下降区、线性区。在能量平衡区,SA 损伤尚未对卫星电源系统造成实质影响,这是因为卫星电源系统设计时会有一定的裕量;在双曲线下降区,能量不平衡程度逐渐加深,卫星电源系统剩余使用寿命呈双曲线规律快速下降;在线性区,卫星电源系统剩余使用寿命基本不再变化,这是因为损伤达到一定程度后,受损范围内的太阳电池无法对外输出功率,整个 SA 的输出保持不变,不再随损伤程度的变化而变化。能量平衡区、双曲线下降区、线性区这三个区被两个关键点分隔,即能量临界平衡点和双曲线性分割点。两个关键点的意义是:当受损范围确定时,在能量临界平衡点前,损伤程度的加深并不会对卫星电源系统造成实质影响;在双曲线性分割点之后,受损部分因达不到母线电压而无法输出,损伤程度的加深也不会对卫星电源系统造成更加恶劣的后果;只有在能量临界平衡点和双曲线性分割点之间的双曲线下降区,卫星电源系统的剩余使用寿命才随损伤程度的加深呈双曲线规律快速下降。

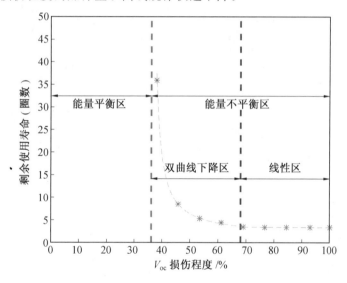

图 7.53　卫星电源系统剩余使用寿命与 SA 损伤程度关系

2. 损伤范围对寿命影响分析

图 7.54 所示为卫星负载工作模式确定时,不同损伤范围下卫星电源系统剩余使用寿命与 SA 损伤程度之间的关系。从图 7.54 可看出,随着损伤范围的增大,损伤曲线向左下方移动,能量临界平衡点和双曲线性分割点逐渐左移。这是因为随着损伤范围的增大,SA 的输出受到更大程度的影响,从而更容易达到能量临界平衡点和双曲线性分割点。

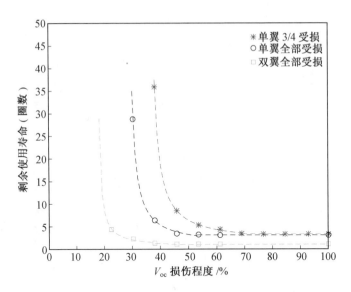

图 7.54　不同损伤范围对卫星电源系统的影响

3. 负载工作模式对寿命影响分析

图 7.55 所示为损伤范围确定时,不同负载工作模式下卫星电源系统剩余使用寿命与 SA 损伤程度之间的关系。从图 7.55 可看出,负载模式 2 曲线更靠左,这是因为负载模式 2 需要消耗更多的能量,从而更容易达到能量临界平衡点和双曲线性分割点。

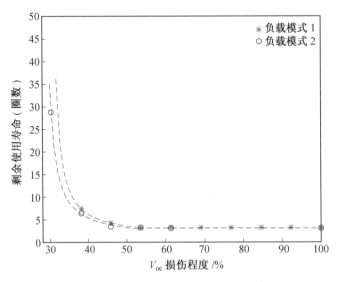

图 7.55　不同负载工作模式下 SA 损伤对卫星电源系统的影响

实验结果表明,对于所研究的全调节卫星电源系统,随着 SA 损伤程度的加深,卫星电源系统依次经历能量平衡区、双曲线下降区和线性区。其中,在能量平衡区,SA损伤未对卫星造成实质影响;在线性区,受损部分太阳电池因达不到母线电压而无法输出,损伤程度的加深也不会对卫星电源系统造成更加恶劣的后果;在双曲线下降区,卫星电源系统剩余使用寿命随损伤程度的加深而呈双曲线规律快速下降。另外,实验结果还表明:SA损伤范围越大、卫星负载工作模式所消耗能量越多,SA的损伤越易对卫星电源系统造成影响。

7.8　部分遮挡情况下太阳能电池阵列的布片优化

由于单片电池片电压太低,难以处理和利用,因此需将多个电池片通过串联组成太阳电池串。SA由许多太阳电池串通过并联组成。当电池阵受到部分遮挡时,电池串中被遮挡的电池片会钳制该串电流,令输出功率减少。虽然在航天器SA中会为每片电池片并联旁路二极管来提供电流通路,但该串输出电压仍会下降。

在地面应用中,可通过最大功率点跟踪、动态改变太阳能面板之间的连接、采用分布式微逆变器等方法来应对部分遮挡问题,但这些方案若应用于航天器中,则需增加器件、使用复杂的控制算法和昂贵的宇航微处理器,这意味着将增加成本和降低可靠性。

部分遮挡时,SA输出功率的减少量与受遮挡电池片在电路中所处位置有关。在航天器应用中,不存在云、飞鸟这类随机性遮挡,部分遮挡主要由航天器本体造成。本体阴影在SA不同区域上的形状和出现频次并不相同,对已确定外形的航天器,通过在设计阶段改变太阳电池片排布,使得部分遮挡时受遮挡的电池片处在同一个或较少的几个串联电路上,可尽量减少部分遮挡时的功率损失。本节介绍通过优化SA布片来提升部分遮挡时SA输出功率、减少部分遮挡带来的功率波动的方法。

7.8.1　部分遮挡情况下SA电性能评价指标

在航天器本体坐标系中,确定了太阳高度角和方位角,也即确定了太阳光线矢量,即可计算出SA上的遮挡阴影图形并进一步求取其输出功率。对于既定的飞行任务,可预先计算这两个变量的取值范围和组合,计算出可能出现的每种光照情况下的SA的 $I-V$ 曲线。由于直接能量传输型电源系统中,SA的工作电压点为母线电压,所以其输出功率与其在母线电压下的输出电流成正比,故可用SA的输出电流来评估不同布片方案的电性能。

对于具体的航天器,任务和轨道确定后,根据其定向方式和构型,可分析出以SA所在平面为 XOY 平面的坐标系中,太阳光线高度角和方位角的变化情况,并统计出不同光照条件组合的分布密度。通过计算不同布片方案在各光照条件组合下的输出电流并按光照条件组合的分布密度进行加权求和,即可反映具体任务、轨道、航天器中该布片方案在部分遮挡情况下的性能。具体地,加权电流总和(weighted current sum, WCS)的计算式为

$$\text{WCS} = \frac{1}{m \cdot n} \sum_{i=1}^{m} \sum_{j=1}^{n} W_{i,j} I_{i,j} \tag{7.37}$$

式中　　m —— 太阳高度角($\beta_1, \beta_2, \cdots, \beta_m$)的个数;

　　　　n —— 太阳方位角($\psi_1, \psi_2, \cdots, \psi_n$)的个数;

　　　　$I_{i,j}$ —— 光照条件组合(β_i, ψ_j),即太阳高度角为β_i、方位角为ψ_j时,SA在母线电压下的输出电流(A);

　　　　$W_{i,j}$ —— 光照条件组合(β_i, ψ_j)的分布密度。

加权电流总和代表了 SA 在不同光照条件下的输出电流能力,数值越大,性能越好。

7.8.2　基于遗传算法的 SA 布片优化设计

SA 不同区域上阴影的形状和出现频次并非完全相同,不同区域的受遮挡模式可能很不一样。假如根据各个区域上阴影的特点,采取不同的布片策略,使得受遮挡的太阳电池片尽可能集中在少量电池串上,将提高 SA 电性能表现。对于评价指标可通过数值计算或仿真获得,但评价指标与方案之间的关系非常复杂,难以直接解析所求解的系统优化问题,遗传算法是一种很合适的解决方法。

遗传算法模仿自然界中自然选择和进化的模式,通过随机初始化一组解(个体),计算这些解的评价指标(或称目标函数)并从中选择优秀的个体,然后将这些个体的染色体(编码)进行交叉和变异,作为下一代个体。重复这一选择和进化的过程,种群中的优秀基因不断积累,最终可得到系统的优化解。图 7.56 所示为这一过程的流程图。

目前已有许多文献研究和讨论遗传算法的相关计算过程和方法,其中很多步骤在不同的问题求解中是通用的,然而将遗传算法应用到具体问题中还需要完成 3 方面内容:目标函数的确定,对解的编码方法,遗传运算符(交叉和变异)的计算方法。本节中,目标函数采用加权电流总和,下面讨论编码方法和遗传运算符。

为保证方案具有工程生产上的可行性,太阳电池片不能在太阳翼上任意排布,否则可能造成电池片之间的串并联无法实现。在本节中,限制每串太阳电池串排布后外轮廓均为矩形。

一个 $p \times q$ 的 SA 随机划分为 $p \times 1, p \times 2, p \times 3, \cdots$ 等不同尺寸的子阵,子阵中排布不同尺寸的矩形太阳电池串,排布时需要满足两个约束:

(1)子阵必须被填充满。

(2)在不切割太阳电池串的情况下,子阵无法被切分成更小的子阵。例如,两个

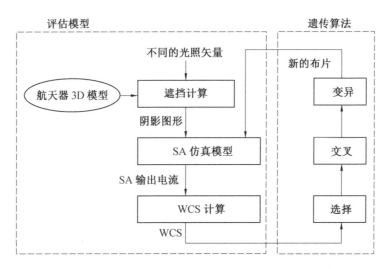

图 7.56　基于遗传算法的 SA 布片优化流程图

尺寸为 $p \times 1$ 的电池串组成的 $p \times 2$ 的子阵,可以分割为两个 $p \times 1$ 的子阵;但由两个 $(p/2) \times 2$ 电池串组成的 $p \times 2$ 子阵则不可分割。

　　对尺寸为 $p \times k(k=1,2,\cdots)$ 的子阵,满足约束的排布方案是有限的。例如,由 16 片太阳电池片串联而成的太阳电池串,可以排布成 16×1、8×2、4×4 共 3 种形式,而一个 16×4 的子阵中有 4 串太阳电池串,该子阵总共有 4 种满足约束的排布方案,如图 7.57 所示。对不同 k 取值时的方案分别进行编号,构成编码的基本元素。

一串太阳电池串

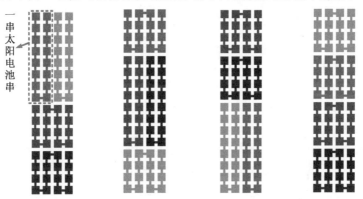

图 7.57　16×4 子阵满足约束的所有排布方案

　　SA 布片方案的编码由其各个子阵的尺寸和子阵排布方案序号组成。图 7.58 所示为一个 16×32 的 SA 布片方案的编码示例,该阵由 8 个子阵组成,尺寸从左到右依次为 16×6、16×2、16×8、16×1、16×4、16×6、16×1、16×4,其编码是两行数字,第一行代表每个子阵的尺寸,第二行代表对应子阵的排布方案的序号。在遗传算法中,编码就像染色体,携带了个体的关键信息,其中的元素就像基因,表征了 SA 某个区域中的排布方式。这种编码方式可以使得在进化过程中,不同区域按其遮挡模式进化成合适的排布,表现优胜的区域排布方式能在进化过程中得以存续。

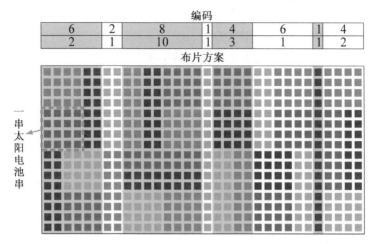

编码

6	2	8	1	4	6	1	4
2	1	10	1	3	1	1	2

布片方案

一串太阳电池串

图 7.58 16×32 的 SA 布片方案的编码示例

根据目标函数选出的父代个体经过交叉和变异后,产生子代个体再次进行评估和选择迭代。遗传算法中的交叉类似于生物繁殖中父代基因传递的过程,使用两个或多个父代个体产生子代个体,子代个体的基因具有每个父代个体基因的部分特征。在本应用中,由于两个父代个体中的各自子阵分界线并非对齐的,常用的单点交叉法将会改变 SA 的尺寸,故使用一种改进的单点交叉法,步骤如下:

(1) 随机产生一个数 C_X 作为交叉点。

(2) 如果 C_X 小于父代个体 1 最左侧的子阵尺寸,则令 C_X 等于该子阵尺寸。

(3) 类似地,检查 C_X 与父代个体 2 最右侧子阵尺寸的关系,确保至少有一个完整子阵处于 C_X 右侧。

(4) 将父代个体 1 中,完整处于 C_X 左侧的子阵复制到子代个体中;将父代个体 2 中,完整处于 C_X 右侧的子阵复制到子代个体中。

(5) 子代个体中部空白处使用随机生成的子阵填充。

以 $C_X=12$ 为例,交叉的示例如图 7.59 所示。

变异类似于生物学中的基因突变,以较低的概率随机改变子代个体的基因,为种群引入多样性,防止种群变得彼此过于相似从而减缓甚至停止进化。根据 SA 布片编码的特点,使用的变异方法步骤如下:

(1) 随机选择一个子阵。

(2) 若子阵尺寸大于1,则随机决定采取合并还是分裂的方式;若子阵尺寸等于1,则采取合并的方式。

(3) 若是合并,则随机选择子阵左侧或右侧的另一个子阵合并在一起并删去原有

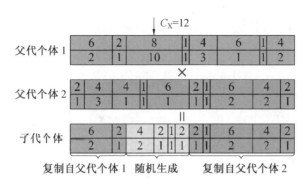

图 7.59　交叉的示例($C_X = 12$)

编码;若是分裂,则直接将该子阵的编码删去。

（4）使用随机生成的子阵填充空白处。

合并和分裂两种情况下的变异示例,如图 7.60 所示。

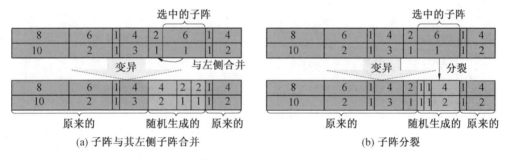

(a) 子阵与其左侧子阵合并　　　　　　(b) 子阵分裂

图 7.60　变异的示例

采用此算法对某航天器 SA 布片进行优化,在经过小种群 250 代演化后得到的帕累托最优集里选取一个优化布片方案 P1,其与两种不优化的传统布片方案的对比如图 7.61 所示。

选取 3 种典型部分遮挡光照条件进行分析,阴影图形、3 种布片方案中 SA 的 $I-V$ 曲线和 $P-V$ 曲线如图 7.62 所示。

由图 7.62 可见,优化后的布片方案 P1 在不同光照情况下,母线电压下的输出电流与传统方案相当或更优,最大功率点功率亦优于传统方案,说明优化算法不仅对直接能量传输型电源系统有优化效果,还能显著提高 MPPT 电源系统的航天器 SA 在部分遮挡情况下的输出功率。

一串太阳电池串

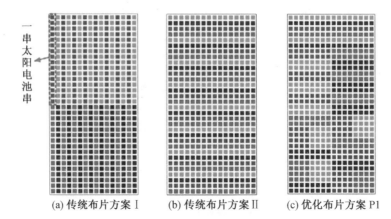

(a) 传统布片方案 I   (b) 传统布片方案 II   (c) 优化布片方案 P1

图 7.61   3 种布片方案

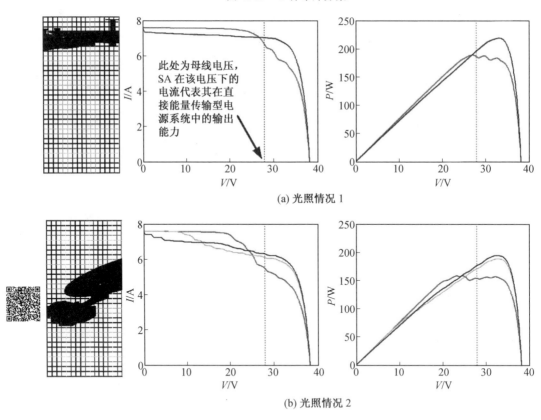

图 7.62   不同光照情况下三种布片方案的输出特性(图中曲线,红色为布片方案 I、绿色为布片方案 II、蓝色为布片方案 P1)

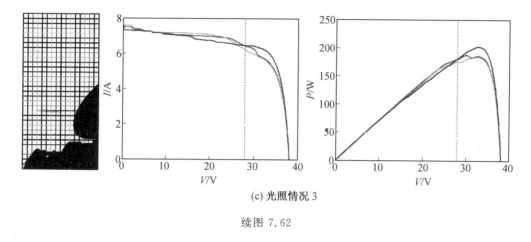

(c) 光照情况 3

续图 7.62

7.9　航天器电源系统多目标优化设计

　　航天器电源系统设计是航天器电源系统研制的重要组成部分,电源系统的设计品质对电源系统的性能、可靠性和安全性起着关键性的作用。对航天器电源系统进行优化设计,能够提高电源系统性能和降低电源系统在整星中的质量占比,对增加有效载荷、提高航天器性能和效益都有非常重要的意义。

　　航天器电源系统的优化设计涉及光学、电气、热学、电化学、航天等多学科领域,要考虑系统结构、电路拓扑、运行环境、轨道约束、光照条件等因素,具有相当大难度。对于由 SA、蓄电池组等组成的电源系统的优化设计,现阶段普遍采用的方法是在某些方面进行简化,设法求出目标函数、约束条件与设计变量之间的函数表达式(建立数学模型),在此基础上使用传统的优化方法进行优化设计。有文献总结了蓄电池组和 SA 的优化设计,但未考虑蓄电池放电深度(DOD)对整个系统设计的约束,负载功率也只考虑了额定功率情况。也有文献建立了对外部环境的天气模型,但电源系统模型也从能量角度进行了简化。还有文献使用最优设计中的相关理论来进行优化设计,但只适合设计变量和目标变量较少的情况。在进行了模型简化后,能够建立目标函数、约束条件与设计变量之间的函数表达式,但上述简化导致这样的优化方法应用到航天器电源的优化设计时,会牺牲优化的精度,也不能找到在轨寿命周期内最恶劣工况,只能通过加大设计裕量来保证设计。

　　对于在太空中工作的航天器电源系统,存在着发射成本高昂以及发射后不可更换等特点,在设计时必须考虑蓄电池放电深度等约束条件的影响,对质量、体积等也必须进行精确的计算,因此无法写出约束条件与设计变量的优化函数表达式,无法应用传统的优化方法进行多目标优化设计。针对这种特定需求,本节提出一种双层架构的优化方法:首先建立精确的外部环境模型和电路级仿真模型,可使用仿真模型在整个寿命期间动态计算光照期时长、地影期时长及光照期的 SA 入射角,同时可根据不同温度的充放电特性实时计算蓄电池组的电压和放电深度随着充放电电流和时间的变化情况等;其次利用仿真层来替代传统优化设计中的函数表达式,在优化算法层中调用仿真层进行优化迭代计算,实现航天器电源系统的多目标优化设计;最后以一类含脉冲负载的航天器电源系统单目标双设计变量优化设计问题为例对该方法进行验证,并给出使用该方法的多目标多设计变量的优化设计实例。

7.9.1 基于仿真的航天器电源系统优化设计

1.航天器电源系统组成及设计

在全世界已发射的航天器中,90% 以上均采用 SA－蓄电池组电源系统,如图 7.63 所示。它主要由 SA、蓄电池组、电源控制器(PCU),以及配电和负载组成。

航天器电源系统的设计涉及多个学科,其影响因素有卫星轨道参数、温度和寿命、负载需求、飞行程序、姿态控制等,这使得设计变得相当复杂。这里所述的航天器电源系统设计指 SA、蓄电池组和 PCU 的设计。

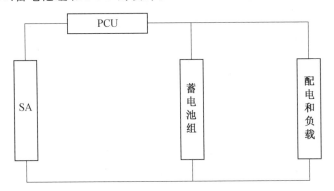

图 7.63　SA－蓄电池组电源系统结构简图

2.优化设计框架

如前所述,本节提出一种基于仿真的航天器电源系统多目标多设计变量优化设计方法。如图 7.64 所示,该优化设计架构包括两层:Simulink 仿真层和优化算法层。Simulink 仿真层为内层,在约定的仿真参数及优化算法层给定的设计变量条件下,实现航天器电源系统的快速仿真,并输出仿真结果给优化算法层,供优化算法层进行目标函数和约束条件计算。优化算法层为外层,对以下过程进行迭代:① 设计变量传递给 Simulink 仿真层进行仿真;② 根据仿真结果计算目标函数和约束条件;③ 根据优化算法产生新的设计变量值。当满足一定的迭代终止条件后,迭代停止,生成优化结果。

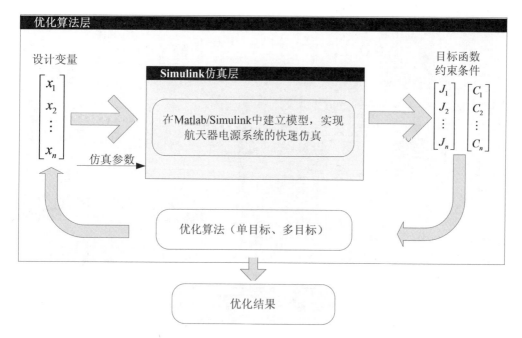

图 7.64　基于仿真的航天器电源系统优化设计架构

该优化设计架构具有下述优点：

① 通用性。该架构可以使用不同的优化算法和不同的仿真模型。

② 直观性。该架构可直观修改仿真模型中的参数,优化设计结果可直接使用仿真模型进行观察分析。

3.仿真层实现

Simulink 仿真层实现如图 7.65 所示,包括外部环境仿真模型和航天器电源系统仿真模型。前者包括光照、温度和寿命衰减,后者包括 SA、蓄电池组和 PCU 模型。光照模型需要考虑光照、地影、日地距离、SA 入射角等因素;温度模型则取自典型温度特性曲线;寿命衰减模型主要考虑 SA 寿命期间的衰减系数;SA 模型需考虑不同类型、温度及寿命系数的影响;蓄电池组模型主要考虑锂离子电池模型;PCU 模型采用自定义的 Matlab 函数实现,可保证仿真的快速性。

优化算法运行时会多次调用模型进行仿真,建模时必须考虑仿真耗时问题。为尽可能缩短仿真耗时,应该:

① 仅使用 Matlab 仿真,不与其他软件联合仿真。

② 避免使用复杂模型。

③ 尽量使用逻辑判断,而不使用开关器件。

本节测试了所建模型的仿真耗时,对图 7.65 所示的仿真模型进行了 100 次仿真,

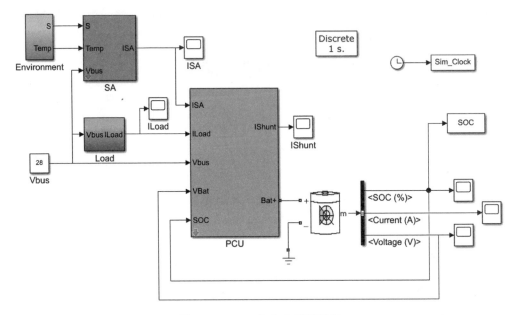

图 7.65　Simulink 仿真层实现

每次仿真结束时间为一个轨道周期时间（96 * 60 s），100 次仿真所用时间为 123.4 s，平均 1 次仿真耗时 1.23 s，基本可满足优化算法调用要求。

（1）SA 模型。

SA 模型考虑了 SA 光照强度、温度和寿命的影响。SA 由若干太阳电池片串、并联而成，其总的输出特性取决于单片电池的特性。根据太阳电池 4 个特征参数（短路电流 I_{sc}、开路电压 V_{oc}、最大功率点电流 I_{mp} 和最大功率点电压 V_{mp}），母线电压需求，以及太阳电池串并联数计算 SA 的输出电流及功率。SA 数学模型，即太阳电池片的 $I - V$ 曲线可以用如下方程表示：

$$I = I_{sc}(1 - C_1\{\exp[V/(C_2 V_{oc})] - 1\}) \tag{7.38}$$

式中

$$\begin{cases} C_1 = [1 - (I_{mp}/I_{sc})]\exp[-V_{mp}/(C_2 V_{oc})] \\ C_2 = [(V_{mp}/V_{oc}) - 1][\ln(1 - I_{mp}/I_{sc})]^{-1} \end{cases} \tag{7.39}$$

从以上方程可以看出，仅需输入短路电流 I_{sc}、开路电压 V_{oc}、最大功率点电流 I_{mp} 和最大功率点电压 V_{mp} 这几个特征参数，即可确定太阳电池片输出电流和电压的函数关系（$I - V$ 曲线）。

根据此模型，可以得到 SA 的输出电压和输出电流满足下面等式：

$$I = N_p \eta_p I_{sc}\left\{1 - C_1\left[\exp\left(\frac{V}{C_2 N_s \eta_s V_{oc}}\right) - 1\right]\right\} \tag{7.40}$$

式中　　η_p——并联损失因子；

η_s—— 串联损失因子；

N_s——SA 串联数；

N_p——SA 并联数。

随着光照、温度和在轨时长的变化，太阳电池片的 4 个特征参数会发生改变，公式为

$$\begin{cases} V_{mp} = [V_{mpB} + \beta_v(T-25)]K_v \\ I_{mp} = [I_{mpB} + \beta_i A_C(T-25)]K_i \cos\theta K_{se} \\ I_{sc} = [I_{scB} + \beta_i A_C(T-25)]K_i \cos\theta K_{se} \\ V_{oc} = [V_{ocB} + \beta_v(T-25)]K_v \end{cases} \tag{7.41}$$

式中　　V_{mpB}—— 标况下寿命初期最大功率点电压；

　　　　I_{mpB}—— 标况下寿命初期最大功率点电流；

　　　　I_{scB}—— 标况下寿命初期短路电流；

　　　　V_{ocB}—— 标况下寿命初期开路电压；

　　　　β_v—— 电压温度系数；

　　　　β_i—— 电流温度系数；

　　　　A_C—— 太阳电池片面积；

　　　　T—— 工作温度；

　　　　θ——SA 入射角；

　　　　K_{se}—— 日地因子，日地距离与平均日地距离的比值；

　　　　K_v—— 电压衰减因子；

　　　　K_i—— 电流衰减因子。

（2）蓄电池组模型。

以锂离子电池为例，Matlab 2009 版本之后的锂离子蓄电池组模型如图 7.66 所示，其中有 E_0、K、A、B 共 4 个待定参数，若使用对放电曲线进行分割的方法求取这几个参数，由于放电曲线分段是人为选择的，因此求出的参数不准确。

本书对此进行了改进：利用 Matlab 的 Curve Fitting Tool 工具箱，对放电数据进行曲面拟合，求出待定参数（图 7.67）。实验表明该方法求出的模型与实际电池放电数据误差很小。

（3）PCU 模型。

PCU 作为卫星的一次电源，在卫星的各种工况（如阳光区、阴影区）以及各种负载情况下，调节能量在太阳能电池阵、分流器、电池充电调节器、电池放电调节器以及蓄电池之间进行适当分配。

PCU 模型的输入为 SA 电流、负载电流、母线电压、蓄电池组电压和蓄电池组荷电状态（SOC），输出为分流电流及蓄电池正端。如图 7.68 所示，PCU 模型的参数包括放电效率、充电效率、供电效率和最大充电电流。

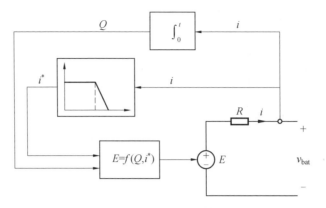

图 7.66 蓄电池组模型

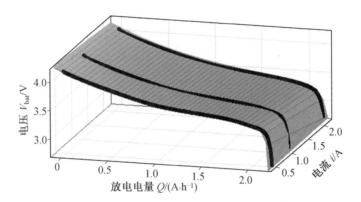

图 7.67 对放电数据进行曲面拟合求参数

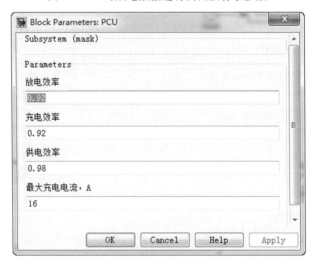

图 7.68 PCU 模型参数

PCU 模型在 Simulink 中的具体实现如图 7.69 所示,其主要包括 Matlab Fuction 和蓄电池充放电单元,其中 Matlab Fuction 用来计算分流电流和蓄电池组充放电电流,其基本思路是在考虑放电效率、充电效率、供电效率的基础上,首先判断 SA 供电电流是否足够供应负载电流。若供电不足则蓄电池组放电,若供电充足则进一步判断蓄电池组状态,若蓄电池组未充满电则开始充电,若蓄电池组充满电则停止充电,充电电流不超过设定的最大充电电流,整个仿真过程中若有多余的电流则进行分流。Matlab Fuction 的具体实现流程如图 7.70 所示。

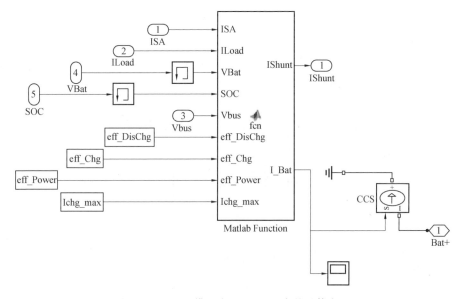

图 7.69　PCU 模型在 Simulink 中的具体实现

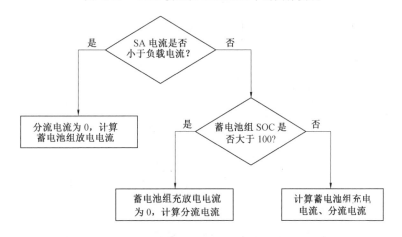

图 7.70　PCU 模型中 Matlab Function 的实现流程

4. 优化算法层实现

航天器电源系统设计需要考虑很多因素,设计变量也有很多。常用的设计变量有系统拓扑、太阳电池片类型、蓄电池类型、SA 串联数、SA 并联数、蓄电池组串联数和蓄电池组容量等。航天器电源系统优化的目标,是从所给定任务和环境的多种可选方案中,找出能源、能量转换器和能量储存技术的最佳组合。其最终选择必须满足多项准则,但最主要的准则是最小质量、低寿命成本及高可靠性。航天器电源系统设计时,至少要满足两个约束条件:① 蓄电池组最大放电深度不超过一定值;② 蓄电池组能够充满电。

在确定设计变量、优化目标及约束条件后,根据所提出的优化设计架构,结合具体的遗传算法实现步骤,可实现基于仿真的遗传算法优化设计。如图 7.71 所示,首先产生初始种群,GA 优化算法层把设计变量和参数传至仿真层,仿真层进行仿真后,GA 优化算法层调用仿真层仿真结果,进行目标函数及约束条件计算,判断是否达到优化目标或满足一定的迭代次数,若不满足则按照遗传算法进行选择、交叉和变异,生成下一代群体继续进行迭代。

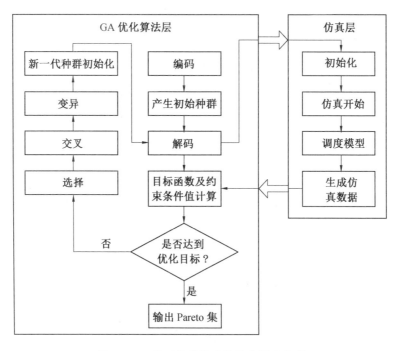

图 7.71   基于仿真的遗传优化算法实现

7.9.2   单目标双设计变量情况航天器电源系统优化设计

下面使用上述算法对单目标双设计变量算例进行优化设计,并使用理论计算方法对算例进行理论分析,以验证所提出的基于仿真的优化设计方法的有效性。

1. 问题描述

航天器电源系统设计时,经常遇到一类含脉冲负载的情况,负载功率图如图 7.72 所示。设航天器负载含脉冲负载,在一个轨道周期 T 内负载工作情况为:光照时间为 t_1,地影时间为 t_2;光照期脉冲负载工作时间为 t_3,光照期剩余时间为 t_4;光照期长期负载功率为 P,长期负载+脉冲负载功率为 $k_1 P$,地影期负载功率为 $k_2 P$。其中 $t_1 + t_2 = T$,$t_3 + t_4 = t_1$,$k_1 \in [1, +\infty)$,$k_2 \in (0, 1]$。

当光照期含图 7.72 所示的脉冲负载时,可设计使 SA 功率大一些直接给负载供电,也可使 SA 功率小一些但蓄电池组容量大一些进行联合供电。设计时通常有两个约束条件:① 蓄电池最大放电深度不超过预定限值;② 蓄电池单圈平衡。这里的优化设计问题是:在满足上述约束条件的前提下,如何设计 SA 功率和蓄电池组容量,能够使得电源系统质量最小?

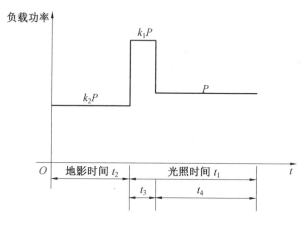

图 7.72　负载功率图

下面设计算例 1 和算例 2:

(1)算例 1。

如图 7.73 所示,地影时间为 36 min,光照时间为 60 min,其中脉冲负载为 3 min,光照期长期负载为 57 min;地影期长期负载为 100 W,光照期长期负载为 200 W,长期负载加脉冲负载为 800 W。有 $P = 200$ W,$k_1 = 4$,$k_2 = 0.5$,$t_1 = 1$ h,$t_2 = 0.6$ h,$t_3 = 0.05$ h,$t_4 = 0.95$ h。

(2)算例 2。

如图 7.74 所示,短期脉冲负载为 12 min,光照期长期负载为 48 min,其他条件与优化算例 1 相同。有 $P = 200$ W,$k_1 = 4$,$k_2 = 0.5$,$t_1 = 1$ h,$t_2 = 0.6$ h,$t_3 = 0.2$ h,$t_4 = 0.8$ h。

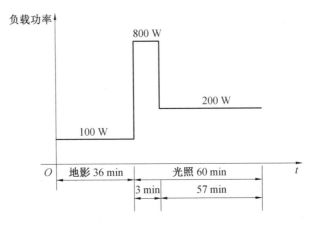

图 7.73　算例 1 负载功率图

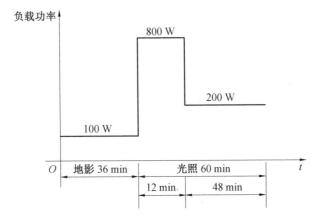

图 7.74　算例 2 负载功率图

2. 使用基于仿真的遗传算法进行优化设计

设计变量为 SA 串联数和蓄电池组容量：

$$\boldsymbol{x} = \begin{bmatrix} n_{\mathrm{SA\_p}} & C_{\mathrm{BAT}} \end{bmatrix}' \tag{7.42}$$

优化目标为 SA 和蓄电池组容量：

$$m = m_{\mathrm{SA}} + m_{\mathrm{BAT}} = m_{\mathrm{SA\_cell}} n_{\mathrm{SA\_s}} n_{\mathrm{SA\_p}} + \frac{U_{\mathrm{BAT}} C_{\mathrm{BAT}}}{\sigma}$$

$$= \begin{bmatrix} m_{\mathrm{SA\_cell}} n_{\mathrm{SA\_s}} & \dfrac{U_{\mathrm{BAT}}}{\sigma} \end{bmatrix} \begin{bmatrix} n_{\mathrm{SA\_p}} \\ C_{\mathrm{BAT}} \end{bmatrix} \tag{7.43}$$

使用基于仿真的遗传算法，对于算例 1，设置设计变量数为 2，设计变量下限为 [36　14]，设计变量上限为 [180　34]，编写自定义目标函数和约束条件函数，在仿真模型中设置图 7.73 所示的负载，使用遗传算法（GA 优化算法）进行优化设计，每代适

应度值的变化如图 7.75 所示,优化设计结果为

$$x = \begin{bmatrix} n_{\text{SA\_P}} \\ C_{\text{BAT}} \end{bmatrix} = \begin{bmatrix} 54 \\ 19.7 \end{bmatrix}$$

同样地,对于算例 2,在仿真模型中设置图 7.74 所示的负载,使用遗传算法(GA 优化算法)进行优化设计,每代适应度值的变化如图 7.76 所示,优化设计结果为

$$x = \begin{bmatrix} n_{\text{SA\_P}} \\ C_{\text{BAT}} \end{bmatrix} = \begin{bmatrix} 144 \\ 14.0 \end{bmatrix}$$

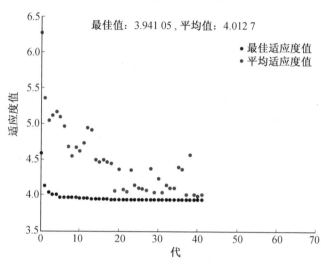

图 7.75　算例 1 适应度值每代变化

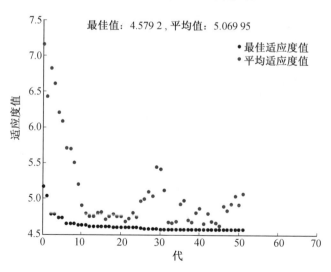

图 7.76　算例 2 适应度值每代变化

3.使用理论分析法进行验证

(1) 理论分析法。

为分析简便起见,假设充放电效率为1,充电电流、放电电流无限制,这意味着 SA 只要有多余能量,就可以全部用来充电;负载有大功率需求时,蓄电池可进行大电流放电。

设蓄电池组采用锂离子电池,最大放电深度为 0.2,串联数为 n_{bat_s};SA 串联数为 n_{SA_s}。设 SA 输出功率为 xP。

优化目标为使 SA 和蓄电池组质量最小:

$$
\begin{aligned}
m &= m_{SA} + m_{BAT} \\
&= m_{SA\_cell} n_{SA\_s} n_{SA\_p} + m_{BAT} \\
&= m_{SA\_cell} n_{SA\_s} \frac{xP}{U_{SA} I_{SA\_cell}} + \frac{U_{BAT} C_{BAT}}{\sigma}
\end{aligned} \tag{7.44}
$$

式中　m_{SA_cell}——太阳电池片质量;

　　　m——SA 和蓄电池组质量;

　　　m_{SA}——SA 质量;

　　　m_{BAT}——蓄电池组质量;

　　　n_{SA_s}——SA 串联数;

　　　n_{SA_p}——SA 并联数;

　　　U_{SA}——SA 工作电压,对于 DET 拓扑,可近似为母线电压;

　　　I_{SA_cell}——太阳电池片工作电流,可近似为太阳电池片短路电流;

　　　U_{BAT}——蓄电池组平均电压(V);

　　　σ——蓄电池质量能量密度(W·h/kg);

　　　C_{BAT}——蓄电池组额定容量(A·h)。

地影期只有蓄电池工作,消耗能量为 $k_2 P t_2$,光照期若 SA 输出功率 $xP < k_1 P$,则蓄电池组需要补充供电,蓄电池耗能为 $(k_1 P - xP) t_3$。根据蓄电池组放电 20%,有

$$
\begin{cases}
k_2 P t_2 + (k_1 P - xP) t_3 = 0.2 U_{BAT} C_{BAT} \\
k_2 P t_2 = 0.2 U_{BAT} C_{BAT}
\end{cases} \tag{7.45}
$$

故当 $x \in [1, k_1]$ 时,有

$$
\begin{aligned}
m &= m_{SA\_cell} n_{SA\_s} \frac{xP}{U_{SA} I_{SA\_cell}} + \frac{U_{BAT} C_{BAT}}{\sigma} \\
&= \frac{m_{SA\_cell} n_{SA\_s}}{U_{SA} I_{SA\_cell}} xP + \frac{1}{0.2\sigma} [k_2 P t_2 + (k_1 - x) P t_3] \\
&= \left(\frac{1}{U_{SA\_cell} I_{SA\_cell} / m_{SA\_cell}} - \frac{1}{0.2\sigma} t_3 \right) xP + \frac{P}{0.2\sigma} (k_2 t_2 + k_1 t_3) \\
&= \left(\frac{1}{\psi_{SA}} - \frac{1}{0.2\sigma / t_3} \right) xP + \frac{P}{0.2\sigma} (k_2 t_2 + k_1 t_3)
\end{aligned} \tag{7.46}
$$

式中　ψ_{SA}—— 太阳电池工作点质量功率密度（W/kg）。

当 $x \in (k_1, +\infty)$ 时，有

$$
\begin{aligned}
m &= m_{SA\_cell} n_{SA\_s} \frac{xP}{U_{SA} I_{SA\_cell}} + \frac{U_{BAT} C_{BAT}}{\sigma} \\
&= \frac{1}{U_{SA\_cell} I_{SA\_cell}/m_{SA\_cell}} xP + \frac{P}{0.2\sigma} k_2 t_2 \\
&= \frac{1}{\psi_{SA}} xP + \frac{P}{0.2\sigma} k_2 t_2
\end{aligned}
\qquad (7.47)
$$

由式（7.46）和式（7.47）可知，当 $\dfrac{1}{\psi_{SA}} - \dfrac{1}{0.2\sigma/t_3} \geqslant 0$ 时，系统质量与 x 之间的关系如图 7.77（a）所示，在 $x=1$ 时取得最小值；当 $\dfrac{1}{\psi_{SA}} - \dfrac{1}{0.2\sigma/t_3} < 0$ 时，系统质量与 x 之间的关系如图 7.77（b）所示，在 $x=k_1$ 时取得最小值。

设 SA 质量功率密度 ψ_{SA} 和蓄电池组蓄电池质量能量密度 σ 为已知确定值，由图 7.77 可知，为使电源系统总质量更优，若脉冲功率持续时间较短，设计时应使 SA 功率较小，脉冲负载工作时蓄电池组进行联合供电；若脉冲功率持续时间较长，设计时应使 SA 功率刚好满足脉冲负载要求，脉冲负载工作时蓄电池组不应供电。

另外，SA 和蓄电池组设计应满足蓄电池组充电能量需求。光照期除供负载外，SA 多余的能量应大于地影期消耗能量，有

$$
(xP - P)t_3 + (k_1 P - xP)t_4 \geqslant k_2 P t_2
\qquad (7.48)
$$

求得

$$
x \geqslant \frac{k_2 t_2 + k_1 t_3 + t_4}{t_1} = x_{chg}
\qquad (7.49)
$$

下面通过两个算例说明 x 为何值时，质量取得最小值。

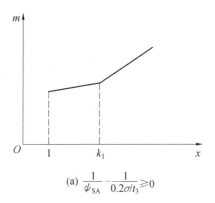
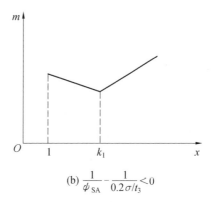

(a) $\dfrac{1}{\psi_{SA}} - \dfrac{1}{0.2\sigma/t_3} \geqslant 0$ 　　　　(b) $\dfrac{1}{\psi_{SA}} - \dfrac{1}{0.2\sigma/t_3} < 0$

图 7.77　不同参数下系统质量随 x 的变化情况

（2）两个算例的理论分析。

① 算例 1。

设蓄电池质量能量密度 $\sigma=140$ W·h/kg，SA 质量功率密度 $\psi_{SA}=330$ W/kg，可求得 $\dfrac{1}{\psi_{SA}}-\dfrac{1}{0.2\sigma/t_3}=0$ 时脉冲负载持续时间 $t_3=5.09$ min。

当 $x\in[1,k_1]$ 时，有

$$m=\left(\frac{1}{\psi_{SA}}-\frac{1}{0.2\sigma/t_3}\right)xP+\frac{P}{0.2\sigma}(k_2t_2+k_1t_3)=0.001\,245x+3.571\,4 \tag{7.50}$$

当 $x>k_1$ 时，有

$$m=\frac{1}{\psi_{SA}}xP+\frac{P}{0.2\sigma}k_2t_2=0.606x+2.143 \tag{7.51}$$

由式（7.50）和式（7.51），可绘出算例 1 情况下系统质量随 x 的变化情况，如图 7.78 所示。

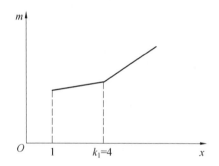

图 7.78　算例 1 系统质量随 x 变化情况

另外，需要满足充电能量需求，有

$$x\geqslant x_{chg}=\frac{k_2t_2+k_1t_3+t_4}{t_1}=1.45 \tag{7.52}$$

故 $x=1.45$ 时，质量取得最小值。此时可求得，SA 并联数 $n_{SA\_p}=53$，蓄电池组额定容量 $C_{BAT}=19.8$ A·h。

② 算例 2。

当 $x\in[1,k_1]$ 时，有

$$m=\left(\frac{1}{\psi_{SA}}-\frac{1}{0.2\sigma/t_3}\right)xP+\frac{P}{0.2\sigma}(k_2t_2+k_1t_3)=-0.004\,11x+7.857 \tag{7.53}$$

当 $x>k_1$ 时，有

$$m=\frac{1}{\psi_{SA}}xP+\frac{P}{0.2\sigma}k_2t_2=0.606x+2.143 \tag{7.54}$$

由式（7.53）和式（7.54），可绘出算例 2 情况下系统质量随 x 的变化情况，如图 7.79 所示。

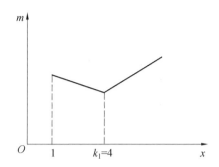

图 7.79　算例 2 系统质量随 x 变化情况

另外，需要满足充电能量需求，有

$$x \geqslant x_{chg} = \frac{k_2 t_2 + k_1 t_3 + t_4}{t_1} = 1.9 \tag{7.55}$$

故 $x=4$ 时，质量取得最小值。此时，可求得 SA 并联数 $n_{SA\_p}=144$，蓄电池组额定容量 $C_{BAT}=13.9\ A\cdot h$。

（3）比较验证。

算例 1 和算例 2 分别使用基于仿真的优化设计和理论分析优化设计，结果对比见表 7.5。从该表可看出，两种优化设计的结果十分接近，这验证了提出的基于仿真的优化设计方法的有效性。

但两者也有一些差距，这一方面是由于遗传算法是一种近似算法，另一方面是由于理论分析方法也使用了蓄电池平均电压等一些近似参数。

表 7.5　两种优化设计结果对比

算例	基于仿真的优化设计结果		理论分析优化设计结果	
	SA 并联数	蓄电池组容量 /(A·h)	SA 并联数	蓄电池组容量 /(A·h)
算例 1	54	19.7	53	19.8
算例 2	144	14.0	144	13.9

另外，理论分析法每次只能对特定的情况进行分析，当负载功率等改变时，通常需要重新进行分析；理论分析法只能分析较为简单的情况，当设计变量、设计目标或约束条件等增加时，理论分析法难以胜任。而提出的基于仿真的优化设计方法则是一种通用的优化设计方法，只要确定设计变量、设计目标及约束条件，即可自动得出优化设计结果；因引入了遗传算法等智能优化算法，可分析多目标、多设计变量、多约束条件下的优化设计问题，不存在"维数灾难"问题。

7.9.3　多目标、多设计变量情况下航天器电源系统的优化设计

1. 算例描述

设蓄电池组最大放电深度为 0.2,轨道周期为 96 min,负载工作情况如图 7.80 所示,地影时间为 35 min,光照时间为 61 min,地影期负载功率为 341.5 W,光照期 3 个时间段的负载功率分别为 341.5 W、366.5 W 和 790.5 W。

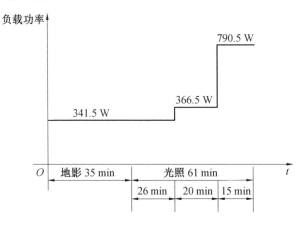

图 7.80　多目标优化设计负载功率图

设计变量

$$x = \begin{bmatrix} \text{Type}_{SA} & \text{Type}_{BAT} & n_{SA\_p} & n_{SA\_s} & n_{bat\_s} & C_{BAT} \end{bmatrix} \quad (7.56)$$

式中　Type_{SA}——太阳电池片类型,可取整型数 1、2、3,分别代表单晶硅、砷化镓、三结砷化镓类型的太阳电池片;

Type_{BAT}——蓄电池组类型,可取整型数 2、3、4,分别代表锂离子、镍镉、镍氢类型的蓄电池组;

n_{SA_s}——SA 串联数;

n_{SA_p}——SA 并联数;

n_{bat_s}——蓄电池组串联数;

C_{BAT}——蓄电池组额定容量(A·h)。

优化目标为质量最小和费用最少:

$$\begin{cases} J_1 = \min(m) = \min(m_{SA} + m_{BAT} + m_{PCU}) \\ J_2 = \min(c) = \min(c_{SA} + c_{BAT} + c_{PCU}) \end{cases} \quad (7.57)$$

约束条件:蓄电池最大放电深度为 0.2,即蓄电池最小 SOC 大于 80%;蓄电池最终能充满电,要求在轨道周期结束时 SOC 大于 99.99%;由于 BDR 模块的约束,蓄电池最低电压大于 23 V。上述 3 个约束条件可表示为

$$\begin{cases} 条件\ 1\colon 80\% - \min(SOC) \leqslant 0 \\ 条件\ 2\colon 99.99\% - SOC(end) \leqslant 0 \\ 条件\ 3\colon 23 - U_{BAT} \leqslant 0 \end{cases} \tag{7.58}$$

2. 基于仿真的遗传算法结果

使用基于仿真的遗传算法,设置设计变量数为 6,设计变量[1 2 3 4 5]为整型变量,编写自定义目标函数和约束条件函数,在仿真模型中设置图 7.80 所示的负载,使用遗传算法 gamultiobj 进行优化设计,迭代过程如图 7.81 所示,优化设计结果为 Pareto 最优,如图 7.82 所示。

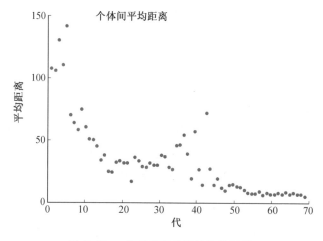

图 7.81　多目标优化设计迭代过程

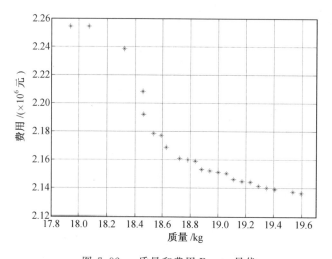

图 7.82　质量和费用 Pareto 最优

Pareto 最优不同方案比较见表 7.6，设计者需要在质量和费用方面进行权衡考虑。优化方案 1 质量最小，但费用最高；优化方案 3 质量最大，但费用最低；优化方案 2 则质量和费用介于两者之间。

表 7.6　Pareto 最优不同方案比较

方案	原设计方案	优化方案 1	优化方案 2	优化方案 3
太阳电池片类型	3J GaAs	3J GaAs	Si	Si
蓄电池类型	Li-ion	Li-ion	NiCd	Li-ion
SA 并联数	140	120	155	160
SA 串联数	71	61	72	76
蓄电池组串联数	7	6	8	6
蓄电池组容量 /(A·h)	65.0	60.0	57.0	51
质量 /kg	20.5	17.8	18.8	19.6
费用 / 万元	297	226	215	213

7.10　本章小结

针对空间环境效应威胁卫星电源系统稳定性的问题，本章对空间等离子体和碎片撞击等意外事件诱发 SA、SADA 等暴露在空间环境中的组件异常充放电的现象进行了分析。在此基础上，对其进行危害风险评估，结果表明，受空间环境影响，SA 会输出非预期能量，从而增大 PCU 功率器件的电流应力和功率损耗，导致顺序开关分流调节器过调节并进一步影响母线输出品质；而 SADA 滑环会发生电弧故障，降低太阳能电池阵的供电能力，损害分流调节器，甚至因故障蔓延而造成电弧烧蚀。航天器发射阶段，从正常气压变化到低气压并最终到达真空状态的过程中，空间碎片的撞击及电弧发生瞬间均可能会造成 PCU 输出端出现脉冲型负载，直接破坏掉 PCU 后端的供配电。在配电模块的每个配电前端配置分布式电容，设计合适的电容参数，用于消除脉冲负载导致的电压高频振荡，改善 PCU 的供电品质。该研究探明了空间环境中卫星电源系统的薄弱环节，为在研制过程中进一步提升系统稳定性提供理论依据和参考。针对在轨卫星本体对 SA 遮挡的问题，本章给出了在 3D 建模基础上进行 SA 实体 / 透光性遮挡阴影图形计算方法，以及遮挡情况下 SA 的输出特性计算方法，可看出，遮挡造成的功率损失与遮挡面积并非简单的线性关系，而是与受遮挡电池片在电路中的具体位置有关。本章还建立了任意损伤情况下的 SA 输出模型，搭建了半物理仿真平台，利用该平台研究了 SA 损伤对卫星电源系统寿命的影响规律。采用遗传算法对

SA 的布片进行优化设计,提升部分遮挡时 SA 的输出功率,减少部分遮挡带来的功率波动。进一步地,通过遗传算法和仿真优化框架,根据轨道位置、受照条件、负载情况的不同,对每一颗卫星自动化地进行仿真优化,为实现航天器电源系统级的优化设计提供了参考。

本章参考文献

[1] 李国欣. 航天器电源系统技术概论[M]. 北京:中国宇航出版社,2008.

[2] TRIBBLE A C. 空间环境[M]. 唐贤明,译. 北京:中国宇航出版社,2009.

[3] FERGUSON D. The voltage threshold for arcing for solar cells in Leo‑Flight andground test results[C]. 24th Aerospace Sciences Meeting. Reston,Virginia. AIAA,1986:362.

[4] LEUNG P. Discharge characteristics of a simiulated solar cell array[J]. IEEE Transactions on Nuclear Science,1983,30(6):4311-4315.

[5] 廖明云. 空间碎片对长寿命低轨遥感卫星的影响研究[J]. 国际太空,2015(6):55-58.

[6] 李安寿,张东来,杨炀,等. 一种精确计算航天器本体对太阳电池阵遮挡的方法[J]. 宇航学报,2013,34(10):1403-1409.

[7] TAGAMI S,QUESADA M R,KOURA T,et al. Discharge on solar array coupon by debris impact[J]. Procedia Engineering,2017,204:323-328.

[8] FUKUSHIGE S,AKAHOSHI Y,WATANABE K,et al. Solar-array arcing due to plasma created by space-debris impact[J]. IEEE Transactions on Plasma Science,2008,36(5):2434-2439.

[9] CHO M,HIKITA M,TANAKA K,et al. Transient phenomena induced by discharge on solar array in low Earth orbit plasma environment[J]. IEEE Transactions on Plasma Science,2001,29(5):789-795.

[10] OSE T,SANMARU Y,KITAMURA T,et al. Emission spectral analysis of arc plasma on solar array in GEO environment[C]. 2006 International Symposium on Discharges and Electrical Insulation in Vacuum. Matsue,Japan. IEEE,2006:750-753.

[11] ZHANG K,ZHANG Q M,LONG R R. The experiment study on flash spectrum produced by hypervelocity impact[J]. Applied Mechanics and Materials,2015,782:197-203.

[12] MENG Y C,ZHANG D L,ZHU H Y. Negative effects of unexpected energy on sequential switching shunt regulator and suppression methods for high-power satellite[J]. IEEE Transactions on Aerospace and Electronic Systems,2022,58(3):2281-2290.

[13] 李国良,李明,王六玲,等.阴影遮挡下空间太阳电池串联组件输出特性分析[J].光学学报,2011,31(1):236-241.

[14] OSULLIVAN D,WEINBERG G. The sequential switching shunt regulator S3R[C]. The Third ESTEC Spacecraft Power Conditioning Seminar. Noordwijkerhout,The Netherlands. ESA,1977:123-131.

[15] DELEPAUT C,MARTIN M. Current limitation techniques in a S3R power cell[C]. Proceedings of the European Space Power Conference. Gratz,Austria. ESA,1993:61-66.

[16] ZHU H Y,ZHANG D L. Influence of multijunction Ga/As solar array parasitic capacitance in S3R and solving methods for high-power applications[J]. IEEE Transactions on Power Electronics,2014,29(1):179-190.

[17] LI F, YOU X J, LI Y. Control loop design of sequential switching shunt regulator considering the influence of double section functioning[J]. IET Power Electronics,2014,7(4):998-1007.

[18] LIANG Y, WANG C J, SONG S G. Development of the design and analysis system for the solar array drive mechanism[C]. Proceedings of the 2014 Sixth International Conference on Intelligent Human-Machine Systems and Cybernetics. Hangzhou,China. IEEE,2014:253-256.

[19] 沈亮,王学强,王艳芬,等.存在金属磨屑的空间盘式滑环真空电弧放电试验研究[J].航天器环境工程,2019,36(5):463-467.

[20] MENG Y C,ZHANG D L,WANG C,et al. Modeling and analysis of non-linear phenomena of satellite power system in space environment and hazard-risk evaluations[J]. Electronics,2022,11(11):1756.

[21] 冯伟泉,韩经,刘业楠,等.航天器供配电分系统电弧短路故障及其防护[J].航天器工程,2013,22(2):65-70.

[22] HOFMEISTER J P,JUDKINS J B. Prognostic health monitoring in switch-mode power supplies with voltage regulation:US7619908[P]. 2009-11-17.

[23] JUDKINS J B, HOFMEISTER J, VOHNOUT S. A prognostic sensor for voltage regulated switch-mode power supplies[C]. 2007 IEEE Aerospace Conference. Big Sky,MT,USA. IEEE,2007:1-8.

[24] 邹传彬,唐波,杨美军,等.谐振振铃的原因和危害及解决方法[J].电子设计工程,2018,26(17):126-130.

[25] 杨炀,张东来,柳新军,等.航天器大型网状天线透光性遮挡的精确计算方法[J].宇航学报,2018,39(4):376-382.

[26] NASA. ATS mission archives[EB/OL]. [2017-06.30]. https://www.nasa.gov/centers/goddard/missions/ats.html.

[27] SMITHSONIAN I. Tracking and data relay satellite[EB/OL]. [2017-06-30]. https://airandspace.si.edu/collection-objects/model-communications-satellite-tracking-and-data-relay-satellite-tdrs.

[28] 李安寿.分布式电源系统稳定性研究[D].哈尔滨:哈尔滨工业大学,2014.

[29] 黄海兵,唐国金,李海阳.组合体太阳帆板遮挡分析[J].系统仿真学报,2009,21(11):3215-3218.

[30] 韩钟剑.编织结构形式对网状反射面天线电性能的影响分析[D].西安:西安电子科技大学,2010.

[31] MELLOR A,DOMENECH-GARRET J L,CHEMISANA D,et al. A two-dimensional finite element model of front surface current flow in cells under non-uniform, concentrated illumination[J]. Solar Energy, 2009, 83(9): 1459-1465.

[32] REIS F,GUERREIRO C,BATISTA F,et al. Modeling the effects of inhomogeneous irradiation and temperature profile on CPV solar cell behavior[J]. IEEE Journal of Photovoltaics,2015,5(1):112-122.

[33] LEE H S,YAMAGUCHI M,EKINS-DAUKES N J,et al. Deep-level defects introduced by 1 MeV electron radiation in AlInGaP for multijunction space solar cells[J]. Journal of Applied Physics,2005,98(9):1063-1068.

[34] 黄建国,韩建伟,李宏伟,等.空间微小碎片对低轨道航天器太阳电池表面撞击损伤研究[J].物理学报,2008,57(12):7950-7954.

[35] 邱冬冬,王睿,程湘爱,等.连续激光对太阳能电池的损伤机理研究[J].中国激光,2011,38(3):32-35.

[36] 高欣,杨生胜,王云飞,等.MEO 轨道辐射环境对 Si 太阳电池影响研究[J].宇航学报,2010,31(3):931-935.

[37] 李安寿,张东来,柳新军,等.一种太阳电池阵损伤情况下电源系统寿命估计方法和装置:CN202210599774.5[P].2022-11-08.

[38] LIU X J,ZHANG D L,LI A S,et al. Study on the influence of solar array damage on satellite power system[C]. 2018 10th International Conference on Modelling,Identification and Control(ICMIC). Guiyang,China. IEEE,2018: 1-5.

[39] 杨炀.航天器太阳电池阵遮挡影响及电源系统仿真优化方法研究[D].哈尔滨:哈尔滨工业大学,2018.

[40] YANG Y,ZHANG D L,LI A S. Layout optimization of spacecraft-based solar array under partially shaded conditions[J]. Solar Energy,2018,167:84-94.

[41] PATEL M R.航天器电源系统[M].韩波,陈琦,崔晓婷,译.北京:中国宇航出版社,2010.

[42] 裴晓强,黄海.协同优化在卫星多学科设计优化中的初步应用[J].宇航学报,2006,27(5):1054-1058.

[43] TAYLOR E R. Evaluation of multidisciplinary design optimization techniques as applied to spacecraft design[C]. Proceedings of IEEE Aerospace Conference. Big Sky,MT,USA. IEEE,2000,1:371-384.

[44] DAHBI S,AZIZ A,ZOUGGAR S,et al. Design and sizing of electrical power

source for a nanosatellite using photovoltaic cells[C]. 2015 3rd International Renewable and Sustainable Energy Conference (IRSEC). Marrakech,Morocco. IEEE,2015:1-6.

[45] FLATH A W,CRAMER A M,LUMPP J E. Mathematical programming based approach to modular electric power system design[C]. 2019 IEEE Aerospace Conference. Big Sky,MT,USA. IEEE,2019:1-8.

[46] ATALLAH A M,EL-DESSOUKI M A,ABOU BAKR MAHMOUD M. Design of photovoltaic,battery/ultracapacitor hybrid power system to electrify mini-satellites[C]. 2016 Eighteenth International Middle East Power Systems Conference (MEPCON). Cairo,Egypt. IEEE,2016:670-674.

[47] 樊汝森,谢方明,钟振东,等. 太阳能供电系统的多目标优化设计方法研究[J]. 电源技术,2017,41(6):874-877.

[48] 宋洪磊,吴俊勇,冀鲁豫,等. 风光互补独立供电系统的多目标优化设计[J]. 电工技术学报,2011,26(7):104-111.

[49] FUKUNAGA A S,CHIEN S,MUTZ D,et al. Automating the process of optimization in spacecraft design[C]. 1997 IEEE Aerospace Conference. Snowmass, CO,USA. IEEE,1997:411-427.

[50] JILLA C D, MILLER D W. Multi-objective, multidisciplinary design optimization methodology for distributed satellite systems[J]. Journal of Spacecraft and Rockets,2004,41(1):39-50.

[51] LAMARRA N,DUNPHY J. Interactive shareable design environment for collaborative spacecraft design[C]. Proceedings of IEEE Aerospace Applications Conference. Snowmass,CO,USA. IEEE,1998:487-496.

[52] 李安寿,杨炀,孙放,等. 航天器电源系统多目标优化设计方法、系统和存储介质: CN201810449336.4[P]. 2018-10-16.

[53] 井元良,孙海涛,雷英俊. 太阳同步轨道卫星太阳电池阵在轨特性分析[J]. 航天器工程,2013,22(5):61-66.

[54] 于辉,孙彦铮,金海雯. 空间站柔性太阳翼电池电路部分设计初探[J]. 电源技术, 2013,37(3):395-397.

[55] TREMBLAY O,DESSAINT L A. Experimental validation of a battery dynamic model for EV applications[J]. World Electric Vehicle Journal,2009,3(2): 289-298.

[56] CAPEL A,CHAPOULIE P,ZIMMERMANN S,et al. Dynamic performance simulation of a spacecraft power system [J]. Space Power,2002,502:327-313.

名词索引